国防科工委“十五”规划教材. 动力机械及工程热物理

航空发动机结构分析

主编　刘长福　邓　明
编者　邓　明　方昌德　赵　明
　　　阎国华　赵晓蓓　刘美玲

西北工业大学出版社
北京航空航天大学出版社　北京理工大学出版社
哈尔滨工业大学出版社　哈尔滨工程大学出版社

内容简介

本书是根据国防科学技术工业委员会"十五"规划教材的要求编写的。

本书较系统、全面地介绍了航空燃气涡轮发动机结构的基本知识，各主要部件的功能和主要设计要求、结构分析和典型结构，主要工作系统和附件传动机构的简况，燃气涡轮发动机的新概念、新技术、新材料的发展动向，航空燃气涡轮发动机在地面燃机和弹用燃机方面的应用概况。为方便读者学习，书中提供了思考题。教材按计划学时 80 学时编写，可根据不同专业要求删减选用。

本书为高等学校航空动力工程专业的专业教科书，还可供有关专业学生和从事航空发动机研究、制造和使用维护工作的工程技术人员参考。

图书在版编目(CIP)数据

航空发动机结构分析/刘长福，邓明主编. —西安：西北工业大学出版社，2006.3(2019.6 重印)
国防科工委"十五"规划教材．动力机械及工程热物理
ISBN 978-7-5612-2059-7

Ⅰ.航… Ⅱ.①刘… ②邓… Ⅲ.航空发动机：燃气轮机—结构分析—教材 Ⅳ.V235.1

中国版本图书馆 CIP 数据核字(2006)第 013879 号

航空发动机结构分析

刘长福　邓　明　主编
责任编辑　季苏平　傅高明
责任校对　韩书琪
西北工业大学出版社出版发行
西安市友谊西路 127 号
市场部电话：029-88493844
http://www.nwpup.com
陕西向阳印务有限公司印制　各地书店经销
开本：787 mm×960 mm　1/16
印张：30.875　字数：649 千字
2006 年 3 月第 1 版　2019 年 6 月第 9 次印刷
ISBN 978-7-5612-2059-7　定价：78.00 元

总　序

国防科技工业是国家战略性产业，是国防现代化的重要工业和技术基础，也是国民经济发展和科学技术现代化的重要推动力量。半个多世纪以来，在党中央、国务院的正确领导和亲切关怀下，国防科技工业广大干部职工在知识的传承、科技的攀登与时代的洗礼中，取得了举世瞩目的辉煌成就。研制、生产了大量武器装备，满足了我军由单一陆军，发展成为包括空军、海军、第二炮兵和其他技术兵种在内的合成军队的需要，特别是在尖端技术方面，成功地掌握了原子弹、氢弹、洲际导弹、人造卫星和核潜艇技术，使我军拥有了一批克敌制胜的高技术武器装备，使我国成为世界上少数几个独立掌握核技术和外层空间技术的国家之一。国防科技工业沿着独立自主、自力更生的发展道路，建立了专业门类基本齐全，科研、试验、生产手段基本配套的国防科技工业体系，奠定了进行国防现代化建设最重要的物质基础；掌握了大量新技术、新工艺，研制了许多新设备、新材料，以“两弹一星”、“神舟”号载人航天为代表的国防尖端技术，大大提高了国家的科技水平和竞争力，使中国在世界高科技领域占有了一席之地。党的十一届三中全会以来，伴随着改革开放的伟大实践，国防科技工业适时地实行战略转移，大量军工技术转向民用，为发展国民经济做出了重要贡献。

国防科技工业是知识密集型产业，国防科技工业发展中的一切问题归根到底都是人才问题。50 多年来，国防科技工业培养和造就了一支以“两弹一星”元勋为代表的优秀的科技人才队伍，他们具有强烈的爱国主义思想和艰苦奋斗、无私奉献的精神，勇挑重担，敢于攻关，为攀登国防科技高峰进行了创造性劳动，成为推动我国科技进步的重要力量。面向新世纪的机遇与挑战，高等院校在培养国防科技人才，产生和传播国防科技新知识、新思想，攻克国防基础科研和高技术研究难题当中，具有不可替代的作用。国防科工委高度重视，积极探索，锐意改革，大力推进国防科技教育特别是高等教育事业的发展。

高等院校国防特色专业教材及专著是国防科技人才培养当中重要的知识载体和教学工具，但受种种客观因素的影响，现有的教材与专著整体上已落后于当今国防科技的发展水平，不适应国防现代化的形势要求，对国防科技高层次人才的培养造成了相当不利的影响。为尽快改变这种状况，建立起质量上乘、品种齐全、特点突出、适应当代国防科技发展的国防特色专业教材体系，国防科工委全额资助编写、出版200种国防特色专业重点教材和专著。为保证教材及专著的质量，在广泛动员全国相关专业领域的专家学者竞投编著工作的基础上，以陈懋章、王泽山、陈一坚院士为代表的100多位专家、学者，对经各单位精选的近550种教材和专著进行了严格的评审，评选出近200种教材和学术专著，覆盖航空宇航科学与技术、控制科学与工程、仪器科学与工程、信息与通信技术、电子科学与技术、力学、材料科学与工程、机械工程、电气工程、兵器科学与技术、船舶与海洋工程、动力机械及工程热物理、光学工程、化学工程与技术、核科学与技术等学科领域。一批长期从事国防特色学科教学和科研工作的两院院士、资深专家和一线教师成为编著者，他们分别来自清华大学、北京航空航天大学、北京理工大学、华北工学院、沈阳航空工业学院、哈尔滨工业大学、哈尔滨工程大学、上海交通大学、南京航空航天大学、南京理工大学、苏州大学、华东船舶工业学院、东华理工学院、电子科技大学、西南交通大学、西北工业大学、西安交通大学等，具有较为广泛的代表性。在全面振兴国防科技工业的伟大事业中，国防特色专业重点教材和专著的出版，将为国防科技创新人才的培养起到积极的促进作用。

党的十六大提出，进入21世纪，我国进入了全面建设小康社会、加快推进社会主义现代化的新的发展阶段。全面建设小康社会的宏伟目标，对国防科技工业发展提出了新的更高的要求。推动经济与社会发展，提升国防实力，需要造就宏大的人才队伍，而教育是奠基的柱石。全面振兴国防科技工业必须始终把发展作为第一要务，落实科教兴国和人才强国战略，推动国防科技工业走新型工业化道路，加快国防科技工业科技创新步伐。国防科技工业为有志青年展示才华，实现志向，提供了缤纷的舞台，希望广大青年学子刻苦学习科学文化知识，树立正确的世界观、人生观、价值观，努力担当起振兴国防科技工业、振兴中华的历史重任，创造出无愧于祖国和人民的业绩。祖国的未来无限美好，国防科技工业的明天将再创辉煌。

张华祝

前　言

人类有动力飞行的历史已经100年了。100年来，航空器的动力装置已经发生了巨大的变化。特别是近20年来，航空燃气涡轮发动机作为航空器动力装置家族的重要成员，其技术上的进步则更加突出。似乎不久前我们还在为JT3D发动机的设计而惊叹，如今却已经走过了JT8D，JT9D，到了PW4000。

在航空器及其动力装置技术迅猛发展的今天，在编写航空发动机构造教材的时候，要及时地反映航空发动机结构设计的最新进展是很困难的。我们必须考虑这个问题：如何使我们的教材内容能不断跟上航空发动机的技术进步？我们认为，这个问题应该从两个方面来解决：一是要靠教材内容的更新，包括技术的更新、机型的更新和素材的更新；二是要靠对航空发动机结构设计的理解，因为只有具备扎实的理论基础和全面的专业知识，对结构的功能、功用和设计的目的和要求理解得透彻，才能在分析结构时抓住航空发动机结构设计的精髓。

航空发动机结构的技术进步一直是在“需要—可能—现实”的矛盾中进步和发展的。例如：发动机结构的焊接技术在20世纪50年代的WP7上就已经采用了，但由于当时技术水平的限制，有很多问题没有得到普遍应用。现在技术发展了，成熟了，问题就解决了，先进的技术就得到了成功的、普遍的应用。机械加工出来的散热片式火焰筒，曾经因为它的种种缺点被钣金结构的气膜式火焰筒所取代。现在整体机械加工出来的火焰筒又由于它具有均匀的刚性，因而在现今的环形燃烧室里得到了广泛的应用。再比如离心式压气机在中小型双转子涡轮风扇发动机上的应用等，都说明了任何结构形式或结构方案都没有绝对的优点和缺点，都是在“需要—可能—现实”的矛盾中寻求统一，以达到最优的效果。有很多结构上的设计思想，早就提出来了，但却一直没有得到实际应用，例如发汗式的涡轮冷却叶片，也正在等待技术水平的突破。

本教材是在国防工业出版社 1989 年出版的《航空发动机构造》(刘长福主编)的基础上编写，根据现代航空发动机结构设计技术的发展，更新、补充、调整了大部分内容。在分析方法上，本教材根据零、组件的功用和工作条件提出结构设计中所要解决的基本问题，然后对典型方案进行分析，最后得到若干概括性的规律。我们认为，发动机的结构方案不存在过时的问题。新方案总是要不断地取代旧方案，具体的方案总是要“陈旧”的，但其中规律性的东西能永远指导我们去分析制定新的方案，我们也只能在具体的条件下才能比较并确定哪种方案是最优的方案。只有辩证地对待方案，才不会被已往的方案所束缚，才能在已有方案的基础上有所突破。学习航空发动机结构分析的主要目的和方法就是通过对具体方案的分析，掌握共同性的规律，也就是掌握发动机结构设计的原则。设计原则是发动机结构设计的纲。

至 20 世纪末，航空燃气涡轮发动机的发展有两个突出的特点：一是技术水平的巨大进步；二是应用范围的不断拓展。不仅它在技术上已经涵盖了机械、热工气动、自动控制、计算机、电子技术、材料科学、人工智能等广泛的学科领域，成为名副其实的代表国家综合技术水平的复杂系统，而且其应用范围亦由空中到地面，从陆地到海洋，从飞机到导弹，从军用飞机到民用飞机，再到直升机。所以，我们把这本教材由原来的以军用型航空发动机为主，拓展到在民用航空发动机、直升机以及巡航导弹上使用的航空发动机。在教材的内容和构架上也引入了新的理念，不仅满足航空发动机结构设计专业教材的需要，也满足航空院所、陆军航空兵、二炮部队和民用航空运输培训教材的要求，扩展了教材的使用对象。

全书共分 13 章。第 1 章和第 13 章由中国航空发展研究中心方昌德编写；第 2 章、第 3 章、第 5 章至第 7 章和第 9 章由西北工业大学邓明编写；第 4 章和第 8 章由西北工业大学赵明编写；第 10 章由中国民用航空学院阎国华编写；第11章由西北工业大学赵晓蓓编写；第12章由天津科技协作中心刘美玲编写。全书由刘长福和邓明负责统稿并最终定稿。

感谢沈阳航空发动机公司董书惠，贵州航空发动机研究所邹龙政，中国民航罗·罗公司培训中心赵洪利，北京飞机维修公司刘晓明、杜生忠，中国国际航空西南分公司维修基地马力和二炮部队某部马润庚等同仁为本书提供的许多帮助。

由于编者水平有限，书中错漏之处在所难免，恳请广大读者不吝指正。

编　者

2005年8月

目　　录

第1章 概 论

航空动力装置的功能是为航空器提供动力，推动航空器前进，所以航空动力装置也称为航空推进系统。它包括航空发动机，以及为保证其正常工作所必需的系统和附件，如燃油系统、滑油系统、点火系统、起动系统和防火系统等，通常简称为航空发动机。

1.1 航空燃气涡轮发动机的作用与要求

一、作用

1903 年 12 月 17 日，美国莱特兄弟实现了人类历史上首次有动力、载人、持续、稳定和可操作的重于空气的飞行器的飞行。这使得几千年来由少数人从事的飞行探索事业在后来的百年中发展成为对世界政治、军事、经济和技术以至人们的生活方式都有重要影响的航空业。因此，从狭义上，航空发动机是航空器飞行的动力，从广义上，也是航空事业发展的推动力。

航空发动机是飞机性能、可靠性和成本的决定性因素，发动机加燃油的重量占战斗机/轰炸机/运输机起飞总重量的 40%～60%，其寿命期费用占整个飞机的 20%～40%。特别是涡轮喷气发动机发明以后，推进技术的进展更是突飞猛进，使飞机的性能和任务能力取得了重大突破。战斗机发动机本身的推重比从 2 提高到 8，在保持发动机重量占飞机总重量百分比一定的条件下，使战斗机飞机推重比由 0.4 提高到 1.1～1.2（见图 1.1），从而大大提高了战斗机的性能和作战能力。图 1.1 所示为发动机推重比与飞机推重比之间的关系。

但由于人和飞机能承受过载的限制，飞机推重比没有必要超过 1.2。因此，发动机推重比的进一步提高可以用来增加飞机的有效载荷。喷气运输机的燃油效率（人一千米耗油量）已改善了 60%，其中 3/4 是发动机耗油率下降的贡献。新的发动机技术为飞机提供了新的任务能力。例如加力燃烧室的采用，使军用飞机突破声障并直逼 3 倍声速，旅客机实现 2 倍声速的巡航飞行；旋转喷管发动机和升力发动机使垂直起落飞机成为可能；大推力的高涵道比涡扇发动机开创了巨型远程客机的新时代；矢量喷管为飞机提供直接力控制，从而使战斗机具有过失速超机动性；很高的涡轮前燃气温度使战斗机能不开加力进行超声速巡航，大大增大航程和提高突防能力；正在研究中的涡轮-冲压组合动力装置将使实现各种高超声速飞行器成为可能。

由于航空发动机对飞机性能起着决定性的作用，而且它自身具有很高的经济价值，因而对国防和国民经济也可产生很高的效益。据估计，在实现了美国正在实施的高性能涡轮发动机技术（IHPTET）计划的目标后，打一场像海湾战争那样规模的仗，美国所需的飞机机队规模可以缩小 1/2。在经济方面，据统计，以单位重量计，航空发动机、旅客机、计算机、轿车和轮船的价值比为 1 400∶800∶300∶9∶1。由此可见，航空发动机是一种高附加值的产品。航空发动机的价格和航空发动机工业的产值分别占飞机和航空工业的 20%～30%。根据预测，1998—2007 年世界航空发动机销售和维修市场总值为 3 500 亿美元，此外还有相当规模的航空改型燃气轮机市场。作为一种高技术产品，航空发动机的发展对其他如冶金、机械、电子、仪表、化工、石油非航空动力工业也有重要的带动和促进作用。

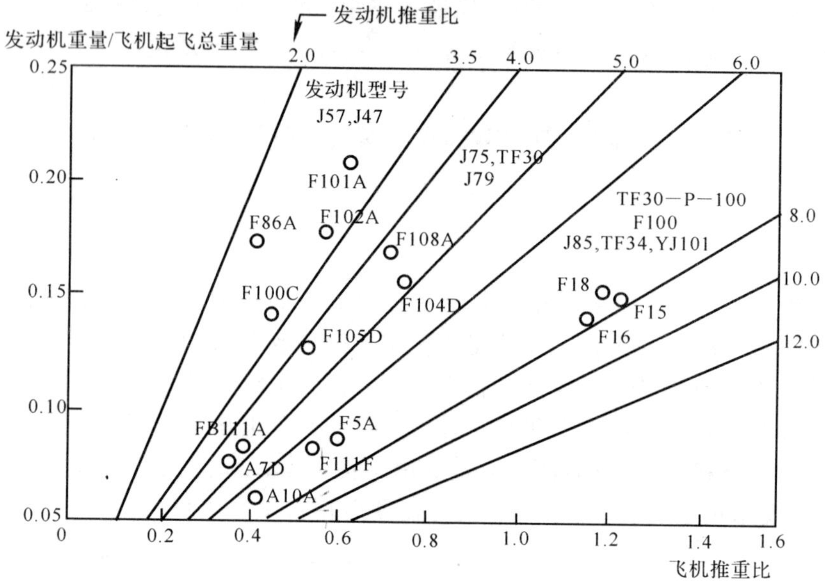

图 1.1　发动机推重比与战斗机推重比的关系

发动机的研制进度是整个飞机研制进度的决定性因素。当一种新飞机处于概念研究阶段时，发动机应处于演示/验证阶段，飞机试飞时必须有一台相当成熟的发动机与之配套，在地面要积累 2 000～4 000 h 的试验时间。因此，航空事业发达的国家都认为先进的发动机技术对保持军事和商业竞争优势发挥着重要作用，把优先发展发动机技术作为国策，制定了长远的、高投入的发动机技术发展计划，并严禁向别国转移发动机技术。

二、研究工作的特点

航空燃气涡轮发动机是当代最精密的机械产品之一，其研究和发展工作具有以下特点：

(1)技术难度大。由于航空燃气涡轮发动机涉及气动、热工、结构与强度、控制、测试、计算机、制造技术和材料等多种学科，一台发动机内有十几个部件和系统及数以万计的零件，其温度、压力、应力、转速、振动、间隙和腐蚀等工作条件远比飞机其他分系统复杂和苛刻，而且对性能、重量、适用性、可靠性、耐久性和环境特性等又有极高的要求，因此，传统的研制过程是一个设计、制造、试验、修改设计的多次迭代过程。在有良好技术储备的基础上，研制一种新的发动机尚要做1万小时的整机试验和10万小时的部件和系统试验，需要庞大而精密的试验设备。例如，发动机模拟高空试车台的建设本身就是一项复杂的高科技工程。在美国的国家关键技术计划中，把航空发动机描绘成一个"技术上精深得使新手难以进入的领域，它需要国家充分保护并利用该领域的成果，长期的数据和经验积累，以及国家的大量投资。"

(2)周期长。经验表明，发动机从方案论证到定型投入使用的周期比飞机机体长3～5年。美国空军有关发动机研究和发展管理的条例建议先进发动机的研制周期为9～15年。实际上，美国第四代战斗机发动机F119从1986年开始型号验证机研制，1991年开始原型机的工程和制造研制，到2004—2005年投入使用，前后共达18～19年。而相关的先进技术预研工作在20世纪70年代初就已开始，70年代中期进行部件制造和实验，80年代初进行核心机和技术验证机的试验研究。因此，研究和发展的全周期长达30年。而且，飞机试飞时就需要一台比较可靠的发动机，因此发动机必须相对独立地领先于整个飞机系统的发展，才能与飞机的其他各部分的进度协调。

(3)费用高。这与技术难度大和周期长密切相关。研制一台新发动机究竟花多少钱？为了可以比较，给出下面两个例子。一是与航天工业的火箭发动机相比，早期研制一台推力为11 000 daN*、推重比为5.5的涡轮喷气发动机的费用与装在"阿波罗"登月飞船的第一级助推火箭发动机的研制费用相当，而后者的推力是前者的60倍。二是与造船工业相比，据20世纪60年代的估计，上述这台涡轮喷气发动机的研制费用要超过研制并建造58 000 t级的"玛丽皇后"号豪华客轮的后继船费用的2倍。随着技术的发展，航空发动机的研制费用增长特别快，在80年代研制一台10 000 daN的涡轮风扇发动机需10～15亿美元，为更豪华的同吨位"玛丽公主"号的研制费用的6～8倍。到90年代，F119的研制费用超过20亿美元，而当前联合攻击战斗机F—35的动力装置F136的计划研制费用竟高达50亿美元。从宏观上说，在航空均衡发展的国家，发动机的研究和发展费用约占航空研究总费用的1/4，占发动机销售额的12%～15%，远高于机械制造业3%～4%的比例。

三、设计要求

对航空发动机的一般要求是在推力满足飞机需要的前提下，推重比高、耗油率低、操纵性好、可靠性高、维修性好和环境特性满足有关条例的要求，但具体发动机的设计要求是按所装飞机的特点和要求来确定的。

1. 军用发动机

对于军用发动机来说，通常军方根据飞机的战术技术要求，拟定发动机使用要求，作为发动机总体方案设计和型号规范制定的基本依据。发动机设计部门对此要求必须认真领会，并贯

---

* daN为非法定计量单位kgf的近似值，1 kgf≈1 daN=10 N。

彻于研制过程中。对发动机的要求主要有：

(1) 性能要求，包括地面台架性能和空中飞行性能(推力和耗油率)、起动性能、加减速性能、引气量、功率提取和过载。

(2) 适用性要求，包括发动机在飞行包线内稳定工作和油门杆使用不受限制，加力接通、切断不受限制，飞行状态变化、极限机动状态和吸入机载武器的排气时发动机稳定工作。

(3) 结构和安装要求，包括安装节位置、外廓尺寸、重量和重心位置。

(4) 可靠性要求，包括发动机寿命和工作循环、发动机各状态连续工作时间和平均故障时间。

(5) 维修性要求，包括发动机可达性、可检测性、防差错性、难易度等非常丰富的内涵。衡量维修性的主要技术指标有外场可更换件的更换时间、每飞行小时的平均维修工时和更换发动机时间等。

(6) 其他要求，如满足飞机隐身要求的红外信号和雷达反射横截面，以及飞行控制的矢量推力。

2. 民用发动机

对于民用发动机来说，在满足适航性条例的前提下，要根据飞机制造部门或航空公司的要求，进行发动机总体方案设计，以满足用户的要求。对发动机的要求主要有：

(1) 起飞推力和推重比，要满足要求。

(2) 巡航耗油率，尽可能低。

(3) 发动机结构和安装，包括安装节、外廓尺寸、重量和重心位置。

(4) 可靠性、寿命和维修性，包括空中停车率、航班准点率、计划外返修率、机上寿命和每飞行小时维修工时等。

(5) 污染物排放，满足机场当地环境保护局的规定。

(6) 噪声，满足国际民航组织(ICAO)的规定。

对燃气涡轮发动机的要求是一个矛盾的统一体，结构设计成功与否就表现在设计者所采用的各种技术措施是否能妥善处理这些既有联系又互相矛盾的要求上。它要求设计者既要有丰富的经验，又要有辩证的思想方法。

1.2　航空燃气涡轮发动机的基本类型

一、概述

航空推进系统按其组成和工作原理可分为两大类：一类是直接反作用推进系统，另一类是间接反作用推进系统，如图 1.2 所示。

直接反作用推进系统中，发动机直接将工质加速产生反作用推力，属于这一类的航空发动机有涡轮喷气发动机、涡轮风扇发动机和冲压喷气发动机。在这一类系统中发动机本身即构成飞行器的推进系统。火箭发动机也是直接反作用推进系统，但它自带推进剂（包括燃料和氧化剂），不依赖外界空气，因而可以在大气层以外的空间工作，主要用于航天器和导弹。

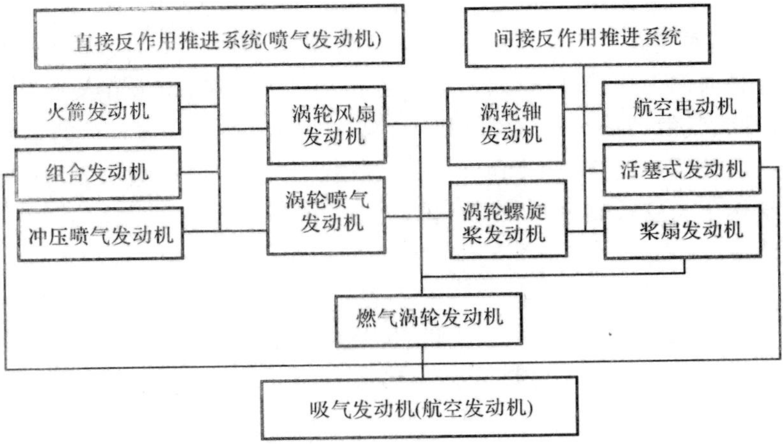

图 1.2 航空推进系统分类

间接反作用推进系统中，发动机只将燃料燃烧产生的化学能转换成有效功率，以轴功率形式输出，推力则要靠专门的推进器产生。推进器有飞机的螺旋桨和直升机的旋翼。属于这类的发动机有活塞式、涡轮螺旋桨、桨扇和涡轮轴发动机，航空电动机。在这一类系统中，发动机与推进器组合成飞行器的推进系统。

航空发动机又可以分为活塞式发动机和空气喷气发动机两大类。空气喷气发动机又可分为带压气机的燃气涡轮发动机和不带压气机的冲压喷气发动机。燃气涡轮发动机是目前应用最广泛的航空发动机，其中包括涡轮喷气发动机（简称涡喷）、涡轮螺旋桨发动机（简称涡桨）、涡轮风扇发动机（简称涡扇）、涡轮轴发动机（简称涡轴）和涡轮桨扇发动机（简称桨扇）。航空燃气涡轮发动机是本书论述的重点。

早期，活塞式发动机在飞机和直升机上应用，用它带动飞机螺旋桨或直升机旋翼。后来逐渐为功率大、高速性能好的燃气涡轮发动机所取代。目前，小功率活塞式发动机还广泛应用在轻型飞机和直升机上。

燃气涡轮发动机一经出现，就以它在高速下推进效率高和迎风阻力小的优势，首先在高速飞机上迅速取代了活塞式发动机的位置。涡轮喷气发动机在20世纪50～60年代曾广泛用于军、民用飞机，特别是超声速飞机上。由于经济性的原因，目前涡轮喷气发动机大多已被涡轮风扇发动机所取代。其中，小涵道比涡扇发动机用于战斗机或超声速旅客机上，中、大涵道比涡扇发动机则广泛用于各种类型的亚音速民用飞机上。涡轮螺旋桨发动机主要用于速度小于800 km/h的运输机、支线飞机和公务机上。涡轮轴发动机用于直升机。桨扇发动机的特性介于涡轮风扇发动机和涡轮螺旋桨发动机之间，主要用于较大的运输机上。燃气涡轮发动机的应用有越来越广的趋势。

冲压喷气发动机的构造简单、推力大，特别适合高速飞行。由于其不能在静止状态下起动及低速性能不好，所以适合用于靶弹和巡航导弹。

在航空器上应用的还有火箭发动机、脉冲喷气发动机和航空电动机。火箭发动机燃料消耗率太大，不适于长时间工作，只在早期超声速实验飞机上用过，也曾在某些飞机上用做短时间的加速器。脉冲喷气发动机是冲压发动机一种特殊形式，通过燃烧室前的单向活门，气流间歇地进入燃烧室，主要用于低速靶机和航模飞机。由太阳能和燃料电池驱动的航空电动机尚处于试验阶段，适用于高空长航时的轻型飞机。

二、燃气涡轮发动机的组成和主要类型

燃气涡轮发动机主要由进气装置、压气机、燃烧室、涡轮和尾喷管组成。从进气装置进入的空气在压气机中被压缩后，进入燃烧室并在那里与喷入的燃油混合燃烧，生成高温高压燃气。燃气在膨胀过程中驱动涡轮作高速旋转，将部分能量转变为涡轮功。涡轮带动压气机不断吸进空气并进行压缩，使发动机能连续工作。如图 1.3 所示，燃气涡轮发动机工作过程和活塞式发动机一样都由进气、压缩、燃烧后膨胀和排气四个过程组成。后者是在同一空间的不同时间内完成的，而前者是在同一时间内在不同的空间内完成的。由压气机、燃烧室和驱动压气机的涡轮这三个部件组成燃气发生器，它不断输出具有一定可用能量的燃气。按燃气发生器出口燃气可用能量的利用方式的不同，燃气涡轮发动机分为涡轮喷气、涡轮风扇、涡轮螺旋桨、桨扇和涡轮轴发动机。

1. 涡轮喷气发动机

在单个流道内，涡轮出口燃气直接在喷管中膨胀，使燃气可用能量转变为高速喷流的动能而产生反作用力，推动飞机前进。涡轮喷气发动机按压气机型式分有离心式和轴流式，按转子数目分有单转子和双转子。单转子轴流式涡轮喷气发动机的结构参见图 1.3。

2. 涡轮风扇发动机

燃气发生器出口的燃气在低压涡轮中进一步膨胀做功，用于带动外涵风扇，使外涵道气流的喷射速度增大，剩下的可用能量继续在喷管中转变为高速排气的动能，其结构见图 1.4。内、外两股气流可分别排出，也可混合后一起排出。在燃气发生器相同的情况下，涡轮风扇发动机的空气流量大、排气速度低，所以推进效率高、耗油率低、噪音低。不加力的涡轮风扇发动机是高亚声速旅客机和运输机的理想动力；带加力的涡轮风扇发动机则适用于超声速军用飞机。涡轮风扇发动机有多达三个转子的。目前正在研究一种超声速通流涡扇发动机，其压缩系统为超声速通流级，即进口和出口轴向气流速度均为超声速级。这种超声速通流级的风扇或压气机的级压比可达 2.5～3.5。超声速通流涡扇发动机可使涡扇发动机的适用飞行马赫数提高到 5。

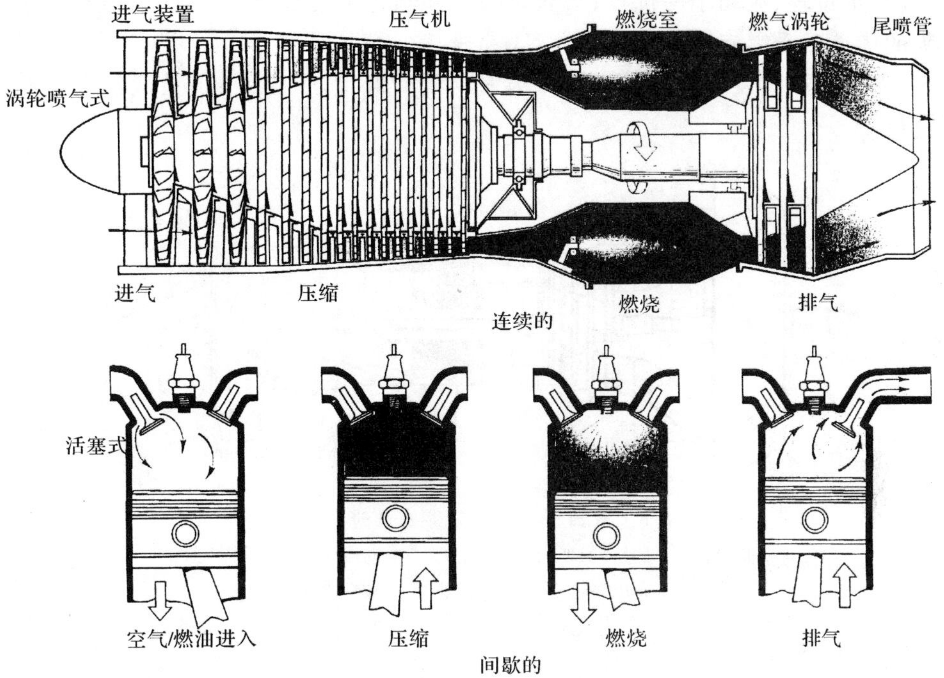

图 1.3　涡轮喷气发动机与活塞式发动机的工作过程比较

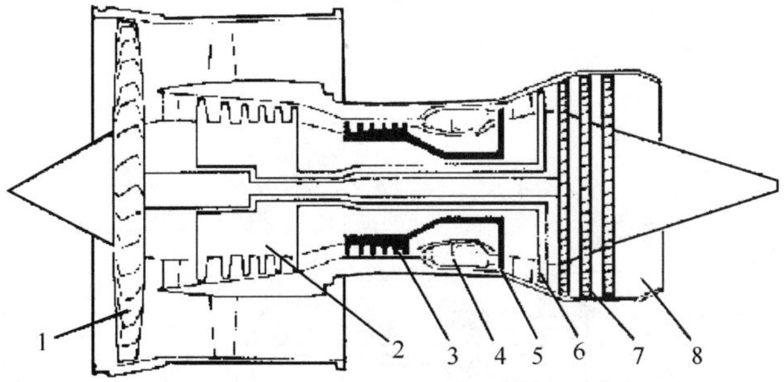

图 1.4　三转子涡轮风扇发动机示意图

1—风扇；2—中压压气机；3—高压压气机；4—燃烧室；
5—高压涡轮；6—中压涡轮；7—低压涡轮；8—喷管

3. 涡轮螺旋桨发动机

靠动力涡轮把燃气发生器出口燃气中的大部分可用能量转变为轴功率用以驱动空气螺旋桨。由于螺旋桨转速较低，动力涡轮与螺桨之间设有减速器。燃气中剩下小部分可用能(约10%)在喷管中转为气流动能，直接产生推力，如图 1.5 所示。涡轮螺旋桨发动机与活塞式发动机相比，具有重量轻、振动小等优点；与涡轮喷气和涡轮风扇发动机相比，则具有耗油率低和起飞推力大的优点。受螺旋桨性能的限制，飞行速度一般不超过 800 km/h。因此，在大型远程运输机上，涡轮螺旋桨发动机已为涡轮风扇发动机所取代，但在中、小型运输机和通用飞机上仍有广泛用途。

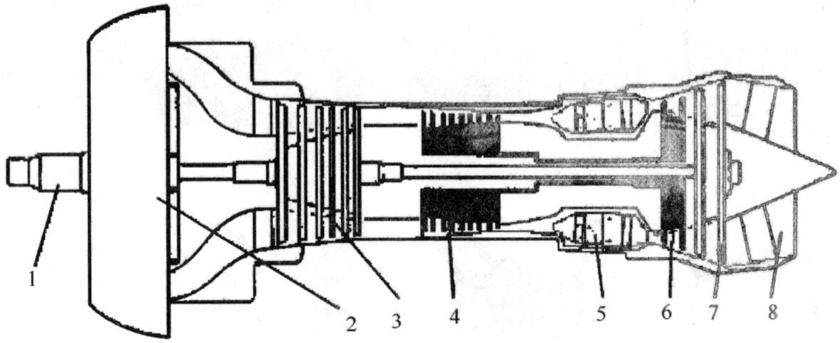

图 1.5 双转子涡轮螺旋桨发动机示意图

1—螺旋桨轴；2—减速器；3—低压压气机；4—高压压气机；5—燃烧室；6—高压涡轮；7—低压涡轮；8—排气装置

4. 桨扇发动机

它既可被看做带高速先进螺桨的涡桨发动机，又可被看做除去外涵道的大涵道比涡扇发动机，因而兼有前者耗油率低和后者飞行速度高的优点。桨扇发动机的关键部件是先进高速螺桨，它带有多个宽弦、薄叶型的后掠桨叶，能在飞行马赫数 0.8 下保持较高的效率，如图 1.6 所示。

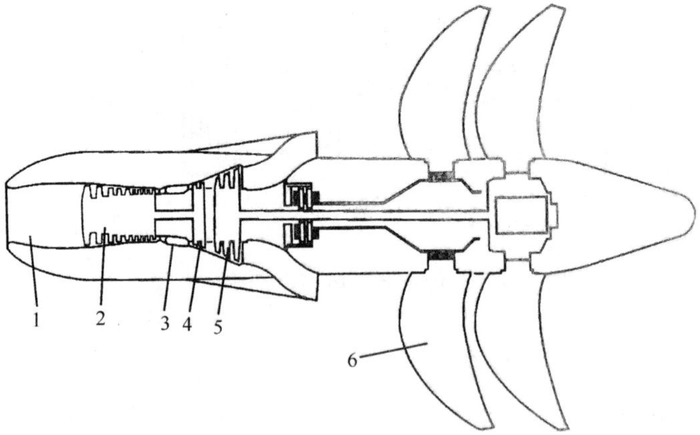

图 1.6 桨扇发动机示意图

1—进气道；2—压气机；3—燃烧室；4—涡轮；5—自由涡轮；6—桨扇

桨扇发动机的概念研究始于 20 世纪 70 年代中期，80 年代后半期已完成地面和飞行验证试验，基本达到预期目标。由于航空公司的综合经济因素和公众接受心理等种种原因，桨扇发动机尚未进入实用阶段。

5. *涡轮轴发动机*

工作原理和结构与涡轮螺桨发动机基本相同，只是燃气发生器出口燃气所含可用能量几乎全部为动力涡轮吸收，由喷管流出的燃气只产生很小的推力或根本不产生推力。其主要用途是驱动直升机的旋翼，也可用做地面动力。图 1.7 所示为涡轮轴发动机的结构示意图。

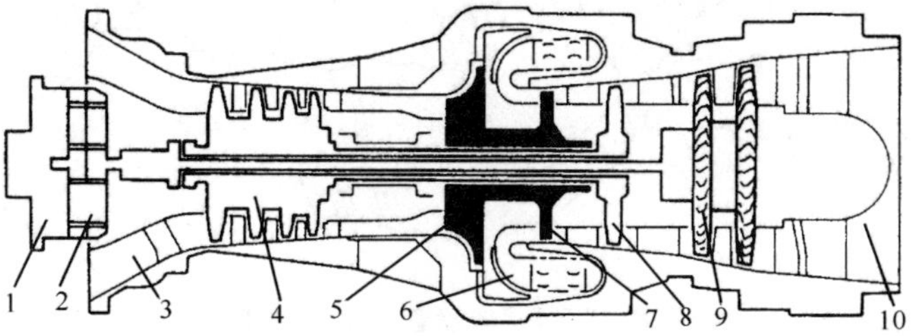

图 1.7　涡轮轴发动机结构示意图

1—输出功率轴；2—减速器；3—进气道；4—低压压气机；5—高压压气机；6—燃烧室；
7—高压涡轮；8—低压涡轮；9—自由涡轮；10—排气装置

6. *垂直/短距起落动力装置*

垂直/短距起落动力装置能为垂直/短距起落飞机提供等于、大于飞机起飞重量(垂直起落飞机)或略小于飞机起飞重量(短距起落飞机)的垂直推力(升力)，并为飞机提供水平飞行的推力。

图 1.8 所示为“鹞”战斗机用的“飞马”转喷管涡扇发动机。

这种动力装置的主要形式有：

(1) 升力-推力发动机，即装转向喷管的推力转向发动机；

(2) 升力发动机与推力发动机，或升力-推力发动机的组合；

(3) 远距升力系统，包括从发动机引气通向远距安装的升力喷管和由发动机机械传动或引气驱动的升力风扇两种形式；

(4) 旋转发动机，整个发动机可绕枢轴旋转至少 90°，以提供升力。

前两种形式已得到实际应用，它们是英国的“鹞”战斗机和俄罗斯的雅克 38 战斗机的动力装置。

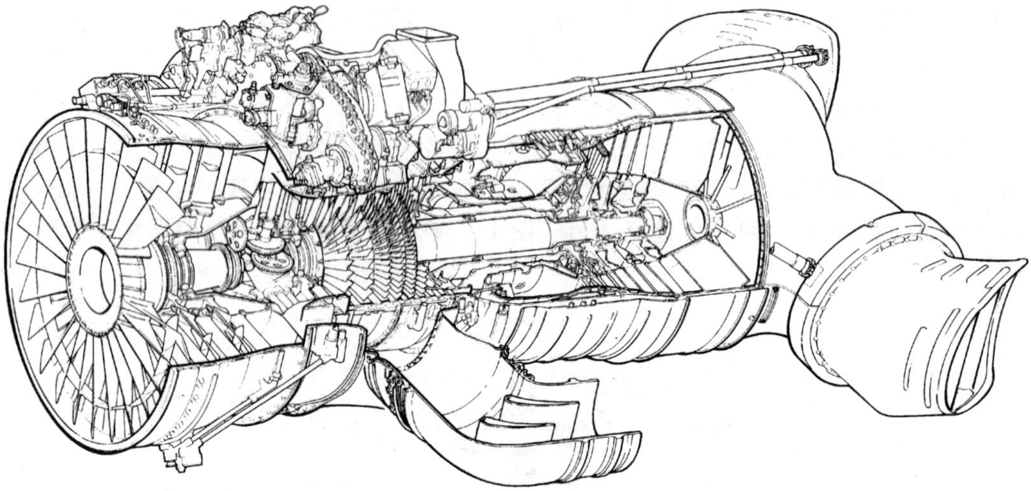

图 1.8 “飞马”转喷管涡扇发动机

三、燃气涡轮发动机的性能和设计参数

航空燃气涡轮发动机的主要性能参数有推力(功率)、推重比(功重比)和耗油率等;设计参数主要有增压比、涡轮前燃气温度和涵道比等。

1. 推力

气体经过喷气发动机时,燃料燃烧产生的热能转变为燃气的动能增量,高速喷出,产生推力。当发动机排气速度大于进气速度时,说明发动机给予气体在加速方向(反飞行方向)一个作用力,与此同时气体则给发动机一个相反方向(飞行方向)、大小相等的反作用力,即推力,法定计量单位为 N,常用 daN 表示。它等于气流作用在发动机内、外表面上各种力的合力的轴向分量。在尾喷管完全膨胀和不计燃油质量流量的情况下,推力 F 可由下式计算:

$$F = q_m(v_2 - v_1)$$

式中 q_m—— 空气质量流量;

v_1—— 进气速度;

v_2—— 排气速度。

从上式可以看出,在一定的工作条件下,推力直接与空气质量流量和排气速度与进气速度之差成正比。因此,增加推力的办法一种是增大空气流量,从而增大发动机尺寸和重量;另一种是增大排气速度,这就要提高发动机的增压比和涡轮前燃气温度。

对于活塞式发动机、涡轮螺旋桨发动机和涡轮轴发动机,用功率作为衡量发动机工作能力的指标。发动机功率是发动机在单位时间内所做的功,法定计量单位是 kW,常见的非法定计量单位有hp(马力)。

2. 推重比(功重比)

推重比是推力与重力之比的简称,即发动机在海平面静止条件下最大推力与发动机质量的重力之比,是无量纲单位。它是发动机重要性能指标之一,直接影响飞机性能和有效载荷。对活塞式发动机、涡桨发动机和涡轴发动机则用功重比(功率与重力之比的简称)表示,即发动机在海平面静止状态的功率与发动机重力之比,单位是 kW/daN。

3. 耗油率

耗油率是发动机每小时的燃油质量流量与推力或功率之比。对于产生推力的喷气发动机,它表示产生 1 daN 推力每小时所消耗的燃油量,单位是 kg/(daN · h)。对于活塞式发动机、涡桨发动机和涡轴发动机来说,它表示产生 1 kW 功率每小时所消耗的燃油量,单位是 kg/(kW · h)。发动机的耗油率是影响飞机航程和经济性的最主要因素。

4. 增压比

增压比通常指压气机增压比,是压气机出口总压与进口总压之比。它对发动机的做功能力和效率有重要影响。对于一定的涡轮前燃气温度,根据热力计算可求得一个最佳增压比(即产生最大做功能力的增压比)和一个最经济增压比(即耗油率最低的增压比)。在其他条件相同时,最佳增压比小于最经济增压比。设计发动机选取增压比时应根据发动机用途权衡考虑。例如,战斗机发动机追求大推力和高推重比,而且飞行速度也较高,因而选用的增压比较低,而运输机发动机追求低耗油率,就选用较高的增压比。

5. 涡轮前燃气温度

它是第 1 级涡轮导向器进口截面处燃气的总温,也有不少发动机用涡轮转子进口截面处总温来表示的。提高涡轮前燃气温度能增大发动机做功能力,提高热效率,降低耗油率。它是发动机技术水平高低的重要标志之一。

6. 涵道比

它是涡扇发动机外涵道和内涵道的空气质量流量之比,又称流量比。涵道比小于 1,定义为小涵道比,大于 4 为大涵道比,大于 1 小于 4 为中涵道比。涵道比是涡扇发动机的重要设计参数,它对发动机耗油率和推重比有很大影响。不同用途的涡扇发动机应选取不同的涵道比,如远程运输机和旅客机使用的大涵道比涡扇发动机,其涵道比为 4～8,甚至更高;空战战斗机选用的加力式涡扇发动机的涵道比一般小于 1,甚至可小到 0.2～0.3。

正在研究中的变循环发动机,通过改变某些部件的形状或位置,其涵道比可在一定范围内变化,从而在宽广的飞行范围内获得更好的性能。

从广义上来看,涡扇发动机的涵道比小到 0 时,即成为涡喷发动机。涡扇发动机的涵道比范围为 0～25。桨扇发动机则可看做除去外涵机匣的涵道比很大的涡扇发动机,桨扇所能扰动的实际流量与发动机流量之比为 25～60,而涡桨发动机相应的实际流量与发动机流量之比为 60～80。

1.3 航空发动机的发展概况

一、莱特兄弟首先实现动力飞行

人类早就幻想像鸟一样在天空中自由飞翔，也曾做过各种尝试，但多半因动力源问题未获得解决而归于失败。随着活塞式内燃机于 19 世纪末成功地用于汽车，人们开始设法利用这种发动机来实现动力飞行。1903 年 12 月 17 日，莱特兄弟在总结前人经验教训的基础上，把一台四缸直列式水冷发动机改装后成功地用到他们的飞机上，完成了世界上第一次公认的动力飞行。这台发动机功率只有 8.95 kW，重量为 81 kg，功重比只有 0.11 kW/daN。

二、活塞式发动机在两次世界大战中发展

战争是技术的催化剂。两次世界大战，把活塞式发动机技术推向顶峰。经过历时 4 年的第一次世界大战，发动机功率从 75 kW 左右提高到 313 kW，功重比提高到 0.77 kW/daN，从而使飞机的速度从 100 km/h 提高到 200 km/h。

在两次世界大战之间，活塞式发动机继续得到发展。首先是成功地为气冷式发动机设计了整流罩，减小了阻力，改善了冷却，气冷式发动机得到了迅速发展，在特别是轰炸机、运输机和攻击机上逐步取代了液冷式发动机。其间，另外两项重大改进是采用废气涡轮增压器和变距螺旋桨，增大了发动机功率和工作高度，并改善了螺旋桨特性。

美国普惠公司的“黄蜂”系列气冷星型发动机发挥了巨大作用。这种星型发动机可以有单排、双排、甚至四排的布置，汽缸数从 7 到 28 个，功率从 970 kW 到 2 500 kW，功重比达到 1.5 kW/daN左右。其中“双黄蜂”R—1830 是历史上应用最多的活塞式发动机(见图 1.9)，它装备了 19 000 架 B—24 轰炸机和 10 000 架 C—47 运输机。

但液冷式发动机的迎风面积小，适合于高速战斗机，而且，在高空其液冷系统易损性的弱点不突出，因此它在战斗机上仍获得应用。在第二次世界大战期间，比较著名的液冷式发动机有英国的“梅林”，这种 V 型 12 缸发动机功率从 597 kW 逐步提高到 1 120 kW，用于著名的“飓风”“喷火”和“野马”战斗机，其中，美国的“野马”战斗机飞行速度达 760 km/h，飞行高度达 15 000 m。

第二次世界大战后，由于喷气发动机的出现，就没有再研制大功率的活塞式发动机，设计工作主要集中在功率在 370 kW 以下的小发动机上，用于公务机、农林机、运动机和无人机等轻型飞机和直升机。

三、进入喷气时代

将燃气涡轮发动机用于飞机动力的研究工作始于 20 世纪 20 年代，当时美、苏、德、英等国

都有人提出了各种燃气涡轮喷气发动机专利和方案，并进行研究工作。英国空军少校怀特于1903年1月16日申请了第一项飞机推进专利，经过多年研究试验，终于在1937年4月12日成功试制了世界第一台怀特离心式涡轮喷气发动机WU(见图1.10)，推力为200 daN。1941年4月，一架"格洛斯特"E28/39飞机装上了推力为650 daN的改进型怀特发动机，进行了英国首次喷气飞行试验。同一时期，1937年9月德国人奥海因研制的首台燃气涡轮发动机HeS1台架试车成功，推力为265 daN。到1939年春，改进型HeS3B的台架推力达到490 daN。1939年8月27日，一架He 178装了这种发动机，进行了世界上首次喷气飞行试验。喷气飞行的时代就此开始。以后，又陆续出现了涡轮螺旋桨发动机、涡轮轴发动机、涡轮风扇发动机和桨扇发动机，由于其在重量和高速性能方面远远优于活塞式发动机，所以各种燃气涡轮发动机成为当今航空动力装置的主力。

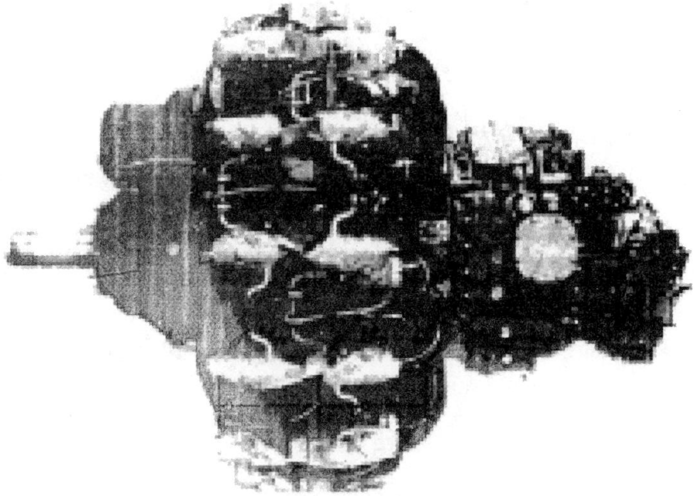

图1.9 "双黄蜂"R—1830气冷星形活塞发动机

以下这些数据反映了半个多世纪以来航空涡轮发动机技术取得的进步。

(1)服役的战斗机发动机推重比从2提高到7～9，已经定型并即将投入使用的达9～11；

(2)民用大涵道比涡扇发动机的最大推力已超过50 000 daN，20世纪50年代涡喷发动机巡航耗油1.0 kg/(daN·h)下降到0.55 kg/(daN·h)，噪声下降20 dB，NO_x含量下降45%；

(3)服役的直升机用涡轴发动机的功重比从2 kW/daN提高到4.6～6.1 kW/daN，已经定型并即将投入使用的达6.8～7.1 kW/daN；

(4)发动机可靠性和耐久性倍增，军用发动机空中停车率一般为(0.2～0.4)/1 000发动机飞行小时，民用发动机为(0.002～0.02)/1 000发动机飞行小时。

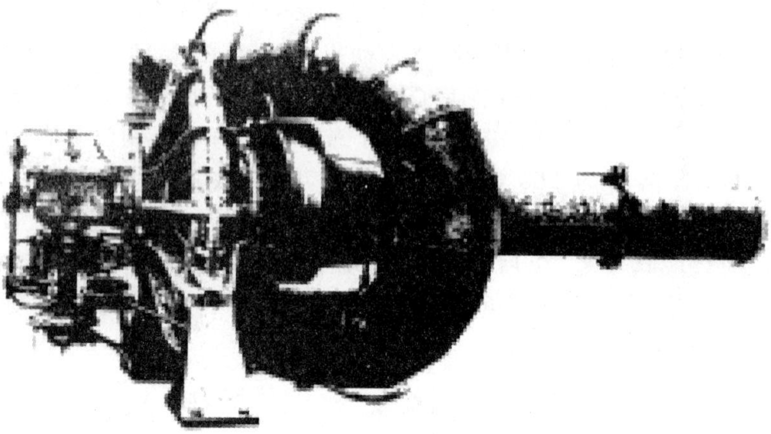

图 1.10　世界上第一台涡轮喷气发动机 WU

(5)发动机使用寿命倍增，战斗机发动机整机定型要求通过 4 300～6 000 TAC 循环试验，相当于平时使用 10 多年，热端零件寿命达到 2 000 h，民用发动机整机寿命和热端部件寿命达到 20 000～30 000 h。

航空发动机的发展史再次揭示了这样一个真理：航空发动机这一新生事物的发生和发展是和当时社会的需要分不开的；是和当时航空发动机的理论基础、试验研究，以及与之配套的科学技术发展水平（如高效率的叶片机、能承受高温的材料和各种先进的加工方法等）分不开的。

思考题

1. 航空燃气涡轮发动机有哪些基本类型？指出它们的共同点、区别和应用。
2. 涡轮喷气、涡轮风扇、军用涡扇分别是在何年代问世的？
3. 简述涡轮风扇发动机的基本类型。
4. 什么是涵道比？涡扇发动机如何按涵道比分类？说明各类型发动机的应用机型。
5. 按前后次序写出带加力的燃气涡轮发动机的主要部件。
6. 从发动机结构剖面图上，可以得到哪些结构信息？

第 2 章　典型发动机

2.1　涡轮喷气发动机

一、涡喷 5(WP5)发动机

WP5 发动机的前身是前苏联的 BK—1 发动机，是米格 15 比斯、米格 17、歼五、歼教五和轰五型飞机的动力装置。WP5 是典型的第一代涡轮喷气发动机。它的主要结构特点是采用离心式压气机和分管型燃烧室。它由单级双面离心式压气机、9 个分管燃烧室、单级反应式涡轮、喷管和传动机匣等主要部件组成，用于歼五和歼教五的 WP5 发动机还有加力燃烧室，采用收敛形可调喷口，用于轰五的 WP5 发动机没有加力燃烧室，采用收敛形固定喷口。此外，还有燃油系统、滑油系统、漏油系统、电气系统和灭火装置等。

发动机转子支承在前、中、后三个支点上。压气机转子和涡轮转子由球头套齿联轴器相互连接，传递扭矩、轴向力和径向力。

发动机的最大状态推力 2 700 daN，增压比是 4.36，推重比为 3.06，涡轮前燃气温度为 900℃。

发动机主要性能数据与几何尺寸，如表 2.1 所示。

二、涡喷 6(WP6)和涡喷 8(WP8)发动机

WP6 发动机是歼六飞机的动力装置，WP6 甲发动机是强五飞机的动力装置，每架飞机装两台。WP6 发动机是第二代涡轮喷气发动机。它的主要结构特点是采用单转子轴流式压气机和环管型燃烧室。它由 9 级轴流式压气机、10 个火焰筒的环管型燃烧室、两级反应式涡轮、加力燃烧室和收敛形可调喷管五大部件组成(见图 2.1)。压气机采用中间级放气防喘，WP6 甲发动机压气机进口还采用了可调导流叶片，扩大了稳定工作范围。此外，还有保证发动机工作的燃油系统、滑油系统、起动系统、状态操纵系统等工作系统和防喘放气机构、灭火装置、附件传动装置。

表 2.1　涡喷发动机主要性能数据

发动机型号		WP5	WP6	WP8	WP7乙	WP13
转速/(r·min⁻¹)	HPR	11 560	11 150	4 700	11 425	11 425
	LPR				11 150	11 150
推力/daN	全加力		3 188		5 978	6 277
	小加力				4 900	
	最 大	2 646	2 548	9 310	4 310	3 923
耗油率/(kg·(daN·h)⁻¹)	全加力		1.6		2.0	2.29
	小加力				1.7	
	最大	1.07	0.94	0.97	1.01	0.979
涡轮前燃气温度/℃		875	870	819	1 015	970
空气质量流量/(kg·s⁻¹)		48.2	43.3	162	64.5	66
增压比		4.36	7.14	6.4	8.85	8.8
推重比		3.06	4.59	3.03	5.5	5.54
加力比			1.25			
净质量/kg		884	708	3 133	1 110	1 235
全长/mm		2 779	5 506	5 315	4 600	4 600
最大直径/mm		1 274	669	1 400	906	907
首翻寿命/h		200	200	800	200	150

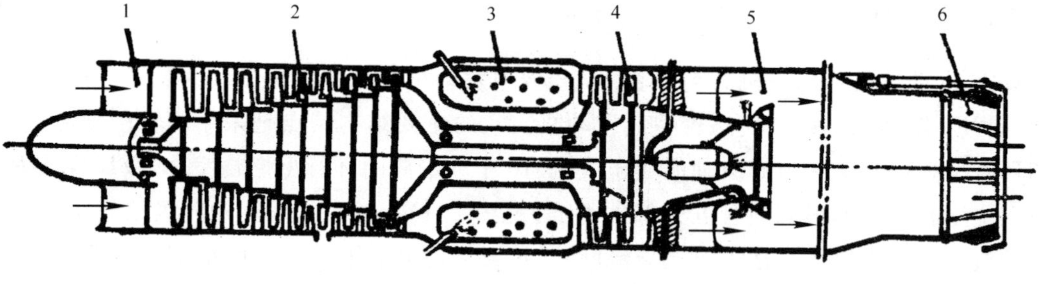

图 2.1　WP6 发动机简图

1—进气装置；2—轴流式压气机；3—环管燃烧室；
4—双级燃气涡轮；5—加力燃烧室；6—可调节尾喷管

WP8 发动机的前身是前苏联的 PД—3M，是轰六飞机的动力装置。它的主要结构形式与 WP6 发动机大体相同，主要不同点是压气机只有 8 级，环管型燃烧室有 14 个火焰筒，不带加力燃烧室，采用收敛形固定喷口。另外，在涡轮导向器和燃烧室之间采用 14 个承力支柱来承受后支点的径向载荷。发动机起动采用涡轮起动机，起动机位于发动机头部进气整流锥内。

发动机转子支承在前、中、后三个支点上。压气机转子和涡轮转子由典型的有球头的短套齿联轴器相互连接。

WP8 的最大状态推力为 9 310 daN，增压比为 6.4，推重比为 3.03，涡轮前燃气温度为 819℃。

WP8 发动机主要性能数据与几何尺寸如表 2.1 所示。

三、涡喷 7(WP7)系列和涡喷 13(WP13)发动机

WP7 发动机是歼七飞机的动力装置，每架飞机装一台。WP7 发动机是第三代涡轮喷气发动机。它由双转子轴流式压气机、环管型燃烧室、双转子反应式涡轮、加力燃烧室和收敛形可调喷管等五大部件组成(见图 2.2)。环管型燃烧室有 10 个火焰筒。另外，还有保证发动机工作的燃油系统、滑油系统、起动系统、状态操纵系统和附件传动装置等工作系统。发动机的低压压气机转子和低压涡轮转子用球面套齿联轴器相联，组成发动机低压转子，支承在三个支点上；高压压气机转子和高压涡轮转子用刚性套齿联轴器相联，组成发动机高压转子，支承在两个支点上。

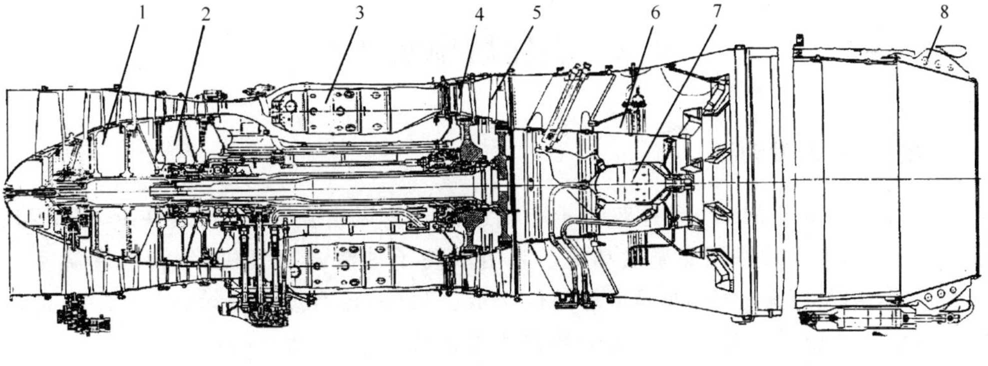

图 2.2　WP7 发动机

1—低压压气机；2—高压压气机；3—燃烧室；4—高压涡轮；
5—低压涡轮；6—扩散器；7—加力预燃室；8—可调喷口

发动机的主要结构特点是采用了双转子轴流式压气机，由 3 级低压压气机和 3 级高压压气机组成。压气机采用超/跨声速的增压原理，使总共只有 6 级的压气机达到了 8.85 的增压

比。结合双悬臂的支承结构和两个中介轴承，缩短了转子的跨度、减少了承力构件，从而获得了当时比较高的推重比(5.0)。

收敛形喷管的喷口面积可以无级调节，在发动机的最大状态和全加力状态之间设小加力状态，小加力状态的推力可进行无级调节，降低了加力耗油率。

WP7 发动机在使用中存在地面及中低空最大状态推力不足、加力耗油率高、加力燃烧室性能差、第一级压气机工作叶片失速颤振等缺点。为了克服这些缺点，对发动机进行了改型。改型后的发动机有 WP7 甲和 WP7 乙两种，前者为歼八飞机的动力装置，后者为歼七Ⅱ飞机的动力装置。改型后的发动机重新设计了压气机第一级、涡轮和加力燃烧室，改进了部件性能，将涡轮前燃气温度在 WP7 基础上提高了 100℃(1 015℃)，推重比达到 5.45。

WP13 发动机是在总结 WP7 和 WP7 乙改进与研制经验的基础上，并参照国外同系列成熟发动机研制的。WP13 发动机的最大性能结构特征是在原型机基础上改进设计了压气机，其中高压压气机由 3 级增加为 5 级，增大了压气机流量，扩大了发动机的稳定工作裕度；在压气机上应用钛合金材料，减轻了发动机重量。另外也改进了各部件、系统的结构：在低压转子的前、后中介轴承之间增设一中间轴承，提高了低压转子的刚度，减小了发动机转子振动；在热端部件上应用了新型耐热材料，使发动机的使用可靠性、耐久性和操纵性大为改善；在 WP13F 和 WP13FI 的加力燃烧室上采用了沙丘驻涡火焰稳定器。

目前，WP13 发动机系列已经有 WP13，WP13AⅡ，WP13F 和 WP13FI 等型号，分别用在歼七 C、歼七 E、歼八 B 等飞机上。

WP7 和 WP13 发动机主要性能数据与几何尺寸如表 2.1 所示。

2.2 涡轮风扇发动机

一、涡扇 9(WS9)发动机

WS9 发动机(Spey MK202)是双转子小涵道比涡轮风扇发动机，曾装在 F—4K 和F—4M 鬼怪式飞机上，是第一代军用涡扇发动机。它由双转子轴流式压气机、环管形燃烧室、双转子涡轮、加力燃烧室与可调喷管、外涵道等部件组成。另外，还有燃油系统、滑油系统、起动系统、状态操纵系统等主要系统和带恒速传动装置的附件传动系统。

压气机共有 17 级，其中风扇(即低压压气机)5 级，高压压气机 12 级；涡轮共 4 级，高、低压各两级 。风扇转子用中介轴和联轴器与低压涡轮转子联接，组成发动机低压转子，支承在 4 个支点上。高压压气机转子用联轴器与高压涡轮转子联接，组成发动机高压转子，支承在 3 个支点上。

主要结构特点有进气机匣及 19 个进口导流叶片是整体式不锈钢焊接件；高压压气机进口有 1 级可调导流叶片；压气机静子叶片采用 T 形榫头和环型榫槽；高、低压转子联接均采用螺旋套齿联轴器；高、低压转子的后支点为弹性支承；燃烧室采用直接点火方式，两个高能点火器分别装在 4 号和 8 号火焰筒内；加力燃烧室采用催化点火方式；内、外涵道混合排气；排气装置采用引射式超声速尾喷管；静子承力系统为内、外混合传力，发动机采用 DQ—23 燃气涡轮起动机起动。

在标准大气压条件下，最大工作状态，内、外涵道流量比为 0.62。

发动机主要性能数据与几何尺寸，如表 2.2 所示。

表 2.2　三代军用涡扇发动机性能、参数比较

<table>
<tr><th colspan="2"></th><th>F119</th><th>АЛ—31Ф</th><th>WS9</th></tr>
<tr><td rowspan="2">转速/(r·min^{-1})</td><td>高压</td><td></td><td>13 300</td><td>12 640</td></tr>
<tr><td>低压</td><td></td><td>10 098</td><td>9 115</td></tr>
<tr><td rowspan="3">推力/daN</td><td rowspan="2">加力</td><td rowspan="2">15 580
（35 000 磅）</td><td>全加力：12 258</td><td rowspan="2">9 119</td></tr>
<tr><td>小加力：8 450</td></tr>
<tr><td>最大</td><td>9 786</td><td>7 117</td><td>5 445</td></tr>
<tr><td rowspan="3">耗油率/(kg·(daN·h)$^{-1}$)</td><td rowspan="2">加力</td><td rowspan="2">1.80～1.90</td><td>全加力：1.92</td><td rowspan="2">2.04</td></tr>
<tr><td>小加力：0.93</td></tr>
<tr><td>最大</td><td>0.85（0.62）</td><td>0.775</td><td>0.698</td></tr>
<tr><td colspan="2">增压比 π_K^*</td><td>26</td><td>24</td><td>20</td></tr>
<tr><td colspan="2">涡轮前燃气温度 T_3^*/℃</td><td>1 700</td><td>1 392</td><td>1 167</td></tr>
<tr><td colspan="2">压气机级数</td><td>3+6</td><td>4+9</td><td>5+12</td></tr>
<tr><td colspan="2">涡轮级数</td><td>1+1</td><td>1+1</td><td>2+2</td></tr>
<tr><td colspan="2">推重比</td><td>>10</td><td>8</td><td>5.05</td></tr>
<tr><td colspan="2">加力比</td><td>1.59</td><td>1.63</td><td>1.67</td></tr>
<tr><td colspan="2">涵道比</td><td>0.2～0.3</td><td>0.571</td><td>0.62</td></tr>
<tr><td colspan="2">控制器类型</td><td>数字式电子控制</td><td>模拟电子控制</td><td>液压机械式</td></tr>
<tr><td colspan="2">发动机全长/mm</td><td>4 826</td><td>4 852</td><td>5 204.5</td></tr>
<tr><td colspan="2">最大直径/mm</td><td>1 143</td><td>1 200</td><td>1 100</td></tr>
<tr><td colspan="2">净重/kg</td><td>1 360</td><td>1 520</td><td>1 842</td></tr>
<tr><td colspan="2">首翻寿命/h</td><td></td><td>300</td><td>700</td></tr>
</table>

二、АЛ－31Φ 发动机

АЛ－31Φ 发动机是苏—27 飞机的动力装置，每架飞机装两台，是典型的小涵道比双转子带加力的军用涡轮风扇发动机。发动机的主要部件有低压压气机、中介机匣、高压压气机、环形燃烧室、双转子涡轮、射流式加力燃烧室、全状态可调拉瓦尔喷管和附件传动机匣等（参见图 2.3）。工作系统有滑油系统、燃油控制系统、起动系统、涡轮冷却控制系统、发动机几何通道控制系统、防喘消喘系统、防冰系统、发动机综合调节器等。

压气机共有 13 级，其中风扇（即低压压气机）4 级，高压压气机 9 级；涡轮为双转子轴流反应式，高、低压涡轮各 1 级 。高压转子为刚性连接，支承在两个支点上；低压转子轴由三部分组成，各部分之间用销钉连接，支承在 4 个支点上。

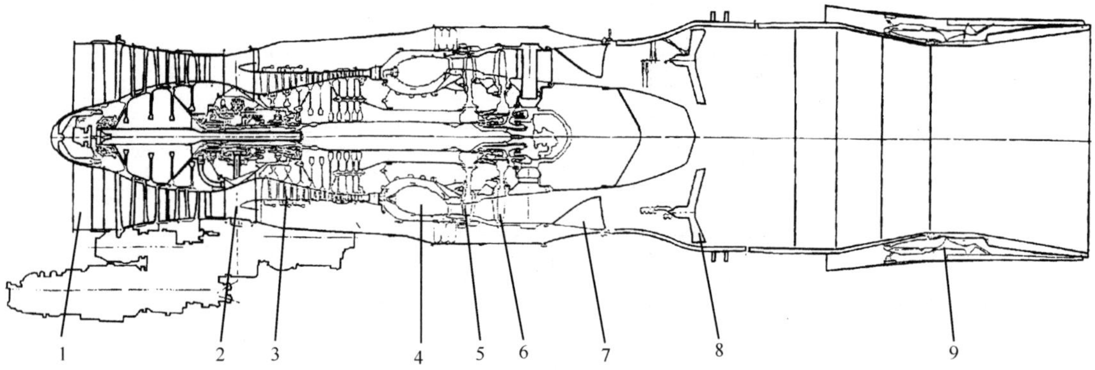

图 2.3　АЛ—31ΦN 发动机

1—低压压气机（风扇）；2—中介机匣；3—高压压气机；

4—环形燃烧室；5—高压涡轮；6—低压涡轮；

7—内外涵道混合器；8—加力燃烧室；9—收敛扩张型喷管

其主要结构特点有进气机匣为全钛结构，有 23 个可变弯度的进口导流叶片；风扇和高压压气机广泛采用钛合金结构，转子的级间连接采用了电子束焊；高压压气机有三级可调静子叶片，所有 9 级工作叶片均为环形燕尾形榫头；环形燃烧室有 28 个双路离心式喷嘴，两个点火器，采用半导体电嘴；高压涡轮叶片不带冠，榫头处带有减振器，低压涡轮叶片带冠；涡轮冷却系统采用了设置在外涵道中的空气-空气换热器，可使冷却空气降温 125～210 ℃，加强了冷却效果；加力燃烧室采用射流式点火方式，单晶体的涡轮工作叶片为此提供了强度保障；收敛-扩张形喷管由亚声速、超声速调节片及密封片各 16 片组成；排气方式为内、外涵道混合排气。燃油控制系统为监控型电子控制，模拟式电子控制装置-综合调节器提供超限保护，提高了控制精度;发动机全流程几何通道控制系统和防喘消喘系统使发动机稳定工作范围扩大,工作可靠性提高。附件传动装置中有恒速传动装置。

发动机主要性能数据与几何尺寸如表 2.2 所示。

三、CFM56 发动机

CFM56 发动机是双转子大涵道比涡轮风扇发动机,是 CFM 公司为了满足 20 世纪 80 年代飞机大推力、低油耗、低噪声、低污染要求而合作设计研制的。CFM 公司由法国 SNECMA 公司和美国 GE 公司于 1974 年合资组建。

该发动机以美国 F101 军用涡扇发动机的核心机为基础,匹配以不同的低压转子,衍生出一系列不同推力级别的发动机,可以满足各种类型飞机的不同需要,是采用核心机和单元体设计思想的成功范例。目前该发动机已经有 CFM56—2(军方编号 F108),CFM56—3,CFM56—5,CFM56—7 等多种型号,广泛应用于各种军用/民用飞机上,已累计生产逾万台,目前仍在继续生产和发展。其中 CFM56—2 发动机,是波音 KC—135R 加油机和波音 E—6A 和 E－8A 侦察机的动力装置。

CFM56—3 发动机(参见图 2.4)是专为波音 737 系列飞机设计的,主要用于 B737—300,B737—400,B737—500 等飞机上。CFM56—3 发动机的低压转子由一级风扇及 3 级低压压气机和 4 级低压涡轮组成,高压转子由 9 级高压压气机和一级高压涡轮组成。高、低压转子最大允许的转速分别为 15 183 r/min 和 5 490 r/min,喷管为收敛形固定喷口。该发动机采用了一系列先进技术,包括可调静子叶、全环形燃烧室、高压涡轮和高压压气机主动间隙控制等。3 级低压压气机转子为整体钛合金锻制而成。高压压气机的转子级间连接采用了焊接技术,进口导流叶片和前 3 级静子叶片可调,6～9 级机匣为双层结构,内层为低膨胀合金材料制成,通过引入较冷的 5 级后压缩空气实现叶尖间隙控制。燃烧室为短环形。由高压压气机第 5 级和第 9 级引来的空气对高压涡轮进行主动间隙控制。发动机采用空气涡轮起动机起动,起动机在传动齿轮机匣上。

发动机主要性能参数以 CFM56—3—B1 发动机为例:起飞最大推力为 8 900 daN,巡航耗油率为 0.678 kg/(daN·h),涡轮前燃气温度为 1 373℃,总增压比为 22.6,涵道比为 5.0,空气质量流量为 297.4 kg/s,推重比为 5.0。

发动机主要性能数据与几何尺寸如表 2.3 所示。

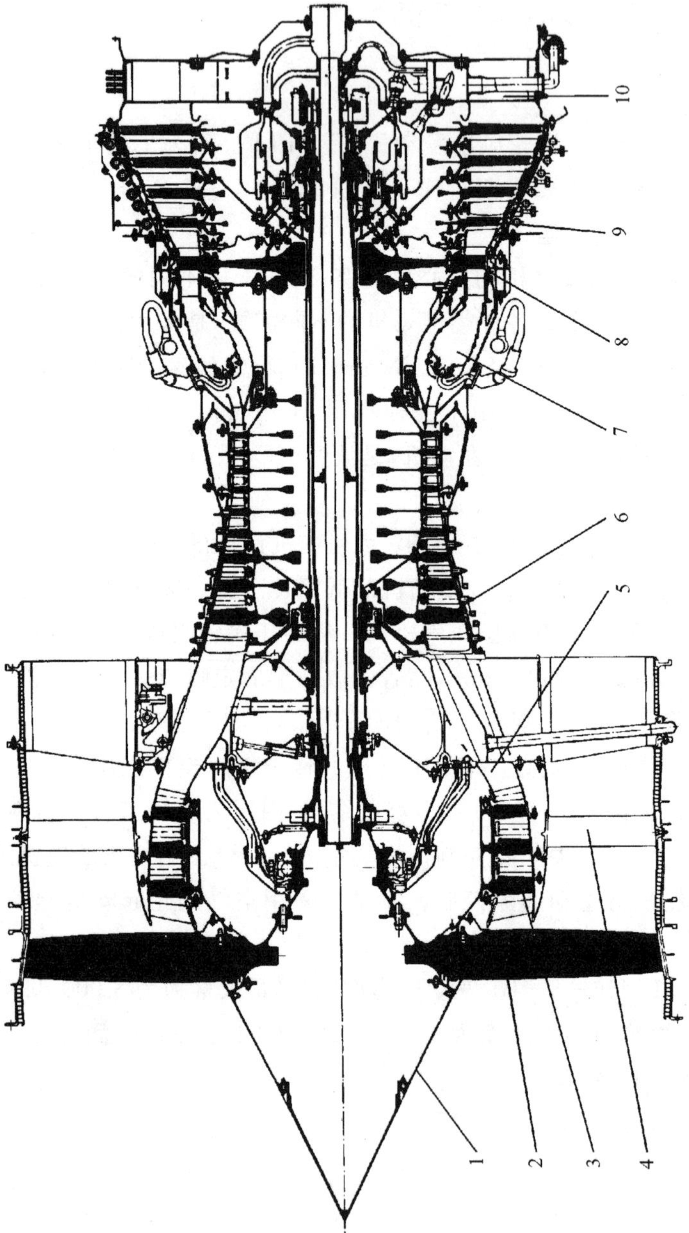

图 2.4　CFM56－3 发动机

1—整流锥；2—风扇；3—低压压气机；4—风扇整流叶片；5—中介机匣；
6—高压压气机；7—环形燃烧室；8—高压涡轮；9—低压涡轮；10—涡轮排气机匣

表 2.3　部分涡扇发动机性能、结构参数

发动机型号		RB199(MK104)	M88	EJ200	РД—33
起飞推力/daN		4 052	4 610	6 000	4 944
起飞耗油率 / $kg\cdot(daN\cdot h)^{-1}$		0.611	0.795	0.80	0.77
加力推力/daN		7 290	7 337	9 060	8 142
加力耗油率 / $kg\cdot(daN\cdot h)^{-1}$		2.293	1.896	1.85	2.14
空气质量流量/($kg\cdot s^{-1}$)		73.1	67	111.3	76
涵道比		1.08	0.5	0.4	0.49
总增压比		23.5	24	26	22
涡轮前燃气温度/℃		1 327	1 577	1 530	1 267
推重比		7.62	9	10	6.82
低压压气机		3 级 FAN	3 级 FAN	3 级 FAN	4 级 FAN
中压压气机		3 级			
高压压气机		6 级	6 级	5 级	9 级
燃烧室类型		短环型	短环型	短环型	短环型
高压涡轮		1 级	1 级	1 级	1 级
中压涡轮		1 级			
低压涡轮		2 级	1 级	1 级	1 级
支承形式	低　压	0—[1]+[1]+①—0	①—[1]—[1]		
	中　压	0—① +[1]—0			
	高　压	①—0—([1])	①—0—([1])		
调节规律					
控制器类型		FADEC	FADEC	FADEC	
发动机质量/kg		976			1 055
发动机外径/mm		719	700	863	1 000
发动机长度/mm		3 607	3 810	3 556	4 230
研制厂家		联合涡轮公司	SNECMA	EUROJET	[俄]克里莫夫设计局

续表

发动机型号		PW4084	PW4056	JT9D—7R4E	JT8D—217A
起飞推力/daN		37 400	25 274	22 242	8 896
$\frac{起飞耗油率}{kg\cdot(daN\cdot h)^{-1}}$			0.34	0.346	0.519
巡航 *Ma* 数		0.87		0.85	0.80
$\frac{巡航耗油率}{kg\cdot(daN\cdot h)^{-1}}$			0.602	0.607	0.78
空气质量流量/($kg\cdot s^{-1}$)		1 157.7	802	733.5	220.4
涵道比		6.4	4.9	5.0	1.73
总增压比		34.2	30.0	24.4	18.6
涡轮前燃气温度/℃			1 301	1 260	1 062
推重比		6.0	5.5	5.5	4.46
风扇进口直径/mm		2 840	2 380	2 380	1 250
低压压气机		1FAN+6 级	1FAN+4 级	1FAN+4 级	1FAN+6 级
高压压气机		11 级	11 级	11 级	7 级
燃烧室类型		短环型	环型	环型	环管型
高压涡轮		2 级	2 级	2 级	1 级
低压涡轮		7 级	4 级	4 级	3 级
支承形式	低压转子	0—①+[1] —[1]	0—①+[1] —[1]	0—①—[1]	[1]—①—[1]
	高压转子	①—[1]—0	①—[1]—0	①—[1]—0	①—①+[1]—0
调节规律		EPR=常数	EPR=常数	EPR=常数	n_2=常数
控制器类型		FADEC	FADEC	监控型电子控制	液压机械式
发动机质量/kg		6 603	4 264	4 128	2 119
发动机外径/mm		2 470	2 470	2 460	1 500
发动机长度/mm		4 870	3 900	3 910	3 920
厂家/年代		PW/1994	PW/1986	PW/1980	PW/1981

续表

发动机型号		CFM56—5(C2)	CF6—80C2(A5)	V2500(A5)	GE90
起飞推力/daN		15 140	26 750	11 130	34 250
起飞耗油率/kg·(daN·h)$^{-1}$			0.329	0.329	
巡航推力/daN		3 225	5 040		
巡航耗油率/kg·(daN·h)$^{-1}$		0.556		0.543	0.518
空气质量流量/(kg·s^{-1})		511.6	808.9	384.9	1 420
涵道比		6.6	5.05	4.8	8.4
总增压比		37.4	31.5	27.7	39.3
涡轮前燃气温度/℃		1 362	1 315	1 427	1 430
推重比		5.5	6.7	5.84	
风扇直径/mm		1 836	2 360	1 613	3 124
低压压气机		1FAN+4 级	1FAN+4 级	1FAN+4 级	1FAN+3 级
高压压气机		9 级	14 级	10 级	10 级
燃烧室类型		环型	环型	短环型	环型
高压涡轮		1 级	2 级	2 级	2 级
低压涡轮		4 级	5 级	5 级	6 级
支承形式	低　压	0—①+[1] —[1]	0—①+[1] —[1]	0—①+[1] —[1]	0—①+[1] —[1]
	高　压	①—0—([1])	[1]—①[1],[1]—0	①—[1]—0	①—0—[1]
调节规律		n_2=常数			
控制器类型		FADEC	FADEC	FADEC	FADEC
发动机质量/kg		2 561	4 259	2 333	
发动机外径/mm			2 370		4 013
发动机长度/mm			4 090	3 200	5 080
厂家/年代		CFMI/1991	GE/1993	IAE/1989	GE/1994

续表

发动机型号		RB211—535E	TRENT—800	ALF502R	Д30 Ky—154
起飞推力/daN		17 838	34 690	3 104	10 297
$\frac{起飞耗油率}{kg\cdot(daN\cdot h)^{-1}}$				0.416	0.498
巡航 *Ma* 数		0.80	0.83	0.70	
$\frac{巡航耗油率}{kg(daN\cdot h)^{-1}}$		0.607	0.567	0.448	0.492
空气质量流量/$(kg\cdot s^{-1})$		522.8	1 127	111	269
涵道比		4.3	6.21	5.7	2.42
总增压比		25.8	36	12.2	18(起飞)
涡轮前燃气温度/℃		1 149		1 180	1 127
推重比		5.5	4.98	5.40	4.56
$\frac{风扇进口直径}{mm}$		1 880	2 794		
低压压气机		1 级风扇	1 级风扇	1+1 级	3+0 级
中压压气机		6 级	8 级		
高压压气机		6 级	6 级	7+1 级	11 级
燃烧室类型		环型	短环型	回流环型	环管型
高压涡轮		高、中压各 1 级	高、中压各 1 级	2 级	2 级
低压涡轮		3 级	5 级	2 级	4 级
支承形式	低 压	0—[1]+(①)—[1]	0—[1]+(①)—[1]	0—[1]+①	[1]—①+(1)—[1]
	中 压	[1]—① +[1]—0	[1]—① +[1]—0	[1]—②	
	高 压	①—0—[1]	①—0—[1]	①—[1]—0	[1]—①+[1]—0
调节规律					n_2=常数
控制器类型		FADEC	FADEC	FADEC	液压机械式

续表

发动机型号	RB211—535E	TRENT—800	ALF502R	Д30 Ky—154
发动机质量/kg	3 297	8 211	586	2 300(无反推)
发动机外径/mm		2.794	1 060	1.56
发动机长度/mm	2 995	4 368	1 442	2 300(不计反推)
厂家/年代	RR/1984	RR/1995	联信/1982	

注:①—滚珠轴承;②—双排滚珠轴承;[1] —滚棒轴承;(1)—中介轴承。

四、ALF502 发动机

ALF502 发动机是为商用短程及支线客机发展的小推力级别高涵道比双转子涡轮风扇发动机,是美国联信发动机公司在 T55 涡轴发动机的核心机的基础上研制的齿轮传动的高涵道比涡轮风扇发动机,其军用编号为 YF102。原计划作为 A—9A 攻击机的动力装置,但由于 A—9A 在竞标中失败而发展成民用型,作为支线客机的动力装置。其中 ALF502R 是 BAe146 支线客机的动力装置,每架飞机装 4 台。

ALF502 发动机(见图 2.5)的主要结构特点是采用混合式压气机和回流式环形燃烧室。高压压气机由 7 级轴流加 1 级离心式压气机组成,由 2 级轴流式涡轮驱动,低压转子由 1 级风扇和 2 级轴流式涡轮组成,喷管为收敛形固定喷管。风扇采用齿轮传动,减速器的传动比为 2.30;该发动机采用单元体设计,整台发动机由 4 个单元体组成,每个单元体在出厂前都经过平衡,可以直接更换,易于维修。发动机的设计目标是满足民用飞机长寿命和低成本的要求,其涵道比高、耗油率低、噪声小,排气中 NO_x 的排放量大大低于国际民航组织的规定。

目前 ALF502R 经改进已发展为新的 LF500 系列,采用了全功能数字式的燃油控制系统和涡轮叶尖间隙控制等先进技术,可用于不同的商用短程喷气客机。其中 LF507—1H 于 1999 年 1 月取得了美国 FAA 的合格认证。

发动机主要性能数据与几何尺寸如表 2.3 所示。

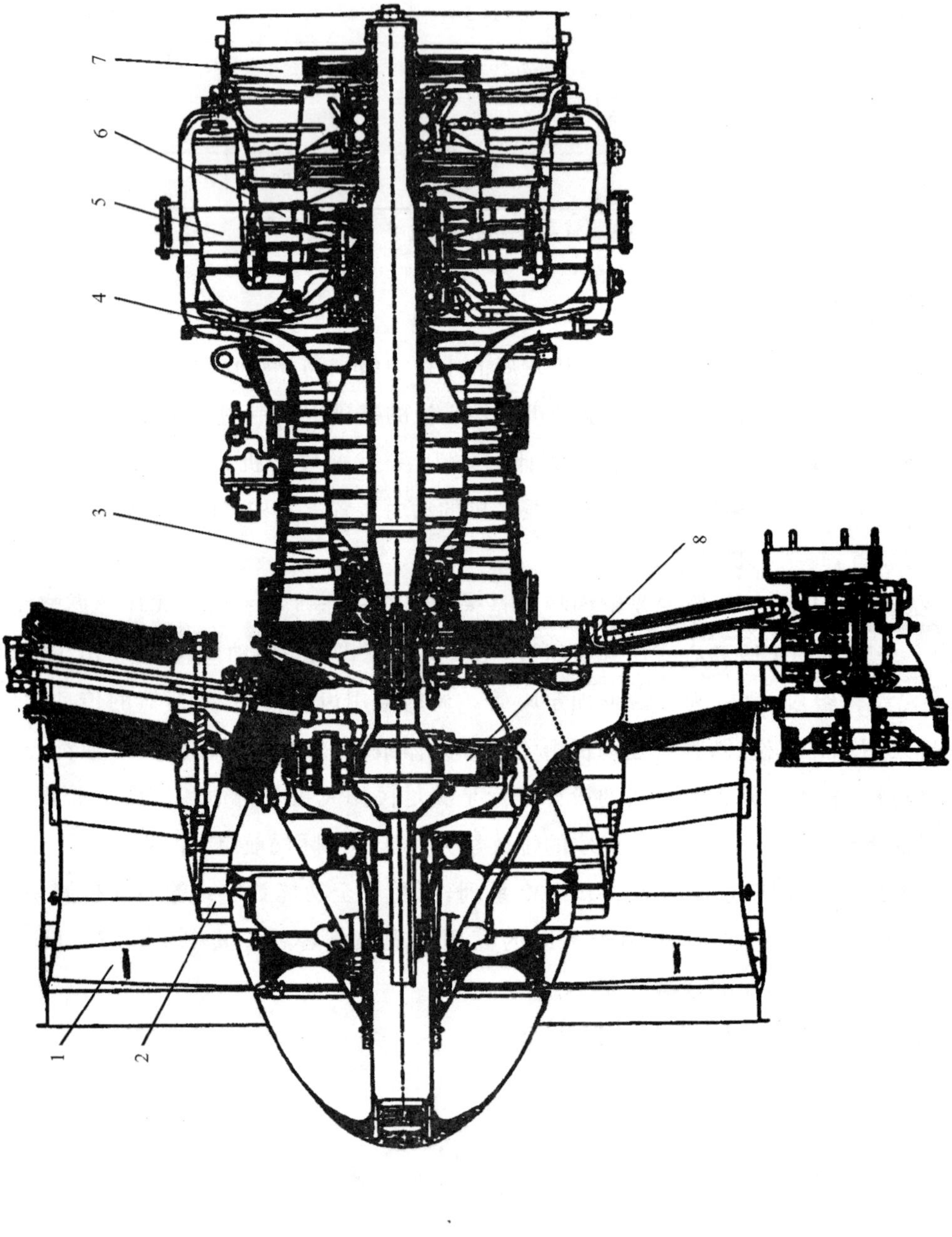

图 2.5　ALF502 发动机

1—风扇；2—低压压气机；3—高压压气机；4—离心级；5—回流式燃烧室；
6—高压涡轮；7—低压涡轮；8—风扇减速器

2.3　涡轮轴和涡轮螺旋桨发动机

一、涡轴 8(WZ8)发动机

涡轴发动机(见图 2.6)是自由涡轮式单转子涡轮轴发动机,其前身是法国 TM 公司的阿赫耶发动机,是直 9 双发直升机、直 9C 舰载反潜双发直升机(双发 WZ8A)和直 11 飞机(单发 WZ8D)的动力装置。它由单转子混合式压气机、折流式环形燃烧室、2 级轴流反应式涡轮、1 级轴流式自由涡轮、减速器和简单扩张式排气装置五大部件组成。单转子混合式压气机由 1 级跨声速轴流式加 1 级超声速离心式组成,转子的叶片及轮盘为整体式结构,设计转速为 51 000 r/min;折流式环形燃烧室采用甩油盘式燃油喷嘴;2 级轴流反应式涡轮无冷却;单级轴流式自由涡轮转速为 41 586 r/min,减速器为两级斜齿轮简单减速器,总减速比为 0.144 3,输出转速为 6 000 r/min。WZ8A 的排气装置轴线向上翘约 30°。

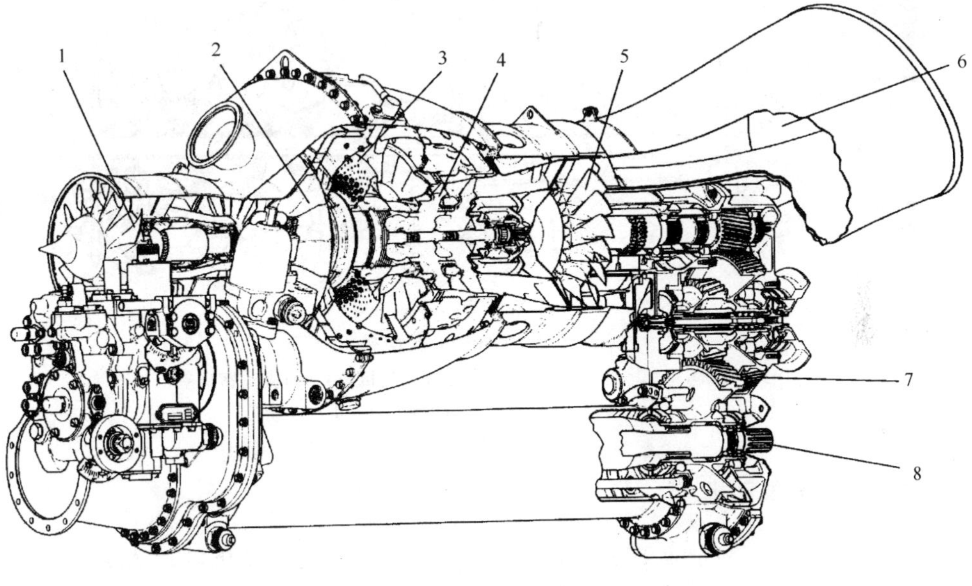

图 2.6　WZ8 发动机

1—轴流式压气机; 2—离心式压气机; 3—折流式燃烧室; 4—涡轮; 5—自由涡轮;
6—排气装置; 7—减速器; 8—输出轴

另外,还有液压机械式燃油控制系统、滑油系统、起动系统等主要工作系统。

主要性能数据以 WZ8A 为例:起飞功率为 526 kW,最大连续功率为 437 kW,350 kW 耗油率为 0.396 kg/(kW·h),涡轮前燃气温度为 1 052℃,总增压比为 8.0,空气质量流量为

2.5 kg/s，功重比为 4.38 kW/daN。

二、PW127 发动机

PW127 是自由涡轮式双转子涡轮螺旋桨发动机，是运 7—200 的动力装置(参见图 2.7)。它由 2 级离心式压气机、14 个气动喷嘴的环形回流式燃烧室、两级轴流式涡轮、2 级轴流式自由涡轮、减速器五大部件组成。减速器为 2 级减速，功率为 1 775 kW，输出转速为 1 200 r/min。发动机的主要特点是压气机采用 2 级双转子离心式，分别由各自的涡轮驱动；高压涡轮和低压涡轮均为单级轴流式。

主要性能参数是起飞功率为 2 051 kW，最大巡航功率为 1 591 kW，起飞耗油率为 0.279 kg/(kW·h)，涡轮前燃气温度为 1 260℃，总增压比为 15.3，空气质量流量为8.2 kg/s，功重比为 4.4 kW/daN。

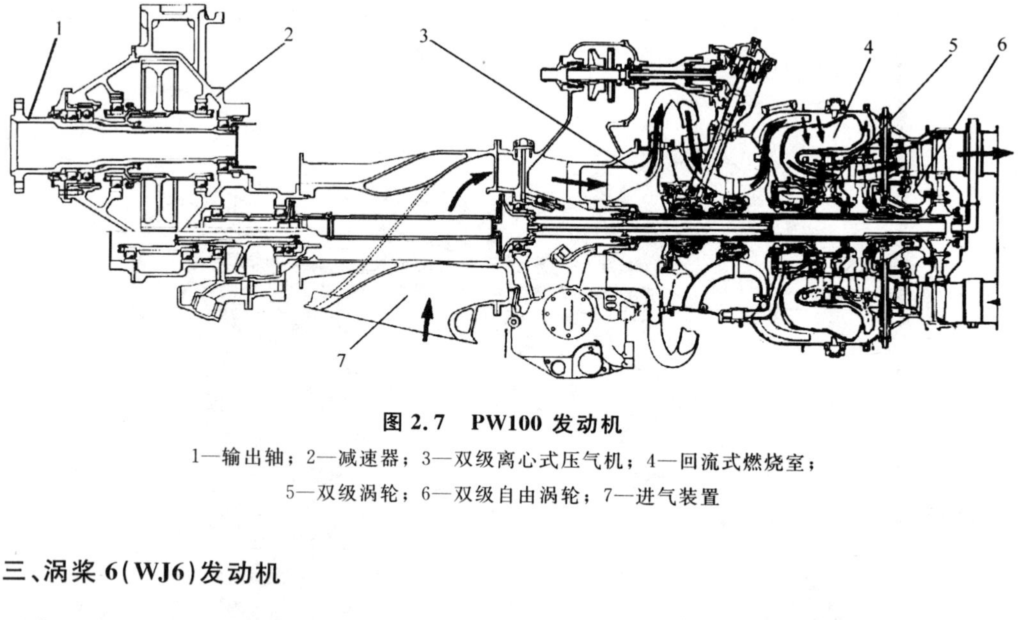

图 2.7　PW100 发动机

1—输出轴；2—减速器；3—双级离心式压气机；4—回流式燃烧室；
5—双级涡轮；6—双级自由涡轮；7—进气装置

三、涡桨 6(WJ6)发动机

涡桨发动机(见图 2.8)是单转子涡轮螺旋桨发动机，是运 8 飞机的动力装置。它由单转子轴流式压气机、环形燃烧室、3 级轴流反应式涡轮、减速器、收敛形固定喷口等组成。另外，还有液压机械式燃油控制系统、滑油系统、螺桨调速器、起动系统和点火系统等主要工作系统。压气机为 10 级轴流式，第 5 级和第 8 级各有两个放气活门；环形燃烧室采用带单独头部的环形火焰筒；涡轮转子的级间连接采用长螺栓联接，前 2 级盘有空气冷却；转子转速为 12 300 r/min；减速器为封闭差动游星式减速器，减速比为 0.087 32，螺旋桨转速为 1 074 r/min；WJ6 的排气面积为 0.225 m^2。

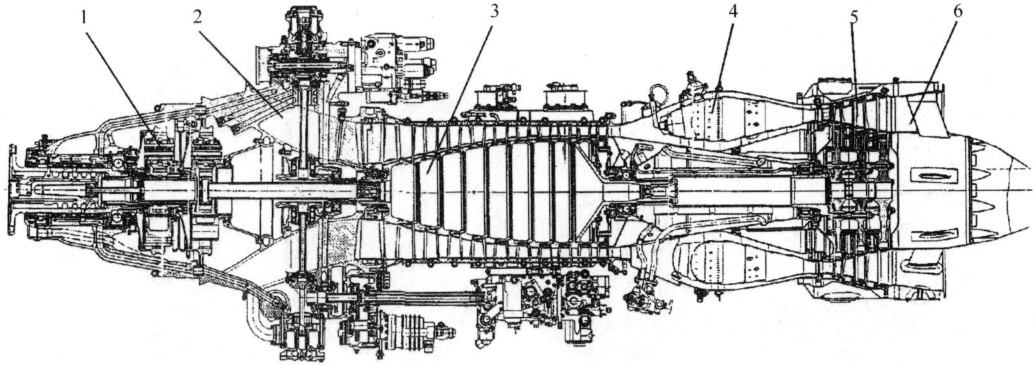

图 2.8　WJ6 发动机

1—减速器；2—进气装置；3—轴流式压气机；4—燃烧室；5—涡轮；6—排气机匣

2.4　单元体结构设计

现代航空燃气涡轮发动机多采用单元体结构设计。所谓单元体结构设计就是将整台发动机在结构上设计为由若干单元体组合而成。每个单元体包含一两个发动机部件。例如 PW4000 发动机采用单元体结构设计，整台发动机由压气机进口整流罩、风扇叶片、低压转子联轴器、低压压气机、风扇机匣、中介机匣、高压压气机、扩压器及燃烧室、高压涡轮导向器和火焰筒内壁、高压涡轮、低压涡轮、涡轮排气机匣和主齿轮箱 13 个单元体组成，如图 2.9 所示。或者分为若干单元体组，如 CFM56 发动机的 17 个单元体分为 4 个单元体组。单元体结构设计要求同一单元体在性能与装配上规格化，可以互换。各单元体之间的匹配无需调试，只有简单的连接。维修时，可以单独更换某一个单元体而不影响整台发动机的性能与部件的协调工作，更换后的转动部件也不需要进行重新平衡，大大改进了发动机的维修性，给使用与维修带来了很大方便。

采用单元体结构设计的发动机通常可以在现场用更换单元体的方法排除个别部件的故障，而不必将整台发动机运回修理厂，节约了大量运输时间和开支，一般可将维修周期缩短 2/3。有的设计还允许在飞机短舱内更换发动机零件和部件，例如可以直接在飞机上更换风扇部件，更换后不需要进行平衡或试车即可投入使用。这无疑大大缩短了维修时间、减少了维修工作量，还能减少流动资金占用量，降低了运营/维修成本。在战时能缩短地面后勤保障时间，提高飞机的作战效能和出勤率。

民用支线航空发动机性能、结构参数见表 2.4。

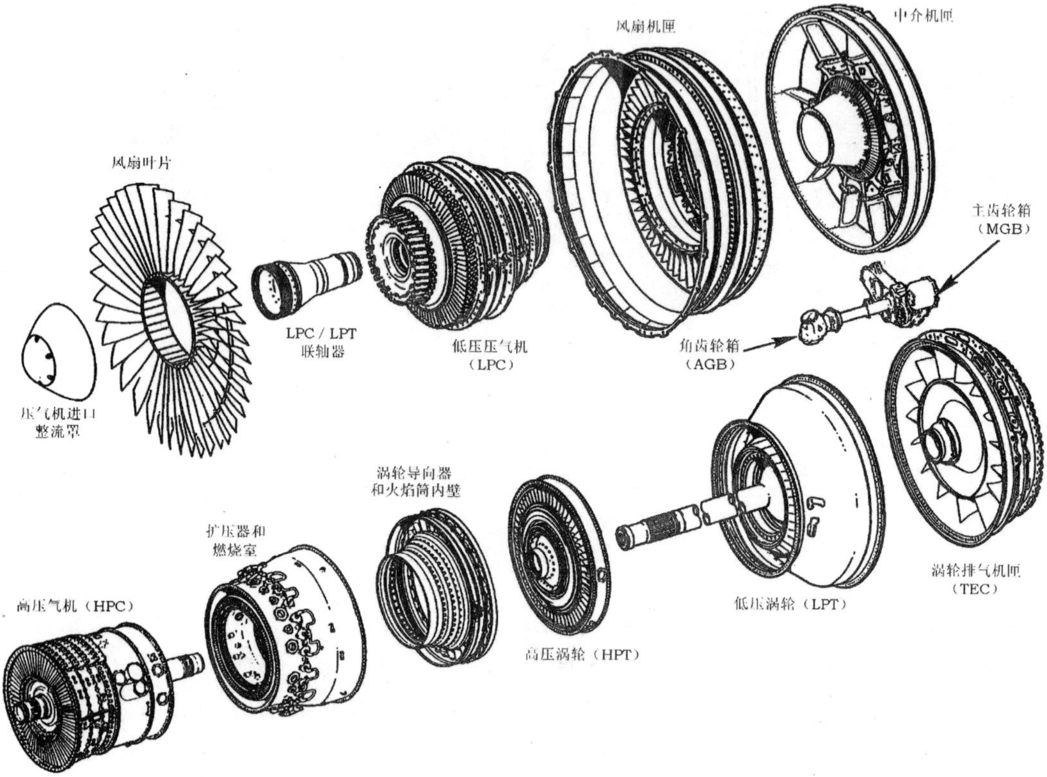

图 2.9 PW4000 发动机单元体

表 2.4 民用支线航空发动机主要性能、结构参数表

型 号	推力/轴马力	质量 lb①	长度 in②	耗油率海平面/高空	结构参数			装备飞机
					燃烧室	压气机	涡轮	
ALLIEDSIGNAL ENGINES 公司								
LE507—1	7 000	1 385	58.56	0.396	环形	6+1	2/2	Avro RJ85, Avro RJ100
ALF502R—5	6 968	1 336	58.56	0.406	环形	6+1	2/2	
TPE 331—5	840	360	43.60	0.548	环形	2	3	
TPE 331—10	9 000	375	42.80	0.534	环形	2	3	

续表

型　号	推力/轴马力	质量 lb	长度 in	耗油率海平面/高空	结构参数			装备飞机
					燃烧室	压气机	涡轮	
TPE 331—11	1 000	400	43.40	0.534	环形	2	3	
TPE 331—12	1 100	407	43.40	0.522	环形	2	3	Jetstream 31
TPE 331—14	1 650	620	53.30	0.497	环形	2	3	An—38,Jetstream 41
ALLISON ENGINE CO. 公司								
AE 2100A	4 152	1 575	108	0.416	环形	14	2/3	
AE 2100C	3600	1575	108	0.43	环形	14	2/3	
N250—100	AE 2100D3	4591	1723	130	0.426	环形	14	2/3
AE 3007A	7 450	1 600	115	0.39	环形	14	2/3	BJ—145
AE 3007A1	7 450	1 600	115	0.397	环形	14	2/3	
AE 3007A3	7 000	1 600	115	0.392	环形	14	2/3	BJ—145
AE 3007C	6 400	1 590	115	0.38	环形	14	2/3	
BMW ROLLS-ROYCE GMBH 公司								
BR710	14 690	3 500	87	0.39/0.65	环形	10	2/2	
GE AIRCRAFT ENGINES 公司								
CT7—9(T)	1 900	805	96	0.46/0.413	环形	5	2/2	LET610,CN—235
CF34—3B1	9 220	1 670	103	0.34/0.689	环形	14	2/4	Canadair RJ 200
CF34—8C1	13 790	2 335	128.5	0.38/0.665	环形	10	2/4	Canadair RJ 700
PRATT & WHITNER CANADA 公司								
PW119306B	6 050	1 062	75.7		环形	5	2/3	Dornier328JET
PW118	1 800	861	81	0.498	环形	2	1/1 * 2	EMB—120
PW119	2 180	921	81	0.490	环形	2	1/1 * 2	Dornier328—110
PW123	2 380	992	84	0.470	环形	2	1/1 * 2	Dash 8Q 300
PW127	2 750	1 060	84	0.459	环形	2	1/1 * 2	ATR72 、运 7—200
PW150A	5 071	1 521	95.4	0.433	环形	3	1/1 * 2	Dash 8Q 400
PT6A-27	680	328	62	0.602	环形	3/1	1/1	运 12
PT6A-34	750	331	62	0.595	环形	3/1	1/1	运 12
PT6A114	600	350	62	0.640	环形	3/1	1/1	Caravan 208

续表

型　号	推力/ 轴马力	质量 lb	长度 in	耗油率海 平面/高空	结构参数			装备飞机
					燃烧室	压气机	涡轮	
ROLLS-ROYCE								
Tay620	13 850	3 185	95	/0.69		16	2/3	Fokker 70
Tay650	15 100	3 340	95	/0.69		16	2/3	Fokker 100

①1lb=0.453 592 37 kg;②1in=2.54 cm。

弹用微型航空发动机性能、结构参数见表2.5。

表2.5　弹用微型航空发动机性能、结构参数

发动机型号	TRI 60—3	ArbisonⅢB	J402—CA—400	F107—WR—400
发动机类型	单转子涡喷	单转子涡喷	单转子涡喷	双转子涡扇
起飞推力/daN	400	400	294	
起飞耗油率	1.20	1.141	1.224	
巡航推力/daN			209	267
巡航耗油率			1.152	0.611
空气质量流量/(kg·s^{-1})	5.6	5.98	4.35	6.2
涵道比				1.0
总增压比	4	5.5	5.6	14.5
涡轮前燃气温度/℃	1 010	816	1 037	954
推重比	8.68	3.55	6.5	4.1
压气机	3级轴流	1级轴流+1级离心	1级轴流+1级离心	2级风扇+2级LPC 1级离心式HPC
发动机型号	TRI 60—3	ArbisonⅢB	J402—CA—400	F107—WR—400
燃烧室类型	环形	回流环形	环形	环形折流式
涡轮	单级轴流	单级轴流	单级轴流	1级轴流HPT 2级轴流LPT
控制器类型	液压气动式		电子式燃油控制	液压机械式
发动机重量/kg	57	115	46	65
发动机外径/mm	330	410	318	304
发动机长度/mm	757	1 361	747	937
厂家/年代	Microturbo/1974	透博梅卡/1975	CAE/1974	WIC /1976

思考题

1. 根据总增压比、推重比、涡轮前燃气温度、耗油率、涵道比等重要性能指标，指出各代涡轮喷气、涡轮风扇、军用涡扇发动机的性能特征。

2. АЛ—31Ф 发动机的主要结构特点是什么？在该机上采用了哪些先进技术？

3. ALF502 发动机是什么类型的发动机？它有哪些优点？

第3章　压气机

3.1　概　述

压气机是用来提高进入发动机内的空气压力，供给发动机工作时所需要的压缩空气，也可以为座舱增压、涡轮散热和其他发动机的起动提供压缩空气。

评定压气机性能的主要指标是增压比、效率、外廓尺寸和重量、工作可靠性、制造和维修费用。对于航空发动机来讲，最重要的指标之一是外廓尺寸。它用单位空气质量流量来衡量，即通过发动机单位面积的空气质量流量。

对压气机结构设计的基本要求：

(1)满足发动机性能设计提出的各项要求，性能稳定，稳定工作范围宽；

(2)具有足够的强度、适宜的刚度和更小的振动；

(3)结构简单，尺寸小，重量轻；

(4)工作可靠，寿命长；

(5)维修性、检测性好，性能制造成本比高。

在航空燃气涡轮发动机中，一般采用了三种基本类型的压气机：轴流式、离心式和混合式。根据转子的数目还可以将压气机分为单转子、双转子和三转子 3 种。

轴流式压气机具有增压比高、效率高、单位面积空气质量流量大、迎风阻力小等优点，在相同外廓尺寸条件下可获得更大的推力。因此在航空燃气涡轮发动机上，特别在大、中推力发动机上，普遍采用轴流式压气机。

离心式压气机曾最先使用在航空发动机上，具有结构简单、工作可靠、稳定工作范围较宽、单级增压比高等优点；缺点是迎风面积大，难于获得更高的总增压比。离心式压气机主要用于教练机、导弹、靶机上的小型动力装置和飞机辅助动力装置中。在中、小型发动机上，轴流式压气机与离心式压气机组成的混合式压气机，发挥了离心式压气机单级增压比高的优点，避免了轴流式压气机当叶片高度很小时损失增大的缺点，因此也得到广泛应用。

本章主要研究轴流式压气机结构，对离心式和混合式压气机只作一般介绍。

轴流式压气机由转子和静子组成。

转子是一个高速旋转对气流做功的组合件。在双转子涡喷发动机中，压气机又分为低压转子(见图 3.2)和高压转子；在双转子涡扇发动机中，低压转子就是风扇转子(见图 3.1)，或者是风扇转子和低压压气机转子的组合(见图 3.4)。压气机转子一般是简支的，也有些是悬臂支承(见图 3.3),或部分轮盘外伸(见图 3.2)。

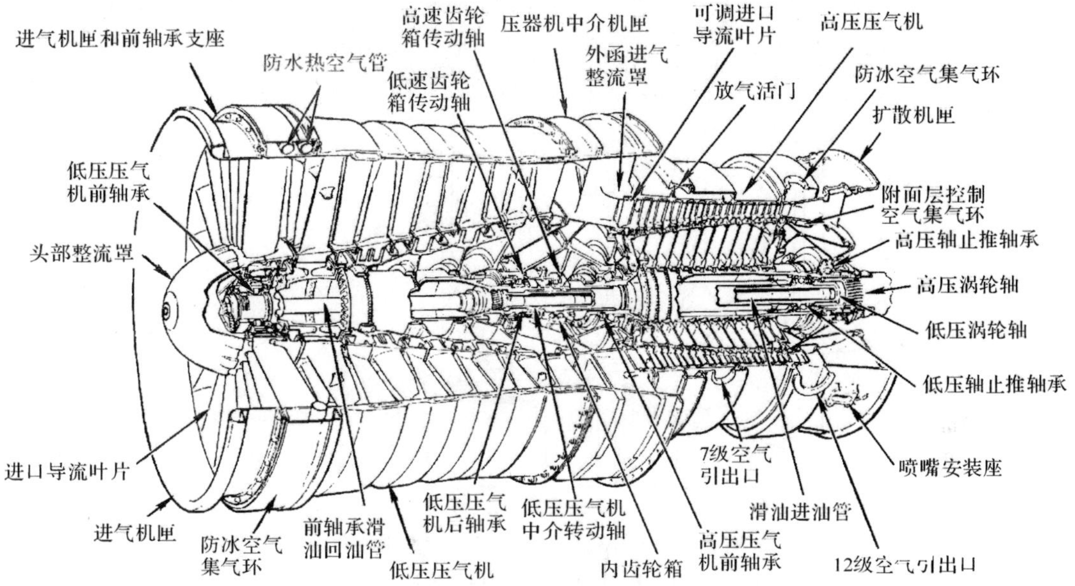

图 3.1　WS9 发动机的双转子轴流式压气机

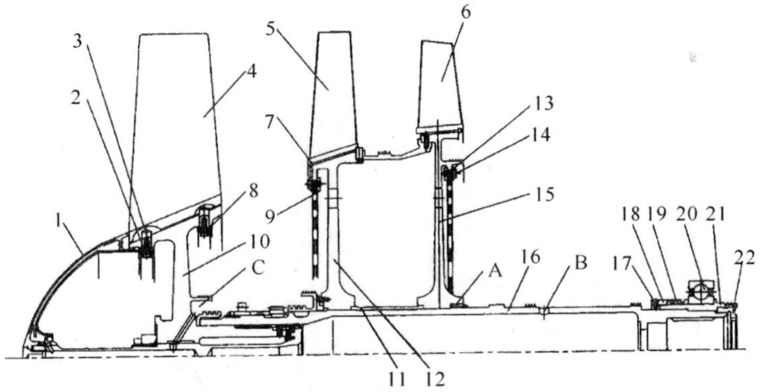

图 3.2　WP13 发动机低压压气机转子

1—整流罩；2,14—螺栓；3—销子；4—第 1 级转子叶片；5—第 2 级转子叶片；
6—第 3 级转子叶片；7—第 2 级卡环；8—第 1 级轮盘圆环(后)；9—平衡配重；
10—第 1 级压气机盘；11—间隔衬套；12—第 2 级压气机盘；13—锁紧垫圈；
15—第 3 级压气机盘；16—压气机轴；17—止动环；18—轴承螺帽；
19—涨圈座；20—球轴承；21—中介轴承衬套；22—螺母
A—花键；B—进气孔；C—封严腔

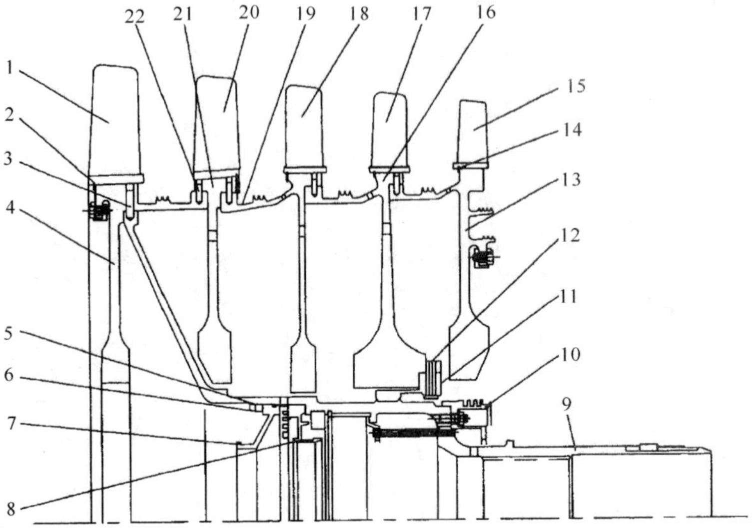

图 3.3　WP13 发动机高压压气机转子

1—第 4 级转子叶片；2—卡环；3—销子；4—第 4 级压气机盘；5—板条锁片；6—盖子螺母；7—封严环；8—轴承盖；9—轴颈；10—滑油收集衬套；11—花键衬套；12—销子；13—第 8 级压气机盘；14—卡环；15—第 8 级转子叶片；16—第 7 级压气机盘；17—第 7 级转子叶片；18—第 6 级转子叶片；19—第 6 级压气机盘；20—第 5 级转子叶片；21—第 5 级压气机盘；22—销子

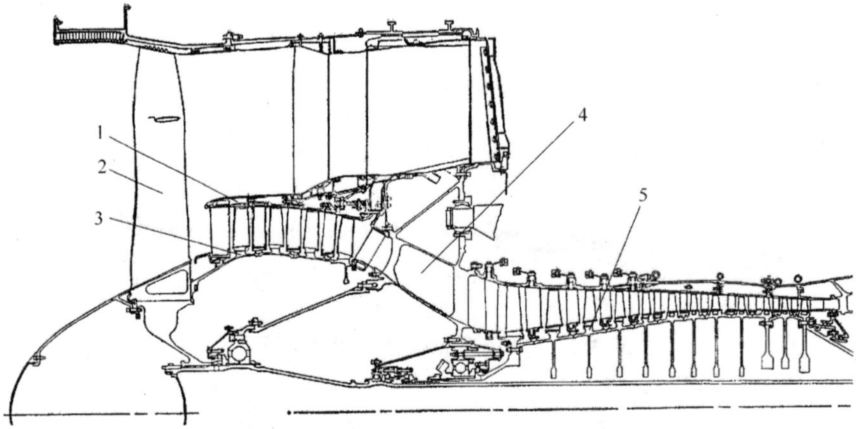

图 3.4　PW2037 发动机压气机

1—分流机匣；2—风扇叶片；3—低压压气机转子；4—中介机匣；5—高压压气机转子

静子是静子组合件的总称，包括机匣和整流器。在单转子涡喷发动机中，压气机机匣由进气装置、整流器机匣和扩压器机匣组成。在双转子压气机中，在风扇和压气机之间还有一个分流机匣，将内、外涵道的气流分开；在高、低压压气机之间有一个中介机匣，将气流由低压压气机顺利引入高压压气机（见图 3.4）。

先进航空发动机的高压压气机结构及性能参见表 3.1。

表 3.1　先进航空发动机的高压压气机结构及性能

发动机型号	进口换算质量流量/(kg·s^{-1})	压气机增压比	压气机效率	压气机级数	转子结构
F100	22.35	7.1～8.0	0.825	10	鼓盘式
F101	27.488	11.74	0.846	9	鼓盘式
АЛ－31Ф	24.5	6.50	0.862	9	鼓盘式
F404	16.02	6.831	0.832	7	鼓盘式
RB199		5	0.8	6	鼓盘式
РД－33	19.38	6.875	0.835	9	鼓盘式

3.2　轴流式压气机转子

一、转子的基本结构形式

就结构设计来讲，航空压气机与一般压气机相比，它的主要特点是转速高，每分钟可达数千或数万转。

转速高可以使压气机在尺寸小、重量轻的条件下，得到所需的性能（即给定的空气质量流量和增压比），满足发动机性能设计的最基本要求，这是有利的一面。但是，在高转速条件下，转子零件及其连接处要承受巨大的惯性力、气体力、扭矩和复杂的振动负荷（见图 3.5）。若零件型面和传力方案设计不当，其工作时就有破坏、损坏的危险。若转子零、组件的定心方案不妥，转子装配不当，平衡不好，横向刚性不足，当压气机高转速工作时，转子就会发生剧烈振动而影响发动机正常工作，这是不利的一面，也就是转子结构设计的基本问题。

虽然转子结构方案是多种多样、千变万化的，但是作为高速旋转的承力件，转子结构设计所需要解决的基本矛盾是：在考虑到尺寸小、重量轻、结构简单、工艺性好的前提下，转子零、组件及其连接处应保证可靠的承受载荷和传力（对结构设计起决定作用的负荷是叶片和转子的离心力、弯矩和扭矩），具有良好的定心和平衡性、足够的刚性。这些就是压气机转子方案设计所应遵循的基本原则，也是分析各种转子方案的纲。

压气机转子的基本型式有三种：鼓式、盘式和鼓盘式，如图 3.6 所示。

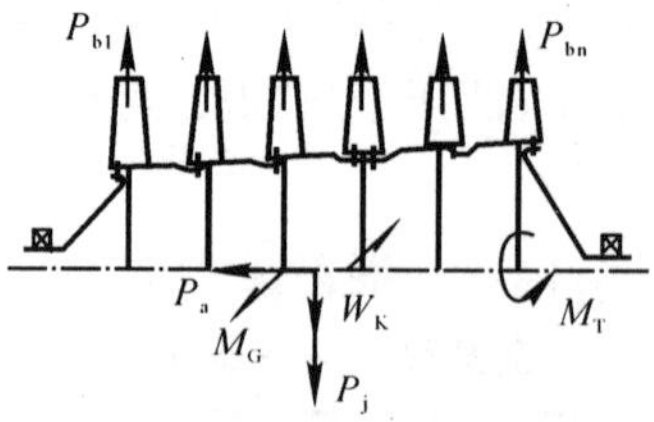

图 3.5　作用在压气机转子上的主要负荷

W_K—重力；P_j—机动飞行时的惯性力；P_a—轴向力；M_G—机动飞行时的陀螺力矩；
P_b—叶片的离心力；M_T—转子的扭矩；P_K—转子质量的离心力(未标出)

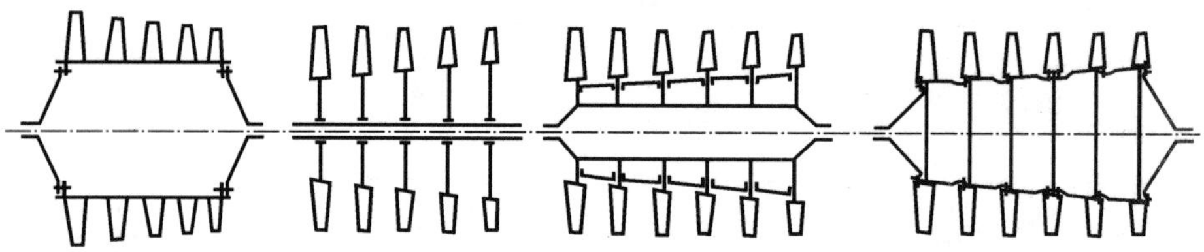

图 3.6　压气机转子的基本型式

(a)鼓式；(b)盘式；(c)加强的盘式；(d)鼓盘式

鼓式转子(见图 3.6(a))的基本构件是一圆柱形、橄榄形或圆锥形鼓筒(视气流通道形式而定),借安装边和螺栓与前、后半轴联接。在鼓筒外表面加工有环槽或纵槽,用来安装转子叶片。作用在转子上的主要负荷(叶片和鼓筒的离心力、弯矩和扭矩)由鼓筒承受和传递。鼓式转子的优点是抗弯刚性好、结构简单,但是承受离心载荷能力差,故只能在圆周速度较低(不大于 180～200 m/s)的条件下使用。如早期的压气机、现代大流量比涡扇发动机的低压转子上。民用斯贝发动机低压压气机转子为鼓式转子,如图 3.7 所示。

盘式转子(见图 3.6(b))由一根轴和若干个轮盘组成,用轴将各级轮盘联成一体。盘缘有不同形式的榫槽用来安装转子叶片。盘心加工成不同的形式,即用不同的方法在共同的轴上定心和传扭。转子叶片和轮盘的离心力由轮盘承受,转子的抗弯刚性由轴保证。盘式转子的优点是承受离心载荷能力强,但是抗弯刚性差。为了提高转子的抗弯刚性,在盘式转子中,盘缘间增添了定距环,并将轴的直径加粗,称为加强的盘式转子(见图 3.6(c))。图 3.8 所示为 WS9 发动机的高压压气机转子。

鼓盘式转子(见图 3.6(d))由若干个轮盘,鼓筒和前、后半轴组成。盘缘有不同形式的榫槽用来安装转子叶片。级间联接可采用焊接、径向销钉、轴向螺栓或拉杆。转子叶片、轮盘和鼓筒的离心力由轮盘和鼓筒共同承受,扭矩经鼓筒逐级传给轮盘和转子叶片,转子的横向刚性由鼓筒和连接件保证。典型的鼓盘式转子如图 3.9 所示。

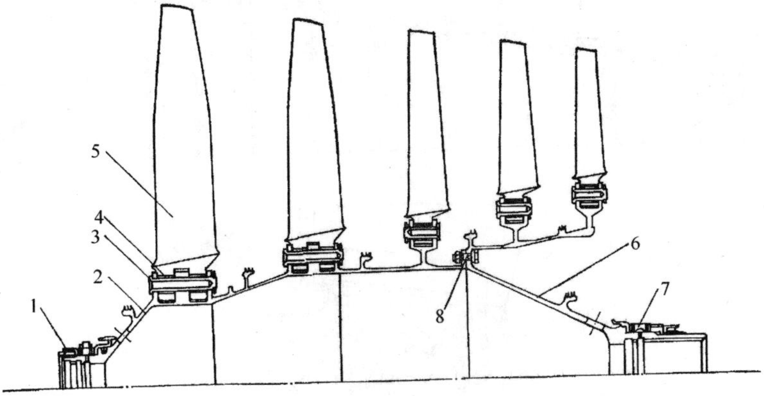

图 3.7　鼓式转子——民用斯贝发动机低压压气机转子

1—前支点；2—鼓筒前段；3—销钉；4—衬套；5—风扇叶片；
6—鼓筒后段；7—转子后轴承内圈；8—联接螺栓

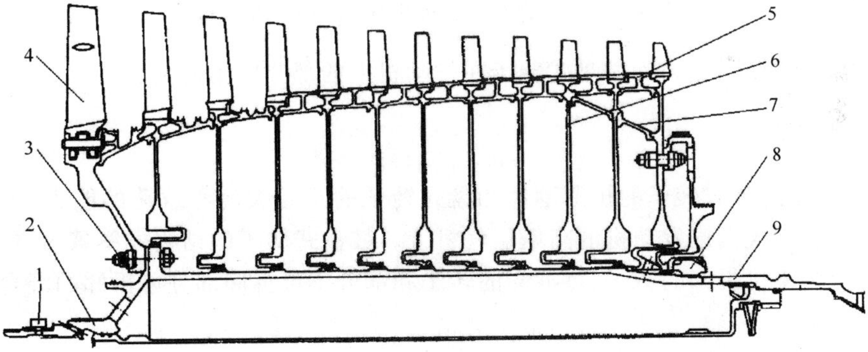

图 3.8　加强的盘式转子——WS9 发动机高压压气机转子

1—前支点；2—前半轴；3—螺栓；4—转子叶片；5—定距环；
6—轮盘；7—内加强环；8—大螺帽；9—后半轴

在有些情况下，加强的盘式转子和鼓盘式转子不易区分，如图 3.8 所示。区分的方法在于辨别转子的传扭方式。鼓盘式转子靠鼓筒传扭，而加强的盘式转子主要靠轴来传扭，如图中盘和轴之间有传扭套齿。定距环的主要作用是提高转子的刚性和传递轴向力。

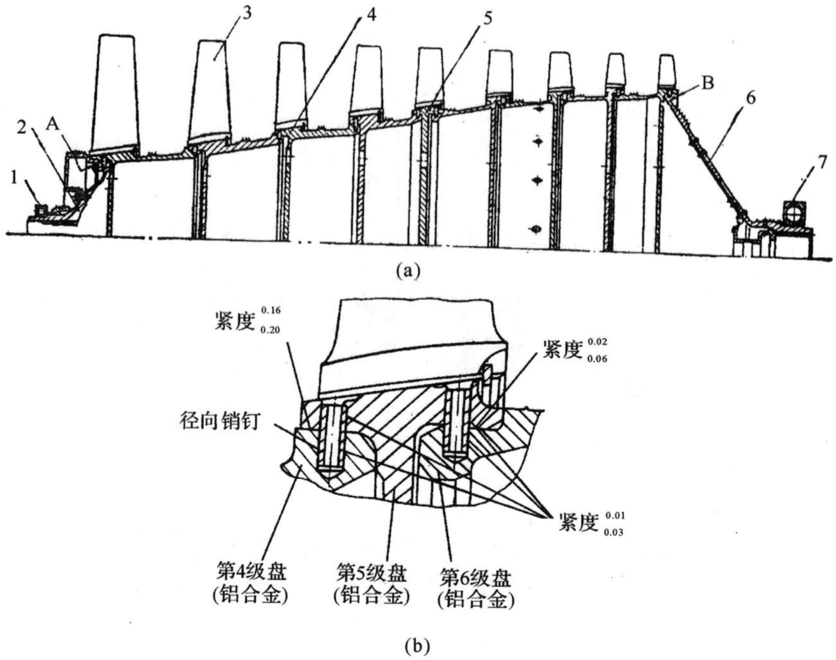

图 3.9　鼓盘式转子——WP6 发动机压气机转子

1—前支点；2—前半轴；3—螺栓；4—转子叶片；5—轮盘；
6—后半轴；7—后支点；A—平衡螺钉；B—刮削材料处

表 3.2 给出了鼓式、盘式和鼓盘式转子在发动机上的部分应用情况。

二、鼓盘式转子

鼓盘式转子兼有鼓式转子的抗弯刚性和盘式转子的承受大离心载荷的能力，因而得到广泛应用，特别是在现代涡扇发动机的高压压气机上。鼓盘式转子的结构方案繁多，按其级间联接的特点，可分为不可拆卸的转子、可拆卸的转子和部分不可拆卸部分可拆卸的混合式转子三大类。

1. 不可拆卸的鼓盘式转子

不可拆卸的鼓盘式转子的级间联接常用圆柱面紧度配合加径向销钉联接和焊接两种方法，这两种方法在完成装配后都不可能再进行无损分解。在先进的 F119 发动机上是直接整体加工成型。

WP6，WP7，WP8，WP13 发动机的压气机都采用了圆柱面紧度配合加径向销钉联接的鼓盘式转子(见图 3.3、图 3.9、图 3.10)。这种结构利用热胀冷缩原理使圆柱面配合后产生紧度，圆柱面加径向销钉保证转子级间联接后的定心，靠径向销钉和配合面摩擦力传递扭矩。

表 3.2　鼓式、盘式和鼓盘式转子的应用

鼓　式	盘　式		鼓　盘　式		
				可拆卸的转子	
	简　单	加　强	不可拆卸的转子	轴向螺栓联接	轴向拉杆联接
MK511—5W	PД—20	埃汶	WP6	J79	J57
(LPC)		康维	WP7	CJ805—23	J79
		MK511	P29—300	吉伦	JT3D
CFM56(LPC)		—5W	(HPC)	J85	J47—GE—17
CF6—6		(HPC)		JT9D	奥林巴斯
(LPC,HPC3～9)		苔因	WP8	飞马 MK104	TP3
PW2037(LPC)		MK202	WJ6	(LPC)	飞马 MK104
				F100	(HPC)
PW4000(LPC)			RB199	RB199(HPC)	JT8D—209
			(FAN,MPC)①	奥林巴斯 593②	(HPC)
V2500(LPC)				RB211(MPC,	
			RB162①	HPC)②	
GE90(LPC)				CFM56(HPC)	
			P13—300	F101(HPC)②	
其中,				F110②	
LPC—低压压气机;				F404(HPC)②	
MPC—中压压气机;				JT8D—209(HPC)	
HPC—高压压气机				PW2037(HPC)②	
				PW4000(HPC)②	
				RJ500(HPC)②	
				GE90(HPC)②	

①用电子束焊或摩擦焊联接;②先将相同材料的轮盘焊成一体,再用短螺栓联接成一个转子。

这种结构的鼓盘式转子的优点是结构简单,工作可靠,加工方便。它的缺点是转子的零件较多,制造偏差会影响转子的定心和平衡;为保证转子可靠工作,在设计时要考虑许多因素;连接处结构要加宽加厚会增加转子重量。解决的办法是采用焊接连接或直接整体加工成型。例如 F119 发动机的压气机转子已采用了整体叶盘结构。

随着焊接技术的发展,在现代先进发动机中采用焊接式转子的逐渐增多。焊接转子一般采用电子束焊或摩擦焊。焊接的鼓盘式转子不需要连接件(见图 3.11),直接在焊接过程中保证定心,避免加工和装配环节可能产生的质量不稳定因素,因此可以有效减轻结构重量,提高转子工作可靠性。但是采用焊接方法,对焊接技术提出很高要求,要保证精度高、变形小、无氧化、高强度、无残余应力和质量稳定等要求,这些都需要大型的专用数控焊接设备和科学的工装、工艺来保证。

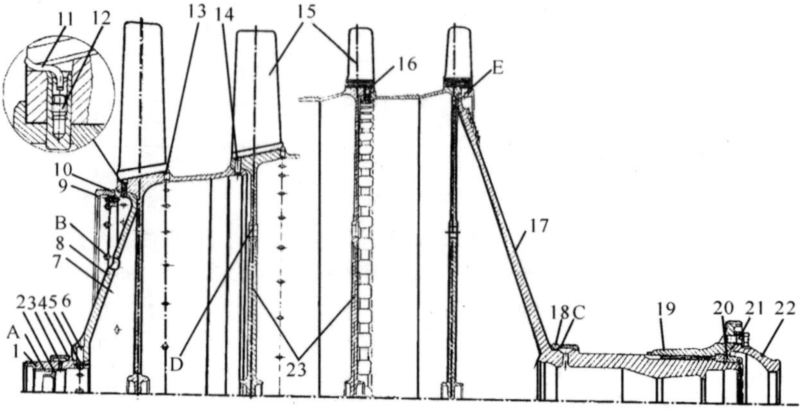

图 3.10 WP8 发动机的压气机转子

1—前轴颈；2—堵头；3—止动螺钉；4—前轴颈挡油圈；5,6—销子；7—前轴颈组合件；8—前轴颈锥体；9—螺桩；10—前轴颈密封圈；11,16—锁片；12—配重螺钉；13—锥型销钉；14—销钉；15—叶片；17—后轴颈；18—后轴颈挡油圈；19—从动套齿；20—螺母；21—螺栓；22—球形座盖；23—盘；A—套齿；B—前减荷腔进气孔；C—后轴颈封严装置引气孔；D—均压气孔

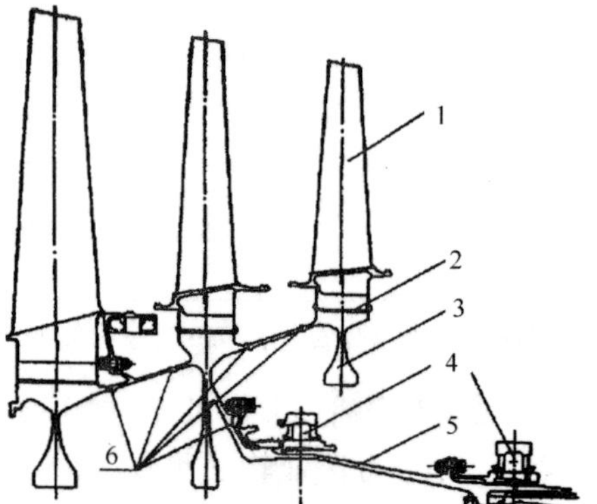

图 3.11 焊接式转子——RB199 低压压气机(风扇)转子

1—转子叶片；2—锁片；3—轮盘；4—轴承；5—轴；6—焊接处

鼓筒是鼓盘式转子的主要构件，用来联接各级轮盘，传递主要负荷和保证转子具有足够的刚性。将鼓筒置于盘缘或者移向盘心，直接影响着轮盘和鼓筒的受力和变形，影响着转子和轮盘的抗弯刚性。对于径向销钉联接的方案还影响着级间配合面上的装配紧度和径向销钉的数目等。因此，确定鼓筒位置是鼓盘式转子结构设计的重要问题。

在鼓盘式转子中，鼓筒与轮盘做成一体，或者用较大的紧度压入轮盘的环腔内。当工作时，两者的径向变形是互相约束的，所以在分析鼓盘式转子受力时，应考虑它们之间的相互影响。

根据应力分析知道，随着圆周速度的增大，鼓筒内的应力呈平方倍地增加，即当转速一定时，随着鼓筒直径的增大(因而圆周速度也增大)，鼓筒内的应力是急剧增大的。在材料弹性范围内，应力与应变成正比，因而随着鼓筒直径的不断增大，鼓筒的径向应变和径向位移也是急剧增大的。对于轮盘来讲，一般应力沿半径的变化规律是：盘心应力大，因而径向应变也大；盘缘应力小，因而径向应变也小(见《发动机强度计算》一书)。对于实心轮盘来讲，盘心径向位移为零，随着半径增大，径向位移增大，但是由于应变是位移的一阶导数，所以随着应变的减少，径向位移增大趋势是在减小的(见图 3.12)。在鼓筒和轮盘做成一体后，就有三种可能：一是在小半径处，轮盘的自由变形大于鼓筒的自由变形；二是在大半径处，轮盘的自由变形小于鼓筒的自由变形；三是在某一中间半径处，两者自由变形相等。对于第三种情况，联成一体后，相互没有约束，即没有力的作用，这个半径称为恰当半径。对于第一种情况，实际变形处于两者自由变形之间，具体数值要视两者在受力方向上的刚性大小而定。对于轮盘来讲，变形减小了，周向应力也减小了；至于鼓筒则正好相反。这种情况是鼓加强盘。显然，第二种情况是盘加强鼓。根据计算，WP6 压气机转子前几级是鼓加强盘，后几级是盘加强鼓。

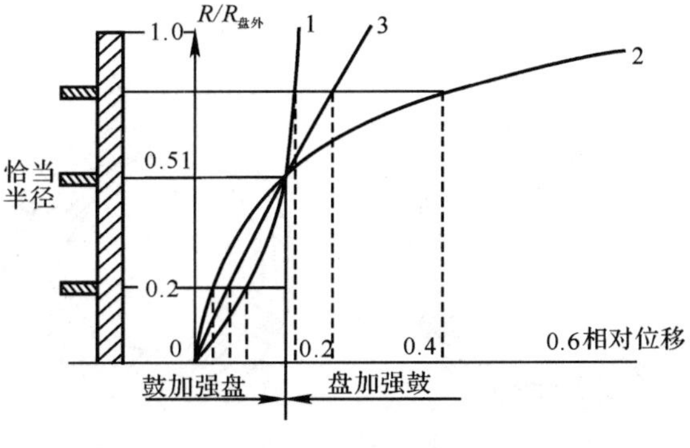

图 3.12　鼓筒和轮盘的自由变形及相互影响

1—盘的径向自由变形曲线；2—鼓的径向自由变形曲线；

3—鼓盘联接后的实际径向变形曲线

在转子刚性需要加强的情况下，鼓筒应该安置在轮缘处。如 WP6，WP7，WP8 和 WJ6 发动机的压气机转子大致都是这种情况。若是转子横向刚性许可，将鼓筒安置在轮盘恰当半径附近，这样既保证了转子刚性，又使轮盘的附加应力减小，因而转子重量也减轻，这样就更合理。由此可见，鼓筒位置主要取决于转子刚性的需要。

在用径向销钉联接的方案中，级间的配合面上都有着较大的装配紧度。紧度的变化规律是：由前至后逐级减小。在前几级为铝盘，后几级为钢盘的转子中，在铝盘和钢盘的配合面上紧度特别大。转子级间的装配定心是依靠圆柱面上的径向抵紧来保证。工作时定心的可靠性取决于配合面上的配合性质。在结构许可的条件下，一般都是尽可能地在径向变形大的零件上做成凸肩压入径向变形小的零件的环腔内；当配合面是在恰当半径之内时，用轮盘上的凸肩压入鼓筒的环腔内；若配合面在恰当半径之外，则将鼓筒压入轮盘的凸肩形成的环腔内。这样在工作时，配合面上的紧度都是增大的，所以装配紧度可以减小，这就既保证了工作时定心的可靠性，又改善了装配性，便于拆装和修理。否则就必需采取专门的措施，其中最简单的办法是增大装配紧度，用预紧度补偿工作时两者的变形差值。

装配紧度的大小取决于转子的刚性要求、定心方法、所采用的材料和鼓筒的位置(即工作时配合面上紧度的变化)。根据估计，WP6 发动机压气机转子配合面上的工作紧度可能达到 0.15～0.25 mm，显然这比保证可靠定心所要求的紧度大得多。这是为了保证转子具有足够的抗弯刚性，在连接处要有足够的联接刚性。当然，这也带来了传扭销钉承受纯剪的好处。级间的联接销钉是经盘缘上的榫槽径向压入的，因而销钉的直径和数目与榫槽的宽度和数目(即转子叶片的数目)有关。若仅从传力可靠方面考虑，只需要几个销钉就够了。为什么现在采用这么多销钉并以一定紧度压入呢？这仍然是为了保证连接处具有足够和均匀的刚性。

前面已经提到，依靠圆柱面可以保证转子级间的装配定心和工作定心，而在用径向销钉联接的方案中，由于销钉是径向安置的，即使工作时出现径向间隙，也不会破坏定心。径向销钉的定心作用如图 3.13 所示。

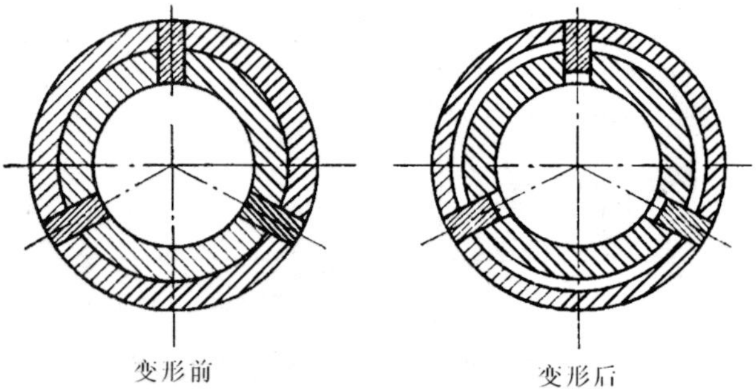

图 3.13　径向销钉定心原理

从定心原理上说，这是不同于圆柱面定心的另一种定心方法。定心的可靠性取决于销钉与孔的配合性质，一旦销钉与孔之间出现间隙，定心就遭破坏。

综上可见，不可拆卸的转子重量轻、结构简单、有足够的横向刚性，能良好地定心和可靠地传力，因而曾被广泛采用。在结构许可的条件下，采用焊接或整体加工成型的转子，有利于减轻转子重量，提高工作可靠性，改进转子的平衡性，便于生产中的质量控制，是重要的发展方向。

2. 可拆卸的鼓盘式转子

将在装配以后可以根据使用和维修的需要再进行无损分解的转子称为可拆卸转子。

可拆卸的鼓盘式转子有用拉杆联接、短螺栓联接和长轴螺栓联接等几种。

用拉杆联接的可拆卸鼓盘式转子是用若干根拉杆将轮盘、鼓筒和半轴等基本构件联成一体。工作时，转子各级间联接的可靠性和整体刚度依靠拉杆的拉紧力来保证。

如图 3.14 所示，JT3D 发动机的压气机转子为采用长螺栓联接的鼓盘式转子。这种结构在 JT8D 的高压压气机转子上也沿用过。该转子各级间联接的整体刚度依靠拉杆的拉紧力来保证，依靠端面摩擦力传扭，依靠圆柱面定心。由于鼓筒半径较小、壁薄，为了加强刚性，防止鼓筒失稳，拉杆外还采用了衬套。

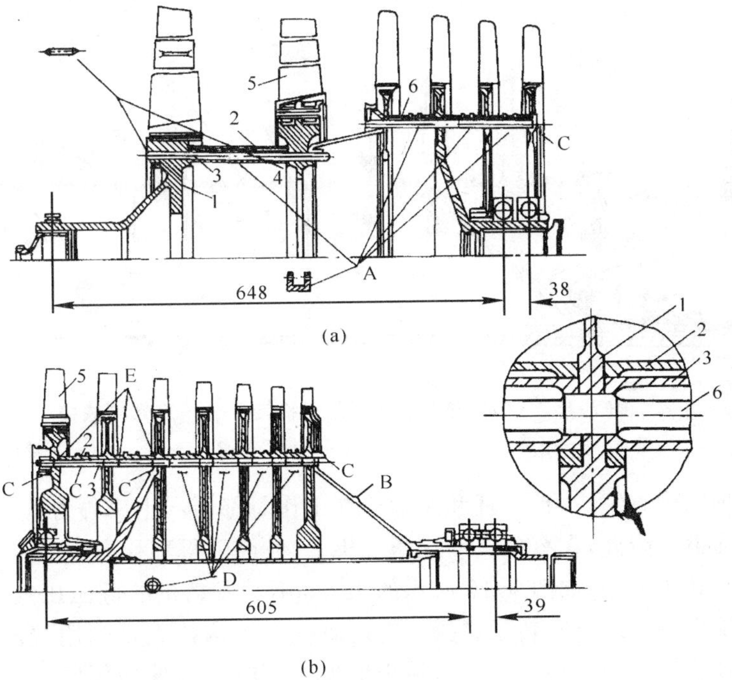

图 3.14　JT3D 发动机的压气机转子

(a)低压转子；(b)高压转子

1—盘；2—鼓筒；3—衬套；4—销钉；5—叶片；6—长螺杆；

A,D—配重块；C—加配重处；B,E—去材处

JT3D 发动机高压压气机转子的鼓筒安置在盘缘处，不仅增大了转子的刚性，还可以减小拉杆的预紧力。在等内径或内径变化不大的气流通道中，这种方案能充分利用盘缘外径，配合比较协调。但是在内径变化比较大的气流通道中，第一级轮盘和末级轮盘外径相差很多，如它

的低压压气机转子。如果采用等直径鼓筒方案，兼顾了小直径但转子的刚性削弱很多。为了解决这一矛盾，低压压气机转子采用两组拉杆，将转子分段联接起来。

短螺栓联接方案可以看做是上述解决方法的一种极端情况，即每级为一段。由于这种方案适应性强，与长拉杆相比，附加热负荷较小，所以目前被广泛采用。

图 3.15 所示为 JT9D 发动机采用短螺栓联接的高压压气机转子。结构中第 2,4,6,8,10 级盘前后带鼓筒，第 1,5,7,9,11 级为单盘，第 3 级盘带前轴颈，通过短螺栓联接成整体。转子的刚性靠螺栓预紧力保证，同时螺栓还用来保证定心和传递扭矩。这种结构方案减少了大零件的数目，把转子的可拆卸性发挥到极限。但是使用的连接件多，螺栓的离心力会增加轮盘的强度负荷，转子的平衡性需精心控制，从进一步减轻结构重量和提高转子工作可靠性的角度看，其不是最可取的。

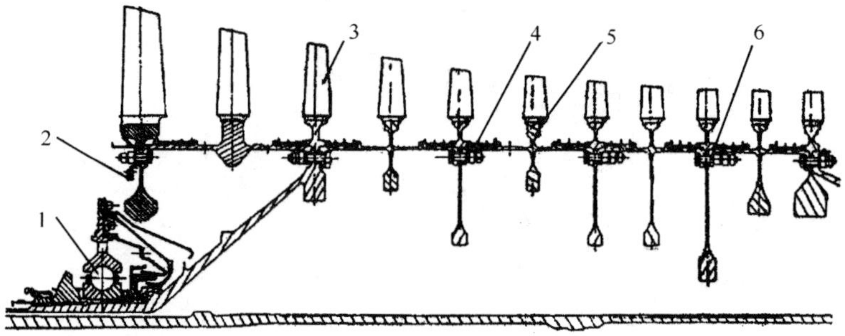

图 3.15　JT9D 发动机高压压气机转子——短螺栓联接

1—轴承；2—平衡块；3—转子叶片；4—封严篦齿；5—轮盘；6—短螺栓

在上述两种结构方案中，长拉杆和短螺栓在工作时都会产生离心力，因此会从不同的角度影响到结构的强度。因此，在有些发动机压气机上，鼓筒不得不移向中心。有一种方案则是把长螺栓直接移到转子中心，如图 3.16 所示的 Д—30KY 发动机的低压压气机转子。该结构方案利用紧固长螺杆将 3 级风扇转子联接。它还有一个结构特点是利用端面圆弧齿传递扭矩，并保证各级盘鼓联接后的定心。为了进一步增大工作时盘缘处的压紧力，转子的后轴颈还采用了碟形盘结构。这种结构在工作时，碟形盘的离心力会产生一个向前压的作用，紧压在盘缘上，从而起到随转速提高加强联接刚度的作用。

由以上的分析可见，可拆卸的鼓盘式压气机转子一般是用长拉杆或短螺栓作为连接件，转子各级间联接的可靠性和整体刚度依靠拉杆的拉紧力来保证，因而拉杆或螺栓是一个承力很大的关键零件。拉杆在装配时拉紧力称为预紧力。对于同一转子，当工作条件不变时，它的大小标志着转子级间接合面上压紧的程度。预紧力太小，不能保证工作可靠；预紧力太大，则会使拉杆内拉伸应力过大，甚至拉断。所以，预紧力是这类转子结构设计中的一个重要而关键的原始参数。工作时,拉杆的拉紧力和级间的压紧力都在变化着,所以,确定拉杆的预紧力是个复杂问题。通常考虑以下三个方面:首先,拉杆的预紧力应保证转子的刚度,即在弯矩作用下,转子的接合面处不张开;其次,在用端面摩擦力传扭的结构中(如 JT8D－3B 发动机压气机高压转子),还应保证工作时可靠传扭;第三,要正确估计工作时各种因素对级间压紧力的削弱。

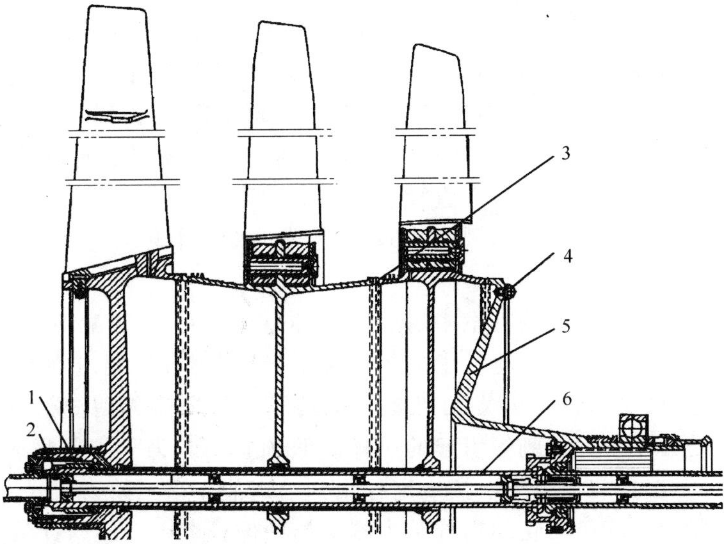

图 3.16　Д—30KY 发动机的低压压气机转子

1—紧固螺栓；2—止动销钉；3—端面圆弧齿；4—平衡螺钉；
5—碟形后轴颈；6—紧固螺杆

工作时,在转子上作用着本身的重力 W,机动飞行时的惯性力 P 和陀螺力矩 M_G,这些负荷引起转子弯曲。根据这些负荷做出转子的弯矩图,取最大弯矩 M_{max} 所在的接合面作为计算截面。拉杆预紧力的作用就是在 M_{max} 作用下保证转子的刚性。假设 n 根拉杆是在某一半径 R_b 上均匀分布的,在理想状态下,M_{max} 与 P_{bmax} 的关系可近似表示为

$$M_{max} = P_{bmax}R_b\left[\sin^2\frac{2\pi}{n} + \sin^2 2\frac{2\pi}{n} + \cdots + \sin^2 2\pi\right] \tag{3.1}$$

式中　P_{bmax} 为拉杆中最大的预紧力,在 $\frac{\pi}{2}$ 位置。

由上式可以看出,拉杆的预紧力除与计算截面上的弯矩值 M_{max} 有关外,还与拉杆(或短螺栓)所在半径 R_b 成反比,即半径增大,拉杆预紧力可以减小。

影响预紧力的另外一个因素是工作时作用在转子上的气体轴向力。它是由于轮盘和半轴两侧气体的压力差以及各级工作叶片上的气体轴向分力引起的。气体的轴向力改变了转子的轴力,由于各级转子上的轴向力都是向前的,所以它们削弱了级间各接合面处的压紧力,削弱

最大的接合面是在最后一级轮盘的连接处。

在有些发动机上，鼓筒和轮盘是用铝合金制造，线膨胀系数大；而拉杆都是用合金钢或耐热钢制造，线膨胀系数小，相差1倍之多。在发动机起动过程中，鼓筒和轮盘直接与空气接触，工作温度较拉杆高，因而轴向自由伸长也比拉杆大，所以，这时拉杆的拉紧力是增大的。这样看来，好像预紧力可以减小一些。但是在另一些情况下，如发动机空中停车时，大量冷空气流过发动机气流通道，使轮盘和鼓筒的温度反而低于拉杆的温度，这样就会使拉杆的拉紧力减小。为了保证转子可靠工作，必须增大拉杆的预紧力，这就增加了拉杆内的负荷。为了减小工作时拉杆内附加的热负荷，拉杆的材料应尽可能与鼓筒和轮盘的材料相近；拉杆的位置应该靠近鼓筒，尽可能减小工作时的热变形差。当结构上达不到上述要求时，应该采取相应措施，例如增多拉杆的数目或增大中心拉杆的直径。

在端齿传扭的方案中，当端齿侧面出现轴向分力时，扭矩也是削弱级间压紧力的一个因素。

在用若干根拉杆共同联接的方案中，拉杆是共同承力的。若装配不当，拉杆的拉紧力不一致，不仅影响拉杆的受力，还要影响转子的刚性和平衡。装配时，要求在拧紧拉杆的螺帽时要按一定顺序成对进行。JT3D—3B发动机压气机转子在拧紧螺帽时要经两轮共五次才装妥。第一轮调整拧紧是为了消除毛刺等引起的拉杆虚假预紧力。为了拧紧螺帽时，避免零件产生局部严重变形，分三次均匀加载每次按规定拧紧到给定值。第二轮为正式拧紧，采用测量拉杆伸长量来控制拧紧力矩。第二轮的初拧是为测量拉杆伸长取一个起始计量点。

综上可见，拉杆是这类转子结构设计中的一个关键件。为了保证拉杆可靠工作，可以采取以下基本措施：一是从鼓筒位置、传扭方法和负荷分配上设法减小预紧力；二是从拉杆材料和位置上设法减小工作时与转子的轴向变形差和采用专门的弹性元件减小热负荷；三是使各拉杆受力均匀，减小其附加负荷。

对于可拆卸的鼓盘式压气机转子，各级之间连接后的定心问题是在设计时就必须要加以考虑的。级间的定心方案与所采用的传扭方案有密切关系。如在借端齿传扭的方案中，级间定心是依靠传扭端齿的侧面；在借精密衬套传扭的方案中，级间定心是依靠传扭衬套的配合紧度；在借轴向精密螺栓传扭的方案中，级间定心是用螺栓圆柱段与孔的配合精度。前一种定心原理与径向销钉的定心原理相同，即依靠径向工作面的周向抵紧来保证，所以工作时，相配合的零件由于径向变形差所产生的径向间隙，不会破坏定心。后两种定心原理与圆柱面的定心原理相同，即依靠圆周面上的径向抵紧来保证，所以工作时，不允许零件间的配合面上出现径向间隙。

有必要指出，使用很多连接件的可拆卸的转子结构方案，包括前文提到的加强的盘式转子结构方案，在未来的应用空间是逐渐减小的。这些结构不仅受力分析复杂，影响因素繁多，并且在生产过程中可能出现的不确定因素也太多(比如制造中的超差问题)，不利于保证产品的质量、性能和可靠性。在制造技术和装配工艺许可的条件下，应尽量选择零件数目少且不可拆的、整体式的或混合式的结构方案。

3. 混合式的鼓盘转子

所谓混合式的压气机转子是由若干大段组成，每一大段是由若干级焊接而成的不可拆卸转子，而大段之间是通过短螺栓联接组成可拆卸的转子。这种形式的转子结构，兼有可拆卸转子和不可拆卸转子的优点，对制造技术和装配工艺的要求不太高，同时也给设计者提供了广阔的选择空间。对于级数较多的压气机，由于压气机前后的温差比较大，所以要用不同的材料制造。另外，从检查、维修和更换方便的角度考虑，整体式不可拆卸的转子也多有不利之处。所以，目前在现代发动机的高压压气机转子中，较多的还是采用混合式转子。在焊接的转子上，当前、后段由不同材料制成时，目前均采用螺栓联接方案。图 3.17 所示是 АЛ—31Ф 发动机的低压压气机转子，分三大段焊接或整体制造，再用短螺栓联接。图 3.18 和图 3.19 所示分别是 CFM56 和 V2500 发动机的高压压气机转子。CFM56 发动机高压压气机转子的第 1～2 级盘为钛合金，第 4～9 级盘为不锈钢，它们分别焊接成一体之后，再利用短螺栓把这两段同第 3 级盘联成一个刚性的整体。在连接处，利用带紧度的圆柱面保证三段转子之间的同心，利用精制短螺栓保证传递扭矩。

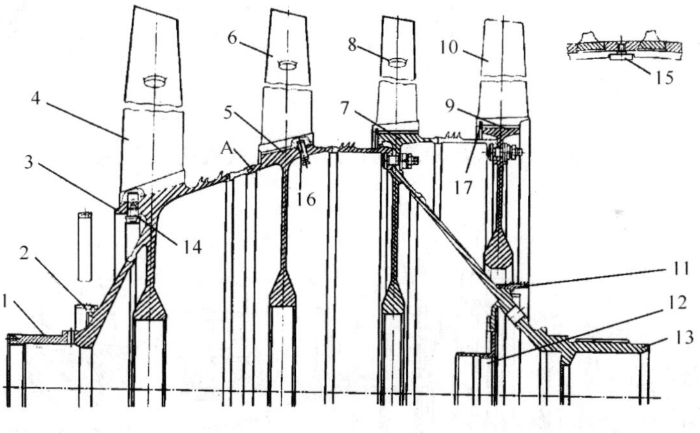

图 3.17　АЛ—31Ф 发动机的低压压气机转子(三段)

1—前轴颈；2,11—封严篦齿；3—第 1 级盘；4—第 1 级叶片；5—第 2 级盘；6—第 2 级叶片；7—第 3 级盘；8—第 3 级叶片；9—第 4 级盘；10—第 4 级叶片；12—盖；13—后轴颈；14—平衡配重；15—锁片；16—销钉；17—卡圈；A—孔

АЛ—31Ф 发动机的高压压气机转子把混合式转子的联接方法用全了，用到了长、短螺栓加焊接，如图 3.20 所示。该转子由三段组成，第一段包括第 1 至第 3 级盘，第二段包括第 4 至第 6 级盘，第三段包括第 7 至第 9 级盘，级间联接均为焊接；然后利用短螺栓将第一段、第二段和前轴颈联接成整体，利用长螺栓将第二段、第三段和后轴联接成整体。

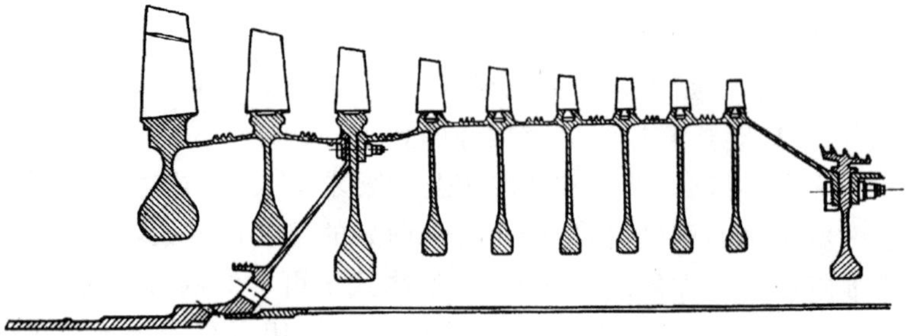

图 3.18 CFM56 发动机的高压压气机转子(三段)

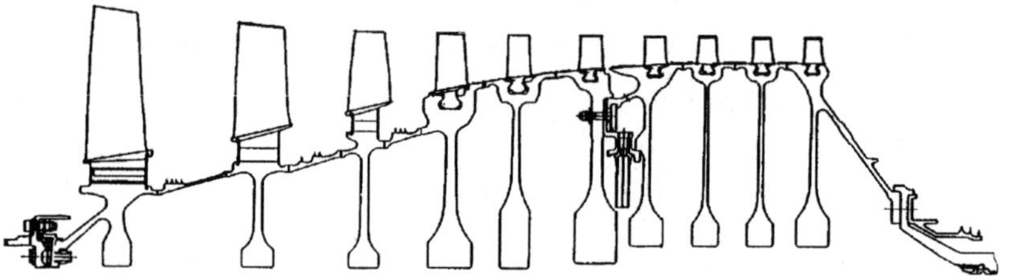

图 3.19 V2500 发动机的高压压气机转子(两段)

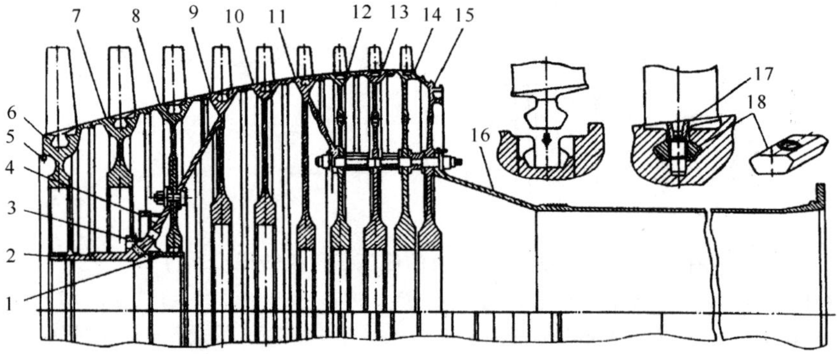

图 3.20 АЛ—31Ф 发动机的高压压气机转子

1—封严盖；2—前轴颈；3,4—篦齿封严；5—平衡配重；6—第 1 级盘；7—第 2 级盘；8—第 3 级盘；9—第 4 级盘；10—第 5 级盘；11—第 6 级盘；12—第 7 级盘；13—第 8 级盘；14—第 9 级盘；15—篦齿封严；16—轴；17—定位销；18—榫头

混合式转子的短螺栓连接处一般是在转子内部，这给装配和质量保证带来一定困难。例

如 PW4000 发动机的高压压气机转子，分为三段(见图 3.21)。联接时先联接后两段，再与第一段和前轴颈联接。圆柱面为紧度配合，联接时须用加热器将第二段(内圆柱面所在的工件)预加热到 250～300℃。利用定矩扳手保证联接预紧力。拧紧过程分三步：先按顺序将各自锁螺帽拧紧到 24.29～26.55 N·m(215～235 Ib·in)；第二步按同样顺序将各螺帽拧松后再拧紧到 2.26～3.39 N·m(20～30 Ib·in)，加克服力矩 1.07～4.52 N·m(9～40 Ib·in)，克服力矩是自锁螺帽的阻力矩；第三步将各螺帽拧转 74°～78 °，如果拧转后力矩超过 79.09 N·m 的螺栓和螺帽必须更换。拧紧螺栓的顺序为 0 °，90 °，135 °，…，成对(相距 180°)进行。

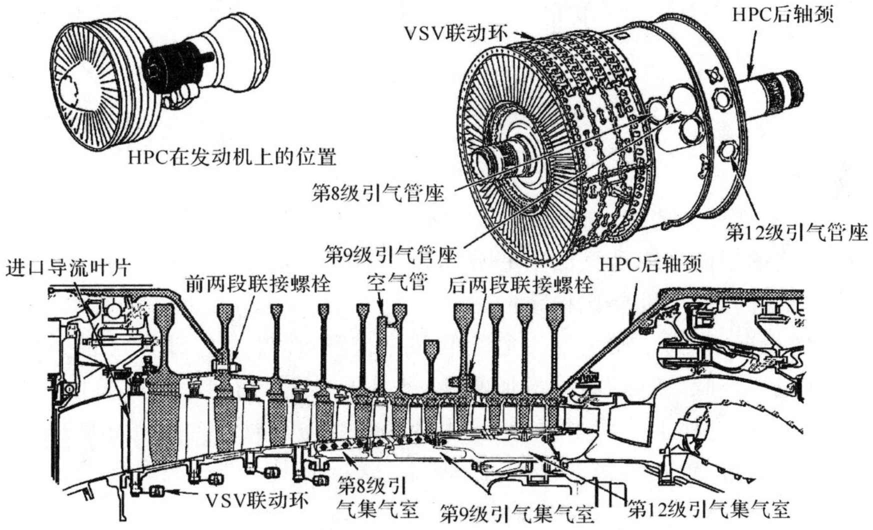

图 3.21　PW4000 发动机的高压压气机转子(三段)

三、工作叶片及其与轮盘的联接

工作叶片是轴流式压气机重要零件之一，它直接影响压气机的气动性能、工作可靠性、重量及成本等。由于它不仅受较高的离心负荷、气动负荷、大气温差负荷及振动的交变负荷影响，同时还受到发动机进气道外来物的冲击，受风沙、潮湿的侵蚀等，因而在使用中压气机工作叶片比压气机的其他零部件故障要多得多。因此，无论在设计、制造，还是使用维修中，在叶片方面耗费的劳动较多，成本也高。

工作叶片主要由叶身和榫头两部分组成(见图 3.22)。工作叶片的工作可靠性依赖于叶片本身和其与轮盘的联接有足够的强度、适宜的刚性和较小的应力集中。当压气机工作时，在叶片上作用着巨大的离心力、气动力和振动负荷。如在 RB211 的涡扇发动机中，每片风扇叶片的离心力高达 550 kN，因此连接处要有足够的强度。使用经验表明，工作叶片由于振动而损坏，是轴流式压气机常见的故障。为此，在榫头结构设计时须保证叶片在轮盘上固定时要有适宜的刚性，避免在发动机常见转速范围内出现危险的共振，同时，榫头在结构设计时，应避免有过大应力集中。

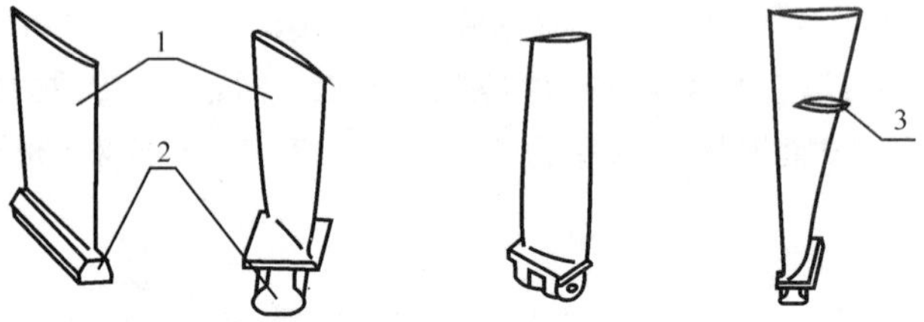

图 3.22　压气机转子叶片外形图

1—叶身；2—榫头；3—凸台

1. 叶身的构造特点

为了满足气动和强度的要求，压气机工作叶片的叶身一般都由适应亚声速或超声速工作的叶片型面，按一定的扭向规律及型面重心分布规律，沿叶高重叠而成。为了尽量减轻重量，叶尖的弦长要比根部的窄，厚度要比根部的薄。

在叶片较长的情况下，为了避免发生危险的共振或颤震，叶身中部常常带一个减振凸台。装配好后，凸台连成一环状，彼此制约，增加刚性，改变叶片的固有频率，降低叶片根部的弯曲扭转应力。减振凸台接合面上喷涂耐磨合金，当叶片发生振动时结合面互相摩擦，可起阻尼减振的作用。减振凸台的位置主要根据强度、振动因素、气动因素、气动性能等方面综合考虑，一般减振凸台位于距叶根约 50%～70%叶高处。

由于减振凸台的存在，不可避免地带来一些缺点，如增加叶片的重量，使叶片的离心负荷加大；叶身与减振凸台的连接处局部加厚，使流道面积减少约 2%，即减少了空气质量流量，影响发动机的推力；减振凸台还造成气流压力损失，使压气机效率下降，发动机耗油率增加。此外，减振凸台增加了叶身的重量，使叶片的离心负荷增大，叶片的工艺性也变得更复杂了。

目前，已有些发动机(如 RB211—535E4，V2500 等)用宽叶弦的风扇叶片取代有减振凸台的窄叶弦的风扇叶片，叶片的弦长较原来增加了 40%左右。为了解决重量问题，采用了将钛蒙皮在真空中利用活性扩散粘合剂粘合在钛蜂窝骨架上的特殊结构(见图 3.23)。因为在保证叶片最佳疏密度的前提下，采用宽弦风扇叶片时转子的叶片数目减少，所以没有增加转子重量。蜂窝结构还大大改善了叶片的减振特性。宽弦风扇叶片与带减振凸台的窄叶弦风扇叶片相比，具有叶栅通道面积大、喘振裕度宽、级效率高和减振性好等优点。

为了进一步提高压气机级效率，扩大压气机稳定工作范围，在一些近期投入使用和正在研制的发动机(如 RB211—535E4，V2500，PW2037，PW4000 等)中，普遍采用可控扩散叶型及端部过弯叶身的叶片，收到良好的效果。

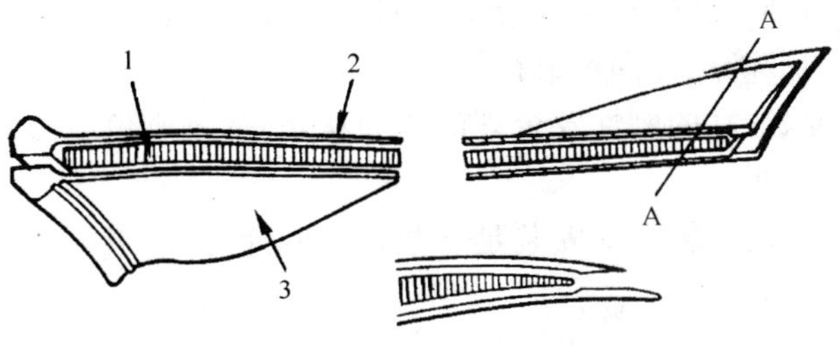

图 3.23　宽弦风扇叶片的结构

1—钛合金蜂窝骨架；2—叶背钛蒙皮；3—叶盆钛蒙皮

可控扩散叶型，指通过优化叶型表面速度分布得到的叶型。对叶型表面速度分布进行优化，可以控制表面气流扩散，减小或消除附面层分离，削弱可能出现的激波强度，达到改善叶型性能的目的。可控扩散叶型目前主要用于气流为亚声速的叶型设计中。

可控的造型方法有三种：反问题方法，正问题迭代法和正、反问题混合法。

反问题方法是给定叶型表面速度分布(或压力分布)，通过计算得到叶型。这种方法很适合于优化叶型形状，但同时要求对选择叶片表面速度分布方面有较多的经验，否则可能设计出形状不合理的叶型，而且不易保证径向光滑。正问题迭代法首先选用特定的几何方法设计叶型，然后利用正问题方法分析叶栅流场，得到叶型表面速度分布，再进行附面层分析。如果叶型表面速度分布和附面层参数不满足要求，则修改叶型设计，再进行正问题计算和附面层计算，如此反复迭代，最后得到满意的叶型。正问题迭代法由于其设计叶型的几何参数易于控制，因而能够较好地保证叶片沿径向的光滑性，很适合于工程设计使用，但是其对叶型的优化受到几何造型方法的限制。正、反问题混合法首先由几何造型得到一个初始叶型，再由叶栅正问题迭代法得到叶型表面速度分布，在此基础上得到一个理想的速度分布作为反问题方法计算的输入，反问题方法计算后即可得到最终叶型。正、反问题混合法避免了纯反问题方法的盲目性，也能够较好的优化叶型，因而得到较多的应用。

采用了可控扩散叶型、叶型厚度及曲率按最佳分布，基本消除了附面层的分离，增加了压气机有效流通面积，提高了压气机效率。另外，这种叶型的叶弦较宽，前、后缘较厚，因而抗腐蚀和抗冲击性好，如图 3.24 所示。

端部过弯叶身是为了减少叶片两端壁附面层所造成的二次损失，因而将叶身(包括静子叶片叶身)尖端和根部前、后缘特别地加以弯曲，如图 3.25 所示。

采用了可控扩散叶型，并将叶身两端的前、后缘过度地弯曲，形成了新一代的高效能叶片，使压气机的级效率及压气机的特性得到了进一步的提高。

2. 榫头的构造

工作叶片通过榫头实现与轮盘的联接。因此，对榫头的主要设计要求是：

(1)在尺寸小,重量轻的条件下,将叶身所受的负荷可靠地传递给轮盘;
(2)保证工作叶片的准确定位和可靠固定;
(3)应有足够的强度、适宜的刚性及合理的受力状态,尽量避免应力集中;
(4)结构简单,装拆方便。

减小周向尺寸可以保证在轮盘上安装足够数目的叶片,提高级的做功能力。

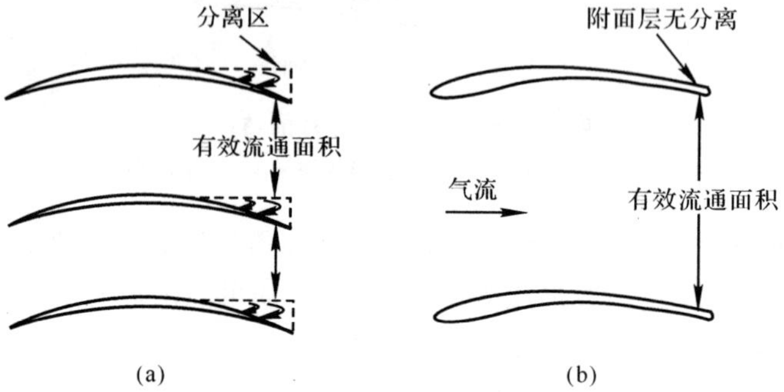

图 3.24　常规叶型和可控扩散叶型

(a) 常规叶型; (b) 可控扩散叶型

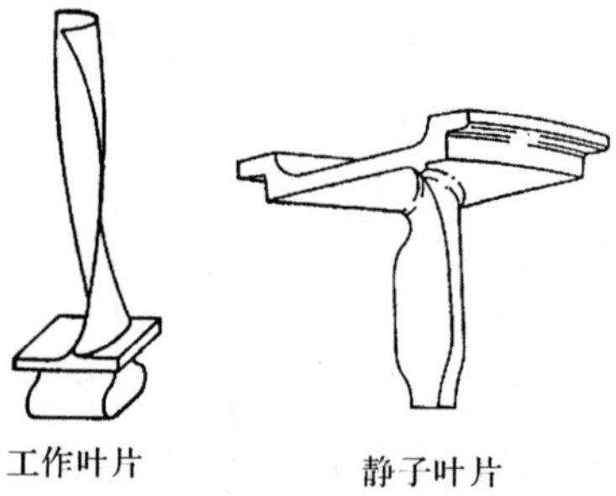

图 3.25　端部过弯叶片

目前轴流式压气机转子叶片榫头形式有燕尾式、销钉式、枞树式三种。

(1)燕尾形榫头。燕尾形榫头依榫槽的走向不同有两种形式,如图 3.26 所示。燕尾形榫头的优点是榫头尺寸小,重量较轻,并能承受较大的负荷;纵向榫槽可采用拉削加工,生产率高,加工方便,所以在压气机上普遍采用。它的主要缺点是槽底的受力面积小,不能承受过大载荷或安装更多叶片。

燕尾形榫头的形状和结构参数如图 3.27 所示。

叶片用燕尾形榫头插入轮盘燕尾型榫槽内,依靠槽侧面定位、传力。榫槽的准确度要高,用拉削制成,榫头用铣削制成。榫头和榫槽配合可以是过渡配合,也可以小间隙配合。采用间隙配合使叶片安装方便，可避免榫槽内出现安装应力。增大 β 角可以减小榫头的周向尺寸，但同时将增大承力面受到的挤压应力。

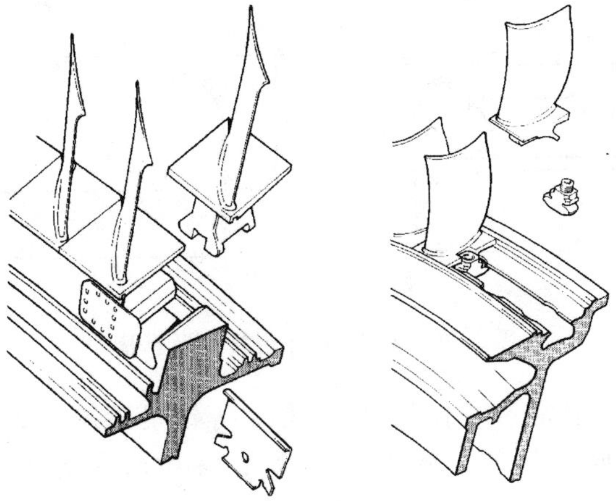

图 3.26　纵向和周向固定的燕尾形榫头及榫槽

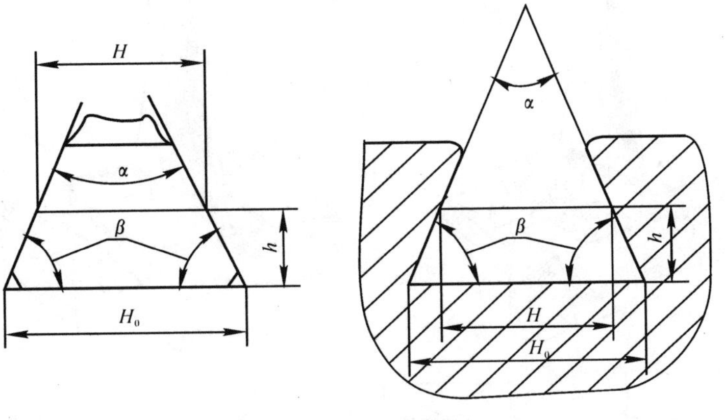

(a)　　(b)

图 3.27　燕尾形榫头及榫槽

(a)榫头；(b)榫槽

图 3.28 所示的榫头形式广泛应用于英、美发动机上。其上面专门作出平台包容叶根型面。在平台与燕尾型榫头之间有一段过渡段，称为中间叶根，各转接面间均用圆角过渡，以减小应力集中。

工作叶片靠轴向燕尾形榫头或枞树型榫头装在轮盘榫槽内后还必须槽向固定，以防止在叶片气动力和离心力的槽向分力的作用下沿槽向移动，或由于振动而松脱。

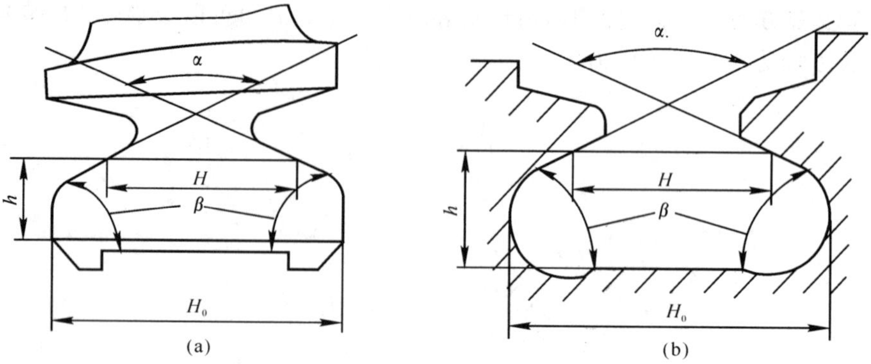

图 3.28　JT3D 燕尾形榫头及榫槽

槽向固定的方式很多，通常采用卡圈、锁片、挡销等锁紧方式或复合方式，也可利用其他结构件固定，如封严环、径向销钉等。要根据具体结构和槽向力的大小来选择固定方式。如图 3.29 所示。

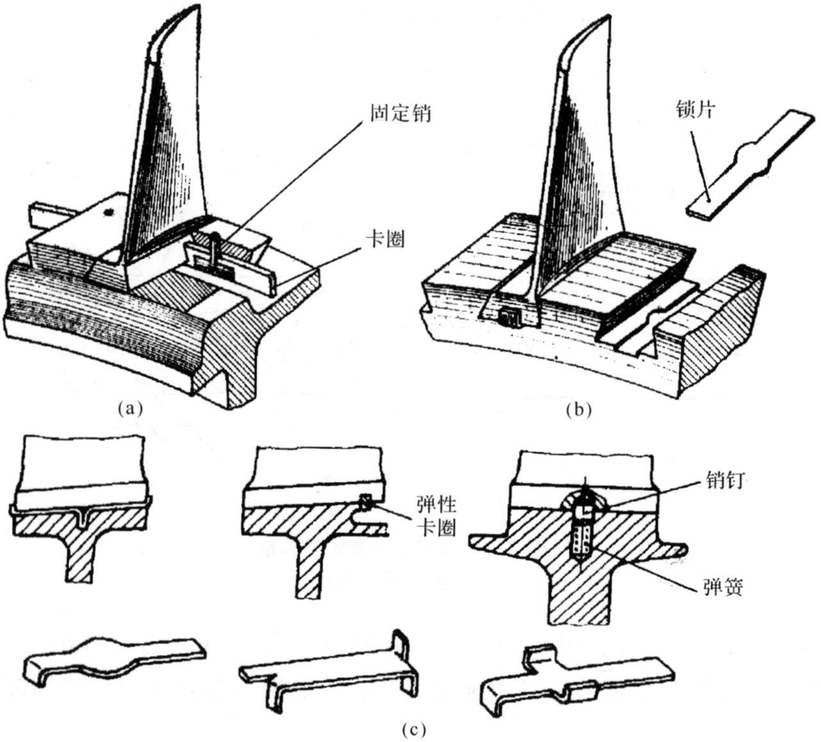

图 3.29　叶片的槽向固定方法

(a)用卡圈固定；(b)用锁片固定；(c)锁片结构

在大流量比涡扇发动机中，风扇叶片易受外物击伤。为了能在外场及时更换损坏了的叶片，应满足能方便的拆换单个叶片的要求。图 3.30 所示为一种能单个拆除带冠叶片的锁紧结构。装配时，首先将风扇叶片推入盘上的燕尾形榫槽中，使其靠住固定在盘后的转子封严篦齿环。然后，从上向下装入锁块 1，最后插入固定垫片 2，将叶片顶起来。固定垫片依靠进气帽罩的安装边挡住(见图 3.30)。拆卸时，只须卸下帽罩，抽出固定垫片，就可以使叶片下落，从而脱开叶身凸台(或叶冠)之间的相互咬合，取下锁块后即可将叶片单个拆下。叶片所受的向前的轴向力通过锁块传到盘上。叶根处的过渡段使榫槽与旋转轴线平行，这样便于拉削加工，还可以消除叶片离心力的槽向分力，减小作用在固定件上的载荷。

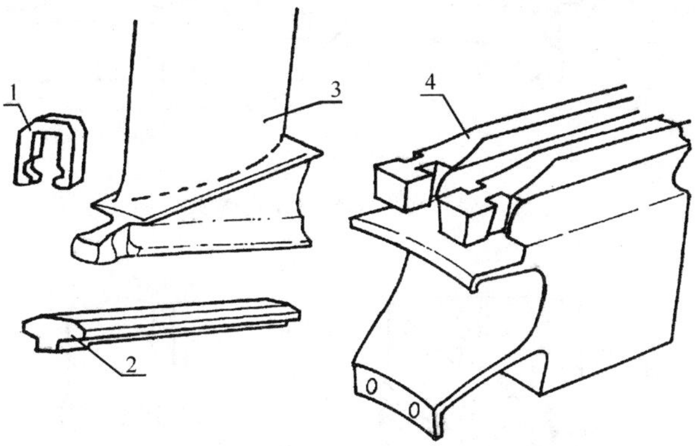

图 3.30　风扇叶片的固定

1—锁块；2—固定垫片；3—风扇叶片；4—盘

(2)销钉式榫头。目前轴流式压气机的销钉式榫头多采用凸耳铰接的方案，其形状如图 3.31 所示。

工作叶片借凸耳跨在轮缘上或插在轮缘的环槽内，靠销钉或衬套承剪，传递叶片负荷。衬套与凸耳孔之间、凸耳与轮盘侧面之间均带有间隙，工作时允许叶片绕销钉摆动，有减震和消除连接处附加应力的作用。当叶片较长、离心力较大时，可采用“Ш”字形，使销钉的承剪面有两个增加为 4 个，可以改善承剪零件的受力情况。

这种形式榫头的优点是工艺装配简单，不用专门设备加工，对于单个生产和试验用的发动机有一定的优越性。同时铰接的销钉式榫头是消除叶片危险性共振的有效措施之一。但这种榫头承载能力有限，尺寸和重量大。

(3)枞树型榫头。这种榫头呈楔形(见图 3.32)，轮缘部分呈倒楔形，从承受拉伸应力的角度看接近等强度，因而这种榫头与其他形式的榫头相比，周向尺寸小、重量轻，能承受较大的载荷。但是它靠多对榫齿传力，应力集中严重，工艺性较差。由于金属材料在低温时对应力集中更加敏感，而压气机工作叶片一般离心力又较小，所以这种榫头在压气机中的应用比较少，只在负荷较大的前几级或温度较高的高压压气机的末端几级，且叶片和轮盘都用钢(或钛)制成时，才有应用。

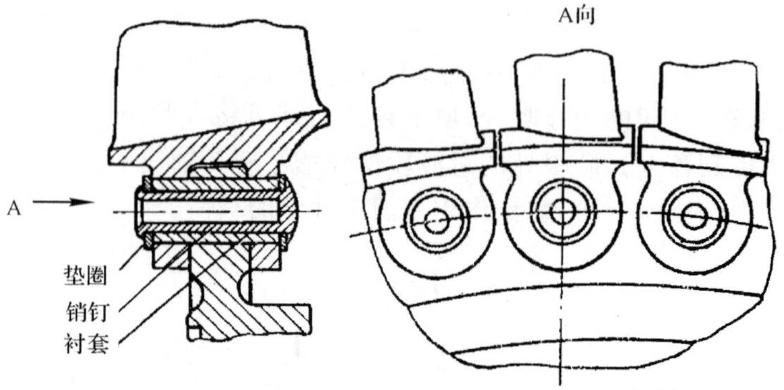

图 3.31 双凸耳销钉式榫头

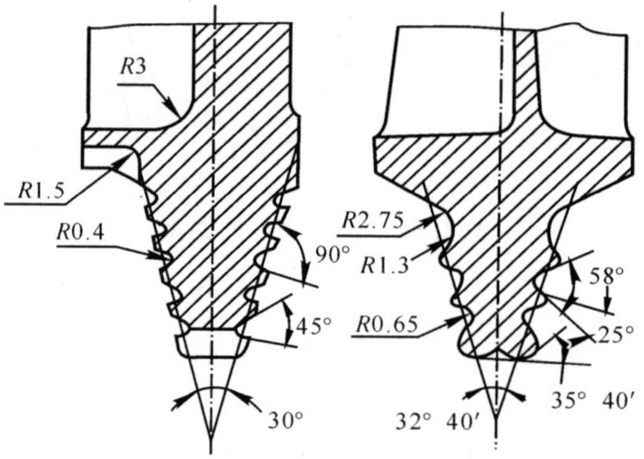

图 3.32 枞树形榫头

3.3 轴流式压气机静子

轴流式压气机静子是压气机中不旋转的部分，由机匣和静子叶片组件组成(见图 3.33)。

一、整流器机匣

整流器机匣是一个圆柱形或圆锥形(视气流通道形状而定)的薄壁圆筒，前后与其他机匣联接，内壁上有固定整流叶片的各种形式的沟槽，发动机转子支承在机匣内，有些发动机的安装节以及一些附件和导管固定在机匣外壁上。工作时，机匣承受着静子的重力 W、惯性力 P_j，

内外空气压差 $p_K - p_H$，整流器上的扭矩 M_T，轴向力 P_a，相邻组合件传来的弯矩 M'，M''，扭矩 M'_T，M''_T，轴向力 P_a，P''_a 等(见图 3.34)。此外，机匣还承受着热负荷和振动负荷，传递支承所受的各种载荷，如径向力、剪力和弯矩等。

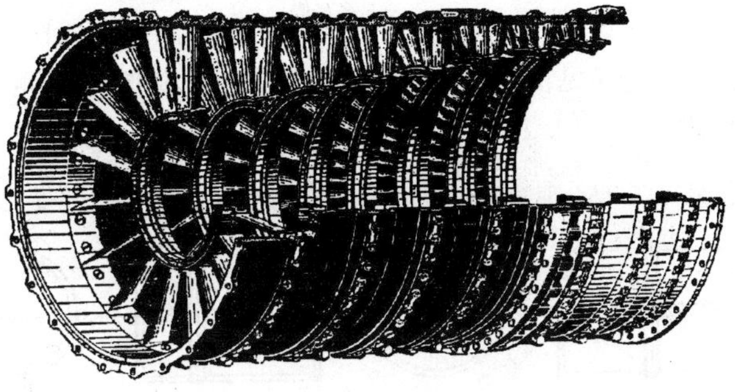

图 3.33　WP6 的压气机静子

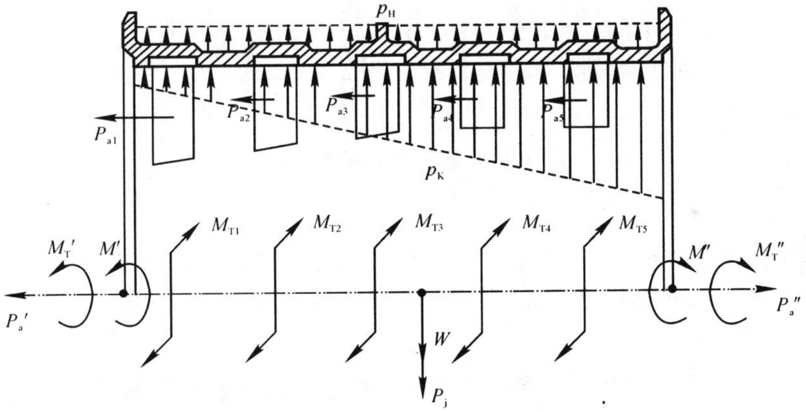

图 3.34　作用在机匣上的负荷

可见，整流器机匣是发动机的主要承力壳体之一，又是气流通道的外壁。因此，对机匣结构设计的基本要求是：

(1)在重量轻的条件下，具有足够的强度，可靠承受各种载荷；

(2)具有足够的刚度，保证在各种载荷作用下，机匣的径向变形和横向变形在允许范围之内；

(3)保证各段机匣之间的同心和机匣与转子的同心；

(4)具有包容性，保证在叶片折断或轮盘破裂不被击穿；

(5)采取措施减少漏气损失和与转子之间的径向间隙，提高压气机效率；

(6)装配方便,工艺性好。还要维修性好,并具有可检测性。

整流器机匣的方案有整体式、分半式和分段式三种(见图 3.35),它们与压气机的拆装(即与转子和整流器的方案)、机匣的材料和制造方法有着密切关系。

很多发动机的压气机机匣由三段组成。比如早期的 WP6,WP8 发动机的机匣由前机匣,中机匣和后机匣三部分组成;双转子涡扇发动机的压气机机匣(中机匣)由低压压气机机匣、中介机匣和高压压气机机匣组成(见图 3.4);风扇机匣则由风扇包容机匣、风扇整流机匣和风扇承力(排气)机匣三段组成。

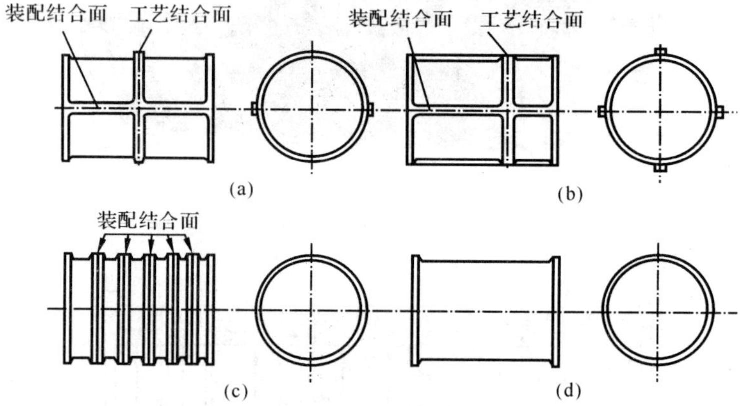

图 3.35　整流器机匣结构方案

(a)分半式机匣;(b)分半式机匣;(c)分段式机匣;(d)整体式机匣

WP6 发动机压气机转子是不可拆卸的,为了解决压气机的装配问题,采用了分半式机匣(参见图 3.33)。整流器也做成两个半环,分别装入两半机匣内,待压气机转子平衡好后,将两半机匣合拢安装。

可见,采用分半式机匣的压气机装配最简便,也容易选择整流器和转子的结构方案,即方案的适应性强,但是分半式机匣要解决好纵向接合面的连接、定位和密封等问题。这些问题一般用安装边和螺栓联接解决。有时为了定位可靠,在连接螺栓中采用若干个精密螺栓。WP6 发动机采用安装边和 30 个螺栓来进行联接。两半机匣的定位依靠其中 8 个精密螺栓保证;接合面处的密封不仅要求接合面精细加工,而且采用增大安装边的连接刚性(即增大安装边的厚度和增多螺栓数目)来解决。通常,安装边厚度 b 应为机匣壁厚 δ 的 2～3 倍,安装边上螺栓的孔距 l 为螺栓直径 d 的 6～10 倍。由于气流通道内空气压力逐级升高,所以螺栓的孔距逐级减小。

纵向安装边不仅使重量增大,还会带来机匣周向刚性不均匀的问题。当工作受热时,机匣由于刚性不均,引起热变形不协调而出现椭圆度。工作温度愈高,这种现象愈严重。为了解决这个矛盾,就必须增加纵向加强肋和采用横向加强肋。这样做,对焊接机匣来说会增加工作量；对铸造机匣来说可能会增加一些重量，因为铸造机匣的壁厚取决于材料的工艺性能。此外，若加强肋尺寸设计不当，还会由热应力而产生裂纹。

当压气机工作温度不高，周向变形及应力分布不均匀的问题不严重时，使用分半式机匣的维修性的优点突出。随着压气机增压比的提高，压气机的工作温度逐级增大，周向变形不均匀的问题就不能忽视了。在现代发动机上，整流器机匣后段广泛采用双层机匣结构，这样可以使内层机匣主要构成气流通道，外层机匣承受横向载荷。在这种情况下，一般外机匣是整环形的，而内机匣是分半的，保留了原有的装拆工艺性好的特点。

CFM56 发动机的高压压气机机匣为上、下对分结构（见图 3.36）。前段为钛合金锻件机械加工而成；后段做成双层机匣，外层机匣作为承力件，内层机匣是气流通道的外壁。这种设计能在承力机匣稍有变形时也不致影响叶尖间隙的变化，同时也有助于提高作为发动机主要承力件的机匣强度和刚度，所以为新研制的发动机普遍采用。内、外层机匣均由低膨胀系数的 Incoloy903 合金制造。内、外层 5，6 机匣均与后机匣支承环 7 相连，并形成一环形腔，作为第 5 级放气的集气室。

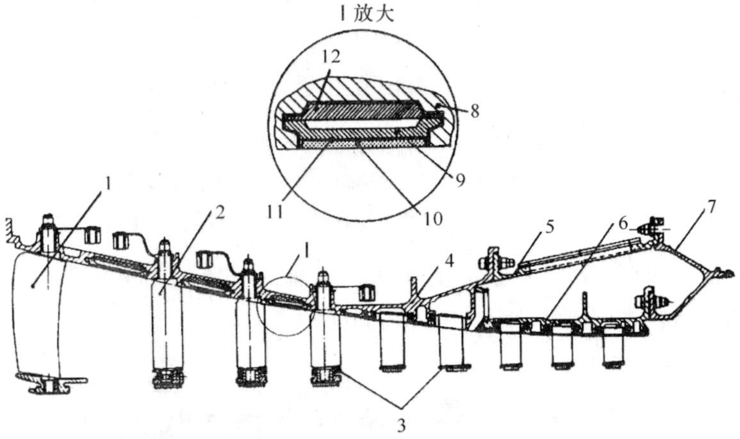

图 3.36　CFM56 发动机的高压压气机静子

1—进口导流叶片；2—VSV；3—内封严环；4—机匣前段；
5—机匣后段外环件；6—机匣后段内环件；7—后机匣支承环；8—钛合金机匣；
9—钢摩擦衬套；10—铝青铜；11—粘接涂层 METCO450；12—防火隔层

钛合金机匣内壁与前 3 级钛合金叶片对应的部位嵌有粘结着耐磨材料的钢衬套和防火隔层，可使叶尖与机匣之间的间隙尽可能小而又不致造成钛合金摩擦起火。第 4 级和第 5 级由于工作叶片是不锈钢的，所以只嵌着耐磨材料及钢衬套。

解决机匣周向刚性不均的另一种办法是在压气机装配许可的条件下，采用分段的整环形机匣（见图 3.35(c)）。

WP7 发动机压气机低压转子 2,3 级是不可拆卸的。为了解决低压压气机的装配问题，低压压气机机匣是分段的(见图 3.37)，它由第 1 级机匣和第 3 级机匣组成。第 1,3 级整流叶片直接点焊在机匣内壁上，组成一个整环;第 2 级整流器是一个单独的组合件。低压压气机装配时，先装第 3 级整流器，然后装上不带第 1 级轮盘和第 2 级转子叶片的低压转子，待第 2 级整流器从前面套装在第 2、第 3 级转子之间后，再依次安装第 2 级转子叶片，带前轴承机匣的第 1 级整流器、第 1 级转子和整流罩。当然，这是一种比较特殊的情况:压气机级数少;第 2 转子叶片可以拆卸;第 2 级整流器的尺寸允许从前面套装在转子之间。

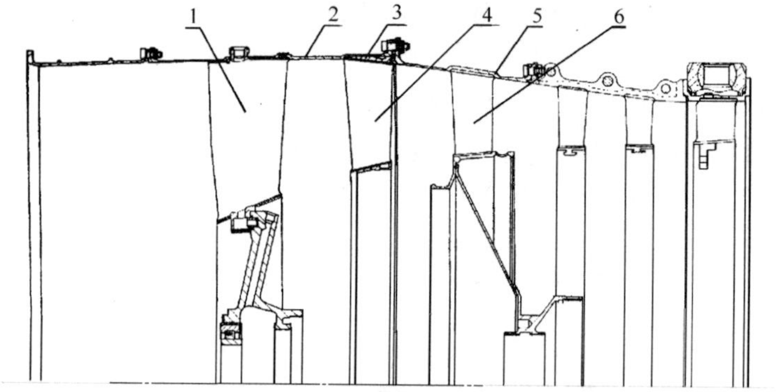

图 3.37　WP7 发动机压气机机匣

1—第 1 级整流叶片；2—第 1 级机匣；3—第 2 级整流器外环；
4—第 2 级整流叶片；5—第 3 级机匣；6—第 3 级整流叶片

当转子是不可拆卸的多级压气机时，必须采用沿轴向分段的整环形机匣。图 3.38 所示为 WP13 低压压气机分段的整环形机匣。

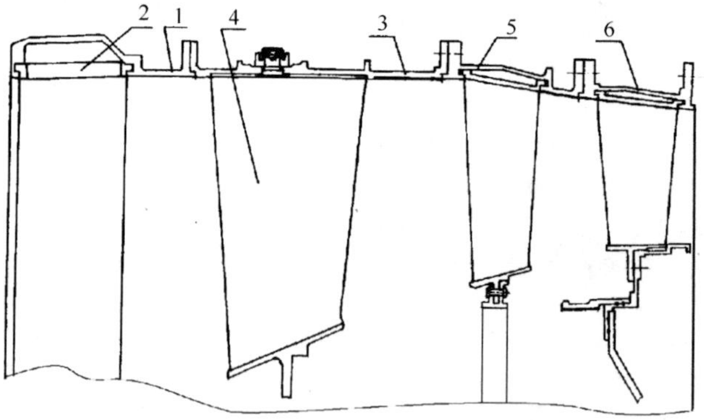

图 3.38　WP13 低压压气机分段式整环形机匣

1—进气处理机匣；2—扰流片；3—前机匣；4—第 1 级整流叶片；
5—第 2 级整流器壳体；6—第 3 级整流器壳体

采用分段的整环形机匣要解决好各段机匣之间的定心和密封问题。分段式机匣级间的联接、定心和密封问题是用安装边和连接螺栓来解决的。机匣间的定心用圆柱面配合来保证，有时辅以若干精密连接螺栓来使定心可靠。这种形式的机匣存在重量大、加工量大和多次定心的缺点。

如果转子是可拆卸的多级压气机，可以采用整体式机匣（见图3.35(d)）。整体式机匣重量最轻，加工量最少，周向刚性均匀，但是，压气机的装配比较复杂，采用的转子和整流器方案就更少一些，即方案的适应性差。采用整体式机匣的压气机，在装配时需将平衡好的转子进行再分解。这样做，若处理不当，显然会严重影响转子的平衡精度，所以需采取措施保证转子的平衡精度。

JT3D－3B发动机高压压气机机匣匣方案就是整体式的。转子是可拆卸的，整流器是整环形的，在压气机装配时，依次安装各级轮盘和整流器。为了不影响转子的平衡精度，装配后转子要带着整流器再进行平衡，这时要在平衡机上用专门的夹具支承着整流器。

机匣的方案不仅与转子和整流器的方案有关，而且还与机匣的材料和工艺有关。如在WP6发动机上，两半机匣还分为前、后两段。这是因为根据工作温度的需要，机匣前、后段采用的是不同的材料。

从制造工艺方面来看，机匣可以是铸造的、板料焊接的和锻造后经机械加工的。

铸造机匣工艺性好，安装边、放气孔、加强肋等均可一次铸成，机械加工量少，通常使用在轻合金机匣上。铸造机匣壁厚若太薄，则不易浇铸；太厚的话，冷却时间加长，铸件组织恶化，使材料的强度极限 σ_b 降低。故壁厚一般为6～10 mm。由于材料耐热性的限制，轻合金铸造机匣只能用于工作温度低于200℃的地方。随着飞行速度的增加和压气机增压比的提高，目前压气机多采用钢、钛合金或者是耐热合金的机匣。

板料机匣是用1.5～3 mm的钢板卷成圆筒，焊上车、铣成的安装边和型环（用来安装整流叶片）而成。对于两半剖分机匣，还需要用圆盘铣刀沿纵向切成两半，然后焊上纵向安装边。根据铣刀的厚度，在纵向接合面上加一金属垫片。板料机匣的重要部位，如安装面和配合面，应在焊好后进行组合加工，以保证其同心度和垂直度。

结构钢锻造机匣是用较厚的毛坯（35～40 mm）机械加工而成。这种机匣带有前、后安装边，机匣内表面车成各种沟槽，用来安装整流叶片，外表面铣出各种沟槽、凸起、安装座、放气孔等。这种机匣机械性能好，加工精度高，周向刚度分布均匀，重量轻，是先进发动机机匣的发展方向；缺点是需要大型加工设备，加工成本高。

综上可见，机匣的结构方案与压气机的装配（即与转子和整流器的方案）、机匣的材料和工艺方法有关（见表3.3）。

表 3.3 压气机机匣方案的统计

发动机牌号	机匣方案		转子类型	整流器类型
	机匣型式	材料和制造方法		
WP6	两半、两段	前段:镁合金铸造 后段:合金钢锻造	不可拆卸、鼓盘式	直接固定
WP7(高压)	两 半	锻 造 (δ=1.8～2.5)	不可拆卸、鼓盘式	直接固定
WP8	四剖分、两段	前段:镁合金铸造 后段:铝合金锻造	不可拆卸、鼓盘式	直接固定
WJ6	两 半	钢板焊接(δ=2)	不可拆卸、鼓盘式	间接固定(两半)
J57(低压)	两 段	钢板焊接	可拆卸、鼓盘式	间接固定(两半)
J57(高压)	整 体	钢板焊接	可拆卸、鼓盘式	间接固定(整环)
JT3D(低压)	整 体	钢板焊接(δ=1.5)	可拆卸、鼓盘式	间接固定(两半)
JT3D(高压)	整 体	钢板焊接(δ=1.02)	可拆卸、鼓盘式	间接固定(整环)
吉 伦	两半、两段	前段:镁合金铸造 后段:合金钢锻造	不可拆卸、鼓盘式	直接固定
奥林巴斯(低压)	两 半	镁铝合金铸造	不可拆卸、鼓盘式	直接固定
奥林巴斯(高压)	两 半	耐热钢铸造	不可拆卸、鼓盘式	直接固定
埃 汶	两 半	铝合金铸造	不可拆卸、加强的盘式	直接固定
WP7(低压)	两 段	锻 造 (δ=1.3～2.5)	不可拆卸、加强的盘式	直接固定(1,3 级) 间接固定(2 级)
斯 贝(低压)	两 半	铝合金铸造	鼓式转子	直接固定
斯 贝(高压)	两 半	耐热钢锻造	不可拆卸、加强的盘式	直接固定
CJ805	两半、两段		可拆卸、鼓盘式	直接固定
JT9D	分 段		可拆卸、鼓盘式	直接固定
J85	两 半		可拆卸、鼓盘式	间接固定
RB 211(中压)	两半、三段	前铝、后钢	鼓盘式转子	直接固定
CF6 (高 压)	两半、两段	前钛、后合金	鼓盘式转子	直接固定
P29—300	分段、分半	前钛、后钢	不可拆卸的鼓盘式转子	直接固定(第 1,5,11 级) 直接固定(2～4,6～10 级)

在目前大流量比的涡扇发动机上，为了提高性能，减少在寿命期内性能衰退，高压压气机机匣多做成双层，外机匣承力，内机匣构成气流通道外壁。工作时，当外机匣有较大变形时，不会影响内机匣圆度，使转子叶片叶尖始终保持均匀的径向间隙。内外层机匣之间既可以是引气的集气室，也可以调压构成主动间隙控制机匣结构或不调压的被动间隙控制结构。除前面提到的 CFM56 发动机外，RB211 发动机的中、高压气机机匣也做成双层结构；JT9D，PW4000 发动机高压压气机后几级也做成双层，加强由高压压气机至扩压机匣之间缩腰处的刚性。当然这样做会增加重量，对于军用发动机来讲，要通过权衡重量和性能的利弊来决定。

在近代发动机上，机匣的结构，特别是风扇机匣的结构还要求具有一定的包容能力，即在发动机最大转速时，转子叶片，特别是风扇叶片从根部断裂后应能被机匣卡住，而不致击穿机匣，引起严重事故。如在 RB211 发动机上，风扇机匣采用高强度合金钢，安装边加厚，并增加了连接螺栓的数目，前安装边还有包容碎片的结构，使断裂的叶片不会由发动机进口处飞出。CFM56 发动机和 CF6 发动机的风扇机匣也是加强的包容机匣（见图 3.39）。另外，双层机匣结构也具有增强机匣包容能力的作用。

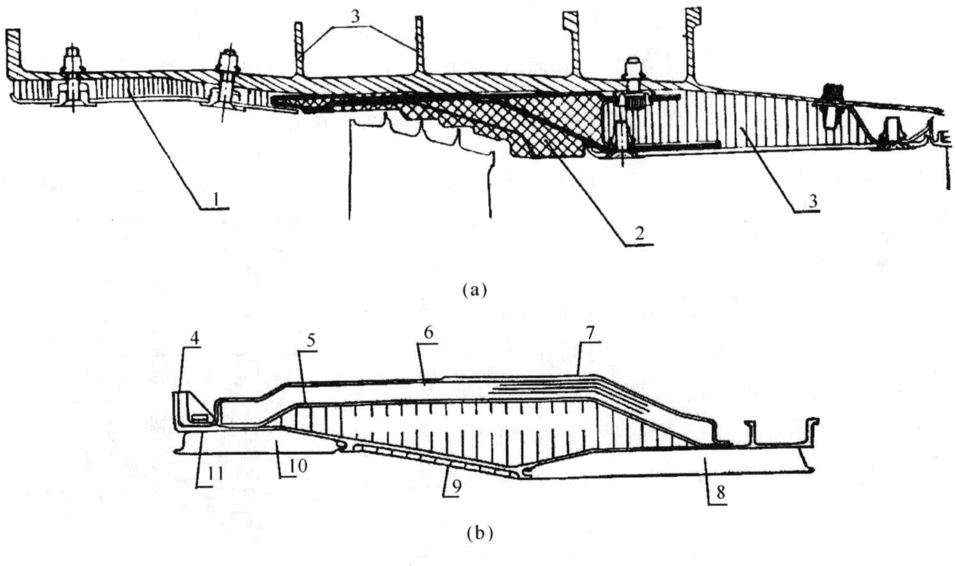

图 3.39　风扇包容机匣

(a)CFM56 发动机；(b)CF6－80C2 发动机

1—吸音层；2—粘结在金属基体上的风扇摩擦带；3—加强肋；

4—前安装边；5—石墨-环氧树脂；6—Kevlar 缠裹层；7—Kevlar-环氧树脂；

8—Kevlar 垫层；9—微泡状风扇叶片外环；10—蜂窝层；11—铝机匣

二、整流器

整流器安装在机匣内，位于两级转子之间，所以整流器的方案与转子和机匣的方案有着密切的联系。

在铸造的分半式机匣内，由于机匣壁较厚，整流叶片可用各种形式的榫头直接固定在机匣内壁机械加工的特形环槽内。在有些发动机上，整流叶片的榫头做成燕尾或Ⅲ形。

在斯贝发动机压气机整流叶片上，外端加工成T形榫头，插入机匣内壁的T形环槽内（见图3.40）。T形榫头在安装后要采取止动措施，以免整流环在周向气体力作用下移动。

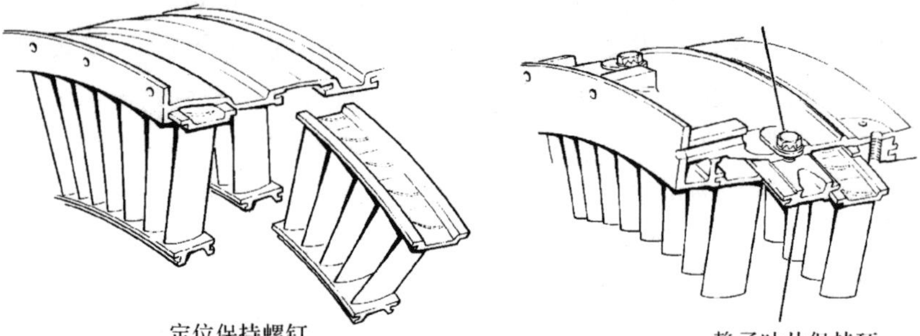

图3.40 整流叶片的T形榫头及固定

这种方案结构简单，连接可靠，并且叶片可以拆装，但是要求机匣壁很厚，适用于铸造的分半式机匣上，并且榫槽的加工也不方便。

WP6发动机的整流叶片是用螺纹轴颈和矩形板直接装在机匣内壁的环槽内，并用螺帽拧紧（见图3.41）。采用矩形板可以减小对机匣壁厚的要求，加工也方便一些。为了提高叶片的刚性，在叶片内端有圆柱销用卡圈夹紧，卡圈的内表面可作为篦齿密封的封严环。

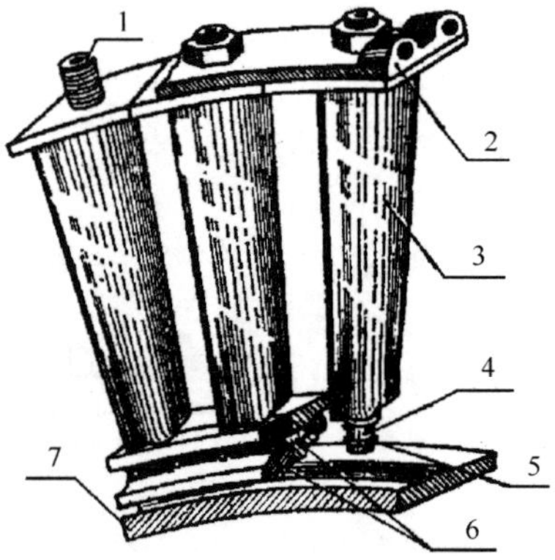

图3.41 WP6整流叶片固定

1—螺桩；2—机匣；
3—整流叶片；4—圆柱销；5—卡圈；
6—半圆形卡环；7—转子鼓筒

为了保证工作时整流叶片在各种载荷作用下可靠地定位和传力，螺帽拧紧后还要打上保险，现在则采用自锁螺帽。

直接固定的方案结构简单，拆装方便，因而在不少发动机上采用（见表3.4），但是机匣加工复杂，连接处有各种形式的沟槽和孔洞，对机匣壁有所削弱，且轧制的无榫头叶片和一般板料机匣无法采用。

表 3.4　直接固定的整流器

发动机牌号	双支点	单支点
WP6	螺纹轴颈，矩形板	
WP8	螺纹轴颈，矩形板	
Spey	T 形榫头（1～8 级）	T 形榫头（9～16）
WP7	焊接（1，2～5 级）	
P29－300	螺纹轴颈，矩形板（1，5，11 级）	
飞马 MK104	T 形榫头（低压）	T 形榫头（高压）
JT9D	钎焊	
RB211—535E4	T 形榫头（MPC，HPC 各级）	
CF6	轴颈（高压 1，2 级）	轴颈（高压 3～6 级）、 榫头（高压 7～15 级）
RB199	电子束焊（风扇），燕尾形榫头（中、高）	

整流叶片还可以通过焊接直接与机匣联接。WP7 发动机压气机的板料焊接机匣，除第 2 级外，其余各级整流叶片都是采用直接固定的方案。1，3，4，5 级整流叶片，除第 1 级 5 片空心整流叶片与机匣用螺帽连接外，其余叶片外端借矩形安装板，用点焊或连续点焊与机匣联接（见图 3.37）。这种方案机械加工量少，对机匣壁也不削弱，适用于薄壁机匣。在板制的外环上，整流叶片的固定广泛采用这种方案。但是对焊接质量要求高，因而在工艺和结构上采取了相应的措施：选用焊接技术易掌握的、焊接变形小的点焊或连续点焊；焊件的材料和厚度基本一致；机匣分段多，焊接较方便，并能满足装配的要求。所以这种方案的采用是有条件限制的。

在目前大多数整体式机匣和分段式机匣内，整流叶片广泛采用间接固定的方案。即整流叶片安装在专门的整环或半环内、组成整流器或整流器半环，然后固定在机匣内（见表 3.5）。显然，这种方案设计不仅要考虑到叶片在外环上的固定，还要考虑到整流器与机匣的联接。

表 3.5　间接固定的整流器

发动机牌号	双支点	单支点
WP7	点焊（第 2 级）	
J57	钎焊	
JT3D	铆焊（1～3 级）钎焊（其余）	
WJ6	钎焊	
J85－GE－17A	钎焊（第 1，2，8 级）	钎焊（第 3～7 级）
P29－300	燕尾形榫头（第 2，4，6 级）	

由于装配上的需要，WP7 发动机第 2 级整流器采用间接固定方案(见图 3.42)。整流叶片 2 点焊在一个专门的外环 3 上，以圆柱面定心，借外环上专门的安装边，用螺栓与第 1 级机匣和第 3 级机匣联接在一起。

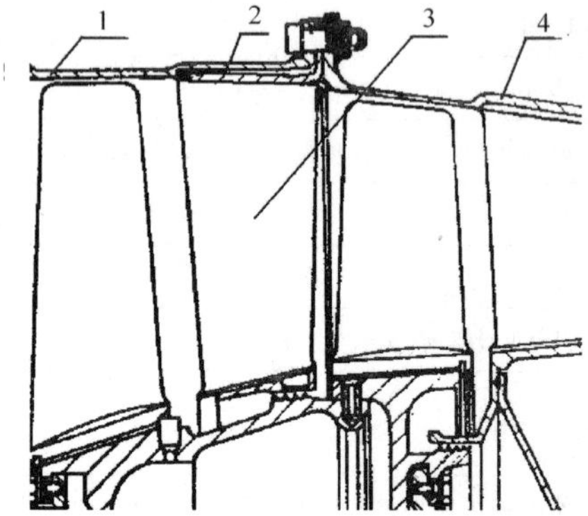

图 3.42 WP7 发动机第二级整流器

1—第 1 级机匣；2—第 2 级整流器外环；3—第 2 级整流叶片；4—第 3 级机匣

在许多发动机上还采用无冠整流叶片。这种叶片利用轧制好的型材，将其切成毛料后，借模压法使之达到规定的扭向和曲率，最后只须对两端面进行少量的加工及叶身抛光即可。这种方法生产率高，可以使叶片加工量减少 80% ，材料消耗减少 50%，并可做到型面准确，表面质量高。所以，其在型面简单、数量多的整流叶片上广泛采用。

WJ6 发动机采用板料焊接的分半式机匣和焊接的分半式整流器。整流器外环为 T 形榫头，安装于机匣上的 T 形榫槽内。每个整流器半环用 3 个螺钉固定在机匣上。

总之，采用焊接方案结构简单、重量轻、成本低，但叶片无法更换。这种方法对焊接技术要求高，否则会产生残余应力和局部硬化，引起疲劳裂纹。

由表 3.4 和表 3.5 中可以看出：有些整流器是有内环的(双支点)；有些则没有内环(单支点)；有些整流器前几级为双支点，后几级则为单支点。这是什么原因呢？实际使用证明，作用在整流器叶片上的气动负荷是不大的，但是由于气流脉动导致叶片振动裂纹却往往是叶片损坏的一个主要原因。因此，将叶片内端联接起来组成双支点整流器，是提高叶片自振频率的一个基本措施。从表中还可以看出，目前整流器广泛采用双支点方案，但是随着压气机增压比的不断提高，在中、小推力的发动机上，压气机后几级叶片，甚至压气机各级叶片都很短。这时，在保证整流器可靠工作的前提下，就有可能采用单支点方案，以简化结构和减轻重量。如斯贝发动机前几级叶片长，采用双支点；后几级叶片短，采用单支点。当然，双支点方案还有减小漏气损失和提高压气机效率的优点。

在双支点方案中，叶片与内环的联接要保证可靠地定心、密封和热补偿。出于工艺上的考虑，它们的方案与外环的联接方案相似。如在 WP6 发动机上（见图 3.41），整流器叶片内端做成圆柱轴颈，插入内环的配合孔内，保证内环的定心和热补偿。为了装配，内环也做成两个半圆环，每半又由前半环和后半环组成，前、后两半用螺桩或螺钉联成一体。内环前半环内圆表面上涂有滑石粉层与转子鼓筒上的篦齿组成压气机级间封气装置。为了增加结构强度，2～5 级铝合金整流叶片中有部分钢叶片，分布在纵向剖分面附近的钢叶片的圆柱轴颈上带有卡圈。在 WP7 发动机气机上，整流叶片与内环的联接采用焊接。第 4 和第 5 级整流器的内环与第 4 和第 5 机匣一样也是分半的。在斯贝发动机上，低压压气机整流叶片带有内叶冠，为了保证刚性，分别按 3 个叶片或 4 个叶片一组将内叶冠用高温钎焊联成一体，然后将数组叶片铆在内缘板上，组成 4 个扇形件。高压压气机前 3 级整流器为双支点结构。内叶冠做成燕尾形榫头，插入内缘的燕尾形槽内，组成整个扇形叶片组。

为了保证整流叶片与机匣的联接刚性，WP6 发动机是依靠螺帽的拧紧保证。斯贝发动机是依靠止动板的压紧保证。

在压气机不传力的末级整流器或后几级整流器上，整流叶片常被直接插入内环孔内，不作固定，或仅有少数几个叶片固定。这是因为后几级工作温度高，采用这种热补偿措施后，既保证零件自由热膨胀，减少叶片及环内热应力，又保证内环可靠定心。

综上可见，整流器的方案与机匣和转子的方案有密切联系。在铸、锻的分半式机匣内广泛采用直接固定的方案；在板料焊接的整体式和分段式机匣内多采用间接固定的方案。整流叶片与机匣的联接要保证可靠传力、定位和足够刚性。整流叶片与内环的联接要保证良好定位、密封和热补偿。

3.4　压气机防喘系统

压气机喘振是多级轴流式压气机始终要面对的课题。多级轴流式压气机喘振本质上的原因是，当发动机在非设计状态工作时，压气机前面增压级和后面增压级的流通能力不匹配，因而造成了前喘后涡或前涡后喘的现象。要保证压气机稳定工作，根本措施就是合理控制流经压气机各级的空气流量，使之与流通能力相匹配，保持空气流动的平稳与连续。

转速低于设计转速时，多级轴流式压气机内发生的前喘后涡型喘振可以用下面的流动模型说明（见图 3.43）。压气机转子的前面几级发生叶背失速，后面几级发生叶盆失速。叶盆失速使叶栅气流通道变为收敛形，压气机进口的空气流动不连续。

一、防喘振装置

为了改善压气机的工作特性，扩大稳定工作范围，在现代高增压比的轴流式压气机上均安装有防喘振装置。按其结构形式，可分为放气机构、压气机进口可变弯度导流叶片或可转导流叶片、可转整流叶片、双转子或多转子压气机和机匣处理等。

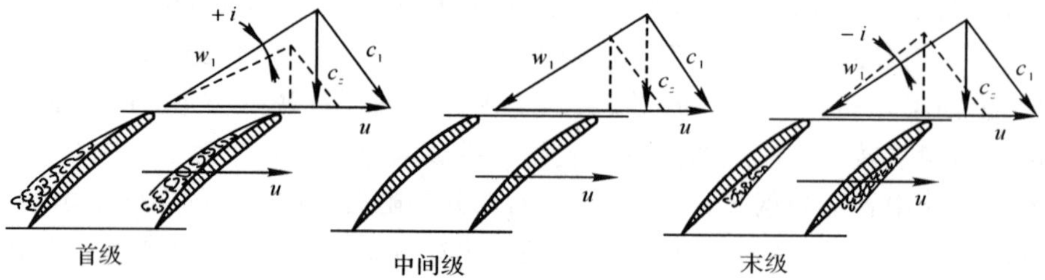

图 3.43　前喘后涡模型

1. 放气机构

把空气从压气机中间级放出(或从低压压气机后放出)是改善压气机特性,扩大稳定工作范围的简单而有效的方法,可用于防止前喘后涡型的喘振。此种方法的缺点是放气时会使发动机振动和效率降低。

放气机构的主要类型有放气活门、放气带和放气窗。它们都是在发动机起动和低转速范围内(即低增压比时)打开,当接近发动机设计状态时就关闭,所以放气系统的调节器通常都感受转速或者增压比。

放气活门一般由若干个放气活门和控制元件组成。通过液压或气压作动筒来操纵。典型的气动式放气活门结构及工作原理如图 3.44 所示,一般用于双转子发动机起动时放气。WP7 发动机的起动放气活门属于这种类型。

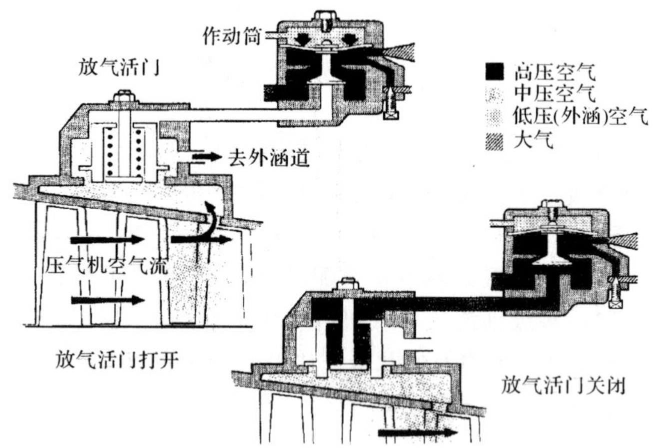

图 3.44　气动式放气活门结构及工作原理

放气带机构主要由放气带、放气孔、作动筒和控制元件等组成。放气孔在压气机中后部某一级机匣外沿周向分布，用弹性钢制放气带束住。放气带由作动筒操纵，放气带松弛时，气流可由放气孔排出，从而减少进入压气机后面级的空气流量；放气带束紧时停止放气。

WP6，WP8 发动机都是采用这种方法在起动和低功率状态防喘。

放气孔的位置和数目应满足尽量减少对转子叶片前的速度场和压力场影响的要求，否则会引起叶片剧烈振动甚至折断。放气带的束紧度要经过精细计算，偏松时会产生漏气，过紧则可能造成放气带折断。当其用于双发飞机时，还要考虑单发起动时先起动发动机放气对后起动发动机的影响。

放气窗放气机构是目前大涵道比涡扇发动机普遍采用的防喘方式，一般用于在低压压气机出口放气，以减少进入高压压气机的空气流量。该机构由环形放气窗、放气封严环、作动筒及控制元件等组成。构造及工作原理见 JT9D7R4 压气机气流控制系统的介绍。

2. 进口可转导流叶片和变弯度导流叶片

防止压气机喘振的另一措施是在压气机进口采用可转的导流叶片或变弯度导流叶片。当压气机在非设计状态工作时，进口变弯度导流叶片的尾部扭转一个角度，使压气机进口预旋量相应改变，如图 3.45 所示。这样就可使第一级转子叶片进口气流的攻角恢复到接近设计状态的数值，消除了叶背上的气流分离，避免了喘振现象的发生。若采用进口可转导流叶片，则是整个叶身一起扭转。这样在改变第一级转子叶片进口气流的攻角的同时，还改变（减小）了压气机进口的流通面积，减小空气流量（见图 3.46）。

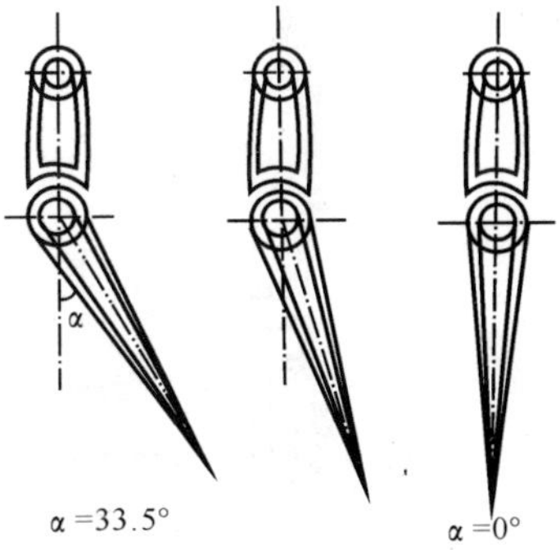

图 3.45　J85 发动机的变弯度导流叶片

进口可转导流叶片机构由带内外圆柱轴颈的导流叶片、摇臂、联动环、作动筒和控制器等组成。联动环及作动筒组成操纵机构，可分为外操纵和内操纵两种方案。如果操纵机构在机匣外部，则称为外操纵方案；如果操纵机构在轴承机匣或整流机匣内壳体里面，则称为内操纵方案。进口可转导流叶片系安装在压气机进口处，所以叶片通常都有内、外两个支座。可转叶片由作动筒在控制器指令下操纵。作动筒的操纵杆带动联动环转动，联动环带动该级全部导流叶片的摇臂使所有叶片同步转动一个相应角度。

导流叶片的圆柱轴颈要保证叶片的自如扭转（见图 3.47）。联接强度由榫头的尺寸和支承凸台的结构保证。配合处的密封性依靠小配合间隙和端面接触来保证。由于摇臂是在平面内摆动，联动环是作周向转动，所以当导流叶片的扭转角度范围较大时，会出现卡阻现象。因此结构设计要保证摇臂和联动环之间的传动平稳、协调阻力小。

斯贝发动机高压压气机进口导流叶片采用了内操纵方案（见图 3.48）。它主要由操纵轴、作动盘和 48 片导流叶片组成。当穿过中介机匣空心整流支板的操纵轴转动时，带动套装在高压压气机前轴承座上的作动盘转动，作动盘使所有导流叶片同步转动一个给定的角度。这里，操纵轴和导流叶片均绕径向轴线转动，而作动盘绕轴向轴线转动。为使它们之间的传动平稳不发生干涉，在操纵轴与作动盘之间采用一连杆机构(见图 3.49)，作动盘与导流叶片之间采用一圆柱销摇臂机构。后者是在作动盘外圆周的 48 个轴向槽内嵌入圆柱销，导流叶片内端带有摇臂，用圆柱轴颈插入圆柱销内。当作动盘转动时，由于圆柱销的槽向滑动和绕本身轴线的转动，协调地带动了所有叶片的转动(见图 3.47)。

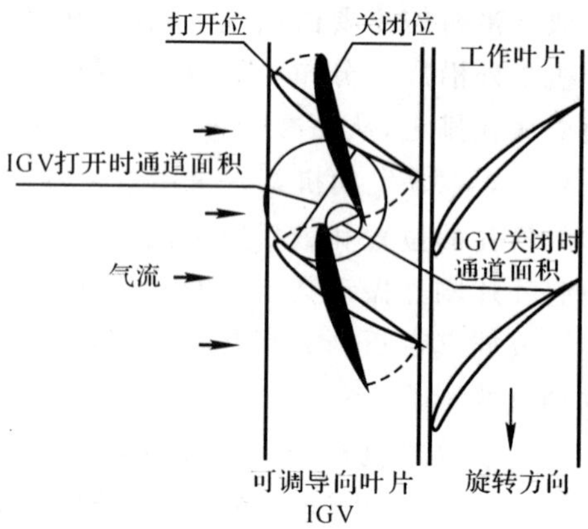

图 3.46 进口可转导流叶片工作原理

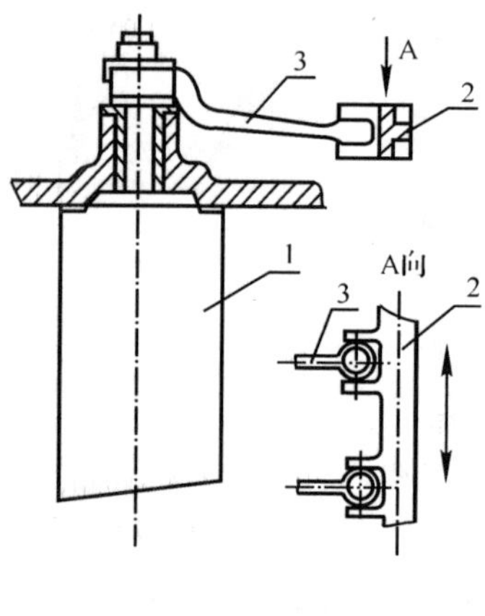

图 3.47 可转整流叶片

1—整流叶片；
2—操纵环；3—摇臂

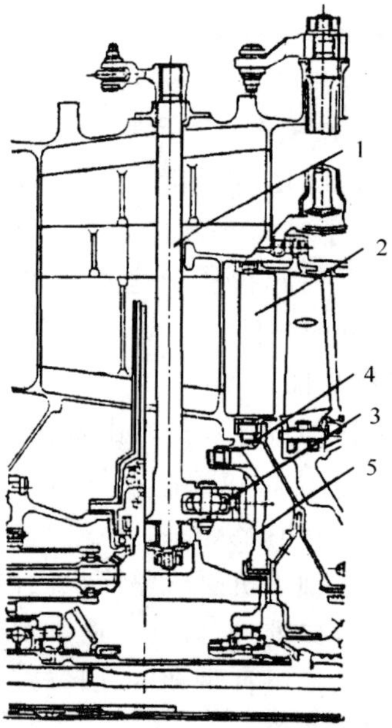

图 3.48 斯贝发动机可转导流叶片操纵机构

1—操纵箱；2—进口可转导流叶片；3—连杆机构；
4—圆柱销摇臂机构；5—作动盘

可变弯度的进口导流叶片由前、后两段组成。前段固定，保持气流轴向进入；后段铰接，可连续调节，保证转子叶片最有利的进入角。如在 F100 发动机上，进口导流叶片前段的内、外端分别与整流锥和风扇机匣焊接在一起(见图 3.50)。后段可转动尾部的内、外端均有一转轴。外端转轴借摇臂与一共同的作动环相联,作动环由两个气压作动筒操纵。在 J85 发动机的可变弯度进口导流叶片上,后段可转动尾部随发动机折合转速而改变,与放气活门协同动作。

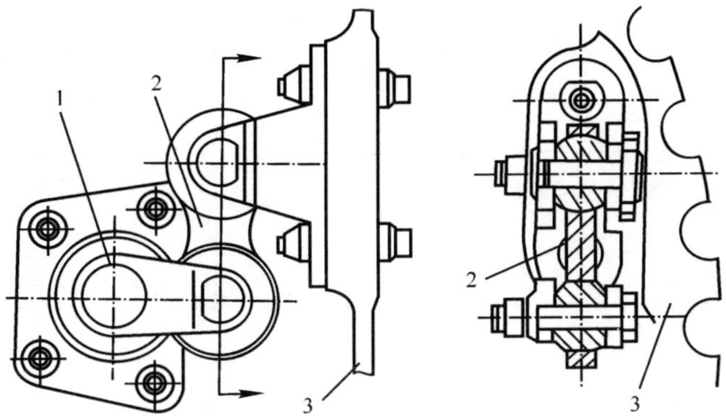

图 3.49　操纵轴与作动盘之间的连杆机构

1—操纵轴；2—连杆机构；3—作动盘

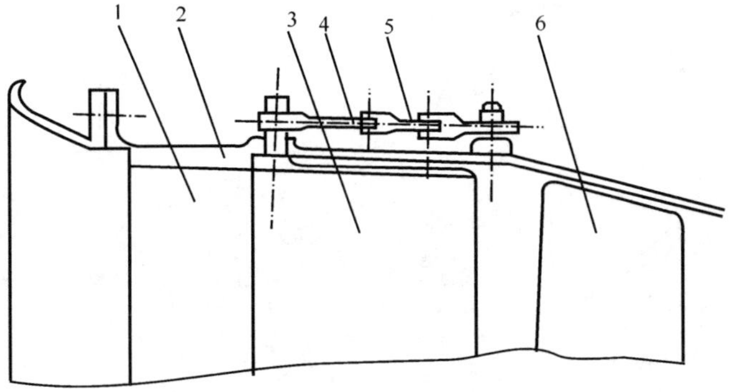

图 3.50　F100 的变弯度导流叶片

1—导流叶片前段固定部分；2—风扇机匣；3—导流叶片可转动尾部

4—摇臂；5—作动环；6—第 1 级转子叶片

3. 多级可调静子叶片

进口可转导流叶片和变弯度导流叶片都只能使第一级转子叶片进口气流的攻角恢复到接近设计状态的数值,消除其叶背上的气流分离,而不能使第一级后面的若干级转子叶片进口气流的攻角也接近到设计状态的数值。所以,在先进发动机上采用多级可调静子叶片(VSV)的方法，使压气机的稳定工作范围更宽，达到更好的防喘作用。

VSV 在发动机上的应用情况见表 3.6。

表 3.6 VSV 的应用情况

发动机型号	部件名称	总级数	VSV 级数	控制器
CFM56—3	HPC	9	4	
PW4000	HPC	11	4	EEC
V2500	HPC	10	4	
PW2037	HPC	12	5	EEC
JT9D—7R4E	HPC	11	4	GTA9—3
CF6—80A/B767，A310	HPC	14	6	MEC
АЛ—31Ф	LPC/HPC	9	1/3	
F119	HPC	6	3	EEC
M88	LPC/HPC	9	1/3	

多级可调静子叶片防喘机构主要由可转静子叶片、摇臂、联动环、曲轴、作动筒和控制器等组成(见图 3.51)。其组成和结构参见后面对 JT9D—7R4 压气机气流控制系统的介绍。多级可调静子叶片防喘机构均采用外操纵方案。

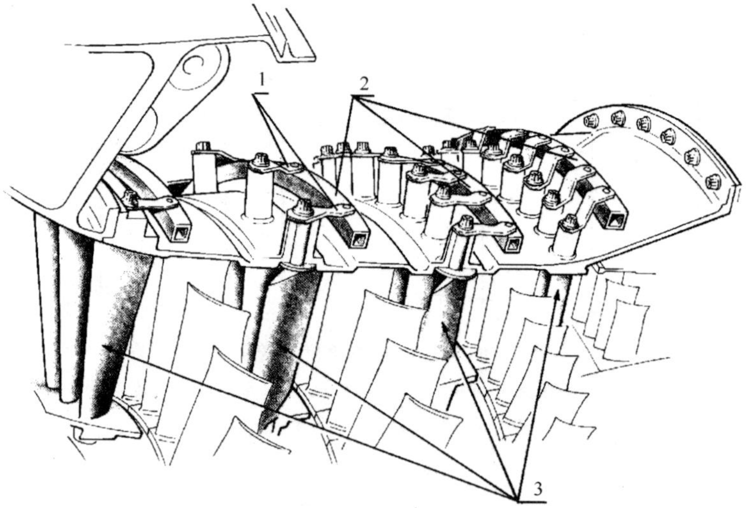

图 3.51 可调静子叶片(VSV)及联动机构

1—摇臂；2—联动环；3—静子叶片

4. 机匣处理

为了避免在叶尖处产生旋转失速，利用吹气和放气来控制附面层是非常有效的。但是试验过程中发现，即使放气量为零，只要在风扇和压气机转子外侧的机匣内表面上采用一些特殊的结构措施，就能使失速裕度大大改善。目前常见的结构措施有：在机匣内壁上加工成环槽、斜槽或者安装蜂窝结构环。带有这类结构措施的机匣称为机匣处理。在 WP13 发动机第一级转子叶片外围机匣内表面上安装的、由吹气叶片（扰流片）组成的吹气盒就是机匣处理的一种形式（见图 3.52、图 3.53）。

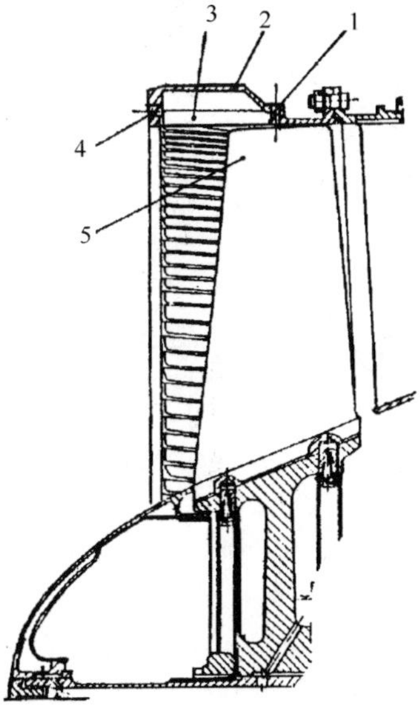

图 3.52　WP13 的进气机匣处理

1—径向固定销；2—进气机匣处理；3—扰流片；
4—径向固定销；5—第一级工作叶片

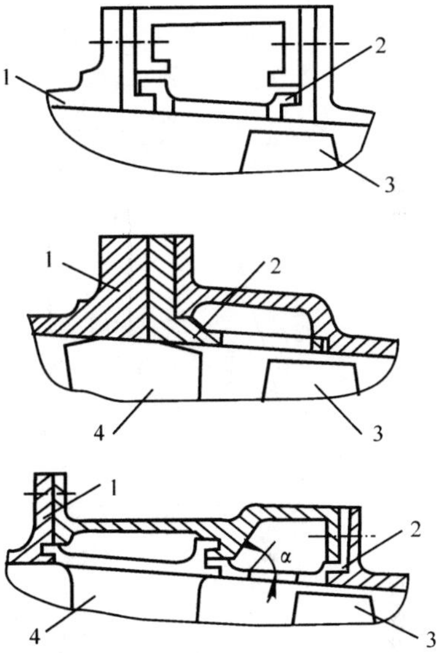

图 3.53　几种扰流片的构造

1—进气机匣；2—扰流片；
3—固定叶片；4—导流叶片

5. 双转子或三转子压气机

把压气机设计成双转子的或三转子的，也是重要的防喘措施之一。所谓双转子或三转子压气机是由两个或三个转子组成，各转子的轴是套在一起，但转速不同。内轴的转速最低，相应的压气机在最前端，称为低压压气机；外轴的转速最高，相应的压气机在最后端，称为高压压气机。对于三转子压气机则有中压转子，其位置、轴和转速都居中（参见图 3.1 和图 3.54）。各转子分别由各自的涡轮驱动。

采用双转子或三转子压气机防喘的基本原理是：在相同总增压比及总级数时，当压气机转子分开后每个转子的级数减少，同时各转子可以在各自的最佳转速工作（如风扇要求的工作转速低，高压压气机需要高转速以增大加功量)。当压气机在非设计状态工作时，较少的级数可以减小前后各级压气机流通能力的差异。另外，转子的转速可以实现自动调节：前面的低压压气机转速降低，从而减少进入压气机的空气流量；后面的高压压气机转速提高(但不超过最大限制转速)，从而流通能力提高，因而使压气机前后各级的流通能力自动相匹配。

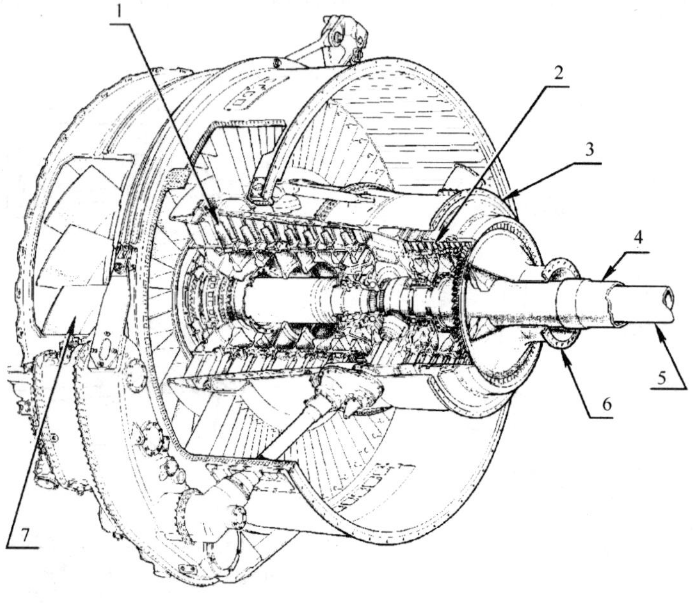

图 3.54　三转子压气机

1—中压压气机；2—高压压气机；3—燃烧室机匣安装边；4—中压转子轴；
5—低压转子轴(内轴)；6—高压转子轴(外轴)；7—低压压气机(风扇)

二、压气机气流控制系统

早期的发动机一般采用单一的防喘措施，如中间级放气(WP6，WP8)，或采用双转子(WP7)，或进口可调导流叶片(MK202)。但现代双转子发动机压气机的高增压比使得高压压气机的级数仍然很多，而且要求其工作范围更宽，发生喘振的可能性仍然存在。压气机容易发生喘振的工作状态和外部条件有：起动及低功率状态，发动机转速(推力)下降过程中，民用飞机打开反推、军机打开加力，歼击机作大过载机动飞行，使用操纵不当等。所以在先进的航空燃气涡轮发动机上是中间级放气、双转子、进口可调导流叶片和多级可调整流叶片等多种防喘扩稳措施并用，以保证压气机在各种工作状态下、各种工作条件下和工作状态转换的过程中不发生喘振。表 3.7 所示为各种防喘措施在一些双转子和三转子发动机上的应用情况。

表 3.7　各种防喘措施在双转子、三转子发动机上的应用情况

机 型	转子类型	总增压比	压气机级数 FAN+L/M/H	VSV 级数	放气活门数 目	放气带数 目
JT9D	双转子	24	1+3//11	4	2	1
CF6	双转子	～24	1+4//14	7	1	无
RB211	三转子	25	1+0/7/6	1	2	无
RB199	三转子	24	3+0/3/6	无	无	无

注：FAN—风扇级数；L—低压压气机级数；M—中压压气机级数；H—高压压气机级数。

压气机气流控制系统(CACS)的功用是在发动机起动、非设计状态和反推力工作状态下，保证压气机稳定工作。该系统一般由放气系统和可变静子叶片系统组成。放气系统中有起动放气系统、程序放气系统和打开反推放气系统。程序放气系统的功用是在发动机工作时依据发动机的转速、压比等信号，程式化的控制各个放气机构工作。压气机气流控制系统一般由发动机的控制系统控制，系统主要由燃油泵、燃油控制器、发动机静子叶片和放气控制器(EVBC)、*Ma* 传感器、操纵机构、控制活门、作动筒和位置开关、反馈装置、可调静子叶片、放气活门、放气带或放气窗等元件组成。

JT9D7R4 发动机的压气机气流控制系统是一个结构类型比较齐全的系统，该系统由三部分组成：高压压气机的 4 级可调静子叶片，3.5 截面的放气活门和低压压气机的 3.0 截面的放气窗。系统元件主要有燃油泵、液压机械燃油控制器、发动机静子叶片和放气控制器(EVBC)、*Ma* 传感器、涡轮机匣活门、3.5 放气活门、3.5 放气控制活门、3.0 放气作动筒和反馈电缆、3.0 放气位置开关、可调静子叶片操纵机构及可调静子叶片、3.5 放气活门、3.0 放气窗等。该发动机的站位规定如图 3.55 所示，系统如图 3.56 所示。

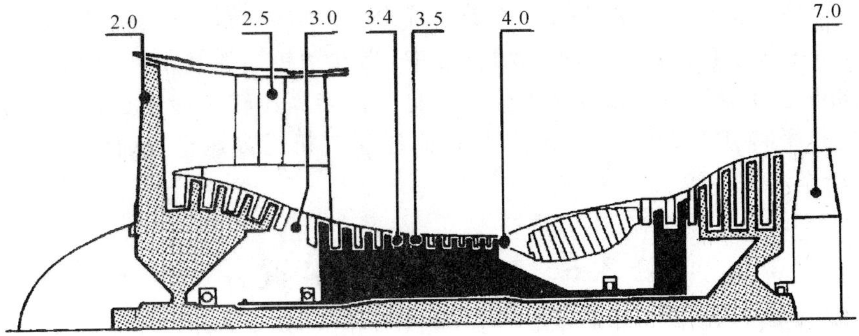

图 3.55　JT9D7R4 发动机的站位

3.0截面放气是在低压压气机出口，由3.0放气窗、3.0封严环、3.0放气作动筒、3.0*Ma*表等组成，由发动机静叶与放气控制器（EVBC）控制工作。其功用是在发动机起动、低功率、减速和打开反推时，消除可能发生的压气机喘振。该系统除了在发动机起动、低功率、减速和打开反推等过程中，受程序放气系统控制外，EVBC利用3.0截面*Ma*表随时探测低压压气机出口的压力（P_{T3}和P_{S3}）信号，根据PS3/PT3确认喘振是否发生，必要时打开封严环放气，减少进入高压压气机的空气流量，以便消除喘振。

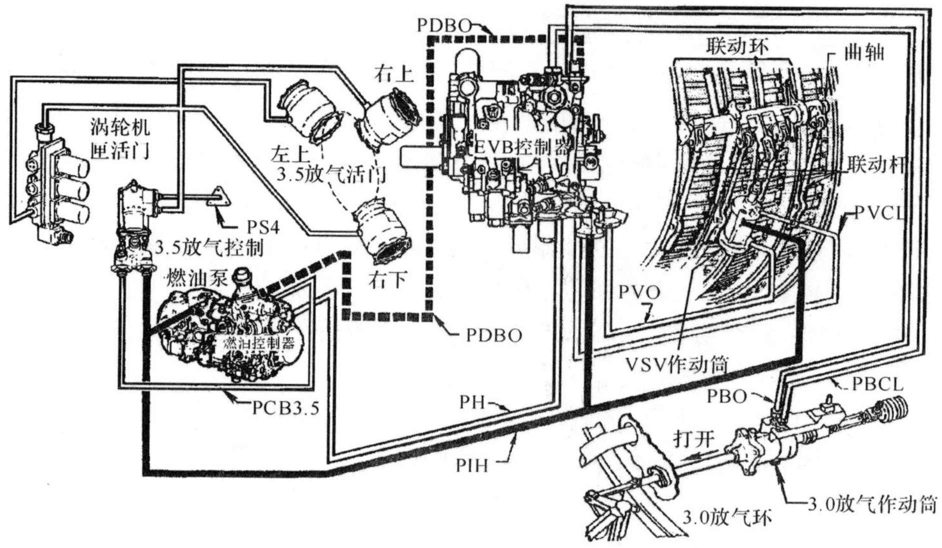

图3.56　JT9D7R4发动机压气机气流控制系统

3.5截面放气又称为3.5起动放气子系统，是在高压压气机中间级放气。其功用是改善发动机的起动特性并防止压气机喘振。该子系统由3.5放气控制活门，3.0放气作动器位置开关和3个3.5放气活门等组成。在起动过程中，当发动机高压转子转速在最大转速N_2的50%以下时，3.5起动放气活门在弹簧力作用下打开。当高压转子转速达到N_2的50%时，燃油控制器发出信号打开3.5放气控制活门，使高压压气机后高压空气（P_{S4}）进入3.5放气活门，将其中的两个活门关闭。

3.5　压气机附属装置

为了保证压气机正常而有效地工作，除上述主要组合件外，在轴流式压气机上还有一些附属装置和系统，下面分别作以简要介绍。

一、封气装置

在压气机转子和静子之间，如转子叶片顶端与机匣间，整流器内环与转子鼓筒间，转子前、后端面与机匣间都存在着漏气损失，严重地影响着压气机效率。为此，除了正确选择间隙外，还必须采用封气装置。

根据气动力学知识知道，漏气量 m 取决于漏气面积 F、漏气两端的压力差 Δp（决定漏气速度）和空气密度 ρ。即

$$m = F\sqrt{2\rho\Delta p}$$

所以，要达到封气效果的有效措施是减少漏气面积和减少压力差。

密封装置可分为接触式密封和非接触式密封两种类型。涨圈式密封是最常见的一种接触式密封（见图 3.57）。涨圈式密封的优点是有效地减小了漏气面积，密封效果好，但是工作时，封严环和涨圈之间有磨擦，适用于相对线速度不大，或有油的环境，如轴承机匣的挡油封严。压气机的级间封严主要采用非接触式密封。

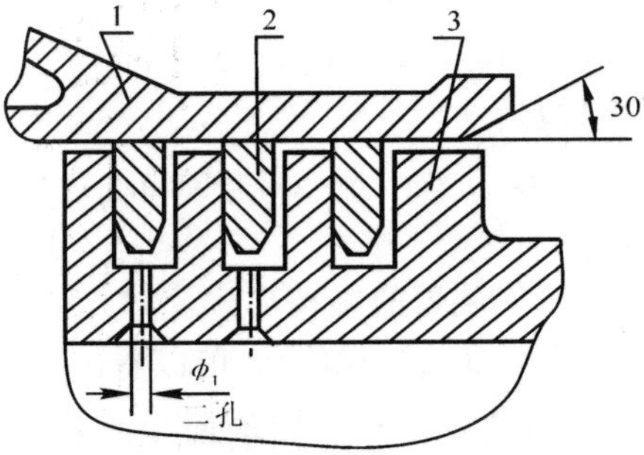

图 3.57　接触式密封-涨圈密封

1—封严衬套；2—涨圈；3—涨圈座

在保证压气机安全工作的前提下，尽量减小工作叶片叶尖与机匣之间的间隙，是减少漏气面积的有效措施之一。正确地选择最小的安全间隙是一个复杂的问题。它与零件的制造精度、转子与机匣的刚性、工作时各零件热膨胀的协调性有着密切关系。当前在有些发动机上，除采用双层机匣保持内机匣的圆度外，还有以下措施：如 JT9D74R 和 PW4000，在高压压气机转子组装好后，用专用的磨削机将转子叶尖整体磨削一次，既可以提高转子的平衡性，也保证了转子外圆均匀一致；在有的发动机上，在机匣内壁上敷以易磨涂层，转子叶尖处复以耐磨材料，装配时将转子作为磨轮在机匣内磨削出一个同心圆，保持叶尖间隙均匀；还可以选择线膨胀系数小的机匣材料。

篦齿封气装置是减少压气机级间倒流损失和漏气损失的常采取的结构措施。篦齿密封是非接触式密封，它可以从减少漏气面积和减少压力差两个方面减少漏气损失。

这种封气装置是由篦齿所形成的若干个空腔组成。工作时，封气装置两侧总的压差 p_0-p_2 没有变化，但是由于篦齿的分割，漏气截面两端（相邻空腔）的压差减小（如 $p_t=p_{t+l}$）。同时可以尽可能小地保留间隙，因为篦齿为刀刃式，齿尖做得很薄，一旦与静子相碰，也不会引起严重后果。这样在减少压差的同时又减少了漏气面积，因而有效地减小了漏气量。

在每一个空腔中，气体由于涡流和与壁面撞击，增加了流动阻尼。当气体由一腔流向另一腔时，由于膨胀使气流压力降低、比容增大，根据流过每个缝隙的流量相同的条件，经过每个缝隙的速度是逐级增大的。

在篦齿封气装置中，漏气量的大小可按下式计算，即

$$\begin{cases} \dot{m}=KF\sqrt{\dfrac{p_1^2-p_2^2}{zp_1v_1}} & (\text{当 } p_2>p_{cr} \text{ 时}) \\ \dot{m}=KF\sqrt{\dfrac{1}{z+1.14}\left(\dfrac{p_1}{v_1}\right)} & (\text{当 } p_2\leqslant p_{cr} \text{ 时}) \end{cases} \tag{3.2}$$

式中 $\dot{m}$ —— 通过封气装置的漏气量，kg/s；

p_1 和 p_2 —— 封气装置前后的气体压力，daN/m^2；

v_1 —— 封气装置前气体的比体积，m^3/kg；

z —— 封气装置的篦齿数目；

$F=\pi D\delta$ —— 漏气面积，m^2，D 为漏气处的平均直径，m；

δ —— 漏气处的间隙，m；

K —— 修正系数，取决于封气装置的结构形式。

封严篦齿的几种常用结构形式如图 3.58 所示。可以看出，实际漏气量的大小与篦齿的形式有关。最常见的形式如图 3.58(a)所示，其结构最简单。若篦齿迎气流倾斜一定角度（见图 3.58(b)）或在密封环上车制环形槽（见图 3.58(c)），可以提高封气效果。若在锥面上采用相对篦齿或采用如图 3.58(d)所示的形式，封气效果最好，但由于其结构和安装最复杂，在发动机上并不常用。采用阶梯形的篦齿密封（见图 3.58(e)）是减小篦齿密封对转子的气动弹性激振力的有效措施。

根据篦齿密封装置的工作原理可以看出：

(1)在篦齿封气装置处漏气总是存在的。为了保持低压区的压力，低压区必须不断排气。如在 WP7 发动机上为了保持压气机后减荷腔有一定压力，后减荷腔必须经节流片通大气。

(2)随着封气装置后气体的降低，各缝隙处的气流速度是增大的，因而漏气量也增大。当压力降低到某一值后，由于最后一级缝隙气流速度达到声速，若高压区气流参数不变，则这时漏气量达到最大值，这时的压力称为临界压力 p_{cr}，用表示。

(3)在一定的压差下，随着齿数的增多，相邻空腔的压差减小，因而漏气量减小。但是，对于一定尺寸的封气装置，有一最有利的齿数。即齿数过多，由于空腔过小，节流效果变差，漏气量反而增多。所以在轴向尺寸一定的条件下，为了增加齿数，采用了多道篦齿封气。如在 WP7 发动

机压气机中，为了确保后减荷腔的压力，在第 6 级轮盘的腹板上设置两道篦齿。为了进一步减小漏气，在第 2 道篦齿处镶石墨块，使篦齿处径向间隙由 1.50～1.62 mm 减小到 1.0～1.12 mm。

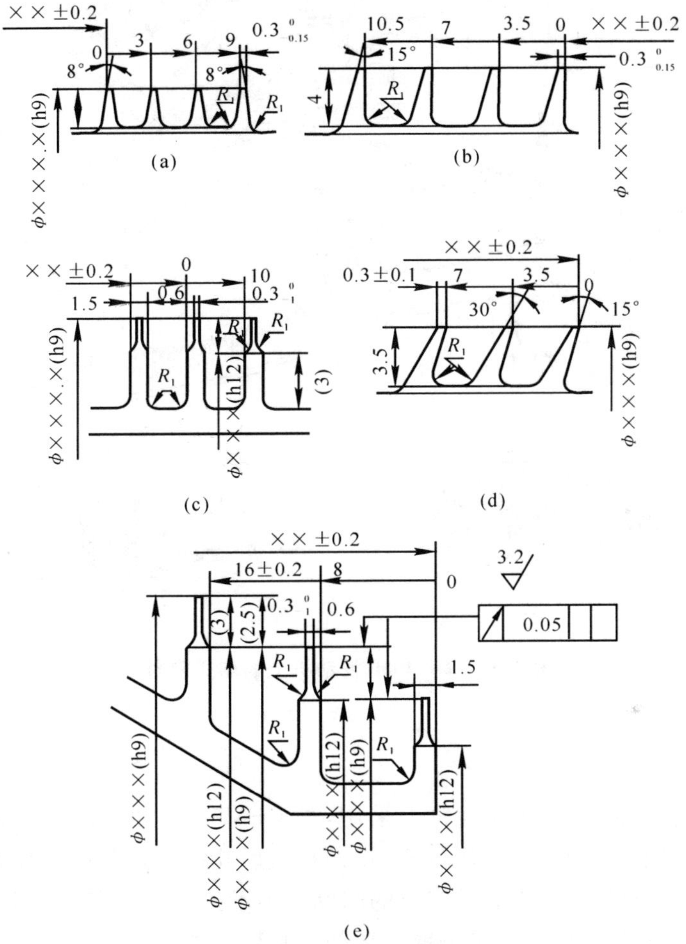

图 3.58　封严篦齿的几种常用结构形式

综上所述，篦齿封严装置是减小漏气损失，提高压气机效率的有效方法。但是研究发现，篦齿腔内的气动弹性力在一定条件下会表现为一种负阻尼力，会引起转子的自激振动。因此，篦齿封严装置是造成高速转子振动的重要原因之一。对于这一问题，目前从两个方面加以解决：一是根据研究的结果采用合理的封严结构形式，如图 3.58(e)所示的阶梯形结构，目前的发动机上多已采用这种结构；或是采用迷宫式封严环，改变气弹力的作用。二是采用新型封严装置取代篦齿封严装置，如目前在 PW4000 发动机、V2500 和 F119 发动机上采用的刷式密封，如图 3.59(c)所示。刷式密封有一个由许多细钢丝制成的刷组成的静子环，它们不断地与旋转轴相接触摩擦,轴上涂有硬的陶瓷涂层。

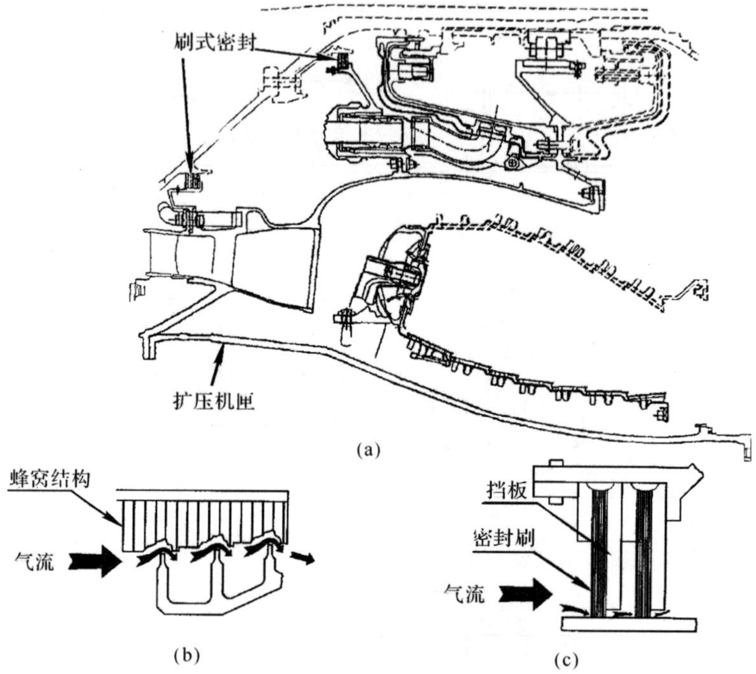

图 3.59　PW4000 发动机上的刷式密封

二、间隙控制装置

叶尖间隙控制装置最早在高压涡轮上采用,如 CFM56 发动机的高压涡轮就已经采用。随着压气机增压比的不断提高,高压压气机,特别是最后几级叶片的高度显著减小,只有 20～30 mm,这时叶尖间隙漏气就成为非常突出的间题。为了进一步提高发动机的性能和效率,现代的先进发动机在高压压气机上除了采取必要的密封装置外,还采用了叶尖间隙控制装置。

间隙控制装置有主动间隙控制和被动间隙控制两种方式。

主动间隙控制方法是在高压压气机后段采用双层机匣,外层机匣作为承力件,内层机匣是压气机气流通道的外廓,在双层机匣之间构成环形腔。在发动机不同的工作状态,向腔内通以不同温度和不同压力的空气,同时向转子内腔也通以一定压力的空气,在气体压力和热变形的共同作用下,使机匣与转子的径向变形协调一致,保证在主要工作状态(如民用发动机为巡航状态)始终保持较小的间隙值。主动间隙调节用气受全功能数字式电子控制器控制。

图 3.60 所示为 V2500 发动机高压压气机的被动间隙控制机匣。4 级以后的机匣为双层,其中 5～10 级内层为悬臂式的机匣,前端与外承力机匣用短螺栓联接,中间和后端还有两个支

点，采用由槽和凸边构成的插接方式，这种联接方式只有轴向定位作用，而径向没有固定。另外，插接方式还可以起到减振阻尼器的作用。悬臂式机匣上有 6 个环形顶板缓冲器(OAS)，分别位于 5～10 级工作叶片位置(因此悬臂式机匣也分为 5 段)。顶板缓冲器用于吸收转子与机匣碰摩时的能量。在结构中还采用了隔热材料和隔热罩，减少机匣向外传热并控制机匣温度。这种间隙控制方法的优点是不需要消耗控制用气，有利于提高压气机效率；间隙控制效果好，也不需要其他专用器件，从而减轻了结构重量。

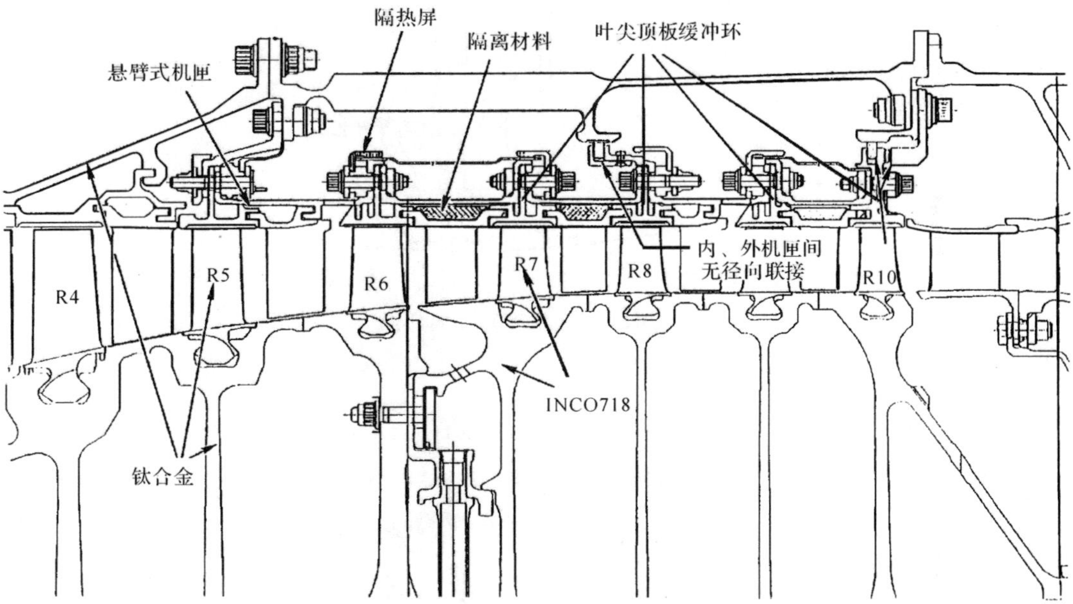

图 3.60　V2500 发动机 HPC 的被动间隙控制装置

三、防冰系统

当飞机穿过含有过冷水汽的云层时，或当发动机在空气湿度较高和气温接近 0℃的条件下工作时，发动机进口部分，如进气道唇口、整流罩、整流支板等，就会出现结冰现象。该冰层会引起发动机进口截面减小，改变发动机进口流场，使发动机的性能变坏，严重时可能引起压气机喘振。此外，由于发动机振动，冰层可能破裂，冰块就会被吸入发动机内，打伤叶片，甚至损坏整台发动机。因此，对发动机前部和进气装置上应采取防冰措施。

通常需要防冰的部位及要求如图 3.61 所示。

防冰系统必须保证在飞机飞行范围内有效地防止结冰。防冰系统的工作必须可靠，同时要求重量轻，便于安装，工作时不至引起发动机性能有很大损失。

最常用的防冰方法是对容易结冰的零件表面进行加温。常用的热源有：一是压气机的热空气,二是采用电加温,或是两者的联合,有时还可以用热滑油加温。前一种方法大多用于涡喷和涡扇发动机上,如WP6,WP7,WS9等(见图3.62),后一种方法用在涡桨发动机上。

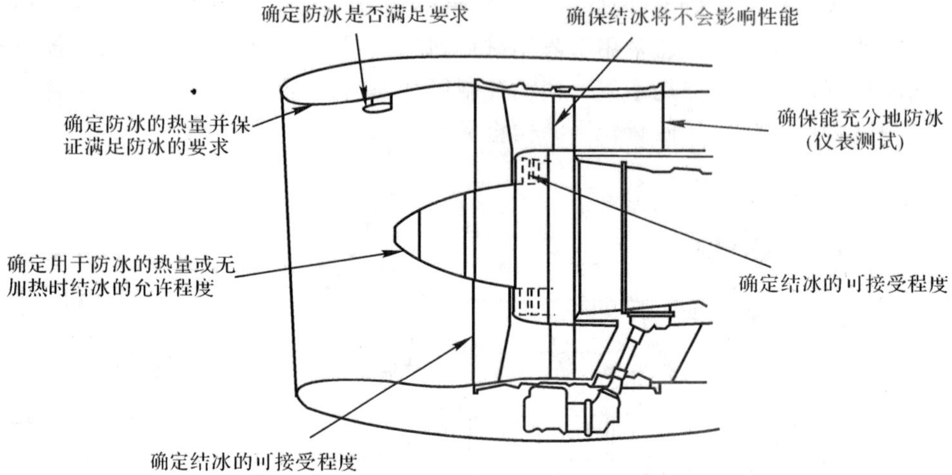

图3.61 通常需要防冰的部位

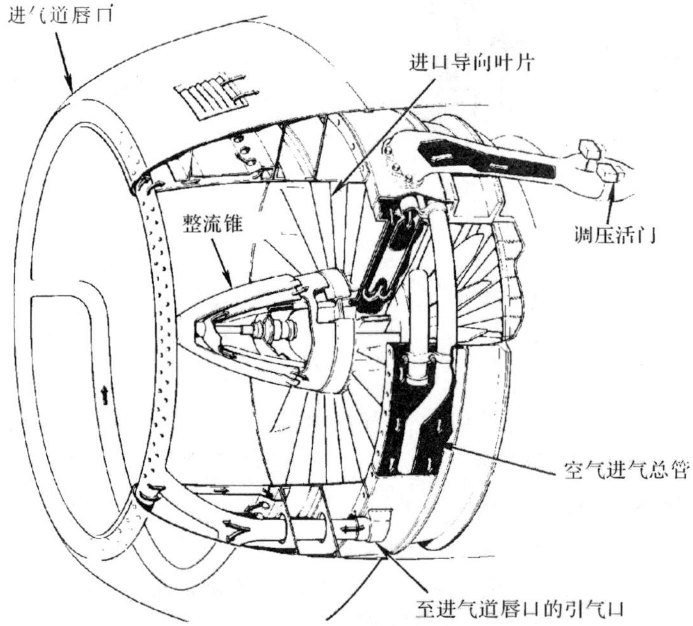

图3.62 热空气防冰

通常，发动机需要加温的零件是进气装置、进口导流叶片和整流罩，有时前几级整流叶片也需要加温。转子叶片不需要加温，因为离心力的作用使冰层在叶片上无法形成。

防冰的热空气通常是由压气机最后一级引来，工作后的空气排入发动机进口或者大气中去，以维持系统内热空气循环，使加热能量不断补充。

防冰系统的工作可以按照人的意图用电来操纵，或者根据防冰系统的信号自动操纵。防冰系统内安装有调压活门，当发动机在高转速条件下工作时，由于调压活门保持加热空气的压力不变，因而限制了从压气机来的热空气流量，防止了防冰系统工作时对发动机性能的过大影响。

电加热系统通常用在涡桨发动机上，这种加热方式对于螺桨是合适的。电加热的零件有发动机进气罩、桨叶和桨毂。当采用空气-滑油散热器时，还有散热器的进气罩。

电加热系统所消耗的电能由一台发电机供给。为了将发电机的尺寸和重量限制到最小，对发动机和螺桨的加热是周期性的。

除了对零件加温外，防冰的另一措施是减小零件表面水的附着力。最常用的方法是在零件表面涂以憎水剂。如 WP7 发动机压气机低压转子的整流罩上就是采用这种措施。

图 3.63 所示为 WS9 发动机的进气装置采用热空气防冰。热空气从高压压气机 12 级空气集气环引出，通过防冰电磁活门和机匣顶部偏左约 10 点钟位置的防冰进气盒进入进气机匣周围的防冰总管。防冰总管的 26 根防冰热空气管分作前后两排，沿圆周各自分段供气，以保证进气均匀。热空气经热空气管进入 19 枚不锈钢空心导流叶片，导流叶片内各有一个热空气管，把热空气引导到叶片根部。大部分热空气折转向上沿着导流叶片的进、排气边缘流动进行防冰，然后进入防冰总管的腔内，再通往发动机进气道前缘进行防冰。另一部分热空气

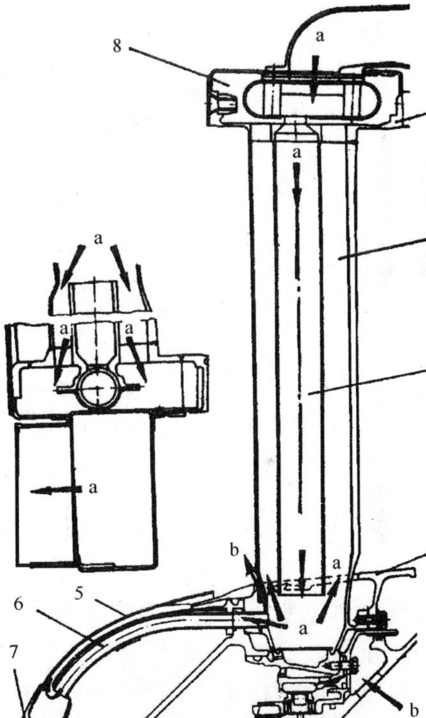

图 3.63　WS9 发动机的进气及防冰装置

1—进气机匣外壁；2—进口导流叶片；3—防冰空气导管；4—进气机匣内壁；5—进气整流罩；6—防冰空气导管；7—固定螺母；8—防冰总管；a—防冰空气；b—风扇后气体

进入头部整流罩。整流罩内有 5 根导管，把防冰热空气引进气机匣内环输至其前部，再沿整流罩夹层向后流动，最后通过整流罩后部的槽口流出，进入发动机的进口气流中。

图 3.64 所示为 CFM56—5 发动机的进气整流罩。其呈锥形，分两段制成，前段为玻璃纤维加树脂(Kinel)烧结而成，后段为钛合金。与常用的椭圆形整流罩所做的对比试验表明，在相同条件下，其结冰量仅为椭圆形整流罩的 6%，因而该机未采用防冰装置。

在现代大型涡扇发动机上，如 JT9D，CF6，PW4000 和 V2500 等，由于压气机进口处只有和风扇一起旋转的进气整流罩，并采用了加强的宽叶弦风扇叶片，而且采取了防外物打伤的措施，经试验证明，即使有结冰现象也未造成超容限的损坏，所以这些发动机的进气整流罩均未采取防冰措施。

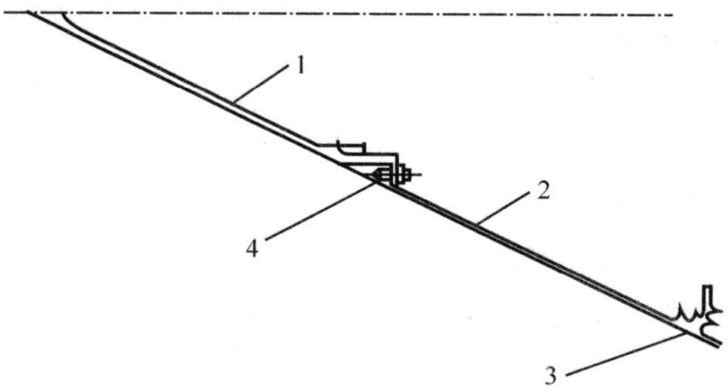

图 3.64　CFM56—5 发动机的锥型进气整流罩

1—复合材料(Kinel)的前锥；2—后锥；3—平衡位置；4—前、后锥联接螺帽

3.6　压气机主要零件的常用材料

轴流式压气机主要零件的材料应满足的主要要求：在工作温度及受力情况下，要有足够的强度和最轻的重量。此外，尚需考虑到零件周围的介质、发动机的寿命、材料的工艺性、材料的经济性及材料品种的规格化等，不要在同一机种上使用过多的材料品种。

轴流式压气机主要零件分为两类：第一类是转子零件，如轮盘、鼓筒、叶片等。它们都在高转速下工作，惯性负荷(离心力)很大，而气体力不甚大。第二类是静子零件，如静子叶片和机匣等。它们所承受的负荷基本上是气体力和力矩，以及周期性的惯性力。

第一类零件的材料在工作温度下，应有高的持久强度和抗腐蚀能力，高的疲劳强度和抗振性。为了减轻零件的惯性力，必须选择比强度高的材料。比强度是材料的持久强度极限或屈服强度极限与重度* 之比，有时简称“比强”。由于强度极限是随温度升高而降低，故比强也是随

* 重度的单位为 N/m^3。

温度升高而降低。

由图3.65可见：当温度在0～400℃范围时，钛合金的比强最大；当温度降到0～250℃范围时，除钛合金外，铝合金的比强也很大；当温度大约高于450℃时，只有不锈钢或镍基合金具有一定的比强。

在亚声速和低超声速飞行的情况下，广泛采用铝合金来制造压气机转子的零件。在不超过200～240℃时，转子叶片和轮盘可用LD8，LD7，LD5，LD10和LY2等铝合金来制造。当温度高于200～240℃时，转子叶片和轮盘可用TA2，TA6，TA8，TC4和TC9等钛合金或结构钢制成。

当工作温度为550℃以下时，可采用强度极限为900～1 800 MPa的镍铬钢或不锈钢，如30CrA，30CrMnSiA，30CrMnSiNi2，Cr17Ni2，0CrNi3Mo，18CrNiWA，40CrNiMoA和13Cr14NiWVBA等牌号的合金钢。这些钢的冲击韧性好，在550℃以下时，机械性能变化也小。

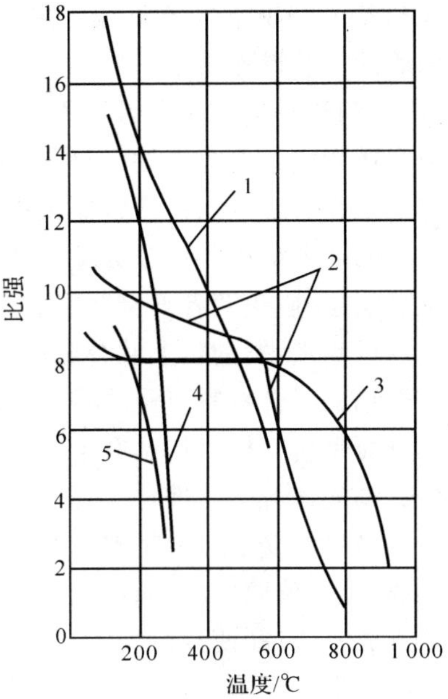

图3.65 温度对材料比强的影响

1—钛合金；2—不锈钢；3—镍基合金；4—铝合金；5—镁合金

在压气机前几级，特别是第一级转子叶片，虽然工作温度低，但是为了预防砂石、冰块与飞鸟等外来物的打击和损坏，防止零件腐蚀和提高零件的抗振性能，一般均采用不锈钢或钛合金。

压气机转子的鼓轴、前后半轴及拉杆、螺栓等，一般均用18CrNiWA，40CrNiMoA和0CrNi3Mo等高强度镍铬合金钢模锻出来。

选择第二类零件材料时，主要根据工作温度、材料重度和工艺方法而定。在温度不超过300℃时，多采用镁合金、铝合金来制造机匣。前机匣温度低，形状复杂，常用重度小（$\gamma=1.7\times10^{-4}$ N/cm^3），铸造性能好的ZM—2，ZM—3及ZM—5等镁合金铸成。压气机中机匣温度稍高，常用ZL104，ZL105等铝合金或ZM—3等镁合金铸成。当温度高于300℃时，可用30CrMnSiA，1Cr13，2Cr13和3Cr13等合金钢或钛合金制造，也可用不锈钢板料焊成。

压气机静子叶片与转子叶片的材料，通常是相同的。

应该指出，目前钛合金在压气机上，特别在大流量比的风扇上得到了广泛的应用。这是因为钛合金的强度极限很高，不亚于某些钢种，而重度却较小（$\gamma=4.5\times10^{-4}$ N/cm^3），采用钛合金可以显著降低压气机的重量，特别是能大大地降低风扇叶片的惯性负荷。根据统计数字，在TF39发动机上，钛合金重量约占发动机总重量的32%，CF6发动机占27%，F101发动机占20%。

但是也应指出，虽然在常温下钛合金的机械性能不亚于高强度钢，但当温度超过400℃时，钛合金的蠕变极限急剧降低，这时就不宜用钛合金来制造叶片和轮盘了。此外，钛合金也还有一些缺点:如对应力集中很敏感,导热性差(约为钢的20%),切削加工性较差(与不锈钢1Cr18Ni9Ti相近),在高温下易于吸收氮、氢、氧等气体而变脆,这给焊接、热压力加工和热处理等的工艺操作带来一定的困难;耐磨性差,并易与摩擦面发生黏着现象;弹性模量 E 较低(约为钢的一半),这会影响薄壁构件的刚性;当前生产成本还很高,价格昂贵。此外,在实际使用中还发生过失火事故(简称钛火)。如在CF6发动机上,钛合金的转子叶片和钛合金的机匣曾因工作时发生高速磨蹭而失火,造成烧毁飞机的严重事故。为了解决钛火故障,迫使一些发动机的钛合金机匣被改为重度较大的钢机匣,或者在与转子叶片对应的机匣内壁上加一圈橡胶圈隔层,避免两者直接磨蹭。

近年来,发动机上钛合金的应用开始减少。除上述原因外,主要是目前又出现一种新的重度更小的复合材料,正在逐渐代替钛合金制造风扇叶片和升力发动机的压气机的冷端部件;另一方面是压气机工作温度不断升高,有必要用镍基合金(如Incoloy901,Inco718等)代替压气机热端的钛合金零件。

最早的复合材料是玻璃纤维增强塑料(通常称为玻璃钢)。它是用树脂作基体(粘结剂)与玻璃纤维(玻璃丝、玻璃带或玻璃织物等)复合而成。工作时,由纤维承受主要负荷,基体使纤维连成一体,并使负荷均匀。由于玻璃纤维的弹性模量低,树脂的强度和耐热性差,故玻璃钢在航空上的应用有一定限制。目前正在研究新的纤维和基体材料。新纤维有碳、石墨、硼和碳化硅等。基体除树脂基体(如环氧树脂、环氧酚醛树脂、聚酰亚胺、聚苯并咪唑等)外,还有金属和合金基体,如铝、镁、钛及其合金、金、银、镍和钨等。目前碳纤维树脂复合材料的研究已基本成熟,它的主要特点有:

(1)比强度大,约为钛合金的3.5倍,可以使发动机重量大大减轻。据分析,发动机冷端叶片和机匣如用复合材料制造,可使小流量比涡扇发动机重量减轻12%左右,使大流量比发动机的重量减轻25%,使升力发动机的重量减轻30%。

(2)比刚度大,疲劳强度高,减振性能好。比刚度就是材料的弹性模量与材料的重度之比。复合材料的比刚度约为钛合金的5倍。风扇叶片采用复合材料后,自振频率大大提高。大多数金属材料的疲劳强度为拉伸强度的30%~50%,而复合材料可达70%~80%。在复合材料中,纤维与基体界面间具有吸振性,其振动衰减率比钛合金高5~6倍,所以复合材料的风扇叶片取消了阻尼台,减轻了重量和惯性负荷,改善了气动力性能,简化了工艺。如在TF39发动机上复合材料的风扇叶片比钛合金叶片轻60%。

随着发动机推重比和增压比的不断提高,压气机级数的逐渐减少,压气机的工作温度不断提高(目前已达到600℃以上),单级负荷不断增大,零件的应力水平越来越高,必须寻求更先进、更可靠的材料和工艺才能满足发动机的设计要求。发动机材料的发展趋势如图3.66所示。

美国IHPTET(综合高性能发动机计划)和ATF(先进歼击机计划)提出采用TiAl基复合材料制造鼓筒式无盘结构压气机转子,重量减少70%。

TiAl是一种金属间化合物，TiAl特别是γ-TiAl基合金不仅具有良好的耐高温、抗氧化性能和小的重度，而且弹性模量、抗蠕变性能均比钛合金好得多，甚至和镍基高温合金相当，但其密度还不到镍基合金的一半，因而可以明显减轻质量，改善性能。TiAl的使用温度有望高达900℃，室温弹性模量可达176 GPa，且随温度升高而缓慢下降，因而可以满足高增压比压气机的使用要求。

TiAl，NiAl及难溶金属硅化物等金属间化合物，由于晶体中金属键与共价健共存，因此其能够同时兼有金属的韧性和陶瓷的高温性能。但金属间化合物比陶瓷具有更多的优势，其中两个重要特点是金属间化合物具有良好的热传导性，因而作为高温结构材料使用其冷却效率高而热应力较小；其次某些金属间化合物（如TiAl，NiAl）可以采用常规的冶金方法进行生产，而成本大大降低。

在未来推重比为15～20的发动机上，使用温度将达到705～982℃，TiAl基合金有可能成为压气机叶片、机匣、转子和空心风扇叶片的主要材料。

未来钛合金的工作温度将达到800℃，以适应先进发动机高增压比的要求。英国R. R.公司开发的钛合金及其成形技术已在RB211—535和Trent700发动机上采用全钛的压气机。目前，先进发动机使用钛合金的比例仍大约在25%～30%，这表明传统材料仍有相当大的发展潜力。发动机材料应用的发展趋势参见图3.66。

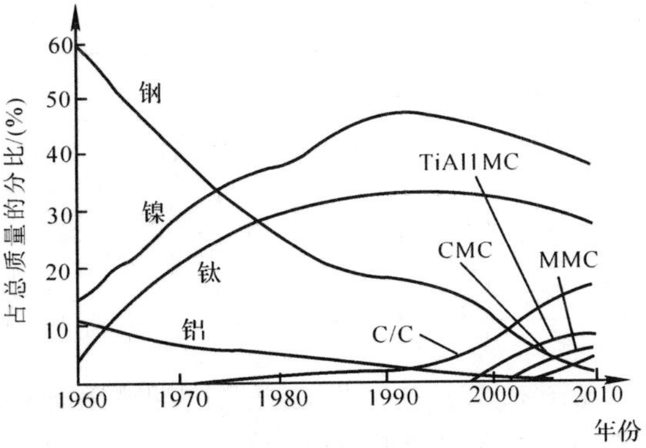

图3.66　发动机材料的发展趋势

3.7　离心式压气机

一、概述

功率小于2 200～2 600 kW的涡轴、涡桨发动机，推力小于1 500 daN左右的涡扇、涡喷发动机习惯称为小型燃气涡轮发动机，或简称为小发动机。这类发动机的应用范围十分宽广。在航空上可用于各种直升机，支线客机，初、中级教练机，靶机，巡航导弹动力装置以及大型飞机的辅助动力装置（如机载发电、起动、座舱空调、液压动力等）。此外，在地面上可用做动力源（如发电、提供机械功、提供压缩空气）和机车、坦克、轻型舰艇的动力，甚至可用于矿井灭火（加补燃室）。

表3.8给出了小发动机在航空领域内的应用情况，以及它们的性能和结构特点。可以看出，小发动机的性能指标不如大发动机先进，但转速很高，这是由于小发动机的特点所决定的。从发动机的结构特点来看，压气机广泛采用离心压气机和轴流级加离心级的混合压气机；燃烧室广泛采用回流式燃烧室。

表3.8　几台发动机的离心压气机参数及型式统计

发动机牌号	转子型式	压气机型式	增压比	空气质量流量 / $kg \cdot s^{-1}$	转速 / $r \cdot min^{-1}$	压气机效率	叶轮型式	扩压器型式
PT6T－6	单转子	3A＋1C	7.35	3.11	37 700	0.79	直流式	管式
JT15D－4	双转子	1F＋1A/1C	10.5	35.2	32 760		直流式	管式
阿赫耶	单转子	1A＋1C	8.0	2.5	51 800	0.78	S形	叶片式
RS360	双转子	4A＋1C	11.6	3.26	42 000	0.80	S形	叶片式
T700	单转子	5A＋1C	15.0	4.5	44 700	0.785	S形	叶片式
TM333	单转子	2A＋1C	11.0	3.0	44 400	0.78	S形	叶片式
TPE331	双转子	2C	10.7	3.5	41 730		S形	叶片式
PW100	双转子	1C/1C	15.0			≥8.0	S形	管式

离心式压气机的结构参见图3.67。在小发动机上广泛采用离心压气机和混合压气机是由小发动机的技术要求和离心压气机的特点所决定的。

安装小发动机的飞机（如直升机、教练机等）对动力装置的首要要求是发动机结构简单、安全可靠、成本低、维护方便。对于外廓尺寸的要求没有大发动机那么严格，同时对小发动机来讲，决定发动机最大外廓尺寸的部位往往不是压气机，而是减速器机匣。

此外，随着空气质量流量的减小，由于气流通道尺寸减小，使得轴流压气机的漏气损失、附面层损失、二次损失、尾迹损失显著增大，压气机效率大大降低，以致在小流量的条件下，离心压气机的效率并不比轴流压气机逊色。

小发动机径向尺寸小，为了保持一定的圆周速度（即做功能力），转速要比大发动机高得多，在结构设计时出现了高速转子的临界转速问题。采用离心压气机后，轴向尺寸缩短，加上回流式燃烧室配合，使得发动机转子支点跨度大大减小，为解决上述问题提供了条件。

当压气机增压比需要进一步提高时，可以采用双级离心压气机，但是目前更多的是采用混合压气机。这种组合方案综合了轴流级的灵活性和离心级的简易性，有着更大的发展潜力。目前很多国家的小发动机系列都是采用了在原型机的基础上，前面增加轴流级的级数来增大空气质量流量和增压比，以提高功率、扩大使用范围和降低油耗、改善经济性。另外，当离心级技术进一步提高时，也可以减少轴流级级数，以减轻发动机重量。

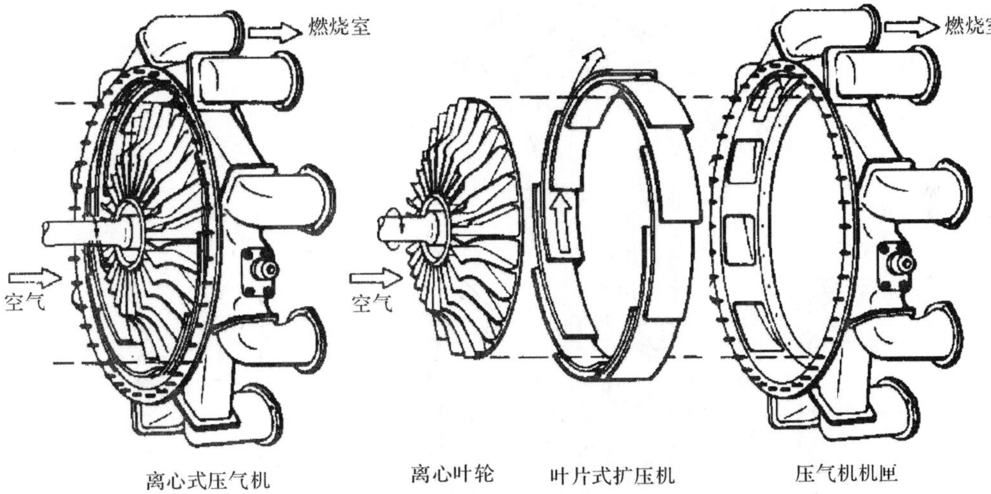

图 3.67　离心式压气机

为此，当前离心压气机的研究已成为小发动机的重点课题之一。

二、典型方案

PT6A—27 型发动机是一台自由涡轮式双轴涡桨发动机(见图 3.68)。它由燃气发生器和动力涡轮两部分组成。燃气发生器包括三级轴流级和一级离心级的混合压气机、回流燃烧室、单级燃气涡轮和排气装置。动力涡轮由单级燃气涡轮和减速器组成。

当发动机工作时，空气由进气装置流入压气机，先经轴流级加压，然后进入离心级的叶轮中，随着叶轮高速旋转，增加了压力，提高了速度，再进入扩压器，在扩散形槽道内减速增压，进一步提高压力，再进入燃烧室，与燃油混合燃烧，形成高温高压燃气：首先进入单级燃气发生器涡轮膨胀做功，带动压气机工作，所以燃气发生器涡轮又称为压气机涡轮，然后燃气进入单级动力涡轮膨胀做功，动力涡轮的功率经减速器和输出轴输出。由于动力涡轮与压气机涡轮之间无机械联系，所以又称为自由涡轮，最后燃气由排气装置排入大气。

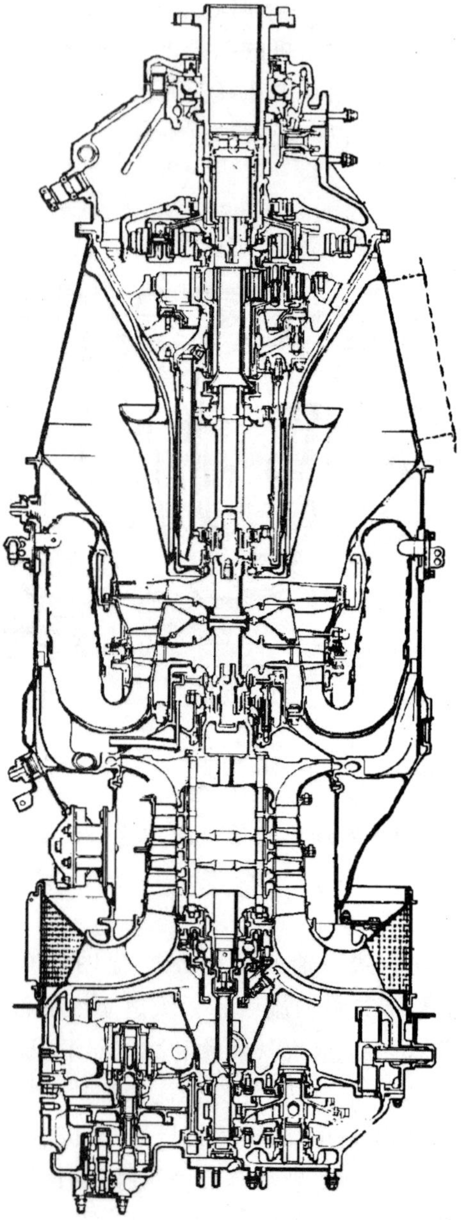

图 3.68 PT6A—27 涡桨发动机

PT6A 型发动机的压气机由进气装置、燃气发生器机匣、压气机静子和压气机转子等主要部件组成。

进气机匣为一环形铝合金铸件，由内、外壁和支板组成，其功用是将空气经防尘网过滤后由四周引向中心。在进气机匣中央有压气机转子前支点。

燃气发生器机匣是一个不锈钢板焊接机匣，前端与进气机匣相联，后端与排气装置相联，是发动机的主要承力壳体之一。机匣分前、后两段，前段为圆锥形，内腔包容着压气机，是压气机双层机匣的外壁；后段为圆柱段，是燃烧室外壳。

压气机静子由整流器机匣、整流叶片、离心叶轮罩壳和扩压器组成。整流器机匣为整环形的分段机匣。前端与进气装置相连，后端与整流器罩壳相连，机匣后部有均布的放气孔。整流叶片是用不锈钢板轧制成形的无榫叶片，外端直接插入机匣的型孔中，用钎焊固定，内端悬臂，形成单支点支承。离心压气机采用管式扩压器。21 根扩压管钎焊在燃气发生器机匣上，扩压器出口有 42 片导流叶片，引导增压后气流顺利地进入燃烧室。

压气机转子由三级轴流级的轮盘、转子叶片、鼓筒、离心级的离心叶轮、后轴颈组成。前轴颈与第 1 级轮盘做成一体。不锈钢制的转子叶片用燕尾形榫头安装在盘缘上，借盘缘间鼓筒抵紧，槽向固定。转子的零件用 6 根长拉杆联成一个整体，构成混合压气机的转子。零件间借圆柱面定心，依靠端面套齿传扭。整个转子简支在前、后两个支点上。前支点为带有挤压油膜的鼠笼式弹性支点，由单排球轴承和弹性支座组成，后支点为单排滚柱轴承。由于机匣为整环形，所以转子是带着静子一起平衡的。

离心叶轮为单面进气的直流式叶轮，由 16 片长叶片和 16 片短叶片组成。它是一个钛合金模锻件，机械加工而成。叶轮进口处叶片顺转向预扭，与气流进入叶轮时的相对速度方向相适应，减少进口处流体损失。

轴流级与离心级之间有放气活门，当燃气发生器转速在设计转速的 90%～92%以上时活门关闭。

可见，PT6A 型发动机的混合式压气机是一种非常紧凑的结构形式，轴流级与离心级转子用共同的连接件联成一个压气机转子。在混合式压气机中也可以采用双转子结构，低压压气机为轴流压气机，高压压气机为离心压气机或或混合式压气机，两者之间没有机械联系。

三、离心叶轮及其连接

离心叶轮是一个高速旋转对气流做功的组合件。它的工作条件与轴流压气机转子相似，它们有着相同的设计要求和分析重点。

根据离心叶轮叶片的形式，叶轮可以分为直流式、前弯式和后弯式三种基本形式。另外还可以分为单面叶轮和双面叶轮两种结构。在航空发动机上，早期采用直流式，目前多采 S 形（见表 3.9）。它兼有前弯式做功能力强和后弯式出口流场均匀的特点，有着较好的性能。如英国 RS360 发动机的离心叶轮改为 S 形叶轮后，效率提高 2%。此外，出口处叶片后弯使叶轮反力度增大,对减轻扩压器负荷也有好处。

在早期 WP5 发动机上,为了增大空气质量流量采用双面进气的离心压气机(见图 3.69(b))。由于当时工艺水平不高,离心叶轮的进口部分和本体部分分开制造,然后用螺栓将导风轮、工作叶轮和前、后半轴联成一体(见图 3.70)。前者称为导风叶轮,后者称为工作叶轮。为了保证导风叶轮与工作叶轮端面压紧,以免导风叶轮工作时可能出现危险性振动,将导风叶轮紧贴工作叶轮的表面加工成锥形,螺帽拧紧后,导风叶轮变形,在叶尖形成 0.3～0.5 mm 的紧度,中心留有一定空隙。导风叶轮与轴的定心依靠圆锥面,以消除工作时两者的变形差,保证定心面始终保持一定紧度,定心不遭破坏,且装配方便。

(a)

(b)

图 3.69　离心式压气机叶轮

(a)单面 S 形叶轮(长短叶片相间);(b)前弯式双面叶轮

目前,小发动机采用的离心叶轮由于工艺水平提高都是整体结构。整个锻件用多坐标仿型数控机床直接加工成形。

为了保证离心叶轮与轴良好地定心和可靠地传扭,在叶轮与轴的联接端面上加工成圆孤端齿,依靠它们的啮合实现定心和传扭,用中心拉杆将它们联成一体,在 JT15D 涡扇发动机上,离心叶轮用专门的安装边与轴用螺栓联接,依靠圆柱面定心,借联接螺栓孔内的精密衬套承剪传扭,这种方案避免了连接件对盘体强度的削弱。

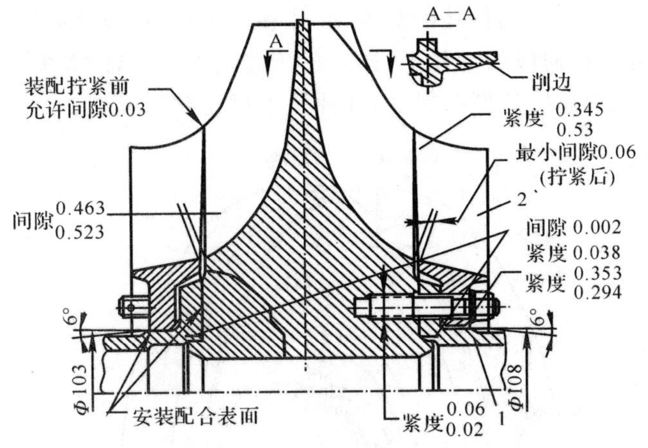

图 3.70　WP5 发动机的离心式压气机转子

四、扩压器

扩压器用来将经离心叶轮加速后的高速气流的动能转变为压力能。扩压器的气流通道为扩散形，一般由径向和轴向两段组成。最常见的类型有两种：管式扩压器和叶片式扩压器。

JT15D—4 涡扇发动机的扩压器为管式（见图 3.71）。该扩压器由进口分流环、扩压管和出口整流器组成。分流环为一较厚的圆环，焊接在燃烧室外壳前端内侧的锥形支板上，环上开有 20 个特型孔，这些孔的中心线与叶轮出口气流的绝对速度方向相适应，扩压管的进口就插在特型孔中。扩压管为一喇叭形，气流经过扩压管的扩散通道速度降低，压力升高，并且流动方向由径向转变为轴向。扩压管出口，在燃烧室外壳上安装有出口整流器，它由 20 片整流叶片组成，用来使出口气流流场更加均匀。

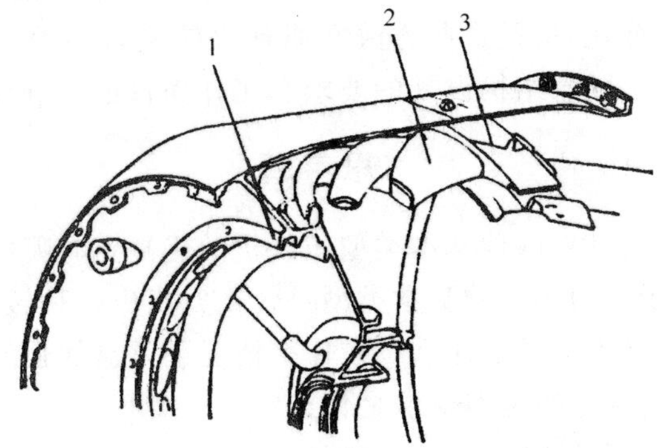

图 3.71　JT15D 发动机的管式扩压器

1—进口分流环；2—扩压管；3—整流器组件

图 3.72 所示为叶片式扩压器,其由前盖、叶片和腹板组成,分径向和轴向两段。叶片与腹板做成一体,前盖钎焊在径向段的叶片上,构成扩压器组件,它借前盖安装座固定在压气机上。扩压器扩散通道的形状依靠叶片型面保证,叶片是由靠模铣削成型。

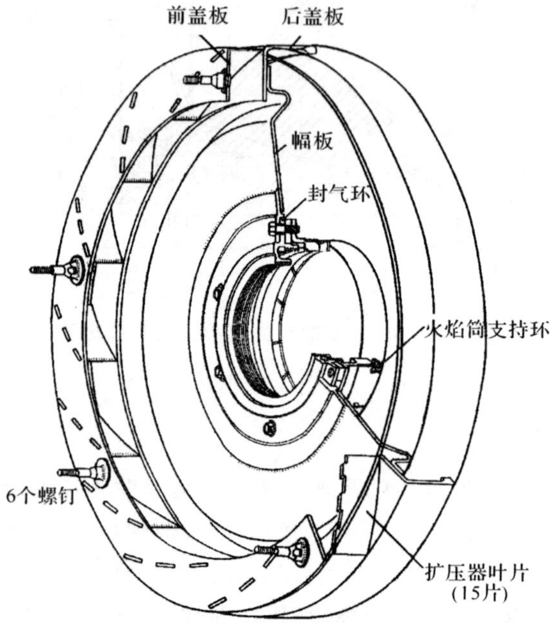

图 3.72　WP11 发动机的叶片式扩压器

根据本节的介绍可以看出,离心压气机与轴流压气机虽然型式不同,但分析方法和结构设计的基本原理却十分相似,学习结构的目的之一就是掌握这些方法和原理。新型发动机的出现,其结构方案不断发生变化,但是这些方法和原理仍然是有用的。当然,结构设计的基本原理不是一成不变的,它也是随着结构设计的要求和工作条件的不同而改变着。

思考题

1. 航空燃气涡轮发动机中,两种基本类型压气机的优缺点有哪些?
2. 轴流式压气机转子结构的三种基本类型是什么?指出各种转子结构的优缺点。
3. 在盘鼓式转子中,恰当半径是什么?在什么情况下是盘加强鼓?
4. 对压气机转子结构设计的基本要求是什么?
5. 转子级间联接方法有哪些?
6. 转子结构的传扭方法有哪几种?
7. 如何区分盘鼓式转子和加强的盘式转子?

8. 工作叶片主要由哪两部分组成？

9. 风扇叶片叶身凸台的作用是什么？

10. 叶片的榫头有哪几种基本形式？压气机常用哪一种？

11. 压气机机匣的功用是什么？

12. 列举压气机机匣的三种基本结构形式。

13. 列举整流叶片与机匣联接的三种基本方法。

14. 双转子涡轮风扇发动机的中介机匣与中间机匣的区别及功用是什么？

15. 简述篦齿密封的基本原理。

16. 为什么要进行整流罩和进气机匣防冰？如何防冰？

17. 简述压气机主要的防喘振措施及原理。

18. 简述压气机静子可调整流叶片的组成及功用。

19. 离心式压气机主要由哪几部分组成？

第 4 章　燃气涡轮

4.1 概　述

燃气涡轮是航空燃气涡轮发动机的重要部件之一。涡轮的功用是把高温、高压燃气的部分热能压力能转变成旋转的机械功，从而带动压气机与其他附件工作。在涡扇发动机中，涡轮还带动风扇；在涡桨发动机中，它还带动螺旋桨；在涡轴发动机与航机他用的发动机中，输出功率还带动其他机器。

在燃气涡轮发动机上，涡轮和压气机都是和气流进行能量交换的叶轮机械。压气机对气体做功，而涡轮是燃气对它做功。它们在结构上有相似之处，都是由很多的旋转叶片和静止的叶片所组成，所以都是叶片机。

按燃气流动的方向，燃气涡轮可分为轴流式涡轮与径向式涡轮两类（见图 4.1）。在轴流式涡轮中，依压气机转子数目，涡轮也分为单转子、双转子和三转子。

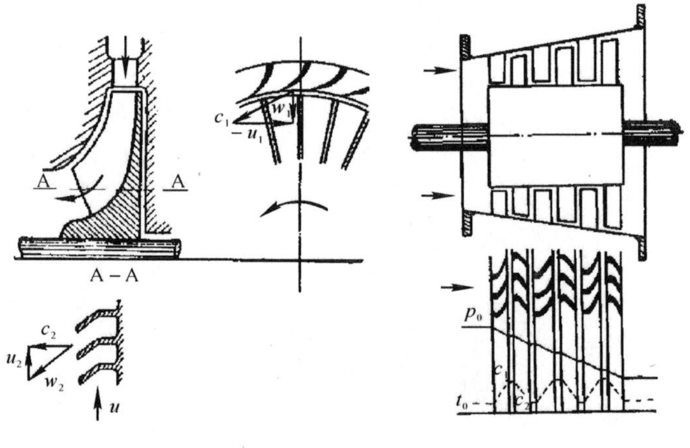

图 4.1　径向式涡轮与轴流式涡轮

(a)径向式涡轮；(b)轴流式涡轮

径向式涡轮中的燃气通常由外围流向中心（故又称向心式涡轮）。其特点是级功率大，工作可靠性好，对于小流量的涡轮还具有较高的效率，所以在小型燃气轮机中获得了应用。在航空航天上，仅用于动力系统和其他需要紧凑动力源的系统中。轴流式涡轮的特点是尺寸小、流量大、效率高，适用于大功率的动力装置，其在现代航空燃气涡轮发动机上得到广泛应用。

航空燃气涡轮的特点是功率大、燃气温度高、转速高、负荷大。现代大推力涡扇发动机的涡轮输出功率高达 100 MW 以上，平均一片涡轮叶片发出的功率达 200 kW。为使航空燃气涡轮发动机在尺寸小、重量轻的情况下提高性能，主要的措施之一是采用更高的燃气温度。目前国外最新歼击机的发动机涡轮进口燃气温度已达 1 811～2 144 K，远远超过普通碳钢的熔点(1 690 K)。并且在发动机工作过程中，燃气温度又经常发生变化，这样形成的热负荷已经成为涡轮部件结构设计的主要问题之一。另外，提高涡轮发出的级功率也是主要措施。目前，级焓降有的已超过 $4.186\ 8\times10^5$ J/kg(100 kcal/kg)，所以涡轮部件(特别是转子零件)承受着很大的机械负荷。可见，涡轮是发动机中动力负荷和热负荷最大的部件，其工作条件恶劣，是发动机使用中故障较多的部件之一。

表 4.1 给出了若干发动机的涡轮参数。

表 4.1　若干发动机的涡轮参数

发动机型号	涡轮前燃气温度/K	发动机转速/(r·min⁻¹)	涡轮平均直径上的圆周速度/(m·s⁻¹)				涡轮功率/kW	涡轮级数	涡轮部件重量/kg
			Ⅰ级	Ⅱ级	Ⅲ级	Ⅳ级			
WP5	1 125	11 560	364				9 965	1	245
WP6	1 143	11 150	309	299			12 500	2	127.4
WP7	1 188	11 440 11 150	348.4	340.7			20 955	1+1	241.1
WP7 甲	1 288	11 440 11 150						1+1	
WP8	1 092	4 700	275	267			41 030	2	939.2
WJ6	1 053	12 300	318	318	318		8 045	3	转子质量 108.5
J57—F13	1 110	9 400 6 350	301	204	206		28 970	1+2	384.5
JT3D—3B	1 158	9 800 6 540	354	239.7	242.5	247.8	41 470	1+3	553.6
斯贝 511—5W	1 360	12 500 8 950	345	354	260	262	31 545	2+2	
斯贝 MK202	1 440	12 640 9 115						2+2	
GE90	1 588.7							2+6	
M88—2	1 843							1+1	
F119	1 950							1+1(反转)	

基于涡轮部件具有“热”的特点，因此给涡轮结构设计带来一些特殊的问题：

(1)零件材料及选用。涡轮零件的材料必须能适应高温下可靠工作的要求，也就是它要具有足够的高温强度和良好的热安定性，以及耐腐蚀能力。叶片的材料往往是提高涡轮前燃气温度的决定因素之一。此外，由于这些材料含有的合金元素又多又贵，因此，它们的工艺性与经济性是零件材料选用时考虑的重要因素。

(2)零组件的结构设计。高温下工作的零组件，常常由于其内部温度的不均匀或不能自由膨胀而产生热应力与热变形，过大则会影响发动机的正常工作。短时间内热应力的剧增可以导致零件的开裂(称为热冲击)；反复作用的热应力与变形可以导致零件的破坏(称为热疲劳)。发动机的起动—加速—减速—停车过程就是典型的较严重的加载循环过程。所以，高温的零组件要求具有均匀的热惯性与良好的热补偿结构。

(3)零组件的降温。降低零组件的工作温度是提高涡轮部件工作可靠性的关键措施之一。热节流、隔热等是减少传热速度的重要降温措施；而利用流体介质(空气或滑油等)将热量带走的对流冷却方式是更重要的降温措施，因为它可以使冷却对象始终保持着较低的温度。所以，可靠有效的冷却系统已成为涡轮部件的重要组成部分。

图 4.2 所示为 WP6 发动机涡轮部件。它是单转子双级轴流式涡轮，由转子、静子两部分组成。涡轮转子是悬臂支承的不可拆卸的鼓盘式转子，两级转子叶片借枞树形榫头安装在相应的轮盘上，并用锁片槽向固定。涡轮静子分成前后两段，前段为能传递轴承负荷的一级导向器，它由一级导向叶片、内外枕垫、外环、内支承、拉杆、定距衬筒等零件组成；后段为构成双层冷却机匣的二级导向器，它由二级导向叶片与机匣构成。

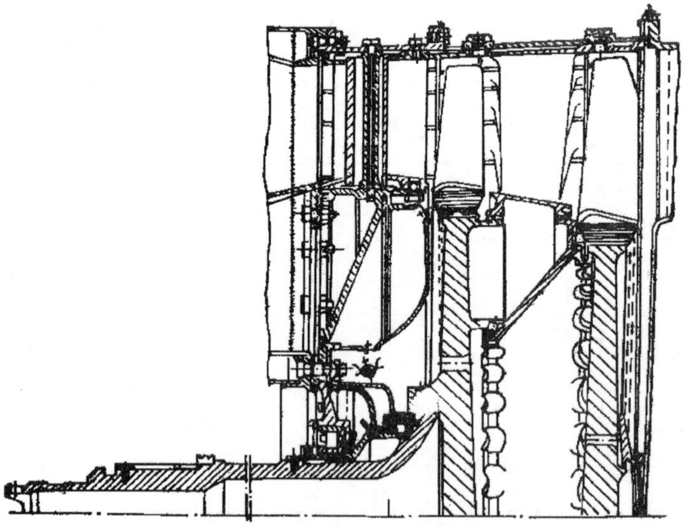

图 4.2　WP6 发动机涡轮部件

图 4.3 所示为 WP7 发动机涡轮部件。它是双转子、双级涡轮。它的主要特点是高、低压转子均为悬臂式，低压转子借中介轴承支承在高压转子上。

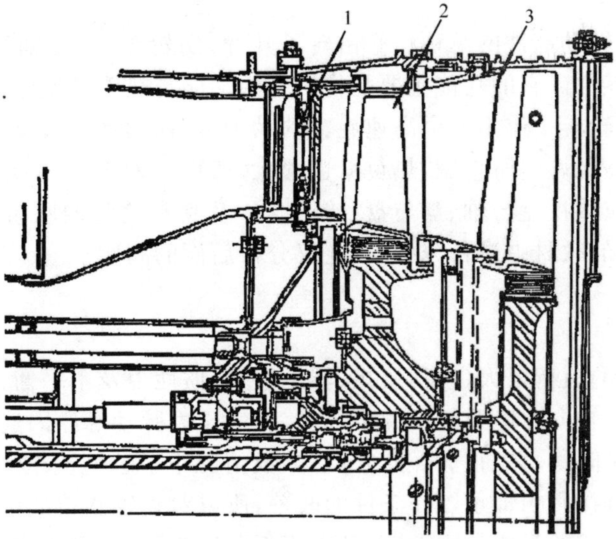

图 4.3　WP7 发动机涡轮部件

1—涡轮导向器；2—叶轮；3—涡轮外环

图 4.4 所示为 JT3D—3B 发动机涡轮部件。它是双转子、4 级涡轮（1 级高压和 3 级低压）。高压转子为悬臂式；低压转子为简支式。由于低压轴细而长，因此增添了轴间轴承。

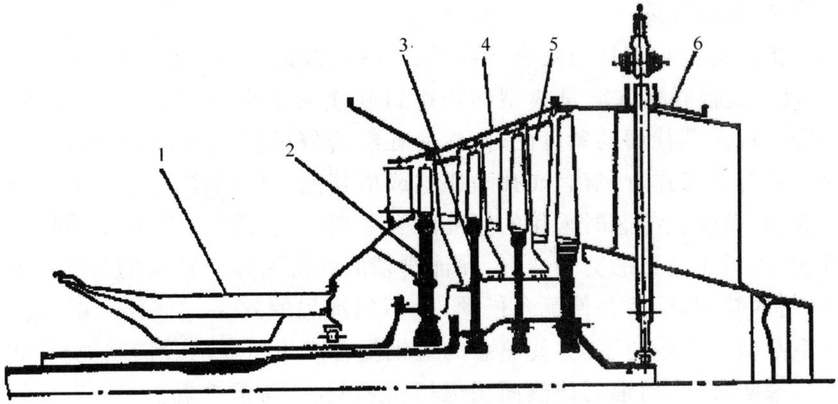

图 4.4　JT3D—3B 发动机的涡轮部件

1—涡轮轴机匣；2—高压涡轮转子；3—低压涡轮转子 4—涡轮机匣；5—导向器；6—涡轮后轴承机匣

4.2 涡轮转子

涡轮转子是涡轮转动部件的总称。它由转子叶片、涡轮盘、涡轮轴等零件组成；在多级涡轮中，还有盘间联接零件。它的功能主要是将燃气的动能与热能转换为旋转的机械功，带动压气机等其他部件。涡轮转子作为一个高速旋转的动力部件，必须承受着很大的气体负荷与质量负荷，加上它又被高温燃气所包围，热负荷也很大，所以除对转子零组件本身的强度与可靠性应给予重视外，还应重视盘与轴、盘与盘、转子叶片及其与轮盘的联接问题。前面的问题在航空发动机强度计算的教材中进行分析，在此仅分析后面的问题。

一、盘与轴的联接

盘轴连接处传递的负荷很大(包括扭矩、转子重量、惯性力及不平衡力引起的弯矩，机动飞行时的陀螺力矩，气体轴向力以及转子的不平衡、燃气压力脉动等原因造成的振动负荷)，尤其对于悬臂式转子，有时陀螺力矩很大。此外，在多数情况下，盘轴连接处是涡轮向轴承传热的必经之路，它的结构直接影响轴承工作条件的改善，所以对盘轴联接的设计要求为：

(1)连接处应有足够的强度与刚性，并且不要削弱轮盘与轴，以便能可靠地传递各种负荷；

(2)盘与轴在装配及工作时应可靠地定心，以免破坏转子的平衡，特别在联接直径很小，盘轴间的径向变形差值较大的情况；

(3)连接处应有高的热阻，以减少盘向轴与轴承的传热。

此外，联接结构还应力求重量轻，制造和装配方便。

盘与轴的联接通常分为不可拆式与可拆式两种，下面对这两种联接方式分别进行分析。

1. 不可拆式的盘轴联接

常用的不可拆式的盘轴联接方案有径向销钉联接、焊接、锻制成整体件。

WP7 发动机的盘轴联接方案是典型的用销钉联接的不可拆式的结构(见图 4.5)。它们都是利用特制安装边上圆柱面的紧度配合，然后在组合好的安装边上钻孔、铰孔，并压入径向销钉。为了防止销钉在工作时飞出，在孔边压坑或借其他零件挡住。

由表 4.2 看出，盘轴在冷态时采用的紧度配合主要是为了装配定心用，同时，又使工作时的间隙不致过大，以减小销钉的剪切变形，保证盘轴的联接刚性。过大的紧度会使装配工艺复杂化，并由于材料的蠕变，反而会使配合松动，得不到理想的效果。估算表明，安装边的位置、盘轴的线膨胀系数以及温度的不同，使热态的盘轴配合产生可观的径向间隙，从而盘轴的定心变成靠径向销钉来实现；盘向轴的传热面积也相应减少，提高了热阻。

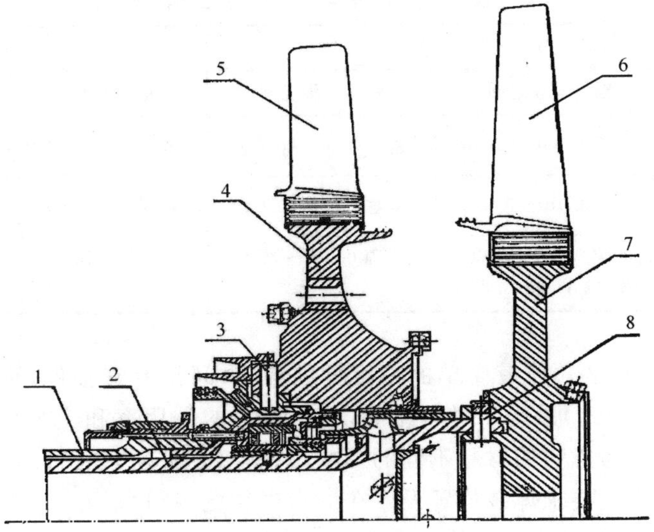

图 4.5　WP7 发动机涡轮转子

1—高压涡轮轴；2—低压涡轮轴；3—销钉；4—级盘；5—1 级转子叶片；
6—2 级转子叶片；7—2 级盘；8—销钉

表 4.2　盘、轴之间的配合　　单位:mm

型别 \ 项目		配合直径	冷态配合紧度	涡轮盘变形	涡轮轴变形	热态配合间隙（已扣除装配紧度）
WP7	高压	Φ182	0.003～0.063	1.422	0.684	0.735～0.675
	低压	Φ145	0.04～0.11	0.868	0.526	0.302～0.232
WP6		Φ160	0.14～0.22	1.330	0.748	0.442～0.362
WP8		Φ320	0.30～0.40	2.024	1.172	0.552～0.452

由表 4.3 可见，径向销钉与盘（或轴）孔间的配合，在热态时，WP7 发动机为紧度配合，WP6 发动机为过渡配合，显然前者对保证转子的平衡是有利的。

总之，这种径向销钉联接方案结构简单，轻巧，加工方便，强度、刚性均较满意，同时具有一定的热节流作用。

表 4.3　盘、轴与径向销钉之间的配合　　单位:mm

型别		冷态		热态	
		销钉与盘之间	销钉与轴之间	销钉与盘之间	销钉与轴之间
WP7	高压	紧度 0.000～0.010	紧度 0.000～0.010	紧度 0.001～0.011	紧度 0.005～0.015
	低压	紧度 0.010～0.028	紧度 0.010～0.028	紧度 0.011～0.029	紧度 0.010～0.028
WP6		间隙 0.006～紧度 0.020	间隙 0.006～紧度 0.020	间隙 0.016～紧度 0.010	间隙 0.001～紧度 0.025

盘轴焊接在一起是一种最简单的不可拆结构,中间没有连接件,重量最轻。RB199 发动机的高压涡轮(见图 4.6)采用了这种结构,它的材料的利用率和工艺性较合理。由于要确保盘轴的同心度,以及考虑它们材料不同的影响,对焊接工艺要求很高,内应力与焊接质量将成为可靠性的关键,为此要求焊缝位置设置在恰当半径处,壁厚较小,并加强冷却与热节流。类似的结构还有 RB211,LARZAC 等发动机高压涡轮转子。

盘轴锻制成整体件受到材料利用率低、锻造困难的限制,因此仅用于小型燃气轮机中。目前,航空上常用的是将盘与短轴锻制成整体件,JT9D 发动机的高压涡轮采用了这种结构(见图 4.7 和图 4.9)。采用这种结构的还有 PW4000,CF6 等发动机的高压涡轮。为了加强孔边强度与避免局部应力集中,盘与轴的联接段采用了与轮盘型面平滑过渡的外形。

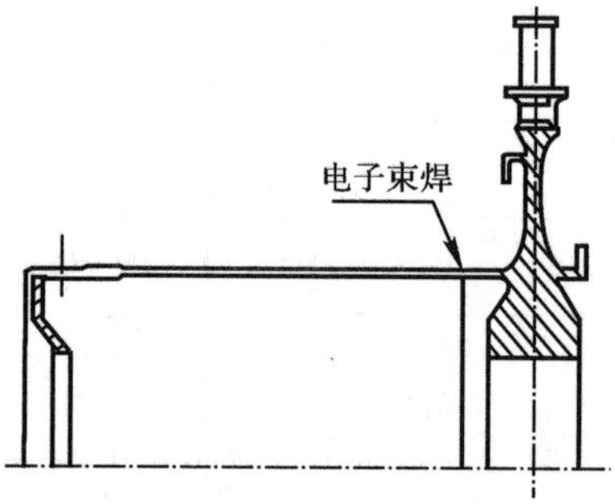

图 4.6　RB199 发动机的盘轴焊接高压涡轮转子

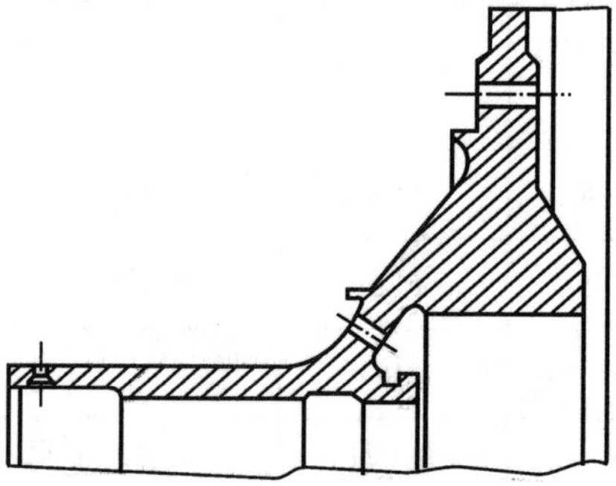

图 4.7　JT9D 发动机第 2 级高压涡轮盘的盘轴整体形式

2. 可拆式的盘轴联接

可拆式盘轴联接是利用连接件将盘与轴联接起来,因此局部的受力更为复杂,使联接强度和刚度都受到影响。常用的连接件有长螺栓、短螺栓和套齿等。

图 4.8(a)所示为 J57 发动机高压涡轮转子盘轴的联接结构。盘轴借 24 个螺栓联接,靠盘轴接触端面的摩擦力传递扭矩,圆柱面做定心用。鉴于工作时该处盘的径向变形大于轴的径

向变形，所以装配时采用热压配合，紧度为 0.46～0.56 mm。这种结构靠专门的安装边联接，不削弱盘的强度，加工方便，又可拆装。此外，这种结构具有“Z”形轴颈，它的薄壁圆柱段起着“热节流”作用，并可通气冷却，大大减小了向轴承的传热，而且还缩短了盘与轴承间的距离，提高了转子的刚性。同时，这种结构还具有一定的弹性，可以减少盘上不稳定附加载荷向轴的传递。图 4.8(b)所示为 J75 发动机的盘轴联接方案，它与 J57 发动机的不同点在于将原来轴颈上的圆柱段改制在轮盘上。这样，一方面使 J57 发动机 A 区轴颈承受弯曲负荷改变为 J75 发动机 B 区的螺栓受拉，从而改善了轴颈 A 锐角受力的不利情况；另一方面由于具有“热节流”作用的圆柱段与螺栓联接部分的位置发生了变化，降低了连接处的温度，改善了盘、轴及螺栓联接的可靠性。

在有些发动机中，由于结构与装配的原因，联轴器常常不设在涡轮机匣内，而是将联轴器与盘轴联接结合起来。图 4.9 所示为 JT9D 发动机高压涡轮转子。它是依靠 2 级盘短轴内的轴向套齿和大螺帽，与压气机后轴联接在一起。这种结构简单、装拆又方便，并且由于将轴与 2 级涡轮盘相联，缩短了盘与轴间的距离；2 级盘温度较低，减少了向轴承的传热；2 级轮盘借短轴与压气机后轴颈借圆柱面定心，工作时，配合面处径向变形协调，保证了良好的热定心。

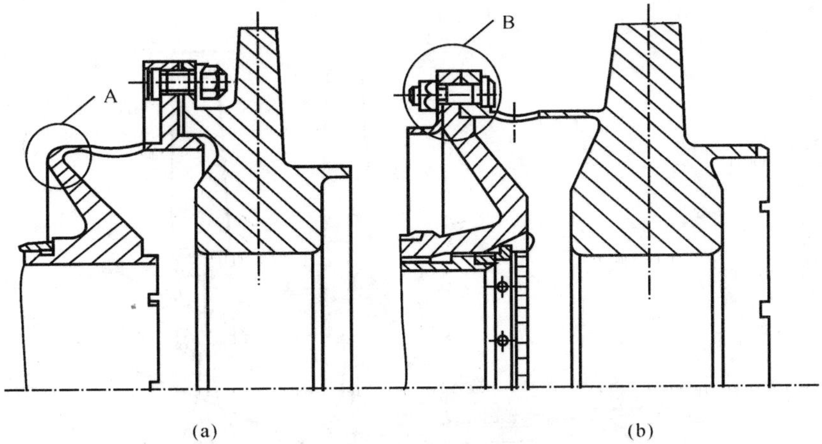

图 4.8　盘轴用短螺栓联接

(a)J57；(b)J75

套齿联接也常用在盘与轴的联接上，采用套齿传扭、圆柱面定心、大螺母压紧。图 4.10 所示为 J85 涡轮喷气发动机双级涡轮转子，该发动机压气机的后轴伸到涡轮盘附近，涡轮短轴与第 I 级涡轮盘做成一体，两轴靠前后两段圆柱面定心，套齿传扭，用大螺母压紧。短轴和轴承内环配合处开有轴向槽，以减少盘向轴的传热。这种结构只要拧开大螺帽就可以分解涡轮部件，非常适用于单元体结构。

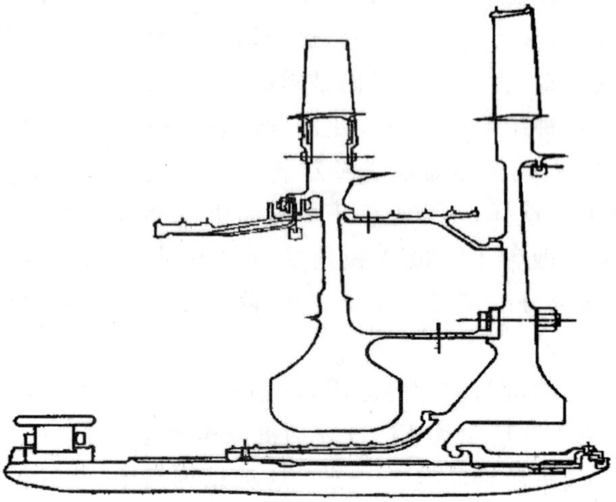

图 4.9　JT9D 发动机高压涡轮

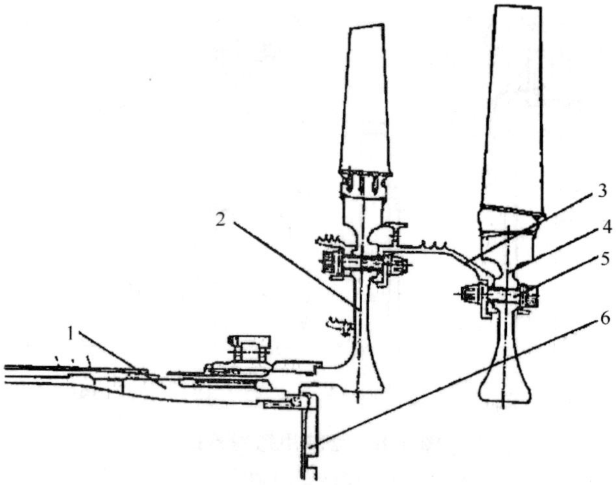

图 4.10　J85 发动机盘轴用的套齿和大螺母联接的涡轮转子

1—压气机后轴；2—第Ⅰ级带短轴的涡轮盘；3—鼓环；
4—第Ⅱ级涡轮盘；5—短螺栓；6—大螺帽

二、盘与盘的联接

在多级涡轮中，盘与盘联接的设计要求除了应有足够的强度与刚性、可靠定心外，还要考虑到级数与联接部分较多对整个涡轮转子的影响。为了减小热应力，通常对整个转子的轴向与径向采用热补偿措施；为了便于装拆，盘与盘的联接方案应与静子部件的结构形式协调；为了减小涡轮径向间隙和转子的振动，对于悬臂式转子的刚性应予以足够的重视。下面就不可拆式与可拆式的盘与盘联接方案分别进行分析。

1. 不可拆式的盘与盘联接

不可拆式的盘盘联接方案通常用于级数较少的涡轮转子。因为涡轮的工作温度高，对机匣周向刚性均匀要求较严，通常多采用纵向不剖分机匣，因此转子的装拆问题将直接影响盘盘联接的结构方案。

图 4.11 所示为 WP6 发动机不可拆式双级涡轮转子。它由两级轮盘、叶片、承力环和涡轮轴等组成。盘与轴、承力环与盘间均由特制安装边上带紧度的圆柱面定心，依靠工作时配合面处的径向变形差或径向销钉保证了良好的热定心，借带紧度的径向销钉联接，并传递扭矩和轴向力。承力环作成圆锥形，可以补偿两端温度，减小热应力，同时，与涡轮轴的喇叭端构成了合理的锥形截面过渡，既有足够的抗弯刚性，又减少了重量。第 1 级盘前后安装边上的联接销钉孔做成与径向倾斜一角度，是为了便于加工。在承力环安装边的端面与内表面、第 1 级盘与轴联接的安装边前端均用铣刀切除多余的材料，是为了进一步减轻重量，有的还利用这种铣槽通冷却空气。可见，这种径向销钉联接结构的强度好、刚性大、重量轻。为了拆卸，它的第 2 级转子叶片上作有过渡段叶根，减小第 2 级盘的外径，以便分解时先取下第 2 级转子叶片，然后将整体式第 2 级导向器沿发动机轴线向后移出。

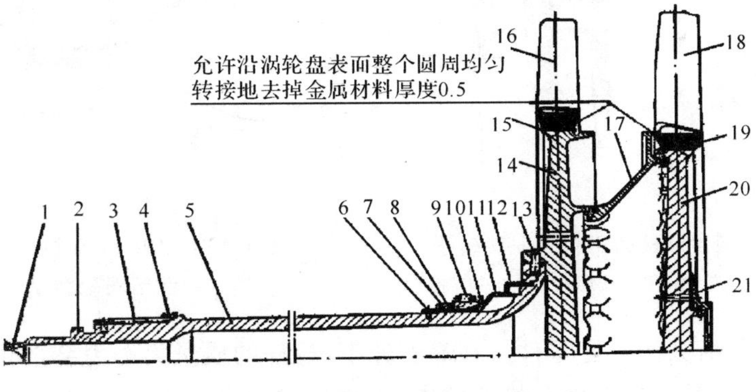

图 4.11　WP6 发动机涡轮转子

1—扳手插入孔；2—凸台；3—渐开线套齿；4—限定衬套(封油环)；5—涡轮轴；6—止动销；7—锁片；8—螺帽；9—滚柱轴承；10—甩油盘；11—涡轮轴衬套；12—封严圈；13—销钉；14—1 级涡轮盘；15—1 级叶片锁片；16—1 级转子叶片；17—承力环；18—2 级转子叶片；19—2 级叶片锁片；20—2 级涡轮盘；21—导向盘

2. 可拆式盘与盘联接

图 4.12 所示为 WJ6 发动机的 3 级涡轮转子。它是一种可拆的悬臂式转子，每级盘前后

端面都有联接凸台，按照传力大小和刚性要求，利用 5 根长螺栓和 5 根较短螺栓与轴联接在一起。盘与轴、盘与盘间的定心与传扭靠长短螺栓上锥度为 1∶48 的表面 A，B 与盘上对应的锥形螺栓孔压紧实现的。为了保证定心可靠，这些锥形配合面应具有 0.01～0.02 mm 的紧度，所以在拧紧螺帽前，应用手抵紧螺栓头，检查螺栓头与涡轮轴安装边间留有 0.5～1.0 mm 的间隙。为了提高抗弯刚性以及降低螺栓附近的温度，在盘上设有封严凸边和安置冷却气路。

图 4.13 所示为早期 JT9D 发动机的筒支式四级低压涡轮转子。它是长短螺栓混合使用的挑担式结构。第 1，4 级盘与鼓、轴分别利用圆柱面在第 2，3 级上定心，并通过长螺栓压紧，短螺栓将各级轮盘与定距环联接起来，从而构成盒形结构转子，刚性较好。为了减少热应力，采用了长度仅为两级盘距的长螺栓来联接整个转子，从而缩短了螺栓的长度，并使其避开高温燃气。为了装配，短螺栓联接采用了带冲铆固定的自锁螺帽（见图 4.14）。

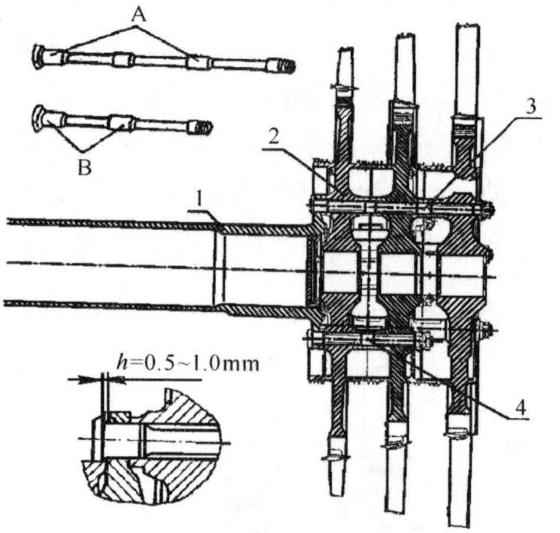

图 4.12　用长螺栓联接的可拆式涡轮转子

1—涡轮轴；2—涡轮盘；3—长螺栓；4—短螺栓

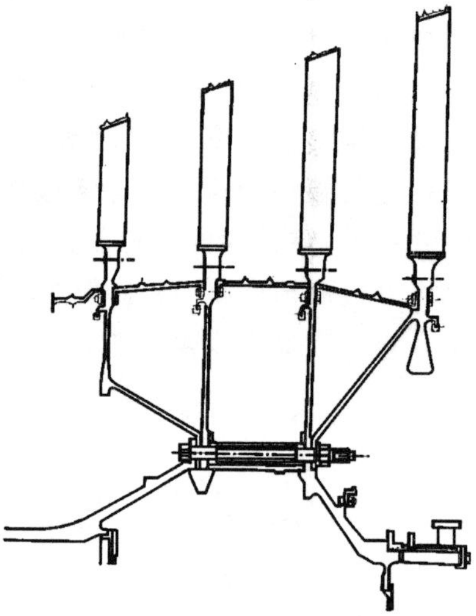

图 4.13　JT9D 发动机的筒支式四级低压涡轮转子

长拉杆是一个负荷大的关键零件。在高转速下，拉杆的质量离心力会增大结构的负荷，拉杆的变形会带来不确定因素，特别在热部件中，条件更加复杂。对于近代发动机，特别是级数大于 3 的涡轮中，盘盘联接广泛采用了短螺栓联接。因为它的位置可与流程通道的变化相适应，按结构需要布置比较灵活，联接刚性好，重重较轻，结构简单，装拆方便。图 4.15 所示为 JT9D 发动机改型后的涡轮转子。各轮盘间用短螺栓联接，整个转子通过三、四级盘间轮毂中心的短轴借花键与低压轴联接。

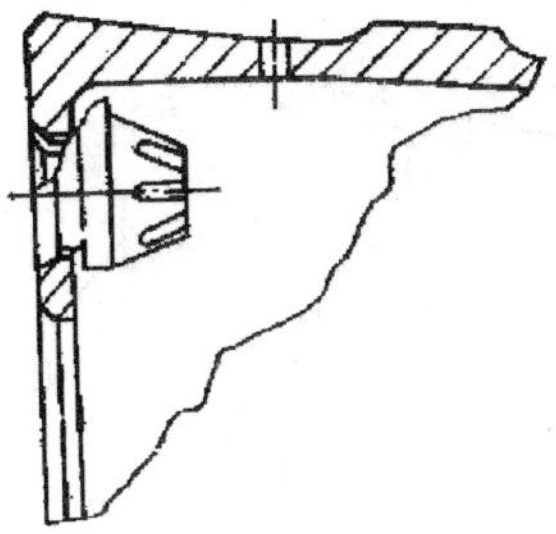

图 4.14　冲铆固定的自锁螺帽

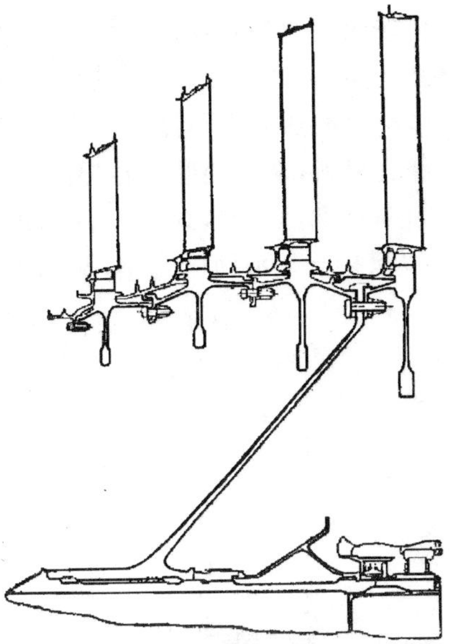

图 4.15　JT9D 发动机改型后的低压涡轮

三、转子叶片及其与盘的联接

涡轮转子叶片是把高温燃气的能量转变为转子机械功的重要零件。工作时，它不仅被经常变化着的高温燃气所包围，并且还承受着高速旋转产生的巨大离心力、气体力和振动负荷等，此外，它还要经受高温燃气引起的腐蚀和浸蚀，因而涡轮转子叶片的工作条件是很恶劣的，它是决定发动机寿命的主要零件之一 。

涡轮转子叶片和轮盘几乎都是分开制造的。叶片与轮盘制成一体的方案采用不多，因为温度较低的轮盘不需要采用与转子叶片一样的优质材料，且叶片加工测量较困难。

涡轮转子叶片的材料是保证涡轮性能和使用可靠性的基础。涡轮转子叶片以前多采用高温高强度的耐热合金锻件，经机械加工制成。由于这种叶片工艺性太差，叶片的型面与几何形状均受有一定的限制。后来，随着高温铸造合金的发展，涡轮转子叶片多采用精铸抛光而成，从而大大地简化了工艺，结构也更趋合理。现在，随着陶瓷基复合材料、定向凝固合金等的发展，涡轮转子叶片的性能得到了进一步的提高。

涡轮转子叶片由叶身、中间叶根和榫头三个基本部分组成。早期的发动机几乎都不采用中间叶根，但在 1960 年后发展的发动机比较广泛地采用了中间叶根(伸根)。

1. 叶身

转子叶片的叶身结构原则上与压气机叶片的要求相类似，由于涡轮中级加功量大，即气流速度高，折转角大，从而气动力大，所以涡轮叶片的叶型剖面弯曲度大，叶身较厚，并且沿叶高的截面变化也较明显。在叶尖部分(包括叶身上部与顶端)通常有一些特殊结构。

(1)叶尖“切角”。即在叶尖排气边缘削掉一部分材料，如图 4.16 所示。由于该处比较薄弱，在高温下，交变的热应力与振动应力均较大，容易出现裂纹与断裂等故障，更重要的是由于可以磨削小部分材料，来改变叶片自振频率(称为“修频”)，以弥补制造误差引起某些叶片满足不了规定的频率要求。显然，这对叶片强度与效率均有影响。采用叶尖调频凸台的结构(见图 4.17)，可以保持叶片型面的完整，又达到修频的目的。

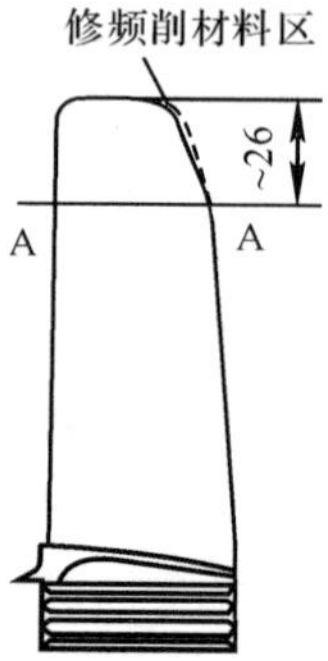

图 4.16　WP7 第 1 级涡轮叶片的修频

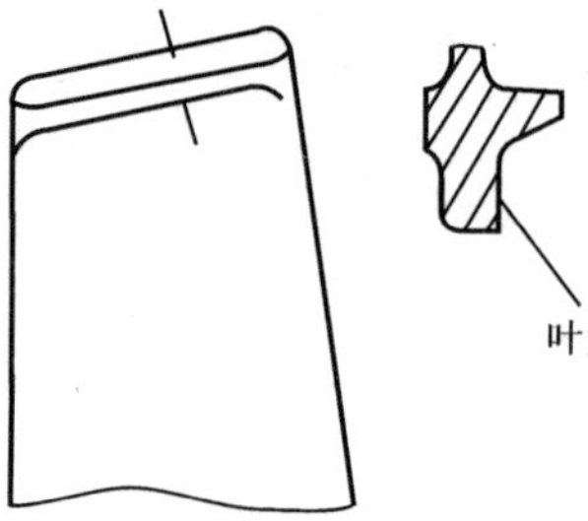

图 4.17　叶尖带凸台的涡轮叶片

在叶片设计成可以切角时，应规定最大的切角范围，避免切角太大影响涡轮效率。

(2)叶顶带冠。现代许多涡轮叶片顶部带有叶冠(见图 4.18)。这样做的好处是：利用相邻叶冠之间的摩擦来吸收振动能量，从而有效地起到减振作用；相邻叶冠合壁成环型，将气流限制在叶片与叶冠构成的流道中流动，减小了潜流损失，提高了涡轮效率。

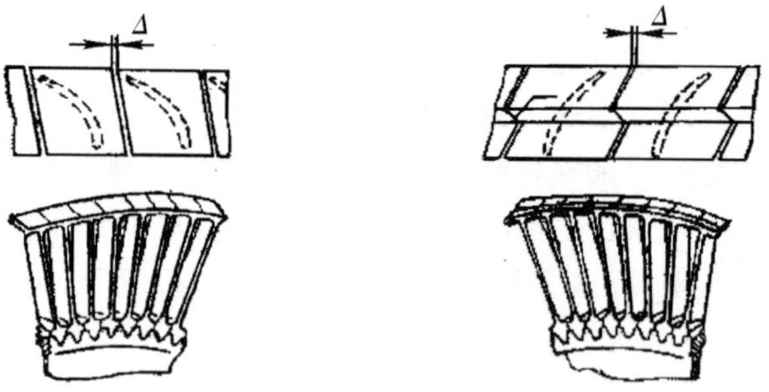

图 4.18　带冠叶片

(a)平行四边形叶冠；(b)锯齿形叶冠

目前，常用的叶冠形状有平行四边形(如康维，WS9，RB211，WJ6，WP7 甲等机种)与锯齿形(如 J57,JT3D,JT9D,RB199,奥林巴斯 593 等机种)。前者结构简单、便于装拆,装配时冠间要留有一定间隙 Δ,工作时由于离心力作用产生扭转变形和热膨胀,使冠间靠紧,但是由于轮盘榫槽和叶片的制造尺寸误差,常使此间隙不易保证在合理的范围内(理想情况是工作时间隙消失或不太大,各叶片相互支靠抑制振动),所以这种叶冠常有接触和磨损不一的缺点,对抑制振动不利;后者基本上能克服上述缺点,这种叶片装入轮盘榫槽,使叶片预先被迫产生弹性扭转变形。在 A 面抵紧,从而工作时使 A 面始终保持压紧状态。为了提离 A 面的耐磨性,在该面上可喷涂硬质合金。

某些发动机在叶冠上作有封严齿,加强封气效果,减少轴向漏气,提高涡轮效率。

显然,采用带冠叶片愈来愈多,是与叶片的精密铸造工艺的发展密切相关的。

带冠叶片的缺点是由于有了冠使叶片重量加大,特别是它处于叶尖处。工作中由于叶顶带冠而引起的离心力使叶身与轮盘增加了负荷,并且叶冠又处于悬臂状态,自身蠕变强度不足。另外,叶冠和叶身转接处也有一附加弯矩作用于叶身上,且该处还易产生应力集中。因此,在设计叶冠时,一方面要尽量减少它的尺寸,即通过减小叶顶弦长与增加叶片数目来分别缩小叶冠轴向与周向的尺寸;另一方面叶冠的剖面要尽量使边缘部分薄些,与叶身连接处厚些。由于叶冠受有不便冷却与切线速度过大的限制,在许多发动机的高压涡轮(如 PW4000,TF39,CF6,V2500,P29 等)中,并未采用带冠叶片。

目前,大多数现代发动机的低压涡轮、中压涡轮中采用带冠叶片,这主要是这些叶片长,带冠后能较好地解决叶片振动问题。

(3)环形护圈。在叶片上段距叶尖约 1/4 叶高处开孔,穿过护段(每个护段穿过两个叶片),并与护棒相套构成环形护圈,这样不仅可以把所有叶片联接起来,使它们之间相互牵制,而且可以自由膨胀。WP7 发动机第二级涡轮叶片采用了这种结构,如图 4.19 所示。由于护段与护棒的质量不同,在发动机工作时,自身的离心力将使护段与叶片间的摩擦力比护棒与护段孔间的摩擦力大 6 倍,从而可能形成两片叶片组成的叶片组振动,而护段与护棒之间的摩擦阻尼力吸收了叶片组的振动能量。但是环形护圈置于燃气中,既影响涡轮效率,又严重影响叶片与护圈的强度,所以采用不多。P29 发动机在解决了叶片的精铸工艺后,改用带冠叶片。

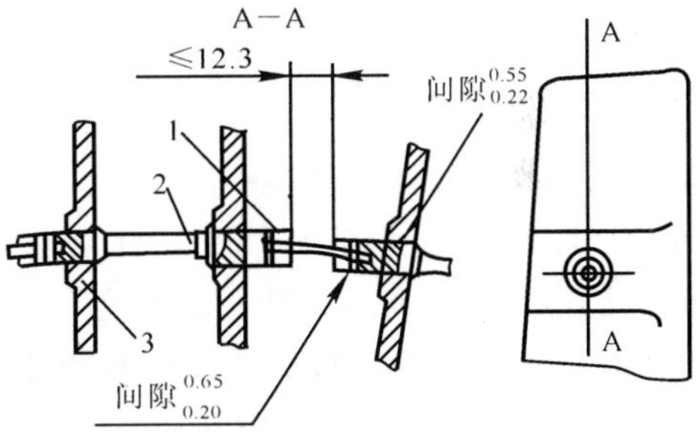

图 4.19　WP7 发动机第 2 级涡轮叶片的减振装置

1—护棒；2—护段；3—叶片

(4)变功量、可控涡设计的叶片。在 JT9D—7R4 的低压涡轮设计中,由于叶身采用了变功量设计,使级数少了 2 级,效率提高了 2%。在 RB211 发动机中也采用了这种方法。

在采用变功量设计时,燃气流在导向器与工作叶片间的环形通道中不是遵循 $C_u r$= 常数的规律(C_u 为气流的切向分速度,r 为环形通道内的半径),而是根据需要来控制的,图 4.20(a)示出两种设计中,进入工作叶片的气流角度在叶尖与叶根间的变化规律。图 4.20(b)中示出了这两种设计中,叶根、叶尖叶型的不同之处。可见,采用变功量设计后,叶身变薄许多。

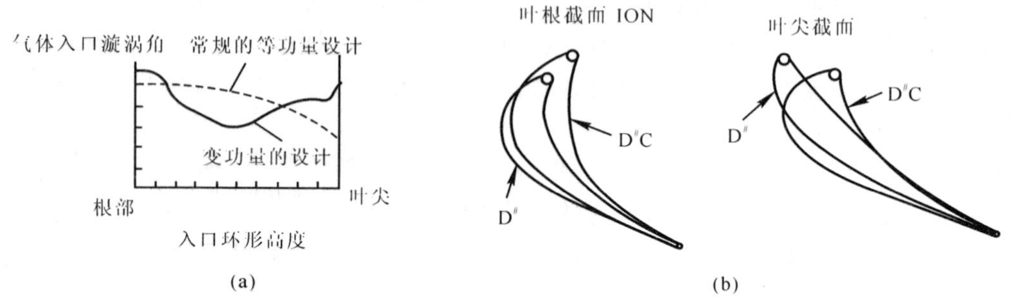

图 4.20 变功量设计

(5)正交叶片。现有大流量比涡扇发动机中,低压涡轮一般在 4 级以上,多的可达 7 级(如风扇直径达 285 cm 的 PW4090 发动机)。气流通道呈较大扩散角的扩散形,采用正交叶片设计,将叶片沿径向做成弯曲的,使叶片上、下部均与气流垂直。RR 公司发展的瑞达 700、瑞达 800 的低压涡轮就采用了这种正交设计,如图 4.21 所示。从强度观点看,这种设计增加了复杂因素,因为叶身中部、根部除承受离心拉伸力外,还作用一附加弯矩。

图 4.21 正交设计叶片

2. 叶片榫头与轮盘的联接

涡轮叶片榫头承受的负荷较大,在现有构造中,一个叶片根部要承受的离心力高达 100～150 kN;此外,榫头处于高温下工作(可达 600～700℃),材料的机械性能大大地降低。因此,在设计涡轮叶片榫头的联接时,除了与压气机中所提要求相同外,还应特别注意到两个方面:一方面要允许榫头连接处受热后能自由膨胀,以减少热应力;另一方面榫头的传热性要好,使叶片上的热量容易散走。

现代航空燃气涡轮中,广泛使用枞树形榫头(见图 4.22),它的两侧做有对称分布的梯形齿,作为榫头的支承表面,在轮缘上相应地做有同样型面榫槽,在叶片离心力和弯曲力矩的作用下,榫齿承受剪切和弯曲,齿的工作表面承受挤压,榫头各截面承受拉伸。榫头上的齿数通常取决于叶片离心力的大小与榫齿的结构形式。值得指出的是,这种榫头联接是一种多齿型结构,各对榫齿上所受载荷是否均匀应取决于叶片榫头与轮盘榫槽间的相对变形,所以,各榫齿间刚性的相对分布、材料的物理性能(如线膨胀系数、高温下的塑性程度等)以及制造误差等都对各齿载荷的均匀性产生重要影响。一般齿数不宜过多。

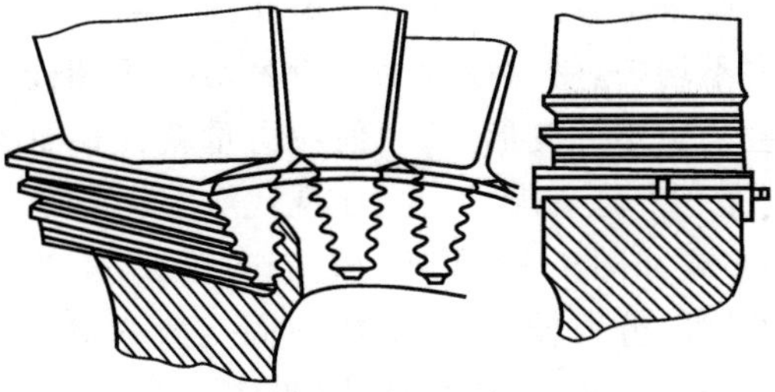

图 4.22　用枞树形榫头固定的涡轮叶片

图 4.23(a)所示为 WP6 发动机的叶片榫头形状，它具有 5 对榫齿。目前，倾向于采用齿数少、齿间圆角半径大的榫头(见图 4.23(b)和(c))，以减少齿面负荷的不均匀和应力集中。图 4.23(d)为两个榫头成对地装在同一榫槽中，工作时两个榫头的结合面 A 互相压紧，利用该面上的摩擦力可以减振。

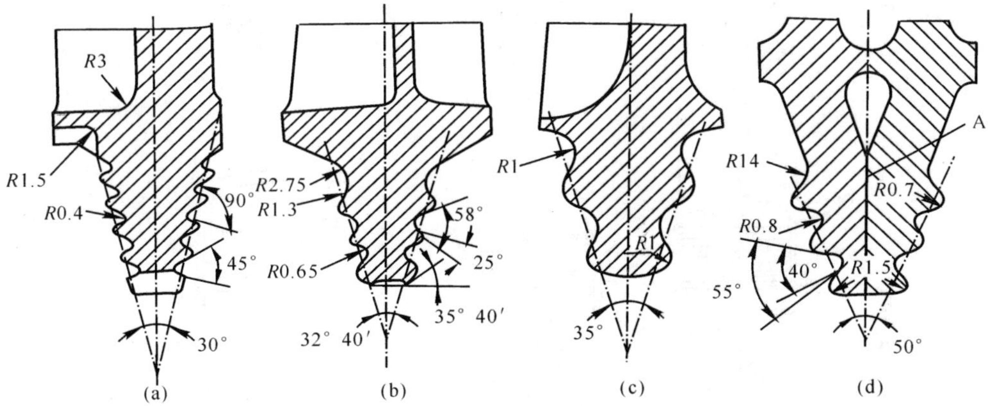

图 4.23　枞树形榫头形状

(a)WP6；(b)J57；(c)T－53；(d)WJ6

在双级涡轮中，两级叶片榫头的齿数、齿形及几何尺寸等应尽可能取得相同，以使用同一组刀具来加工两级叶片的榫头和盘上的榫槽，既简化了工艺装备，又降低了生产成本。

枞树形榫头具有下列优点：

(1)叶根与轮缘部分的材料利用合理，承载面积多，承拉截面接近等强，因此这种榫头的重量较轻。

(2)榫头在轮缘所占的周向尺寸较小，因而在轮盘上可安装较多的叶片。

(3)这种榫头可以有间隙地插入榫槽，允许榫头与轮缘受热后自由膨胀。

(4)可以利用榫头的装配间隙，通入冷却空气，对榫头和轮缘进行冷却。

(5)装拆及更换叶片方便。

但是，枞树形榫头也有一些缺点：叶片和轮缘榫齿间圆角半径较小，应力集中现象严重；加工精度要求高，否则各齿受力不均匀，受力最大的榫齿容易破坏，但该处温度较高，如果选用具有良好塑性的材料，工作时会产生塑性变形，从而使应力重新分布而改善了榫头的工作条件。

由于枞树形榫头联接的优点十分突出，因此，在现代航空涡轮中，普遍采用这种联接方式。

叶片在盘上槽向固定的方式如图 4.24 所示。它们的特点，一是由于榫槽方向相对于旋转轴线均较平直，叶片离心力的槽向分力较小，因此槽向固定较为简单，广泛采用各种锁片与铆钉；二是利用槽向固定的结构，对冷却空气进行导流（见图 4.24(c)，(f)）。

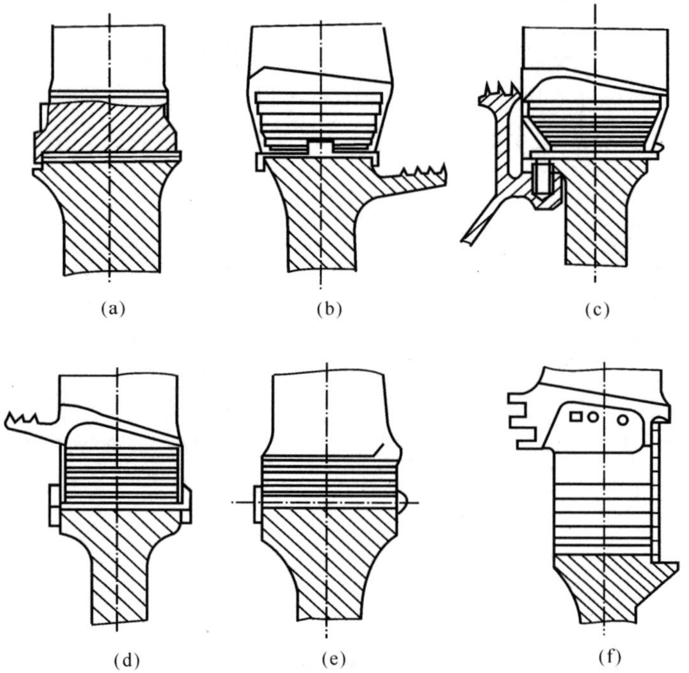

(a) (b) (c) (d) (e) (f)

图 4.24 涡轮工作叶片槽向固定的方法

(a)WP5；(b)WP6；(c)WP6(Ⅰ)；(d)WP7(Ⅱ)；(e)15T；(f)WS9

叶身和榫头间可以借助底座进行联接（见图 4.25(a)），而更多地是通过底座及中间叶根（也称为伸根）进行联接（见图 4.25(b)，(c)）。中间叶根的横截面通常做成长方形或“工”字形。显然，带有中间叶根的榫头能减少叶片对轮盘的传热量，并可以设通道入口引通冷却空气进行强迫冷却，这将大大降低叶根、榫头和轮缘的温度，减小盘内的热应力，而且中间叶根还可以使叶身与底座转接处的不均匀应力不直接传给榫头，改善了榫头应力分布的不均匀度，尤其使榫头第一对齿的受力得到改善，但是，采用中间叶根有使叶片重量增大和叶片数目受限的缺点。权衡利弊，优点突出，因此近代发动机上大多采用中间叶根。

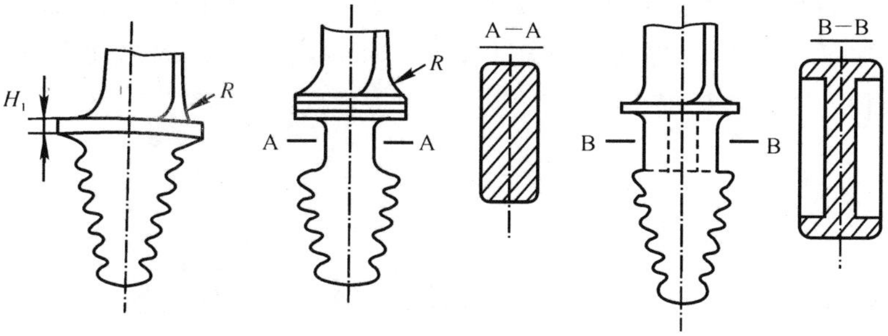

图 4.25　叶片型面部分与榫头的联接

(a)无中间叶根；(b)，(c)带中间叶根

4.3　涡轮静子

涡轮静子由涡轮机匣(也称涡轮外环或涡轮壳体)、导向器及涡轮的支承与传力构件组成。由于“热”的作用，涡轮静子与压气机静子之间，存在着较大的差异，除了采用具有良好高温性能的材料，以保证零组件在高温下安全可靠地工作外，在结构设计时，热应力、热变形、热定心，以及热冲击、热疲劳等问题成为必须研究和解决的问题。

一、涡轮机匣

涡轮机匣通常是圆柱形或圆锥形的薄壁壳体，除固定导向器外，还借前后安装边分别与燃烧室及喷管(或加力燃烧室)联接，用于传递相邻部件的负荷，因此涡轮机匣是发动机承力系统的重要构件。其上作用有扭矩、轴向力、惯性力和内外压差。同时，有的机匣还直接或间接地构成了燃气通道的壁面，因此在工作时，受力、受热产生的变形和转子的振动与偏摆，以及零组件的制造误差等还会对转子叶尖与机匣的径向间隙有复杂的影响。

为了保证涡轮可靠而高效率地工作，涡轮机匣在高温下如何保持足够的刚性，避免扭曲变形，保持与转子之间合理的径向间隙等问题已变得更为突出。

对涡轮机匣结构设计的基本要求是：

(1)尽可能减小涡轮叶尖径向间隙，以提高涡轮效率，但又要保证工作时转子与静子不致碰坏；

(2)既要保证机匣具有足够刚性，又要减轻机匣重量，并便于装配；

(3)工作时，机匣相互间要能很好地热定心，转子与静子之间能保持良好的同心度。

涡轮机匣的材料通常采用耐热合金钢。它的加工工艺对耗材、成本与生产率影响很大。

离心铸造或锻造后经机械加工的方法既耗费材料又费工时，生产率低。有的发动机，采用板料焊接后再与机械加工的安装边焊成一体（见图 4.26(a)，(b)）；有的采用轧压方法制成（见图 4.26(c)）。这种方法材料耗损少，生产率高，且疲劳强度好。

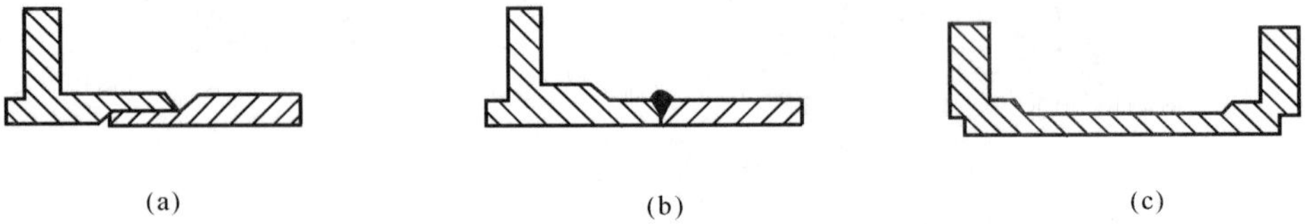

图 4.26 涡轮外环剖面图

(a)带有搭接焊的安装边；(b)带有对接焊的安装边；(c)轧压制成的涡轮外环

下面着重从两方面对涡轮机匣的结构进行分析。

1. 涡轮的径向间隙沿圆周均匀

为了保证涡轮的径向间隙沿周向均匀分布，涡轮机匣不仅要具有一定的刚性，而且沿周向还要比较均匀。因此，机匣通常做成整环形，且厚度比较均匀，广泛采用横向结合面。

WP6，WP7 发动机均采用了这种结构，如图 4.27 所示。这样，不仅机匣周向刚性比较均匀，而且安装边还起加强横向刚性的作用。对于多级涡轮，为了避免安装边过多而增加重量，可以适当减少横向结合面，通常采用整体式的锥形机匣，JT3D、斯贝 MK202 发动机均采用了这种结构。可是它们要求导向器与转子必须是可拆的，否则就无法装配。

图 4.28 所示为 J79 发动机涡轮部件。它的三级涡轮转子是不可拆的，所以，涡轮机匣只能沿纵向剖分，当然对于外场检修带来了方便。CF6 发动机的低压涡轮机匣也采用了这种结构。由于机匣沿周向刚性不均匀，受热与受力后容易出现椭圆度超差和翘曲变形，为此，在机匣结构设计时要注意周向刚性的合理分布，并且希望采用对径向间隙变化反应不太敏感的封严结构（如蜂窝结构），以弥补径向间隙不均匀的缺陷。

为了保证涡轮的径向间隙均匀分布，涡轮机匣与涡轮转子在工作时应保持良好的同心度。WP6 发动机涡轮机匣的定心方法采用圆柱形凸边来保证，其配合间隙根据配合面受热的程度而定，约在$(0\sim0.3)D/1\ 000$ mm 的范围内。考虑到转子重力引起的下沉对叶片径向间隙的影响，特意将机匣前安装边上圆柱凸边的定心轴线制成与气流通道表面偏心 0.2 mm。有的发动机的机匣并不采用凸边定心，而是在装配时用千分表调整到所需的位置，再用精密螺栓固定；有的发动机靠安装边上的紧度销钉来定中心。

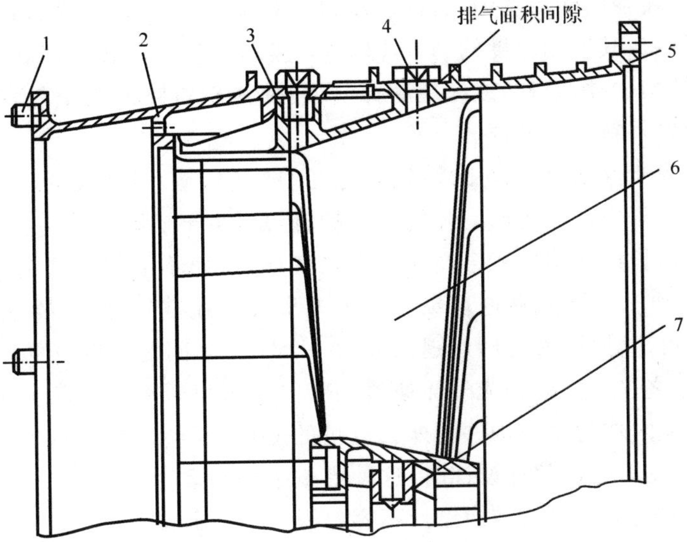

图 4.27　WP7 发动机第二级涡轮导向器

1—定位销；2—涡轮机匣前段；3—固定螺钉；4—调整螺钉；
5—涡轮机匣后段；6—导向叶片；7—结合环

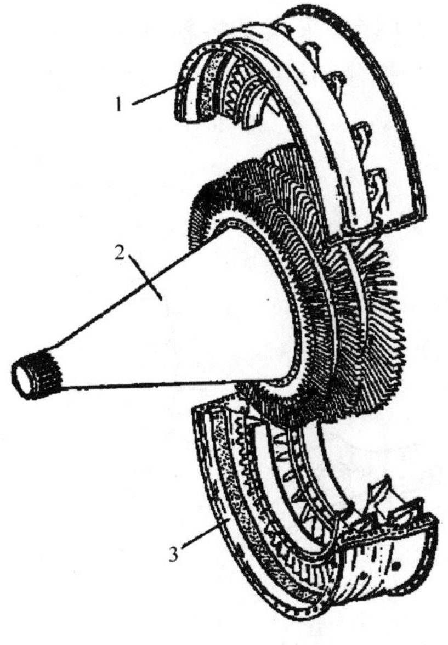

图 4.28　J79 发动机的涡轮静子和转子

1—涡轮静子(上半部)；2—涡轮转子；3—涡轮静子(下半部)

为了保证涡轮叶尖径向间隙均匀，有的发动机在装配时，在涡轮的某几级叶片尖部附着一层类似砂轮的磨削材料，其平均厚度约为 0.12 mm，然后旋转涡轮转子，用这些叶片将涡轮机匣内壁附着的易磨结构(蜂窝结构)或涂层磨掉，以便使涡轮机匣的内壁与转子同心。经过磨削后，这些叶片的附着材料也被磨掉。

值得指出，上述使叶尖间隙均匀的措施都是在装配(冷态)时获得的，只要机匣的刚性足够，是可以保证工作过程中叶尖径向间隙的均匀的，但是，由于机匣是传递负荷的承力构件，特别是传递不对称负荷，长期使用可能会产生较大的变形，从而不能保持均匀的叶尖间隙，使涡轮效率下降，形成发动机性能的衰退现象。对于大型民用航空发动机，要求工作寿命不断延长，除了提高结构的可靠性外，性能的衰退已成为一个突出的问题。把机匣设计成双层结构是改善衰退现象的措施之一。它将构成气流通道外壁的内层机匣与传递负荷的外层机匣分开，这样，在较长使用时间内作为承力构件的外层机匣的变形，不会影响到内层机匣，因此保持了较均匀的叶尖间隙。在压气机部件设计时，这种措施也得到运用。

此外，涡轮机匣安装边本身的结构设计不容忽视。一方面由于其内外温差大，加上开有联接用的螺栓孔，因此孔边热应力较大，容易产生裂纹。为此将各螺孔间的材料铣去一部分(见图4.29)，通过削弱局部刚性来减小热应力，同时还可使重量减轻；另一方面机匣都是薄壁结构，当在安装边连接处传递重量等非轴对称负荷时，往往会在周向形成两侧剪力大，上下拉或压力大的不均匀现象。为此，通常利用均匀提高机匣安装边周向刚度来克服。而在 WP6 发动机涡轮导向器与燃烧室外壳的连接处采用了将精密螺栓集中布置在安装边两侧的办法，如图 4.30 所示(安装边上共有 60 个螺栓，其中有 18 个为精密螺栓)。

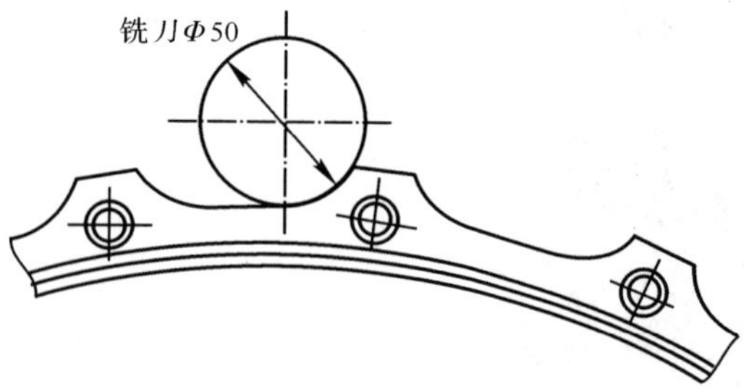

图 4.29　安装边的结构

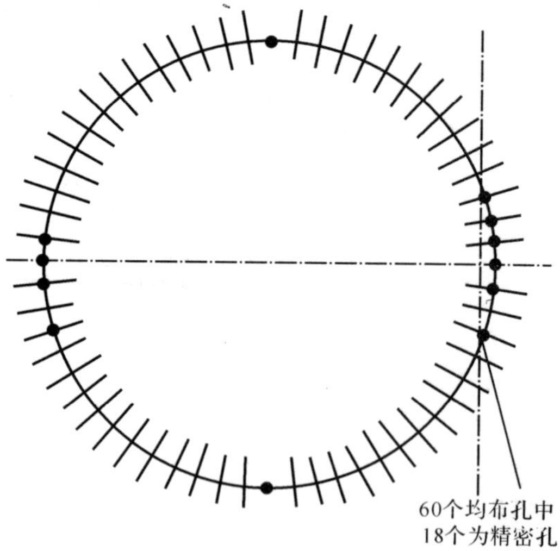

图 4.30　WP6 发动机是第 1 级导向器前安装边上螺栓孔分布图

2. 尽量减小涡轮的径向间隙

涡轮气流通道的叶尖间隙对于涡轮效率有很大的影响。由于“热”的影响，确定合理的间隙值，除了必须考虑长期工作时轮盘与叶片的蠕变伸长、机匣的收缩变形、转子的振动和偏摆等因素外，还必须考虑到机匣与转子的热惯性不同，即随着发动机工作状态的改变，它们的工作间隙将产生很大的变化，严重地影响了涡轮效率与可靠性。图 4.31 所示为涡轮气流通道中叶尖间隙变化的示意图。设冷态的装配间隙为 Δ_1；起动时，薄壁涡轮机匣的热惯性较小，受热后温度升高比轮盘快，因而膨胀也快，叶尖间隙增大为 Δ_2；随着转子转速增高，工作叶片和盘都得到加热，再加离心力的影响，使正常工作时叶尖间隙减小为 Δ_3；当发动机停车时，热惯性较小的机匣冷却得比转子快，因此叶尖间隙减小，这时的叶尖间隙 Δ_4 为最小。由此可知，涡轮冷态的装配间隙根据发动机停车时机匣与转子叶片不得相碰的条件（$\Delta_4 \geqslant 0$）来决定的，一般取冷间隙 Δ_1 不小于（0.003～0.004）D/mm。

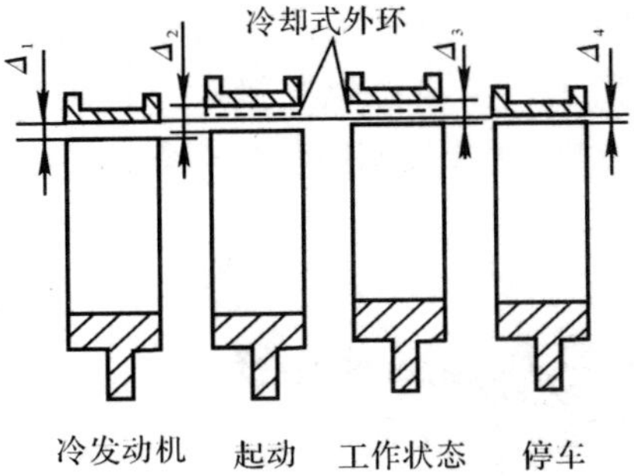

机匣形式	间隙/mm			
	Δ_1	Δ_2	Δ_3	Δ_4
无冷却式机匣	2	7	5	6
冷却式机匣	2	3.2	1.2	0

图 4.31　涡轮气流通道中叶尖间隙变化示意图

减小涡轮叶尖的径向间隙，实质上是指停车时不允许出现机匣与叶片相碰的条件下，要求在其他各种状态，尤其在巡航工作状态下，叶尖间隙尽量地减小，通常采取的措施为：

（1）尽量减小机匣在各种状态下的变形量。最有效的办法是采用冷却式机匣。一方面通过减小机匣在各种状态下的变形量，来减小涡轮气流通道中的叶尖间隙值；另一方面改善机匣工作条件，防止翘曲变形及裂纹等故障。图 4.31 右表中的数据表示了无冷却式机匣与冷却式机匣的叶尖间隙值。由这些数据看出，在工作状态时，冷却式机匣的间隙（$\Delta_3 = 1.2$）比无冷却式的间隙（$\Delta_3 = 5$）小得多。

图 4.32 所示为 АИ20 发动机涡轮机匣的外部冷却式方案。涡轮机匣的外面装有薄钢板制成的外套（或称环形收集器），利用飞行中外界大气的速度头，通过进口 a 流入空气收集器内，并经过内壁上许多沿周向均匀分布的孔口去冷却涡轮机匣外表面，然后冷却喷管并排入大气。这种冷却方式构造简单、加工方便、重量较轻，但冷却效果差。由于机匣内表面直接与燃气接触，因此在安装边上形成较大温差和产生较大热应力。

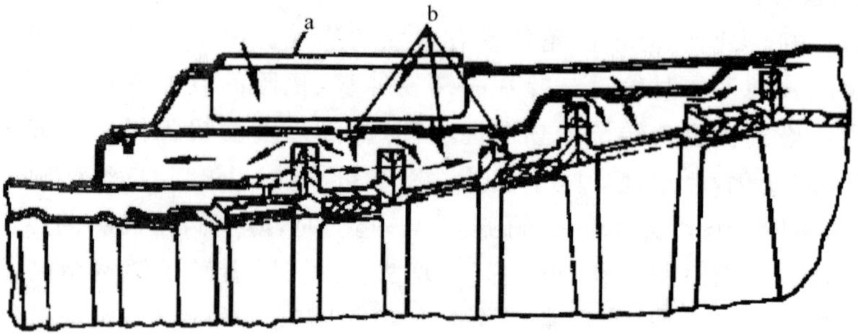

图 4.32　АИ20 发动机涡轮机匣的外部冷却

图 4.33 所示为 WP7 发动机的内部冷却式方案。机匣内表面装有与第 2 级导向叶片做成一体的外叶冠，利用螺钉固定在机匣上，叶冠与机匣之间形成夹层（称为双层机匣），将燃烧室的二股气流引入此夹层中进行冷却与隔热，使机匣内表面不再与高温燃气接触。这种机匣不仅可以减小热应力与热腐蚀，而且由于减少了对机匣的传热，使叶尖间隙值比较稳定。

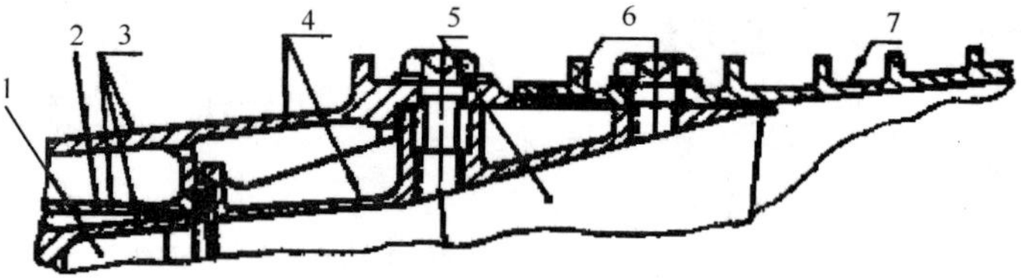

图 4.33　WP7 发动机涡轮机匣的内部冷却

1—1 级导向叶片；2—导向器壳体；3—三层壁；4—双层壁；
5—2 级导向叶片；6—涡轮机匣；7—单层壁

选用线膨胀系数较小的材料制作涡轮机匣，也是减小机匣变形量的重要措施之一。

(2)在机匣内表面采用易磨的封严材料与结构是减小叶尖间隙的有效方法。图 4.34 所示为在涡轮机匣中嵌入一种柔软的封严块。这种封严块可保证当转子叶片与机匣的间隙减小到零相碰触时，仍能安全工作而不致于损坏叶片。嵌入块可以用石墨、镍、铁等粉末混合物压制烧结而成。

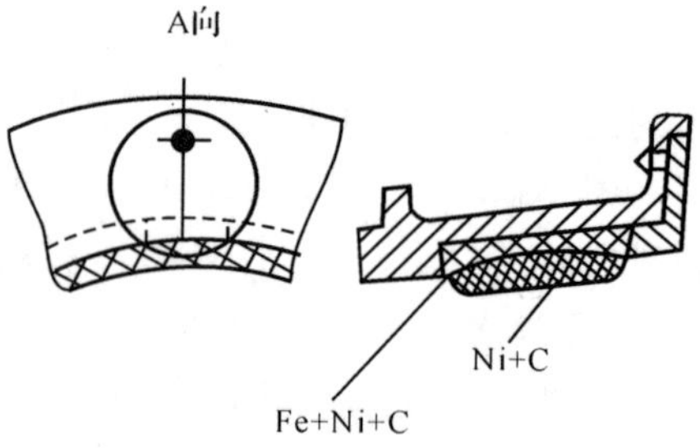

图 4.34　涡轮机匣中的嵌入块

图 4.35 所示为易磨封严装置。它是利用不锈钢薄片钎焊而成的蜂窝形封严装置，由于这种装置具有蜂窝薄

壁，即使转子与静子刮到一点也不要紧，因为它们之间的接触表面只有普通封严装置的 1/10，所以允许无间隙装配，运转后的间隙值约为 0.2 mm。此外，这种装置还有一个突出的优点就是漏气量对间隙的变化不敏感，这对叶尖径向间隙不够均匀或变化较大的结构来说显得格外重要。由图中曲线可以看出，蜂窝封严的漏气量随径向间隙的变化曲线（实线）明显地比普通封严的（虚线）平缓。这意味着在图示实用的径向间隙范围内，蜂窝封严的漏气量较普通封严装置小得多。目前，随着涡轮前温度的提高，在有些发动机中，例如在 CF6 发动机的高压涡轮蜂窝结构中充填镍、铝混合物做成的具有微孔的材料，以提高其在小间隙时的封严效果。

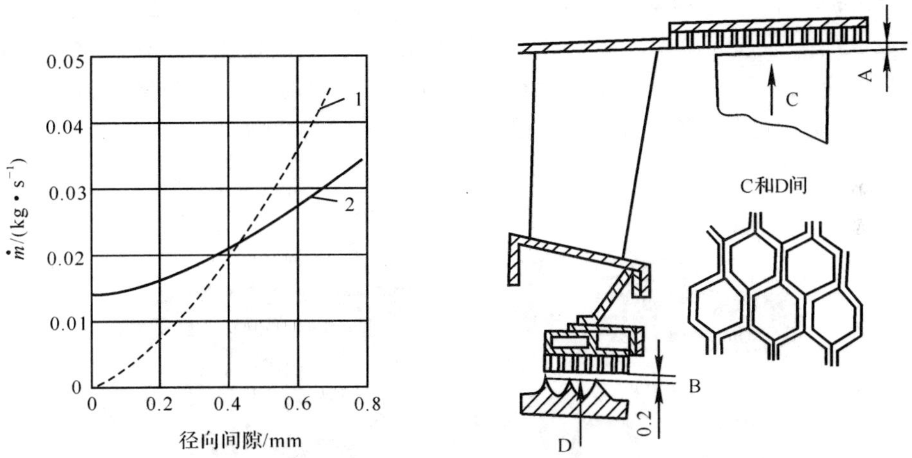

图 4.35　涡轮中蜂窝密封的简图(左面曲线为漏气量随径向间隙的变化)

1—蜂窝密封圈；2—普通密封圈

(3)采用主动间隙控制技术，使叶尖间隙值尽量处于最佳状态下工作。

前述利用机匣变形量来实现减小叶尖工作间隙的措施并不是由人为控制得到的，而是在发动机工作过程中，任其自然地进行变化，因此这种不随发动机工作状态进行调节的、防止叶尖间隙变化过大的措施，称为被动间隙控制技术，又称为自主式间隙控制。

为了改善发动机的经济性，压气机的增压比愈来愈高。目前大型民用涡扇发动机的总增压比已高达 35 左右，使高压压气机末级叶片与高压涡轮的叶片越来越短，有的已缩短到 20～30 mm。叶尖相对间隙变大，加上发动机工作状态的改变使叶尖间隙产生较大的变化，为此要求在发动机工作过程中，能够根据需要主动调整间隙，使叶尖间隙始终处于最佳状态，这种措施称为主动间隙控制技术。

主动间隙控制技术有两种调节方式。一是闭式回路，即感受间隙、调节间隙。但是目前在感受间隙方面存在着一些技术问题，难以实现。另一个是开式回路，即间隙按照预先给定的程序（如随工作状态或飞行状态变化）进行调节。调节的精度取决于预先给定的指令与具体结构措施。对于远航程民用发动机，巡航时燃油消耗约占总燃油消耗量的 90%，故在此状态下采用主动间隙控制技术收益尤为明显。

目前，主动间隙控制装置可以分为两大类：一类是气动式，另一类是机械式。

图 4.36 所示为 JT9D－70/59 发动机高压涡轮采用的一种气动式管道冷却结构，通过环绕在机匣外面的几根导管向机匣喷射冷却空气，以控制机匣的涨缩。开始使用时导管为圆形截面，喷射孔的排数较少，5 根导管上有 8 排孔，后来改用矩形截面的导管和多排孔(17 排)，并将冷空气喷向机匣上较为广泛的区域，从而使冷却空气量减少，冷却效果提高，巡航耗油率降低。该系统按飞行高度实行程序控制：飞行高度达到 7 010 m(巡航高度)时，冷却空气总管打开；飞行高度降低到 6 400 m 以下时，冷却空气总管关闭。可以看出，这种气动冷却的主动控制技术会造成压缩空气的流失。在设计这种机匣的结构时，要使受控机匣的动作准确，就必须注意到机匣受空气冷却的热惯性要小，动作才能灵敏；而对高温燃气变化的影响，却要求其热惯性大，反应迟缓，这对矛盾在采用主动控制技术时，必须处理好。

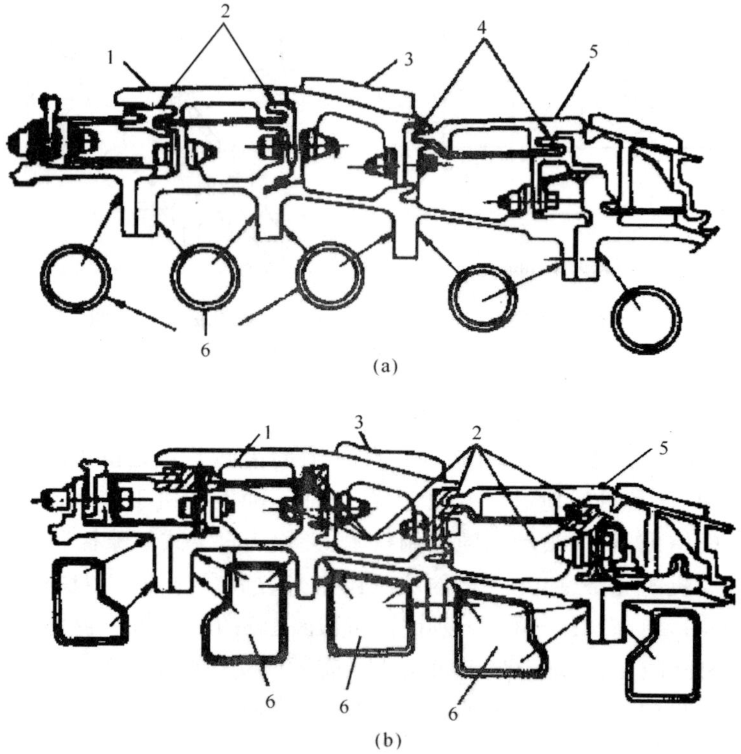

图 4.36　JT9D－70/59 发动机高压涡轮的管道冷却结构

(a)原始结构；(b)改进后结构

1—1 级涡轮外环；2—外环座；3—2 级导向叶片；

4—外环座；5—2 级外环；6—冷却空气导管

图 4.37 所示为 RB211 发动机发展型上采用的一种机械式主动间隙控制装置。其特点是利用通道外壁的扩散形，通过一个摇臂使动叶外环做轴向移动，以调整叶尖间隙。

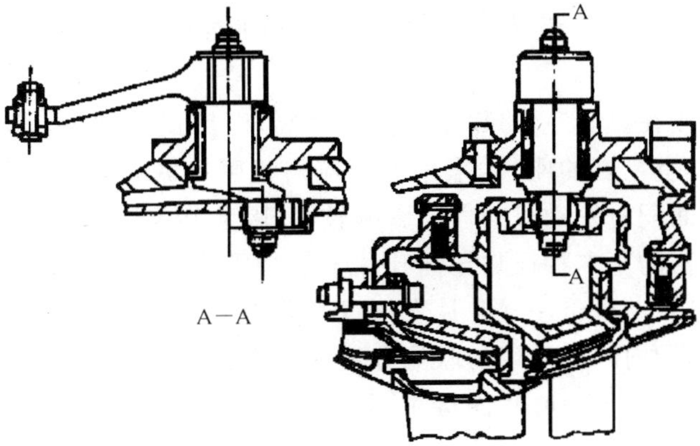

图 4.37　RB211 发动机可移动式叶尖间隙控制环

二、涡轮导向器

涡轮导向器是由内、外环和一组导向叶片组成的环形静止叶栅。燃气通过导向叶片的收敛形通道时，速度增加，压力及温度下降，气流方向也有改变。因此，导向器的功用是使气流的部分热能转变成动能，并以一定的方向流出，推动工作轮做功。虽然它是静止件，但工作条件却十分恶劣。导向叶片除受有较大的气动力与不稳定的脉动负荷外，还处于高温燃气的包围之中，温度高，冷热变化大，温度不均匀情况很严重，尤其对于第 1 级导向叶片，起动-停车引起的热冲击和热疲劳现象往往成为导向叶片的主要故障之一。由于叶片前后缘较薄，热惯性较小，因而受热速度快，在导向叶片内产生很大的温度梯度，使前后缘产生很大热应力，反复作用就会出现热疲劳（低周疲劳）裂纹。针对这些工作条件的特点，对导向器的设计要求应该是：

（1）在高温工作时，导向器应具有足够的强度与刚性，以保证导向叶片的工作型面、安装角、叶栅间距、排气面积等参数能符合设计要求和可靠工作。

（2）减小导向器中的热应力。例如采取措施允许高温零件（特别是导向叶片）自由膨胀。

（3）导向叶片不作承力件，如果内外环间需要传力时，通常要设置专用承力件。

（4）导向叶片做成单个的或两三个叶片做成一组，这样便于装配、定位和公差控制，损坏的叶片也易更换。

导向器组合件同祥也应该结构简单可靠，装拆方便，重量轻，并满足工艺性、经济性的要求。

根据导向叶片的工作特点，导向叶片的材料一律采用高温合金。由于这类材料价格昂贵，因此应按不同的工作温度选用不同的材料。此外，这类材料的材质很硬，金属切削加工困难，一般采用精密铸造,做成实心的或空心的叶片。实心叶片铸造方便,但因叶型厚薄不均,受热速度不同,叶片内热应力较大。空心叶片叶型部分壁厚明显减小,并趋于均匀,中间还可以通冷却空气,这样,降低了叶片的工作温度,减小了热应力,但空心叶片的精铸工艺较为复杂。

在结构设计方面,由于第1级导向器与第2级以后的导向器各具特点,所以分别予以分析。

1. 第1级导向器

第1级导向器紧接在燃烧室出口,工作温度最高,温度最不均匀,通常都采用有效的冷却措施,为了保证叶片具有足够的刚性,采用了两端与机匣相联(即双支点)的结构。此外,第1级涡轮导向器的排气面积对发动机的性能影响较大,因此要求较严,结构上通常允许调整。

第1级涡轮导向器的基本特征是导向叶片不作为承力构件,并保证自由的热胀冷缩。为了加强冷却,许多先进发动机将一导叶片直接置于燃烧室二股气流的包围中。

为了减小热应力,导向叶片采用的联接方案通常有两端自由支承,一端固定、另一端自由支承,以及由两片或更多片导向叶片固接在一起的叶片组(见图4.38)。

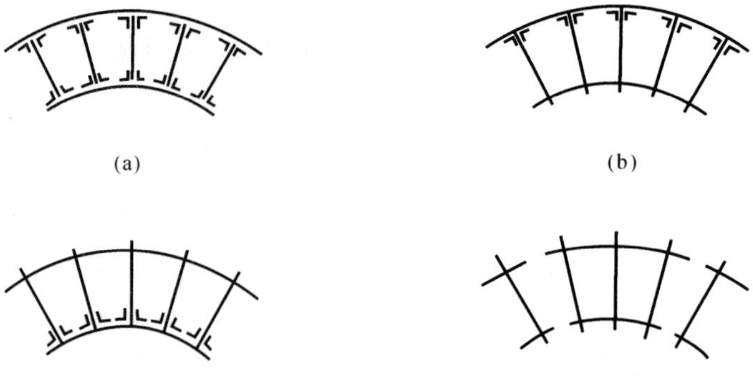

(a) (b)

(c) (d)

图4.38 第1级涡轮导向叶片固定形式

(a)两端铰支;(b)内端固定,外端铰支;

(c)外端固定,内端铰支;(d)叶片组

WP6发动机的第1级涡轮导向器如图4.39所示。导向叶片是空心的,两端自由插在内外枕垫形成的型孔中,径向留有间隙,叶片受热后能自由膨胀。为了传递涡轮前支点的负荷,在叶片内腔穿过拉杆、衬筒将内外机匣联成一体。显然,拉杆承受径向拉力,是主要承力件;衬筒受压,主要保证内外机匣的同心度,起定距作用。这种结构比较紧凑,但是叶片的相对厚度增加,叶片数目减少,涡轮效率降低,因此不宜在小流量发动机中应用。同时,由于拉杆衬筒的装配应力在工作状态下会发生变化,各个拉杆、衬筒的内应力随周向位置的不同而不同,使它们的联接刚性与可靠性(衬套受压失稳)受到影响,所以这种结构通常适用于中等流量的发动机。

WP7发动机第1级导向器的结构(见图4.40)与WP6发动机的相似。它们的主要区别表现在:一是用实心承力幅条代替承力拉杆与衬筒。这样既避免拉杆、衬筒装配应力带来的影响，又增加辐条的数目与截面积，从而提高了它的承载能力，同时又提高幅条与机匣间的联接刚性，改善了装配质量。二是在叶片排气面积的调整上，WP6 发动机是通过交换不同弦长的叶片，WP7 发动机则是通过改变叶片的排气角度，所以它将叶片与内外枕垫做成一体。为了使高低压转子的转速差控制在规定的范围内，对排气面积要求较严，第 1 级导向器排气面积公差的相对值为 0.447%（WP6 发动机为 0.91%）。调整方法是选配在第 1 级导向器壳体上特型孔内的偏心衬块，使叶片绕幅条轴线旋转，从而改变叶片后缘的角度，使排气面积改变。

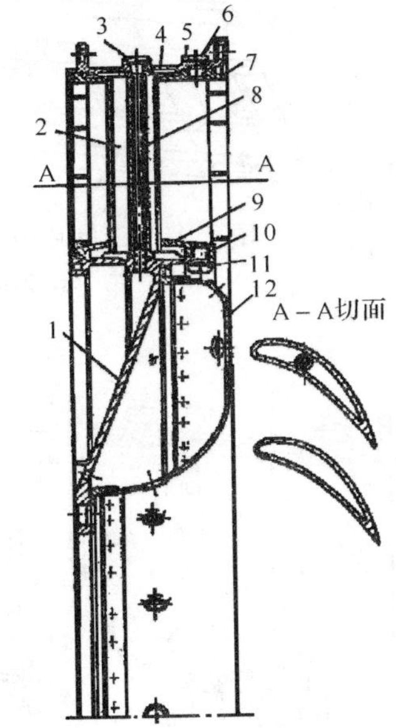

图 4.39　WP6 第 1 级涡轮导向器

1—内支承环；2—导向叶片；3—接紧螺杆；4——级导向器外环；5—锁片；6—螺钉；7—外枕垫；8—定距离衬筒；9—内枕垫；10—螺钉；11—锁片；12—隔热屏

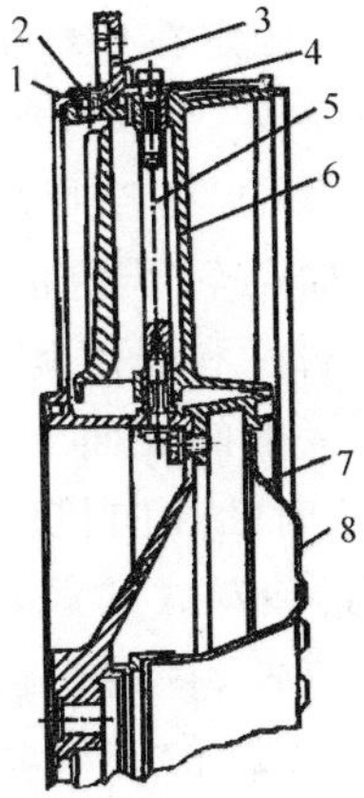

图 4.40　WP7 发动机第 1 级导向器

1—偏心衬块；2—螺钉；3—导向器壳体；4—拉紧螺杆；5—幅条；6—导向叶片；7—内支承

图 4.41 所示为斯贝发动机高压 1 级涡轮导向叶片。它是由 3 片叶片利用真空电子束焊成的叶片组。在焊接前，可以通过改变单叶叶型安装角来调整排气面积。这种叶片组共有 20 组，构成第 1 级涡轮导向器的环形通道。显然，这种结构具有良好的刚性。

2. 第 2 级及其以后各级导向器

第 2 级及其以后各级导向器都是位于两级工作轮之间，因此在结构设计时，应考虑它的特殊性：

(1)叶片的传力问题。由于这类导向器只能是一个外端固装的悬臂结构，作用在导向器上的负荷只能通过叶片外端传到外环上去，因此叶片与外环的联接需要特别加强。由于叶片较长，刚性问题较为突出。在叶片内端装上内环，既构成气流通道内壁，又能提高叶片的刚性。

(2)导向器内环与转子的封严问题。由于气流通过导向器时压力降较大，在导向器内环与转子间必须设置可靠的封严。封严装置要通过导向叶片在涡轮外环定中心，保证与转子具有良好的同心度、并允许叶片能自由膨胀。

(3)装配问题。为了便于拆装，设计导向器时，应考虑到转子的结构特点。

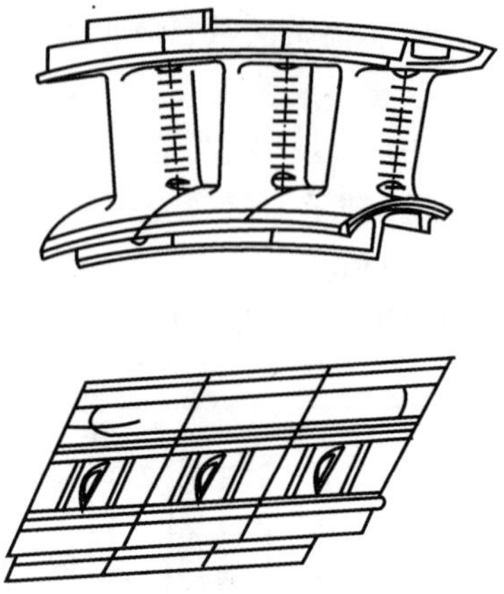

图 4.41　三叶片组(高压第 1 级导向叶片)

一般来说，导向叶片几乎都做成可拆式的。图 4.42所示为 WP6 发动机的第 2 级导向器。导向叶片外端带有长叶冠，并借两个螺钉将叶片固定在外环上，叶片内端带有内叶冠，由各叶片的内叶冠围绕成一圆环，形成气流通道内壁。为了保证叶片受热后自由膨胀，在各叶片内、外冠之间留有周向间隙。内叶冠的内表面与转子上的篦齿环构成封严装置。这种导向器的刚性和强度均较好，装拆方便。由于在外叶冠与机匣接触的表面上制有凹槽与 0.5 mm 深的小槽，减少了导向叶片向机匣的传热，同时，可以通冷却空气构成内部冷却式的涡轮外环。但是这种导向器零件加工不大方便，特别在耐热合金上加工螺纹孔比较困难，并且高温处的螺纹联接容易产生胶着剥伤现象。为此给螺纹表面镀铜，装配时，在螺纹部分还涂有特种油膏，或者使螺钉和联接零件采用两种不同的材料制成(例如分别用耐热钢和耐热合金制成)。此外，这种导向器的机匣开孔较多、削弱强度，并且各叶冠间留有周向间隙，使封严效果变差。

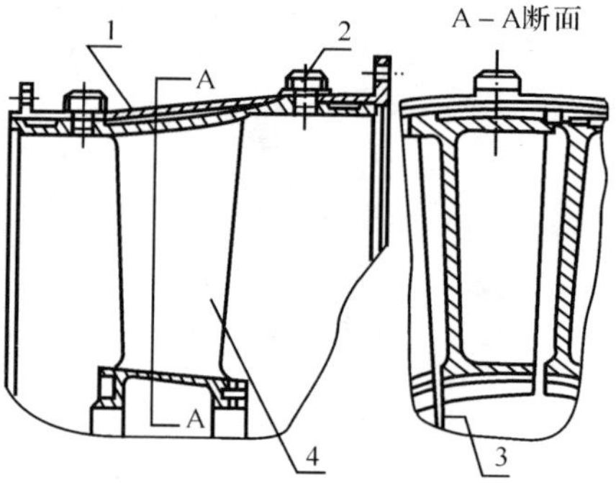

图 4.42　WP6 发动机第 2 级涡轮导向器

1—涡轮外环；2—固定螺钉；3—切向间隙；4—导向叶片

WP7 发动机的第 2 级导向叶片与 WP6 发动机的大同小异，主要表现在叶片加长，因此，在它的内端铸出圆柱轴颈，并加装结合环，以提高第 2 级导向器的结构刚性，保证了篦齿封严圆柱表面较准确的几何形状。为了保证通道的气密性，防止燃气和冷却空气的窜漏，在导向叶片的内外叶冠之间嵌有石棉封严圈。

JT3D 发动机涡轮的第 2、第 3 和第 4 级导向器采用了挂钩式结构，由导向叶片与整体式的导向器内支承组成。它们的导向叶片具有内、外缘板(参见图 4.43)，外缘板借铣有缺口的前凸边插入涡轮机匣上带有销钉的环槽中，使导向叶片悬钩在机匣上，环槽中的销钉恰好卡在导向叶片前凸边的缺口处，起周向定位作用。它的后凸边嵌入涡轮机匣相应的环槽中以限制其轴间活动(第 4 级导向叶片由第 4 级涡轮外封气环限制其轴向活动)。导向叶片内缘板也带有前后凸边，并且在中间又有一凸齿。前后凸边用于限制内支承的轴向活动，中间的凸齿用于嵌入内支承外缘的齿槽中，不仅使内支承获得周向定位，而且由于凸齿与齿槽间存在径向间隙，因此，可使内支承获得热定心，叶片能够自由膨胀，从而使固定在内支承上的封严圈获得良好的同心度。这种挂钩式导向器的结构具有如下优点：

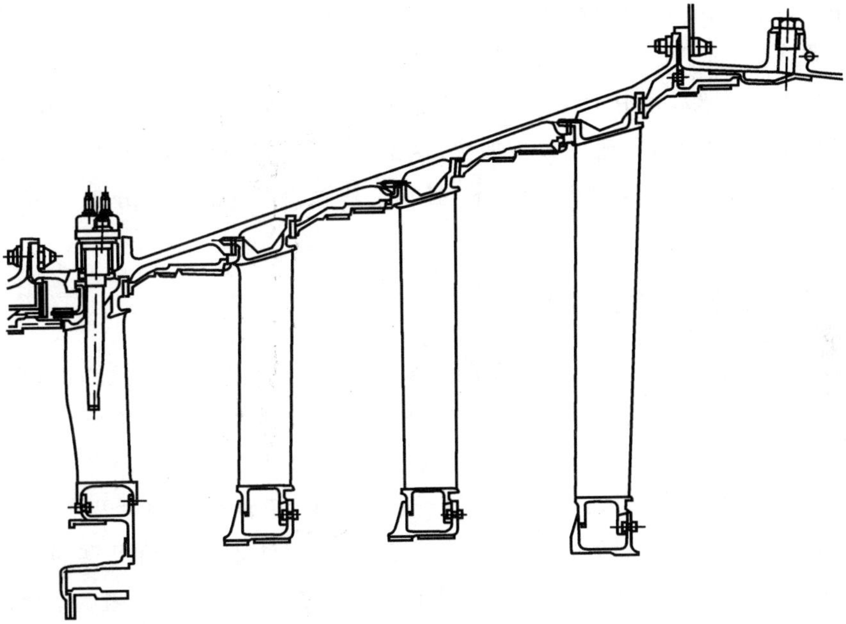

图 4.43　挂钩式低压涡轮导向器

(1)涡轮机匣既避免了开孔，又得到固定叶片用的环槽座的加强，这对涡轮机匣的强度、刚性均有利，同时省掉了紧固件，装拆方便，又可减轻重量。

(2)导向叶片的固定可靠。由于气流的轴向力是向后的，促使导向叶片压紧在环槽内。

(3)导向叶片外缘板与涡轮机匣之间具有较大间隙，它与涡轮封严环一起与涡轮机匣形成双层壁结构。

(4)导向叶片内端有内支承，从而提高了叶片的抗振刚性，减少了漏气损失，又保证了叶片的自由膨胀。

(5)利用机匣的扩散形结构，很好地解决了多级低压涡轮的装配和拆卸问题，改善了工艺性和维修性。

由于导向器内支承是整体式，因此，这种结构只适合于整级导向器的装拆，对于个别导向叶片的更换稍有不便。此外，过长的导向叶片可能使挂钩处的环槽受力较大而出现开裂。但是，这种挂钩式结构的优点是突出的，因此，在现代涡扇发动机的低压涡轮中，已得到广泛应用。

4.4 涡轮部件的冷却

涡轮是发动机中热负荷和动力负荷最大的部件。采用有效的冷却措施是发动机安全可靠工作的有力保证，也是降低高温材料成本的有效措施。近年来，涡轮进口燃气温度的逐年提高是和涡轮的有效冷却，特别是叶片内部空气冷却技术的迅速提高分不开的。据统计，涡轮前温度平均每年升高大约25℃，其中15℃左右是依靠冷却技术的进步取得的。采用冷却叶片后，燃气温度的提高出现了跳跃，且速度大为加快，这不仅由于高温材料性能的改进，更重要的是冷却技术的提高。为了研究有效的冷却技术，必须了解涡轮零件的温度分布与热应力，以及它们与冷却措施间的关系。

一、典型零件的温度分布与热应为

涡轮零件的工作温度及其分布是确定零件热应力大小、高温零件危险断面位置和安全因数、高温材料选用等的重要依据。有效的冷却技术可以降低零件的工作温度，而且能获得合理的温度分布。

了解零件温度有两种方法，即计算法和试验法。由于各截面燃气温度及流速不均匀，材料热传导系数不准确以及影响传热的各因素比较复杂，使计算法不能得出可靠的结果。而实地测量发动机工作状态下各零件的温度，在技术方面也还存在着很大困难，测量结果误差较大。

在发动机设计时，通常采用的零件温度及其分布都是在一定简化的基础上作出的。它们主要取决于燃气温度、材料的物理性能（如导热性）及零件的冷却条件等。

1. 转子叶片的温度分布

不冷却的转子叶片靠热传导将热量传至涡轮盘。高温耐热材料的导热性很差，因此可以认为沿大部分叶高，温度都是不变的，只有从距叶根1/3处开始，温度才向叶根方向按立方规律下降（见图4.44）。这主要与叶片导热系数很低（$\lambda=24.45\sim32.6$ W/(m·℃)）有关。叶片根部截面的温度与轮盘的冷却方式有关。应该指出，上述温度分布是在燃气温度沿径向不变的条件下获得的。

图4.45表示了实际发动机中燃气温度与叶片工作温度沿叶高的分布规律。可以看出，叶片两端温度较低，它的最大值约在叶片中部，这是根据涡轮工作叶片的要求，合理设计燃烧室并经过试验调整得到的。在叶根处应力最大，希望温度低些。在叶尖处叶型较薄，也希望温度低些，以提高叶尖部分的疲劳强度。

图4.46给出了康维涡扇发动机气冷空心转子叶片的温度、应力、寿命的关系。图中的应力是离心拉伸应力，叶根附近应力较大，而温度分布是叶身中部最高，因此，蠕变寿命最短的断

面通常在叶根稍向外一些的部位。由于采用空气冷却，叶片的温度(特别是较薄的叶尖温度)有明显的降低。

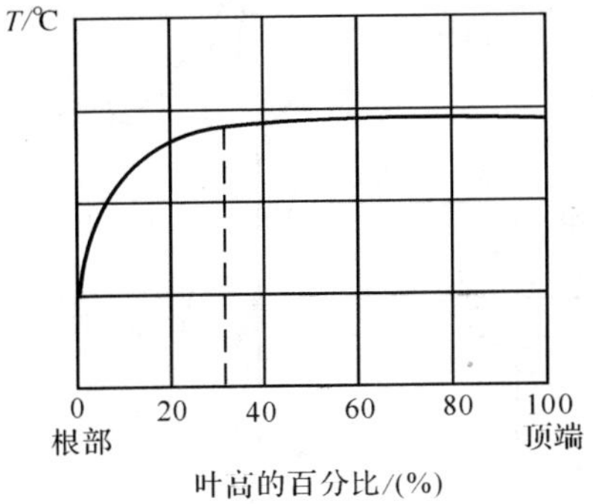

图 4.44　沿叶片高度的温度变化

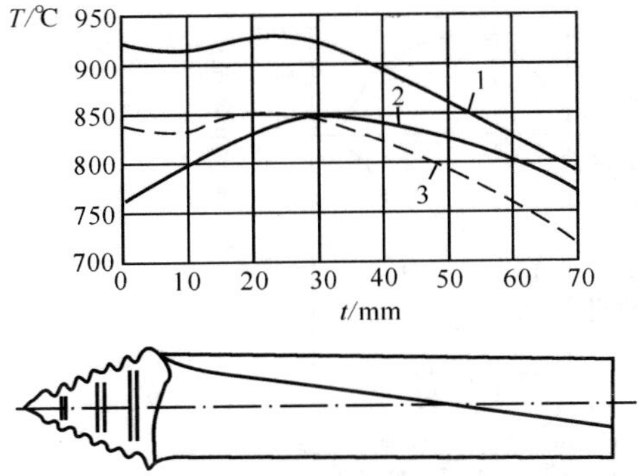

图 4.45　某型发动机涡轮转子叶片沿叶高的温度变化

1—导向器前的燃气平均温度；

2—由测量硬度求得的叶片前缘温度；

3—用计算导向器的温度求得的叶片前缘燃气温度

上述现象是在某一工作状态下(稳态)，叶片截面上的平均温度沿叶高的分布情况。实际上，不仅在发动机起动—停车的过程中各个截面的温度是变化的，而且在同一时刻，各截面上的温度分布也是不均匀的。

图 4.47 所示为一涡轮转子叶片在起动—运行—停车过程中温度及应力的变化情况。起动和加载时，叶片的温度随燃气温度不断升高，其外表面由于和燃气接触而温升快，中心部分则慢，即表面温度高于中心温度，使叶片产生中心受拉，表面受压的热应力，显然，表面的热应力与叶片的离心拉伸应力抵消一部分，而中心部分的热应力与离心拉伸应力一致，加大了应力，从而形成图示的应力变化。当加载完毕，燃气温度稳定不变后，叶片表面与中心部分温度逐渐趋于一致，热应力随之逐渐消失。在减载和停车时，温度与应力的变化规律恰好与加载时的相反。显然，这种热应力大小是与发动机的加速性有关。根据操作规程，发动机在起动后与停车前要在较低功率状态稳定运行几分钟，使部件温度趋于均匀，以免形成过大的热应力。由于起动—停车过程形成的热应力是一种交变的应力循环，它的多次作用会引起热疲劳(低周疲劳)现象，尤其在叶片的前、后缘处，热惯性较小，容易产生裂纹。涡轮叶片温度分布不均匀的情况还存在于叶片的前缘与排气边之间，特别是起动和停车时温度梯度大。

2. *涡轮盘及叶片榫头的温度分布*

燃气中的热量由转子叶片经过榫头传至涡轮盘，因此，轮盘边缘温度很高，中心温度较低。表 4.4 列举了一些实例。可见，涡轮盘存在着较大的热应力。

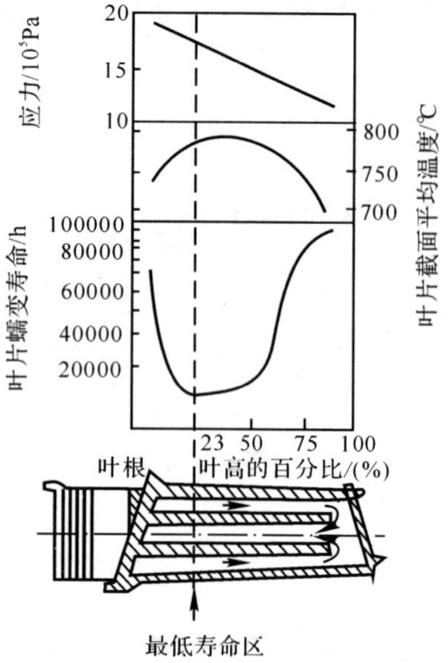

图 4.46　涡轮转子叶片的温度应力和寿命

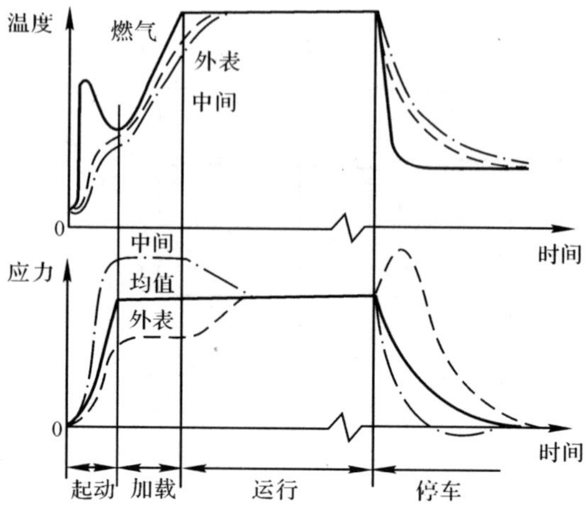

图 4.47　涡轮转子叶片的温度、应力随时间的变化

表 4.4　轮盘的温度

型别	级别	轮缘温度 ℃	轮心温度 ℃	温差 ℃	型别	级别	轮缘温度 ℃	轮心温度 ℃	温差 ℃
WP5	Ⅰ	500	150	350	WP7	Ⅰ	600	300	300
						Ⅱ	500	300	200
WP6	Ⅰ	530	380	150	WP8	Ⅰ	550	300	250
	Ⅱ	525	388	137		Ⅱ	473	300	173

由计算和试验得知，当燃气温度等于 820～900℃时，采用径向吹风冷却的轮盘，轮缘温度约为 500～650℃，轮心温度约为 200～400℃，温度随半径的变化大致按二次抛物线规律，如图 4.48所示。

轮缘处的温度 $t_{缘}$ 可由叶片根部截面的温度 $t_{根}$ 和榫头中的温降 Δt 决定，即

$$t_{缘} = t_{根} - \Delta t$$

温降 Δt 的大小由榫头的结构形式、材料的导热系数，以及榫头是否进行冷却来决定。

由图 4.49 可知，根据实际测量，枞树形榫头在径向吹风冷却的情况下，榫头中的温降 Δt 约为 150 ～ 200℃。

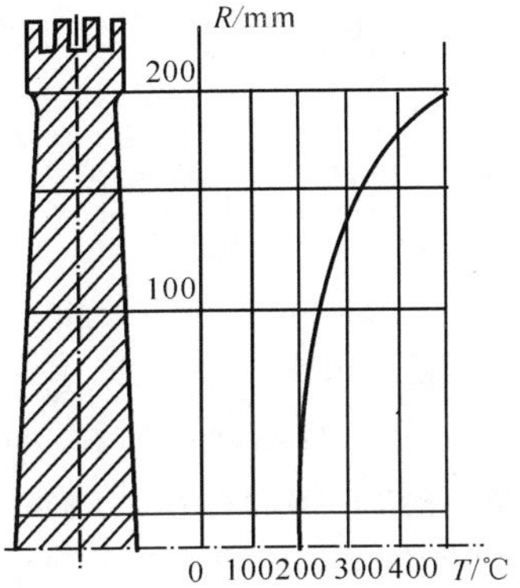

图 4.48　涡轮盘内沿半径的温度变化

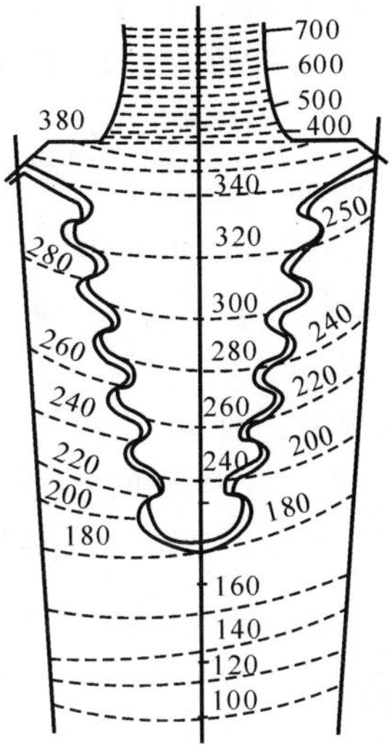

图 4.49　涡轮枞树形榫头区域中的温度分布

二、涡轮部件的冷却

涡轮部件冷却的目的：

(1)提高涡轮前燃气温度，以提高发动机的性能。

(2)在涡轮前燃气温度给定的条件下，降低零件工作温度到允许的范围内，以保证这些零件具有必要的机械强度。

(3)使零件内温度分布均匀，以减小热应力。

(4)提高零件工作表面的耐蚀性，如果将零件与燃气流隔开，可以避免对零件工作表面的浸蚀。

(5)有可能采用廉价的耐热材料。

下面对涡轮部件的冷却系统、涡轮盘与叶片的冷却方式分别进行分析。

1. 涡轮部件的空气冷却系统

整个涡轮部件是一个高温部件。由于各个零件的结构形状、工作条件不同，它们的冷却方式也各不相同。除了轴承部分采用滑油作冷却介质外，其余都采用空气作为冷却介质。在设计冷却系统时，应该考虑到下列因素：

(1)对于所引用的冷却空气，要考虑冷却空气的压力、流量、温度和清洁，以保证冷却的有效性。冷却的有效性是指发动机的综合性能获得较大的增益。采用冷却，可以提高涡轮前燃气温度和降低成本，但是，冷却空气的引用却又使压缩空气流失，致使发动机性能降低，所以冷却的有效性表示了它们间的相对关系。

(2)对发动机主流道的流动影响应尽可能小,以免引起额外的气动损失。此处,不仅包括叶片内安排空气流道而使叶片相对厚度增加带来的损失,而且还包括引用与排放冷却空气时对主流道的影响。

(3)力求构造简单,工作可靠。值得指出的是,冷却系统具有网络的特点,在可靠性方面则要注意到局部构件的损坏可能危及其他构件的正常工作。

(4)转子轴向力的调整。如果冷却空气容腔的侧壁为转子的表面,可以通过空气压力与容腔侧壁面积的大小来调整转子的轴向力。

在 CFM56 发动机中,冷却涡轮的空气主要分 6 路:

1)在低压转子后中介机匣内壁上开孔,用一根引气管将空气引至风扇后轴承及高压压气机前轴承之间,进行封油后,气体沿轴向在低压轴和高压轴内引气套之间向后流动,穿过高压涡轮后轴上的孔,在高、低压涡轮轴承周围形成冷气包围圈,并防止油腔漏油,最后由排气夹腔排入尾锥进入大气(见图 4.50)。少量气流经低压轴内段隔热筒上的小孔,进入轴承最外隔热层,最后由弯成 90°的外排气管排入尾锥内。漏入油腔的少量气体,由低压涡轮轴承后的油气分离器内孔进入轴内套管,然后排入尾锥进入大气。

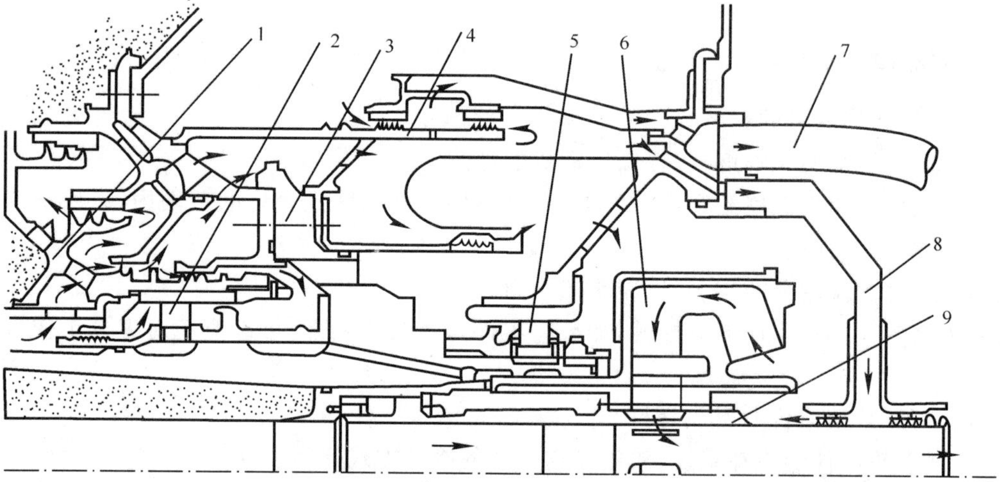

图 4.50　CFM56 涡轮后支点冷却流路

1—高压涡轮后轴;2—高压涡轮后中介轴承;3—低压涡轮后轴;4—隔热筒;
5—低压涡轮轴承;6—油气分离器;7—外排气管;8—排气夹腔;9—轴内套管

2)在高压压气机进口导流叶片前缘根部沿圆周开孔,引气至高压前轴承后侧,进行封油后,气体经高压压气机前轴上的引气孔进入高压转子内腔,对高压压气机的后几级盘进行冷却,然后穿过高压涡轮后轴及低压涡轮轴上的引气孔,进入低压涡轮轴后腔,冷却低压涡轮第三、四级盘。其中一部分气流,经盘鼓间联接螺栓处的槽,进入挡板与鼓间的通道,对轮缘进行重点冷却(见图 4.51)。这股气流最后大都流入主燃气流。少量由篦齿漏过的气流,和第一股气流的小部分混合,最后经弯成 90°的外排气管排入尾锥。

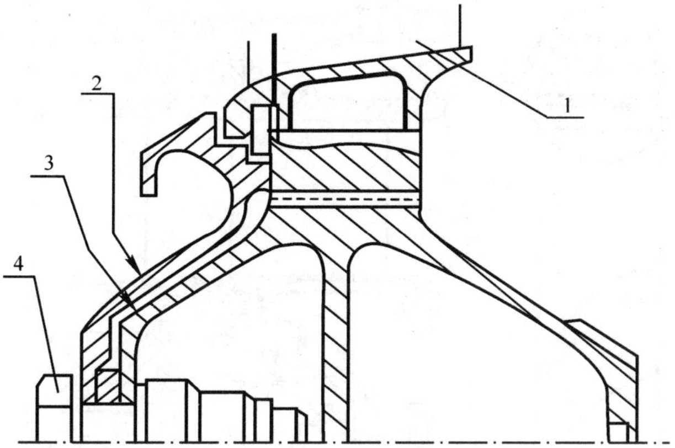

图 4.51　CFM56 涡轮低压涡轮盘的轮缘冷却

1—工作叶片;2—挡板;3—轮盘鼓筒;4—联接螺栓

3)从燃烧室后部中心引气口引来的二股气流,经过高压篦齿封严盘前的预旋喷嘴流过封严盘孔(见图 4.52),进入篦齿封严盘和高压盘间的空腔,然后顺着封严盘外缘到达盘缘,进入叶片中间叶根两侧,流入空心叶片内。冷却叶片后,从叶片的尖部、尾缘以及叶身上很多的气膜小孔进入主燃气流。进入叶片的冷却空气如带有杂质,将会堵塞叶片上的气膜小孔。冷却空气经预旋喷咀流过封严盘孔时,借离心力的作用,可分离气流中含有的杂质。试验证明它可分离气流中 85%的杂质。图 4.52 中放大Ⅰ图表示预旋喷嘴的结构。预旋喷嘴是一圈小型导向叶片,叶片间的通道呈收敛形。叶片后缘向轮盘旋转方向偏斜一个角度。角度的设计应保证进入篦齿封严盘孔的气流方向呈轴向,以减小气流的损失。此外,由于喷出的气流在预旋喷嘴中膨胀降温,使冷却气流的温度也得到一定的降低(据称可降低室温 40~60℃),因而大大改善了冷却效果。类似的措施在很多发动机(例如斯贝,RB211,P29—300 等)中得到应用。燃烧室的二股气流还从高压第 1 级导向器的上、下两端进入导向叶片内,对叶片进行冷却,然后由叶片前后缘的冷却孔排入燃气流中。

4)根据发动机不同工况的要求,从高压压气机的第 5 级和第 9 级分别引气,用导管输送至高压涡轮机匣外的集气室,对高压涡轮机匣进行主动间隙控制。

5)由高压压气机 5 级后引来的气对低压涡轮第 1 级导向器进行冷却。进入导向叶片的冷却气,一部分从叶片上的小孔排入燃气,另一部分向中心流入低压涡轮轴前腔,冷却高压涡轮后侧及低压 1,2 级盘。和低压 3,4 级盘一样,也有冷气通过挡板与盘鼓之间的缝隙对轮缘进行重点冷却,最后排入主燃气流。

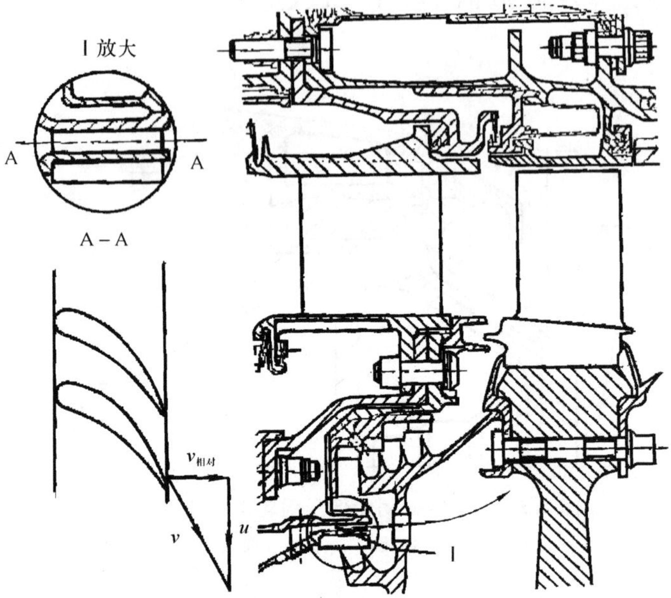

图 4.52　CFM56 高压涡轮工作叶片冷却气的引入

6)当外函气流流经低压涡轮外部的通道时，用一根引气管引入一股气流，然后流至环绕在低压涡轮机匣外的 6 根冷却管，管上开有很多小孔，空气从小孔中喷出，对低压涡轮机匣进行冷却，以减小径向间隙。

由于冷却气路多，CFM56 所用冷却气流量也较大，估计约占发动机总流量的 14％。为了节约冷却气流量，该机对引气过程中的封严十分注意，增加很多密封装置及密封片，这无疑会使发动机结构复杂，重量加大。

2. *涡轮盘的冷却*

要使冷却空气的冷却效果显著，除了合理地安排冷却系统以外，涡轮与叶片等关键零件的冷却设计是至关重要的。涡轮盘的受热主要来自燃气和转子叶片的热量，由轮缘传向轮毂。目前常用的冷却方式有两种：

(1)空气沿轮盘侧面径向吹风冷却。径向吹风冷却是降低轮盘温度的重要措施。它的流动方向可分为由里向外与由外向里两种。由里向外流动引起轮缘与轮毂之间的温差偏大，热应力较大。

图 4.53(a)表示了 WP7 发动机第一级涡轮盘的冷却流路简图，冷却空气沿盘的前端面，由里向外径向吹风，通过盘上小孔后，又沿后端面由外向里进行吹风，这样的涡轮盘虽然被冷

却空气所包围，但是，由于前后端面上的冷空气流动是串联着的，因此流路较长，使冷气产生较大温升，再加上轮盘甚厚，致使盘毂中心孔边前后端面间的温差加大，因此，产生很大热应力，容易形成前大后小的锥形永久变形。根据工厂测定，前端面的孔径有的较厚，尺寸增大 1.65 mm，而后端面的孔径增大较小，有的甚至反而缩小 0.12 mm。P29 发动机作了相应的改进，其冷却流路如图 4.54(b)所示。轮盘前后端面均采用由外向里的冷却流路，这样形成两股并联的流路，可以减小轮缘与轮毂之间以及盘孔前后端面之间的温差。

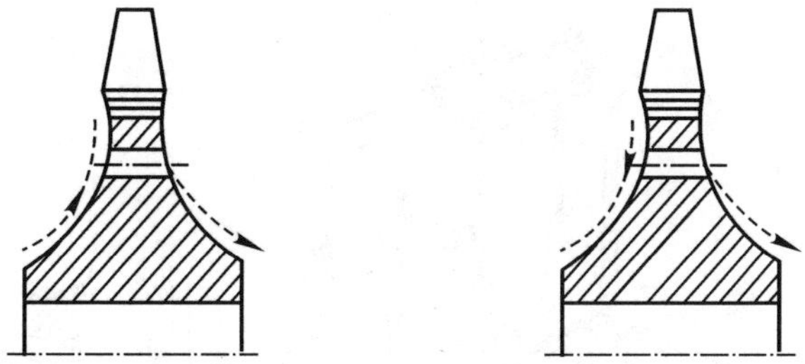

(a)　　(b)

图 4.53　WP7 与 P29 发动机涡轮盘冷却流路对照简图

(a)WP7；(b)P29

(2)空气吹过叶片根部或榫头的装配间隙。近代发动机常采用冷却转子叶片根部和榫头的方法来降低涡轮盘(特别是轮缘)的温度。由于冷却空气直接将叶片传来的热量带走，不仅降低了榫头和榫槽的温度，提高了材料的机械强度，而且减小了轮缘与盘心的温差，从而减小了轮盘的热应力。实验表明，在冷却空气量相同的情况下，采用榫头装配间隙吹风的涡轮盘，轮缘的温度比径向吹风的大约低 150℃。

3. 涡轮叶片的冷却

涡轮叶片是发动机冷却系统中最关键的零件之一。由于导向叶片、转子叶片工作条件与位置的不同，冷却空气的引入相应也有所不同。导向叶片冷却空气的引入较为方便，第 1 级导向叶片通常用燃烧室二股气流的空气来冷却，冷却空气可以由叶片一端或两端引入；第 2 级导向叶片的温度较低，如果需要冷却，冷却空气只能从顶部缘板处流入。涡轮转子叶片由于装在旋转的轮盘上，因此冷却空气的引入较为复杂。

发动机在不同工作状态下，对冷却空气的需要量是不同的。P29 发动机在最大与加力状态时冷却空气量为总空气流量的 7.71%；在巡航状态时，由于 T_3^* 降低约 200℃，所以冷却空气需要量降为 4.29%，为此设置了可调节流环，通过可转动的节流环，调节节气门，同时控制了冷却第 1,2 级导向器与第 1 级涡轮转子叶片的空气量。

目前，涡轮转子叶片冷却空气的引入，大都采用了预旋的方法，这样可以降低冷却空气的相对总温,提高冷却效果。图 4.54 所示为第 1 级涡轮冷却空气的引入结构。它利用预旋导流叶片将冷却空气折转,并加速到速度 c,在轮盘切线速度 u 的作用下,冷却空气以速度 W 射入叶根。显然,这种预旋得到的好处有:①由于速度 c 值的增加以及 W 值的降低,使进入叶根的气体相对总温降低,有的发动机约降低 40～60℃,相应地转子叶片温度可降低 20～30℃;②预旋后,空气正好顺着叶根榫槽的方向射入,减少了流动损失,使进入叶片的空气压力较高,保证冷却空气在叶片内畅流。

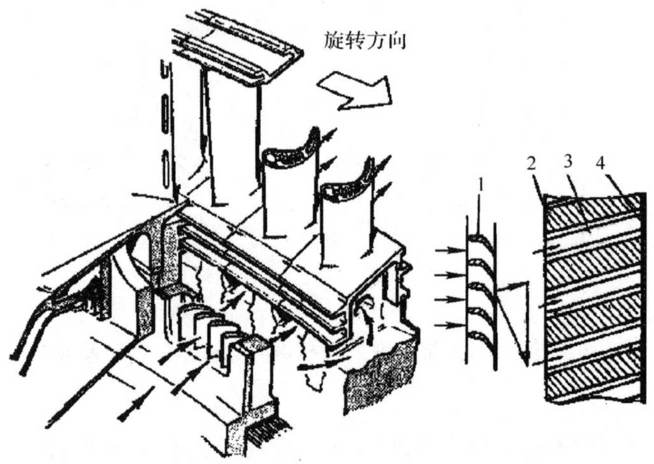

图 4.54　高压涡轮叶片冷却空气预旋系统

1—导流叶片; 2—中间叶根部分; 3—轮缘; 4—扇形板锁片

涡轮叶片本身的冷却可以按冷却空气在叶片内部的流动状况与流出方式的不同而加以区分,通常有下列几种不同方式:

(1)对流冷却。这是目前广泛采用的一种气冷方式。冷却空气从叶片内若干专门的通道流过,通过与壁面的热交换,将热量带走,从而使叶片温度降低,达到冷却的目的。目前冷却效果一般为 200～250℃。

冷却通道的断面可做成圆形、扁圆形和其他形状(见图 4.55),当通道截面的总面积不变(因而冷却空气量相同)时,周长愈长,冷却表面愈大,因而冷却效果愈好。

图 4.56 所示为 WP7 甲发动机第 1 级涡轮转子叶片。它是在 WP7 发动机的基础上改进的。为了提高发动机的性能,WP7 甲发动机的涡轮前燃气温度提高了 100℃(由 1 188 K 提高到 1 288 K)。第 1 级涡轮转子叶片采用高温合金 M17 精铸而成,顶部有叶冠,叶身有精铸出来的 9 个径向小圆孔,下缘板与榫头之间有一段伸根(中间叶根),冷却空气由伸根两侧小孔流入叶身内,进行对流冷却,可使叶根温度降低 140℃左右。

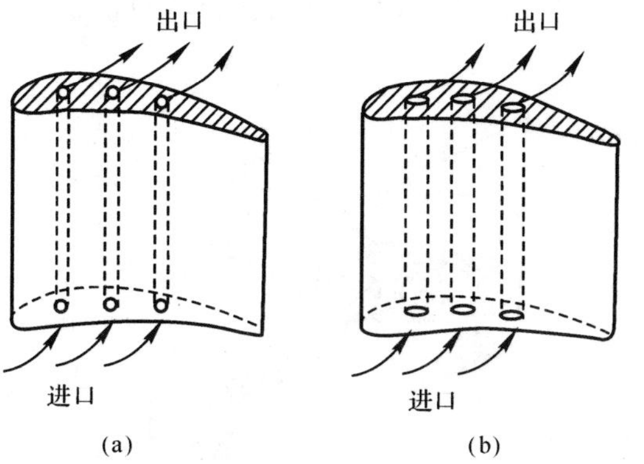

图 4.55　冷却叶片的流道形状

(a)圆孔形；(b)扁孔型

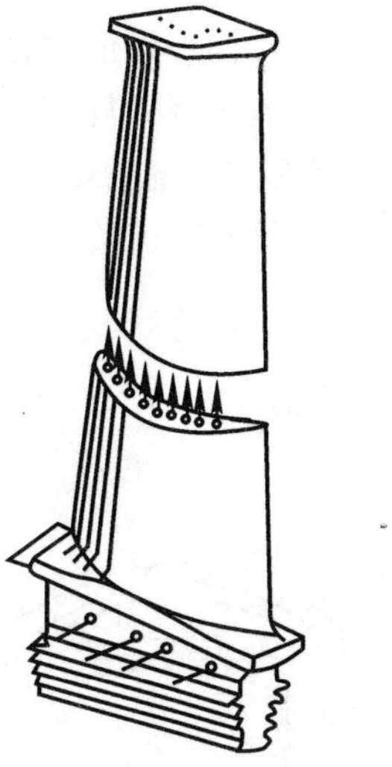

图 4.56　WP7 发动机第 1 级涡轮转子叶片

根据资料介绍，斯贝发动机第1级涡轮叶片开始采用5个椭圆形和扁形冷却孔，冷却空气量占涡轮空气总流量的2%，可使叶身中间截面温度降低220℃。如果不冷却，这种叶片(材料N108)只能工作12 min，采用冷却后，工作寿命为10 000 h。为了进一步提高冷却效果，现在的WS9发动机第一级涡轮叶片采用了7个冷却孔。

(2)喷射式冷却(或称冲击式冷却)。这是使一股或多股冷却空气射流正对着被冷却的表面，增强局部的换热能力，增强冷却效果，因此，它适用于局部高温区的强化冷却。如在叶片前缘，喷射冷却首先得到了采用。从换热的原理来看，喷射冷却实质上仍属于对流冷却，主要由于冷却空气的流动方向不同而另行命名的，所以采用喷射冷却时，总会伴随着一般的对流冷却，但流速大，换热系数大。

图4.57所示的空心叶片中装有导流片，导流片上开有小孔与缝隙，以便对准叶片内表面特别需要冷却的部位喷射冷却空气，加强冷却效果。随后冷却空气顺者叶片内壁面进行对流冷却，最后由叶片后缘排入燃气通道。

图4.58所示为WP7甲发动机第1级涡轮导向叶片的冷却结构。冷却空气自圆管两端进入，由圆管前缘小孔喷出，强化冷却叶片的前缘，随后沿叶片内腔表面流动，最后由叶盆小孔流入主燃气中。采用折流片是为了使冷却空气增速，加强换热效果。

(3)气膜冷却。冷却空气由叶片端部进入叶片内腔，通过叶片壁面上大量小孔流出，在叶片表面形成一层气膜，将叶片表面与炽热的燃气隔开，达到冷却叶片的目的(见图4.59)。气膜冷却兼有隔热和散热的双重作用。空气沿叶片表面流动，由于与燃气之间的导热及紊流混合而被加热，到一定距离后气膜对叶片的表面就失去保护作用，必须再开小孔来吹以新的冷却空气。由于叶片外表面的静压分布很复杂，所以小孔直径和位置的确定通常都由实验获得。气膜冷却效果比对流式好，一般可达 400～600℃。但这种叶片因表面小孔太多，制造工艺复杂，叶片强度受到一定的影响。由于冷却空气在叶片内部有流动，因此存在着对流换热，故而气膜冷却也伴随着对流冷却。

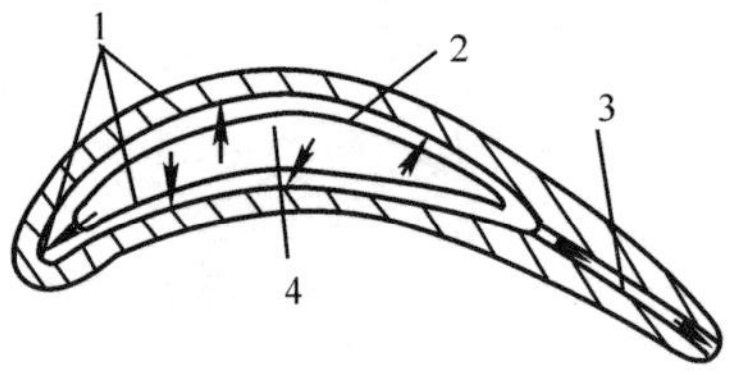

图 4.57 喷射式冷冷却涡轮叶片

1—喷射冷却；2—导流片；3—对流片

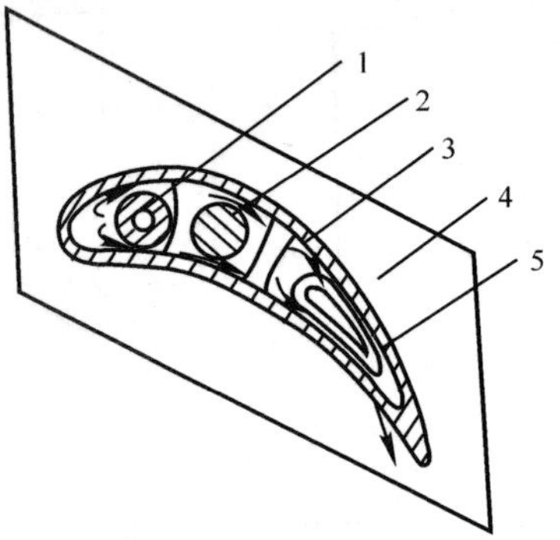

图 4.58 WP7 甲发动机第 1 级涡轮导向叶片

1—圈管；2—幅条；3—导向叶片(截面)；4—下缘板；5—折流板

值得指出，冷却用的气膜会影响叶片表面的流动损失，因此，气膜冷却孔在叶片上位置的分布是很重要的，通常设置在叶片的压力的情况居多。这样易于形成气膜，其附壁距离也较长，冷却面积较大。反之在吸力面上易使冷气脱流，致使流动损失增大，尤其靠近出气边的吸力面(叶背面)，燃气流已接近或处于脱流状态，如果再吹以冷气很可能使脱流加剧，损失增大，故出气边气膜冷却都在压力面(即内孤处)或出气边缘。

(4)发散冷却。这种冷却方式的叶片是用疏松多孔材料制成，冷却空气从叶片内腔通过叶片壁面上无数微孔渗出，就像出汗一样，一方面从壁面上带走热量，另一方面在叶片表面形成一层气膜，将叶片与燃气隔开，达到冷却目的。冷却效果在 500～800℃，目前国内外制造这种叶片主要采用粉末冶金、丝网编织等方法。图 4.60 所示叶片的多孔壁是由一种丝网状多孔材料制成的，这种材料的制造方法有两种：一种是把金属丝缠到心轴上，然后压缩到所需的孔隙度，在约 85%的金属熔化温度下烧结而成；另一种是用金属丝编织成单层薄板，再把薄板叠层并压缩到所需的孔隙度，然后烧结而成。多孔壁制成后可用高温钎焊焊接到叶身承力骨架上，骨架和叶片榫头用精密铸造制成。这种冷却方式还存在许多技术问题，如多孔材料氧化后极易堵塞，叶片温度就会升高，并进一步加速氧化和限制气流透过。此外，因为发散叶片是多层结构，每层有很多小孔，孔位不易对准，工艺比较复杂。另外，在离心力作用下，多孔材料的高温强度也成问题。所以目前这种冷却方式尚处于研究阶段。如丝网编织叶片在 JT9D 发动机上试验过，涡轮前燃气温度达 1 370℃，而叶身骨架温度为 670℃，叶型表面温度为 870℃。

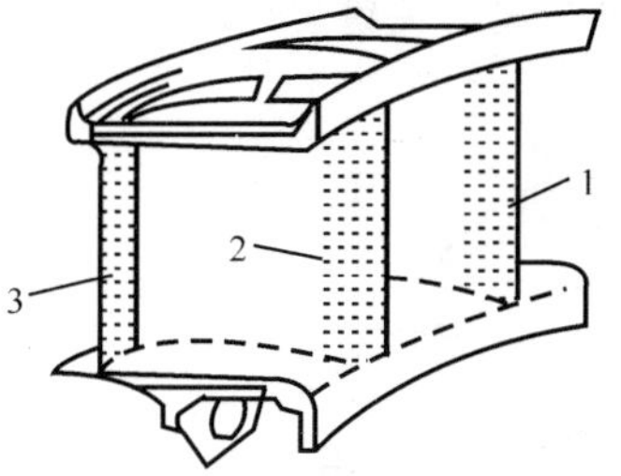

图 4.59　气膜冷却

1—冷却空气孔；2—鳃孔；3—尾缘槽

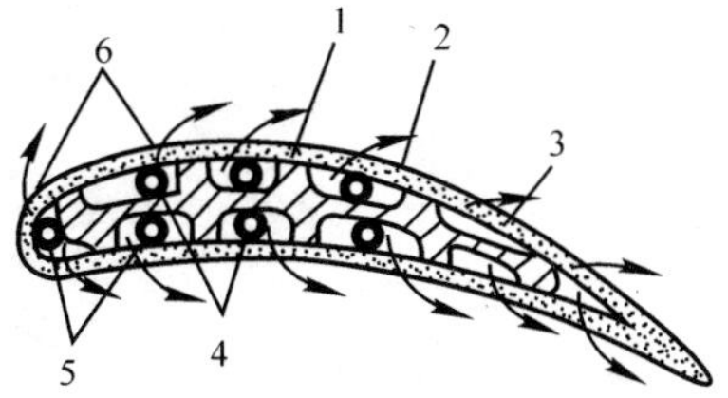

图 4.60　发散冷却

1—承力骨架；2—气膜（整个叶片表面的典型情况）；
3—多孔丝网；4—径向气流进入内腔；
5—定量供气孔；6—发散冷却

在近代气冷叶片上，通常根据需要，综合采用对流、喷射和气膜冷却。现以 TF39 发动机的涡轮导向叶片和转子叶片为例。

TF39 发动机涡轮前燃气温度为 1 260℃，为使涡轮叶片的最大工作温度降低，采用了对流、喷射和气膜冷却的混合冷却方式。图 4.61 所示为 TF39 发动机高压 1，2 级涡轮导向叶片。第 1 级导向叶片有两个喷射冷却导流片，形成前、后腔。从前腔内喷射出的冷却空气，冷却叶片内壁后，从前缘、叶背和叶盒处微孔排出，形成气膜冷却。后腔内的冷却空气对内壁进行喷射冷却后，从叶片后缘排出，对后缘进行对流冷却。第 2 级导向叶片温度稍低，故没有采用气膜冷却，只用了喷射冷却和对流冷却（后缘钻孔）。

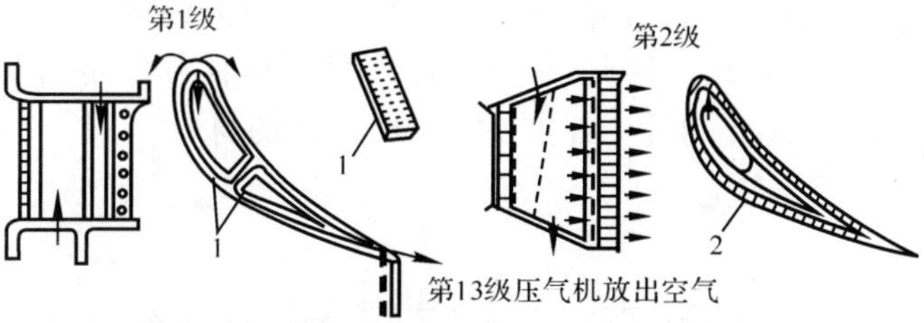

图 4.61　TF39 发动机高压涡轮导向叶片的冷却

1—喷射冷却导流片；2—导流片

需要提醒，由于小型涡轮发动机的相对冷却表面（冷却表面积与容积之比）较大、换热效率降低，以及结构小型化带来的困难等影响因素，叶片冷却的有效性已大大降低，据资料表明，一般只有当发动机的功率超过 746 kW 时，叶片冷却才有使用价值。

图 4.62 所示为不同冷却方式的冷却效率和冷却空气百分比的关系。从图中可以看出，采用先进冷却技术（如发散冷却）可以将冷却效果提高 1 倍以上，从而大大减少所需冷却空气量。

但是先进的冷却方式都同复杂的结构相联系(如多通道/往返支板式),而这些复杂结构都需要先进的工艺才能实现,因此先进的工艺方法是实施先进冷却方式的关键。

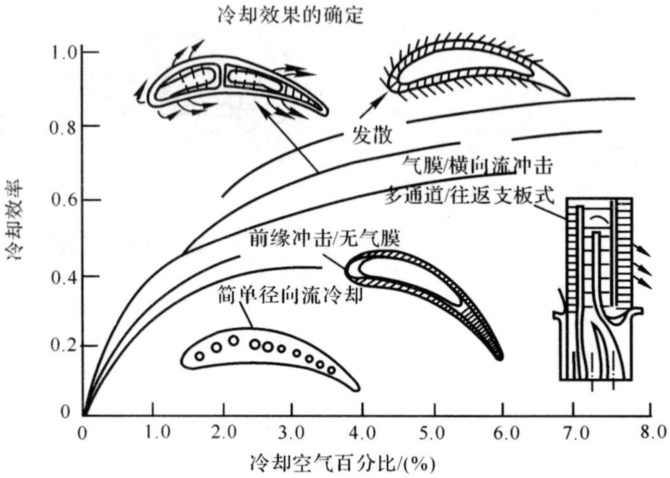

图 4.62　不同冷却方式的冷却效率和冷却空气百分比的关系

4.5　涡轮主要零件的常用材料

涡轮部件是在十分恶劣的条件下工作,大部分的涡轮零件在高温燃气的冲击下承受较大的热负荷、气动负荷、振动负荷、热冲击等,转子零件还承受很大的离心负荷。同时,燃气的化学活泼性很强,对零件有腐蚀作用。因此,涡轮零件使用的材料在发展高性能、高温涡轮部件中占有特殊重要的地位。下面分别讨论各主要零件所使用的材料。

一、涡轮转子叶片

涡轮转子叶片不仅处于有腐蚀性的燃气包围中,而且还受高温和高应力的作用,因此,对材料的要求为:

(1)在工作温度下,要求高的热强度,即要具有高的持久强度极限和蠕变极限。

(2)在高温下,有高的抗氧化及抗腐蚀的能力,即热安定性好。

(3)足够的塑性、好的抗热疲劳及机械疲劳性能。

(4)具有良好的物理性质,如导热性好,线膨胀系数小等。

(5)具有良好的工艺性。

在选择叶片材料时,首先考虑的是工作温度,而且常把它选得保守些,即工作温度比材料实际能承受的低一定数值,以保证有足够的寿命。目前由于铸造耐热合金及精铸工艺的迅速发展,解决了一般耐热合金难于机械加工的问题。

当温度在 700～800℃以下时,可用镍基高温合金 GH32,GH33 等材料,在 800～850℃时可用 GH37,在 850～900℃时可用锻造镍基合金 GH49,热强度较高。由于提高材料热强度的主要途径是增加合金元素,这祥势必给工艺性带来困难。目前 GH49 的铝、钛等合金元素含量已高达 5%以上,其强化程度已使合金的塑性降低到变形加工最低要求的边缘,而铸造高温合金可以具有更高的热强度。我国自行研制的 K5,M17 等镍基铸造高温合金,在性能上已赶上和超过过了锻造合金 GH49,可用到 950℃左右。M17 是在 IN100 合金基础上发展起来的,它具有密度小($\rho=7.83\ g/cm^3$)、强度高、塑性好、组织稳定四大特点。它的耐热强度很高,目前在我国应用较多。

我国自行研制的铁-镍基高温合金如 GH130,GH135,GH302 等,可以有效地代替一些镍基高温合金,如 GH33,GH37 等,用做涡轮零件的材料。例如用 GH130 或 GH302 代替 GH37,则每吨可节约镍 300 kg。

采用定向凝固铸造工艺,可以把涡轮叶片制成强度最大的方向与叶片受力最大的方向相平行,从而具有更高的断裂强度,更好的热疲劳强度,更好的塑性以及更小的裂纹扩展率,因此特别适用于高温长寿命涡轮叶片。我国自行研制的材料有 DZ－3,DZ－5,DZ－9,DZ－17G,DZ22 等。

图 4.63 所示为涡轮叶片材料趋势图。可以看出,金属基复合材料、陶瓷基复合材料和陶瓷,以及碳/碳复合材料等将在发展高性能涡轮部件中占重要地位。

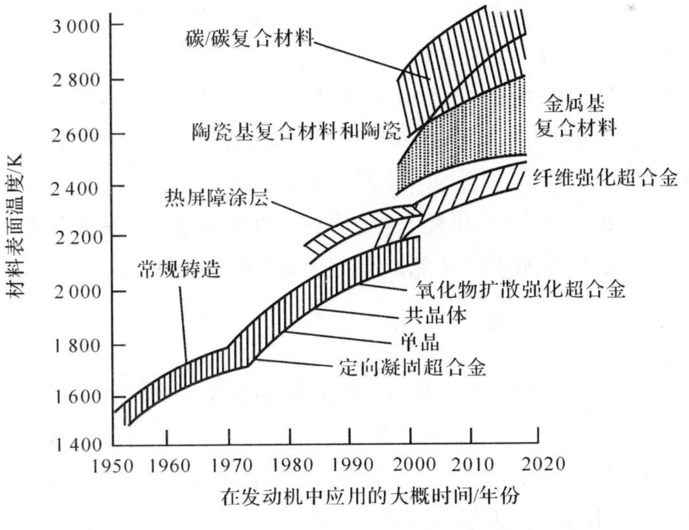

图 4.63　涡轮叶片材料趋势图

图 4.64 所示为先进涂层及其降温效应图。它表明，采用涂层保护可使局部金属温度降低近 150 K。

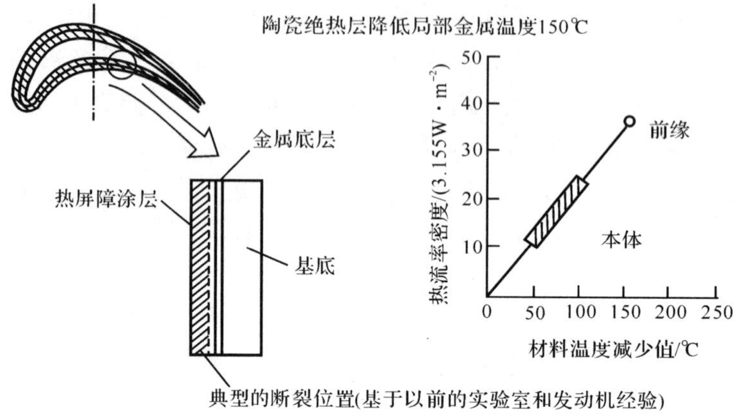

图 4.64　先进涂层及其降温效应

二、涡轮导向叶片

涡轮导向叶片是涡轮部件中温度最高和承受热冲击最厉害的零件，但它不像转子叶片那样要承受巨大的离心力，因此，它对材料的要求为：

(1)在高温下有高的抗氧化和抗热腐蚀的能力，由于它工作温度很高，这一要求尤为突出。

(2)具有良好的抗热疲劳与抗热冲击的性能，以及足够的耐热强度。

(3)具有良好的铸造工艺性，特别是铸造的流动性能好。

原则上，转子叶片所用材料中适宜于铸造的均可用于导向叶片，例如 K3，M17 等。

我国导向叶片常用材料有 K10，K11，K12，K1，K2，K3 等，其中 K10 为钴基合金，K11 为铁基合金，其余均为镍基合金。

目前，为了进一步提高涡轮转子叶片与导向叶片的高温性能，发展涂层技术已成为重要措施之一，它既能防止基体的氧化腐蚀，又能起到良好的隔热作用。

三、涡轮盘与涡轮轴

涡轮盘主要在一定温度下承受离心负荷、热负荷和振动负荷等，因此要求材料能具有高的强度、良好的塑性、小的线膨胀系数、高的导热性，以及良好的工艺性和经济性等。一般常用的材料有 GH34，GH36，GH33，GH132 等。我国自行研制的铁-镍基合金 GH135 性能已达到和超过了镍基合金 GH33，其含镍量不到 GH33 的一半，价格较便宜。每使用 1 000 kg 的 GH135，可节约镍 400 kg 左右。

值得注意的是，由于设计上的改进，采用了长叶根吹风冷却，涡轮前燃气温度及叶身温度虽然提高了，但是涡轮盘轮缘温度不仅没有升高，反而显著地降低了。因此，在温度约为500～600℃范围内具有高强度的抗蠕变马氏体不锈钢，如 GX－8 获得了采用。

涡轮轴除向压气机传递巨大功率外，还承受转子自身的重力、不平衡惯性力、轴向力，以及飞机作机动飞行时的陀螺力矩等。受力较大，但工作温度不太高，因此要求涡轮轴的材料具有较高的强度和抗疲劳性能。涡轮轴通常采用高强度的渗碳合金钢 18CrNiWA 或调质合金钢 40CrNiMOA。

四、涡轮机匣和导向器内外环

由于高温燃气的冲刷，要求这些零件的材料具有较高的耐热性、抗腐蚀性、抗氧化性，并要求零件在工作温度下变形小。

根据工作温度与制造方法的不同，这些零件可采用 GH34，1Cr18Ni9TiA，22－11－2.5(Cr－Ni－W)等耐热钢制成。

随着涡轮前温度的提高，发展新型的涡轮结构材料势在必行。目前主要方向是发展新型高温合金、高温复合材料及高温陶瓷材料。

涡轮材料选定后，应编制简明的选材报告，说明选材时考虑的主要因素。表 4.5 是 GE 公司 E3 发动机涡轮材料的简明示例说明。

表 4.5 涡轮结构材料(选择简要说明)

零　件	材　料	形式	选　择　原　因
第 1 级导叶	MA754	E	蠕变、烧蚀裕度、LCF
第 1 级端壁	MAR－M－509	C	断裂、成本、屈服强度
第 1,2 级动叶	Rene150	C,DS	断裂、LCF
第 1,2 级轮盘	Rene95	PM	拉伸(破裂)
第 1 级外环	陶瓷(氧化锆/氧化钇)		高温＞1 370℃(2 500℉)，腐蚀
第 2 级外环	Rene77	C	成本
第 2 级导向器和外环支承	Inco718	F	中温强度、拉伸强度
外机匣	Inco718	F	中温强度、拉伸强度
第 1 级保持环/封严(前、后)	AF115	PM	704～760℃(1 300～1 400℉)蠕变、LCF
级间封严盘	AF115	PM	704～760℃(1 300～1 400℉)蠕变、LCF
第 1 级导向器内支承	Rene41	F	对 Inco718 断裂、温度
第 2 级导叶	Rene150	C	LCF、断裂
第 2 级端壁	Rene80	C	断裂和失稳
第 2 级级间封严	Hast X	F,HC	温度
增压叶轮	AF115	PM	蠕变、断裂强度

续表

零　件	材　料	形式	选 择 原 因
内罩	Inco718	F	538～649℃(1 000～1 200℉)拉伸
第 2 级后保持环	AF115	PM	蠕变、断裂强度
前轴	Inco718	PM	538～649℃(1 000～1 200℉)拉伸、LCF
前外套	Rene95	F	LCF、断裂
导风轮/封严盘	AF115	F,S	断裂、LCF、温度
后轴/盘	Inco718	F	538～649℃(1 000～1 200℉)拉伸
导风轮/CDP 封严	Inco903A/Rene41	F/S HC	低膨胀系数间隙匹配
第 1 级封严	Rene41/Inco903A	F/H/C	温度、LCF、膨胀系数

注:E—挤压； C—铸造； DS—定向结晶； PM—粉末冶金； F—锻造； LCF—低循环疲劳； HC—?。

思考题

1. 航空燃气涡轮发动机中，涡轮有哪两种基本类型？

2. 概括涡轮工作条件有哪三高。

3. 从截面翼型的厚薄、曲率、叶冠或凸台、榫头、材料、冷却的几个方面看，涡轮工作叶片与压气机工作叶片的区别有哪些？

4. 涡轮工作叶片的叶冠的功用有哪些？

5. 涡轮转子联接的基本要求是什么？

6. 简述可拆卸涡轮转子中，盘-轴、盘-盘的联接方法。

7. 列举枞树型榫头的优点。

8. 简述涡轮机匣的设计要求。

9. 涡轮机匣和压气机机匣相比的结构特点是什么？

10. 涡轮部件冷却的目的及对冷却气的要求是什么？在涡轮部件上采用的冷却、散热、隔热措施有哪些？

11. 涡轮冷却系统的冷却对象有哪些？

12. 什么是 TCC？减小涡轮叶尖间隙有哪些措施？

13. 挂钩式涡轮导向器有哪些优点？

14. 气冷式涡轮转子叶片的温度分布规律及危险截面位置是什么？

15. 涡轮盘轮缘处的热应力在发动机工作循环中的变化规律是什么？

第5章 燃烧室

5.1 概 述

燃烧室(又称主燃烧室)是用来将燃油中的化学能转变为热能,将压气机增压后的高压空气加热到涡轮前允许的温度,以便进入涡轮和排气装置内膨胀做功的部件。

燃烧室是发动机的重要部件之一。在燃气涡轮发动机的热力循环中,燃烧室完成加热过程。发动机的可靠性、经济性和寿命在很大程度上取决于燃烧室的可靠性和有效程度。燃烧室的技术水平对发动机性能、结构方案和结构重量有重要影响。

燃烧室的工作条件十分恶劣。燃烧过程是在高速气流(100～50 m/s)和贫油混合气($\alpha=3.5\sim4.5$ 甚至 $\alpha=40\sim50$)中进行,燃烧室的零件是在高温、高负荷下工作,承受着由气体力、惯性力产生的静载荷和振动负荷,还受到热应力和热腐蚀的作用。燃烧室壳体和扩压器是发动机主要承力件。燃烧室的零组件主要是薄壁件,工作时常出现翘曲、变形、裂纹、积炭、过热、烧穿等故障。为此,燃烧室的设计应满足以下主要要求:

(1)在地面和空中的各种气象条件和飞行条件下,起动点火迅速可靠。

(2)在飞行包线内,在发动机一切正常工作状态下,燃烧室应保证混合气稳定地燃烧,具有高的完全燃烧系数和低的压力损失系数。

(3)保证混合气在尽可能短的范围内完全地燃烧,燃气的火舌要短,特别是不能有余焰流出燃烧室,还应减少排气污染物的产生。

(4)出口的燃气温度场沿圆周要均匀,沿叶高应保证按涡轮要求的规律分布。

(5)燃烧室的零组件及其连接处应具有足够的强度和刚性,以及良好的冷却和可靠的热补偿,减小热应力。

(6)燃烧室的外廓尺寸要小,轴向尺寸要短,重量要轻,具有高的容热强度。燃烧室的结构要简单,有良好的使用性能,维护检查方便,使用期限长。

燃烧室是发动机中承受热负荷最大的部件,因而也是易出现故障的部件。燃烧室的故障不仅损坏其自身,而且危及热端部件,甚至危及飞机的安全。燃烧室故障多与燃烧、加热过程密切相关。但是由于燃烧室的工作条件、燃烧过程的组织不同,其故障性质、特点不同。了解这些已经发生过的故障,对于理解结构设计非常有益。

燃烧室的故障可以划分为受高温热应力引起的故障、机械振动引起的故障、积炭和热腐蚀引起的故障、燃烧过程组织不善引起的故障等。

受高温热应力引起的故障是由高温热应力引起的，多发生在火焰筒头部、筒身、燃气导管及后安装边等部位。机械振动引起的故障是受机械振动引起的，故障多发生在联焰管上，如联焰管锁扣裂纹，火焰筒进气孔镶套松动等。另外一个重要的故障是喷嘴头部螺帽松动。这些故障均会导致火焰拖长，烧伤、烧毁导向叶片、工作叶片、及尾喷管等。积炭和热腐蚀也是高温引起的故障。在局部高温及富油的条件下容易产生积炭，在主燃区里高温燃气容易引起严重腐蚀。积炭及腐蚀对喷嘴影响最大。它们破坏了燃油出口的结构形状，使燃油雾化受阻，火焰拖长，而烧坏叶片、喷管等。燃烧过程组织不善会引起燃油与空气不匹配或者其分布不均匀，引起燃烧室出口温度场及全台发动机的燃气温度场不均匀，使发动机的总体性能受影响，试车合格率降低。

5.2 燃烧室的基本类型

目前，燃烧室的形式虽然很多，但是，为了满足燃烧室的基本功能，都采用了扩压减速、空气分股、反向回流、非均匀混合气成分等基本措施。在燃烧室条件非常恶劣的情况下，在燃烧室局部区域造成低流速和略微富油的优势环境，再利用二股气流进行补燃和降温，以保证燃烧稳定、完全和对出口温度的要求。在结构上，为了保证上述基本措施的实现，燃烧室都是由进气装置(扩压器)、壳体、火焰筒、喷嘴和点火器等基本构件组成，根据主要构件结构形式的不同，燃烧室有分管(单管)、环管和环形三种基本类型。

1. 分管燃烧室(见图 5.1)

分管燃烧室的结构特点是：燃烧室由若干个(6～16 个)单管燃烧室组成，每一个单管燃烧室由一个管形火焰筒及其外围单独的外壳构成，沿发动机圆周均匀地分布，各单管燃烧室之间用传焰管联通，传播火焰和均衡压力。

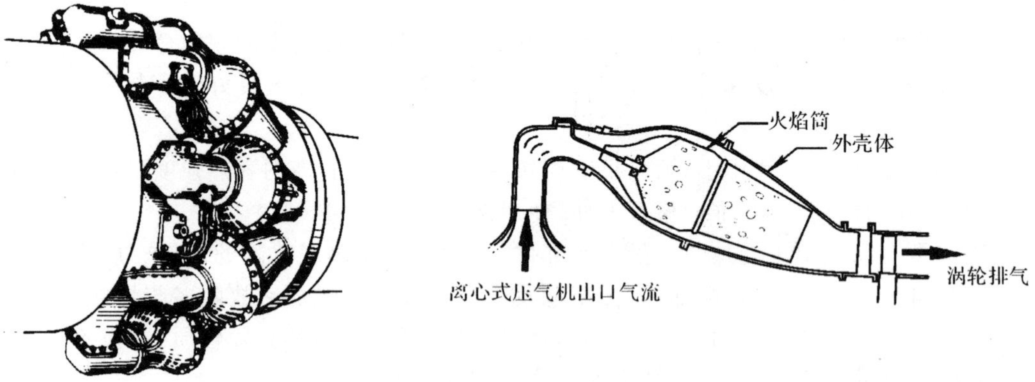

图 5.1　分管燃烧室

WP5 系列发动机的燃烧室就是分管燃烧室。它由 9 个单管组成。每个单管均由燃烧室外壳和燃烧室颈、火焰筒、涡流器和传焰管组成(见图 5.2)。燃烧室颈前端与压气机出气管相联,两安装边之间装有球面垫圈,仅用两个螺栓联接。燃烧室颈后端用大量螺栓与外壳联接。外壳后端的封严圈以不大的紧度插入燃气收集器镀铬的转接安装圈内,在轴向留有间隙。火焰筒用一个空心销和两个传焰管在外壳上轴向定位,前端借插在涡流器内环中的喷嘴支持,后端借火焰筒尾端的 8 个耐磨钴基合金凸块在外壳上定心。由于 WP5 系列发动机采用离心式压气机,外径较大,因此 9 个分管与发动机轴线倾斜 19°。在 9 个分管内仅设有 2 个点火器。发动机起动时借传焰管,将火焰传入其他分管。

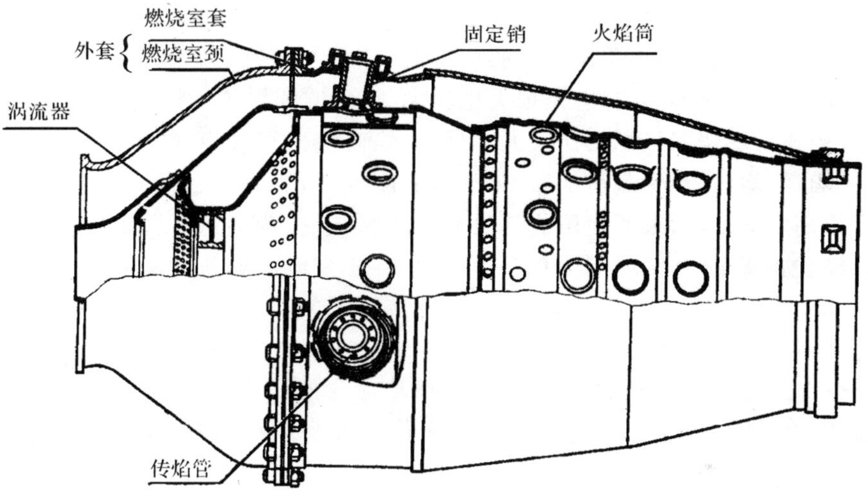

图 5.2　WP5 分管燃烧室的单管

分管燃烧室的主要优点是试验和修正比较容易,不需要庞大的试验设备,维护、检查和更换也比较方便,不需要分解整台发动机;从发动机总体结构安排上,与离心式压气机的配合比较协调。因而,在早期发动机上,分管燃烧室得到广泛采用。表 5.1 列举了一些发动机上应用分管燃烧室的情况。

表 5.1　分管燃烧室的应用情况

发动机牌号	设计时间	单管个数	扩压器	涡流器	燃油喷嘴	压气机
勾布林(WP)	1942 年	16	一级扩压	叶片式	单路离心式	单级离心式
尼恩(WP)	1943 年	9	一级扩压	叶片式	双路离心式	单级离心式
德尔温特(WP)	1944 年	9	一级扩压	叶片式	单路离心式	单级离心式
达特(WJ)	1945 年	7	一级扩压	叶片式	单路离心式	2 级离心式

续表

发动机牌号	设计时间	单管个数	扩压器	涡流器	燃油喷嘴	压气机
普鲁鸠斯(WJ)	1945 年	8	一级扩压	叶片式	单路离心式	12 级轴流式
J47(WP)	1946 年	8	一级扩压	多孔壁	单路离心式	12 级轴流式 1 级离心式
BK－1(WP)	40 年代末	9	一级扩压	叶片式	双路离心式	单级离心式
意兰德(WJ)	1950 年	6	一级扩压	多孔壁	单路离心式	10 级轴流式
盖兹尔(WZ)	1954 年	8	一级扩压	叶片式	单路离心式	11 级轴流式

分管燃烧室的缺点是环形截面积的利用率低(仅 70％～80％),因而燃烧室内气流平均速度大,这对于稳定燃烧是不利的,总压损失也较大,在高空依靠传焰管传递起动火焰,起动性能差,火焰筒表面积与燃烧室容积之比较大,因而火焰筒壁面气膜冷却所需空气量较多,燃烧室出口温度场分布不均匀,承受载荷依靠内壳体,故刚度差,燃烧室较重。这些缺点使得分管燃烧室已不再使用。但是,后来所使用的其他类型的燃烧室,特别是环管燃烧室,是在分管燃烧室大量实践经验的基础上发展起来的。其经验也可为地面燃气轮机和实验用加热装置所借鉴。

2. 环管燃烧室

环管燃烧室的结构特点:燃烧室的内、外壳体构成环形气流通道,若干个(6～14 个)管式火焰筒,沿圆周均匀安装在环形气流通道内,相邻火焰筒燃烧区之间用传焰管联通(见图 5.3)。

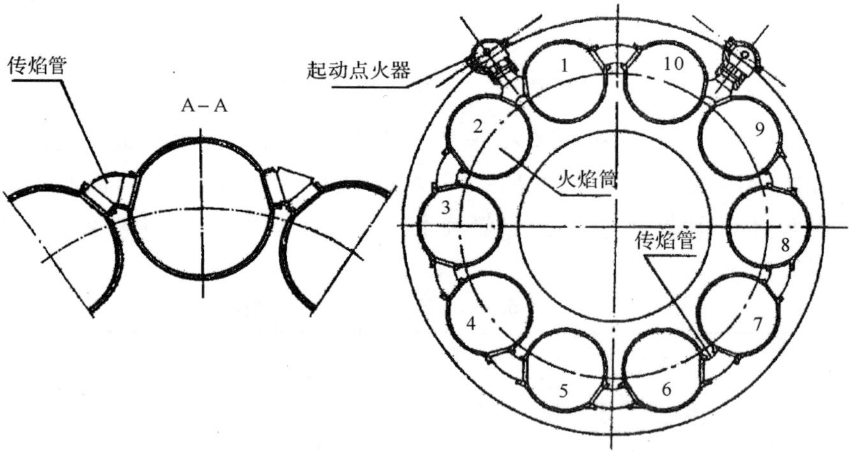

图 5.3　WP7 发动机环管燃烧室的横截面

WP6 发动机的环管燃烧室由外壳（又称燃烧室壳体外壁）、内壳（又称燃烧室壳体内壁或涡轮轴机匣）、扩压器、火焰筒、燃油喷嘴和点火器组成。外壳与内壳组成燃烧室的环形气流通道，10 个火焰筒沿圆周均匀地装在通道内，10 个双油路离心喷嘴分别插在火焰筒头部。相邻火焰筒之间装有传焰管，4 个点火器分别插在 4 个带三通的传焰管中。燃烧室内、外壳前后有安装边分别与压气机和涡轮部件联接。火焰筒前端径向支承在燃油喷嘴上、后部燃气导管呈扇形，用安装边和螺栓固定在涡轮导向器上，火焰筒受热后可以轴向自由膨胀。

WP7 发动机的环管燃烧室如图 5.4 所示。它是在 WP6 发动机燃烧室的基础上改进设计的。明显改进之处有：火焰筒筒体的冷却由散热片改为气膜冷却，材料由 GH39 改为耐热性能好的 GH44，筒体内、外表面都涂有绿色耐高温珐琅层；火焰筒头部增加了一个整流罩，改善了头部进气条件，而且能防止喷嘴端面和涡流器叶片背面积炭，并利用整流罩形成良好的第一道冷却气膜；涡流器改为精密铸造，比原先焊接的强度和刚性都好；涡流器内环作成球凹面，在喷嘴与内环间增加了一个球面套筒，可防止内环表面磨损，并便于装配火焰筒；此外，扩压器、传焰管的设计也有改进。通过这些改进使燃烧室能承受更高的温度，而且工作可靠。

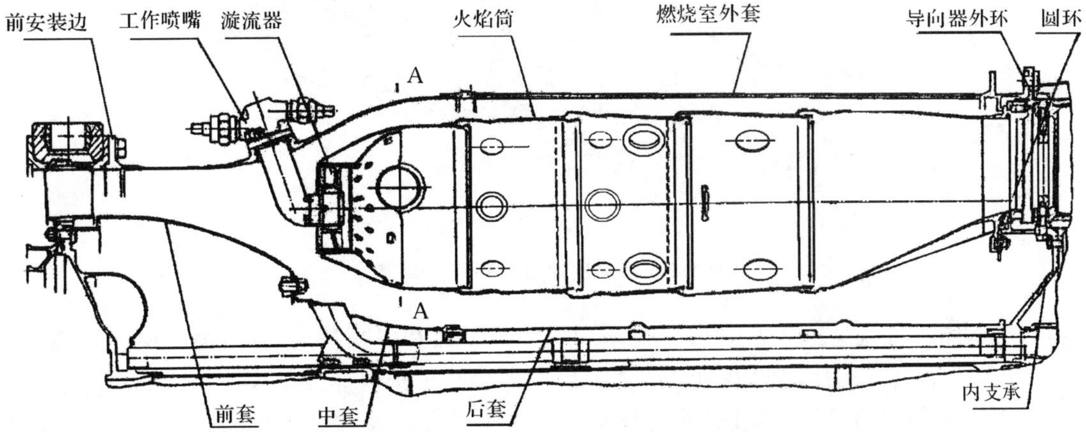

图 5.4　WP7 发动机的环管燃烧室

斯贝发动机的环管燃烧室如图 5.5 所示。它的外壳是两半对开的，10 个气膜式火焰筒由椭圆形截面的传焰管联通，火焰筒涡流器进口前装一个特殊型面的鱼嘴形进气口。火焰筒利用了优越的进口条件（气流速度低，压力与温度高）和涡扇发动机径向尺寸较宽裕的条件，合理地分配气流，增大传焰面积，加强冷却，使火焰筒长度缩短、效率高、寿命长。据统计，斯贝发动机火焰筒的寿命，民用型达 6 500 h 以上，军用型也达 400～600 h，而长度仅 360 mm 左右，重量约 2.1 kg。燃烧室采用直接点火方式。两个点火电嘴分别装在第 4 号和第 8 号火焰筒头部，点火能量不小于 2.5 J。

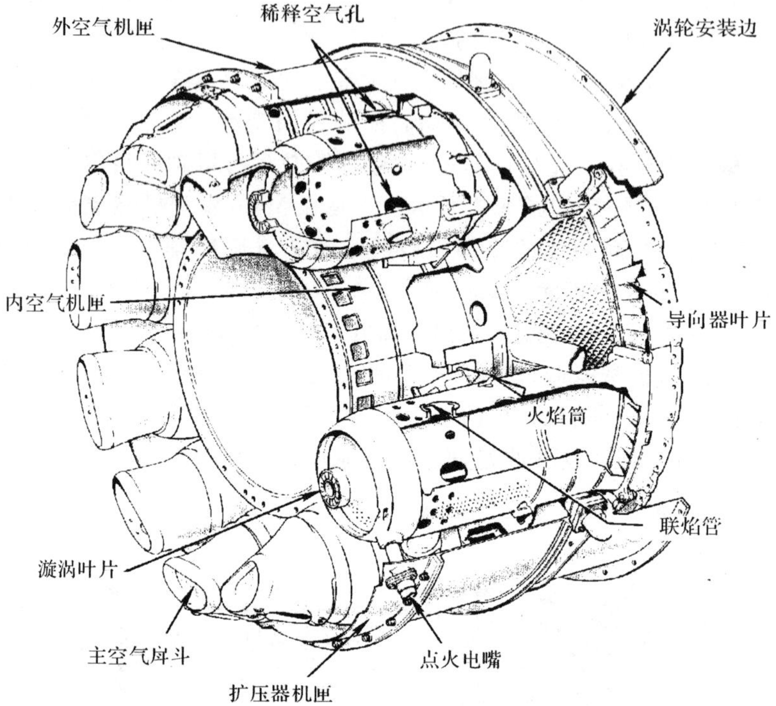

图 5.5　斯贝发动机的环管燃烧室

J57 发动机环管燃烧室(见图 5.6)是采用二级扩压器和多喷嘴火焰筒,因而使得燃烧室的轴向尺寸大为缩短。扩压器的型面是由逐渐扩大和突然扩张两部分组成。整个燃烧室包括有 8 个火焰筒。每个火焰筒头部沿圆周均布 6 个叶片式涡流器和喷嘴,喷嘴装在涡流器内环中。这样,整个燃烧室共有 48 个喷嘴,在相同供油量条件下,通过每个喷嘴的燃油量大大减小,火焰长度也缩短。在火焰筒中心还焊接了一个圆筒,使火焰筒的燃烧空间成为环形。二股气流经中心圆筒进入火焰筒中心,加速掺混过程。火焰筒壳体都是由若干段钣料圆环焊接而成,焊接处有一圈小孔,空气通过小孔形成冷却气膜,有效地降低了壁温。燃烧室外壳可以向后退出。以便检查和更换火焰筒。这种燃烧室结构较复杂,重量也较大。

环管式燃烧室保持了分管燃烧室的一些优点:试验和修正仍较方便,可以截取包括 1～3 个火焰筒的扇形段进行调试,所需的试验设备不很大;若结构设计恰当,则检查和拆装燃烧室仍较方便,可以单独更换火焰筒,火焰筒的刚性也较好。环管燃烧室比分管燃烧室的外廓尺寸小,环形截面积利用率高,并能与轴流压气机和涡轮通道平滑地衔接,流体损失小。因而环管燃烧室在 20 世纪 50～60 年代的燃气涡轮发动机上得到广泛应用。我国的 WP6,WP7,WP8,

WP13,WS9 发动机均采用的是环管燃烧室。表 5.2 列举了一些环管燃烧室在发动机上的应用情况。

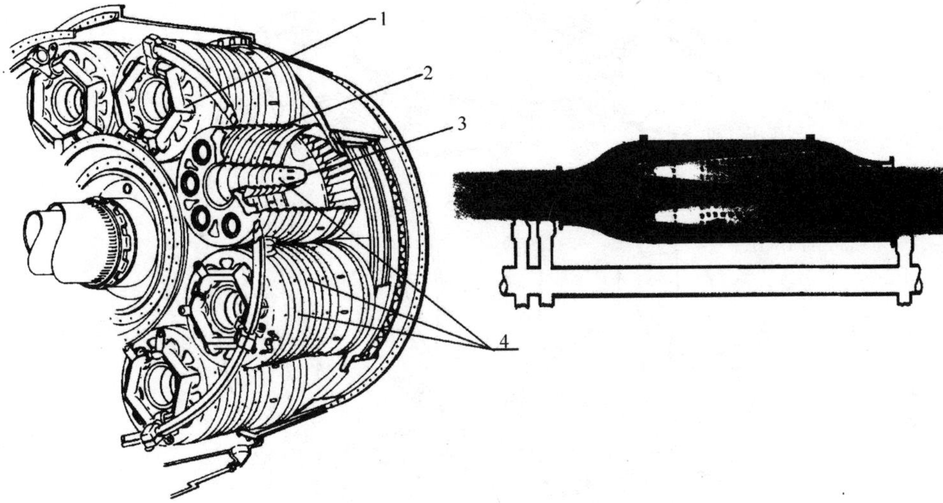

图 5.6　J57 发动机环管燃烧室

1—燃油喷嘴；2—火焰筒外壁；3—中心圆管；4—冷却气膜小孔

表 5.2　环管燃烧室的应用情况

发动机牌号	设计时间	火焰筒个数	扩压器	涡流器	燃油喷嘴	火焰筒冷却	压气机
奥林巴斯(WP)	1946 年	10	一级扩压	叶片式	双路离心式	气膜式	轴流式
J57(WP)	1948 年	8	二级扩压	叶片式	双路离心式	气膜式	轴流式
WP6(WP)	20 世纪 40 年代末	10	一级扩压	叶片式	双路离心式	散热片式	轴流式
WP7(WP)	20 世纪 50 年代	10	一级扩压	叶片式	双路离心式	气膜式	轴流式
Д—20П(WS)	20 世纪 50 年代	12	一级扩压	多孔壁	双路离心式	气膜式	轴流式
TF41(WS)	1966 年	10	二级扩压	叶片式	双路离心式	气膜式	轴流式
Д—30KY(WS)	1970 年	12	一级扩压	叶片式	双路离心式	气膜式	轴流式

3. 环形燃烧室

环形燃烧室的结构特点:燃烧室的内、外壳体构成环形气流通道,通道内安装的是一个由内、外壁构成的环形火焰筒,因而燃烧是在环形的燃烧区和掺混区内进行(见图 5.7、图 5.8)。

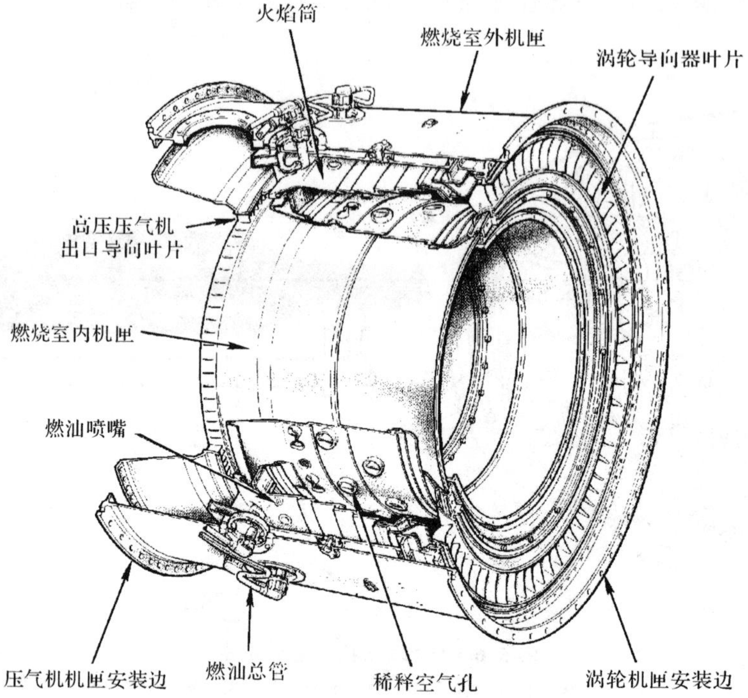

图 5.7 典型环形燃烧室的结构

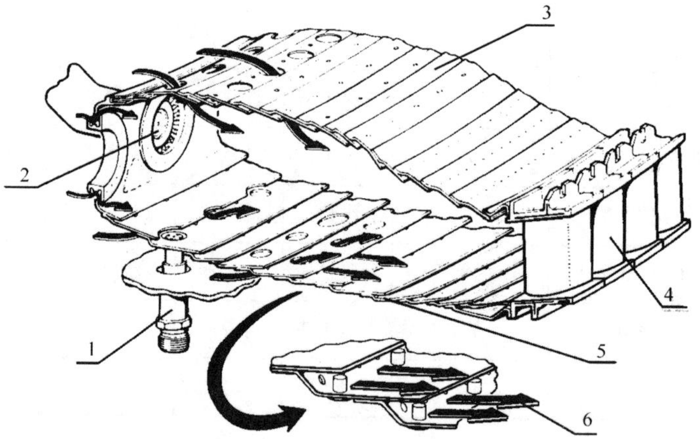

图 5.8 环形燃烧室的火焰筒

1—点火电嘴；2—燃油喷嘴；3—火焰筒内壁；4—涡轮导向器；5—火焰筒外壁；6—气膜

环形燃烧室的燃烧好，总压损失小，燃烧室出口流场及温度场分布均匀；燃烧室结构简单，重量轻，耐用性好；火焰筒表面积与容积之比较小，因而需要的冷却空气量比较少；燃烧室的轴向尺寸短，有利于减小转子的跨度和降低发动机的总体重量。但由于大型发动机环形燃烧室的研制需要大型实验设备，使得这种形式的燃烧室在大型发动机上应用最晚。

目前正在使用的环形燃烧室依火焰筒的不同形式，有以下几种类型。

(1)带单独头部的环形燃烧室。为了便于在火焰筒头部组织燃烧，把环形火焰筒头部做成若干个类似环管燃烧室火焰筒的头部结构，在这些单独的头部后面再转接成环形的掺混区(见图 5.9)。

图 5.9　带单独头部的环形火焰筒

这种形式的燃烧室还保留着环管型燃烧室的某些特征，又称为混合式燃烧室。

WJ6 发动机的燃烧室就属于这种形式(见图 5.10)。火焰筒具有 10 个单独头部，稳定器借支板焊在头部中央，喷嘴装在稳定器内环中。各头部的外侧有一定位衬套，借助定位销或点火器将火焰筒定位在燃烧室外壳上。火焰筒的环形后部，分别由几段钣料环焊接成内、外筒壁，各段接合处有一圈气膜冷却孔。整个火焰筒前端支靠在 10 个喷嘴上，后端有间隙地装入内、外座圈中。火焰筒受热可以向后膨胀。

JT9D 发动机的燃烧室是带有 20 个头部的环形燃烧室(见图 5.11)。在头部涡流器中央安装有双路离心喷嘴。火焰筒头部与外壁做成一体，用 3 个定位销固定在燃烧室扩压机匣上。火焰筒内壁与燃烧室内壳体一起用螺栓固定在第 1 级涡轮导向器支座上。在燃烧室外壳上开有 5 个观察孔，可以用孔探仪观察火焰筒内的故障情况。若有需要，外壳可向前拉出，以便对火焰筒外壁直接进行目视检查或更换涡轮第 1 级导向器叶片。火焰筒头部布置在扩压器机匣内，缩短了燃烧室长度。采用 20 个单独头部使环形火焰筒刚性也有所加强。目前，在 JT9D—7R4 发动机上已经改为全环形燃烧室。

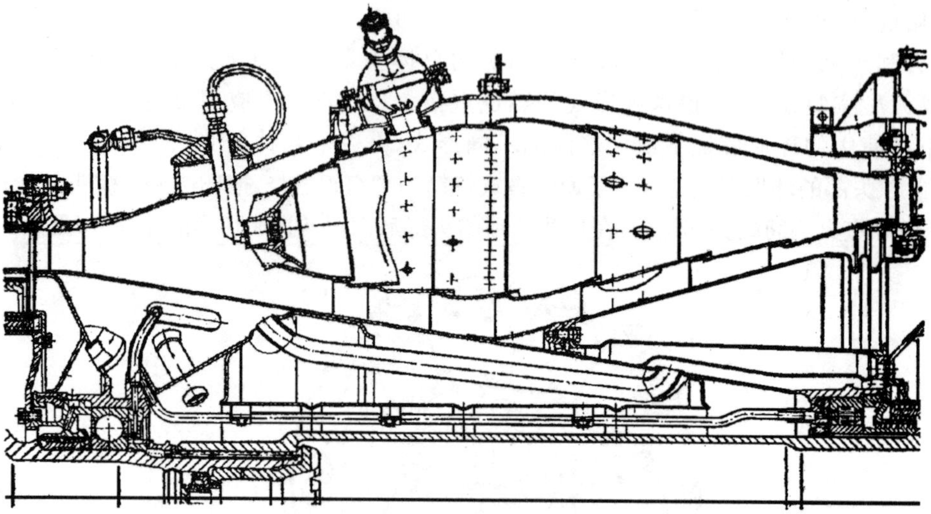

图 5.10　WJ6 发动机的环形燃烧室

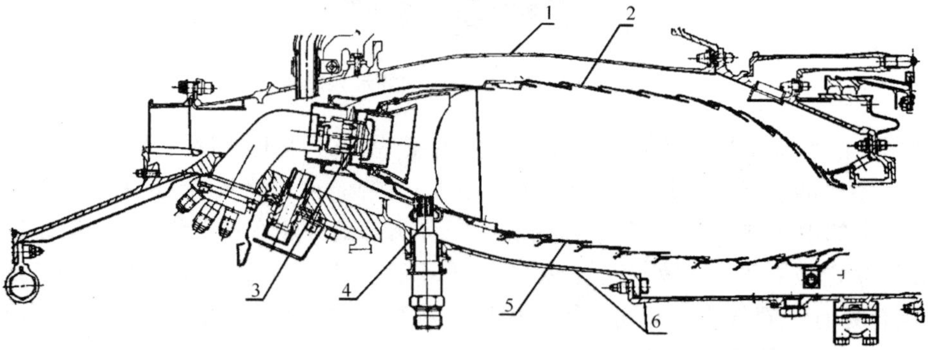

图 5.11　JT9D 发动机的环形燃烧室

1—燃烧室内壳体；2—火焰筒内壁；3—燃油喷嘴；

4—点火电嘴；5—火焰筒外壁；6—燃烧室外壳体

表 5.3 列举了一些带单独头部的环形燃烧室在发动机上的应用情况。

表 5.3　单独头部环形燃烧室的应用情况

发动机牌号	设计时间	头部个数	扩压器	涡流器	燃油喷嘴	点火方式
HK－4(WJ)	1950 年	12	一级扩压	叶片式	单路离心式	间接
АИ－20M(WJ)	1957 年	10	一级扩压	喇叭形	双路离心式	间接
АИ－24(WJ)	1962 年	8	一级扩压	斜孔整体式	单路离心式	间接
JT9D(WS)	1961 年	20	一级扩压	斜孔整体式	双路离心式	直接
АИ－25(WS)	1968 年	12	一级扩压	斜孔整体式	单路离心式	间接
CF6(WS)	1968 年	30	突然扩张式	斜孔整体式	双路离心式	直接

(2)全环形燃烧室。全环形燃烧室的火焰筒由内、外壁和环形头部构成。若干个(8～28 个)燃油喷嘴在火焰筒头部沿周向均匀分布。采用 2～4 个点火器。图 5.12 所示为 F100 发动机的环形火焰筒。

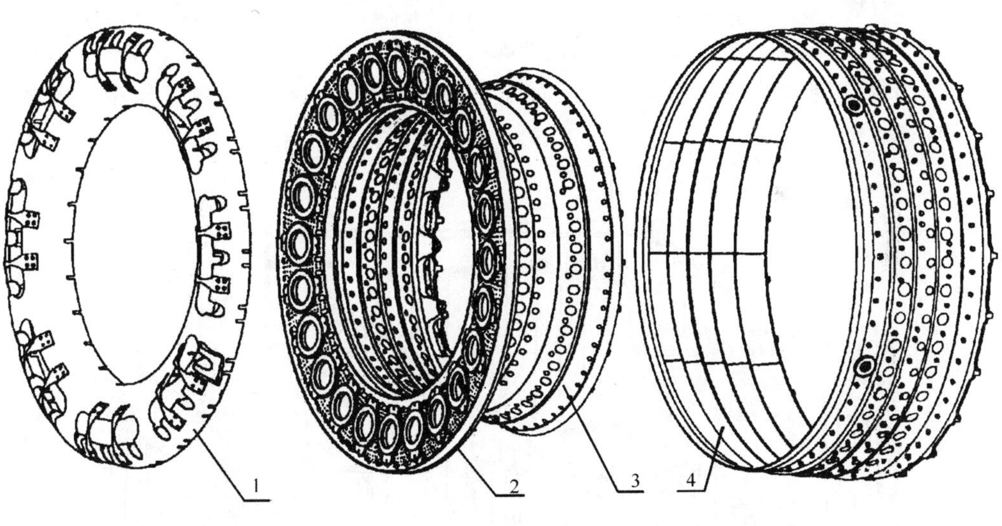

图 5.12　F100 发动机的环形火焰筒

1—整流罩；2—环形头部；3—火焰筒内壁；4—火焰筒外壁

图 5.13 所示是 RB211 发动机的全环形燃烧室。在火焰筒头部装有回流隔板，火焰筒内、外壁的前部开有偏斜的过渡孔，气流经回流隔板与过渡孔后，在火焰筒头部形成两个回流区，以稳定燃烧。在回流隔板上安装有 18 个气动喷嘴，其特点是由喷嘴出来的燃油是雾化好的。为了增加火焰筒的刚性和保证筒壁气膜冷却孔的加工精度，筒壁上的冷却环采用了锻件机械

加工结构。火焰筒各段间的联接采用对接焊，以消除焊接时的应力集中现象。

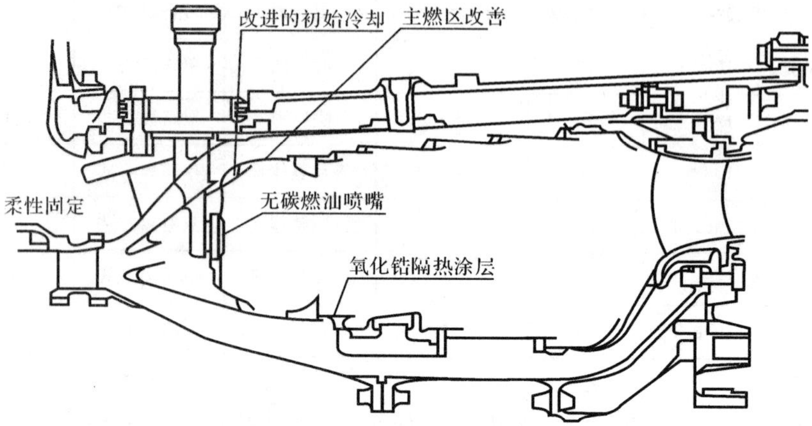

图 5.13　RB211 发动机的环形燃烧室

АЛ—31Ф 发动机的全环形燃烧室如图 5.14 所示。由外壳体、内壳体、火焰筒、主副输油圈、28 个燃油喷嘴、两个点火装置等组成。内外壳体前端构成扩压器，通过 14 块空心整流支板连在一起。在其中的 7 块整流支板上，用支架 13 将火焰筒和输油圈固定在燃烧室壳体上。火焰筒由一组特定型面的内环和外环焊接而成，头部由 28 个圆柱形混合室和叶片式涡流器的环形套组成。

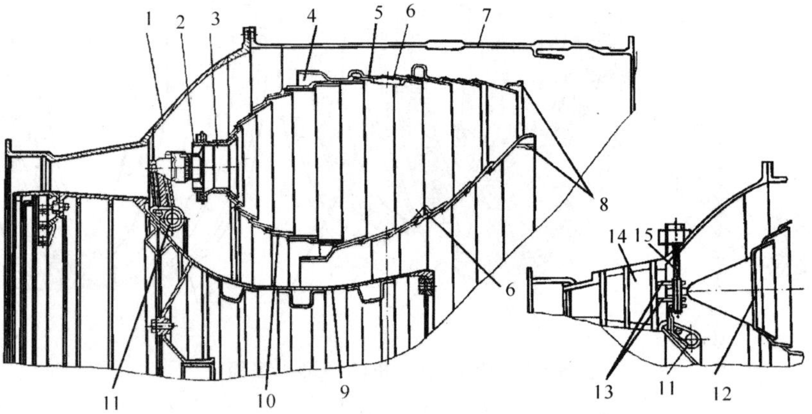

图 5.14　АЛ—31Ф 发动机的全环形燃烧室

1—外壳体；2—涡流器；3—混合室；4—进气口；5—火焰筒；
6—掺混孔；7—空气热交换器壳体；8—安装边；9—内壳体；10—圆孔；
11—输油圈；12—环形套；13—支架；14—支板；15—拉杆

现代先进的大型涡扇发动机已普遍采用全环形燃烧室。表 5.4 列举了环形燃烧室在几种典型发动机上的应用情况。

表 5.4　几种典型的环形燃烧室

发动机牌号	设计时间	结构特点	火焰筒制造技术	喷嘴数目	燃油喷嘴	点火方式
CF6—80C2	1985 年,适	短环形	机械加工	30	离心式	直接
PW4000	1986 年,适	短环形	滚轧成型	24	气动式	直接
CFM56—3	1984 年,适	短环形	锻环机械加工	20	气动式	间接
BB199	1978 年,定	突然扩张式扩压器	锻造＋化学铣		T 形蒸发管	直接
V2500	1988 年,适	浮动壁火焰筒		20	气动式	直接
GE90	1995 年,适	双环腔火焰筒	激光加工气膜孔	30	双锥喷嘴	直接
F100	1975 年	短环形	钣金焊接	24	双路离心	直接

注:适—为通过适航认证时间;定—为定型时间。

(3)折流式环形燃烧室。折流式环形燃烧室的火焰筒由内、外壁组成。

对小型燃气涡轮发动机,因其流量小、转速高,可以采用离心式压气机和燃油从发动机轴内腔经甩油盘离心甩出的供油方式。为了充分利用空间尺寸。缩短转子支点的距离,所以常采用折流式环形燃烧室。

图 5.15 所示是 WP11 发动机的折流式环形燃烧室。离心压气机出来的空气分 3 路折流进入火焰筒:第 1 路约占总气量的 12.5%,由前进气盘壁上的孔和缝隙流入;第 2 路约占总气量的 12.5%,经涡轮空心导向叶片,由内、后进气盘上的孔流入;其余经火焰筒外壁的进气斗流入。燃烧室内、外壁后端,沿圆周分别用螺钉和螺栓固定在一级涡轮导向器的内、外环上。环绕在涡轮轴上的挡气环套内有前、后两组密封槽,在两组槽间引入第 2 路气体以保证涡轮轴的冷却。燃油从发动机轴内腔经甩油盘离心甩出,当转速很高时,能良好雾化和均匀分布,但在起动和低转速工作时,燃油雾化较差。

(4)回流式环形燃烧室。回流式环形燃烧室的火焰筒由内、外壁和环形圆顶组成。

这种燃烧室也用在带有离心压气机的燃气涡轮发动机中。从压气机出来的气体,在组织燃烧和与燃气掺合的过程中要经过两次折转再流入涡轮部件。燃烧室的燃油是由在环形圆顶部的喷嘴提供。图 5.16 所示是 JT15D 发动机的回流式环形燃烧室。火焰筒前端是开口的,后端是圆顶形的。在环形圆顶的前端面上焊有 6 个沿圆周均布的径向凸耳,用径向销将火焰筒后端径向固定在低压涡轮支座上。燃油喷嘴通过浮动衬套内的浮动垫圈插入火焰筒圆顶。浮动衬套可以补偿火焰筒在发动机工作时的轴向伸缩。

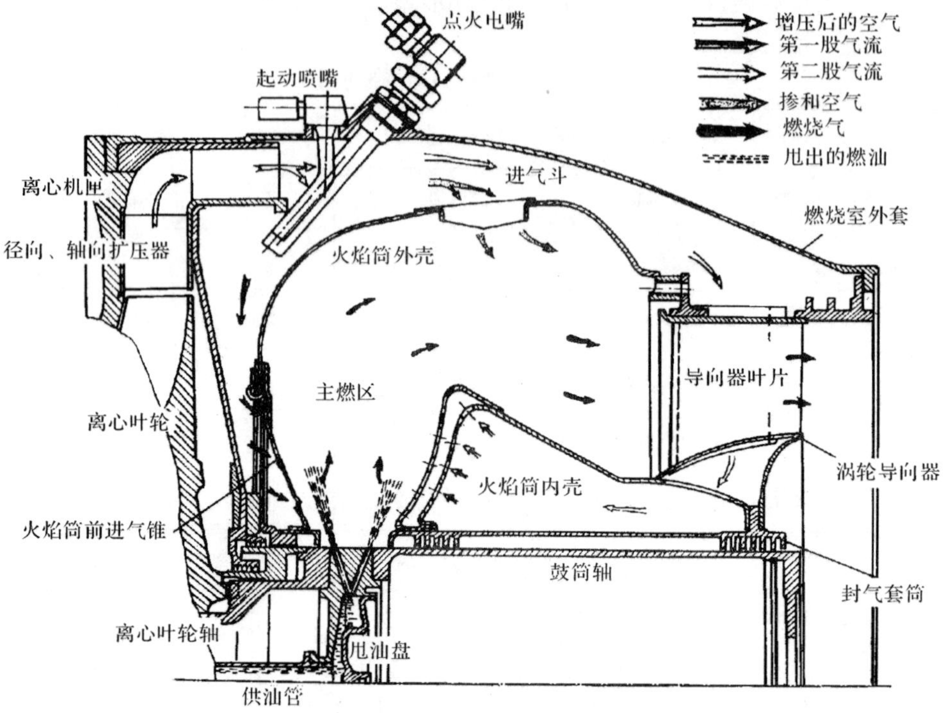

图 5.15　WP11 发动机的折流式环形燃烧室

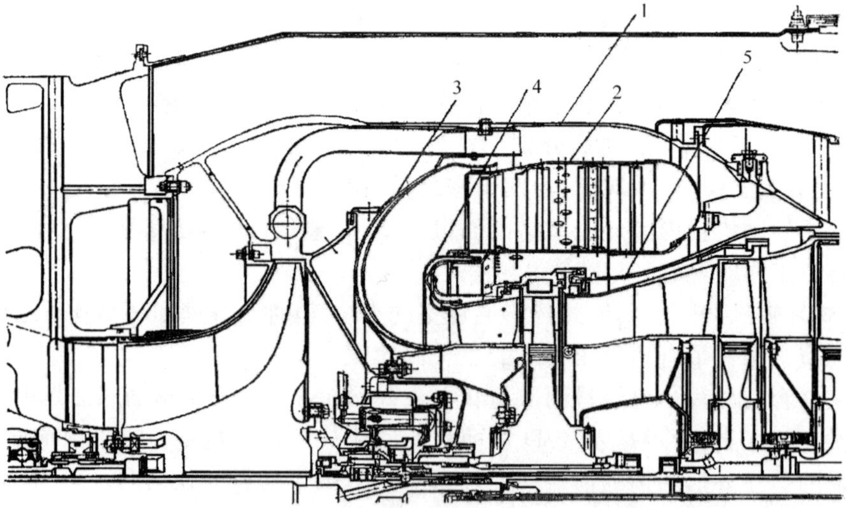

图 5.16　JT15D 发动机的回流式环形燃烧室

表 5.5 列表了一些折流式和回流式环形燃烧室在发动机上的应用情况。

表 5.5　折流式和回流式环形燃烧室的应用情况

发动机牌号	设计时间/年	类型	功率/kW(推力)	燃油喷嘴	压气机
Makila(WZ)	1981	折流式	1 118～1 566	甩油盘	3 级轴流+1 级离心
Artouste(WZ)	1961	折流式	373～420	甩油盘	1 级轴流+1 级离心
阿赫耶(WZ)	1977	折流式	447～559	甩油盘	1 级轴流+1 级离心
透默(WZ)	1951	折流式		甩油盘	1 级轴流+1 级离心
J65(WZ)	1961	折流式		甩油盘	1 级轴流+1 级离心
奥比斯克(WS)		折流式		甩油盘	1 级轴流+1 级离心
J69(WP)	1951	折流式	(410～850 daN)	甩油盘	1 级轴流+1 级离心
PT6A(WJ)	1963	回流式	354～1 061	14 个单路离心式	3 级轴流+1 级离心
PW100(WJ)	1983	回流式	1 118～2 237	14 个气动式	双转子 1 级离心+1 级离心
PW200(WZ)	1991	回流式	447～559	12 个气动式	单级离心式
TM319(WZ)	1986	回流式	340～550	T 形蒸发管式	单级离心式
TM333	1986	回流式	596～820	T 形蒸发管式	2 级轴流+1 级离心
RTM322(WZ)	1990	回流式	1 566～2 237	T 形蒸发管式	3 级轴流+1 级离心
TB7—117(WJ)	1992	回流式	1 728～1 840	18 个双路离心式	5 级轴流+1 级离心
TBД—1500	1995	回流式	970		3 级轴流+1 级离心
JT15D(WS)	1967	回流式	(978～1 420 daN)	12 个双路离心式	1 级风扇+1 级轴流 1 级离心
PW500	1995	回流式	(1 156～1 726 daN)		1 级风扇 1 级轴流+1 级离心

5.3　燃烧室基本构件的结构

燃烧室的结构类型虽多种多样，但从共性上看，它们都是由扩压器、壳体、火焰筒、燃油喷嘴、点火器等基本构件组成。

一、扩压器

扩压器的功用是降低从压气机流出的气流速度，以利于组织燃烧。气流在扩压器的扩张形通道里减速增压。一般扩压器进、出口截面积之比 $F_{om}/F_{m}=3.0\sim5.5$，使气流速度由压气机出口处的 120～180 m/s 降低到 30～50 m/s。环形燃烧室扩压器还起内外侧的二股气流分配作用。此外，飞机或发动机所需的引气，通常也取自扩压器。现代大涵道比涡扇发动机的扩压器也是发动机的主要承力构件之一。

气流在扩压器中的压力损失约占燃烧室总压力损失的 1/3，扩压器长度约占燃烧室总长度的 1/4。因此，合理设计扩压器对于改善燃烧条件，改进燃烧室性能，减少燃烧室尺寸和重量有着重要意义。

根据扩压器气流通道型面的不同，目前常见的扩压器主要有一级扩压式、二级扩压式和突然扩张式等三种基本型式。

1. 一级扩压的扩压器

在 20 世纪 50～60 年代的燃气涡轮发动机上，扩压器大都采用一级扩压，如 WP6，WP7，WP8（见图 5.17）。一级扩压的气流通道截面积按一定规律变化，使压力较均匀地增加，流速均匀下降。这些变化规律有等压力梯度、等速度梯度及两者兼有的混合造型规律。用等压力梯度造型，压力损失最小，但加工比较困难。在扩压比不大的情况下，可用双纽线造型代替。等速度梯度型面变化平缓，便于与燃烧室转接，出口流场好，但压力损失较大。

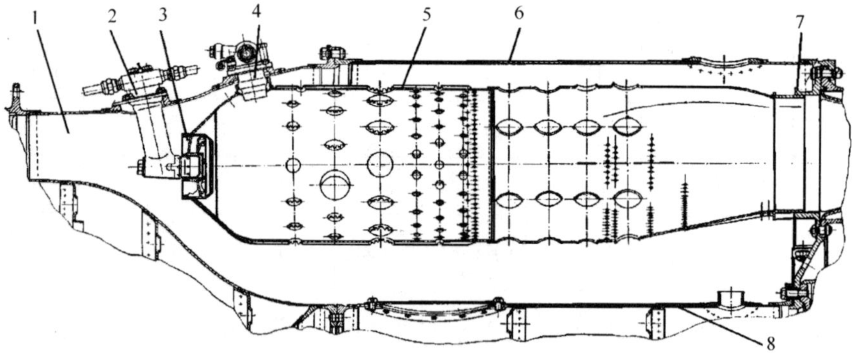

图 5.17　WP8 发动机燃烧室

1—压气机后机匣扩压器；2—工作喷嘴；3—涡流器；4—起动喷油点火器；5—火焰筒；6—燃烧室外套；7—第 1 级涡轮导向器框架；8—涡轮轴壳体

图 5.18 所示为斯贝发动机扩压器的验算情况，从图中可以看出它是等压力梯度型面。它的总压恢复因数为 0.985～0.99。图 5.19 所示为斯贝发动机扩压器的实际结构图。

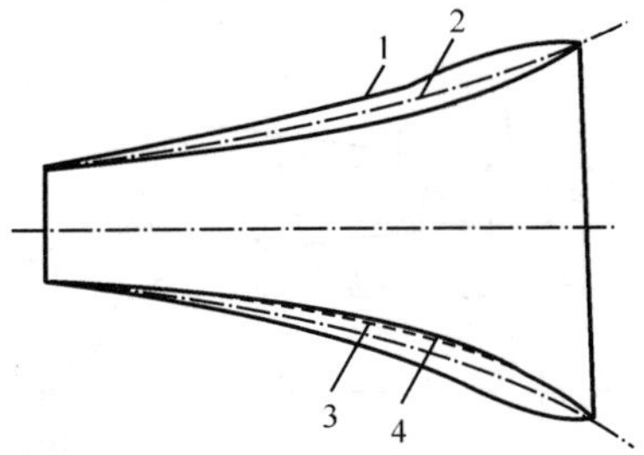

图 5.18　斯贝发动机扩压器的通道型面

1—等扩张角；2—等速度梯度；3—等压力梯度；4—实测

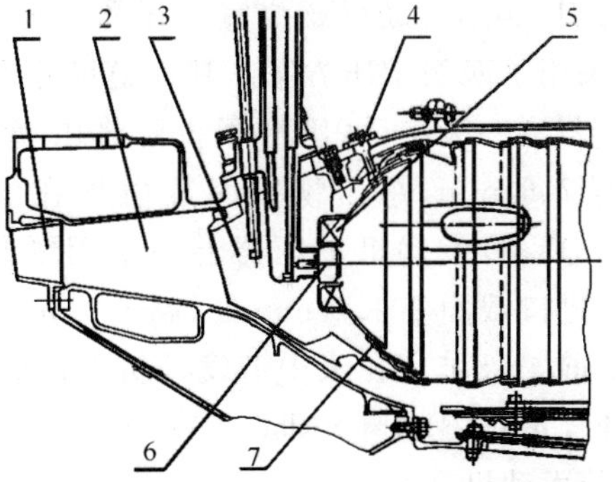

图 5.19　斯贝发动机扩压器的结构

1—整流叶片；2—扩压器；3—鱼嘴形进气口；4—火焰筒固定销；5—涡流器；6—燃油喷嘴；7—火焰筒头部锥体

2. 二级扩压的扩压器

当扩压器进、出口面积相差很大时，为了缩短扩压器长度，可采用二级扩压器。

J57 发动机的燃烧室就是采用二级扩压(见图 5.20)。压气机出口气流经扩压比不大的一级扩压段后，再进入扩压比很大或突然扩张的第二级扩压段。由于第一级扩压比不大和第二级进口气流 Ma 下降，因此扩压器的总压损失也不致过大。J57 发动机压气机出口气流速度为 140.5 m/s，经过扩张角为 32° 30′ 的第一级扩压段后，流速下降为 60 m/s 左右，然后进入突然扩压段，至火焰筒进口处流速降为 18.7 m/s。据估算，在同样长度的扩压器中，一级扩压较二级扩压的流体损失大 2.65 %。为了从扩压器中均匀引气，在突然扩压段的外壁上开有孔，把气引到集气环中汇合，然后引出发动机。扩压器内的凸环是用来调整扩压器出口流场，以适应火焰筒进口的要求，是在试验过程中后加的。

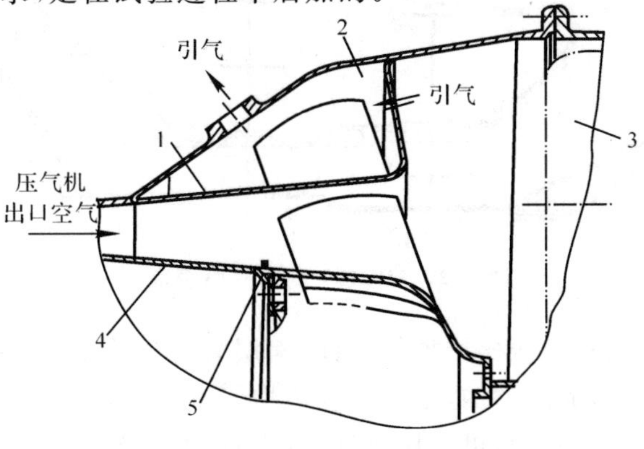

图 5.20　J57 发动机扩压器的通道形式

1—扩压器外壁；2—集气环；3—火焰筒；4—扩压器内壁；5—凸环

JT3D 涡扇发动机燃烧室扩压器扩压比高达 7.62，为此，采用了两级扩压方案。其通道尺寸见图 5.21。该扩压器若按一级扩压，则扩压长度将由现在的 363 mm 增加到 706 mm，总压恢复因数由现在的 0.977 降为 0.946。JT3D 发动机扩压器上还采用了凸尖环。凸尖环位于进口截面 201.5 mm 处，高 8 mm。

目前二级扩压在大中型发动机上得到普遍采用，例如 F119，АЛ—31Ф，CFM56，PW4000，V2500，Trent 800，GE90 等发动机。

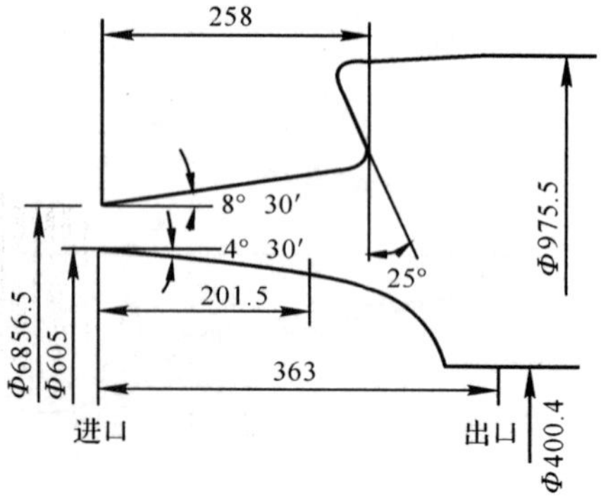

图 5.21　JT3D 发动机二级扩压器通道型面

3. 突然扩张式扩压器

缩短扩压器可以减小燃烧室的轴向尺寸，亦即缩短了轴、机匣等许多结构件的尺寸，因而是降低发动机重量的有效途径之一。目前最短的扩压器是突然扩张式扩压器。压气机出口气流经过很短的略为扩张的环形通道，使气流速度略为下降后就突然扩张。这种扩压器不但短，而且燃烧室工作较少受压气机出口流场变化的干扰，但其总压损失要大些。这种扩压器方案除用在短环形燃烧室上，如 RB199(见图 5.22)，F100 等发动机外，还广泛用在带离心甩油的折流式环形燃烧室中。

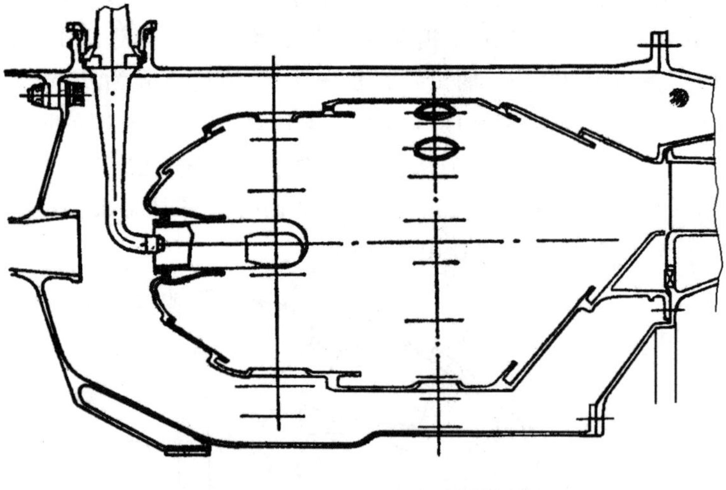

图 5.22　RB199 发动机燃烧室

在扩压器中，当扩张角和扩压比增加时，由附面层分离逐步形成涡流，并随着流动逐步扩大分离区，这使流动不稳定，流阻增加，出口速度不均匀，压力损失增加。为了减少突然扩张式扩压器中的压力损失，在扩压器中，可采用放气、分流环、凸尖环等措施。JT9D 发动机采用了凸尖环，使气流在其后形成稳定的涡流，造成不扩散的环流区，即将涡流限制在凸尖环后，减少其后的附面层分离。而 F100 发动机燃烧室的突然扩张段内，采用了分流环(见图 5.23)，消除了由于突然扩张而产生的涡流，防止气流分离，使燃烧室压力损失减小。

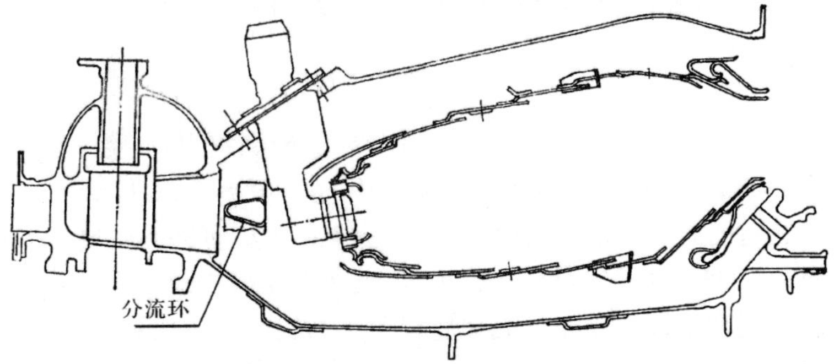

图 5.23　F100 发动机燃烧室

此外，在环形燃烧室中，还可以采用将燃烧室进口扩压段并入压气机出口扩压段的措施，以缩小燃烧室的长度。在 JT9D 和 RB211 等发动机中就采用了这种方案。

扩压器是燃烧室部件中结构复杂，且重量较大的组件，它又是发动机的主要承力构件，压气机后轴承就安装在扩压器里面，如 WP6，WP7 等发动机中轴承的载荷，是通过与扩压器内壳相联的压气机末级整流叶片，传到发动机主安装节。而 PW4000，V2500 等发动机，在其扩压器内均有支柱叶栅，将高压转子后轴承的径向力传给压气机机匣（见图 5.24）。

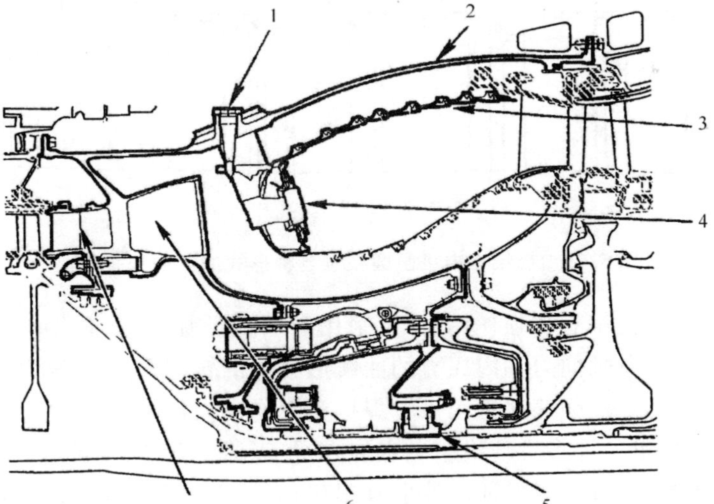

图 5.24　PW4000 发动机的扩压器

1—止动销；2—扩压机匣；3—火焰筒外壁；4—燃油喷嘴（24 个）；
5—高压转子后支承（3 号轴承）；6—24 个扩压器支柱叶栅；7—高压压气机整流叶片

因此要解决传力、轴承润滑、封油和封气等问题。在结构设计中，除考虑其型面设计力求减少损失外，还必须考虑其强度、刚性和全台发动机的结构特点。

二、燃烧室壳体

燃烧室壳体用来构成二股气流通道。在环管和环形燃烧室中，燃烧室壳体由内、外壳体组成。在一级扩压式的燃烧室中，扩压器是燃烧室壳体的一部分(参见图 5.17)。

环管和环形燃烧室的内、外壳体是薄壁零件，通常都是发动机的主要承力构件，承受有轴向力、径向力、横向力、扭矩、振动载荷和热应力等，受力非常复杂。因此在结构设计中，必须保证壳体具有足够的强度和刚性。由于外壳体直径很大，抗横向弯曲的刚度一般较强，所以考虑刚度时要注意保证径向刚度，防止由于壳体被压扁，变成椭圆而失去稳定。对于壁特别薄的内壳体，要特别注意保证径向刚度。因为受压的壳体更容易失稳，实践中就曾发生过轴承机匣被压扁造成的严重故障。目前，除了在选择壳体材料和确定适当的壳体厚度方面的保证以外，还要对壳体中刚性差的部位采用加强措施，采用径向加强筋是一种常用的有效方法。图 5.25 所示为一些发动机燃烧室内机匣的径向加强筋实例，这些加强肋主要是径向加强刚度，因而用在圆柱段上。

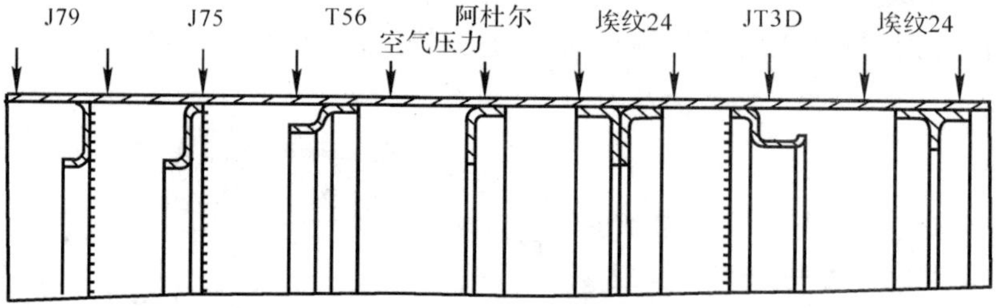

图 5.25　燃烧室内机匣圆柱段各种形式的径向加强筋

若需要在径向和轴向都有加强作用时，可采用封闭式的加强筋，如图 5.26 所示。这种类型的加强筋可用在同时受轴向力和内压力的曲线形壳体的转接段上，但封闭腔须加通气小孔，以均衡腔内外气体压力。加强筋通常用钣材焊接在燃烧室内机匣的内表面。在加强筋腹板上开的孔，是为了减轻质量。许多发动机燃烧室的内、外壳体的前、后端都有安装边，用专门的连接件联接起来，组成盒状结构，对保证刚性也有很好的作用。另外，对高温部位还应采取隔热和散热措施。

在发动机上，燃烧室壳体往往是管路及各种安装座最集中的地方。图 5.27 所示为 WP7 发动机燃烧室扩压器外壳上各种安装座的位置图。

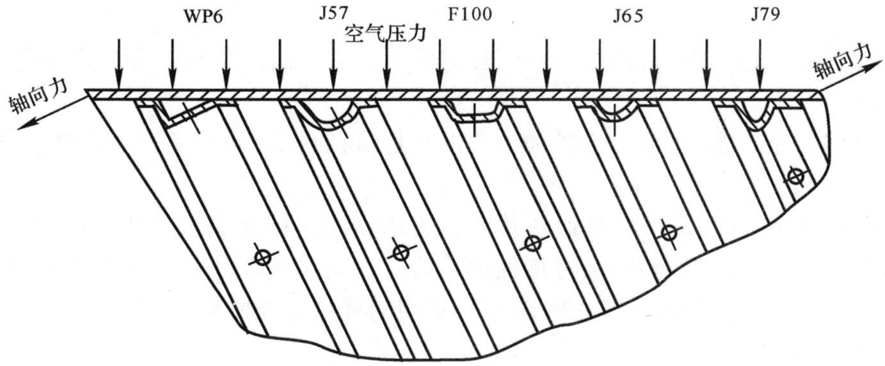

图 5.26　燃烧室内机匣圆锥段的各种封闭型加强筋

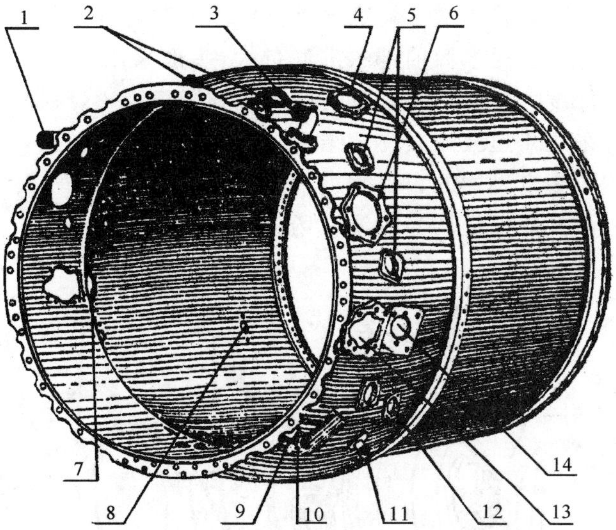

图 5.27　WP7 发动机燃烧室扩压器外壳

1—去主泵、加力泵；2—P2 测量接头；3—去整流罩加温；4—起动点火器安装座；5—工作喷嘴安装座；6—放气活门安装座；7—涡轮散热通气；8—去加力预燃室；9—去座舱增压；10—去漏油箱；11—去油箱增压；12—去加力预燃喷嘴；13—去减荷腔；14—滑油通气

由于燃烧室工作在高压高温气体中，又有许多管路、支杆和点火器等组件穿过壳体与燃烧室内部相通，在贯穿处应防止过定位，保证热补偿和密封。为了防止在起动过程和停放期间燃烧室内积油，燃烧室壳体下部一般有漏油装置。

三、火焰筒

火焰筒是燃烧室的主要构件，是组织燃烧的场所。它由涡流器和火焰筒筒体等部分组成。

1. 火焰筒

火焰筒按其制造方法，可分为机械加工和钣金焊接两种类型；按其冷却散热方式，又可分为散热片式和气膜式。

早期的 WP6 发动机，采用的是散热片式的火焰筒。这种火焰筒是在铸造或锻造毛坯外表面上机械加工出纵向的散热片，通过增加火焰筒筒体与火焰筒外二股气流的接触面积来加强筒体的散热，降低筒体温度。实践表明，这种类型的散热方式效果非常有限，而且重量大、费工、费料，因而已经被淘汰。

WS9 发动机的火焰筒是气膜式火焰筒，是由若干段钣金原材焊接而成，如图 5.28 所示。这种火焰筒在工作时，有一股气流沿火焰筒内表面流动形成气膜，因而得名。由于气膜兼有隔热和散热的双重作用，所以降低筒体温度的效果好。WS9 发动机的火焰筒由鱼嘴形进气口、头部、燃烧段、掺混段和燃气导管组成。鱼嘴形进气口用来改善进气条件。为了供给足够的空气，使燃油在燃烧段完全烧完，火焰筒前部的进气量大，头部采用了 10 个带风斗的进气孔，因而进气量大、集中，穿透深度大，形成强烈的回流区，有利于稳定燃烧，提高燃烧速度和效率，缩短火焰筒长度。燃烧段采用 4 道波纹式冷却结构，气膜均匀，射程较长，冷却效果好，延长了火焰筒寿命。掺混段采用 7 个带翻边的大尺寸进气孔，同时还采用挡气板，使进气均匀，穿透深度大，既可缩短掺混过程，又能保证均匀的温度场。

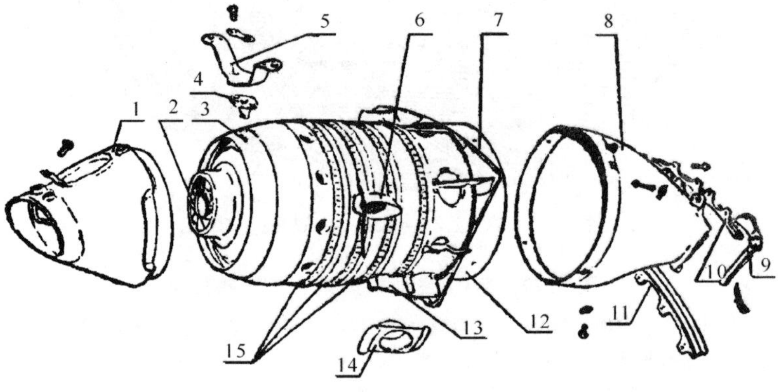

图 5.28　WS9 发动机的火焰筒

1—鱼嘴形进气口；2—涡流器；3—固定槽；4—固定销；5—6＃火焰筒(在发动机下部)支承托架；6—传焰管固定部分；7—挡气板；8—燃气导管；9—止动销；10—外扇形板；11—内扇形板；12—火焰筒筒体；13—导流片；14—传焰管滑动部分；15—波纹隔圈

火焰筒采用前端固定、后端支持的方案。火焰筒头部呈球形，借定位环支靠在进气口上，用固定销使火焰筒前端轴向定位。火焰筒后端用螺钉与燃气导管相联，燃气导管后端的扇形安装边用螺栓联接有内、外扇形板，借此扇形板与涡轮导向器机匣前安装边配合，使火焰筒组合件后部径向和周向定位，但允许轴向自由热膨胀。

目前在大中型发动机的环形燃烧室上，已经广泛采用机械加工成型的气膜式火焰筒（见图 5.29 ）。这种类型的火焰筒可以更合理自如的设计二股气流的流动通道，进一步提高气膜式火焰筒的散热效果，满足现代发动机燃烧室高容热强度的要求（见图 5.30 ），同时火焰筒壁面的周向刚度均匀且得到了加强。

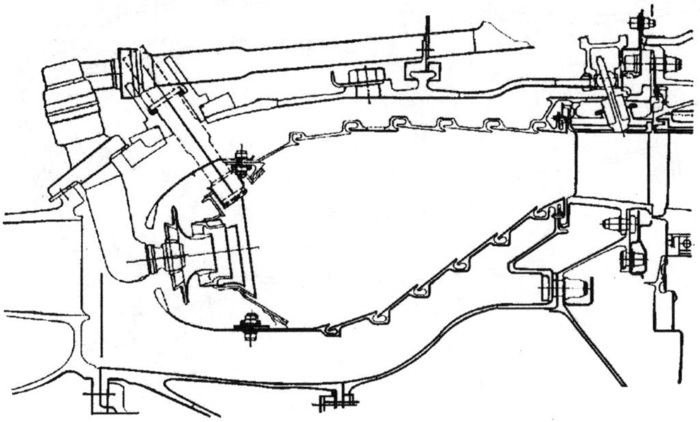

图 5.29　CF6—80A 机械加工的火焰筒

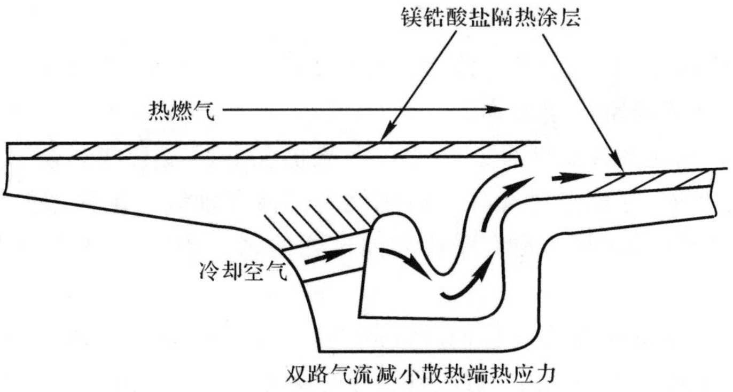

图 5.30　机械加工火焰筒的加强冷却效果

有一种新型火焰筒已被许多先进发动机采用，这就是 V2500 发动机的浮动壁式火焰筒。V2500 发动机的燃烧室如图 5.31 所示，其主要特点有：采用整体式铸造扩压机匣；扩压器为二级扩压，一级扩压段内有 20 片支柱叶栅；20 个气动式燃油喷嘴，能使燃油均匀雾化；火焰筒的内、外壁的内侧分别有 5 圈由蝶形浮动片组成的浮动环，将高温燃气与火焰筒的内、外壁隔开，火焰筒的内、外壁与浮动片之间是冷却气流通道；火焰筒头部有隔热屏，有效进行隔热和冷却，延长火焰筒疲劳寿命。这种燃烧室具有极好的点火特性和均匀的出口温度场，防止发生积碳，提高了燃烧效率。目前，在 112 英寸（＝284.48 cm）的 PW4000，F119 等先进发动机上，都已经采用了这种形式的火焰筒。

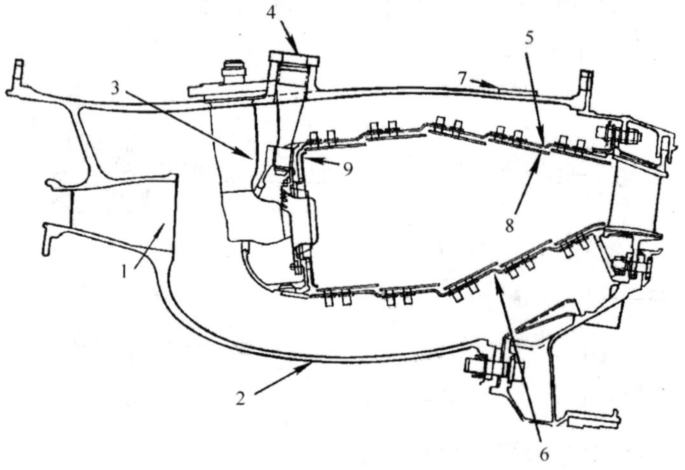

图 5.31　V2500 燃烧室

1—20 片支柱叶栅；2—整体式铸造扩压机匣；3—20 个气动式燃油喷嘴；4—定位销；5—火焰筒外壁；6—火焰筒内壁；7—孔探口；8—蝶形浮动片；9—全屏蔽头部

2. 涡流器

涡流器在火焰筒前端，其功用是形成火焰筒头部的回流区，降低气流速度，在火焰筒头部形成稳定的火源，保证燃烧室稳定工作。

涡流器有叶片式和无叶片式两种。叶片式涡流器在非蒸发管式燃烧室中得到广泛采用。它由内、外环和叶片组成，气流经过叶片之后围绕着涡流器轴线产生强烈的切向旋转气流。大多数涡流器的叶片是径向排列的，也有采用周向排列的，如 WP7 乙 B 发动机上的外缘式涡流器（见图 5.32）。

JT3D 发动机火焰筒的涡流器是径向叶片式的。它是精密铸件，由内、外环叶片和折流环组成（见图 5.33 ）。喷嘴装在内环中，折流环位于叶片后缘，将涡流器出口的一部分空气引向喷嘴附近，使靠近喷嘴的周围形成贫油区。试验证明，碳粒生成主要在喷嘴附近的局部富油区内，因此，带有折流环的涡流器可以减少发动机的冒烟和对大气的污染。为了减少热应力，在折流环上加工有四条周向均匀分布的膨胀槽。

表 5.6 列举了几台发动机叶片式涡流器的数据。

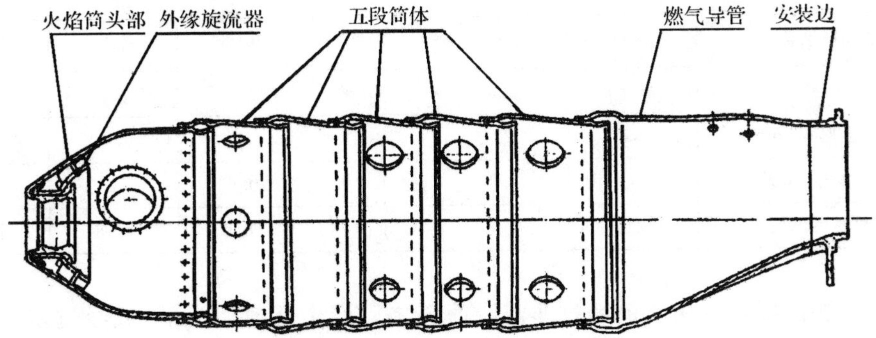

图 5.32　WP7 乙 B 发动机的火焰筒

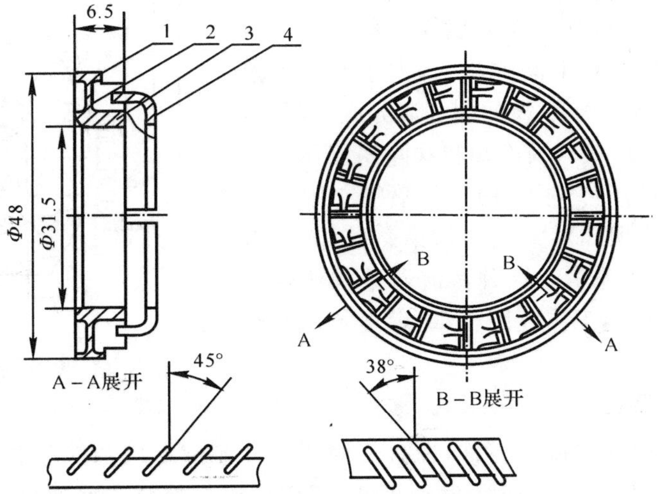

图 5.33　JT3D 发动机火焰筒的涡流器

1—外环；2—叶片；3—内环；4—折流片

表 5.6　几台发动机叶片式涡流器的数据

发动机名称	WP5	WP6	WP8	WS9	J57	JT3D
叶片数目	10	5	9	10	20	20
叶片方向	周向	径向	径向	周向	径向	径向
叶片安装角	42°	根 73°30′ 顶 82°43′	根 72°24′ 顶 79°45′	44°	45°	根 38° 顶 45°
外环的外径/mm	ϕ81	ϕ72.4	ϕ82	ϕ50	ϕ48	ϕ48

续表

发动机名称	WP5	WP6	WP8	WS9	J57	JT3D
内环的内径/mm	ϕ27.4	ϕ25	ϕ32	ϕ22	ϕ31	ϕ31.5
涡流器宽度/mm	22	22	40	12	6	6.5
叶片厚度/mm	1	1.2	1.5	0.6	1	0.9
气流和燃油的旋向	反向	反向	反向	反向	反向	同向

非叶片式涡流器是利用气流经过非流线通道之后产生低速回流区，或经过多孔壁后产生低速回流区。与叶片式涡流器相比，气流无切向速度或切向速度很小。

WJ6发动机的燃烧室采用的是非叶片式涡流器，如图5.34所示。它是一个机械加工件，喇叭形涡流器2借助6个径向支板焊接在火焰筒头部3上。空气经喇叭外缘1mm的环形间隙流入，由于通道突然扩张形成回流区。进入斜孔A的的气流分成两部分：一部分空气A_1用来形成气膜冷却和吹除涡流器内锥面上的积碳；另一部分空气A_2用来是喷嘴1附近贫油，以减少发动机冒烟和对大气的污染。另外，还有一股空气B用来冷却喷嘴。这种涡流器结构比较简单，但回流区较小，稳定工作范围较窄，燃烧效率比较低。

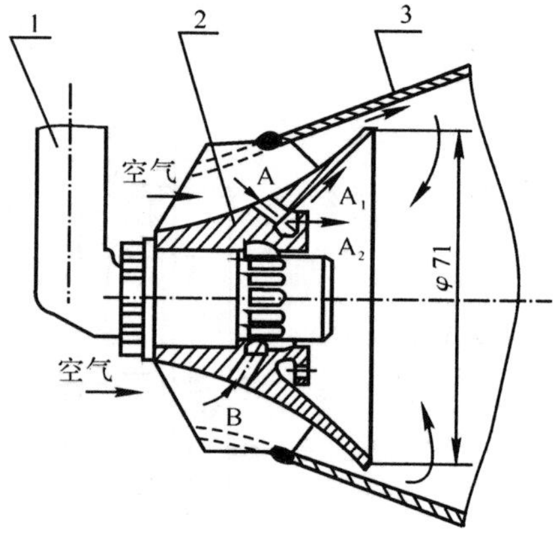

图5.34 WJ6发动机火焰筒头部

1—喷嘴；2—喇叭形涡流器；3—火焰筒头部

非叶片式涡流器还有另一种形式，称为多孔壁式涡流器。它没有专门的涡流器零件，在火焰筒头部冲制成专门的缝隙和孔，起着涡流器的作用。这种涡流器除用在J85，J79等发动机外，还广泛用在带离心甩油盘喷嘴的折流式环形燃烧室中。

3. 火焰筒筒体的进气和冷却

火焰筒筒体按其功能可分为三段，即头部、筒体和燃气导管。

火焰筒头部的功能是加速混合气的形成，保持稳定的火源，需要局部略微富油，因此只有一小部分空气（大约20%～30%）从头部进入，如图5.35所示。

火焰筒的筒体（中段）是主燃烧区，其功用是加快油气混合气的燃烧过程，保证完全燃烧。大约20%～30%的空气从这里进入火焰筒，前半部进来的空气进行助燃，后半部进来的空气进行补燃。燃气导管的是降低高温燃气的温度，使涡轮能够承受，并形成均匀的温度场；对于环管型燃烧室来说，燃气导管还用来将圆形通道变成扇形，这样各个火焰筒的出口便围成一个环形的气流通道。大约50%～60%的空气是从这里和火焰筒筒壁上的冷却气膜孔进入火焰筒的，他们的作用是降低燃气和火焰筒筒壁的温度。火焰筒往往是发动机寿命比较短的部件。为了延长火焰筒的寿命，对火焰筒进行有效和省气的冷却始终是一项非常重要的设计要求。

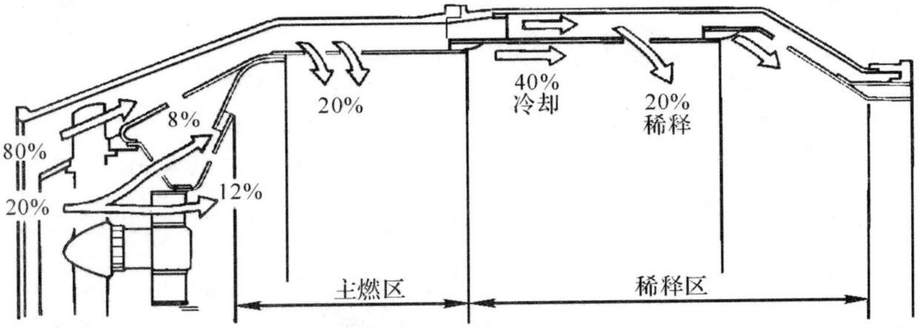

图 5.35　气流分配

筒体上的进气孔和冷却气膜孔有不同的形式，如图 5.36 和图 5.37 所示，其形状、大小、数量和分布，取决于组织燃烧的需要和涡轮前燃气温度的要求。火焰筒是燃气涡轮发动机中局部温度最高的部件，工作中还要解决高温热强度、热应力、热腐蚀、热变形和热稳定性等诸多问题。为提高抗振、抗热疲劳强度，孔边应抛光和加强，如加箍套或作成弯边。为加大进气深度，可采用弯边孔和进气斗；为改善受热不均匀，可给大进气孔镶边，或在筒壁上大孔之间开若干小孔。

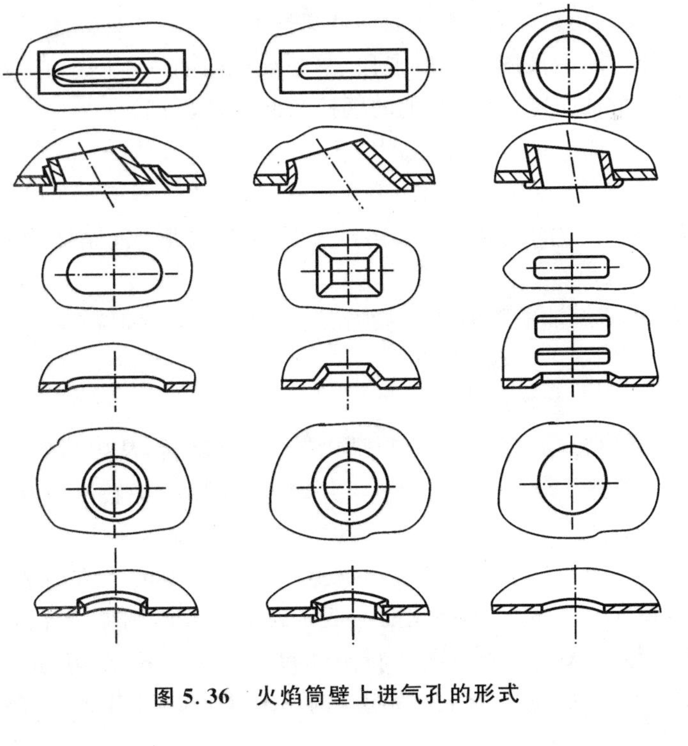

图 5.36　火焰筒壁上进气孔的形式

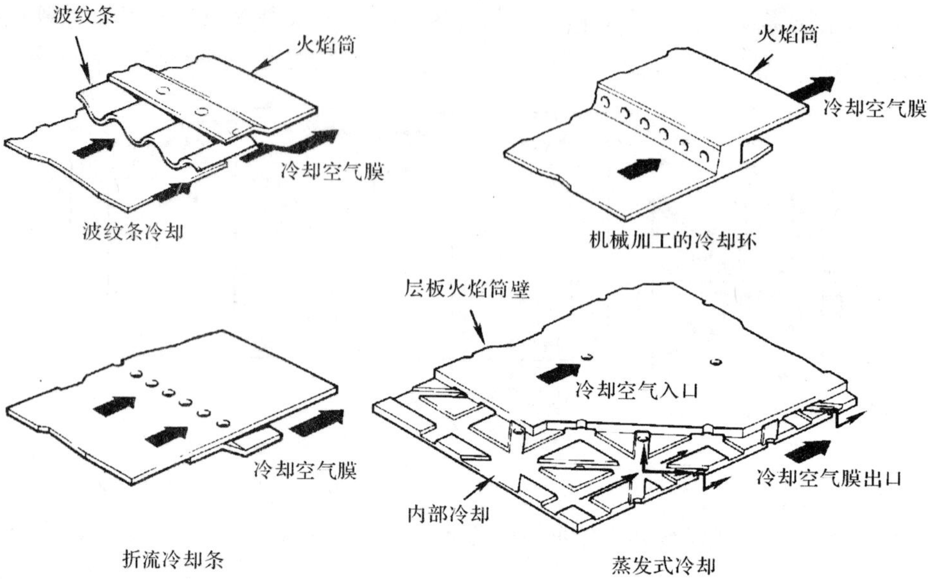

图 5.37 火焰筒壁的冷却结构

关于火焰筒筒体各部分热变形协调问题有两种情况：一是相互固定的零件，要允许在受热时能同时膨胀而不互相约束，这可采取增加零件柔性的措施。二是固定零件与受热件之间，应保证受热件能自由膨胀，而不被固定件所卡住，整个火焰筒的固定问题必须保证在受热时能自由膨胀，因此只能有一个轴向定位面，其他的联接只起支持作用。

四、燃油喷嘴

燃油喷嘴的功用是将燃油雾化（或汽化），加速混合气形成，保证稳定燃烧和提高燃烧效率。

航空发动机上采用的燃油喷嘴有离心喷嘴、气动喷嘴、蒸发喷嘴（又称蒸发管）和甩油盘式喷嘴等。

1. 离心喷嘴

燃油在油压作用下沿切线方向孔进入喷嘴内腔，高速旋转，从喷口喷出时，在离心力作用下雾化，形成旋转的圆锥油雾层（见图 5.38），与来自涡流器的旋转气流相撞、混合，形成油气混合气。

在喷嘴喷油口面积不变的条件下，喷嘴出油量与供油压力的平方根成正比。目前燃油泵的最高压力约为 10^4 kPa，若保证燃油雾化的最低压力 400 kPa，则喷嘴允许的最大供油量约为最小供油量的 5 倍。然而，发动机在各种飞行条件和工作状态下，需用油量的变化范围比上述范围大得多。例如以低空最大速度飞行（或起飞时），其供油量约等于在高空以最小速度飞行时的 10～20 倍；如果把起动状态也估计在内，则供油量的变化可达 40～50 倍之多。因此，单油路离心喷嘴不能满足要求，在航空发动机上广泛采用双油路离心喷嘴。

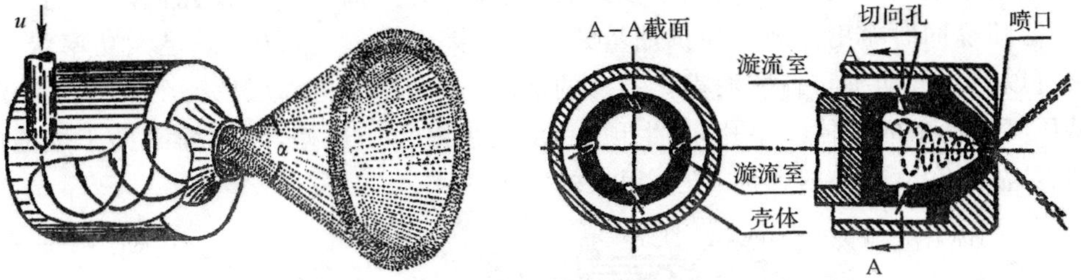

图 5.38　离心式喷嘴工作原理及构造

双路离心喷嘴的工作原理如图 5.39 所示。喷嘴内有主、副油两条路及相应的环形主喷嘴和中心副喷嘴。当供油量较小时，供油压力较低，仅副油路供油，从面积较小的中心喷嘴喷出；当供油量较大时，供油压力升高，主、副油路同时供油，从主、副喷嘴同时喷出。如斯贝发动机在 1 000 r/min 时，副油路打开供油；3 000 r/min 时，主、副油路同时供油。

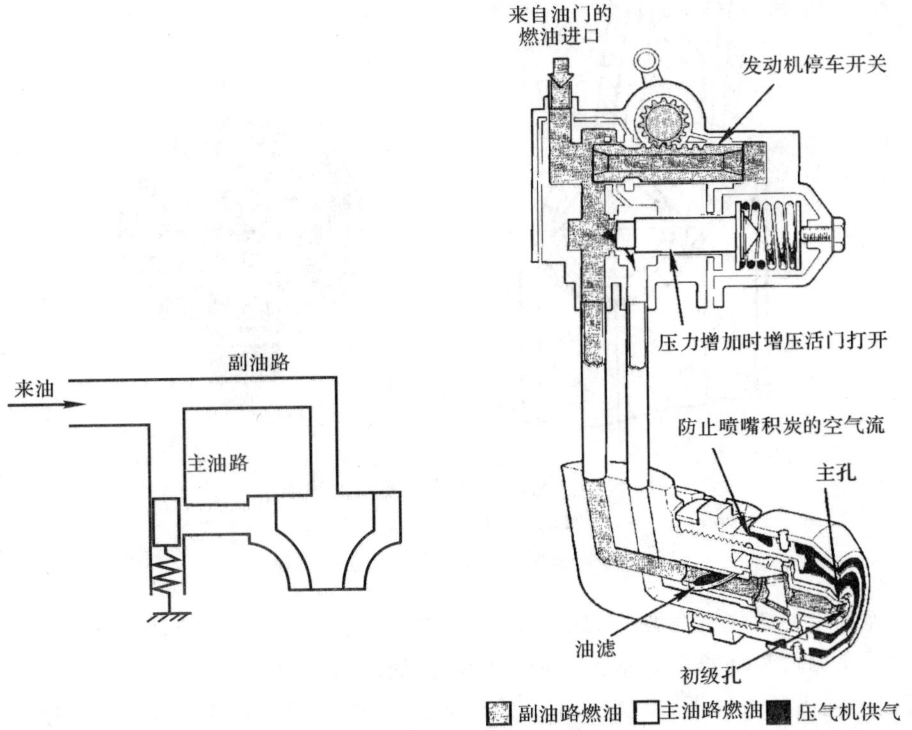

图 5.39　双路喷嘴工作原理及典型构造

АЛ—31Ф 发动机的燃油喷嘴为双路离心式喷嘴(见图 5.40)。喷嘴壳体内有主、副油两条路,相互独立,并有各自的旋流器和喷嘴。当供油量较小时,供油压力较低,仅副油路供油,从面积较小的中心喷嘴喷出;当供油量较大时,供油压力升高,主、副油路同时供油,从环形主喷嘴和中心喷嘴同时喷出。因而使供油量的变化范围大大提高,既可满足大功率状态供油的需要,又可以防止低功率状态燃油雾化不良的情况。为了防止喷嘴积炭,在防积炭外罩上开有小孔,从压气机后来的气体经小孔,产生预旋,从喷嘴喷出。这样,一方面有助于燃油的雾化,又可以吹除沾附在喷嘴上的燃油,防止积炭的发生。

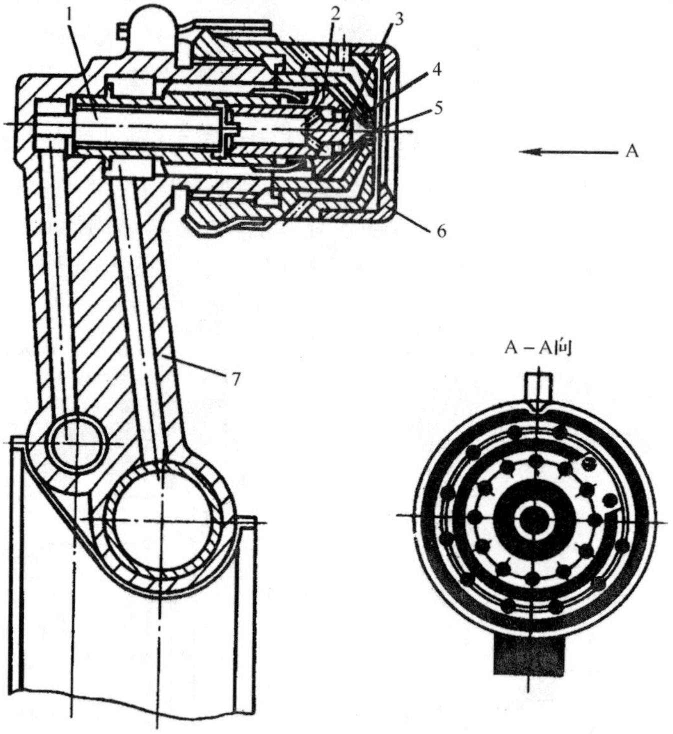

图 5.40　АЛ—31Ф 发动机燃油喷嘴

1—油滤；2—主油路旋流器；3—副油路旋流器；4—主油路喷嘴；
5—副油路喷嘴；6—防积炭外罩；7—壳体

离心喷嘴可以使燃烧室在宽广的混合比范围内稳定燃烧、工作可靠、结构坚固、易于调试,所以广泛使用在分管和环管燃烧室上。但它要求供油压力高,存在高温富油区,容易造成发烟污染,而且在不同飞行条件下,燃烧室出口温度场变化较大,环形燃烧室的环形通道与喷嘴的圆锥形油雾也不匹配。因此,随着环形燃烧室的普遍采用和对环境问题的日益重视,这类喷嘴有被蒸发喷嘴和气动喷嘴取代的趋势。

2. 气动喷嘴

气动喷嘴过去在加力预燃室中常常见到。其工作原理是使油膜与高速气流相互作用，在气动力作用下使油膜破碎雾化，快速形成均匀良好的油气混合气。

如RB211发动机燃烧室采用的气动喷嘴(见图5.41(a))。燃油经6个切向孔，在喇叭口的内壁面上形成旋转的薄油膜层，在内、外两股高速气流的作用下，碎裂成与空气充分掺混的油雾，进入火焰筒头部。

气动喷嘴的优点是：油气混合均匀，避免了主燃区的局部富油区，减少了冒烟和积炭；火焰呈蓝色，辐射热量少，使火焰筒壁温较低；气动喷嘴不要求很高的供油压力，而且在较宽的工作范围内，喷雾锥角大致保持不变，所以容易使燃烧室出口温度场分布比较均匀、稳定。气动喷嘴的缺点是：由于油气充分掺混，贫油熄火极限大大降低，使燃烧室稳定工作范围变窄；在起动时，气流速度较低，压力较小，雾化不良。

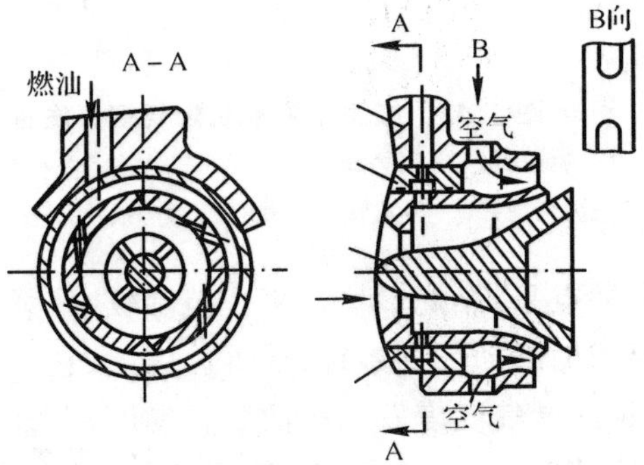

(a)

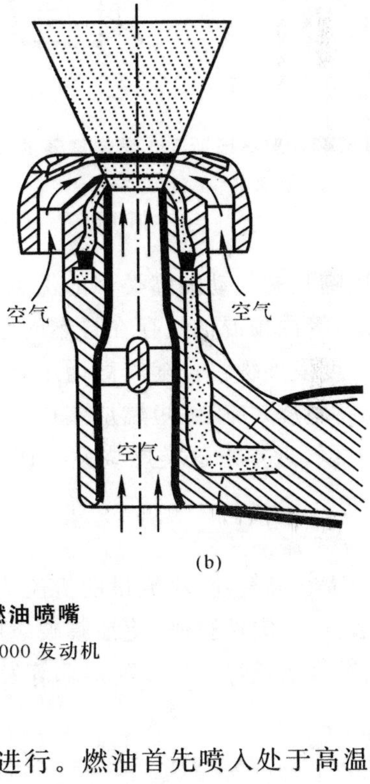

(b)

图5.41 两种气动式燃油喷嘴

(a)RB211发动机；(b)PW4000发动机

3. 蒸发喷嘴

在蒸发式燃烧室内，油气的混合提前在蒸发管内进行。燃油首先喷入处于高温燃气流中的、炽热的蒸发管内，迅速吸热并蒸发为燃油蒸气，与进入蒸发管内的少量空气初步混合成油气，然后从蒸发管喷入火焰筒的主燃区内，与大量空气混合后燃烧。

蒸发式喷嘴有两种形式，即“Γ”形和“T”形，如图5.42和图5.43所示。“Γ”形蒸发管的出口往往分布在火焰筒的两个主燃孔之间。这种结构不及“T”形蒸发管有两个出口，分别对应布置在火焰筒上主燃孔的位置，可以避免产生局部高温区并能更好组织燃烧。因此，在"Γ"形蒸发管基础上发展而来的"T"形蒸发管得到更广泛的应用。如奥林巴斯 593，F101，TF34，M53 以及 RB199 等发动机的环形燃烧室中，除 F101 采用蜗壳形蒸发管外，其余均为"T"形蒸发管。

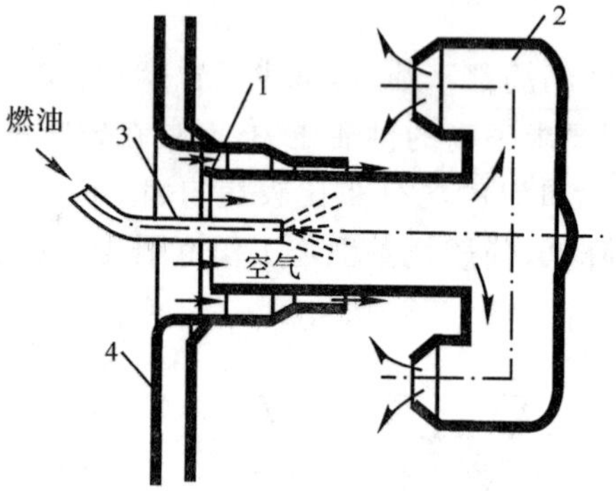

图 5.42　奥林巴斯 593 燃烧室蒸发管

1—支承环；2—蒸发管；
3—喷油管；4—火焰筒头部

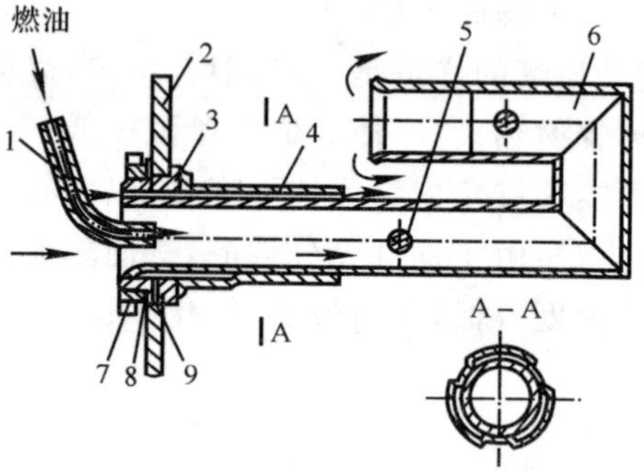

图 5.43　威派尔发动机燃烧室蒸发管

1—喷油管；2—火焰筒头部；3—安装座；4—空气套；
5—扰流销；6—蒸发管；7—螺帽；8—锁片；9—定位销

蒸发喷嘴具有气动喷嘴类似的优点。它的缺点是：燃烧室稳定工作范围较窄；蒸发管本身冷却较困难；管内预混油气存在自燃问题，需要辅助起动供油系统；等等。因此，它在主燃烧室上的应用一度发展缓慢。随着高增压比、高涡轮前燃气温度发动机的日益发展，在整个飞行范围内，在提高燃烧效率、缩短燃烧室长度、解决发动机冒烟等问题上，环形蒸发燃烧室具有显著的优势。所以，近年来这类燃烧室的研究又有了较大的进展，不少发动机上采用了蒸发式燃烧室。

4. 甩油喷嘴

甩油喷嘴在高转速、小流量的折流式环形燃烧室中使用。燃油在甩油盘油孔中形成油膜，离开喷口后，由于突然膨胀，使油膜破裂成油珠，在气动力作用下，油珠变成更小的油雾和空气混合，进入燃烧区燃烧。J69、阿赫耶等发动机采用了这种喷油装置(参见图 5.15)。

五、点火器

点火器的作用是在起动时或高空熄火后形成点火源。现代航空发动机要求点火器在三种条件下工作：一是地面起动时，二是发生空中停车时，三是当飞机在暴风雨中或做机动飞行时，防止燃烧室熄火。前两种点火方式点火时间短，点火能量大，采用高能点火器；后一种点火持续时间长，称之为"长明灯"式点火，点火能量小，采用低能点火器。点火性能直接影响发动机工作的安全性和可靠性。当发动机在高空熄火后，压气机处于风车状态，燃烧室进口压力和温度都很低，但气流速度仍然很高。在这样的条件下，要保证可靠的再点火是不容易的。发动机的点火装置可分为间接点火和直接点火两种。

1. 间接点火

间接点火是先点燃起动喷嘴的燃油，形成小股火焰，然后用小股火焰去点燃工作喷嘴的燃油。

WP6，WP7，WP8等发动机均采用间接点火。如WP7发动机有2个点火器，安装在燃烧室外壳体前部，分别装在1，2号和9，10号火焰筒之间的上部（参见图5.3）。点火器由汽油喷嘴、电嘴、氧气管接头和壳体组成（见图5.44）。

为了保证高空起动，采用汽油作为起动燃油。壳体上有4个气流相对的通气孔，孔后是挡片，使气流在挡片后产生涡流，促进油气混合。为了防止汽油直接喷到电嘴上，电嘴在其安装衬套内凹下3.5～4 mm，并由小孔进入空气吹除积炭。点火器形成的小股火焰，通过三通管引燃相邻火焰筒内的工作燃油。

这种点火器对于在主燃区的安装位置不太敏感，点火能量大，高空再点火较易实现。但其缺点是结构复杂，重量较大。

2. 直接点火

直接点火器是用电嘴直接点燃火焰筒头部的混合气。随着高能电嘴的发展，使电嘴能在低电压下，放电量大大增加。因此，除不可能直接点火的蒸发式燃烧室和不便直接点火的离心甩油环形燃烧室外，直接点火已得到广泛的应用。

斯贝发动机燃烧室采用直接点火器（见图5.45）。半导体电嘴固定在燃烧室外壳的安装座上，套筒保护电嘴安全通过外涵道，电嘴与外涵以及与火焰筒之间用浮动环密封。

点火器的安装位置应该使点火源限制在燃烧区内，并能借回流作用在回流区内不断运动，直至火焰遍及整个燃烧区。直接点火器电嘴的位置常安排在火焰筒头部，靠近喷雾锥的外缘、流速较低的地方。发动机的点火器一般为2～4个，在周向的分布可以有不同方案。2个点火器时一般位于燃烧室上方两侧，4个时一般均匀分布。

航空电嘴分为气体放电电嘴、表面放电电嘴（电蚀式和半导体式）和电阻式电热电嘴。

气体放电原理是在两电极间加上高电压（一般12～13 kV以上），击穿空气而产生电火花。它的点火能力对电极间的污物及环境很敏感。

电蚀电嘴的两个电极由银制成，两级间用绝缘材料隔开，绝缘体表面喷涂着一层银粒子。在0.6～2 kV的电压下，银粒子电离，使两级间的电阻下降，电流增大而产生表面放电。电蚀电嘴对积炭不敏感，不受燃烧室温度和压力的影响。但电嘴寿命短，而且每次点火之前需要一定时间，使电嘴“活化”。WP7，WP8都采用了电蚀电嘴（见图5.46）。

半导体电嘴是在中心电极和侧电极之间有半导体。它是利用半导体在温度升高时，电阻下降，电流增大而产生电离火花的原理实现点火。

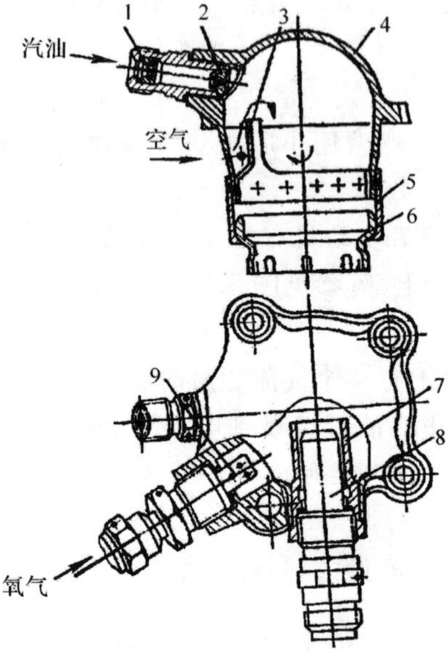

图 5.44 WP7 发动机点火器

1—油滤；2—起动喷嘴；3—挡流板；4—点火器壳体；5—点火器裙；6—球面衬套；7—电嘴衬套；8—电嘴；9—氧气管接头

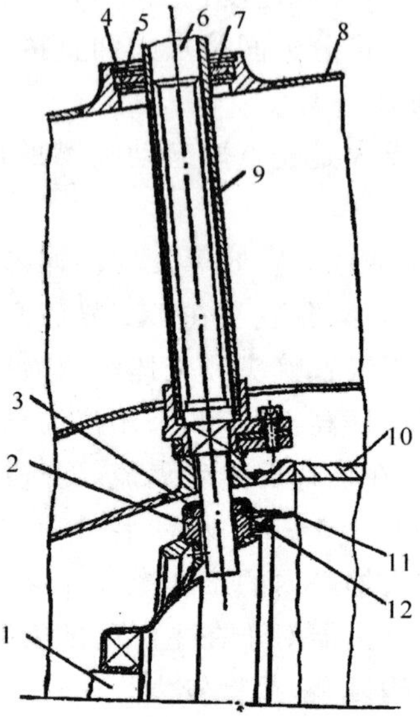

图 5.45 斯贝发动机点火器

1—喷嘴；2—安装座；3—限动环；4—卡圈；5—垫圈；6—电嘴；7—浮动环；8—外涵外壳；9—电嘴外套；10—燃烧室外壳；11—火焰筒；12—浮动环

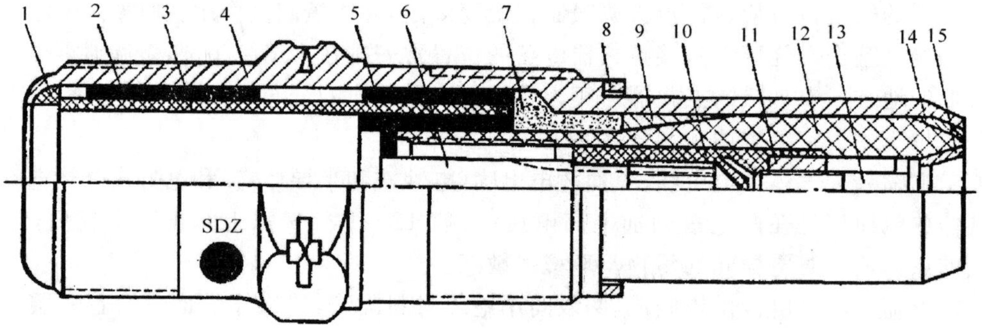

图 5.46 WP8 发动机电蚀电嘴结构

1—垫圈；2—垫片；3—绝缘管；4—壳体；5—耐热水泥；6—接触帽盖；7—滑石封严胶；8—垫圈；9—衬套；10—导电封严胶；11—螺母；12—绝缘体；13—芯杆；14—侧电极；15—中心电极

斯贝发动机有两个半导体电嘴，其点火能量分别为 3J 和 12J，分别用于“常明灯”点火和起动点火。

表 5.7 列举了一些发动机点火器的应用情况。

表 5.7　一些发动机点火器的应用情况

发动机型号	燃烧室类型	电嘴类型	点火方式	点火器周向位置
WP5	分管	气体放电	间接	2,10 点钟
WP6	环管	气体放电	间接	1,5,7,11 点钟
WP7	环管	电蚀式	间接	2,10 点钟
WP8	环管	电蚀式	间接	1,5,7,11 点钟
JT3D	环管	半导体	直接	5,7 点钟
斯贝	环管	半导体	直接	4,8 点钟
AЛ—31Φ	环形	半导体	直接	
WJ6	环形	电蚀式	间接	2,10 点钟
RB211	环形	半导体	直接	5,7 点钟
T53	回流环形	半导体	间接	4,8 点钟
J69	折流环形	半导体	间接	2,10 点钟

5.4　排气污染及减少排气污染的主要措施

各种发动机的排放物是造成大气污染的主要来源之一。航空发动机排气污染也在迅速增加，对人类生态环境造成危害并影响植物生长。在机场附近的污染物，影响能见度，影响起飞和着陆。

一、污染物的生成

碳氢燃料完全燃烧时，其燃烧产物应为 CO_2 和 H_2O。实际上任何燃烧系统都不可能做到如此完善。不完全燃烧产物成为污染物排入大气。航空发动机排气污染物有 SO_2，CO，UHC（未燃碳氢化合物），NO_x（包括 NO，NO_2）和冒烟。这些污染物的量的变化与发动机的工作状态有关，如图 5.47 所示。在慢车状态，由于油压低，空气的压力和温度也低，燃油雾化不好，故生成的 CO，UHC 较多。在起

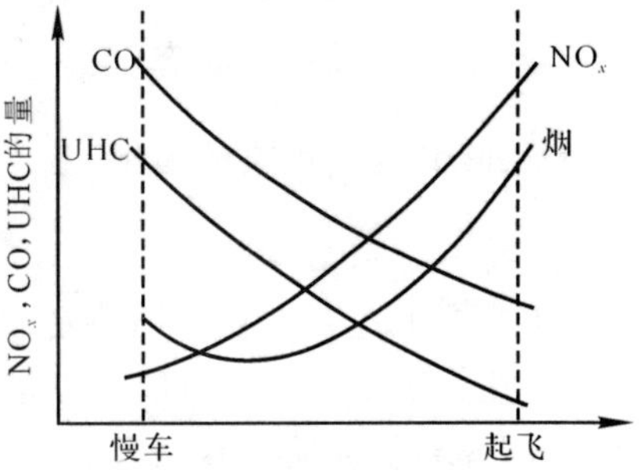

图 5.47　各种工作状态下排气污染物量的变化

飞状态，由于温度高，空气中的 N_2 分子离解成 N 原子，与氧反应生成 NO_2。碳粒的生成主要是在喷嘴附近缺氧富油区，燃油由于高温碳化生成。SO_2 主要是由于燃料中含有硫所致。

二、排气污染标准

1. 发烟指数 SN

发烟指数用 SN 表示，它是用来测量排气中未燃烧的固体碳粒。常把所取的烟通过规定的指示过滤纸，用反射率来测定 SN，其公式如下：

$$SN=(1-R_S/R_W)\times 100$$

式中 R_S——有烟痕过滤纸的绝对反射率；

R_W——清洁过的过滤纸的绝对反射率。

SN 为零时，表示排烟中无碳粒；SN 小于 25 时，为无烟。图 5.48 所示为发动机发烟指数指标。

2. 排烟污染物指数 EI

排烟污染物指数 EI 是指每千克燃料所生成的污染物（CO，UHC，NO_x）的质量（单位 g）。

3. 排气污染物参数 EPAP

在一个规定起飞/着陆循环中，9.8 N/h 所生成的污染物（CO，UHC，NO_x）的质量（单位为 g）称为排气污染物参数，用 EPAP 表示为

$$(\mathrm{EPAP})_i=\frac{\sum_{j=1}^{4}\frac{t_j}{60}R_jCR_j(\mathrm{EI}_i)_j}{\sum_{j=1}^{4}\frac{t_j}{60}R_j}$$

式中 R_j——j 状态下发动机的静推力，daN；

CR_j——j 状态下耗油率，kg/(daN·h)；

t_j——j 状态下运转时间，min；

i——污染物（CO，UHC，NO_x）；

j——发动机状态（慢车、进场、爬高和起飞）。

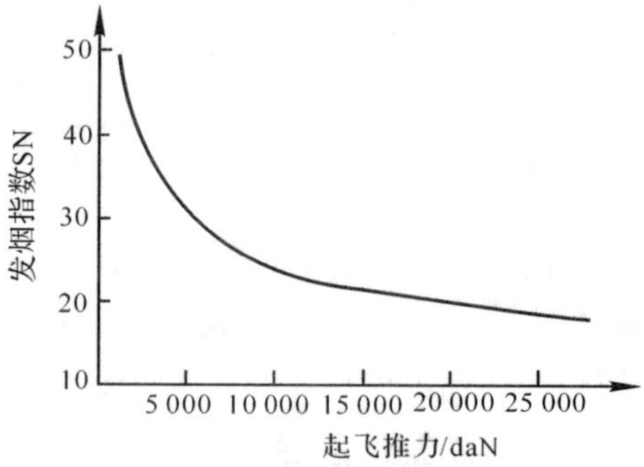

图 5.48 涡扇和涡喷发动机排气发烟指数指标

三、降低排气污染的措施

1. 排气冒烟的控制技术

排气冒烟主要来自火焰筒富油区所生成的烟粒。使用常规压力雾化喷嘴的燃烧室，烟粒主要是在火焰筒内部燃油喷雾锥的内侧处生成。因为在该区，由于喷雾锥的阻挡，新鲜空气不易掺入，容易造成缺氧富油区。另一方面，由于头部回流的作用，高温已燃气体可返回到该区，高温富油正是生成烟粒的良好条件。因此，要减少排气冒烟量，就应想法防止在火焰筒主燃区的头部附近形成高温及富油缺氧的条件。在实际燃气轮机燃烧室的主燃区内，气流流动、油气

分布和燃烧情况均十分复杂，烟粒的生成不仅受到化学反应动力学的影响，也同样受到燃油的雾化、蒸发和油气混合等物理过程的影响。

燃油从喷嘴喷出后，破碎成大大小小的油滴，在向下游流动过程中逐渐蒸发。较大的油滴在完全蒸发前，可能形成联体的扩散火焰燃烧，这种油滴扩散燃烧常常导致大量烟粒，因而可以采用增加油滴与周围气体的相对速度、减小油滴尺寸的方法来减少烟粒。实践证明，采用气动喷嘴，不仅可以大大降低排气冒烟，同时还能降低其他污染物的排放，但气动喷嘴的缺点是燃烧稳定工作范围变窄。

表5.8列出了几种减少发动机排烟的可用技术。

表5.8　几种减少发动机排烟的可用技术

方　　法	作　　　　用
改进压力雾化喷嘴	改进雾化质量，防止扩散型燃烧
采用气动雾化喷嘴	改进雾化质量，防止扩散型燃烧，使油气分布均匀
头部贫油设计	增加头部空气量、降低温度和防止局部富油区
增加火焰筒头部压降	增加头部空气量、降低温度和防止局部富油区，使油气混合改善
使用燃油添加剂	控制烟粒生成

2. 一氧化碳和未燃碳氢化合物控制技术

一氧化碳和未燃碳氢化合物均属于不完全燃烧产物。它们主要出现在发动机慢车和其他低功率状态。因为在这些状态下，燃烧室进口温度和压力均较低，并且这时燃油供油压力低，雾化不良；空气流量小，油气混合较差，燃烧速率低，燃烧不完全。另外，若燃烧室设计不完善，燃油喷到火焰筒头部壁面上，或者燃烧较早地被冷的二股气流或冷却空气冻结，则在排气中也会大量出现CO和未燃碳氢化合物。

因此，减少CO和未燃碳氢化合物排放量的措施主要是改进低功率状态下雾化条件，形成高温、略贫油的主燃区条件及防止燃烧反应过早被“冻结”等。

3. 氮氧化物(NO_x)控制技术

在燃烧室中影响氮氧化物生成的主要因素是主燃区的火焰温度和燃气滞留时间。主燃区的火焰温度低，燃气滞留时间短，则NO_x排放量小。

可用的减少燃烧室氮氧化物排放技术有下列几种：

(1)把水或蒸汽喷入主燃区，以降低主燃区温度；

(2)回流废气引入主燃区，以降低主燃区温度；

(3)增加主燃区气流速度，以减少主燃区内燃气滞留时间；

(4)贫油、预混、预蒸发燃烧室设计，以均匀降低主燃区温度，防止油滴扩散燃烧；

(5)催化燃烧室时设计，以均匀降低主燃区温度，防止油滴扩散燃烧。

四、低污染燃烧室的研制

根据污染物生成机理，必须分别降低低功率状态的CO和UHC高功率状态的NO_x两者的措施往往是矛盾的。为了降低CO和UHC的成分，要求燃料充分燃烧，增加燃油在主燃区停留时间，改进燃油雾化和分布；为降低NO_x的成分，则要求贫油混气燃烧，减少燃油在主燃区的停留时间。还有一个困难是解决排气污染时既要满足环保标准，又要满足燃烧室其他各项性能指标。美国环保标准很严格，目前很少发动机能达到。

20世纪60年代设计的发动机，当时没有提出排气污染的要求，因此，目前对这些发动机采取过渡性措施。新设计的发动机要设计低污染燃烧室。

由于低功率状态和高功率状态污染物有所不同，因而目前提出了两级燃烧或变几何燃烧室的方案。图5.49给出了3种分级燃烧方案。在低功率状态下，只有预燃级供油燃烧；在高功率状态下，预燃级和主燃级同时供油燃烧。图5.49(a)所示为涡流罐方案，它的特点是主燃区的空气量增加，另外燃油与空气在进入主燃区之前已混合好。这种燃烧室在高功率状态下NO_x量显著降低，而在低功率状态火焰稳定性得到改善。图5.49(b)所示为双环腔燃烧室。在低功率状态因保持较高的油气比，使燃烧完全；在高功率状态下，油气比较低，减少了NO_x的生成量。图5.49(c)所示为涡流燃烧与混合方案，即轴向串联方案。在高功率状态，主燃级的燃油喷入预燃级的热燃气中，使燃油蒸发，主涡流器能形成强烈的涡流，使油气混合，故可采用贫油燃烧。主燃级长度短，使NO_x低。在低功率状态，位于喉部下游的主涡流器进入大量空气，使预燃级燃气冷却而使CO进一步氧化，使CO相对较低。JT9D－7就选用这种方案预燃级有适当长度，以减少慢车状态的CO，UHC的生成。

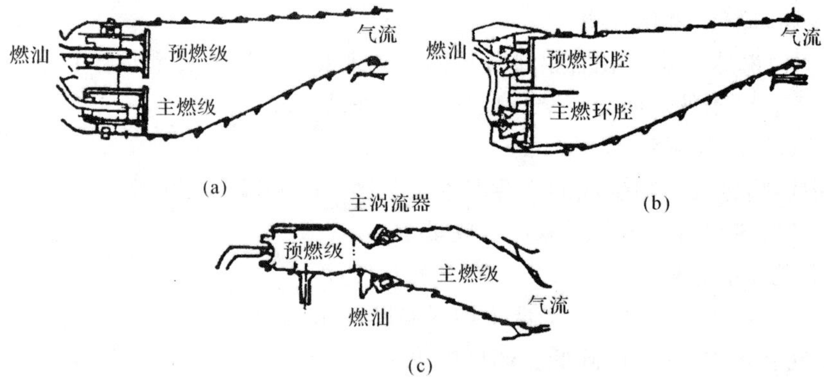

图5.49　低污染燃烧室方案

图 5.50 所示为 GE90 发动机的径向布局的两级燃烧室。该燃烧室的火焰筒为双环腔结构，采用双锥面气动式燃油喷嘴，直接点火方式。

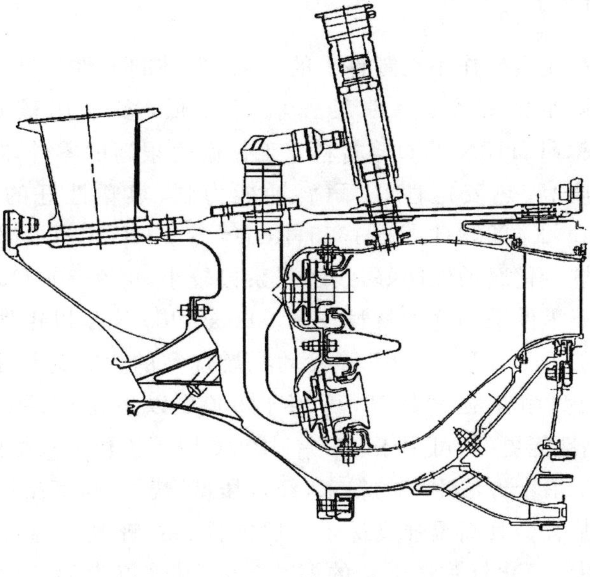

图 5.50　GE90 的双环腔燃烧室

表 5.9 为 CF6 发动机双环腔燃烧室排气污染物的下降情况表。

表 5.9　CF6 发动机燃烧室改用双环腔后排气污染物的下降情况

发动机功率状态 / 污染物含量	高空巡航	慢车	进　场		爬升	起飞	$(EPAP)_i$/[(g/daN·h)/循环]			
	主级预级	预级	预级	预级主级	预级主级	预级主级	CF6—50 生产型	1979 年规定	预级	主级预级
CO(g/kg)	6	21	2.5	82	1	0.2	10.80	4.3	3.25	10.51
HC(g/kg)	0.1	2	0.1	16	0.02	0.01	4.30	0.8	0.29	1.74
NO_x(g/kg)	7.4	3.2	8.6	6.1	14.8	19.5	7.7	3.0	4.54	4.31
燃烧效率	0.998 5		0.999 3	0.965 0	0.999 7	0.999 9				

5.5　燃烧室主要零件常用材料及防护涂层

一、燃烧室零件所用的材料

燃烧室零件的材料应根据作用在零件上的负荷、零件的工件温度及零件的制造工艺特点进行选择。扩压器和外壳等零、构件工作温度较低，多采用碳钢（10 号钢）、结构钢（30CrMnSiA）及不锈钢（1Cr18Ni9Ti）等材料。工作温度很高的零件，如火焰筒、传焰管、燃气导管等，则采用热强度高、热安定性好、耐腐蚀能力强、热塑性好的镍基高温合金 CH30，CH39，GH44，Hastelloy X，C263，Incone1625，Reney 等。GH30 是以少量的钛强化的镍基合金，其热强度不高，但抗氧化腐蚀性能好，线膨胀系数较小，可在 800℃以下工作。早期的火焰筒及目前燃烧室的次要零件采用这种材料较多。Hastelloy X 是以钼强化的镍基合金，工作温度为 850～900℃，J79，JT3D，JT9D，CF6 等发动机燃烧室的火焰筒均采用这种材料。GH39，Inconel625 含有钼和铌，耐热强度较高，可用于 900℃以下工作的火焰筒。GH44 中含有 13%～16%的钨，耐热性能更好，可用于 950～1 100℃以下工作的火焰筒。弥散强化的镍基合金是由化学冶金和粉末冶金方法生产的粉末，经过压型、烧结、包套挤压等加工过程，最后轧制成材。弥散强化的镍基合金其高温强度优于一般的铁、钴、镍基高温合金，在航空发动机上得到应用。TD－Ni 是用二氧化钍弥散强化的镍基合金，其熔点为 1 454℃，TF－30 发动机的燃气导管就是用这种材料制成的。为改善 TD－Ni 的抗氧化性能，加入了铬、铝、钇等成分，形成了 TD－NiCrAlY 合金，这种合金不仅高温抗氧化性能好，而且还具有抗高速气流冲刷的能力。

几台发动机燃烧室主要零件所采用的材料见表 5.10。它们的化学成分、物理及机械性能可从有关的材料手册中查得。

表 5.10　燃烧室主要零件材料

发动机型号	扩压器	壳体	涡流器	火焰筒	传焰管
WP6	1Cr18Ni9Ti	1Cr18Ni9Ti	GH39(GH140)	GH39(GH140)	GH30
WP7	1Cr18Ni9Ti	1Cr18Ni9Ti	K12	GH44	GH30
JT3D	AISI410	AISI410	X40	Hastelloy X	
JT9D	Inconel 718	Inconel 713		Hastelloy X	
斯贝	S/SJ2	S/SJ2 C263	N75	N75，C263	

随着涡轮进口燃气温度的不断提高，对燃烧室材料的要求更加苛刻。未来推重比 15～20 以上的发动机，其燃烧室温度将高达 2 000～2 200℃，燃烧室机匣温度将大于 1 204～1 538℃，

火焰筒承受的温度将大于 1 538～1 750℃。因此，未来先进发动机性能对材料的要求将不满足于传统材料的渐进式提高，要求开辟新的材料系统和工艺领域。先进发动机材料的选择、研究和开发应当建立在充分认识其服役基本环境与要求的基础上，即高温、高载荷、高氧化腐蚀、高性能重量比、高可靠性与长寿命。针对这些特点，以下基本性能是选择材料的出发点：①可承受的最高温度；②高温比强度与比寿命；③高温抗氧化能力；④韧性；⑤导热性；⑥加工性。据分析，新型钛合金、陶瓷基复合材料（CMC）、金属基复合材料（MMC）、金属间化合物复合材料（IMC）和碳-碳基复合材料（C/C）等，将成为未来先进发动机热端部件的重要材料。陶瓷材料可以在很高的温度下工作，但其韧性和可加工性较弱。正在发展的用各种长纤维（Si_3N_4，SiC，Al_2O_3 等）增韧的陶瓷基复合材料，具有优异的耐高温、高抗氧化和高比强等特性。美国为实现 IHPTET（综合高性能发动机技术）计划，提出采用陶瓷基复合材料（CMC）制造出口温度均匀、变流量结构火焰筒；用钛基复合材料，制造燃烧室机匣。

二、燃烧室的防护涂层

燃烧室零、构件表面的防护层是减少零件变形和裂纹故障比较简便而有效的方法。采用耐热、耐腐蚀涂层能够显著提高材料的抗氧化、抗腐蚀性能；采用耐热、隔热涂层可以有效地降低基体的工作温度，提高材料的热强度和热疲劳性能；在易于磨损的部位，复以耐磨涂层能大大延长零件的使用寿命。C/C 复合材料虽然具有优异的高温性能，但它的抗氧化性能差，作为结构材料使用时，需要解决 1650℃以上长寿命抗氧化涂层。因此，防护涂层在航空发动机燃烧室上的作用至关重要，并得到广泛应用。

按涂层的工艺分类，燃烧室涂层主要应用下列几种：

（1）高温珐琅涂层。它是由玻璃加耐火氧化物经高温熔炼在基体上，形成玻璃态的无机涂层。涂层与基体结合牢固，表面光洁。涂层厚度一般为 0.04～0.10 mm，其生产工艺与普通搪瓷相似。例如 WP7 发动机的火焰筒，采用了高温珐琅涂层后，不仅提高了材料的抗氧化能力，而且也提高了高温持久强度和高温蠕变性能。

（2）热扩散涂层。它是将 Cr，Al，Cr＋Ta，Cr＋Al＋Ta 等成分制成均匀细微粉末，将基体材料埋在其中，通过一定工艺加热，由于扩散作用，在基体表面形成一层热扩散涂层。其中铬涂层对一般含硫的燃气有保护作用，铝涂层对高温氧化有防护作用。例如："阿塔"发动机燃烧室的火焰筒表面就渗有 Al＋Cr 的热扩散涂层。

（3）热喷涂涂层。它是利用一定的热源（气体燃烧火焰、气体爆炸火焰、电弧、电弧等离子体等），将涂层材料加热到熔融状态，然后用高温气流雾化，并以一定的速度喷涂于工作表面形成各种防护涂层。例如 JT9D 发动机燃烧室曾采用了等离子喷涂 24％MgO－76％ZrO2 涂层，以镍包铝作为中间层，提高了材料的耐热、耐腐蚀、抗氧化和抗火焰冲刷性能。JT3D 发动机燃烧室火焰筒内壁采用了爆炸喷 Cr3C2 涂层，提高了材料的抗腐蚀性能。

（4）烘烤涂层。它是将涂层的粉末与某种无机或者有机粘结剂制成料浆，然后涂在基体表面，加温到400℃左右的温度烘干。这种涂层生产工艺简便，涂层的性能可以根据需要进行调节，并具有良好的耐高温腐蚀性能，在燃烧室罩等零件上得到较为广泛的应用。

高温珐琅涂层要与基体一起高温熔烧，可能使基体材料的某些性能降低；珐琅涂层比其他涂层要脆，因而容易剥落。热扩散涂层要改变基体材料表面的组成，有时对材料的某些性能会产生不利影响。热喷涂涂层主要用于难熔材料的喷涂，并且必须注意避免喷涂过程中涂料的氧化。烘烤涂层的采用受到粘结剂性能的限制。合理的选用防护涂层和不断改进涂层的性能和工艺，对于进一步发挥材料的性能，满足涡轮进口燃气温度不断提高的要求，有着日益重要的意义。

思考题

1. 燃烧室有几种基本类型？
2. 环形燃烧室的四种基本类型是什么？
3. 燃烧室主要由哪几部分组成？
4. 简述火焰筒的组成及各部分的功用。
5. 筒型火焰筒有哪些基本类型？
6. 环管型燃烧室在结构上是如何保证火焰筒在工作时不会引起附加载荷的？
7. 火焰筒的制造可以采用哪几种方法？
8. 燃油喷嘴的功用是什么？主要有哪几种类型？
9. 燃烧室外壳体上主要有哪些管接头和安装座？
10. 列举扩压器的三种结构形式及其优缺点。
11. WS9 燃烧室是哪种类型？指出它的主要结构特点。

第 6 章　加力燃烧室

6.1　概　述

发动机在达到最大状态后继续增加推力，叫做发动机加力。飞机在起飞、爬升及军用飞机机动飞行时，需要更大的推力。发动机加力是短时间内增加推力的最好方法。目前，最为广泛采用的加力方法是在涡轮和尾喷管之间安装加力燃烧室，进行复燃加力。在以往的超声速飞机上，加力燃烧室是发动机不可缺少的基本部件。

加力燃烧室的功用是在保持发动机最大转速和涡轮前燃气温度不变的情况下，将燃油喷入涡轮后的燃气流中，利用燃气中剩余的氧气再次燃烧（在双涵道发动机中，还可从外涵道引入新鲜空气），以进一步提高燃气温度，增大喷气速度，达到增加推力的目的。当使用加力时，为了保持涡轮前各部件的最大工作状态不变，就必须同时加大尾喷口的排气面积，以适应燃气比体积的增加。因此，凡是带有加力燃烧室的发动机都必须有面积可调节的尾喷口（管）配合工作。

WP6 发动机的加力燃烧室如图 6.1 所示，它由扩压器、预燃室、火焰稳定器、喷嘴和加力输油总管、加力燃烧室壳体等组成。

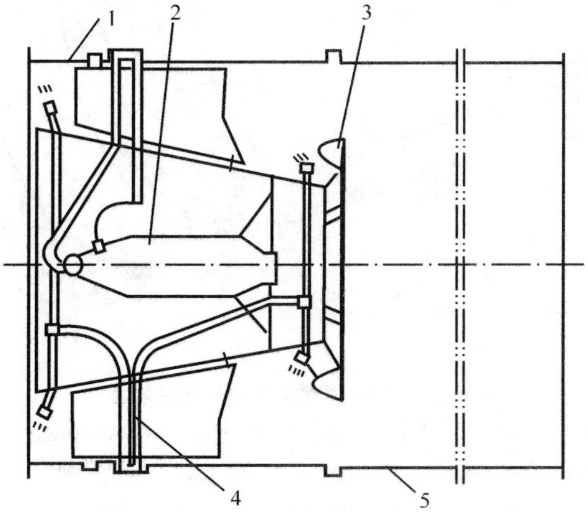

图 6.1　WP6 发动机加力燃烧室的组成

1—扩压器；2—预燃室；3—火焰稳定器；4—喷嘴和输油总管；5—加力燃烧室壳体

加力燃烧室的燃烧过程是由扩压、燃烧和排气三部分组成。从涡轮流出的高温、高速、低压的燃气，经扩压以后的速度降低到 180 m/s。为了在不增大外径条件下进一步降低流速，将扩压器内锥顶截去，使截面积骤然增大，并在该处形成中心回流区。此外，在火焰稳定器后也形成环形回流区。

由于燃气温度高，加力燃烧室内气流又不需要分股，所以，在扩压过程中提前将煤油经前、后输油圈上的喷嘴逆流地喷入燃气中，促进了煤油的雾化，延长了油气混合时间，改善了混合气的质量。

这种复燃加力方案，可以在不加大发动机径向尺寸和对前面各部件不作改变的条件下，仅增加一个结构相当简单的加力燃烧室就可以显著地增大发动机的推力，特别在高速飞行时增加的推力会更多。斯贝发动机的军用型就是在积累了大量使用经验的民用型发动机的基础上，略加修改，增加了一个加力燃烧室发展而成的。WS9 发动机的加力燃烧室如图 6.2 所示，它由扩压器、点火装置、火焰稳定器、喷嘴和加力输油圈、加力燃烧室壳体等组成。

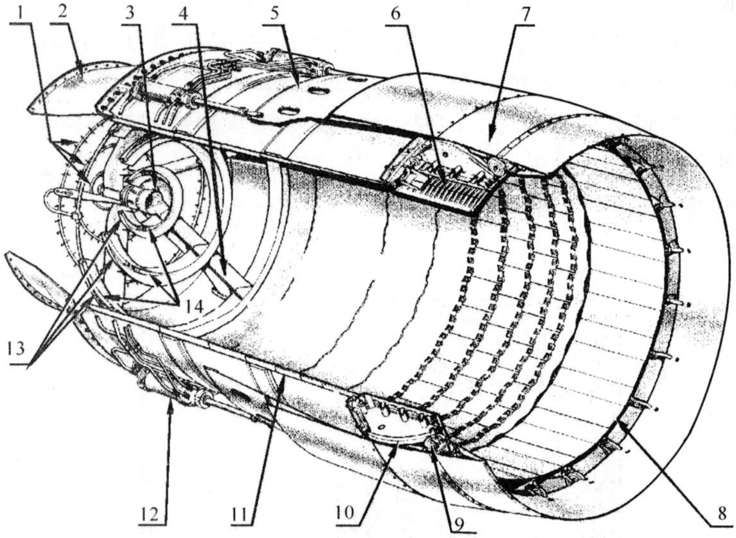

图 6.2　WS9 发动机的加力燃烧室

1—输油圈；2—扩压器；3—催化点火器；4—传焰肋；5—喷口作动环；6—密封片；7—引射喷管；8—可调喷口；9—喷口运动滚轮；10—凸轮导轨；11—隔热屏；12—作动筒；13—火焰稳定器；14—稳定器输油管

但是，由于加力燃油是在压力较低的燃气中燃烧的，因此，热循环效率较低，燃烧效率不高，加力状态排气损失急骤增大，引起了耗油率成倍增加。受材料高温强度的限制，加力燃烧室的连续工作时间受到严格限制。

6.2　加力燃烧室的工作特点和构造要求

加力燃烧室的工作特点和构造要求如下：

(1)加力燃烧室进口的气流温度很高，达 950～1 000 K，同时它是经过涡轮叶片扰动后的强烈紊流。这两个因素可以加快混合气的形成，提高燃烧的速度。但是，进入加力燃烧室的气流是燃气，含氧量比纯空气少了 1/4 左右，而且流速高。这两个因素不利于燃烧。综合以上两方面因素，为使燃油完全燃烧，加力燃烧室需要有足够的长度。

(2)涡轮出口处的气流速度高达 350～450 m/s，这对点火燃烧和稳定火焰十分不利。因此，必须设计扩压器以降低气流速度，并采用火焰稳定器保证稳定燃烧，不致熄火。扩压器和火焰稳定器造成的气流流动损失应尽可能小。

(3)加力燃烧室进口处气体的压力较低，随着飞机飞行速度和高度变化，压力的变化范围很大。从表 6.1 可知，在大高度和小 *Ma* 的情况下，压力下降十分显著。这使加力燃烧室混合气的着火条件变坏，燃烧完全度降低。为此，在构造上须采取措施保证在各种飞行条件下能可靠起动，如采用专门的点火装置——预燃室等，并使加力燃烧室的热损失尽可能少。

表 6.1　加力燃烧室进口处总压的变化

高度/m \ 飞行 *Ma*	0	1.0	1.5	2.0	2.5
0	2.6	3.9	5.9	9.7	16.0
8 000	1.2	1.8	2.6	4.1	6.7
11 000	0.9	1.3	1.8	2.9	4.7
20 000	0.2	0.3	0.4	0.7	1.1

(4)由于薄壁圆柱形或圆锥形的加力燃烧室外壳尺寸大，且受一定的静载荷和动载荷作用，处在高温下工作，且有不均匀温度场，因此应保证它具有足够的强度和刚度，防止薄壁壳体失去稳定性，并应力求外廓尺寸小、重量轻。

(5)加力燃烧室起动要迅速，推力增加要平稳，加力燃烧室工作时对发动机的空气流量和其他部件的工作应无影响。为此，必须有可调节尾喷口(管)与其协同工作。

(6)加力燃烧室后面没有转动部件，燃气温度不受涡轮叶片材料的限制，因此加力后燃气温度可达 2 000 K，高温的燃气直接从尾喷管高速排出。因此，对于加力燃烧室壳体及尾喷管应进行冷却、并对机舱进行隔热。对于处于高温下的零构件，像主燃烧室的零构件一样，应注意它们的热应力和热变形问题，允许相邻联接零件的自由热膨胀或偏摆。

6.3 加力燃烧室的基本构件

加力燃烧室由扩压器、火焰稳定器、输油圈及燃油喷嘴、点火装置、加力燃烧室壳体等部分组成，在双涵道发动机中还包括混合器。

一、扩压器

扩压器的功用是降低进入加力燃烧室的气流速度，为稳定燃烧创造条件。目前涡轮出口气流速度高达350～450 m/s，扩压器出口的气流速度在120～180 m/s之间。设计扩压器时，应使气流的流动损失尽可能小。与设计主燃烧室的扩压器一样，最好按照等压力梯度来设计通道。因为加工困难，通常以几段直线近似地代替等压力梯度型面的曲母线。根据扩压器的构造参数：扩压比n(扩压器出口截面积与进口截面积之比)和当量扩张角θ的大小，扩压器可作成图6.3所示的几种形式。

当扩压比$n \leqslant 2$，量扩张角$\theta = 12° \sim 18°$时，扩压器的外壳可作成圆柱形，如图6.3(a)所示；

当扩压比$n > 2$，量扩张角$\theta = 20° \sim 25°$时，扩压器的外壳应作成圆锥形或曲母线圆锥形，如图6.3(b)，(c)所示。

当$\theta > 25°$时，最好采用等压梯度变化的扩压器。为了便于加工，可以采用母线为几段直线的接近于等压梯度型面的扩压器。

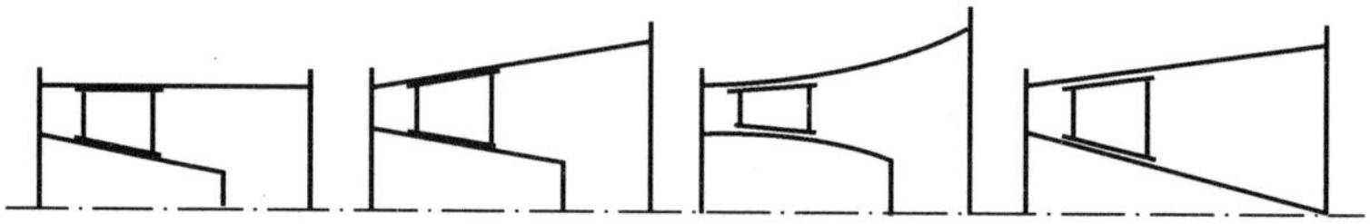

(a) (b) (c) (d)

图6.3 扩压器的几种型式

加力燃烧室的扩压器一般由外壁、整流锥、整流支板和隔热罩等组成。图6.4所示为WP6发动机加力燃烧室的扩压器。

扩压器的内锥体通常做成截锥形式，既可缩短锥体长度，又能使气流在截锥端面突然扩散，产生扰流，形成回流区，有利于稳定燃烧。内锥体锥面的母线可以是直线的，也可以是曲线的。内锥体亦有不是截锥形式的，这都要视发动机的具体情况而定。

扩压器的外壁是圆柱形的，用0.8 mm厚的镍基合金GH35钣料焊成。外壁前后两端焊有特制的安装边，通过快卸环分别与涡轮外壳和加力燃烧室壳体相联接。

WP6发动机加力燃烧室的整流锥呈截锥形，用1 mm厚的不锈钢板1Cr18Ni9Ti焊成。前、后端也焊有专门安装边，分别固定前、后输油圈安装座，预燃室和后底板。

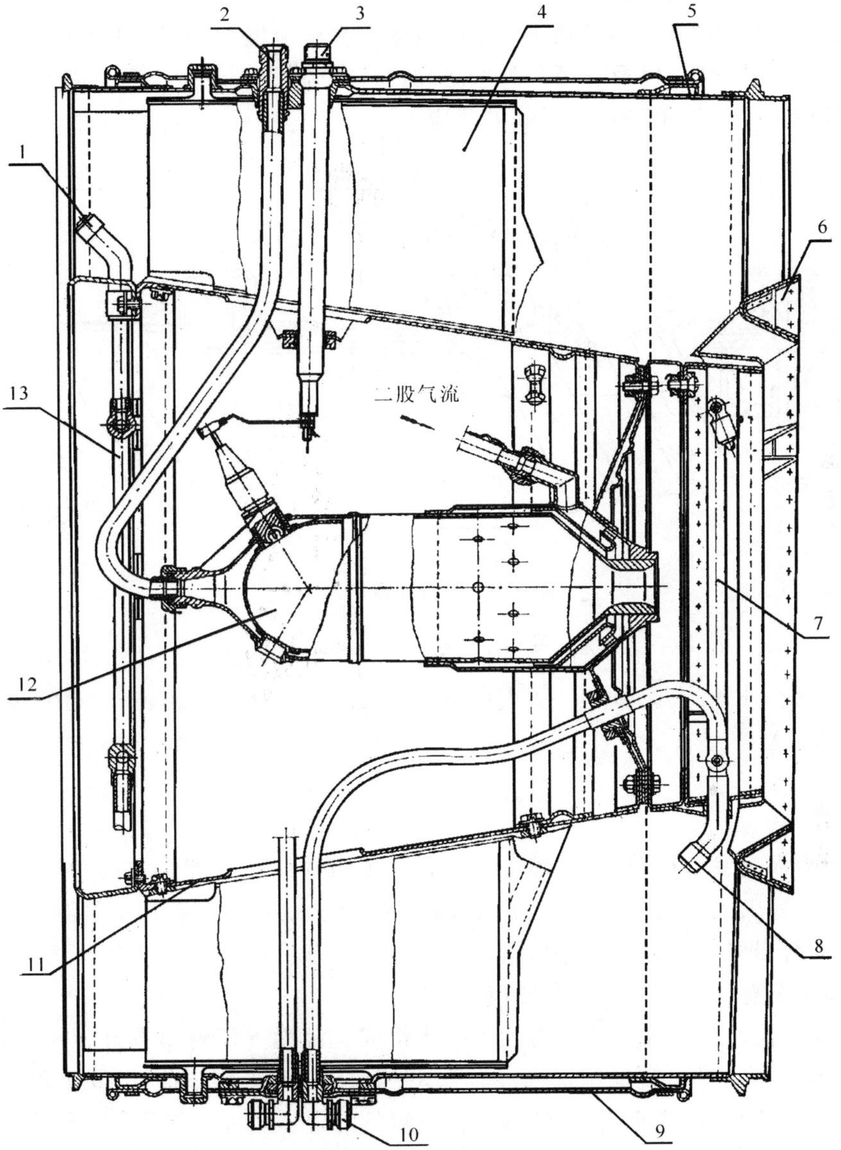

图 6.4　WP6 发动机加力燃烧室的扩压器

1—喷嘴；2—混合气导管；3—导电杆；4—整流支板；5—加力燃烧室壳体；6—火焰稳定器；7—输油管；8—喷嘴；9—隔热罩；10—后燃油总管；11—整流锥；12—预燃室；13—前输油圈

整流支板是用 1 mm 厚的镍基合金 GH30 钣料焊成，起整流和传力作用。支板采用内端固定和外端支持的联接方案，即内端用 4 个螺钉固定在整流锥上，外端用径向销钉插入外壁的销孔内。在销钉和孔之间，以及支板与外壁之间留有间隙(见图 6.5)，避免内锥与整流支板组合件相对于外壁由于变形不一致而引起的热应力。

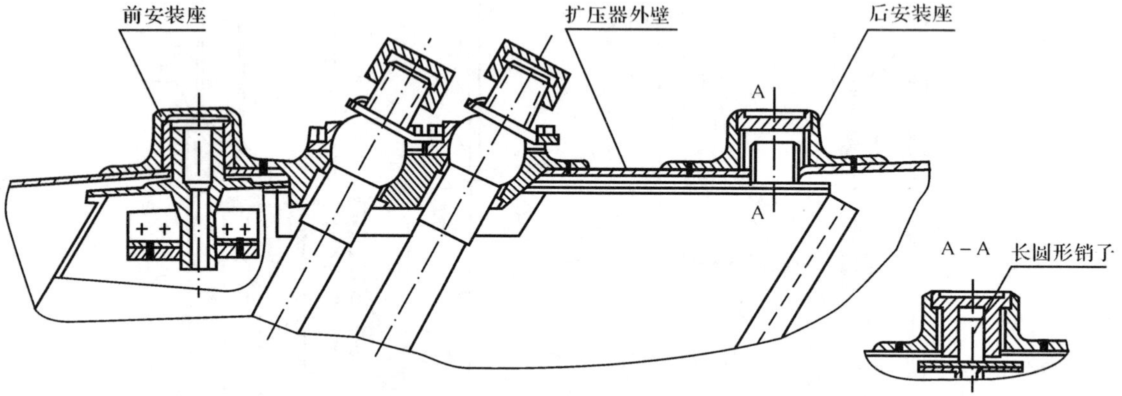

图 6.5　整流支板的支撑

隔热罩是用厚度为 0.5 mm 的不锈钢 1Cr18Ni9Ti 钣料做成的圆柱筒体，分成上、下两半，用两道箍带箍紧在外壁的支承环上，防止机身受热。为了加强刚性，滚有三道波纹，并在前、后端卷边(见图 6.4)。

二、混合器

在混合加力涡扇发动机中，加力燃烧室还有一个组件叫混合器。它的功用是将涡扇发动机外涵道空气平稳引入内涵道，保证两股气流混合后压力、温度和速度比较均匀。对混合器的要求是，气流混合损失要小、气流稳定、出口流场均匀并有一定的速度，同时长度短、重量轻、结构简单。目前主要有三种类型的混合器(见图 6.6)。

(1)漏斗混合器。它由许多插入内涵的漏斗组成。外涵气流通过漏斗以一定的角度射入内涵。斯贝 MK202 发动机就采用这种混合器，在混合器筒体上分布有 10 个很短的、带翻边开孔的浅漏斗。这种混合器使内、外涵气流在较短的混合器长度内得到充分混合，但其压力损失大，结构重而复杂。

(2)环形混合器(又称平行进气混合器)。它主要依靠内、外涵两股同轴平行射流的表面紊流混合。F100 涡扇发动机就采用这种混合器，环形的火焰稳定器设在平行射流表面的紊流中。这种混合器结构简单、重量轻、流阻损失小，目前在大推重比的涡扇发动机中广泛采用。但是它的出口流场随飞行状态变化大，对燃油调节器要求高。

(3)菊花槽混合器。它也属于同轴表面混合，利用沿外涵气流方向越来越大的波形菊花槽来增大内、外涵气流的混合面，提高混合效率。F101 涡扇发动机就采用这种混合器。其混合度及压力损失随菊花槽的数目和大小而改变，一般情况下介于漏斗与环形混合器之间。

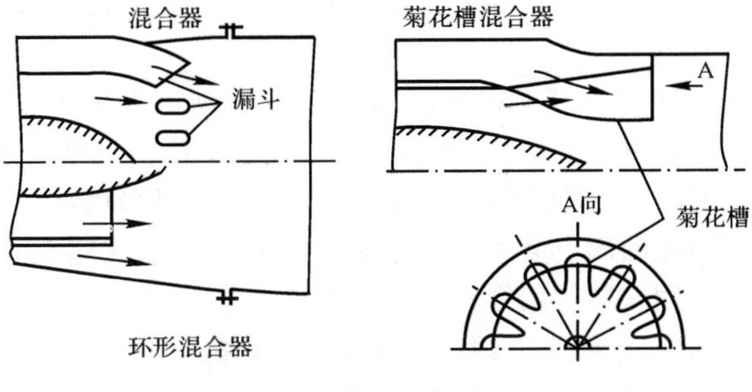

图 6.6　三种类型的混合器简图

图 6.7 所示为 АЛ－31Ф 发动机的排气混合器。该混合器由外壳体和混合器漏斗组成。混合器前部与外涵道相联，后部与加力燃烧室扩散器壳体相联。共有 22 个插入内涵道的漏斗。漏斗的前部与发动机后承力机匣相联，载荷传给涡轮机匣；后部圆环靠在发动机外壳体上，无固定，其作用是补偿内涵道相对于外涵道的轴向位移。另外在加强肋上还有 8 个测温热电耦、加力燃烧室点火系统的离心喷嘴和压力传感器等。

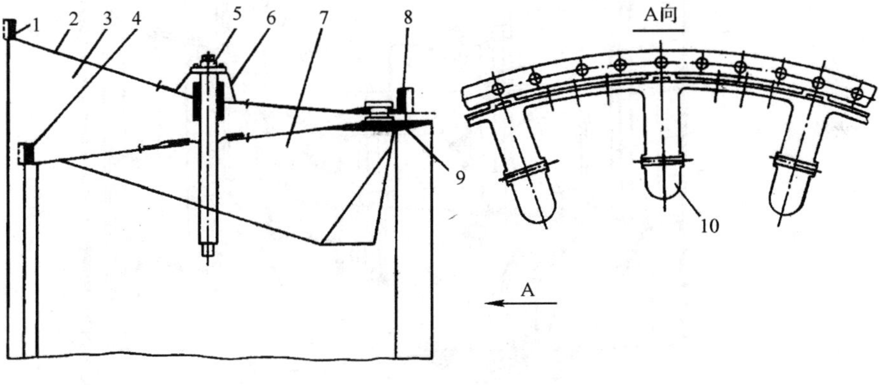

图 6.7　АЛ－31Ф 发动机漏斗式混合器

1—混合器壳体安装边；2—混合器壳体；3—混合器管道；4—混合器安装边；5—热电耦；6—加强肋；7—混合器；8—混合器壳体安装边；9—圆环；10—漏斗

三、火焰稳定器

火焰稳定器的功用是使气流产生紊流，形成回流区，加速混合气的形成和加强燃烧过程，稳定火焰和提高完全燃烧度。

在加力燃烧室中,通常采用非流线型物体作火焰稳定器,最常见的是V形槽。它具有结构简单、重量轻、损失小、发展较成熟、性能较好的优点。V形槽稳定器又分为环形的和径向的两种。

环形稳定器在涡喷发动机中首先得到应用。WP6发动机采用了单排环形稳定器(见图6.4)。它是用镍基合金GH39钣料焊成,由V形环、V形支柱和支座组成。6根V形支柱用来支持V形环和传递火焰。为了加强刚性,在V形板料的边缘采用双层板料焊成。整个稳定器借支座用螺栓固定在后输油圈安装座上。考虑到热膨胀问题,支座上的螺栓孔是长圆孔,其长轴在径向位置。后输油圈安装座用螺栓固定在内锥体末端。

WP7甲发动机采用双排环形稳定器。前排用5根拉杆铰接在内锥体壁上,后排用10根拉杆铰接在扩压器外壁上。铰接结构可使稳定器的温度变形得到补偿(见图6.8)。

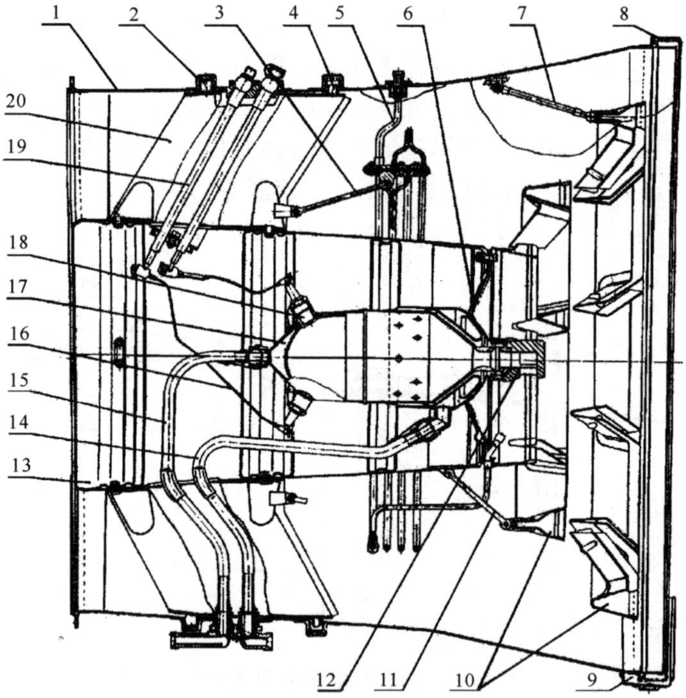

图6.8 WP7发动机加力燃烧室的扩压器

1—外壁;2—前销;3,7,11—拉杆;4—后销;5—加力燃油总管;6—隔热屏;8—套管快卸环;9—燃油收集器;10—火焰稳定器;12—预燃室喷口;13—内壁;14—二股进气管;15—混合气管;16—导电片;17—涡流器;18—点火电嘴;19—导电杆;20—整流支板与涡喷加力相比，在混合加力的涡扇发动机中，加力的主要特点是外涵冷空气参加燃烧。为了解决低温稳定燃烧问题，广泛采用 V 形槽式的径向稳定器。在平行进气的 F100 涡扇发动机中，稳定器由环形主稳定器和径向火焰稳定器组成。主稳定器为单排环形，置于内涵高温燃气流中，用于建立稳定高温热源；主稳定器的内外都是径向稳定器，利用内涵高温热源加热径向 V 形槽，促进外涵稳定器上的油膜蒸发和混合，并用内涵高温燃气引燃，提高外涵冷混气燃烧的稳定性。不加力时，这些径向稳定器又能促进内、外涵气流的混合。

径向稳定器也用在涡喷发动机上。如 P11Φ2C－300 发动机是 P11Φ－300 发动机的改型，为了提高加力温度，去掉原来两排环形稳定器，改为大小各 10 个（共 20 个）径向稳定器。由于多槽的回流区化小而总体回流区扩大，传焰能力增强且均匀，使燃烧效率提高，并能减轻燃烧时的压力脉动，改善了燃烧的稳定性（见图 6.9）。

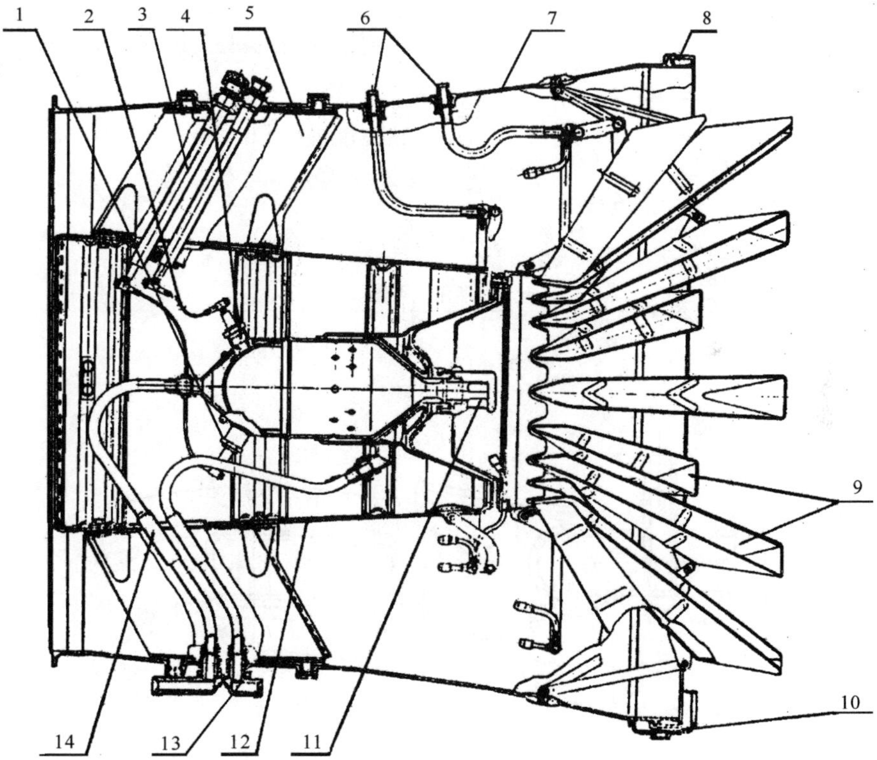

图 6.9　WP7 乙发动机加力燃烧室的扩压器

1—点火器；2—导电片；3—导电杆；4—加力电嘴；5—整流支板；6—加力燃油总管；7—扩压器外壁；8—套管快卸环；9—大、小稳定器；10—燃油收集器；11—预燃室喷口；12—内壁；13—二股进气管；14—混合气进气管在 WS9 发动机加力燃烧室由于有外涵道冷空气参加燃烧，为了解决低温燃烧问题，它采用了蒸发式火焰稳定器(见图 6.10)。蒸发式火焰稳定器由蒸发管和顶部开进气槽孔的 V 形稳定器组成。蒸发管中喷射附加燃油，并与引入少量的燃气混合形成富油混合气，又与从 V 形稳定器顶部进气槽孔进入的气体混合形成可燃混合气。蒸发式混气圈本身又成为一个小的钝体稳定器，在 V 形槽内形成一圈内回流区，当内回流区中的可燃混合气与 V 形稳定器后的大回流区中的燃气相遇就可立即点燃。由于附加的燃油量是可以单独控制的，所以无论主气流条件如何不利，总可在蒸发式稳定器内保持适当的油气比，从而保证能在各种情况下点燃和稳定火焰。这种蒸发式火焰稳定器可以显著地扩大加力范围，使最小加力状态与最大状态很接近。这样就有可能根据飞行需要，在很宽的范围内平稳地调节加力比，因此，其适合作为涡扇发动机的加力燃烧室火焰稳定器。

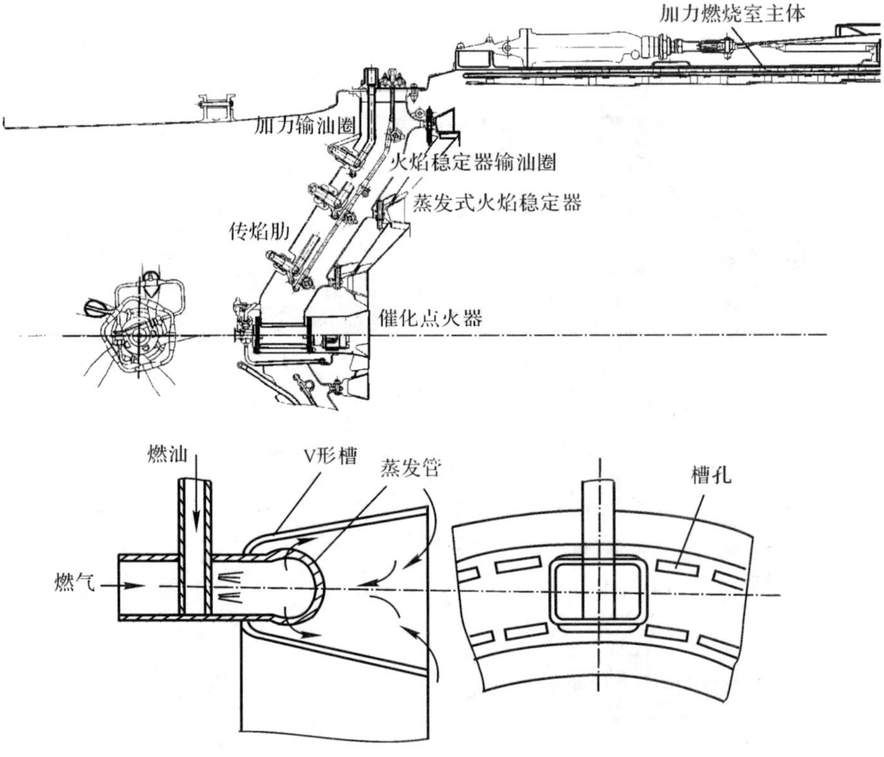

图 6.10　WS9 发动机的蒸发式火焰稳定器

上述两种稳定器又称为值班火焰稳定器，是目前改善低温混气稳定燃烧和扩大稳定工作范围的有效措施。但是稳定火焰是依靠在稳定器后产生紊流区，因而不可避免地会造成流动损失，并且即使加力燃烧室不工作，这种影响依然存在。有些发动机为了提高性能，采用了沙丘驻涡火焰稳定器。

图 6.11 所示为沙丘驻涡稳定器单元模型，沙丘驻涡火焰稳定器由若干单元组成。这种沙丘驻涡稳定器的外形接近于流线型，因而流动阻力和损失小；同时沙丘驻涡还具有顽强的抗干扰性能。实验结果表明，在同样阻塞比的条件下，这种稳定器与 V 形槽相比，阻力下降 75%～80%，涡流内燃烧的贫油熄火极限扩展了 4～5 倍，点火风速提高了将近 1 倍。

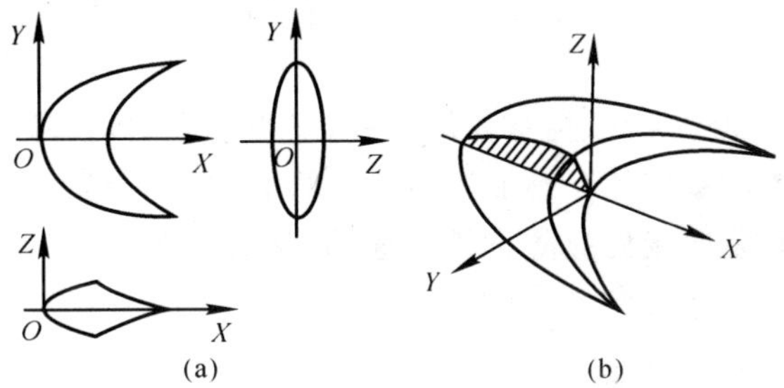

图 6.11　沙丘驻涡稳定器单元模型

(a)沙丘稳定器；(b)沙丘后斜视图

在 WP6 甲，WP7E，WP13F 和 WP13FI 的加力燃烧室上，采用了沙丘驻涡火焰稳定器。

以上介绍的都是机械式火焰稳定器，目前被广泛采用。但是，在气流通道中设置非流线型物体及其联接构件，一则结构比较复杂，二则气流的压力损失较大，此项损失与稳定器的堵塞比、形状、位置以及气流的速度、扩压器的当量扩压角等有关。为了克服这些缺点，气动式火焰稳定器在某些发动机上得到采用。如法国“阿塔”发动机，它通过专用管道自压气机抽气，经喷嘴将高压空气喷进加力燃烧室，与主气流相遇形成非流线型的气柱，借此气柱稳定火焰。这些空气喷嘴位于通常安装机械稳定器的截面，沿圆周均匀分布，喷嘴数目不宜太少。气动式稳定器的优点是：根据不同的工作状态控制供气量，可形成合适的气柱来稳定火焰，并有利于消除振荡燃烧，避免了机械式稳定器在加力燃烧室不工作时所造成的气流压力损失。其缺点是：要从压气机中抽气，虽然抽出的气体在加力燃烧室参加燃烧，使发动机获得推力，能补偿一部分推力损失，但总的发动机推力将减少一些，此外，控制系统比较复杂。这是目前气动稳定器尚未广泛采用的原因之一。

四、供油点火装置

1. 供油系统

加力燃烧室的燃油管道及喷射装置应与火焰稳定器相适应，通常有如下三种安排方式：

(1)燃油经穿过加力燃烧室壳体的燃油总管，进入处在燃气流中并与环形稳定器同心安装的环形输油管，从环形输油管上周向均布的喷嘴逆燃气流方向喷出。环形输油管位于环形稳定器之前，如 WP7 发动机加力燃烧室的燃油管道和喷射装置就是这种方式(见图 6.8)。有些发动机的环形输油管置于环形稳定器的 V 形槽内，以减小气流的流动损失。

这种安排方式不存在由于燃油从管道连接处渗漏而引起火灾的问题。但应防止渗漏出来的燃油燃烧后造成零件局部过热而变形损坏的情况。

(2)燃油总管穿过扩压器外壳,经整流支板内腔引入内锥体内,并与位于锥体内的输油圈相联接。燃油经输油圈上的喷嘴向燃气流中喷出。WP6 发动机加力燃烧室的燃油管安排就属这种方式(见图 6.4)。应该注意渗漏出来的燃油在内锥体内燃烧后,造成内锥体局部过热而变形损坏的问题。

(3)环形的燃油管配置在加力燃烧室壳体外壁,并与沿周向均布的燃油分管相联接。这些燃油分管分别穿过加力燃烧室壳体。燃油经燃油分管上的喷嘴或喷油杆向加力燃烧室喷出。

燃油管穿过壳体的安装连接处应防止燃气逸漏,保证密封,受热后壳体、油管之间应容许偏摆,使热变形协调,可采用球形座的结构(见图 6.12)。

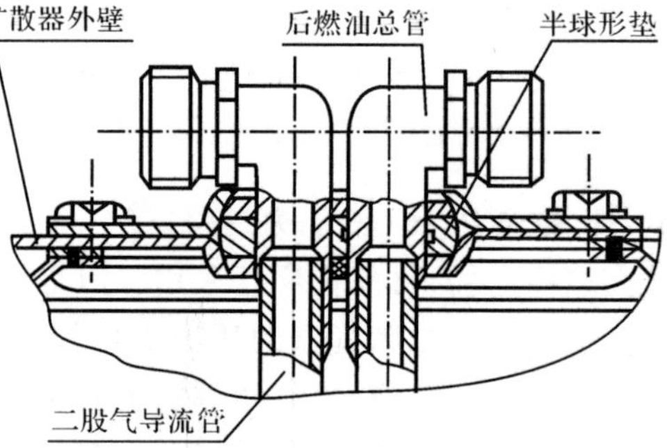

图 6.12 燃油总管在外壳上的固定

2. 输油圈

J57—F13 发动机加力燃烧室的供油系统由装在壳体外的环形燃油总管、24 根燃油分管和 24 根喷油杆(见图 6.13)组成。燃油总管和分管借支架弹性地固定在扩压器外壳上,在受热时能自由变形。24 根喷油杆沿圆周均匀分布,径向插入扩压器扩散通道内。喷油杆外端用螺栓固定在扩压器外壳上的安装座内。

WP7 甲发动机加力燃烧室的供油为分圈分压式供油,有四道输油圈,由前向后(顺气流方向)分别是内圈副油路Ⅰ、外圈副油路Ⅱ、内圈主油路Ⅲ、外圈主油路Ⅳ(见图 6.14)。内圈有 20 对输油杆,外圈有 25 对输油杆。WP7 发动机的小加力状态到全加力是无级调节。为了满足不同加力状态供应燃油的要求,分圈分压式供油分别有内圈副油路Ⅰ供油,主、副油路内圈(Ⅰ,Ⅲ)供油,主、副油路内、外圈同时供油等供油方式,保证喷油的质量。

分圈供油是根据油门杆位置:小加力至分圈转换点为主、副油路内圈(Ⅰ和Ⅲ)供油,分圈转换点以上至全加力主、副油路内、外圈(Ⅰ～Ⅳ)同时供油。分压供油是根据供油压力:当加力泵后油压小于 0.98 MPa 时,副油路供油,主油路关闭;加力泵后油压大于 0.98 MPa 时,主、副油路同时供油。

图 6.13　J57—F13 发动机输油杆

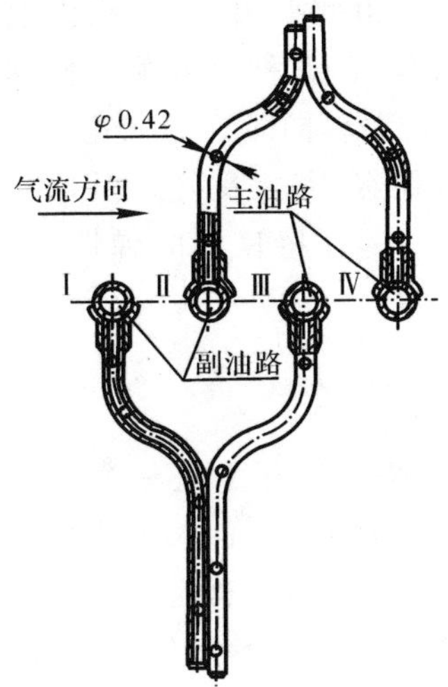

图 6.14　WP7 甲加力输油

3. 加力燃油喷嘴

加力燃烧室通常用离心式喷嘴和射流喷嘴来喷油。

工作喷嘴和起动喷嘴常采用单油路离心式喷嘴。喷嘴的数目和配置根据加力燃烧室的供油量和稳定器的形式、位置而确定。通常采用双排或多排喷嘴供油。喷嘴沿圆周均匀排列，应有足够的数量。喷油方向常取逆气流或与气流倾斜一个角度。在调节范围较大，长时间连续工作的加力燃烧室上，常采用两组工作喷嘴。在最大加力状态，两组喷嘴都工作；在小加力状态，其中一组喷嘴不供油。

J57—F13 发动机加力燃烧室采用喷油杆射流式喷嘴供油。杆的内孔是等直径的，内端有一螺塞，以备分解时拧开螺塞，清洗内孔。喷油杆壁较厚，并向固定端逐渐加粗，呈锥形，刚性较好。喷油杆两侧交错地钻有 8 个 0.75 mm 孔径的射流喷油孔（见图 6.13），喷油方向与气流垂直。所以，处在距第一个环形稳定器 210 mm 同一截面上的 24 根喷油杆沿径向构成 8 圈子总共 192 个喷射点同时供油，与燃气组成均匀的混气。喷油杆的调整和维修比较方便，但需较高的供油压力，否则燃油雾化较差。喷油杆需整体锻造，深孔和小孔加工较困难。由于喷油杆数目多，重量也大一些。

近来，采用在喷油圈上直接钻孔的喷嘴环供油结构，可以比喷油杆产生更为均匀的周向燃油分布，用分圈的办法易于分区。在高加力比的涡扇发动机中，为了满足推力连续调节的要求，一般都有 3～5 个油区按一定顺序供油，因此，这种喷油圈喷嘴在涡扇发动机上得到采用。

F100 发动机加力燃烧室的喷油圈呈椭圆形截面，沿喷油圈圆周在垂直气流的方向上分布有许多小针塞。针塞一端固定，另一端正好堵住圈上的喷孔。当打开加力供油时，进入喷油圈的燃油压力提高，迫使油圈的椭圆形截面向圆形截面变化，使喷孔唇口离开针塞，其间形成了一个小环形通道，燃油由此喷出，并在溅板上雾化后进入加力燃烧室(见图 6.15)。这种可变喷口截面的针塞喷嘴简化了燃油系统及调节器，同时又能在宽广的流量变化范围内，保证燃油分布稳定，雾化良好。但是它要求变截面管材在高温(700℃)下能保持良好的弹性，在制造工艺上也有较大的困难。

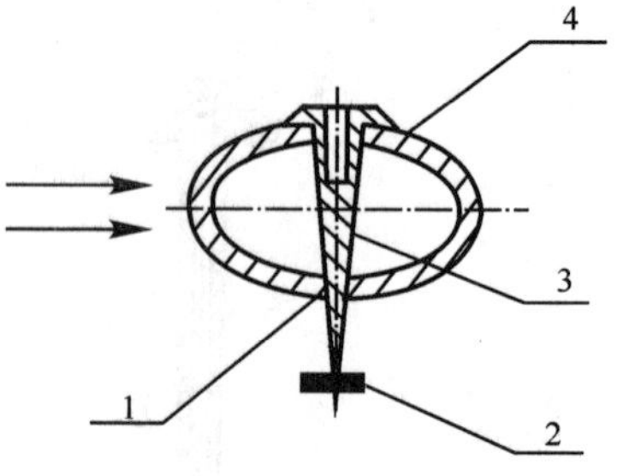

图 6.15 针塞式喷油嘴简图

五、加力燃烧室壳体

加力燃烧室的燃烧段实际上是一个筒体。它可以是收敛的圆锥形，也可以是圆柱形的。加力燃烧室壳体前端与扩压器外壳相联接，后端与尾喷管相联接，其长度应保证燃烧过程进行完毕。

加力燃烧室壳体是由几段薄壁筒体滚焊而成，因此要特别注意它的刚性。可在壳体两端焊上圆环或安装边，在壳体上加几道箍圈以增加刚性。为改善焊缝的受力状况，板料搭接焊缝常倾斜布置。

由于加力燃烧室的燃气温度很高，所以加力燃烧室壳体的冷却和隔热十分重要。可以引涡轮后的燃气流过波纹形衬筒与壳体间的空隙对壳体进行冷却；也可以引压气机某一级的空气冷却壳体内壁，利用流动空气冷却壳体外壁。必须着重指出，这一段多孔的波纹板，造成乱反射和气体阻尼，可以有效地防止加力燃烧室的振荡燃烧，所以又把这一段波纹形衬管叫作“防振屏”(参见图 6.16)。WS9 发动机加力燃烧室壳体内安装有 7 段波纹段，构成隔热屏(见图 6.2)。在前两段波纹板上有 2 592 个 $\phi 6.35$ 的小孔，起抑制振荡燃烧的作用。波纹板在壳体上靠多根管子固定。波纹板外壁上焊有搭片，前端搭片与管子焊死，后端搭片上有孔，管子从孔中穿过。管子在壳体内壁上的固定依靠管座，管子一端焊死在管座上，另一端插入管座孔内。这种一端固定、一端插入的联接方案，保证了零件间轴向热补偿。

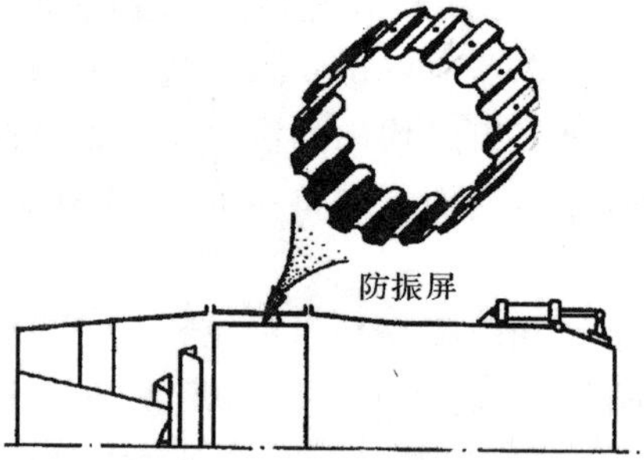

图 6.16 防振屏示意图

为了减少加力燃烧部位的飞机构件受热，还对加力燃烧室壳体进行隔热。在壳体外壁加一层隔热材料，如石棉、玻璃棉等，或采取隔热套结构，利用加力燃烧室壳体与隔热套间的空气层隔热，这些都是有效的隔热方法。

加力燃烧室壳体通过快卸环与扩压器外壁相联接。快卸环联接方式具有结构简单，拆装方便的优点，但只能用在同心度要求不高，不传递扭矩的连接处。

图 6.17(a)所示的前快卸环由两个半环组成，套在相联接的安装边上，在两个半环的接合处用螺栓联接成一个整环，利用锥面将两安装边夹紧。为了防止它沿周向转动，在环上装一定位螺栓，螺栓头卡在两安装边上的槽内。这种快卸环广泛用在没有相对转动的连接处。

图 6.17 (b)所示的后快卸环也是由两个半环组成，其联接、定位方法与前快卸环相同。它所联接的两安装边之间留有较大的轴向间隙，并将加力燃烧室壳体的前安装边凸缘做成圆弧面，联接后相当于一个铰接支承，允许壳体相对于发动机轴线少许偏斜，并允许轴向错移。这是因为发动机较长，在飞机上有 3 个固定平面。为了消除由于飞机机身弯曲变形以及由于机身与发动机壳体轴向热变形不一致而在发动机上产生的应力，所以采用了这种联接方式。支承面作成圆弧面，还可保证良好密封。

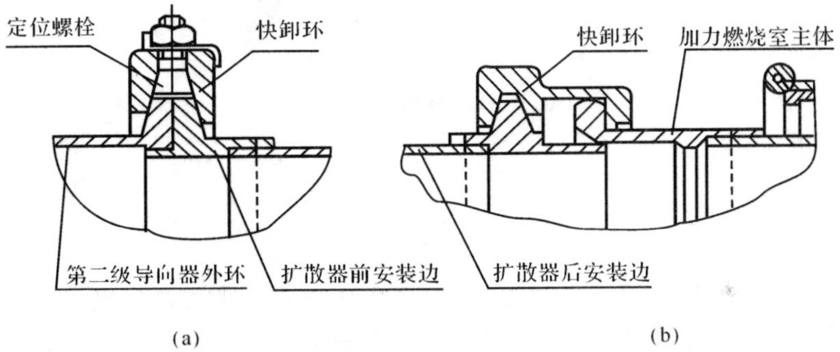

图 6.17　快卸环的联接

(a)前快卸环的联接；(b)后快卸环的联接

6.4　加力燃烧室的预燃系统

加力燃烧室预燃系统的功用是在发动机起动加力燃烧室时，迅速、安全、可靠地点燃加力燃烧室的油气混合气。加力燃烧室点火方式一般有电嘴点火、催化点火、热射流点火三种。

一、预燃室点火系统

WP6 发动机加力燃烧室的预燃室固定在扩压器段整流锥内(见图 6.4)，由外、内锥体，内、外壁，点火电嘴，导流板和火焰喷口等组成(见图 6.18)。内、外锥体构造出非叶片式涡流器；内、外壁之间是助燃冷却的二股气流通道，内壁上两排交错的 16 个小孔使二股气流进入预燃室。当接通加力时，用专门的汽化器形成混合气，输入预燃室，经过内、外锥体组成的环形气流通道后，截面突然扩张，在预燃室头部内锥体后的凹面内形成强烈的涡流；用电嘴点燃后，火舌从预燃室喷出，点燃后输油圈上两个喷嘴喷出的燃油，形成中心火焰稳定区，然后火焰经V形支柱点燃环状火焰稳定器迴流区的混合气。经过8.5～14 s后，在加力燃烧室内已形成稳定的点火源，预燃室便自动停止工作。为了保证预燃室可靠工作，用导管引进燃烧室的二股气流，对预燃室后段及喷口进行冷却；喷口内、外表面涂有耐高温珐琅涂层。改进后的预燃室，在出口处设置导焰板，把火焰引导到环状火焰稳定器附近，以保证点火可靠。

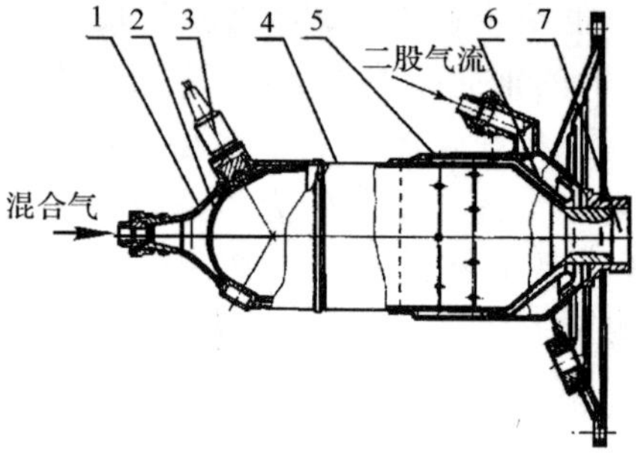

图 6.18　WP6 预燃室

1—外锥体；2—内锥体；3—点火电嘴；4—内壁；5—外壁；6—导流板；7—火焰喷口

二、火舌点火系统

火舌点火系统又称为热射流点火系统(见图6.19)。当启动加力燃烧室时，由专门的附件将附加的燃油喷入主燃烧室中的某个火焰筒内，这股附加燃油形成的火焰穿过涡轮，点燃加力燃烧室的混合气。这种点火方式的优点是：点火能量大，高空性能好，迅速可靠，不增添附加构件，只要主燃烧室不熄火就总能可靠点燃。缺点是：火舌传递路程远，流程复杂，尤其在穿过多级涡轮时，受到强烈的扰动，在调试加力燃烧室时相应地要作大量的点火试验。

АЛ－31Ф发动机的加力预燃装置采用火舌点火系统。由于АЛ－31Ф发动机是双涵道发动机，有内外涵道混合器。气流混合后，加力燃烧室进口的燃气温度大大降低，给加力燃烧室的起动增加了很大困难。如果仍然采用电嘴点火，则所需的电嘴功率特别大，并需要笨重的大功率设备支持。另外在混合器后设加力预燃室，会额外增加流通阻力；气流必须绕流，增加了流动损失。但是火舌点火时，火焰要穿过涡轮，所以对涡轮叶片的强度有影响。АЛ－31Ф发动机的涡轮静子和转子叶片是定向凝固的单晶叶片，因而具有足够的强度储备作保证。火舌点火系统采用脉冲点火，脉冲作用时间很短，仅为0.3±0.1 s。

АЛ－31Ф发动机的热射流点火系统主要由定量调节器、射流喷嘴、离心喷嘴、加力控制单元БУФ(在发动机综合调节器КРД内)、最小加力电磁活门(在喷口加力调节器内)等组成，如图6.20所示 。定量调节器根据发动机综合调节器的指令，向火舌点火系统喷射定量燃油。

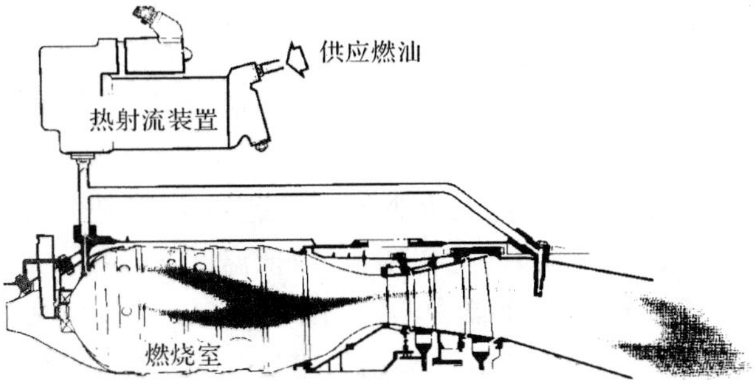

图 6.19　热射流点燃方式

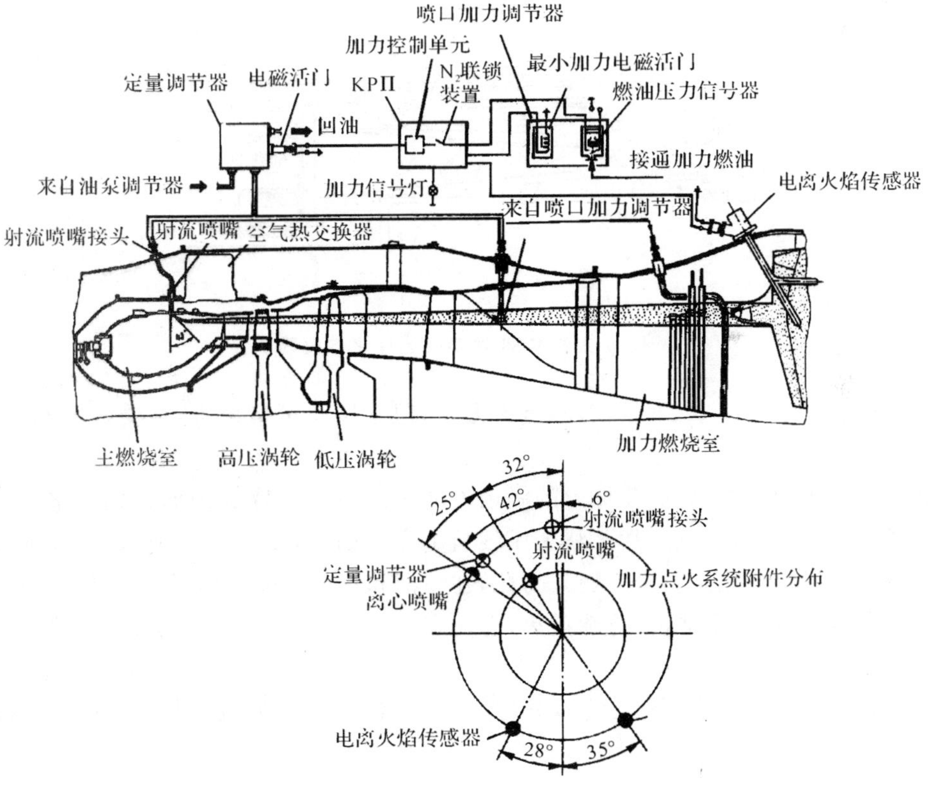

图 6.20　АЛ－31Ф 发动机热射流点火系统

三、催化点火器

催化点火方式也是适用于双涵道发动机内外涵道混合器后的加力燃烧室的起动点火系统。

WS9 发动机的加力燃烧室采用催化点火方式。催化点火是利用铂能吸附氧气和氢气的特性，使点火用的混合气借铂铑丝网的催化作用，在较低温度下点燃。

WS9 发动机的催化点火器位于扩压器中心（见图 6.21）。它包括文氏管及其喉部的喷油装置、催化元件和整流锥。当接通加力时，点火用的燃油分为两路，一路约占有 1/300（因流量很小，故蒸发为油气），从喷口喷出，与空气混合成约 400℃的油气，经扩压减速后，沿陶瓷圆盘上的小孔，通过多层铂铑丝网构成的杯形催化层，形成火焰，并点燃第二路燃油，形成强大的火舌，借沟通各稳定器的传焰肋，点燃稳定器后的混合气，形成稳定的火焰。

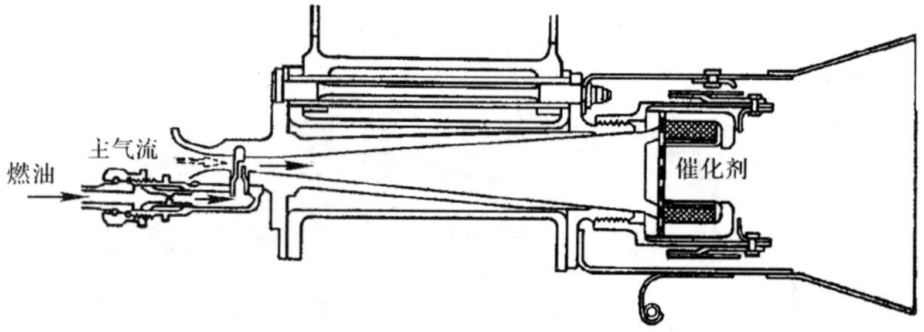

图 6.21　WS9 发动机的催化点火器

这种点火装置结构简单，重量较轻，点火方便，但铂铑丝价格昂贵，易受污染而失效，影响其工作可靠性。

与涡喷发动机加力相比，混合加力的涡扇发动机的另一个特点是加力燃烧室的压力脉动会通过外涵传至风扇，引起风扇甚至整个压气机喘振。因此，要求使用加力，以及加力由小变大的整个过程中压力变化要非常平稳。为此，在喷油和点火方面采用了以下结构措施：

（1）采用值班火焰稳定器，实行软点火，即先在稳定器内部供油点火，然后再在整个加力燃烧室分区起动。

（2）采用分区、分压供油，保证供油量均匀变化，避免压力脉动，并可使发动机推力连续可调。

（3）为了防止点火未成前就大量供油，在有些发动机上采用了点火检测器和喷口随动机构。

前者是加力燃烧室喷油的联锁装置，后者是当加力燃烧室内出现压力脉动时，迅速改变喷口面积，消除扰动。

6.5　加力燃烧室主要零件常用材料

加力燃烧室的零构件都处在高温下工作，其材料应根据工作温度和受力情况来选择。扩压器和加力燃烧室外壳可用耐热不锈钢制成。扩压器的内锥体、整流支板、预燃室和火焰稳定器等构件所承受的温度更高，目前都采用 GH30，GH39 等高温合金制造。在目前先进的涡扇发动机上，由于采用了先进的冷却技术，壳体的壁温一般不超过 400℃，因此可以采用钛合金。为了减少零件表面的受热和腐蚀，常在与燃气接触的零件表面涂耐高温陶瓷材料。表 6.2 列举了几台发动机加力燃烧室和排气装置主要零件所采用的材料。它们的化学成分、物理及机械性能可从有关的材料手册中查得。

未来先进发动机加力燃烧室的单位推力将比 F110 高 70%～80%，对所用材料也要提出更高要求。高温陶瓷耐高温的特点最适合在加力燃烧室中使用。在推重比为 15～20 的发动机加力燃烧室中，火焰稳定器将采用工作温度 1 200℃以上的高温陶瓷材料，加力燃油喷嘴将采用工作温度 1 530℃以上的高温陶瓷材料。

表 6.2　加力燃烧室和排气装置主要零件采用的材料

<table>
<tr><th colspan="2">发动机
零件</th><th>WP6</th><th>WP7</th><th>WS9</th></tr>
<tr><td rowspan="3">扩压器</td><td>外　壳</td><td>GH39(GH140)</td><td rowspan="3">GH30</td><td rowspan="3">C263</td></tr>
<tr><td>内　锥</td><td>1Cr18Ni9Ti</td></tr>
<tr><td>整流支板</td><td>GH30</td></tr>
<tr><td colspan="2">稳 定 器</td><td>GH39(GH140)</td><td>GH30</td><td>C263</td></tr>
<tr><td colspan="2">预 燃 室</td><td>GH39(GH140)</td><td>GH30</td><td></td></tr>
<tr><td colspan="2">壳　体</td><td>GH39(GH140)</td><td>GH39(GH140)GH44</td><td>C263</td></tr>
<tr><td rowspan="2">喷　管</td><td>鱼 鳞 片</td><td>GH44</td><td></td><td>C263</td></tr>
<tr><td>调节圆环</td><td>1Cr18Ni9Ti</td><td></td><td>T/Cu
N75</td></tr>
</table>

思考题

1. 加力燃烧室由哪些基本构件组成？
2. 火焰稳定器有哪几种类型？

3. 加力燃烧室(预燃)点火方式有哪几种类型？说明相应的预燃点火装置的组成和特点。

4. 涡扇发动机的加力燃烧室常采用哪几种预燃方式，为什么？

5. 为什么加力燃烧室的输油圈常有主副之分？

6. 加力燃烧室的喷嘴有哪几种类型？

7. 为什么说高温陶瓷适合于作未来加力燃烧室材料？

第7章 排气装置

发动机的排气装置是指涡轮或加力燃烧室以后组织排气的构件。

排气装置的组成和结构方案取决于发动机和飞机的类别及用途。排气装置包括尾喷管、反推力装置、消音装置等。尾喷管是发动机必不可少的一个部件，其他的排气装置则是根据发动机和飞机的特殊需要而设置的。

对涡扇发动机来说有两种形式的排气装置，即长外涵道和短外涵道。长外涵道排气装置又可分为内、外涵道分别排气和混合排气两种形式。采用混合排气一般可使涡轮风扇发动机的耗油率和噪声有所降低。

7.1 尾喷管

尾喷管的功用主要是使涡轮后的燃气继续膨胀，将燃气中剩余的热焓充分转变为动能，使燃气以高速从喷口喷出。

根据使用条件的不同，发动机尾喷管依通道形状可以分为收敛形和收敛扩散形两种类型，喷口面积可做成可调或不可调的。尾喷管的结构方案很多，下面仅就应用较多的几种作些分析。

一、不可调节的收敛形尾喷管

不可调节的收敛形尾喷管又称为固定喷口的亚声速喷管。其结构最简单，重量最轻，广泛应用于亚声速及低超声速飞机上的不带加力燃烧室的涡喷发动机，以及涡轮后燃气的焓降较小的涡桨发动机和涡扇发动机。WP5甲，WP8，WJ6发动机和CFM56，PW4000，RB211，GE90等几乎所有的民用涡扇发动机都采用这种尾喷管。虽然当喷管的可用落压比大于临界落压比(1.85)时，燃气在收敛形尾喷管内不能完全膨胀，但是在飞行速度不大($Ma \leqslant 1.5$)的情况下，燃气由于不完全膨胀而损失的能量较小，所以采用这种简单的收敛形尾喷管是合适的。

这种简单收敛形尾喷管由中介管和喷口两部分组成。中介管又称排气管，位于涡轮与喷口之间。它由外壳、整流锥和整流支板三部分组成。外壳与整流锥形成的气流通道是逐渐扩张的，可使气流速度降低，减少流动损失。外壳与整流锥的连接可借助整流支板或者承力支杆，在结构设计时应保证这些零构件热膨胀的自由。整流支板一般做成对称叶型，如果从涡轮排出的气流扭速度较大，则应做成有相应迎角的非对称叶型(其弦长靠整流锥处较长，靠外壳处较短，这是因为气流扭速在叶根处较大)，以保证燃气轴向排出，减少推力损失。喷口是收敛形的薄壁锥筒，前缘与中介管相联接，应能拆卸。燃气在喷口的收敛通道内加速后排出，使发动机在整体上产生更大的推力。通常将喷口按不同出口直径分成若干组，在试车时选配，以调整发动机的推力达到规定的指标。

图 7.1 所示为 WP5 甲发动机尾喷管。中介管壳体 4、整流锥 5 和喷口主体 11 都用厚 1 mm的 1Cr18Ni9Ti 钢板焊成。外壳前段有一层夹壁，形成空气加温套 6，加温后的空气输入飞机附件。外壳后段外表面有一层石棉布和一层夹壁，石棉层及夹壁内的空气起隔热作用，防止燃气散失热量，同时减少向飞机零件的传热。管道中央的整流锥使通道截面从环形过渡到圆形，减少燃气的涡流和损失，为减少涡轮盘受热，由两层钢板夹有石棉布组成的锥底 2 用螺钉固定在整流锥底部的安装边上。整流锥壁上还应有均压孔。4 块 GH30 钢板制成的对称叶型整流支板 3 支撑在外壳与整流锥之间。两对正交的紧固钢管 7 和 8 穿过整流支板内腔中加强隔板上的型孔，并穿过整流锥，把外壳、整流锥和整流支板联接成一体。紧固钢管是一端固定，另一端为支靠，这就保证构件受热后能自由膨胀。喷口由喷口主体 11 和导风板组成。喷口主体前端与中介管外壳相联接，后端边缘包卷钢丝，以增强刚性。导风板滚焊在喷口主体上，冷空气从导风板上的小孔进入夹壁，冷却喷管主体。喷口按给定的出口直径范围加工成 10 组，以备试车时选用。

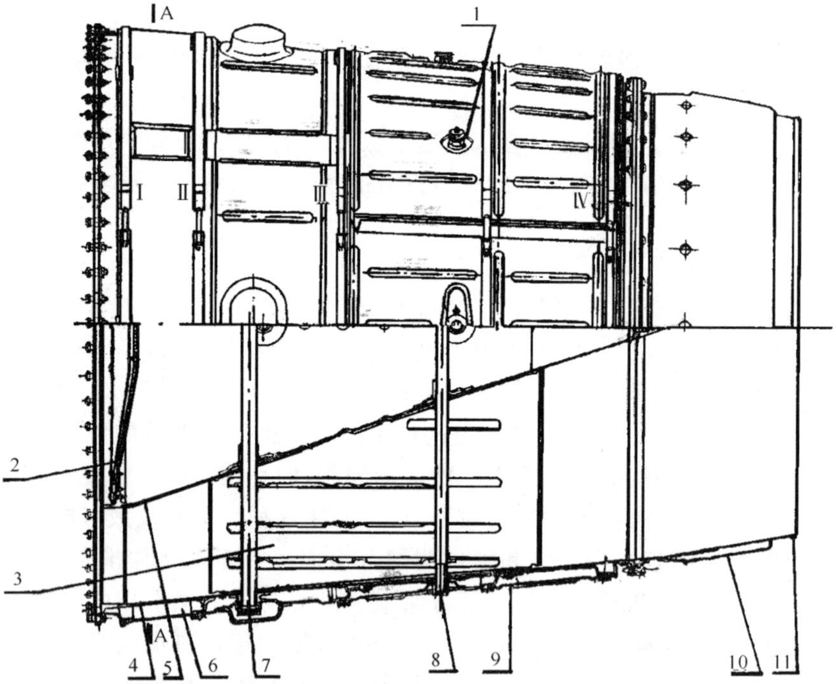

图 7.1 WP5 甲发动机尾喷管

1—热电耦安装衬筒；2—锥底；3—整流支板；4—中介管壳体；5—整流锥；6—空气加温套；
7—前紧固钢管；8—后紧固钢管；9—下铝皮；10—喷口导风板；11—喷口主体

如果飞机结构允许的排气位置与发动机之间的距离较长，则需在中介管和喷口间装延伸管。同样的发动机安装在不同型号的飞机上，延伸管亦相应不同，其主要区别是长度不同。延伸管会使气流流动损失增大而减小推力，并影响发动机的起动性和加速性。为了便于起动，长度较长的延伸管在其前部应有放气门，起动时打开放气门直通大气，以减小涡轮后的反压。

WP5 甲发动机装在轰 5 飞机机翼上的发动机舱内，由于发动机机舱较长，因此在中介管与喷口之间装 4 m 多长的延伸管（见图 7.2）。

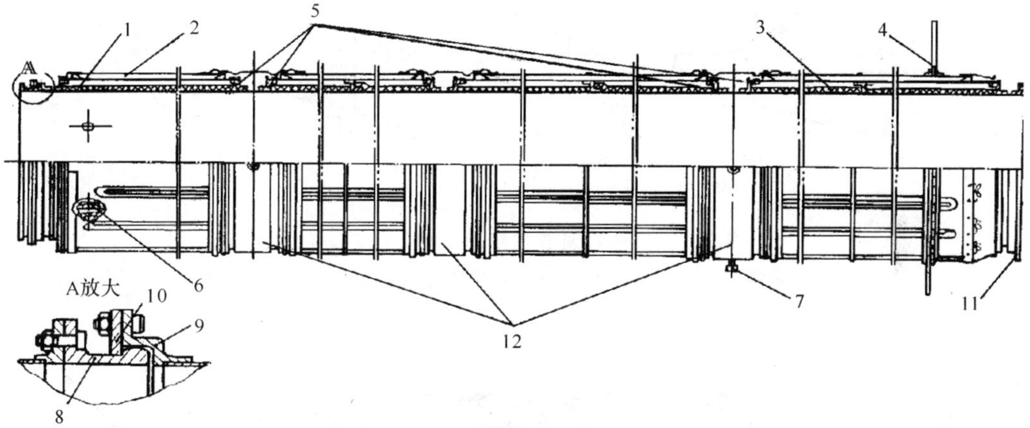

图 7.2　WP5 甲发动机的延伸管

1—延伸管主体；2—铝皮；3—绝热层；4—密封布；5—支撑箍；6—热电耦安装座；7—滑轮；8—结合环；9—前安装边；10—挡片；11—后安装边；12—结合条

该延伸管主体是 1Cr18Ni9Ti 钢板焊成的薄壁圆筒，外面包一层石棉布和一层皱折的铝箔，组成绝热层。绝热层外面还有两层铝皮形成夹壁，流动空气进入夹壁起冷却隔热作用。

二、可调节的收敛形尾喷管

采用喷口可调节的尾喷管，能使发动机在各种工作状态都获得良好的性能。带加力燃烧室的发动机必须采用可调节的尾喷管，保证在加力状态相应地加大喷口。有的发动机通过改变喷口面积来改变发动机的工作状态。

由于超声速喷管结构及操纵机构复杂、重量大和技术难度大，许多二代以前的高速歼击机（$Ma \leqslant 2.0$）的涡喷发动机，仍采用喷口面积可调的收敛形尾喷管。可调的收敛形喷管的类型主要有：多鱼鳞片式、双鱼鳞片式、移动尾锥体式和气动调节式。图 7.3 所示是几种可调节收敛形尾喷管的示意图。目前广泛采用多鱼鳞片式机械调节的收敛形尾喷管，可以是双位、多位，或无级调节的。

WP6 发动机的可调尾喷管是由壳体、鱼鳞片（又名调节片）、调节圆环（又名调节罩）、作动筒以及隔热罩、隔热套等组成（见图 7.4）。

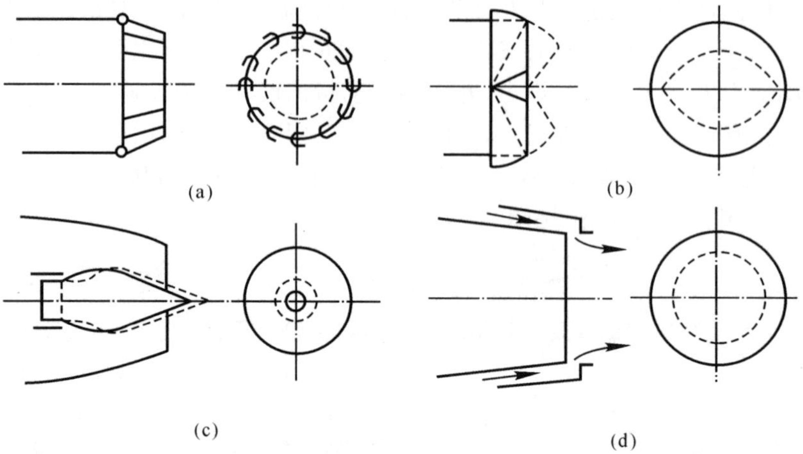

图 7.3　几种可调节收敛形尾喷管的示意图

(a)多鱼鳞片式；(b)双鱼鳞片式；(c)移动尾锥体式；(d)气动调节式

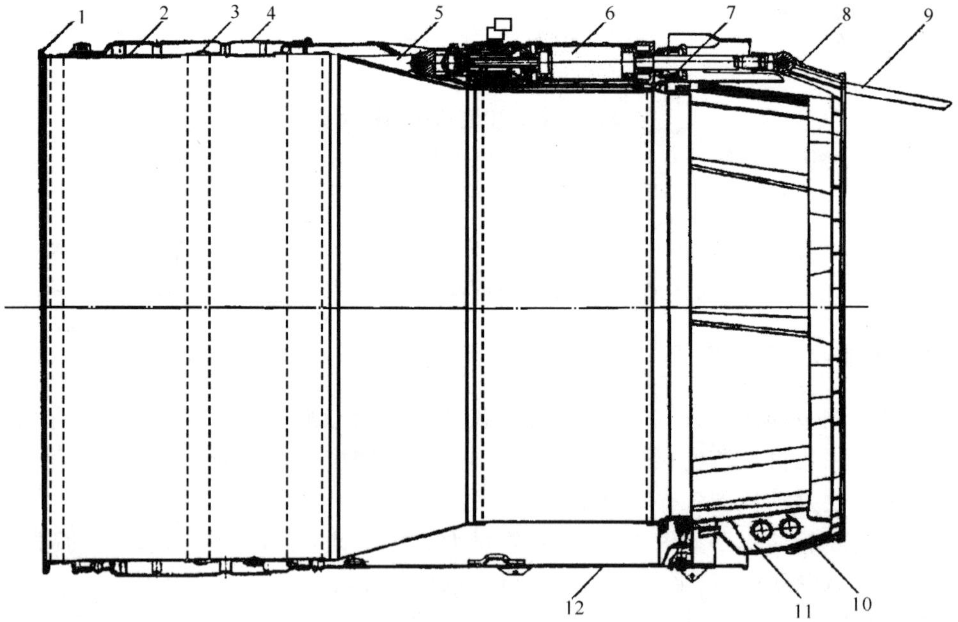

图 7.4　WP6 发动机的可调尾喷管

1—安装边；2—加力燃烧室主体；3—加强肋；4—隔热罩；5—支架；6—作动筒；7—支架；8—调节圆环；9—引射管；10—铜片；11—鱼鳞片；12—作动筒外套

WP6发动机的可调尾喷口在不同工作状态下有三种直径:加力和起动、慢车状态喷口直径相同为最大直径,喷口面积最大;最大状态直径最小;额定状态直径居中。喷口的作动筒内有前后两个活塞,将作动筒分成三个腔,通过三个腔的液压油路控制两个活塞相对位置实现三种喷口直径。

8片调节片在排气管后端围成一圈构成发动机的可调喷口。当调节环在作动筒操纵下向前运动时,使调节片收拢喷口面积减小;当调节环在作动筒操纵下向后运动时,调节片在燃气压力下张开,喷口面积增大。调节片的前缘嵌入后安装边端面的V形环槽中,允许调节片自由摆动。调节片之间相互嵌入,并留有间隙,以减少燃气外漏和保证喷口收放。为了提高调节片的刚性和进行通风冷却,防止工作时变形而相互卡住后影响喷口的收放,调节片采用钣料冲压焊接成的盒状结构(见图7.5)。

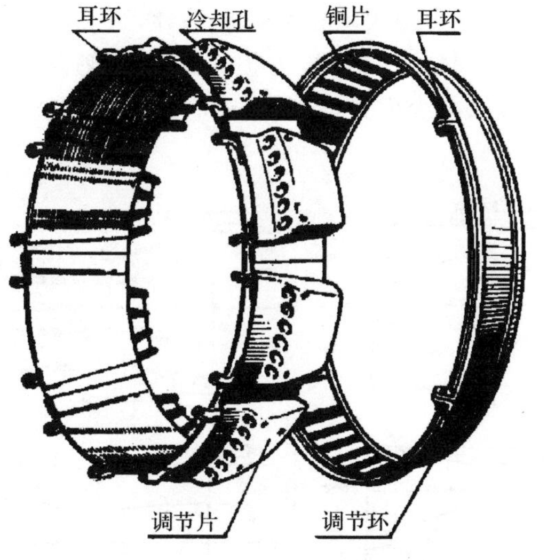

图7.5　WP6发动机的可调尾喷口的调节片

WP7原型机的可调喷口调节片的结构与WP6发动机的类似。改型后的WP7甲和WP7乙发动机对调节片的结构进行了改进,将调节片分为调节片(主动调节片)和密封片(被动调节片)两部分。24片密封片插在24片调节片之间,调节片结构及工作示意图如图7.6所示。

WP7发动机收敛形可调喷口的作动筒内只有一个活塞,它通过控制活塞腔中的油路来带动调节圆环,实现喷口位置的无级可调。

早期的发动机曾采用移动尾锥体的可调节收敛形尾喷管。它是靠机械传动特型面的尾锥体沿发动机轴线移动,从而改变喷口面积。这种尾喷管构造复杂、重量大,机械传动构件处在高温下工作不可靠,故目前已不采用。

还有一种气动调节的收敛形尾喷管。从压气机抽气引至喷口截面，调节这股气流的压力、流量，从而改变燃气流实际的流通面积，相当于调节了喷口大小。这种尾喷管构造简单、重量轻，可以无级调节，但由于抽取压气机的气体掺合进燃气，将造成较大的推力损失，且不易控制，因此也未得到广泛采用。

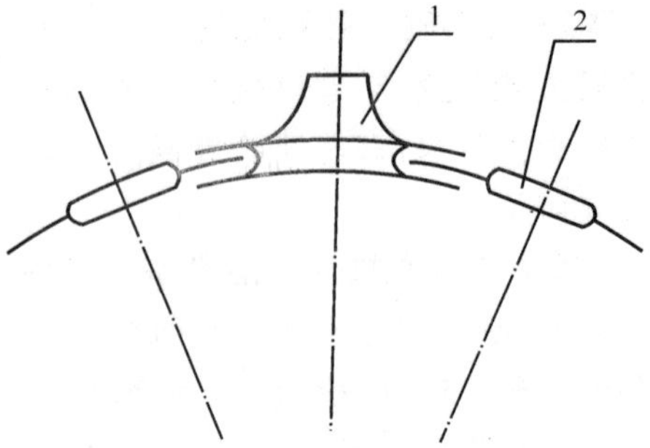

图 7.6　WP7 发动机可调尾喷口调节片示意图

1—主动调节片；2—从动调节片

三、可调节的收敛扩散形尾喷管

超声速飞机用的发动机，燃气在尾喷管中的总膨胀比可达 10～20 以上，如果仍采用收敛形尾喷管，则燃气不完全膨胀所造成的推力损失将很大。据估计，当飞行速度 $Ma=1.5$ 时，收敛形尾喷管造成的推力损失为 10%；当 $Ma=3$ 时，推力损失达到 50%。因此，当飞行速度 $Ma>1.5$ 时，为了保证燃气能充分膨胀，以减少推力损失，不论有无加力燃烧室，发动机都应采用收敛扩散形的可调节超声速尾喷管。

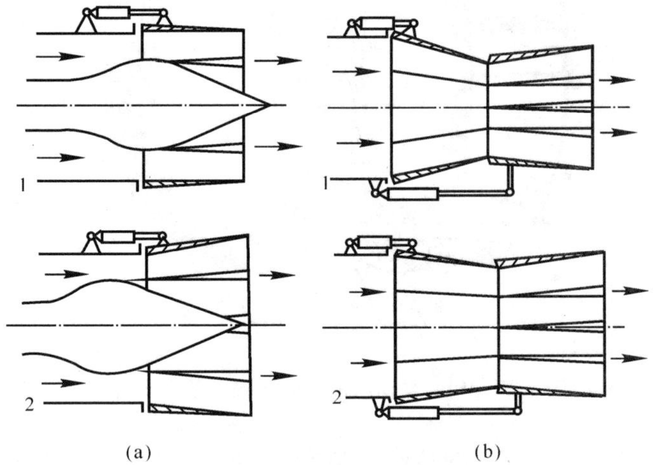

图 7.7　机械调节的收敛扩散形尾喷管示意图

1—不加力状态；2—加力状态

图 7.7 (a)所示方案是靠移动尾锥体调节喉部，操纵多调节片调节出口截面。图 7.7 (b)所示方案是尾喷管的收敛段和扩散段都用多块调节片进行调节。前者需要有两套机械操纵系统，并且要使两套系统能协调工作也较为困难。由于收敛扩散型喷管的调节片上受到的气体力非常大，每个调节片都要有一个作动筒来操纵(见图 7.8)，所以这种喷管的构造较复杂，重量较大。F100 发动机采用的就是如图 7.8 所示的喷管结构。

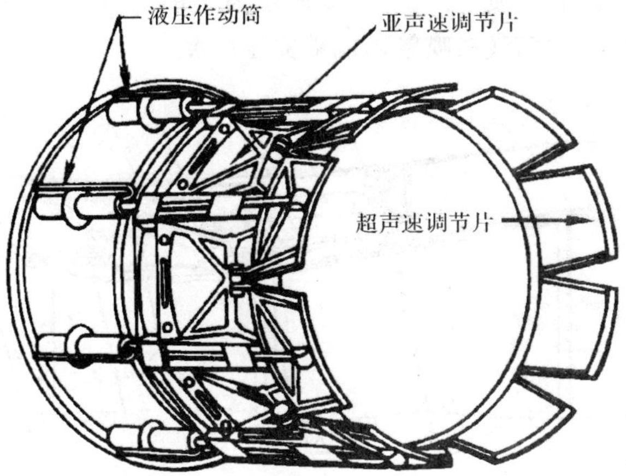

图 7.8　一种机械调节的收敛扩散形尾喷管构造

为了简化结构，将尾喷管的收敛段固定不可调节，扩散段靠多块调节片调节。这种收敛扩散形尾喷管如图 7.9(a)所示，只要收敛段设计得合理，尾喷管的性能还较好。如 J57—F13 发动机的尾喷管就是这种形式。它是将收敛形的加力燃烧室壳体作为收敛段，多调节片式喷口在加力状态张开形成扩散段。图 7.7 (b)所示是一种用气动方法调节喉部截面，调节片式喷口在加力状态时张开形成扩散段的收敛扩散形尾喷管。

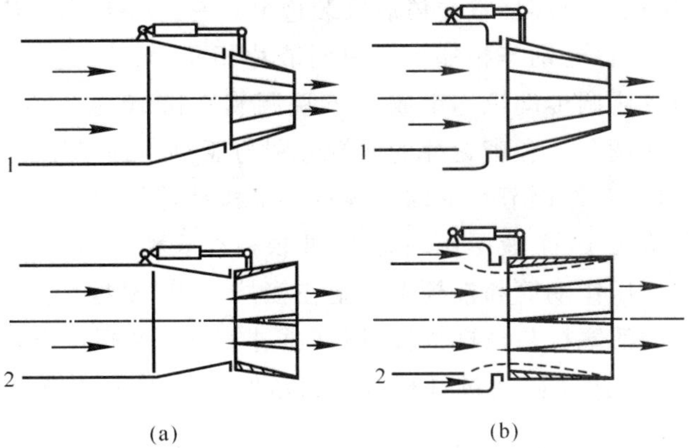

图 7.9　收敛扩散形尾喷管的两种方案

1—不加力状态；2—加力状态

АЛ－31Ф 发动机的喷管为鱼鳞片式收敛扩张形尾喷管，尾喷管的收敛段和扩散段均为由多块调节片组成的面积可调节的喷管。图 7.10 所示喷管的喉部和出口面积随燃气膨胀比的变化放大或收小，全态可调，使燃气在喷管内能够完全膨胀。

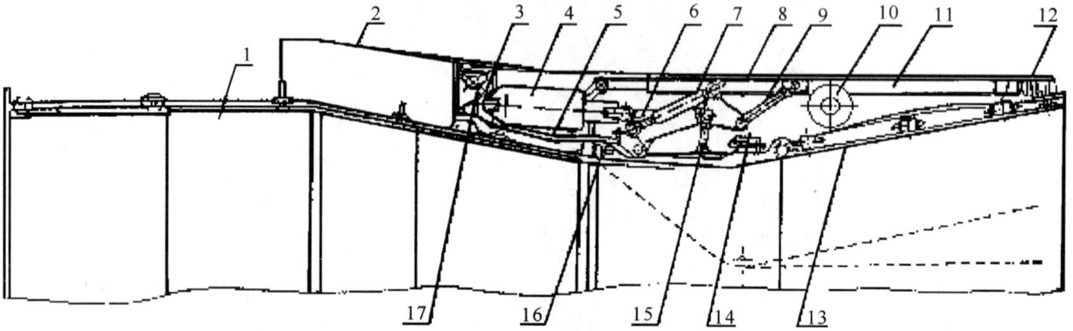

图 7.10　АЛ－31Ф 发动机的带外调节片的超声速可调喷管

1—加力燃烧室主体；2—飞机尾部外壳体；3—拉杆（×16）；4—液压作动筒（×16）；5—横撑；6—杠杆（×16）；7—套筒式限动器；8—摇臂；9—拉杆（×32）；10—外调节片固定支点；11—外调节片；12—外调节片尾端凸耳；13—超声速调节片；14—亚声速调节片（最大截面限制器）；15—压杆（×32）；16—铰接壳体；17—活动承力环

喷管由亚声速喷管、超声速部件、喷管出口截面调节机构及带弹性片的外调节片等组成。亚声速喷管由 16 块调节片、16 块密封片、铰接壳体和调节片协调传动机构操纵机构组成。16 块调节片和 16 块密封片构成收敛形的亚声速喷管。每块调节片用两个铰链接头固定在铰接壳体上，而铰接壳体固定在加力燃烧室壳体后安装边上。密封片与调节片间隔排列，每个密封片上焊有两个接耳，通过销钉分别与相邻的两块调节片相联。超声速部件由 16 块调节片、16 块密封片和超声速调节片协调传动机构组成。16 块调节片和 16 块密封片间隔排列构成扩散形的超声速喷管。超声速调节片和密封片的前端分别与亚声速调节片和密封片相铰接。在调节片后端的外侧有一条槽沟，外调节片上的凸耳在槽中移动，限制喷管出口的截面面积。

调节片协调传动机构由 16 个液压作动筒 4，16 根杠杆 6 和 32 根压杆 15 组成。作动筒的液压油为发动机燃油。液压作动筒和杠杆都固定在横撑 5 上，横撑固定在加力燃烧室壳体后安装边上。液压作动筒的活塞杆与杠杆铰接，杠杆通过销钉与两根压杆联接，每块调节片由两根压杆操纵。工作时 16 个作动筒通过杠杆、压杆传动 16 块调节片及密封片，改变临界截面（喉部）面积的大小。

超声速调节片协调传动机构由 16 块摇臂 8、32 根拉杆 9 和外调节片等组成。它的作用是当亚声速调节片协调传动机构动作时，使超声速调节片也跟着亚声速调节片协调地动作。摇臂上有三个铰接点，一个与亚声速调节片协调传动机构的杠杆相联，一个与套筒式限动器相联，还有一个通过两根拉杆与外调节片相联。

收喷口时，作动筒活塞杆伸出，杠杆6绕横撑5上的固定支点顺时针转动，通过压杆15使亚声速调节片绕铰接点顺时针转动，喷管喉部面积减小。由于超声速调节片与亚声速调节片铰接，所以，超声速调节片前部也与亚声速调节片一起朝减小喷管面积的方向移动。同时，为了保证超声速调节片尾端也与前端协调动作，超声速调节片协调机构的摇臂8随压杆下移，拉杆9带动外调节片绕其前部固定支点10顺时针转动，于是外调节片尾端的凸耳在超声速调节片外部的槽沟中滑动，压迫超声速调节片的尾部相应的收拢，喷口出口面积也随之减小。

喷管出口截面调节机构的功用是，根据外界飞行条件和工作状态的变化，使喷管处在最佳工作状态。喷管出口截面调节机构由16个气压作动筒、16根套筒限制器、16个喷管最大出口截面限制器组成。16个气压作动筒的壳体两两相联，活塞杆与活塞杆相连，形成一个封闭环，分别固定在每个外调节片内侧中部。气压作动筒内通有高压压气机后高压空气，当飞行 Ma 数提高，压气机出口压力上升，使封闭环膨胀（直径增大），这个张力与外调节片感受的外界大气压力相比较，起到补偿作用。因此，喷管超声速部分同时感受压气机后气体压力、超声速调节片上的燃气压力和外调节片上的空气压力，适时调节喷管出口面积，改变喷管的落压比，使喷管在任何时候都处于完全膨胀状态，提高发动机推力。

带弹性片的外调节片是机身的延伸部分，它们保证机身和喷管平滑的过渡，降低飞机尾部阻力。

外调节片由16块调节片和搭接片组成。调节片前端与横撑铰接，后端通过凸耳搭放在超声速调节片尾端外侧的槽沟中，搭接片插入调节片中部的槽中，每个外调节片中部固定有气压作动筒，尾端固定有最大喷口限制器，限制器也相互连成一个环形。弹性片有32块，每块用两颗螺钉固定在活动承力环17上，弹性片前部插入机身，后部搭在外调节片上。活动承力环通过拉杆3与横撑相连，当外调节片收扩时，通过弹性片带动承力环也作前后运动，弹性片和外调节片上的气动力通过活动承力环和拉杆传到横撑及加力燃烧室壳体上。

在超声速飞行的发动机上曾采用引射式收敛扩散形尾喷管。图7.11所示的引射喷管是由一个可调节的收敛形主喷管和一个罩在主喷管后部的收敛扩散形引射套管所组成。引射套管出口截面可以是固定不变的，也可以是可调节的。气动调节用的气流取自发动机主进气道或专门的辅助进气道。这股气流通过主喷管与引射喷管之间的环形通道后，沿着引射套管内壁被主气流引射。主气流的膨胀比借引射气流的压力与流量进行调节。

以上介绍的尾喷管都属于直流式的。它使燃气向发动机的正后方排出，产生平行于发动机轴线的推力。发动机一般都采用直流式喷管。

还有一种偏流式尾喷管，它引导燃气斜向地往后排出，产生与发动机轴线呈一锐角的偏推力。偏推力可分解为水平方向的推力和垂直方向的升力。飞机起飞、着陆或爬高时使用偏流式尾喷管，可降低着陆速度，缩短滑跑距离，或增大爬高速度，飞机平飞时使用直流式尾喷管。图7.12所示是一种折流板式的尾喷管。目前已出现偏流角可调节的偏流式的尾喷管。当偏流角大于 90°，气流折转向斜前方排出时，也就成为一种反推力装置。由于偏流会产生非对称的推力，所以在设计时应注意使偏推力通过或接近飞机的重心。

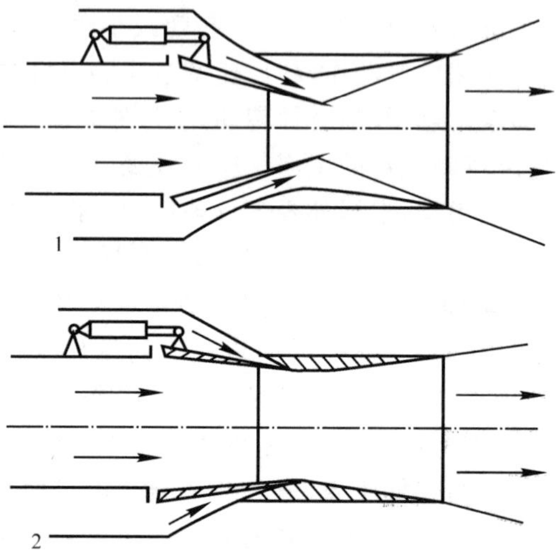

图 7.11　引射式收敛扩散形尾喷管

1—不加力状态；2—加力状态

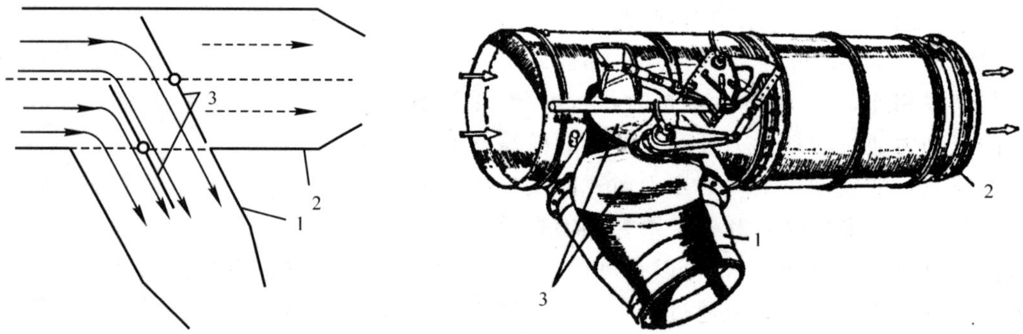

图 7.12　一种折流板式的尾喷管

1—偏流尾喷管；2—直流式尾喷管；3—折流板

图 1.8 所示“飞马”发动机具有四个转向喷管，采取两侧对称分叉排气，前后各装一对可转向喷管，根据喷管的不同排气位置，可产生推力、升力、偏推力或反推力。它装在垂直短距起落“鹞式”战斗机上，增加了飞机的机动性。

7.2　反推力装置

为了缩短飞机着陆时的滑跑距离、飞行中的减速和提高飞行的机动性，飞机常采用减速装置。这些装置有刹车、阻力伞、阻力板、螺旋桨的反桨和反推力装置。反推力装置减速效果明显，空中机动性好，着陆时复飞迅速。

反推力装置是将涡轮或加力燃烧室后的燃气（全部或部分）、涡扇发动机内涵道或外涵道的气流折转向斜前方排出而产生反推力。反推力的大小与折转的气流流量、排气速度、折转角和飞行速度等有关。

反推力装置的设计要求是：在保证发动机安全正常工作的情况下获得最大的反推力；力求结构简单，重量轻；操纵灵活，发动机正常工作状态与反推力状态相互转换所需的时间要短；合理选择排气方向，力求不产生非对称的反推力，保证飞机的操纵稳定性，不使高温燃气喷射飞机机体；反推力装置的构件在高温大负荷的条件下工作可靠；反推力装置不工作时，不增大飞机的阻力，不减小发动机的推力，排气口应良好的封严。

目前带反推车装置的发动机一般能在 1～2 s 的时间内完成正常工作状态与反推力状态的相互转换，反推力可达该转速下正推力的一半左右。

根据应用情况，反推力装置可分为内涵反推和外涵反推两大类，前者又称为热气流反推，后者又称为冷气流反推。

一、内涵反推

内涵反推力装置有蛤壳形门式、戽斗式门式两种形式。

1. 蛤壳形门式

这种反推力装置位于尾喷管之前，由两扇蛤壳式反推力门、壳体、转向出口、出口叶栅和操纵机构组成（见图 7.13）。反推力装置工作时，两扇反推力门关闭，迫使气流折转分别通过上、下转向出口，从出口叶栅向斜前方排出，产生反推力。

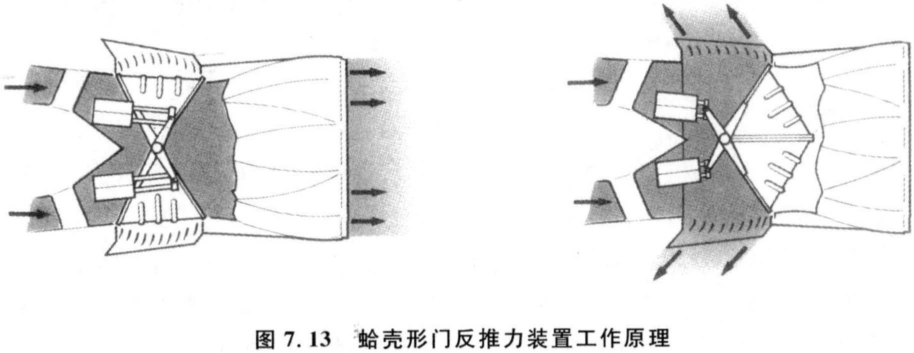

图 7.13　蛤壳形门反推力装置工作原理

在尾喷管折转气流的优点是气流压力高，易将气流分出，反推力大，但反推力要通过发动机上的零件来传递，需要相应加强发动机有关零件的强度。反推力装置处于高温下工作，需要有效地冷却。图 7.14 所示为斯贝发动机蛤壳门反推力装置。

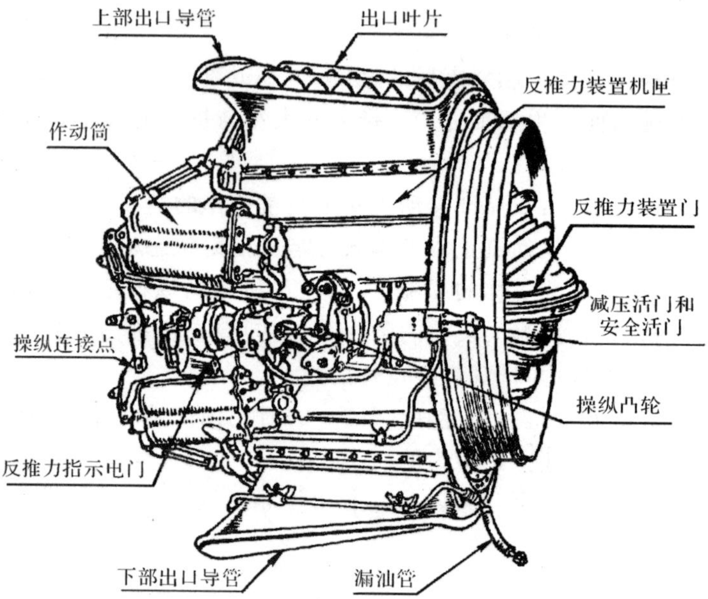

图 7.14　斯贝发动机蛤壳门反推力装置

2. 戽斗式门

戽斗式门反推力装置用伸缩式作动器操纵，使气流反向排出(见图 7.15 和图 7.16)。作动器装在燃烧室向后伸到喷管的一根导轨上，接通反推力时，液压力把作动器向后推入喷管中。当作动器向后移动锁住时，气动作动器操纵戽斗转到燃气流中，阻止气流向后的流动，使气流向前喷出。

二、外涵反推

在大流量比的涡扇发动机(如 PW4000，RB211，CFM－56)中，通常采用外涵道反推力装置，又叫冷气流反推装置(见图 7.17)。外涵道反推力装置有两个主要的优点，一个是有效，因为大涵道比涡扇发动机 80％以上的推力来自于风扇，即外涵道，所以将外涵气流折反，既可获得足够大的反推力；二是可行，因为将外涵气流折反时对内涵气流的影响很小，因此对发动机工作状态的影响也小。先进民航飞机大多采用这种形式的反推装置。

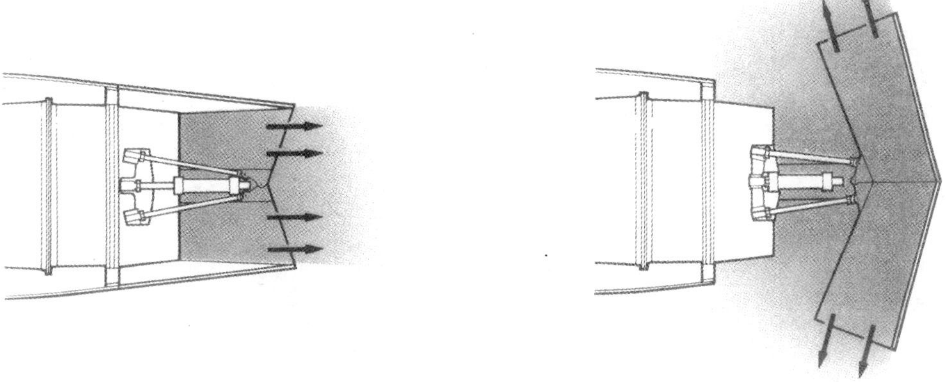

图 7.15 戽斗式门反推

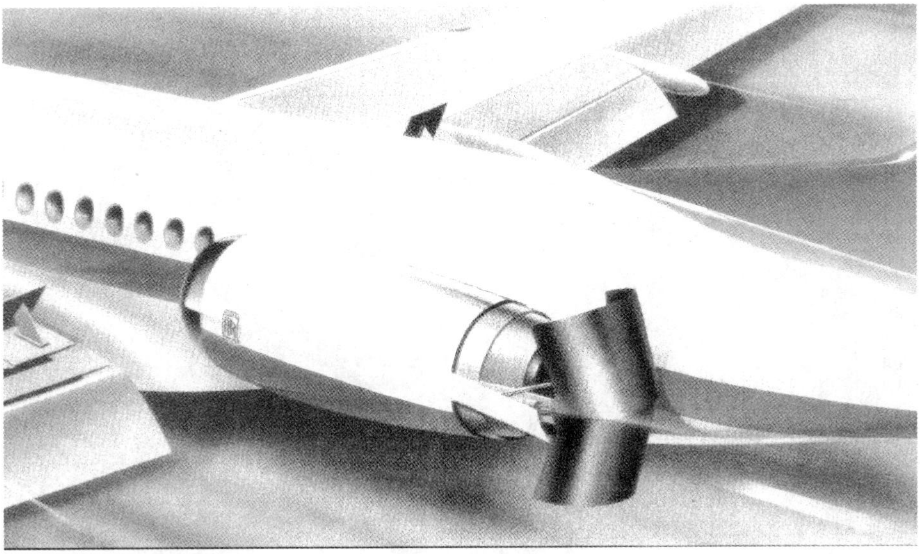

图 7.16 MD82 飞机的戽斗式门反推装置在反推位置

图 7.18 所示是 RB211 发动机的反推力装置。在风扇气流通道后部，沿圆周装有 20 块导流叶栅板，在它们的外面，罩上一个可以前后移动的活动整流罩。在导流叶栅板内，装有 14 片可以折叠的堵塞片，堵塞片由前、后两片组成，两片间用铰链联接，并且后片的后端用铰链与壳体相联，前片的前端也是铰链与套在操纵丝杠上的螺母相联。使用反推力时，6 根操纵丝杠将

活动整流罩后推，打开了叶栅的出口；与此同时，前堵塞片也被后推，绕其后片的铰链点向内折叠，挡住风扇出口，外涵气流通过叶栅，向斜前方流出产生反推力。

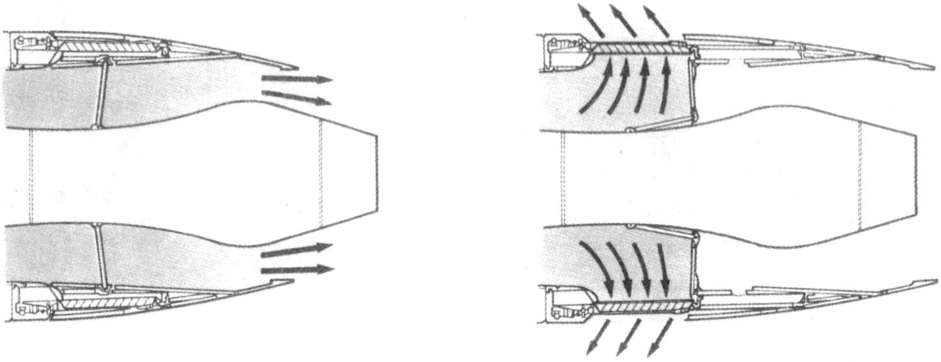

(a) (b)

图 7.17 外涵反推装置

(a)正推力为置；(b)反推力位置

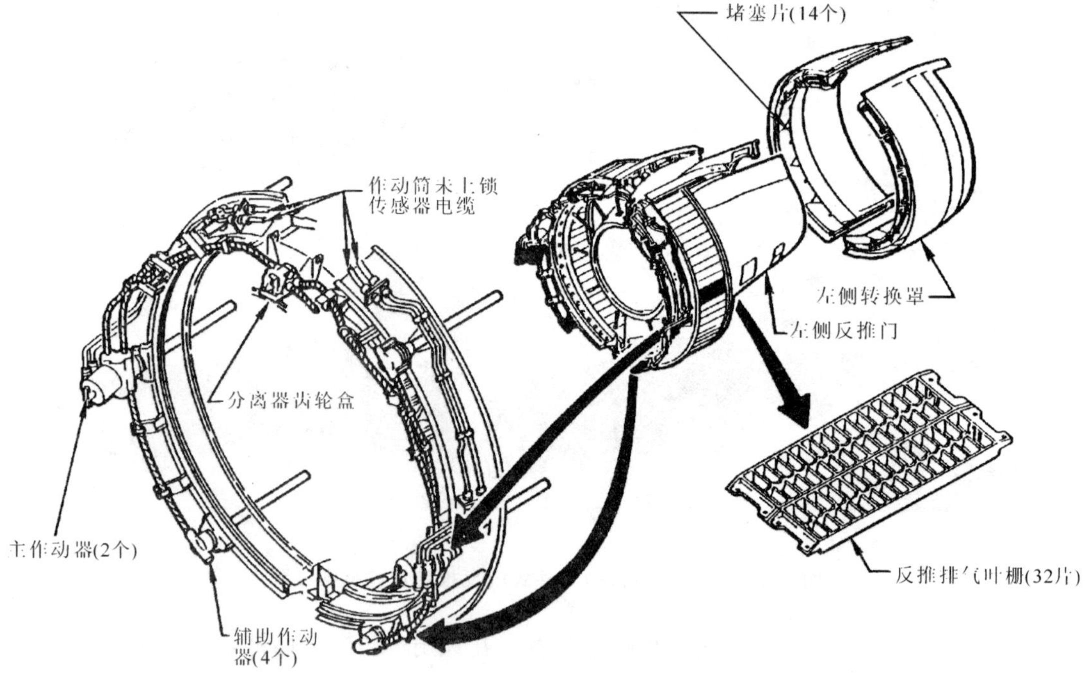

图 7.18 RB211 反推力装置的主要构件

7.3　噪声及消声措施

一、概 述

生活和工作环境中所产生的使人厌烦的声音都称为环境噪声。近年来，交通运输、生产设备高度机械化，产生了非常严重的环境噪声污染，使人类的生活环境和身心健康受到严重危害。

噪声强度可用声级表示，单位为 dB(分贝)。在居住环境中，夜间比较安静的环境的声级为 30 dB。白天车辆繁忙时约为 80 dB。在工厂附近可达 90 dB 或更高。机场附近航空噪声峰值可达 130 dB。人们在 70 dB 以上谈话会感到心烦意乱，精力不集中。长期生活在 90 dB 以上会严重损害听觉器官。人们的听觉器官允许的极限声级是 120 dB。

虽然长期以来飞机噪声对大机场的居民影响很大，但它成为主要问题却是在 20 世纪 50 年代喷气式飞机的使用以后。特别是到了 20 世纪 60 年代，在大城市机场附近产生了无法接受的噪声。现在，机场条例和发动机的适航取证都强烈约束飞机的最大噪声水平，这已使燃气涡轮发动机的噪声抑制成为最重要的研究领域之一。喷气飞机安装消声装置，在重量、推力和燃料消耗上都要付出相当大的代价。

噪声是由速度和频率都不稳定的气流产生的。喷气发动机的噪声源主要有三个：压气机、涡轮和排气流。噪声也可分为内部噪声和外部噪声两大类。内部噪声主要是风扇、压气机和涡轮工作时产生，可在气流通道内采用声学处理方法衰减。外部噪声是高速排气流与周围大气混合时，由于大的速度差而产生强烈的紊流，一部分能量以声能形式辐射产生。图 7.19 所示为发动机噪声源简图。

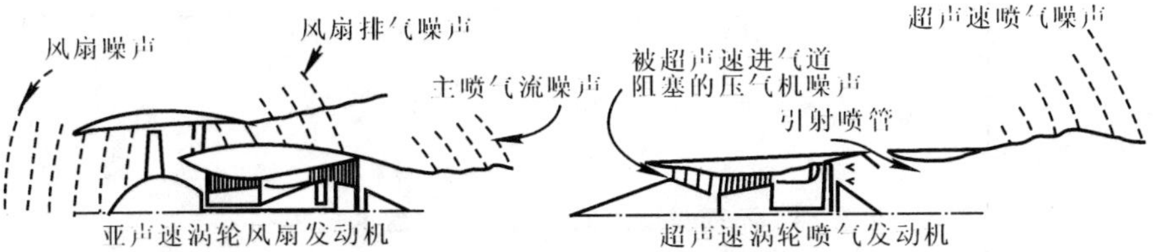

图 7.19　发动机噪声源简图

压气机和涡轮的噪声主要由于各级转子叶片和静子叶片的压力场和紊流尾流的相互作用而产生的，可分为两种截然不同的噪声：离散声调和宽频噪声。离散的声调是由于叶片尾流有规则地流过下游各级引起的，每一级都会产生一系列基波和谐波。尾流的强度主要取决于各级转子叶片和静子叶片之间的距离。如果距离短，压力场的相互作用就强烈，这导致较强的声调。在高涵道比发动机中，风扇叶片尾流流过下游静子叶片便产生这种声调，但由于速度较低和转子叶片和静子叶片之间的距离较大，因而强度较低。宽频噪声是由每个叶片与流过其表面的空气的相互作用产生的，即使在气流平稳时也是如此。流过叶片上的气流的紊流增大了宽频噪声的强度，也能产生几种声调。

但是发动机的噪声最主要的是高速排出的气流与周围空气的紊流混合所产生的排气噪声。因为现代发动机的燃气从尾喷管射出的速度高达500～550 m/s，在大流量比的涡扇发动机中，由外涵风扇排出的大量气流与外界空气的速度差也很大，两者混合时将引起速度和压力的强烈波动，从而产生声波。而且，两者混合时引起的强烈紊流，其相互位移的剪力会大大增加气流的涡流和音响，在排气口附近产生小涡流引起高频噪声，在排气流后部大的涡流产生低频噪声。如果能减少排气流和大气之间的速度差和紊流位移的剪力，则可降低排气噪声。因此，燃气涡轮发动机的消音问题主要是降低排气噪声。实验指出，噪声强度与排气速度的8次方成正比。由此可知，降低排气的速度是最有效的消音办法。而且，不能随便降低排出气流的速度，否则将会影响整台发动机的性能。图7.20所示为不同类型发动机噪声强度级的比较。表7.1为几种涡扇发动机的噪声值。

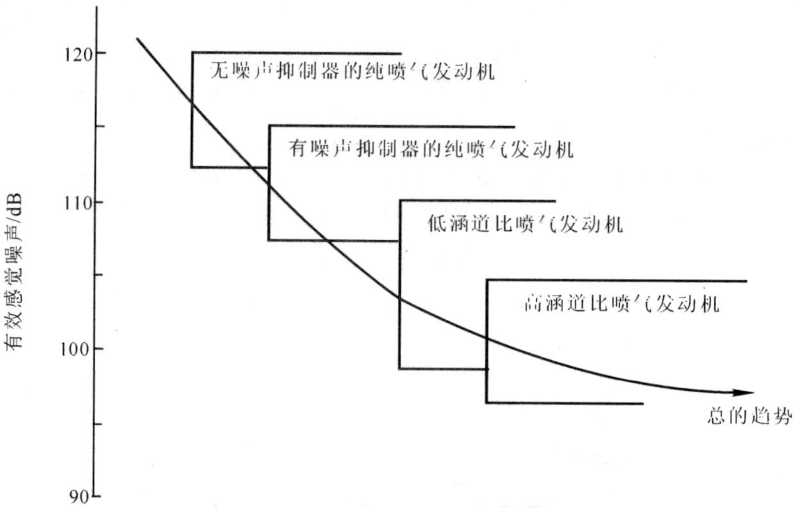

图7.20 不同类型发动机噪声强度级的比较

表7.1 涡扇发动机的噪声

项目 / 发动机型号	起飞重力 10^4 N	内涵/外涵排气速度 $m\cdot s^{-1}$	起飞噪声级 dB	横侧向噪声级 dB	进场噪声级 dB	噪声大于90 dB面积 m^2
JT9D－7A实测值			107	98	106	
B747－200B/C	351.1	363/270				
ICAO(69/78)规定值			109.8/105.5	108.7/102.5	103.7/105	

续表

发动机型号＼项目	起飞重力 10^4 N	内涵/外涵排气速度 m·s^{-1}	起飞噪声级 dB	横侧向噪声级 dB	进场噪声级 dB	噪声大于 90 dB 面积 m^2
JT3D－3B 实测值 B707－320B/C ICAO(69/78)规定值	151.3	489/303	113 103.8/100.6	107.3 106.3/99.4	119.5 106.3/102.9	113.51
CF6－6 实测值 DC10－10 ICAO(69/78)规定值	186	353/285	98.1 105.3/99.8	96.1 106.9/100.2	105.9 106.9/103.6	14.76
RB211－22 实测值 L1011－1 ICAO(69/78)规定值	195	416/271	97 105.6/100.1	95 107.0/100.3	103 107.0/103.8	

注:实测值均为有效感觉噪声级的分贝数。

二、消声降噪措施

现在常采取的排气消声装置是一些特殊形状的尾喷管,在喷口面积一定的条件下,增大了喷口的周长。它使排出的气流与周围空气的接触面积增加,减弱紊流位移的剪力,加速排出的气流与周围空气的均匀混合,同时利用高速排出的气流引射周围的空气,使周围空气的流速增大,减少两者的速度差。这种方法可以有效减小低频噪声,但可能会增大高频噪声。不过高频噪声会很快被大气吸收,有些频率已超出人的听觉范围,传给听者的噪声自然大大减弱。这种特殊形状的尾喷管称为消声喷管,它有如下几种构造形式。

1. *波纹式尾喷管*

此种消声喷管的外壁开有若干个沿圆周均布的半椭圆形孔,各孔相应地焊一个同样的波形罩。罩子出口均在喷口截面,这样形成具有特殊出口截面的收敛形尾喷管。燃气喷出时,引射周围的空气通过波形罩,提高了周围空气的流速,增大了燃气与周围空气的接触面积,加速燃气与周围空气的混合,能达到降低排气噪声的目的。图 7.21 所示为发动机的波纹式消声喷管,它有 6 个波形罩。

2. *星形尾喷管*

这种尾喷管由一组沿流路为特殊形状的通道构成(见图 7.22),尾喷管通道首先是全圆形截面,逐渐收敛成星形或花瓣形,在此特殊形状的通道中还置有隔板,使燃气排出时的扰动增加,提高消声效果。图 7.23 所示为“康维”发动机的星形消声尾喷管。这种消声喷管的消声效果比波纹式消声喷管好一些,但构造较复杂,加工较难。有的发动机采用星形尾喷管时,具有中心尾锥体。因此,在喷口中央设有一股单独的燃气流,它的消声效果更好些。

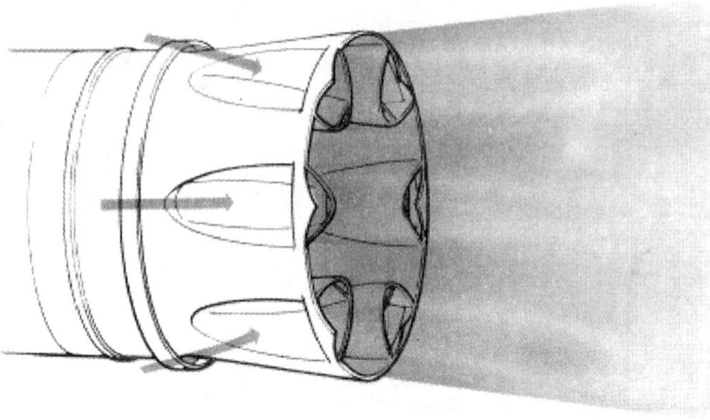

图 7.21　发动机的波纹式消声喷管

图 7.22　星形尾喷管图

3. 分管式尾喷管

分管式尾喷管由一组单个的管式喷管组成，这些单个的喷管位于中心喷管四周。所有单个喷管的前端会合转接成圆截面的总管道。喷管周围的空气被吸引到各单个喷管之间，加快燃气流与大气的混合。这种尾喷管消声效果能使噪声减小 10 dB 左右。

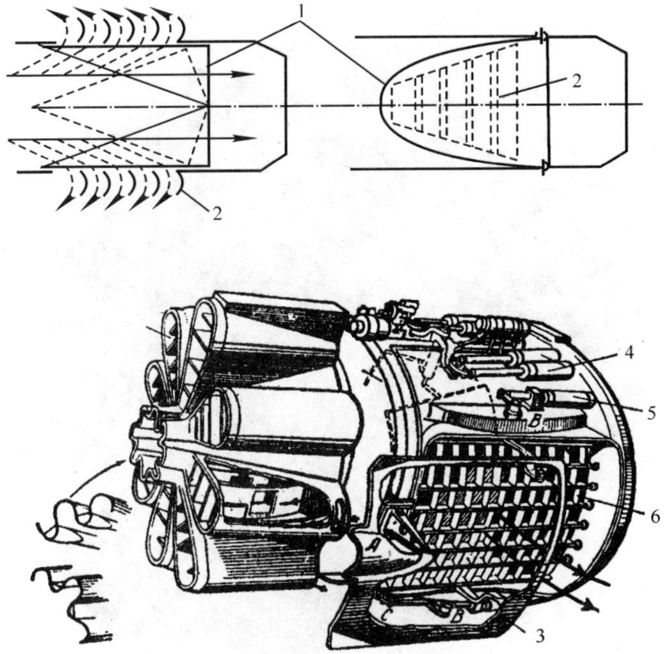

图 7.23　"康维"发动机的星形消声尾喷管

4. 内、外涵道排气混合器

有些大涵道比涡扇发动机采用内、外涵道排气混合器来消声。如 A340 飞机上的CFM56－5 发动机为长外涵道排气装置，内、外涵道排气混合排气，就采用了内、外涵道排气混合器。内、外涵道排气混合器可以在发动机内完成内、外涵道热的高速气流与冷的低速气流的混合过程，降低排气气流的最高速度，达到降噪的目的。

如图 7.24 所示为十二瓣机械式内、外涵道排气混合器。混合器使外涵排气向内涵流动，内涵燃气向外流动，并利用回转形通道使内外涵排气速度混合过程加快。JT8D 发动机采用就是这种类型的混合器。图 7.25 给出了 JT8D－209 和 JT8D－9 发动机尾喷管出口处排气速度分布比较，后者没有采用机械混合器。

大涵道比涡扇发动机的降噪措施主要是设法降低风扇叶片的噪声。JT9D，CF6，RB211 发动机均采用无进口导流叶片的单级风扇，并且使风扇叶片与出口整流叶片之间有足够长的距离，以减少尾流产生的噪声。CF6 发动机出口整流叶片不仅间距大，而且向后倾斜，以减少轴向与切向干扰噪声，并合理选择风扇叶片与整流叶片的数目。图 7.26 所示为 RB211 发动机的各种消声结构。

图 7.24　内、外涵道排气混合器

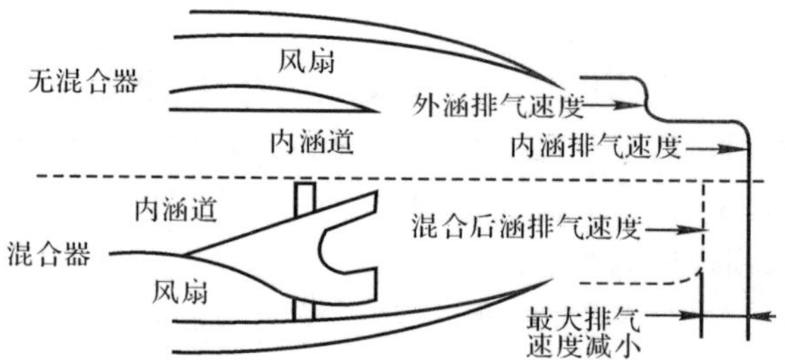

图 7.25　JT8D 发动机采用排气混合器前后出口排气速度分布

在发动机产生噪声部位的壁面上安装吸音衬垫，可以降低部份噪声。吸音衬垫如图 7.27 所示。它由胶接在一起的多孔蒙皮，蜂窝结构的夹心层以及底层组成。蒙皮上的小孔对声波起着黏性减弱的作用。蜂窝的空穴能对噪声频谱中的某些音调进行调谐使之衰减，调谐的频率与空穴深度有关，空穴深度大，衰减频率低的音调。因此，可以根据发动机各部分通道内噪声的性质，适当选用蒙皮小孔的大小、距离和蜂窝空穴深度，使外传的噪声降低很多。在燃气涡轮发动机上采用的吸音衬垫的材料主要分为两类，一类是用于低温区的轻型复合材料，另一类是用于高温区的纤维-金属材料。吸音材料由一多孔金属或复合材料面板组成，由底板上的蜂窝状结构支撑，底板再粘贴到涵道或机匣的母体金属上去。在 RB211 发动机的进气道，风扇通道及尾喷管的壁面上，装有 22 m^2 的吸音衬垫，使其外传噪声降低约 10 dB。但安装吸音衬垫后，增大了气流阻力，使发动机耗油率约增大 0.5%。

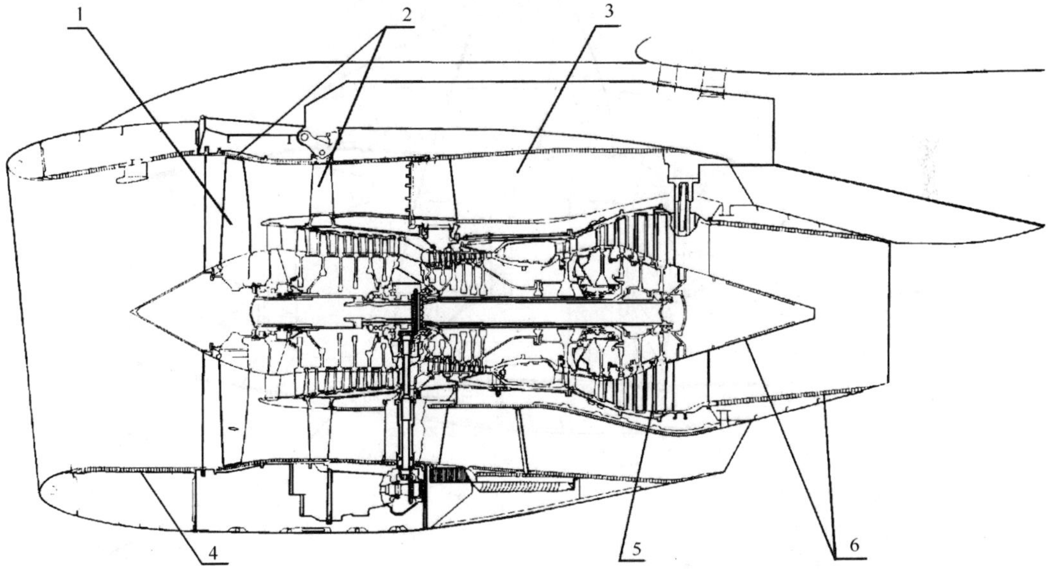

图 7.26　RB211 发动机降噪措施

1—风扇/中压压气机相互作用；2—风扇转子叶片与出口整流叶片的数目与间距；3—中间支架位置；4—冷气流吸音衬垫；5—末级涡轮间距；6—热气流吸音衬垫

合理地选择飞机起飞和进场程序也是降低噪声的重措施之一。起飞时尽量降低起飞推力，并以较大迎角起飞，爬高时尽量飞越无人居住区，进场时以较高的速度和较窄的航迹角迅速下降，这样可以减少发动机噪声对居民的危害。

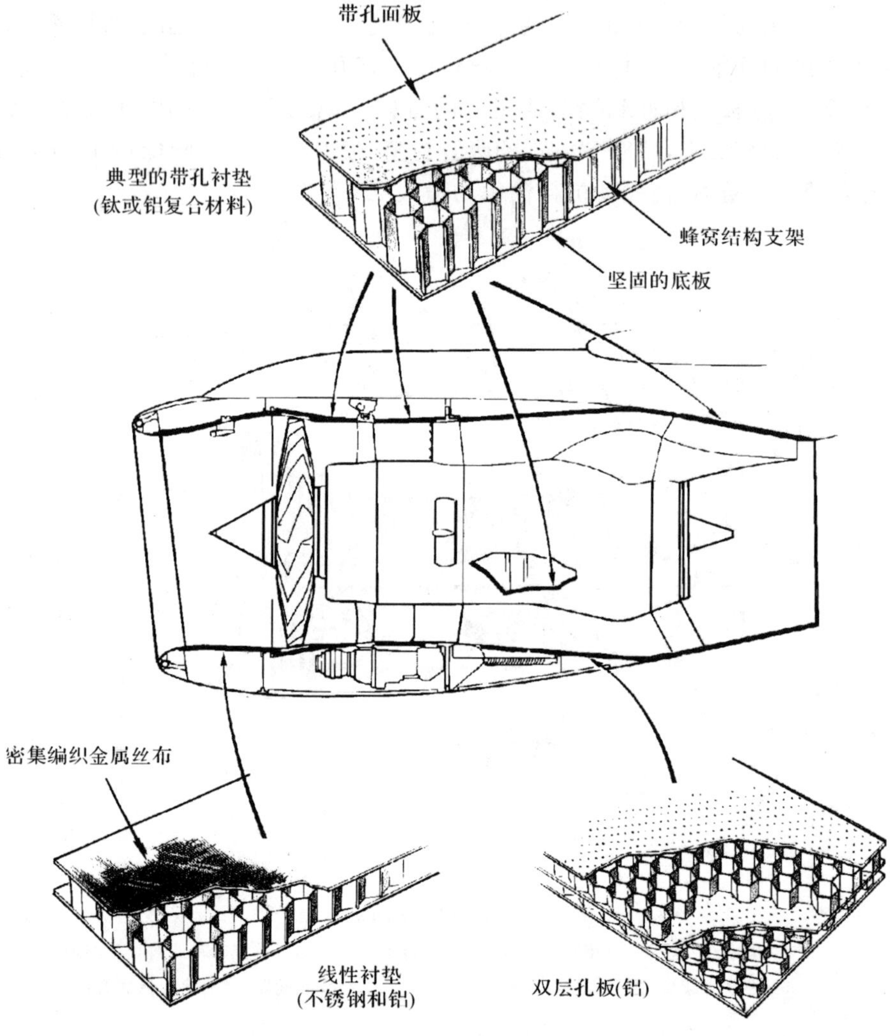

图 7.27　夹芯结构的吸音衬垫

思考题

1. 尾喷管的基本类型有哪些?
2. 亚声速喷口和超声速喷口的截面分别是什么形状的?
3. 带加力燃烧室发动机的尾喷管用哪种类型?

4. 简述鱼鳞片式可调喷口的组成及工作原理。
5. 降噪的基本原理是什么？
6. 用于降噪的异形喷管有哪几种类型？
7. 长外涵道双转子发动机内外涵排气混合气的功用是什么？
8. 列举三种反推装置的基本形式。

第 8 章　航空发动机的总体结构

本章主要内容是分析作用在发动机各部件上的各种负荷及传递这些负荷的系统，并讨论现有发动机的各种总体结构方案如何保证发动机工作安全可靠，同时又能使发动机的重量轻、尺寸小、结构简单和装拆方便。

这里所讨论的总体结构包括转子的联接结构、转子支承系统(转子的支承及支承结构)和静子承力系统(各部件的承力机匣及承力构件)等。

对总体结构设计的主要要求是:发动机各大部件承受负荷的方式和传递负荷的路线合理；在保证零部件刚度、强度条件下，重量轻、尺寸小；同时要考虑发动机各大部件装拆方便；随着发动机维修工作的发展，应考虑设计成单元体结构。

8.1　转子联接与联轴器

联轴器是将压气机转子与涡轮转子联成一体的组合件。不同的转子支承方案对联轴器的功用有不同的要求。在有各自的止推支点的压气机转子、涡轮转子的四支点承力方案中，联轴器仅传递扭矩；在只有一个止推支点的四支点支承方案中，联轴器不仅要传递扭矩，而且还要传递轴向力；在大多数三支点转子的支承方案中，不仅要求联轴器传递涡轮转子的扭矩、轴向力、径向力，而且要求在两联接轴不同心时，能保证良好的工作。这三种支承方案中的联轴器，均允许涡轮转子相对压气机转子轴线有一定的偏斜角 φ，如图 8.1 所示，即二转子间可以有相对的偏斜，这种联轴器称为柔性联轴器。在二支点的发动机转子中，联轴器仅传递轴向力与扭矩，需将压气机轴与涡轮轴刚性地联成一体，这种联轴器称为刚性联轴器。

联轴器的设计应满足传递负荷的要求，并能保证在不共轴条件下工作可靠及装拆方便。下面分别介绍刚性联轴器和柔性联轴器。

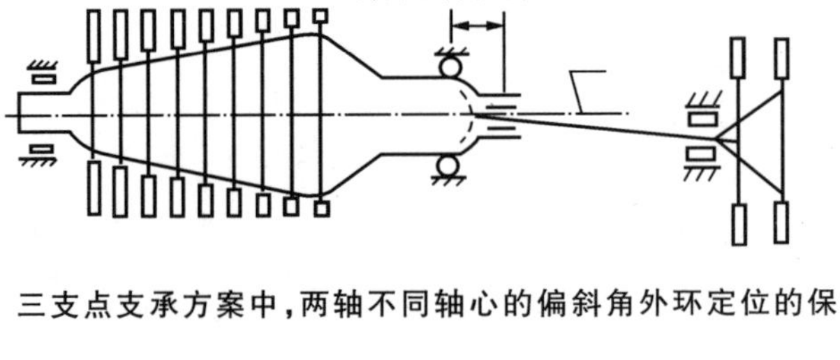

图 8.1　三支点支承方案中，两轴不同轴心的偏斜角外环定位的保持架

一、刚性联轴器

1. 套齿式刚性联轴器

涡喷发动机高压转子为刚性转子并采用两个支点，因此需采用刚性联轴器将涡轮转子与压气机转子联接成一体。图 8.2 所示为涡喷高压转子联轴器，它属于套齿式的刚性联轴器。涡轮转子与压气机转子通过套齿传扭，二者间的定心靠 A，B 二圆柱面，即在压气机后轴颈椎体的内圆柱面与涡轮外套齿前端的外圆柱面 A 相配合；高压气机后轴颈的内圆柱面 B 与涡轮轴的外圆柱面相配合。另外，高压压气机后轴的端头作成锥形，与装在涡轮轴上的后锥体相配；后轴颈的内面也作成锥形，与装在涡轮轴头上的、开有 6 条轴向槽的弹性锥体相配，在 9 000 daN轴向力的夹紧下，用大螺母将压气机后轴与涡轮轴刚性地连接成一体。在套齿两端采用锥面夹紧，能加强连接刚性，但并不是所有套齿式刚性联轴器均采用这种方法。例如，在 J85，PW2037，PW4000，V2500 等发动机上，高压涡轮与高压压气机轴间采用的套齿式联轴器中，就没有采用锥形衬套，两轴间的定心靠套齿两侧的 2 个圆柱面以小紧度配合来达到。

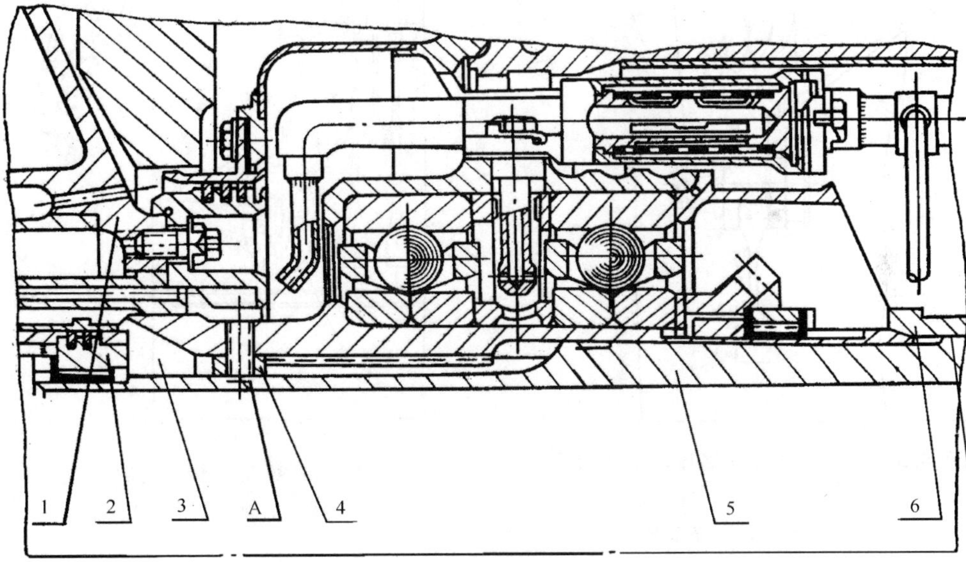

图 8.2　WP7 发动机高压转子联轴器

1—高压压气机后轴颈；2—大螺母；3—后轴项锥体；4—定位衬块；5—涡轮轴；6—后锥体

2. 圆柱面定心，短螺栓连接的刚性联轴器

在 RB211，CFM56，F404，GE90，F110 等发动机中，压气机后轴与涡轮轴间采用了圆柱面

定心、短螺栓联接的刚性联轴器。图 8.3 为 CFM56 发动机高压转子联轴器的结构图。压气机后轴与涡轮轴分别与封严盘的前、后端面接触，以轴的外圆面与封严盘的突缘配合定心，三者之间用短螺栓联接。为便于安装，螺栓先固定于压气机后轴上，当涡轮转子装上后，由涡轮盘中心孔处伸入工具将自锁螺母拧到各个螺栓上即可。

3. 圆弧端齿联轴器

图 8.4 为 RB199 发动机高压转子联轴器，该联轴器为圆弧端齿联轴器。在压气机后轴的后端面上与涡轮轴的前端面上分别加工出(先铣后磨) 带弧形的端齿，用短螺栓与自锁螺母将两者联接起来，成为热定心好，刚性好的刚性联轴器。这种联轴器是利用端齿传递扭矩、定心 (包括工作时的热定心)，螺栓传轴向力并保证两者刚性连接在一起。为便于装卸，在压气机后轴上先固定有自锁螺母，装配时，只需将短螺栓由涡轮盘中心孔处伸入用工具拧上即可。在 RB199，RB211 发动机上，所有滚珠轴承均先装在单独的短轴上，再通过圆弧端齿与转子轴联接，以便滚珠轴承的装拆。

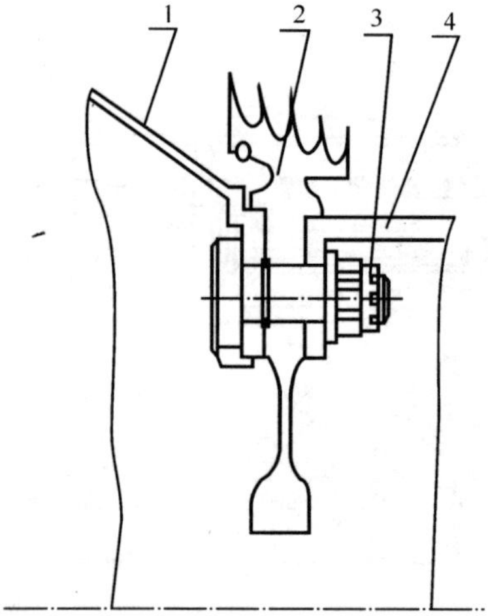

图 8.3　CFM56 发动机高压转子联轴器

1—压气机后轴；2—封严盘；
3—自锁螺母；4—涡轮轴

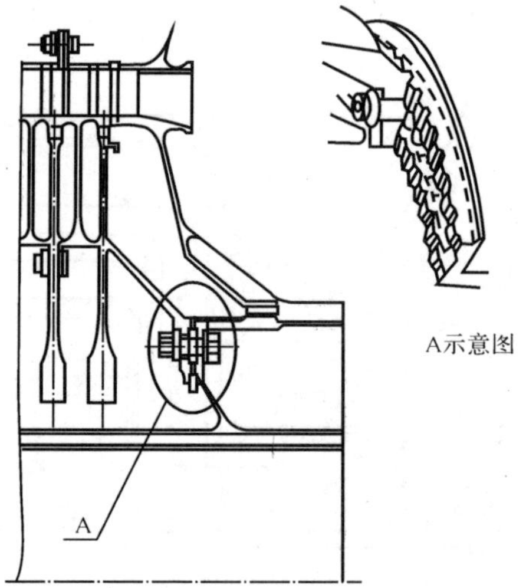

图 8.4　RB199 高压转子的圆弧端齿联轴器

二、柔性联轴器

1. 带有球形接头的套齿联轴器

WP8 发动机压气机转子与涡轮转子间的联接采用了带球形接头的套齿式联轴器(见图 8.5)，这是一种典型的球头式柔性联轴器，它能传递轴向力、扭矩、径向力(作为涡轮轴的前支点)。当三个支点不在同一轴线上时，还能允许适当的偏摆。

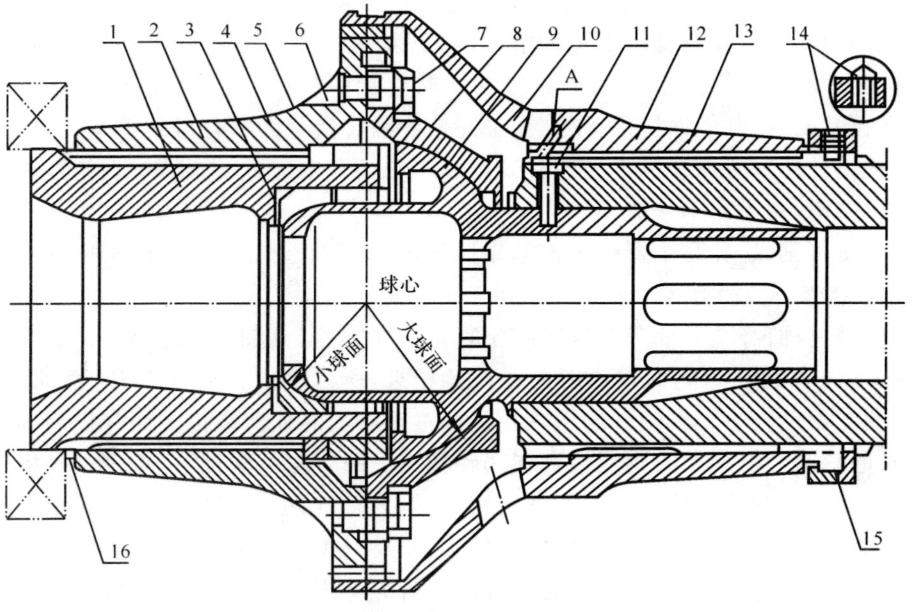

图 8.5　WP8 发动机联轴器

1—压气机后轴颈；2—从动齿套；3—调整垫圈；4—球形圈；5—支承圈；6—螺帽；7—螺钉；8—球头盖；9—球头短轴；10—供滑油到球面的孔；11—止动螺钉；12—涡轮轴；13—主动齿套；14—弹簧销；15—止动环；16—调整垫圈

联轴器中采用了两个半径不同的球面，后球面承受涡轮转子向后的轴向力，由于此轴向力较大，所以采用了较大的半径，前球面仅承受涡轮转子在某些过渡状态下短时间向前的较小轴向力，因此球头采用小半径。前、后两球面的球心在一点上，且位于传扭矩的套齿的中分线上。这种安排能适应二轴间有较大的偏斜角，WP8 发动机两轴间的偏斜角最大可达到 $1'8.4''$。为改善不共轴的工作情况，联轴器采用大直径、短齿宽的传动齿套，并将球心置于传动齿套的中间平面上。在不共轴情况下，球形接头在球面间、传动套齿间均产生相对滑动，因此，球面与套齿齿面均需渗碳以提高表面硬度，并通过图 8.5 中孔 10 喷入润滑油进行润滑。

发动机工作时，涡轮轴 12 的扭矩通过主动套齿前端的内套齿传给装于压气机后轴颈 1 的从动套齿后端的外套齿；涡轮轴向后的轴向力通过用螺纹联到涡轮轴轴头的带有球头的短轴传至用螺钉固定到从动套齿上的球头盖上，向前的轴向力则通过短轴前端的小球面传至置于压气机后轴颈内的球形座上；涡轮轴前端的径向力也是通过短轴上的球面传至压气机后轴颈的。因此，球形接头不仅传递轴向力，而且作为涡轮转子的前支点。

联轴器为高速旋转构件，因此要求相联各零件间应有良好的定心，相对的周向位置也要固定，以保证平衡后或进行维修后重新装配时位置不变。主动套齿与涡轮轴、从动套齿与压气机轴后轴颈间的定心是靠套齿两端的圆柱面及专制的定位圈达到的；带有球头的短轴与涡轮轴间借螺纹两侧的圆柱面定心；球头盖与从动套齿间借突缘定心；主动套齿与涡轮轴的周向位置，是利用主动衬套上的螺钉与轴上宽齿槽(占两个齿)相配来确定的；从动套齿与压气机后轴的周向位置用划线来确定；短轴 3 与涡轮轴的周向位置用螺钉确定，螺钉还是它们间的锁紧件。这样，在再装配时，既能保持平衡位置，又能使各啮合齿处的啮合位置不变。

联轴器的设计还应考虑装拆方便。其装配顺序应结合压气机、燃烧室、涡轮等部件的结构形式综合加以考虑，力求简单快捷。

从以上分析可见，这种联轴器的工作可靠性好，但构造复杂，笨重，装配不便。

2. 带有半球形接头的套齿联轴器

WP6 发动机联轴器属于带有半球形接头的套齿联轴器(见图 8.6)。WP6 发动机的空气流量不到 WP8 发动机的 1/3，而且两者的增压比相近，所以轴向力要比 WP8 发动机小得多，承受轴向力的球面也较小。涡轮轴的扭矩直接通过轴头上的外套齿传至压气机后轴颈内的内套齿，涡轮轴的轴向力与径向力则通过套在涡轮轴头上的半球形联轴器，传到压气机后轴颈内的球窝上。由于球面的球心偏离套齿的中分线较远，为适应两轴在不共轴的条件下仍能正常工作(偏斜角为 1′18″)，套齿的侧向啮合间隙较大为 0.1～0.2 mm。另一方面，套齿宽度较大(这是因为套齿半径较小的原因)，工作时啮合齿负荷的不均匀程度及冲击负荷均较大。

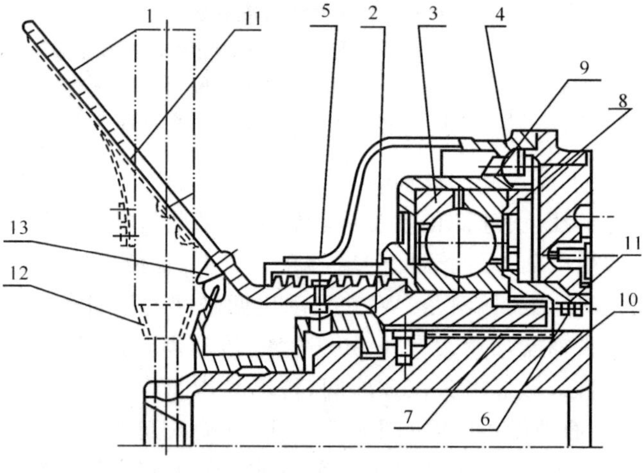

图 8.6 WP6 发动机联轴器

1—压气机后轴颈；2—球头联轴器；3—滚珠轴承；4—涡轮轴机匣；
5—限动锁钉；6—封油环；7—螺帽；8—螺帽；9—中轴承座；10—涡轮轴；
11—弹性锁片；12—拆装工具；13—锥形头销钉

分解联轴器时(见图 8.6)，用专门的头部带锥形齿的拆装工具 12，由燃烧室机匣头部卸荷腔通气孔中插入，顶开铆接在压气机后轴颈上的弹性锁片 11，使锁片下端不再嵌在联轴器 2 上的缺槽中，球头联轴器由与涡轮轴相对锁住的状态解脱，再将工具的下端插入涡轮轴轴头的专用孔中，这时工具上的锥齿与联轴器上的齿啮合，转动工具使联轴器绕涡轮轴转动 45°，使联轴器上的四个凸块与涡轮轴上的四个凹槽对上，涡轮转子即可向后拉出，而球头联轴器则留在压气机后轴颈内。为防止在涡轮轴未插入以前，联轴器在后轴颈内脱落，在后轴颈处用四个销钉 5 将联轴器卡住。

从以上分析可见，该联轴器结构简单，工作可靠，装拆方便。

3. 具有浮动球形垫圈的套齿联轴器

WP7 发动机低压转子联轴器采用了具有浮动球形垫圈的套齿联轴器(见图 8.7)，与前述两种联轴器不同之处在于球形结构并未定心在涡轮轴或压气机后轴颈上，而是浮动于两轴间，成为浮动球形垫圈 10。这是因为 WP7 发动机中，低压涡轮轴与压气机轴线间不同轴的偏斜角大，约为 7′47″，而套齿又采用了小直径大宽度的设计，这时只能用较大的侧向啮合齿隙(0.18～0.31 mm)，为了不使其他零件限制两转子间的径向位置，所以采用浮动结构，以保证涡轮转子沿球面偏斜时不受约束。由于球形垫圈并未定心于压气机后轴上，涡轮前端的径向负荷是通过端面摩擦阻力传至压气机后轴的。如球形垫圈与后轴间的摩擦因数为 0.1，发动机工作时，在涡轮向后的很大的轴向力作用下，球形垫圈径向移动的摩擦力可达 4 000 N，远远超过该处的径向负荷。当发动机不工作时，此处的径向负荷则通过套齿传至压气机后轴。由于涡轮轴向后的轴向力较大，球形螺帽 2 与涡轮轴相配的螺纹采用了能传较大轴向负荷的锯齿形螺纹。

联轴器的拆装是通过由压气机轴内插入工具，将保险衬筒 11 压向后方，使与球形螺帽 2 啮合的套齿 13 脱开，以便拧转球形螺帽。拧出球形螺帽后，即可拉出涡轮转子。

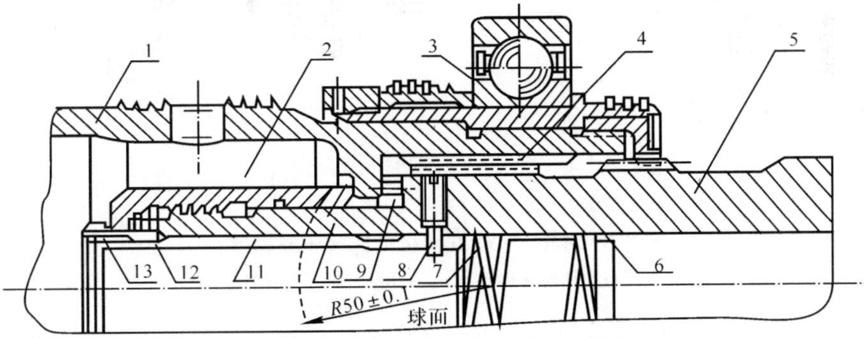

图 8.7　WP7 发动机低压转子联轴器

1—低压压气机轴；2—球形螺帽；3—低压止推轴承；4—套齿；5—低压涡轮轴；6—弹簧座；7—弹簧；8—止动螺钉；9—调整垫；10—球形垫；11—保险衬筒；12—调整垫；13—套齿

4. 四支点承方案带拉紧螺杆的柔性联轴器

АЛ－31Ф 发动机的低压转子采用了四支点支承方案，压气机、涡轮分别用两个轴承支承。但是仅压气机转子上有止推的滚珠轴承(压气机后轴承)，涡轮转子无滚珠轴承，因此，此处的联轴器既需传递轴向力、扭矩，还要在四个支点不同心时(压气机轴与涡轮轴实际上很难作到同心，始终会有一个夹角存在)能很好地工作。因此，必须采用能传轴向力、扭矩的柔性联轴器。

目前的发动机中转子很少采用四支点支承。为什么 АЛ—31Ф 要采用四支点支承方案呢？这主 要是因为高压涡轮后轴是通过中介轴承支承于低压涡轮轴上的，为了使高压转子能较平稳地工作，遂将低压涡轮支承于两个支点上。该发动机联轴器中(见图 8.8)，涡轮轴前端通过滚棒轴承 1 支承于主动锥齿的后轴，再通过支承锥齿的轴承固定于机匣中。通过两端有外套齿的传动轴 2 传递扭矩，通过中心拉杆 3 传递轴向力，拉杆作得长而薄，使其具有较好的柔性成为柔性拉杆。当两转子不同心时，它可以用变形来协调轴的不同心度。

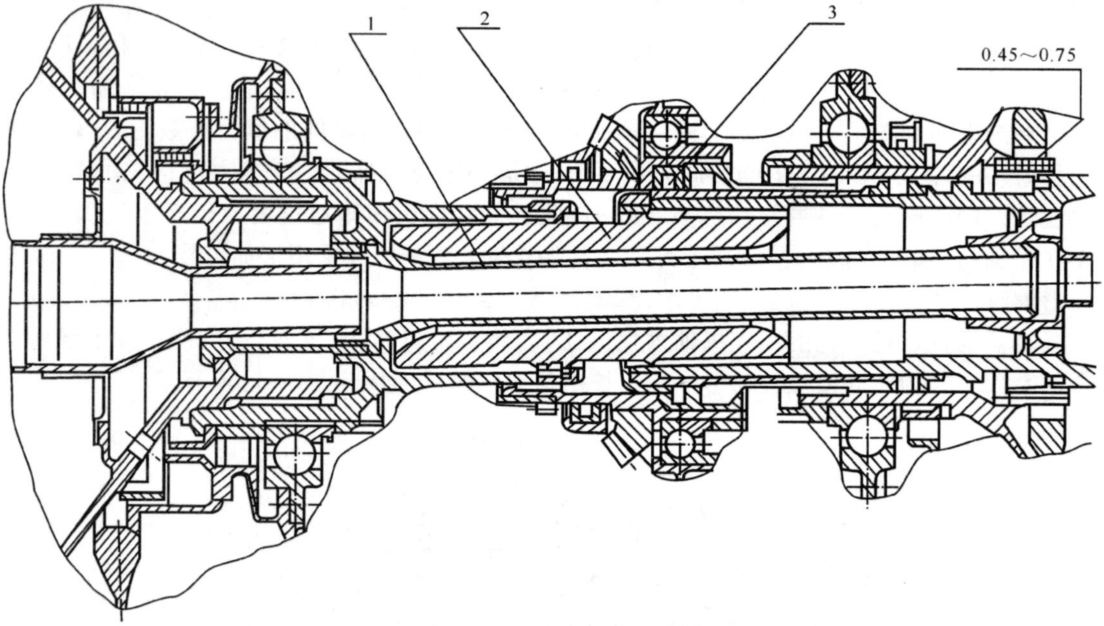

图 8.8　АЛ—31Ф 发动机低压转子联轴器

1—涡轮轴前滚棒轴承；2—传动轴；3—拉杆

综上所述，联轴器的功用决定于支承方案，其具体结构与它的功用有关，也和各部位的结构型式有关。联轴器的型式虽然有多种，但设计联轴器结构时应考虑以下方面：

(1)根据承力方案的要求，可靠地传递负荷(如扭矩、轴向力、径向力)，且在不共轴时能可靠地工作。

(2)所有零件需可靠地定心及周向定位，保证良好的平衡性，同时各零件还需轴向固定和锁紧。

(3)拆装方便。

8.2　转子支承方案

在燃气涡轮发动机中，压气机（或风扇）转子与涡轮转子和联接这些转子的零、组件组成了发动机的转子。转子通过支承结构支承在发动机机匣上，转子上所受的各种负荷（如气体轴向力、重力、惯性力及惯性力矩等）都由支承结构承受并传到发动机机匣上，最后由机匣通过发动机的安装节传到飞机构件上。

发动机中，转子采用几个支承结构（简称支点）、支点形式、安排在何处，这些就是转子支承方案设计时需要解决的重要问题。

转子支承方案对发动机的总体性能有较大影响，在发动机总体设计时，应由性能、重量、可靠性、结构复杂程度、性能衰退率等多方面考虑。在转子支承方案的设计时，不仅应保证转子的横向刚性和可靠地承受转子的负荷，还应使发动机的结构简单、装拆方便。

为表示转子支点数目型式和位置，常用两条横线和三个数字表示，如 a—b—c。前、后两条横线分别代表压气机转子和涡轮转子，两条横线前、后及中间的数字表示支点的数目。例如 1—3—0 的转子支承方案，表示压气机转子前有一个支点，涡轮转子后无支点，压气机与涡轮之间有三个支点，整个转子共支承在 4 个支点上。在研究转子支承方案时，一般均将复杂的转子简化成能表征其特点的简图，在简图中用小圆圈表示滚珠轴承，小方块表示滚棒轴承。

目前常用的发动机有单转子和双转子。为了学习方便，先分析单转子支承方案，然后再分析双转子支承方案。

一、单转子支承方案

1. 四支点支承方案

图 8.9 所示为 1—3—0 四支点的支承方案。它是早期发动机中采用的支承方案，是基于最简单的工作机理设计的。即压气机转子及涡轮转子分别由两个支点支承，且各自有承受轴向负荷的止推支点（滚珠轴承），二转子间采用浮动套齿 A 传递扭矩。

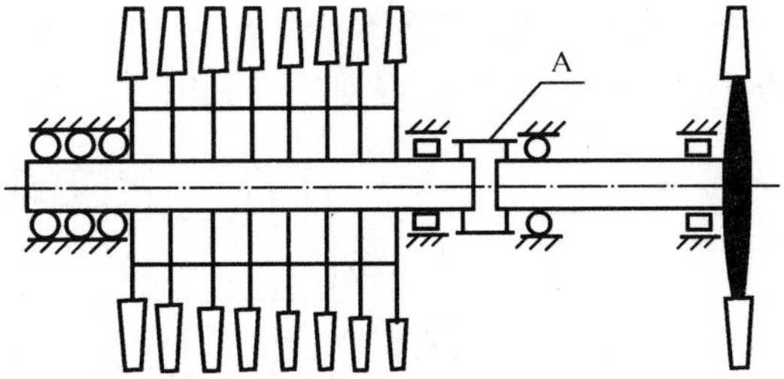

图 8.9　1—3—0 四支点支承方案

压气机转子前、后各有一个支点，承受轴向负荷的支点（止推支点）置于前端，由于压气机转子的轴向力较大，仅用一个滚珠轴承承受不了，因此采用了并列的三个滚珠轴承。涡轮转子的向后轴向力较小，因此涡轮转子止推支点处仅用一个滚珠轴承。

在这种承力方案中，涡轮转子与压气机转子间的联轴器仅传递扭矩，考虑到两个转子的四个支点很难做到同心，因此采用了浮动套齿联轴器。

这种支承方案由结构设计到装拆等均较简单，但是，涡轮、压气机转子的轴向负荷分别由各自的滚珠轴承承受，在空气流量与增压比稍大一些的发动机中，由于两转子特别是压气机转子的气体轴向负荷很大而根本无法采用，它只是在早期的小推力发动机上采用过。

图 8.10 所示的 1—3—0 支承方案，就是为克服压气机转子需用多个滚珠轴承的缺点而采用的一种修正的支承方案。在这个方案中，用于联接压气机与涡轮转子的联轴器不仅传递扭矩而且传递轴向负荷。因此，四个支点中仅需一个止推支点来传递两个转子轴向负荷之差，此处是置于压气机后。由于两个转子共有四个支点，很难作到四个支点同心。为此，联轴器除了要传递轴向负荷、扭矩外，还要在两转子轴心不同轴时（即不同心时）也能适应，联轴器需作成柔性的。

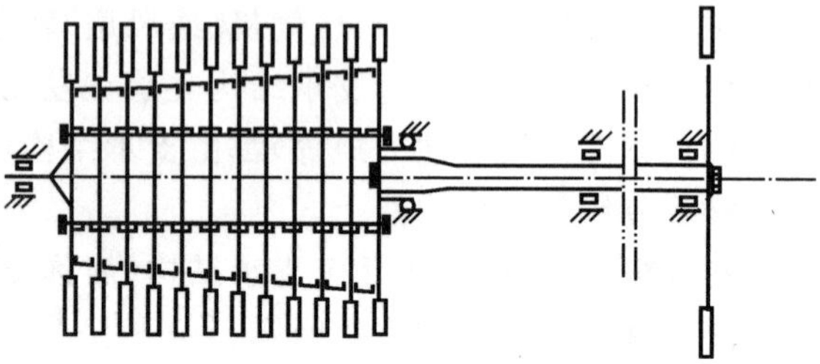

图 8.10　1—3—0 转子支承方案(J47)

这个支承方案虽比前一方案较好，但它的支点数目多（四个）。因此，除 J47 发动机采用过外，以后未被其他发动机采用。

2. 三支点支承方案

在很多单转子发动机和双转子发动机的低压转子中，采用了三支点支承方案。图 8.11 为 WP6 发动机支承方案，是典型的三支点支承方案。在该方案中，压气机转子前、后各用一个支点，涡轮盘前有一个支点，成为 1—2—0 支承方案，涡轮轴前端通过联轴器与压气机转子联接。在此，联轴器不仅传递扭矩、轴向力，而且也作为涡轮转子的前支点（即传递径向力）；当涡轮支点与前二支点的轴向不同轴时（主要是工作时后支承结构可能发生的变形造成的），要求联轴器能正常地工作，要求二轴线间允许有一个偏斜角。因此，要求联轴器做成铰接形式，不承受弯矩。这种支承方案，不仅只有一个支点承受较小的轴向负荷，而且每个转子均支承在两个支点上，刚性较好，所以得到广泛应用。

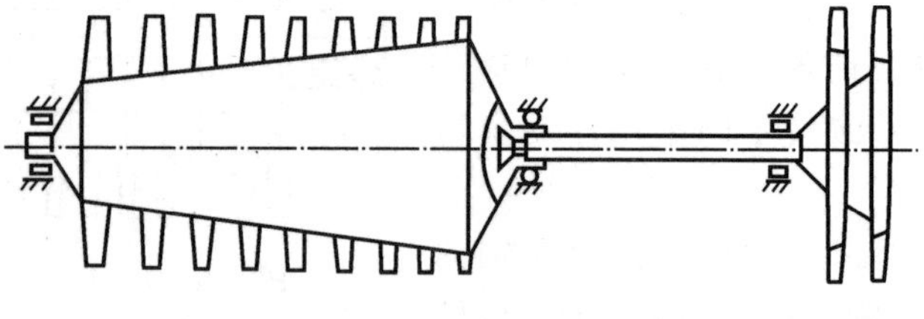

图 8.11　WP6 发动机转子支承方案（1—2—0 支承方案）

当涡轮级数较多时，为了改善涡轮转子悬臂状态，可以采用如图 8.12 所示的 1—1—1 支承方案。在三支点支承方案中，三个支点很难作到同心。因此，绝大多数发动机中，涡轮与压气机转子间的联轴器须采用柔性联轴器。在一些低压转子采用了三支点支承方案的大涵道比涡扇发动机中，风扇（及低压压气机）轴与涡轮轴的联接采用套齿联轴器（见图 8.13）。

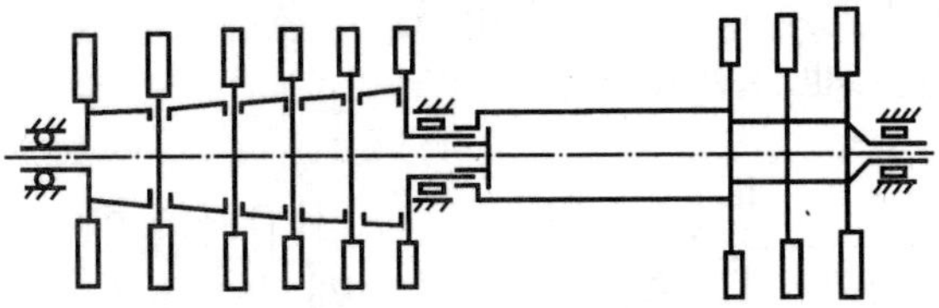

图 8.12　1—1—1 三支点支承方案

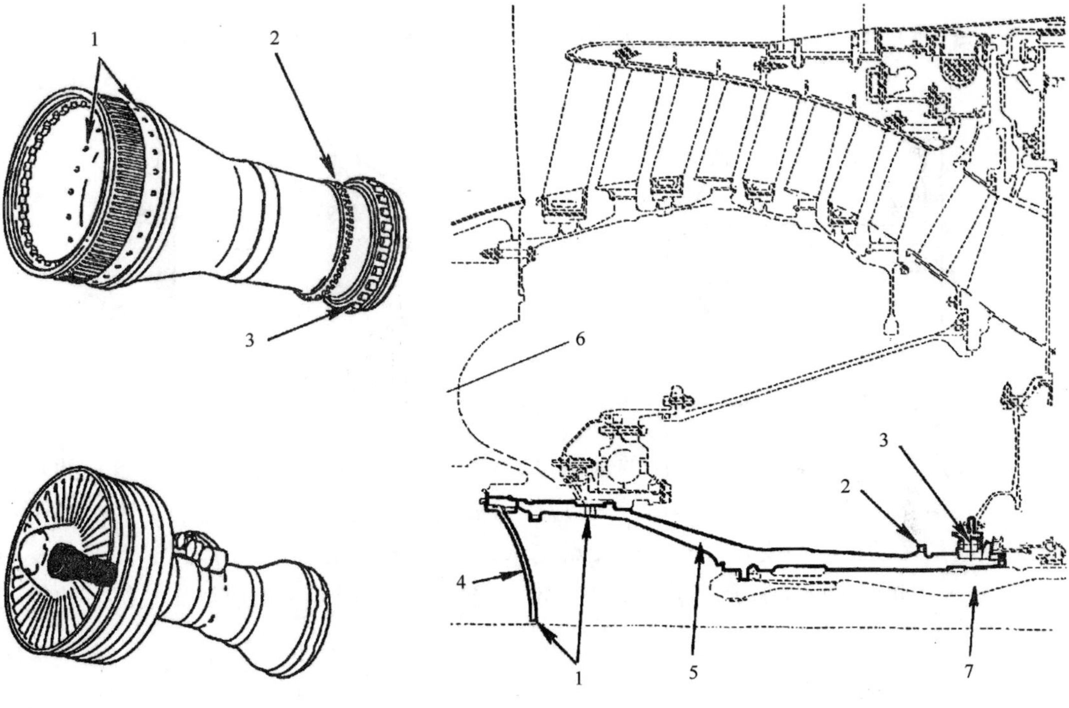

图 8.13　PW4000 发动机低压涡轮轴与低压压气机转子的联接

1—防冰空气孔；2—音轮；3—滚棒轴承内环及滚子；4—涡轮轴堵盖；
5—套齿联轴器；6—风扇；7—低压涡轮轴

3. 二支点支承方案

在发动机转子刚性足够的条件下（压气机级数少，燃烧室轴向尺寸短、转子跨度小且轴足够粗），可以只需要支承在两个支点上，形成二支点支承方案，这样可以简化结构，减少承力构件，减轻重量。图 8.14、图 8.15、图 8.16、图 8.17 都是在单转子中采用的二支点支承方案。支点位置可以根据需要和可能布置。在图 8.14、图 8.17 的 1—0—1 支承方案中，压气机、涡轮转子均无悬臂结构，整个转子纵向刚性较好，但支点间距离较大。在图 8.15、图 8.16 所示的 1—1—0 与 0—2—0 支承方案中，两个支点距离较近，转子处于悬臂状态；另外，为了安装轴承，压气机与涡轮间轴的直径也会受到限制。

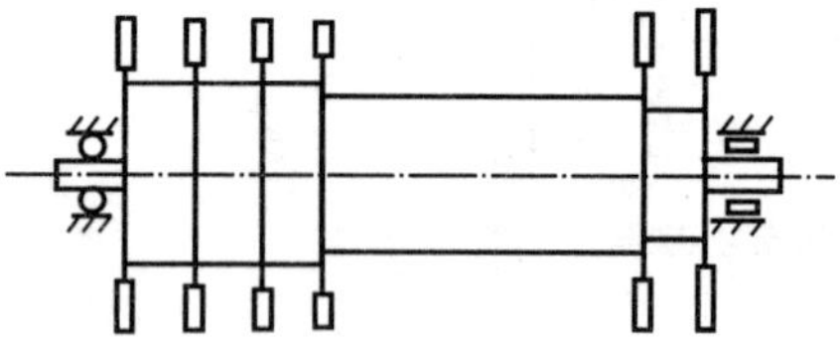

图 8.14　1—0—1 二支点支承方案

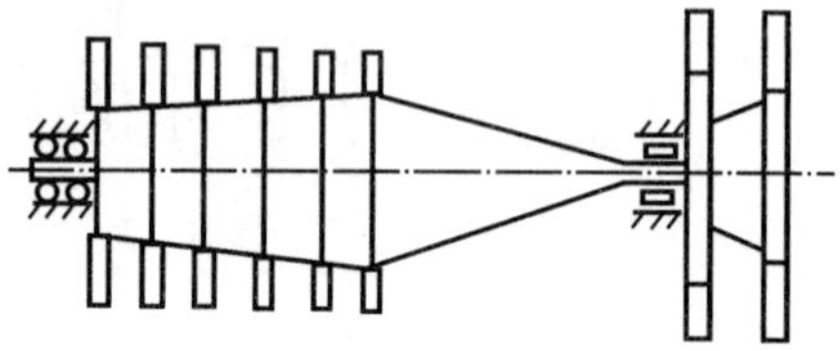

图 8.15　1—1—0 二支点支承方案

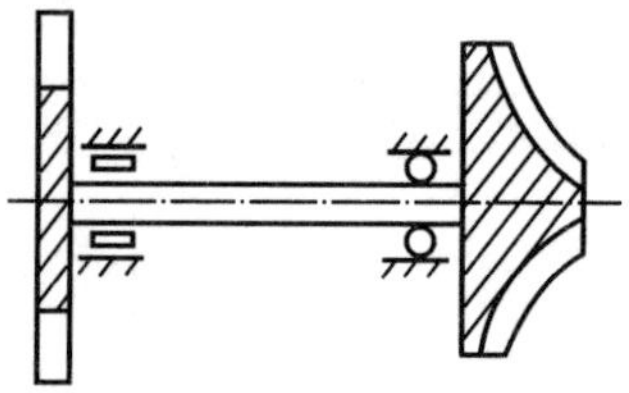

图 8.16　0—2—0 二支点支承方案

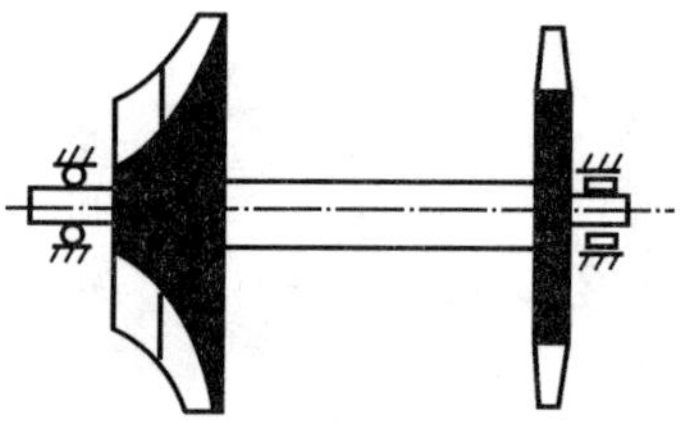

图 8.17　1—0—1 二支点支承方案

止推支点决定了转子相对于机匣的轴向位置，考虑到转子的热胀冷缩，每个单独的转子只能有一个止推支点。由于此支点负荷较大，应置于温度较低的地方。在二支点的支承方案中，止推支点应是发动机的前支点。对于三支点支承方案，因转子的轴向尺寸较长，需考虑发动机工作时，转子和机匣的轴向膨胀所产生的相对位移不应过大，因此一般应取压气机后的中支点作为止推支点。

二、多转子支承方案

多转子（双转子、三转子）发动机中，由于转子数多、支承数目多，而且低压转子轴要从高压转子中心穿过，故结构复杂，但原则上可将发动机各转子（高、中、低）分离开来，每个转子按前述方法分别进行处理。然后根据刚性、传力、装拆、结构（滑油系统、轴承支承）等多方面综合考虑。

下面对几种典型的多转子发动机的支承方案进行分析。

1. *WP7 发动机转子支承方案*

WP7 是双转子发动机中级数最少的发动机，如图 8.18 所示，高、低压压气机各三级。低压转子采用 1—2—0 方案，高压转子采用 0—2—0 方案。支承系统采用了两 个中介支点（2，5

号支点），即低压转子的后两个支点均支承于高压转子内，其负荷均通过高压转子的支承点外传。这种结构使发动机长度缩短，减少了承力构件，使总体结构重量减轻。高压转子的轴短而直径大且前半轴与高压压气机转子第 2 级相联，使转子重心与支点距离缩短，高压压气机与高压涡轮级数少，转子刚性较好，所以压气机、涡轮均悬臂地支承着，成为 0—2—0 的支承方案。一般发动机低压转子的前支点装在第 1 级轮盘前，而 WP7 是装于 1,2 级轮盘间。轴承的负荷通过 1 级压气机的整流叶片外传，这样可以省去带径向支板与内锥的进气机匣。因此，这种支承方案也被无进口导流叶片的 WP13，WP15 发动机所采用。但是悬臂转子的振动特性和中介支承带来的高、低压转子间的耦合振动问题也是 WP7 发动机振动故障的重要原因之一（参见 8.6 节的讨论）。

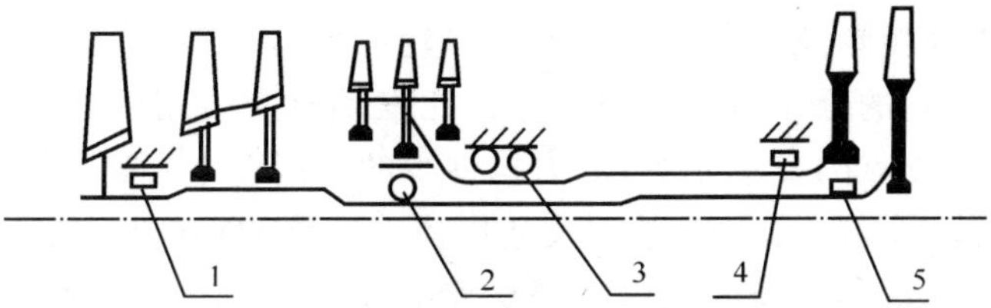

图 8.18　WP7 发动机转子支承方案

（图中数字表示支点序号）

WP7 发动机支承方案的另一个特点是三处支点的负荷均是通过静子叶片（1,2,3 号轴承）或叶片内的承力件（4,5 号轴承）外传的，没有采用另外的承力机匣，进一步缩短了发动机的长度并简化了总体结构。但悬臂转子的承力构件位于涡轮前的高温区，使工作条件更加恶化。

上述支承方案突出了 WP7 发动机追求高推重比的设计思想，虽然 WP7 发动机压气机采用全钢结构，但其推重比（加力时）达到 5，同类型的 J57—F13 发动机加力推重比为 3.09。

但是，该方案也存在诸多问题。除了前面已提及的之外，还有：由于低压转子三个支点中两个为中介支点，使压气机转子与涡轮转子不同心度加大，从而加大了叶片的径向间隙，影响了发动机的经济性。又由于静子叶片为承力构件，使静子叶片加厚，尤其第一级压气机整流叶片的叶身较长更需加厚，这对压气机效率有一定的影响。除此之外，这种支承方案对发动机的装配与平衡也带来不便，如低压支点位于 1,2 级之间，故压气机转子平衡后必须分解，再进行装配。高压压气机只有一个支点，平衡也不方便。

2. WP13 发动机转子支承方案

WP13 发动机在总体结构上基本与 WP7 相同，但它的高压压气机却在 WP7 的基础上增加了二级，成为五级，因此使低压转子长度增加，削弱了低压轴的刚性。为此，在 WP7 支承方案的基础上，在 2,5 号中介轴承间又增加了 1 个中间轴承 A（见图 8.19），以限制低压轴的挠度，提高低压转子的刚度。因此可以看出，在发动机中采用中介轴承的作用是通过限制低压轴的挠度来提高转子的刚度，改进了发动机转子的振动性能。

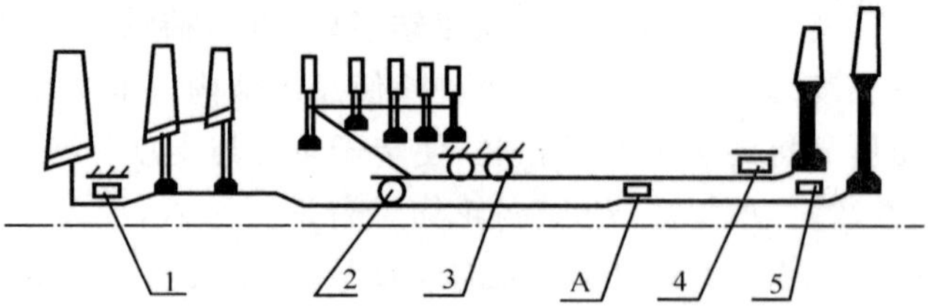

图 8.19 WP13 发动机转子支承方案

（图中数字表示支点序号）

3. CFM56 发动机转子支承方案

CFM56 发动机为高涵道比的涡扇发动机，它的两个转子支承于五个支点上（见图 8.20），通过两组承力构件（中介机匣及风扇排气机匣和涡轮后承力框架）将轴承负荷外传，是承力构件最少的一种发动机。它的低压转子采用高涵道比发动机中常用的 0—2—1 支承方案，高压转子采用 1—0—1 的二支点的支承方案，承力构件少的原因在于将高压涡轮后轴，通过中介支点（4 号）支承于低压涡轮轴上，这种支承方式还可使发动机的轴向尺寸缩短。但是，该方式可能带来另一个重要问题，即大直径的高压转子支承于直径较小的低压轴上，低压转子的振动及变形（与高压转子相比，低压转子相对容易变形些）会影响高压转子的工作。为了尽量减少这种影响，低压转子虽然采用了三支点支承方案，但涡轮轴与风扇轴间的联轴器采用了刚性联轴器，因此，对加工及装配的精度要求很高。

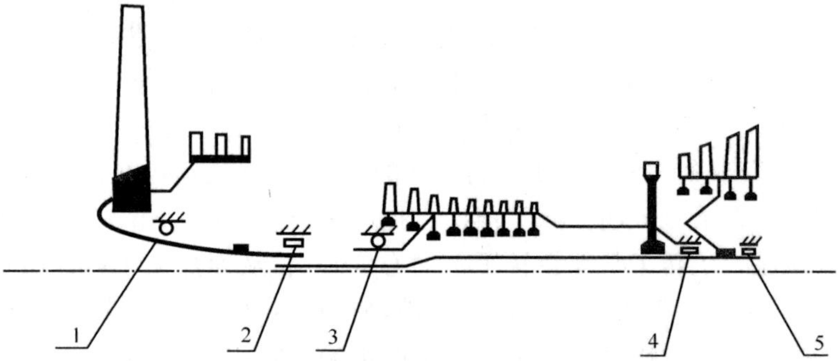

图 8.20 CFM56 发动机转子支承简图

（图中数字表示支点序号）

这种将高压转子通过中介轴承支承于低压轴上的设计，是 GE 公司传统做法，该公司由 F101 发动机开始采用这种支承方案后，F404，F110 以及 CFM56 均相继采用了这种方案。法国国营航空发动机研究制造公司（SNECMA）发展的 M88 发动机也采用了这种方案。英国 RR 公司的 RB199 发动机高压涡轮转子也是通过中介轴承支承于中压涡轮轴上的。前苏联生产的民用发动机 HK8，军用发动机 PД33，AЛ—31Φ 也采用了这种支承方案。

由此可以看出，类似 CFM56 发动机的转子支承方案，由于具有独特的优点，已得到广泛应用。但是，在这种支承方案中有二个需要解决的问题，其一是中介轴承的打滑问题，其二是尽量减少低压转子的变形，振动对高压转子的影响问题。

在 CFM56 的支承方案中，支承高压涡轮后轴的中介轴承外环固定于高压轴上，内环固定于低压轴上，由于高、低压转子转速相差较大，特别是在高涵道比涡扇发动机中，例如 CFM56－3，高压转子转速为 15 183 r/min，低压转子转速为 5 200 r/min，工作中，随高压转子转动的中介轴承外环转速高，膨胀量大，而内环随低压轴转动转速低，膨胀量小，其结果是增大了轴承内的游隙，在轻载下易打滑。为此，在 CFM56 系列发动机中，是使用较紧的中介轴承装配游隙来保证不出现打滑的。有的发动机，如 RB199，HK8，是将中介轴承的内环与高压轴相连，外环与低压轴相联，这样，在工作时轴承内游隙不是增加而是减少，因此能避免出现中介轴承打滑问题。

为减少低压转子变形对高压转子工作的影响，如前所述，在 CFM56，F101，F110，F404 等发动机中将三支点支承的低压转子采用刚性联轴器。

4. RB211 三转子发动机转子支承方案

在三转子发动机中，由于转子数目增多了一个，因此增加了支承构件的复杂程度。图 8.21 为 RB211 发动机转子支承方案简图，它的三个转子共用了 8 个支点，载荷通过四组承力构件外传。低压、中压、高压转子的支承方案分别为 0—2—1，1—2—0，1—0—1 形式，其中，低压转子的止推支点(即 3 号止推轴承)为中介支点，将低压轴支承于中压压气机后轴内。在整体布局中，将三个转子的止推轴承集中在一个承力机匣上，使承力构件集中，传力路线最短。由于转子数目多，只能在涡轮中采用涡轮级间(高压与中压级间)的承力构件，支承 6，7 号轴承。这种涡轮级间承力构件不仅使发动机长度增大，而且对涡轮效率有影响，一般最好不用，例如 CF6 发动机在－6，－50 系列时采用了涡轮级间承力构件，后来发展为－80 系列时，取消了该构件，不仅使发动机长度缩短了，而且涡轮的效率也有了提高。但是，在三转子发动机中，很难取消这种承力构件，例如 RB199 发动机中也是在中压与低压涡轮间采用级间承力构件(见图 8.22)。

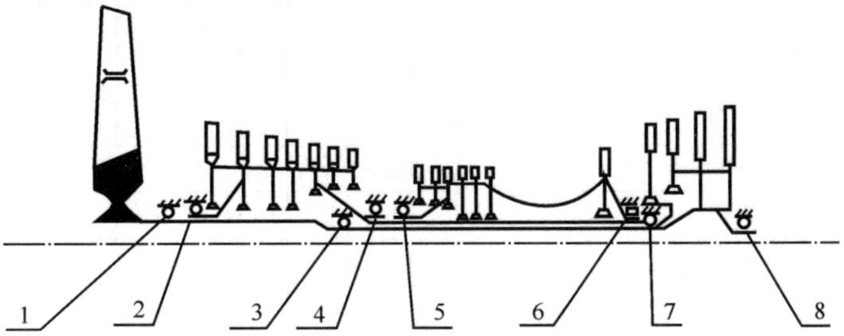

图 8.21　RB211 发动机三转子支承方案

(图中数字表示支点序号)

国内外军、民用涡喷、涡扇发动机转子支承方案如表 8.1 所示。

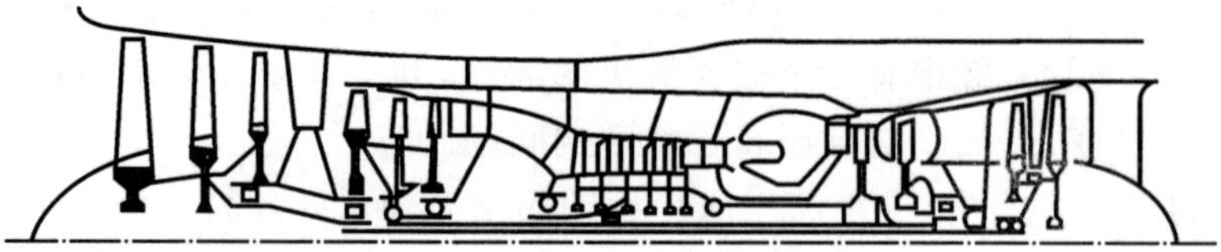

图 8.22　RB199 发动机简图

表 8.1　发动机转子支承方案

发动机型号	低压转子支承形式	中压转子支承形式	高压转子支承形式	承力框架数目	支点总数	中介支点数
WP6			1—2—0	3	3	
WP8			1—2—0	3	3	
WP7 系列	1—2—0		0—2—0	3	5	2
WP13 系列	1—3—0		0—2—0	3	6	3
WS6	1—1—1		1—1—0		5	1
WS8	1—3—1		1—2—0	4	8	2
WS9	1—2—1		1—2—0	5	7	1
F100—GE—100	1—1—1		1—1—0	4	5	1
F110/F118	1—1—1		1—0—1	3	5	1
F404—GE—400	1—1—1		1—0—1	3	5	1
F414	1—1—1		1—0—1	3	5	1
PW2037	0—2—1		1—1—0	3	5	
PW4000	0—2—1		1—1—0	3	5	
PW4073/404	0—2—1		1—1—0	3	5	
CFM56 系列	0—2—1		1—0—1	2	5	1
V2500	0—2—1		1—1—0	3	5	
M53			0—2—1	2	3	
M88	1—1—1		1—0—1	3	5	
EJ200	0—3—0		1—0—1	2	5	
P29—300	1—2—0		0—2—0	3	5	
РД—33	1—2—0		1—0—1	3	5	1
АЛ—31Ф	1—2—1		1—0—1	3	6	1
Д—30К	1—2—1		1—2—0	4	7	1
ПС90А	0—1—1		1—2—0	3	5	
Д18Т	0—1—1	1—1—0	1—0—1	4	6	
RB199	0—3—0	0—1—1	1—0—1	3	7	1
RB211	0—2—1	1—2—0	1—0—1	4	8	1

从上述单转子、多转子发动机转子支承方案简图和发动机转子支承方案一览表可以看出，各公司有各自的传统设计特点，但相互之间也有借鉴。从总体结构布局上看有如下一些特点：

(1)转子支承方案的设计与各部件的结构型式有关。

(2)为了使结构简单重量轻，力求减少支点数目。这主要取决于转子的横向刚性。

(3)支点的配置方案也取决于转子的刚性。

(4)单个转子的支承方案必需而且只能有一个止推支点，以确定转子相对于机匣的轴向位置，同时保证转子与机匣有相对移动的可能(考虑膨胀时轴向伸长不同等因素)。止推支点应位于温度低、刚性大的机匣附近，并尽可能接近发动机的主安装面，以保证传力路线短、转静子轴向变形差小。

(5)在支承方案的设计中，还应考虑发动机的装配和转子的平衡。

(6)设计双转子或多转子的支承方案时，可在分别考虑各个单独的转子支承方案的基础上，注意各个转子之间的相互关系，尽量少采用或不采用中介支点，注意减少支点和承力构件的数目。

8.3　支承结构

发动机转子的负荷通过轴承及支承构件传递到发动机壳体上。在航空燃气涡轮发动机中转子均用滚动轴承，这是因为滚动轴承摩擦因数小，轴向尺寸小，尤其是冷却润滑需要的滑油量较少。滚动轴承一般有滚珠轴承和滚棒轴承两种，滚珠轴承能够承受轴向力，又称为止推轴承(见图 8.23)，在发动机发展的最初阶段，轴承均直接装于固定在机匣上的轴承衬套中。但在 20 世纪 60 年代后，为了控制发动机工作时的转子振动，在有些发动机轴承外环与轴承座间留有间隙，间隙内充满润滑用的压力滑油，形成挤压油膜；有些发动机轴承不直接固定于机匣上，而装在一个称为弹性支座的刚性较低的衬套中，衬套再固定于机匣上；通常还将弹性支座与限幅环间的间隙中充以滑油，形成带挤压油膜的弹性支座。挤压油膜、弹性支座、带挤压油膜的弹性支座很快地得到推广，成为降低发动机振动，提高发动机寿命的一项重要措施。

在大多数发动机中，滚珠轴承是单独使用的，当转子轴向负荷较小时采用 1 个轴承，当转子轴向负荷较大时采用 2 个并列滚珠轴承作为 1 个支点。在一些新研制的发动机中，有的在滚珠轴承旁增加 1 个滚棒轴承，让滚棒轴承承受径向负荷，而滚珠轴承仅承受轴向载荷，以减轻滚珠轴承的负荷。

下面将举出有不同特点的几种类型的支承结构进行分析。

一、双排球轴承的支承结构

当转子的轴向力超过一个轴承允许负荷值时，可采用多排轴承。如 WP8 发动机的中支点采用了双排球轴承支承结构(见图 8.24)。

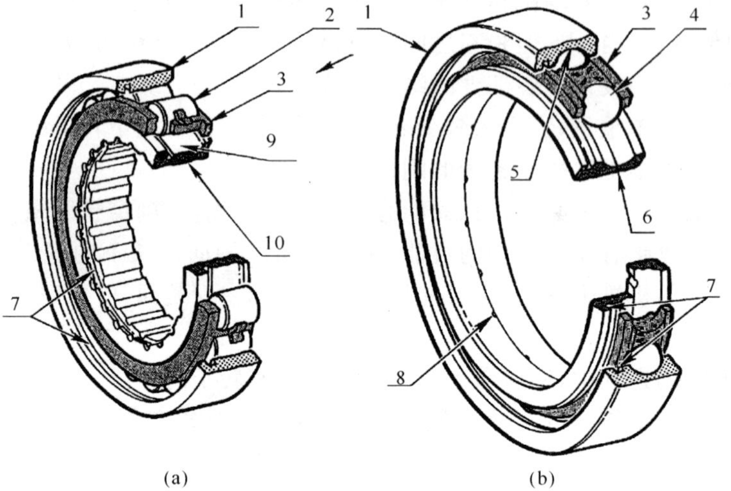

图 8.23　滚动轴承

(a)滚棒轴承；(b)滚珠轴承

1—外环；2—滚棒；3—保持架；4—滚珠；5—外环滚道；6—可对分的内环；

7—轴承拉出器卡槽；8—环下供油孔；9—内环滑道；10—内环

双排球轴承结构的主要的问题是保证两个轴承同时受力，均匀承受负荷。

轴承内外环的宽度均有一定的误差，每个球轴承的轴向活动量以及轴承材料的刚性也不完全相同，导致负荷作用下两个轴承的端面错移量 δ_1(左错移量)、δ_2(右错移量) 并不相同(见图 8.25)，为了使两个轴承在承受负荷时同时受力，在两个轴承的外环之间和内环之间分别安置能调节尺寸的调整环。选配调整环尺寸的主要目的是：在开始承受负荷时，当一轴承内、外环错移量达到 δ_1 的同时，第二个轴承的内外环错移量应达到 δ_2，即两个轴承同时消除轴向活动游隙，处于同时受力状态。从图 8.25，可得如下几何关系：

$$l_1 - \delta_1 = l_2 - \delta_2$$

根据已经测出的数值，可以找出 δ_1 与 δ_2 的关系。如确定其中的一个尺寸，按上式可用调整环得到另一尺寸。

为了使两个轴承在工作过程中均匀受力，那么两个轴承的承力元件(包括两个轴承间的承力隔圈、调整环等)的刚性应该相同。对多排轴承，保持所有承力元件的刚性相同是十分困难的，所以，为保证轴承在整个工作过程中均匀受力，最多采用双排轴承。在 WP8 的双排轴承方案(见图 8.24)中，内外环的隔圈 1 尺寸相同，借选用薄的调整环 2 的尺寸，以满足两轴承同时受力的要求。轴承的内环是两半的，这样使接触角增大、滚球的数目增多，从而提高承受轴向载荷的能力。轴承借联轴器从动套齿将两个内环及其中的隔圈、调整环和轴承前的甩油盘 10，一起压紧在压气机轴的凸肩上。外环装在具有 90 个纵向槽 6 的钢制轴承座 3 的内表面上，并用轴承盖 4 及螺钉压紧。滑油经油槽 7，由 3 个沿圆周均布的喷嘴 8 喷出，分别对前后两个轴承冷却、润滑，并由槽 5 经分布在轴承座圆周上的 40 个纵向孔引出。从压气机第五级后引空气以保证篦齿密封装置的封油效果。改型后的 WP8 发动机中支点，在两排轴承的前面沿圆周增加三个喷嘴，同时在轴承的后面增加一个具有三个喷油孔的滑油喷嘴环，以改善轴承的冷却和润滑，延长发动机的寿命。

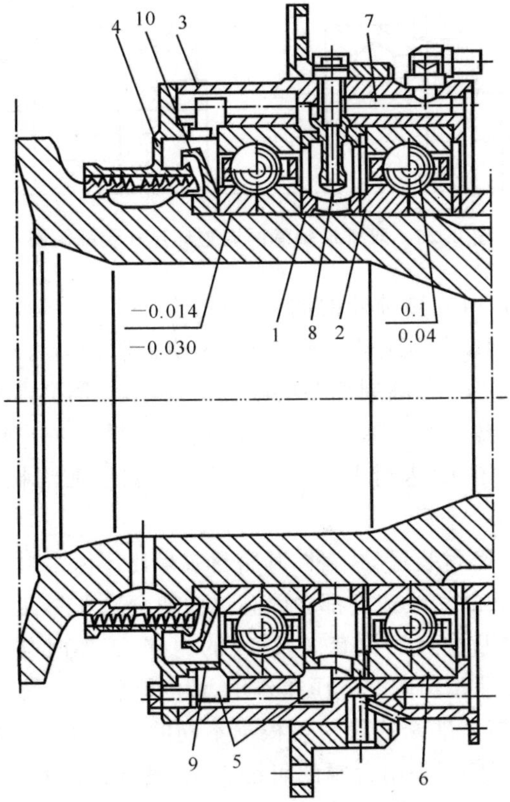

图 8.24　WP8 发动机中支点结构

1—隔圈；2—调整环；3—钢轴承座；4—轴承盖；5—回油槽；
6—滑油循环槽；7—将滑油输入喷嘴的通路；8—喷嘴；9—回油孔；10—甩油盘

装配时，将轴承及轴承座固定在压气机轴上，与压气机转子组成一组合件进行装配。

二、中介轴承的支承结构

中介支承位于两个套在一起的轴之间，轴承的内、外环分别随内外转子旋转，其工作转速是两个转子的转速差，结构上的特殊问题是如何解决轴承的润滑。

WP7 发动机低压压气机后支承是一个中介支承。这个轴承座随同高压转子旋转，因此滑油管路不能直接与滑油喷嘴相联,如何将滑油喷入轴承,这是轴间轴承的特殊问题。如图8.26所示,轴承座6紧配在高压压气机轴颈8内,并用径向销钉5固定。其轴承外环用螺帽4固定在轴承座上,并用封严涨圈衬套3后端面处凸出的销钉头伸入螺帽4的端面缺口中,以防止螺帽转动松脱,最后用螺帽(1)将衬套固定并锁紧。

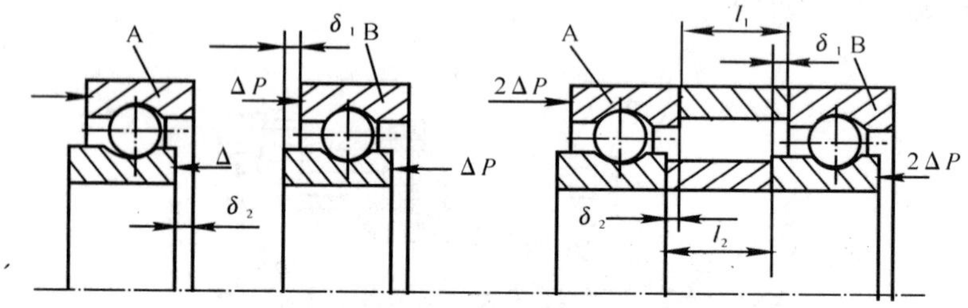

图 8.25　双排球轴承的调整环尺寸装配简图

通向中介轴承的滑油是由旋转轴外的油管引进。滑油通过喷嘴9喷入集油腔A内,集油衬套10内径上有3个叶片B,当高压转子旋转时,带动集油衬套与滑油一起旋转,在离心力作用下,压力约为760 kPa,从三个沿圆周均布的喷嘴7向轴承喷出,工作后滑油通过第6级压气机盘轴颈上均布的孔17甩出。中介轴承滑油循环通路的设计是比较困难的,一般来说,冷却效果也较差。该轴承的工作温度达到170℃。为了减小润滑油消耗量,轴承座前后均有三道涨圈密封。

涨圈密封是属于接触式密封装置的一种,其密封效果比篦齿密封装置要好一些,轴向尺寸也短一些,但过高的温度和过大的切线速度都会因高热而使金属涨圈丧失弹力,影响密封效果。如图8.26所示,涨圈靠弹力紧贴在封严衬套3及14的内壁,工作时与衬套内壁不产生相对运动(或有少量相对运动)。由于涨圈两侧空气压差作用,使涨圈朝涨圈槽靠向轴承的侧面贴紧,以达到密封效果,并在此产生摩擦。涨圈的材料可根据不同的工作条件确定。在180~200℃工作温度,压差为10~30 kPa的情况下,采用含锡的可锻青铜,其允许的切线速度为60~80 m/s,含铬铸铁的切线速度可达100 m/s。工作温度越高,其允许的切线速度也相应下降,工作温度达250℃时,切线速度下降30%~40%。WP7发动机采用含铬、镍、钼的CoMo灰铸铁,工作温度为300~400℃时,切线速度可达113 m/s。

该支承结构装配时,将中介轴承座6(包括轴承、内安装环16以及轴承内外环的固定件等)预先装在第六级压气机盘轴颈8的内表面,与高压压气机转子形成一个组合件,然后再将低压压气机后轴15插入内安装环16内,拧动螺帽13使其联接,并用卡圈12防止螺帽移动或脱落。该螺帽内表面带有套齿,低压涡轮转子与压气机转子联接时,与涡轮轴11上的套齿相配,以防止该螺帽相对低压压气机轴转动而松脱。作用在中介轴承上的负荷通过轴承座传至第6级压气机盘轴颈,并由高压转子的双排止推轴承所承受。

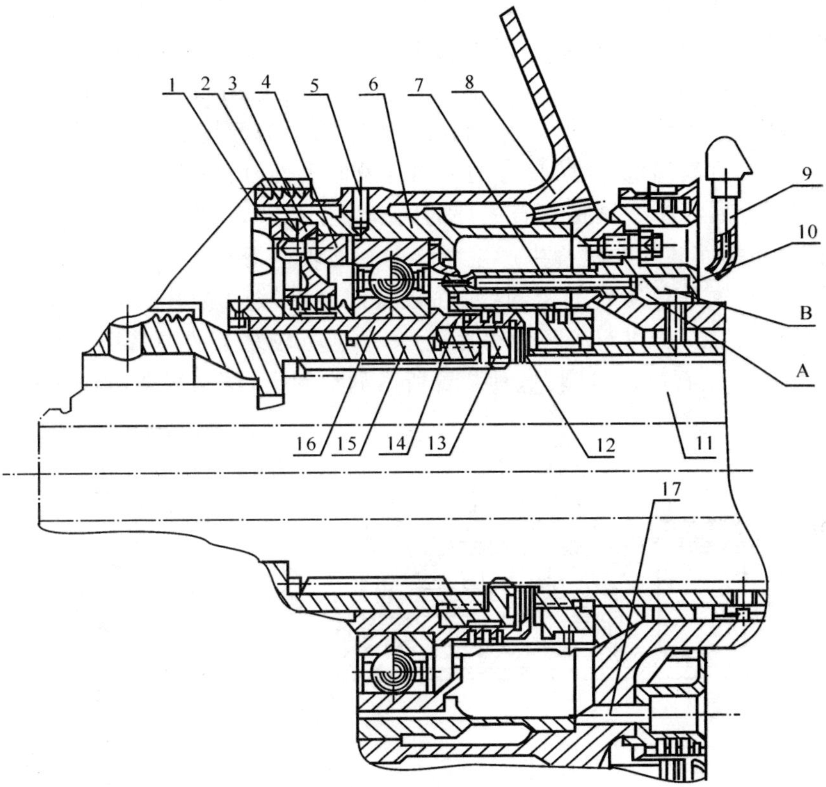

图 8.26　WP7 发动机前中介支承结构

1—螺帽；2—锁紧环；3—封严涨圈衬套；4—螺帽；5—径向销钉；6—轴承座；7—滑油喷嘴；8—第 6 级压气机盘轴颈；9—滑油喷嘴；10—集油衬套；11—低压涡轮轴；12—卡圈；13—联接螺帽；14—带锥面的涨圈衬套；15—低压压气机轴；16—轴承内安装环；17—排油孔；A—油腔；B—小叶片

三、涡轮附近的支承结构

涡轮附近支承结构的主要问题是热影响较大。因此,不但要注意在选择轴承的材料,而且在结构上还要采用隔热措施,防止高温热源(包括涡轮转子和高温燃气)向轴承大量传热,同时要增加滑油供油量加强冷却,以避免轴承工作恶化。如 WP6 发动机涡轮前支承在轴承与涡轮之间安装一隔热的衬套,以减少高温的涡轮盘经涡轮轴向轴承传热。

JT3D 发动机的高压涡轮转子前支承如图 8.27 所示。它了采用热节流措施,在涡轮盘 10 伸出的长而薄的一段颈部上开有 32 个通冷却空气的大孔 B,减少了涡轮盘经过轴颈向轴承的传热,有利于在高温区提高轴承寿命。此外,在轴承座外部还有含石棉夹层的隔热罩 8,以减少高温热源向轴承的热辐射。为了加强冷却效果，利用两个喷嘴 14，16 从两个方面喷射滑油。

高温区域的轴承密封装置，还要承担防止热空气进入滑油系统和轴承座内的作用，因而对密封性能要求更高。JT3D 发动机涡轮前支承的滑油密封采用石墨端面密封装置，石墨环 6 的端面与封严挡环 3 产生相对滑动。为了润滑和冷却石墨的摩擦表面，利用专门的喷嘴 13 喷射滑油。由于石墨具有高温稳定性、良好的导热性及润滑性，所以它能在高温、高压差、高转速下可靠工作。利用金属涨圈 7 紧抵在石墨环的内表面上封严，在发动机工作时，二者并无相对转动，只是在石墨环端面磨耗的过程中产生微小的相对轴向滑动。

由于石墨密封装置具有良好的密封性，在较低温度区域的支承也可采用这种密封装置。但从结构上看，石墨较脆，所以石墨环做得宽而厚，不但有较复杂的弹簧压紧装置，而且需有金属座(见图 8.27)以防止石墨环破裂，这种装置所占的空间大，结构复杂，重量较大。

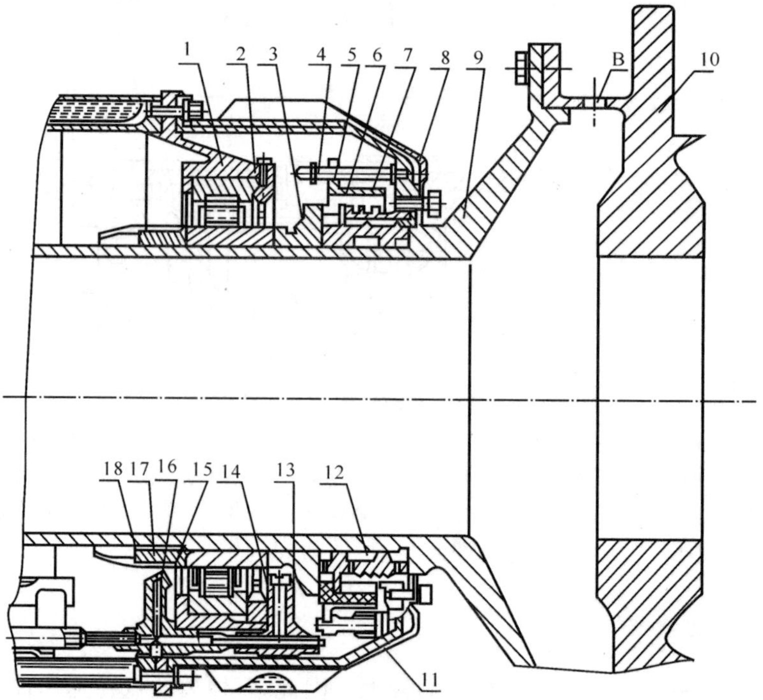

图 8.27　JT3D 高压涡轮前支承结构

1—轴承座；2—螺帽；3—封严挡环；4—石墨座导杆；5—具有内锥面的金属座；6—石墨环；7—涨圈；8—隔热罩；9—涡轮轴；10—涡轮盘；11—弹簧；12—涨圈座；13—喷嘴；14—喷嘴；15—螺帽；16—喷嘴；17—锁片；18—卡圈；B—冷却空气通道

该支点是只承受径向负荷的滚柱轴承，装配较球轴承简便，内、外环可分开装配，外环及滚柱用螺帽 2 固定在轴承座 1 上，内环连同封严件固定在涡轮轴上。装配时，将涡轮轴从后向前插入，然后在固定隔热罩 8 前安装边的螺钉。

四、挤压油膜阻尼器

发动机工作时，转子的振动通过支承结构传给机匣。因此，原则上可以在轴承与支承结构间设置减振器，减少外传振动负荷与振幅，降低发动机振动。挤压油膜阻尼减振器，就是将轴承外环以一定间隙装入固定在机匣上的轴承套筒中，在间隙中通以润滑系统中的压力滑油形成油膜，如图 8.28 所示。轴承的外传负荷通过油膜后再外传至机匣，其工作原理可以看成是一般的液压减振器或缓冲器。轴承在转子不平衡力作用下，外环向不平衡力作用的方向移动并挤压油膜，在液体动力作用下，外环的移动受到阻碍，同时滑油吸收了外环运动的大部分振动能量，从而使传到机匣的振动值大大降低。由于这种减振措施效果好、结构简单，所以在发动机中广泛采用。

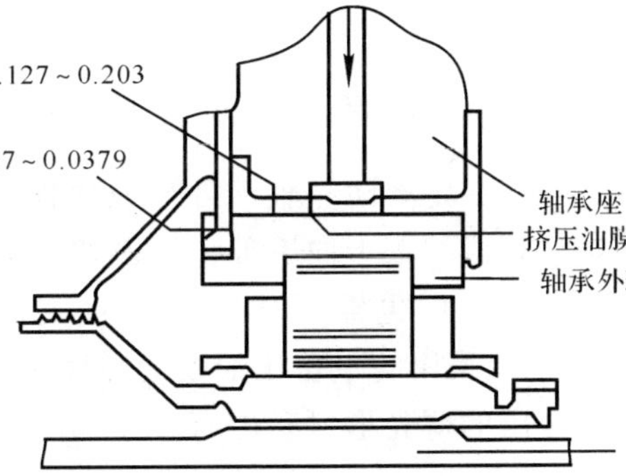

图 8.28　RB211 发动机挤压油膜减振器

挤压油膜阻尼器的结构形式主要有两大类：开式结构与闭式结构。

J69 发动机离心压气机前轴承弹性支座处的挤压油膜阻尼器是一种典型的开式结构，如图 8.29 所示，在油膜铜环内表面与弹性支座外表面之间形成一个 0.2～0.25 mm 厚的油膜层，由上部油孔引入来自润滑系统有一定压力的滑油，滑油沿圆周充满间隙，并沿轴向两端流出形成循环流动。J100 发动机离心压气机前轴承的弹性支座外环上采用的挤压油膜阻尼器以及 J69 轴流压气机后轴承处的挤压油膜阻尼器均属这种开式结构。

图 8.30 所示的 JT8D 发动机滚棒轴承用的挤压油膜阻尼器是典型的闭式结构。轴承外环以一定间隙装入轴承衬套中，在此缝隙中通入发动机润滑系统的压力滑油形成油膜，为防止滑油由两侧泄漏，两端装有封严涨圈，即在轴承外环的两端各开有一矩形槽，槽中装入涨圈，涨圈外环面与轴承衬套内径圆柱面紧紧相贴，形成封严环。在有的发动机中，用“O”型胶圈装于轴承外环的槽中，起封严作用。图 8.28 所示的 RB211 发动机滚棒轴承挤压油膜阻尼器没有采用涨圈或“O”型胶圈封严，而是用轴承两端面的档油板来封严的，它是用控制挡油板与轴承

外环端面间的间隙来防止滑油的大量外泄。由图可以看出，挡油板与轴承外环端面间留有0.012 7～0.037 9 mm 间隙。

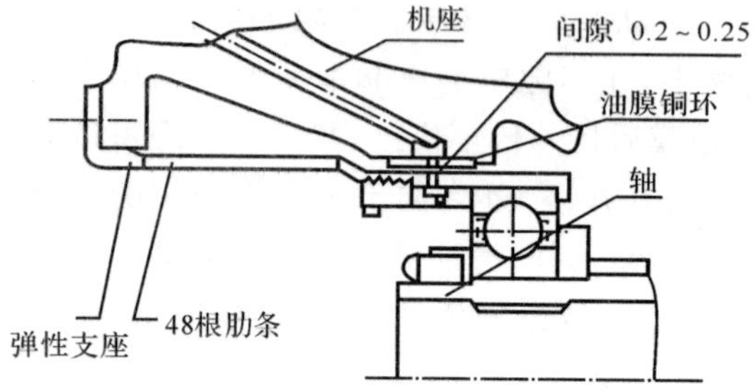

图 8.29 J69 发动机弹性支座

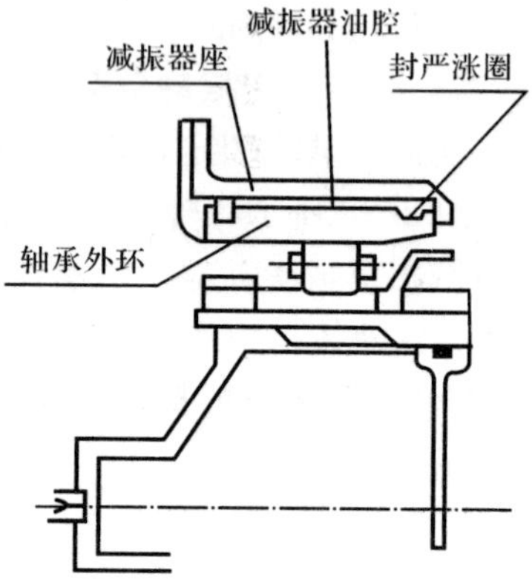

图 8.30 JT8D 滚棒轴承挤压油膜减振器

在采用挤压油膜阻尼器时，一定要防止轴承外环或弹性支座自转，为此，一般在轴承外环端面上开一纵向槽，利用挡油板或端盖上向下伸出的凸起插入槽中来防止外环转动。当在弹性支座上采用挤压油膜阻尼器时，也需采用防止弹性支座转动的措施，图 8.31 所示为PW2037 高压压气机前滚珠轴承采用的带挤压油膜的弹性支座，轴承座外环作得较宽，在其上开有一槽，而弹性支座向后伸出的薄壳形衬套内有一个向下伸的凸起，插入轴承座外环槽中，防止轴承座转动。

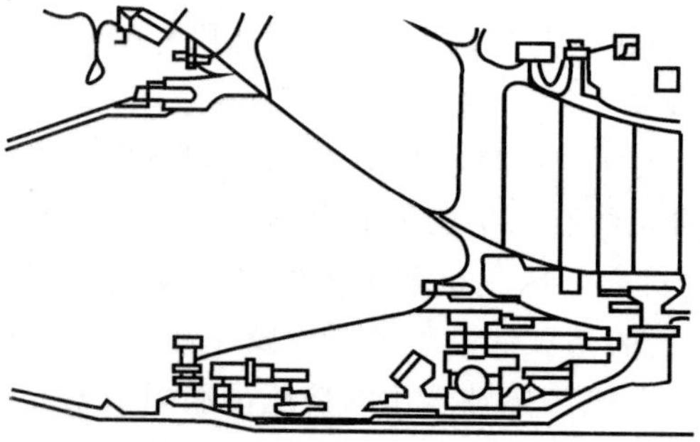

图 8.31 PW2037 高压压气机前支点

在设计挤压油膜阻尼器时，应该合理选择挤压油膜的参数，所选参数是否合适，是否最优，尚需通过试验予以考核、修正。挤压油膜阻尼器的主要参数有油压、滑油黏度、阻尼器的几何尺寸。

一般情况下，挤压油膜阻尼器用的油就是发动机润滑系统的滑油，其压力等于润滑系统的供油压力。发动机特别是涡喷、涡扇发动机的滑油黏度较低，低黏度滑油虽使润滑系统的供油效果差些，但转子过临界转速时，转轴外传的振动力可减小。几何尺寸主要有阻尼器的直径、长度、油膜厚度即油膜间隙以及两端盖板与轴承外环间的端面间隙（如采用端面盖板来封严时），直径和长度指油膜环的名义直径和有效工作长度。油膜间隙 Δ 一般取为

$$\Delta = (0.001 \sim 0.002)D$$

或

$$\Delta = (0.4 \sim 0.6)e$$

式中　D ——轴颈直径，mm；

　　e ——转子偏心距，mm。

据现有资料统计，油膜间隙一般为 0.15～0.22 mm（指直径间隙），个别高达 0.5 mm；端面间隙一般为 0.012 7～0.050 mm，个别高达 0.14 mm。

五、弹性支座

转子的轴承不直接固定在机匣上，而是通过一个刚性小、具有较大弹性的支座固定在机匣上，这种刚性小的支座被称为弹性支座，图 8.29 所示的 J69 发动机中轴承就是一种典型的弹性支座。采用弹性支座后，可改变转子支承刚性，以改变和控制转子的临界转速值。因此，在弹性支座结构中，一定要有可改变其刚性的部分，以调节转子的临界转速。发动机采用弹性支座后，转子变为柔性，使发动机在临界转速以上工作时非常平稳、振动很小。但在发动机起动或停车过程中，转子通过临界转速时振动会很大。为此，在操作时应使发动机快速通过临界转速，此外可借阻尼器或限幅器以限制越过临界时转子的振幅。

图 8.32 所示几种发动机中采用的弹性支座结构，大致有钢环式、鼠笼式和拉杆式三种。图中，A 为钢环式，B，C，D，E，G，H，I 为鼠笼式，F 为拉杆式。图 8.40 所示为 1980 年代新研制的发动机中采用的典型折返、拉杆式弹性支座示意图。

1. 钢环式弹性支座

图 8.33 为一种钢环式弹性支座，用于原苏制 АИ—20 发动机中，它由内、外各带六个小凸台的钢环和止动环所组成，钢环厚度为 1.15 mm。在设计中，可用改变钢环的厚度和凸台数目来改变其刚性，从而调整临界转速的大小。

图 8.34 为威派尔（Viper）发动机的钢环式弹性支座，支座内侧有三个均布的凸台，外侧有三个均布的凸台 A，B，C，两侧凸台相间 69°。支座的内侧靠凸台与轴承外环相配，当凸台结构受力时使钢环变形起弹性作用，外侧还有另外三个凸台 X，Y，Z，分别与内侧凸台在同一圆周位置上，但其组成的圆环与内凸台组成的圆环不同心，有一偏心距，形成钢环沿圆周厚度不均。另外，X，Y，Z 三凸台的半径略小于 A，B，C 三凸台的半径，以起限幅作用。

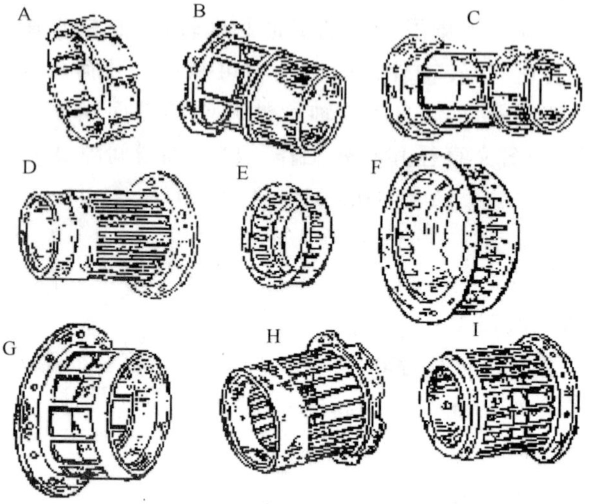

图 8.32　几种典型的弹性支座

A—АИ—20 弹性支座；B—T72 弹性支座；C—T65 弹性支座；D—J69 中弹性支座；
E—斯贝高压涡轮弹性支座；F—斯贝低压涡轮弹性支座；G—J100 前弹性支座；
H—J100 中弹性支座；I—J100 后弹性支座

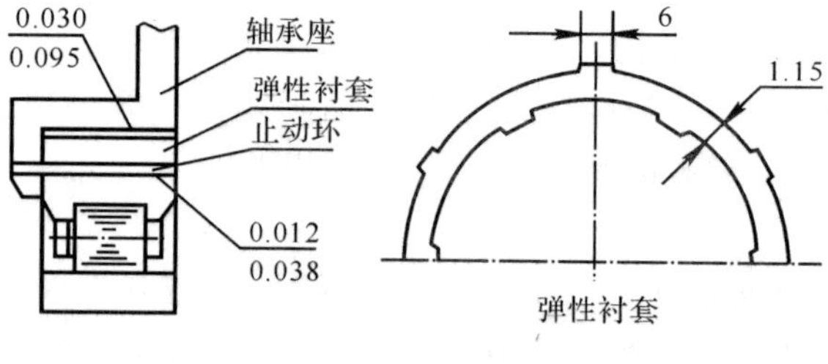

图 8.33　АИ—24 发动机前轴承钢环式弹性支座

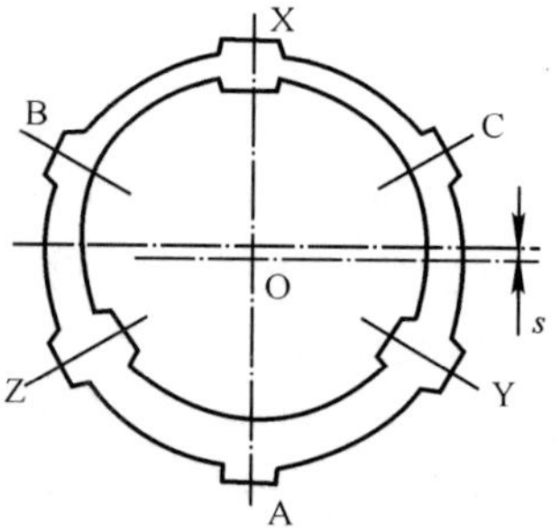

图 8.34　Viper 发动机钢环式弹性支座

2. 鼠笼式弹性支座

这是在 20 世纪 60 年代发展的发动机中应用得较多的一种弹性支座，图 8.32 中所示的弹性支座除 A，F 外全为鼠笼式，它是由在钢制套筒上铣出若干道长的槽，形成具有若干条宽度为 b 的幅条组成的（见图 8.35），可以用改变套筒的壁厚 h、幅条的宽度、幅条的长度、幅条数来调整它的刚性。

J69 发动机离心压气机前滚珠轴承所采用的弹性支座结构如图 8.29 所示。它在套筒上铣有 48 根肋条，支座右方在机匣上装有铜制的圆环，起限幅环的作用。限幅环与支座间留有 0.2～0.25 mm 的间隙（直径），其间通有滑油起挤压油膜阻尼器作用，当转子通过临界转速时，在轴承处的最大挠度由限幅环限制，最大只能达到 0.10～0.125 mm。

图 8.36 、图 8.37 分别为 J100 发动机轴流压气机前轴承、涡轮后轴承处采用的弹性支座。为了缩短发动机的轴向尺寸，同时保证支座的弹性幅条有足够的长度，这两个弹性支座都做成双层套筒式的。外套筒上铣出槽以形成弹性幅条，内套筒实为一刚性较好的短套筒以装轴承。内、外套筒分别加工后组合在一起，在端部焊接形成一个整体零件。

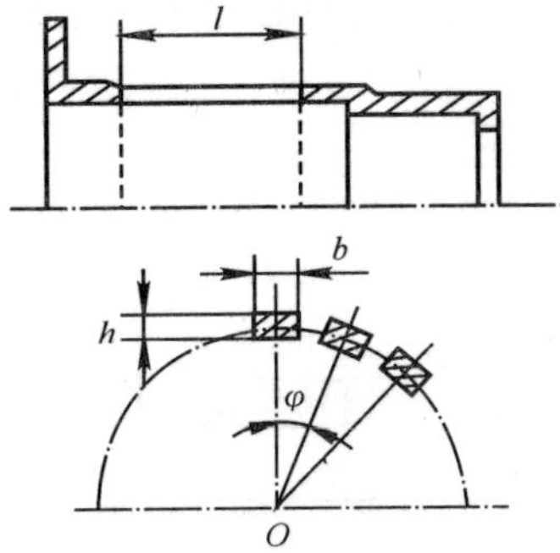

图 8.35　鼠笼式弹性支座刚度系数计算图

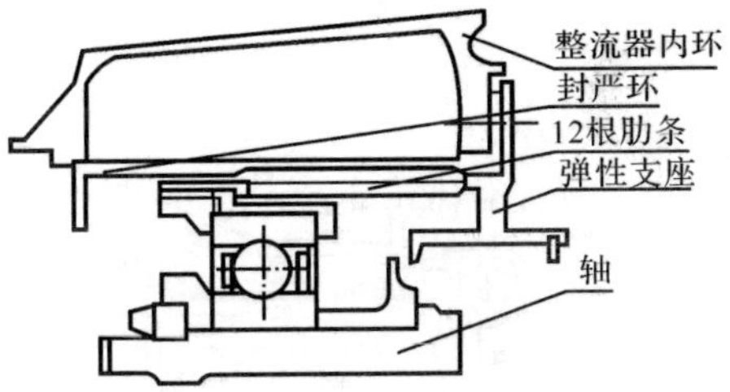

图 8.36　J100 前轴承弹性支座

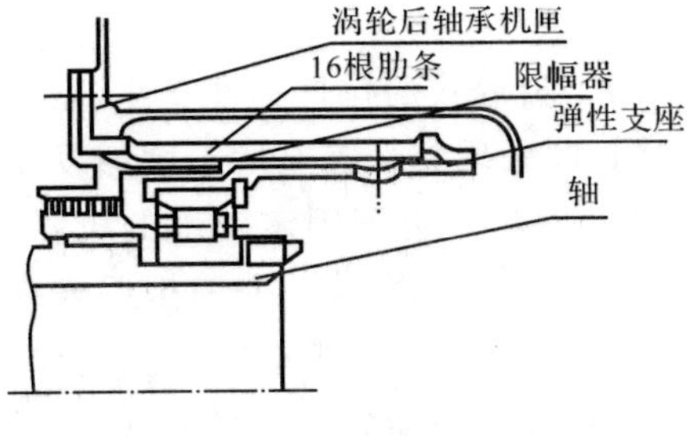

图 8.37　J100 后轴承弹性支座

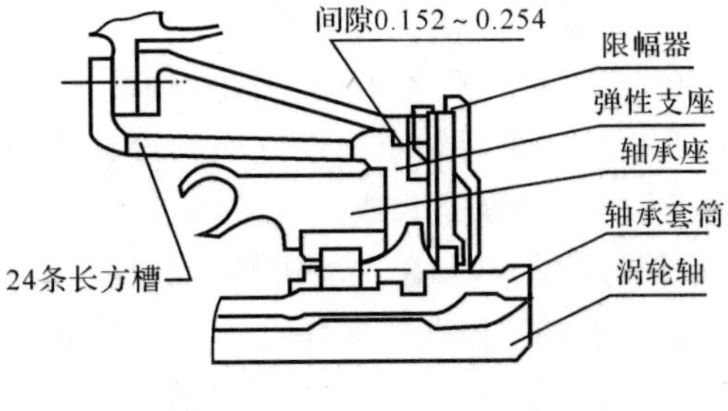

图 8.38　斯贝高压涡轮弹性支座

斯贝（Spey）发动机中采用了两个弹性支座，在高压涡轮前轴承处采用了鼠笼式弹性支座，在低压涡轮后轴承处采用了拉杆式的弹性支座，两者均未采用挤压油膜阻尼器。

图 8.38 为斯贝发动机高压涡轮前轴承采用的鼠笼式弹性支座，由图可见在安装弹性支座的机匣上，专门安装了一个向后伸的、形成限幅环的锥形套筒，限幅环与支座间的限幅间隙为 0.152～0.254 mm（直径），弹性支座上铣有 24 条长度为 52 mm、宽为 5.29 mm、厚为 5.16 mm 的

幅条。

3. 拉杆式弹性支座

图 8.39(a)为斯贝发动机低压涡轮后轴承弹性支座，这种弹性支座是典型的拉杆式弹性支座。其结构做成后端(即右端)有一向内翻边的安装边，用以安装轴承；轴承的外环加长并带前、后安装边，后安装边与支座的右侧安装边用螺钉连接，轴承外环的前安装边用以固定封严件。支座的前安装边(即左端)向外翻边用以与机匣相连。在两个安装边之间均布有 30 根直径为 3 mm、长度为 32.6 mm 的钢杆，杆两端分别插入弹性支座前、后安装边的钻孔内，并用钎焊焊接成一体。在滚棒轴承的外端设有限幅环，限幅间隙为 0.355～0.406 mm。

在这种拉杆式弹性支座中，如图 8.39(b)所示，可用改变拉杆直径 d、拉杆长度 l 及杆数来改变其刚性。Tay 发动机的低压涡轮后轴承、GE 公司的 E3 发动机的核心机中两个轴承都采用了拉杆式的弹性支座。

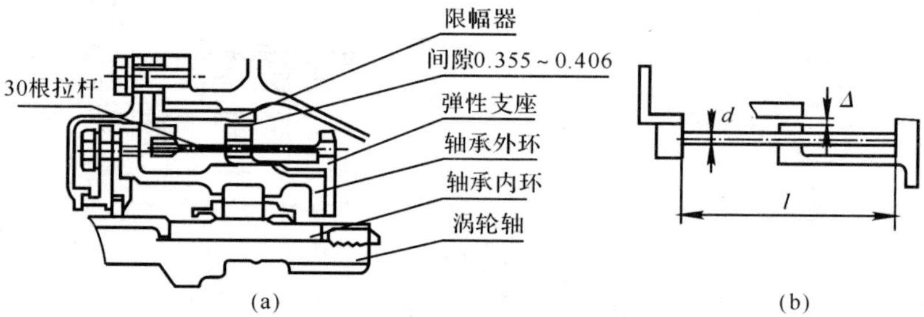

图 8.39　斯贝发动机低压涡轮后轴承弹性支座

4. 折返式拉杆弹性支座

在 20 世纪 80 年代发展的一些发动机中，广泛地采用了折返式的拉杆弹性支座，它的设计思想与 J100 发动机后轴承弹性支座的设计思想基本相同，即采用弹性支座后不增加发动机长度。由前述的各种鼠笼式或拉杆式弹性支座看，弹性支座安装边(也即固定轴承的机匣)与轴承间有一较长的距离。在发动机转子长度一定时，发动机长度势必加长。采用折返式弹性支座时，固定轴承的机匣（也即弹性支座安装边处)与轴承基本在同一轴线位置上。这样，不仅不会增加发动机长度，而且也便于对已投入使用的发动机在改型时能方便地增装弹性支座。

图 8.40 中示出了 V2500 等发动机高压压气机前支点采用的弹性支座示意图，它是典型的折返式拉杆弹性支座，弹性支座是由向后伸的承力锥体 5、多根长螺杆 4 与安装轴承的轴承座 3 组成。螺杆在后端插焊于承力锥体中，前端用螺帽将轴承座拧紧在一起，组成一整体的弹性支座，用承力锥体的前安装边固定于机匣上，机匣的内圆作为限幅环，中间通以滑油形成挤压油膜。为避免滑油大量外泄，轴承座两侧均装有封严涨圈。因此，这种支座是带挤压油膜的折返式拉杆弹性支座，类似这种结构已用于 PW2037，PW4000，F100－PW－229 等发动机中。

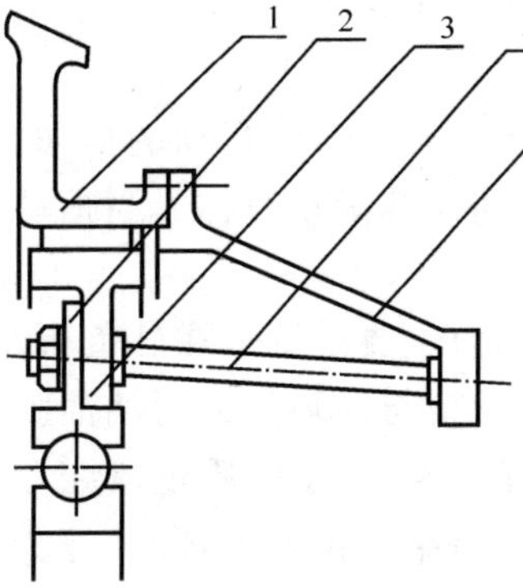

图 8.40　V2500 等发动机高压转子前支点带挤压油膜的弹性支座示意图

1—机匣；2—油膜；3—轴承座；4—长螺杆；5—承力锥体

PW2037 发动机风扇后的滚珠轴承，在设计中采用了通常的刚性支座，如图 8.41(a)所示，但在使用中，特别是在使用时间很长后，低压转子的振动值会增加，为此希望在该支点处采用弹性支座。在改型中，发动机各部件、组件的沿长度方向的位置不能动，这时，采用折返式的弹性支座就较容易地实现改型，图 8.41(b)示出了改装弹性支座后的结构。

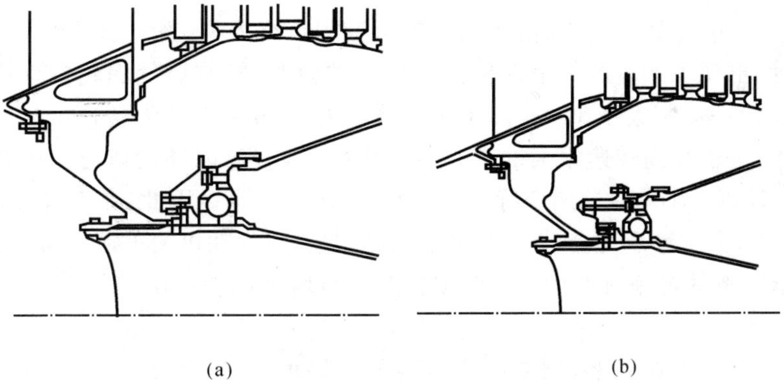

图 8.41　PW2037 发动机 1 号支点

六、防止轴承滑蹭损坏的措施

滚动轴承在工作时，滚子应在内、外环滚道上作纯滚动，但在航空燃气涡轮发动机的主轴承（即支承压气机、涡轮转子的轴承）中，却常会出现打滑，形成滑动摩擦。由于滑动摩擦因数大于滚动摩擦因数，加上某些外来因素使得滚子在内、外环滚道上发生干摩擦，引起滑蹭损伤（滚子、内、外环滚道上出现蹭痕、表面局部磨损等），轴承一旦出现滑蹭损伤，表面粗糙度被破坏,摩擦因数加大,加速了磨损过程,使滚子直径变小,滚道上出现不均匀的槽痕,使轴承损坏,且对转子的工作带来危害。

滚动轴承工作时,有拖动保持架一滚子组合体运动的拖动力与阻碍该组合体运动的阻力。当拖动力大于阻力时,滚子在内、外环间作纯滚动;反之,当拖动力小于阻力时滚子就不会作纯滚动而产生打滑现象。

作用于保持架-滚子组合体的拖动力主要是轴承在外负荷作用下滚子在内、外环滚动间的摩擦力;当保持架定位于内环上时,保持架与内环间的滑油油膜还能产生部分拖动力。而阻碍保持架-滚子组合体运动的阻力则有保持架-滚子的质量惯性力、滑油在轴承内的扰动力、保持架与外环滚道间的油膜粘性阻力(如保持架定位于外环时)等。

一般机械中使用的滚动轴承,由于转速低,始终有负荷作用其上,很少出现打滑现象。但是 航空发动机主轴承却很易打滑,这是因为转子轻,作用于轴承上的径向负荷小,再加上飞机作机动飞行时会在某些情况下,使作用于轴承上的负荷更小甚至出现零载,因而由摩擦产生的拖动力变得很小,甚至为零。对于滚珠轴承,由于它还要承受轴向载荷,所以一般不易打滑,但是,如果在飞行包线内,转子的轴向负荷变向的话,在变方向的前、后瞬间,轴承也会出现轻载、零载,引起打滑。MK512 发动机在工作中,作用于低压转子的止推滚珠轴承的轴向负荷的方向不发生变化。但在军用型的 MK202 上,由于飞行包线大大扩大,即飞行高度由民用型的 10 km变为 20 km,飞行 Ma 由民用型 0.8 左右变为 2.2,在工作中出现作用于该轴承的轴向负荷会变方向。当 $n_H\sqrt{T_1}=644$ 时,作用于轴承上的负荷为零;当大于或小于 644 时,作用力的方向相反,因而出现了严重的打滑现象。从另一方面看,航空燃气涡轮发动机转子转速高,滚动轴承的 DN 值一般都大于 1.0×10^6(D 为轴承内径(mm);N 为转速(r/min)),滚动轴承在高转速下工作,滚子在高转速很大的离心力的作用下,有与内环滚道分离的趋向,无法产生拖动力。由于发动机主轴承有这两个特点,因而容易产生打滑。因此,在现有发动机中,如不采用防滑措施,绝大多数主轴承均会打滑,且产生滑蹭损伤,对发动机的正常、可靠工作构成威协。

阻止主轴承打滑的措施有两大类,即减少阻力与增大拖动力。

1. 减小阻力

(1)采用轻质材料做保持架,例如用重量轻的中硬度钢 AISI4340,采用空心滚子(这是一项当前正在研究的措施,尚未在发动机中得到应用)等以降低保持架一滚子的惯性力。

(2)保持架不定位于外环上。在高速轴承上,为了使保持架在工作中逐渐达到完全平衡,一般将保持架定位于外环上,但它却增加了阻碍保持架一滚子组合体的运动。

(3)改善滑油在轴承内的流动情况,减少滑油的扰动力。

RB211—22B 发动机于 1972 年 4 月投入航线使用,但到同年的 10 月,已发现低压转子的止推滚珠轴承(为中介轴承)出现了四次滑蹭损伤,为消除打滑,将原定位于外环的保持架改成定位于内环,同时,在保持架内径处(即与内环滚道相邻的环面上)开了许多槽道,以使滑油顺利地流过轴承内,避免产生滑油的扰动,如图 8.42 所示。

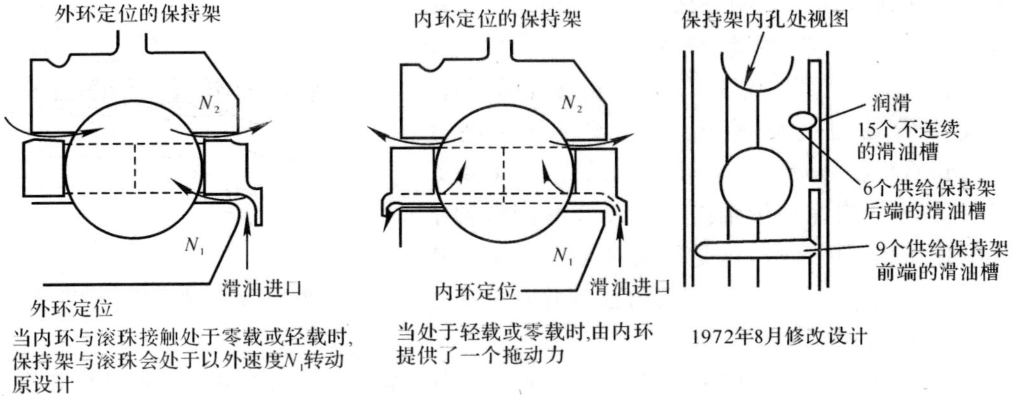

图 8.42　RB211 发动机风扇中介轴承的改型设计

2. 增加拖动力

(1)减少轴承的游隙,使滚子在离心力作用下仍能保持与内环滚道接触。如 CFM56 发动机支承高压涡轮的滚棒轴承(中介轴承)即用了小游隙来减少打滑;WJ6 发动机的压气机前轴承在长期试车中出现严重的滑蹭损伤后,将该轴承的游隙由 0.07～0.095 mm 减小为0.045～0.065 mm,消除了打滑现象。但是,采用减少游隙的措施会带来其他严重问题,因此要慎重对待。

(2)将保持架定位于内环。如前述的 RB211 低压转子滚珠轴承将保持架由外环定位改为内环定位,不仅消除了保持架与外环滚道间油膜产生的阻力,而且增大了拖动力。

(3)装配时,对轴承施加径向或轴向载荷,即对轴承施加预载,使轴承工作时,始终在内、外环滚道与滚子间有负荷作用,不出现轻载或零载,以增大拖动力。对轴承施加预载的办法有:

1) 采用非圆轴承。将轴承外环的外圆做成非圆,而机匣安装轴承的座孔仍作成圆的。当轴承压入轴承座孔中后,外环凸出部位即向滚子作用一个预加的载荷,使滚子与内、外环间始终保持接触,产生一定的拖动力。

常用的非圆轴承有椭圆轴承与三瓣式的外环。椭圆轴承现在应用得较为广泛,例如 JT3D,JT9D,JT15D,CF6－80C2(4R)等均用了椭圆轴承,一般椭圆度为 0.2～0.25 mm 左右。所谓三瓣式外环是在轴承外环的外圆上有 3 个均匀分布的凸出带,其工作原理同于椭圆轴承,只是它预载的方向多 1 个。CF6－80C2 的高压涡轮前滚棒轴承即采用了这种结构,其每瓣的凸出量为 0.431 mm。由此也可以看出,该轴承如不采取措施,其打滑度是非常大的。在有的发动机上,非圆部分不做在外环外圆上,而是做在内环外滚道上,其工作原理仍同于上述,如 T700 发动机的滚棒轴承即采用了这种结构。

2)轴向弹簧对轴承施加预载。图 8.43 为 J69 发动机轴流转子后轴承支座结构,是一种典型的用轴向弹簧施加预载的办法。J69 发动机的轴流转子前支点为止推支点，因此，后支点处应该采用滚棒轴承。但是，该转子很轻，仅 11.5 kg。正常情况下，作用于后支点的径向负荷很小，而转子转速又高达 22 000 r/min，很容易使该支点处的轴承打滑，采用如图 8.43 所示的结构即用带轴向弹簧预载的滚珠轴承取代滚棒轴承可防止打滑，这是因为在轴向弹簧的作用下，每个滚珠均始终与内、外环滚道接触并有负荷作用，因而不易打滑。

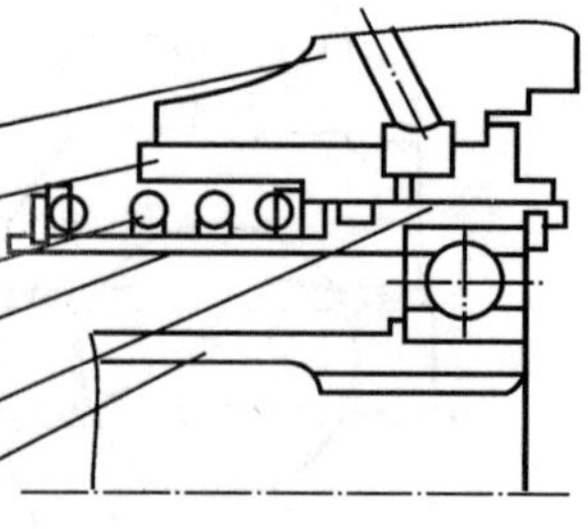

图 8.43　J69 轴流转子轴承图

如前所述，WS9 发动机的低压转子的止推滚珠中介轴承，在工作中作用的轴向负荷会变向而引起打滑，为此，也采用了用轴向弹簧对该轴承施加一个向后的力，使该轴承总是承受向后的轴向负荷，图 8.44 示出了其结构图，该结构中采用了两个贝氏弹簧 7,8 通过小轴承对止推轴承 2 施加向后的预载。通过试验、试飞，该弹簧施加的轴向力为 712 daN。

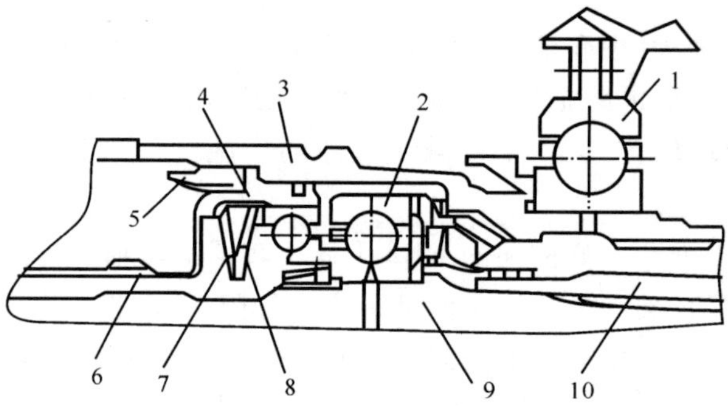

图 8.44　WS9 发动机中介止推轴承防滑结构

1—高压转子止推轴承；2—中介轴承；3—高压压气机后轴；4—调整垫；5—螺帽；6—导气管；7—弹簧片；8—弹簧片；9—低压压气机轴；10—低压涡轮轴

(4)将滑油喷射方向作成与滚子运动方向一致。

除上述两大类解决轴承打滑的措施外，对于附件传动的轴承，也可以改用滑动轴承来消除滚动轴承的打滑。

理论上附件传动机构中的轴承不会出现打滑现象，因为齿轮在工作时，始终对轴承作用有一个径向负荷。但是，如果齿轮链排列不适当，也可能没有负荷作用于轴承上，例如 PW4000 发动机的附件传动机构中，传动离心通风器的中间惰轮(转速高达 21 000 r/min)是用一滚棒轴承支承于一根心棒上的(见图 8.45(a))，由于主动齿轮、惰轮、从动齿轮三者排列在一条直线上，使惰轮的滚棒轴承基本不承受径向负荷，因而在使用中出现了滑蹭损伤。为彻底解决这一问题，将此滚棒轴承改用了石墨轴瓦(滑动轴承)，如图 8.45(b)所示。

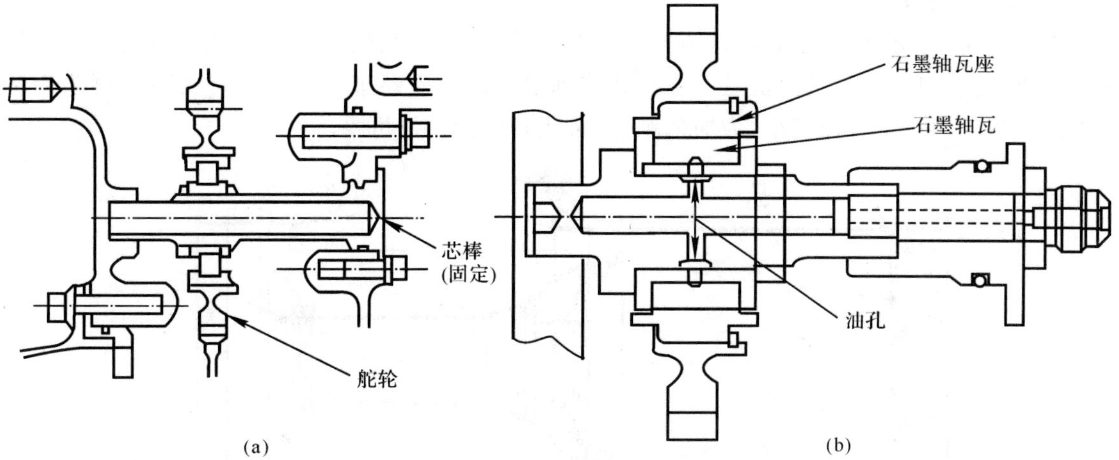

图 8.45　PW4000 传动离心通风器的中间惰轮

(a)原设计；(b)改用平轴承

8.4　静子承力系统

发动机工作时，在转子与静子上作用有各种负荷。这些负荷中，有的在零件本身或相邻的零部件中抵消或部分抵消，其总的剩余负荷如推力、剩余扭矩、重力、机动过载等经过发动机安装节传给飞机。有一些构件不仅承受着本身的或本组合件的负荷，而且还要传递相邻部件的负荷。承受和传递这些负荷的机匣(壳体)和构件组成了发动机的静子承力系统。因此在设计中，应统筹考虑承力构件能可靠地、合理地承受和传递这些负荷，以减少承力构件的最大负荷值，减轻发动机的重量。

为减轻发动机重量，充分利用发动机机匣(壳体)材料，发动机上所有机匣(壳体)大多包括在静子承力系统之内，甚至温度较高的燃烧室机匣，涡轮机匣也包括在内。但也有的发动机，如 RB211 发动机全部机匣，JT3D 发动机高压压气机机匣，JT8D 发动机部分机匣，均制成双层机匣。内机匣仅形成通道及承受本组件的负荷，而由外机匣传递负荷并承受重力、机动过载等主要负荷。这样，由于通道部件工作时不承受外传负荷及弯曲负荷，能保持准确的通道形状，可提高效率，同时也加强了抗外物打击的包容性，但这种结构重量要大一些。

一、单转子发动机传力方案

一般发动机的主安装面位于压气机后机匣，根据涡轮及其后面的部件上负荷向前传力的路线，可分为内传力、外传力、内外混合传力及内外平行传力四种传力方案。其中内外混合传力方案应用最广。

1. 内传力方案

由图 8.46 可见，作用于涡轮盘前支点和涡轮后部如尾喷管、加力燃烧室的负荷以及作用于涡轮机匣上的负荷，均由内机匣 3 承受并传到前面的主安装节上。这种传力方式称为内传力方案。由于内机匣直径较小，为加强刚性，常用较厚的铸件机匣。

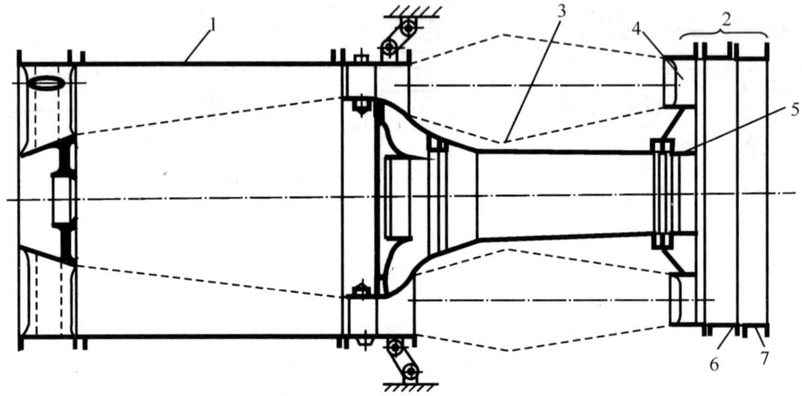

图 8.46 发动机内传力方案

1—压气机机匣；2—涡轮机匣；3—压气机与涡轮机匣的内部联接机匣

4—铸造承力机匣；5—后轴承机匣；6—涡轮静子机匣；7—涡轮转子机匣

这种方案，在目前的轴流式压气机的发动机中很少采用，它只适用于离心式压气机的发动机或具有分管式燃烧室的轴流发动机上。

2. 外传力方案

多级涡轮发动机，为减少涡轮转子的悬臂弯矩，常将涡轮转子支点放在涡轮的后面；当燃烧室很短，有时将支点放在涡轮后面或涡轮级间。这时，后支承的负荷只能通过外壳传出，即发动机转子后支承的负荷经承力构件 4 与尾喷管及涡轮静子的负荷一起，通过发动机外壳 6，5 传至安装节；而前支承负荷通过压气机机匣 2 传至安装节（见图 8.47）。这种承力方案仅靠外壳传力称之为外传力方案。这时，涡轮后支承的承力构件 4 需穿过高温区域，因此必需采取隔热措施。对于轴承更需隔热并需加强冷却润滑，这些都增加了构造的复杂性。

3. 内外混合传力方案

图 8.48 为 WP6 发动机静子承力系统。转子前支承的负荷经前机匣 1、压气机机匣 2，与作用在这些机匣上的负荷一同传给发动机安装节。涡轮静子及尾喷管的负荷通过涡轮外壳、燃烧室外壳以及涡轮轴机匣，分成内外两路，连同这些组合件上的负荷一起传至安装节。同样，涡轮转子轴承的负荷也通过这内外两路传至安装节。外壳与涡轮轴机匣前端借压气机末级整流叶片相联，后端借一级导向叶片内的拉杆相联，形成一个纵剖面为盒形的闭式传力结构。内外两路负荷的分配与内外传力件的刚性及其前后两端联接方案有关，这种方案称为内

外混合传力方案。WP8 发动机的承力系统也是内外混合传力方案(见图 8.49)。

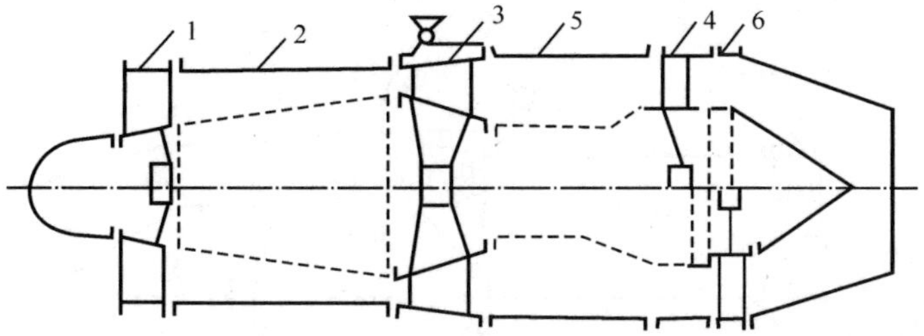

图 8.47　外传力方案的发动机机匣简图

1—压气机前轴承；2—压气机机匣；
3—中轴承机匣；4—后轴承机匣；5—燃烧室机匣；6—涡轮机匣

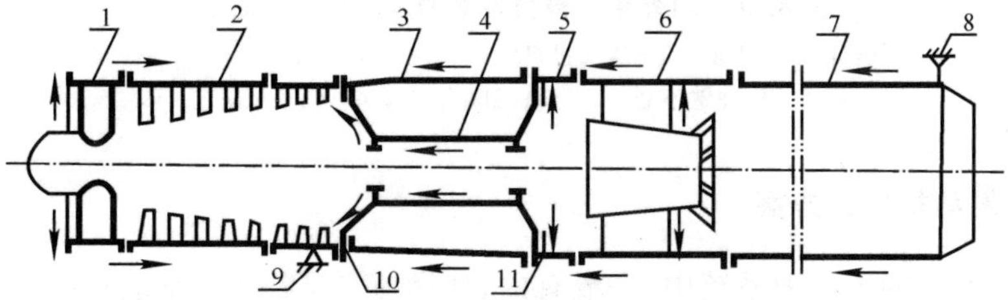

图 8.48　WP6 发动机静子承力系统简图

1—前机匣；2—压气机机匣；3—燃烧室外壳；4—涡轮轴机匣；5—涡轮外壳；6—扩压器外壳；
7—尾喷管；8—辅助安装节；9—主安装节；10—压气机末级整流叶片；11—承力拉杆

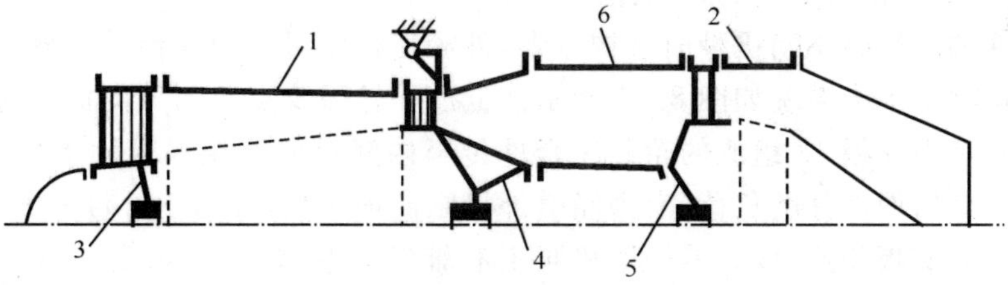

图 8.49　WP8 发动机承力系统简图

1—压气机机匣；2—涡轮机匣；3—前支承承力机匣；4—中支承承力框架；
5—后支承承力支板；6—燃烧室外壳

4. 内外平行传力方案

带有环形燃烧室的发动机,如发动机转子的后支点在涡轮的前面,由于在高温的环形燃气通道内采用支柱结构十分困难,此时涡轮支承的负荷可仅通过涡轮机匣单独传出,而发动机外壳只传递尾喷管及涡轮静子的负荷,形成了内外平行传力方案(见图 8.50)。后支承的承力构件不通过高温区域与外壳相联，使轴承工作温度降低，但是由于轴承机匣直径较小，需在结构上加强刚性。

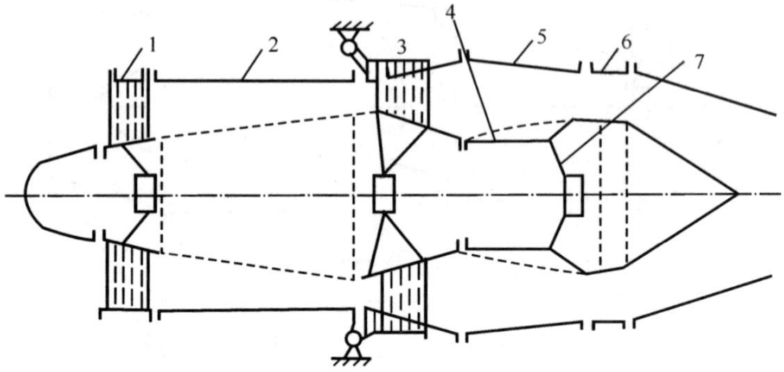

图 8.50　内外平行传力方案的发动机机匣简图

1—压气机前轴承机匣；2—压气机机匣；3—中轴承机匣；4—燃烧室内套；5—燃烧室外套；6—涡轮机匣；7—涡轮轴承机匣

二、双转子发动机传力方案

在双转子发动机静子承力系统中，一般有内、外涵道二层机匣。涡轮前静子部件的传力路线与单转子发动机的传力方案类似，除中介支点外，各个支点负荷均通过专门的承力构件传至发动机内涵道的机匣，经承力机匣上的安装节传至飞机上。高压涡轮附近支点负荷的传递路线，仍然有内外混合传力、内外平行传力、外传力之分，低压涡轮后支点的负荷只能用外传力方式传出，并与高压涡轮附近支点的传力路线汇合。这里所指的外传力部分，主要是通过发动机内涵道机匣传递的。根据不同机种的结构方案，外涵道机匣可承受并传递部分载荷。

斯贝发动机静子承力系统如图 8.51 所示。低压涡轮后支点 7 的径向负荷通过具有 10 根径向分布的空心承力支扳 13 组成的轮毂组合件传至内涵道的低压涡轮轴承机匣 12 上，联同低压涡轮静子及其后面部件的负荷，沿内涵道外机匣向前传出，类似于外传力方案。在内外涵道机匣后都用承力支板相连，该处外涵道机匣上有辅助安装节 E，仅承受部分径向力，以减轻机匣的载荷，又保证发动机壳体轴向自由热膨胀。

高压涡轮转子支点(6 号支点)的负荷通过由燃烧室内、外壳体组合的盒形结构，以内外混合传力方式传出。盒形结构的后端由位于二股气流通路中的 10 根空心撑杆 10(低压空气出气管)，将燃烧室内外壳连接起来(见图 8.52)。空心撑杆与燃烧室内壳 9 焊接在一起，与外壳 8 采用可拆卸的结构，用空心销 A 固定。盒形结构的前端面由扩压机匣 7(见图 8.51)的 10 个空心翼型钢制整流支板与内外壁焊接成一整体。高压压气机出口的末级整流叶片是不承力的，因该发动机增压比较高，压气机出口温度也就高，而且叶片窄而薄，不易作承力件。这与 WP6，WP7，WP8 等发动机的承力方式不同。

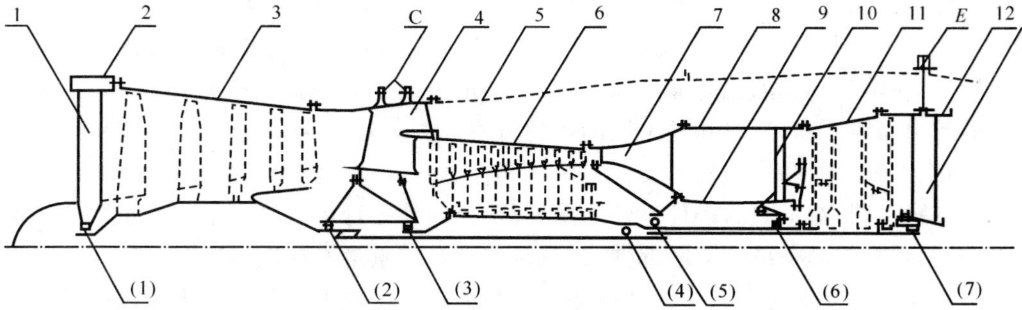

图 8.51　斯贝发动机承力方案

1—进口导流叶片；2—进气机匣；3—低压压气机机匣；4—压气机中介机匣；5—外涵道壳体；6—高压压气机机匣；7—扩压机匣；8—燃烧室外壳；9—燃烧室内壳；10—空心撑杆(出气管)；11—涡轮导向器机匣；12—低压涡轮轴承机匣；13—低压涡轮承力支板

(1)～(7)为主点序号；C—主安装节；E—辅助安装节

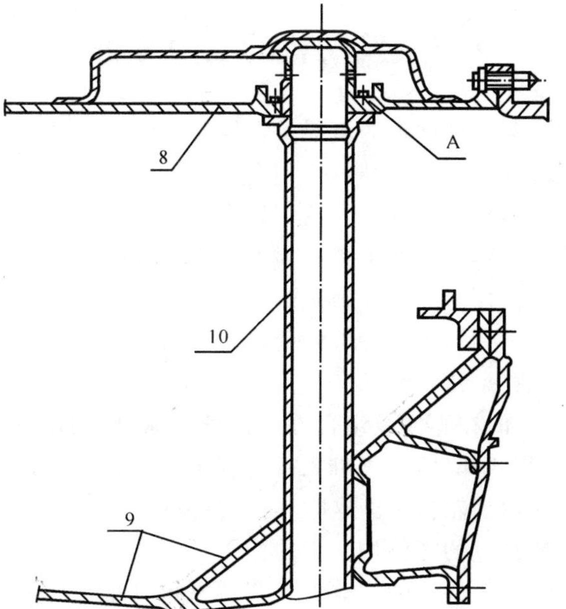

图 8.52　斯贝发动机空心撑杆结构图

8—燃烧室外壳；9—燃烧室内壳；10—空心撑杆(出气管)；A—空心销

低压转子前支点(1 号支点)所承受的负荷通过与进气机匣 2 焊在一起的 19 片进气导流叶片 1,并和低压压气机前静子上的负荷一起传至中介机匣 4。中介机匣是镁合金铸造的主要承力机匣，经内、外涵道机匣，由发动机后部传递过来的负荷均汇集在这个机匣上，并由该机匣的主安装节C传到飞机上。2,3号支点的负荷也通过中介机匣的三个翼形支板传至外壳。

综上所述，在单转子发动机的静子承力系统中，前支承的传力路线一般变化不大，由于后支承负荷的传力路线不同，形成几种不同的传力方案。内外混合传力方案能充分利用静子机匣构件，因而重量轻，刚性好，结构紧凑。但由于部件(如燃烧室、涡轮等)的结构型式不同以及转子的支承方案不同，在不同的条件下还采用外传力、内外平行传力等方案。在承力结构设计时，应充分利用现有的静子结构的零部件，以减轻发动机的重量。在低温区域可利用压气机静子叶片承受负荷。承受轴向力或较大负荷如主安装节附近区域则可利用承力较强的铸造机匣或板料焊接机匣。在高温区域应注意受热部分承力件的热负荷，采用与高温气流隔离的承力部件应具有足够的刚性，对内外混合传力方案要考虑内、外壳体由于温度不同的轴向热补偿等问题。另外，在很多发动机的重点部位采用了专门的承力构件，如承力支柱(WP8)、导向器承力框架(RB199)、整流支板，还有高涵道比涡扇发动机的中介机匣、风扇排气机匣、涡轮排气机匣等。

8.5 发动机的受力分析

发动机工作时，作用在各零部件上的负荷按其性质可以分为以下三类：

(1)气体力：气流在发动机内部流动时，作用在各个零件表面上的压力和速度不同，因此与气体相接触的这些零、组件上作用有气体力或气体力矩。

(2)惯性力：当转子零件旋转时，产生离心惯性力；当飞机曲线飞行、直线加速或减速时，作用在发动机的零、组件上有惯性力和惯性力矩。

(3)热应力：在发动机工作时，由于各零件受热不均匀或者材料不同(线膨胀系数不同)，当热膨胀受到约束时会产生热应力。

发动机上的这些负荷有的在零件或组合件内自身平衡而不向外传，如轮盘热应力在盘内平衡。有的负荷要传给相邻的部件，如飞机飞行时转子的惯性力和惯性力矩都要通过支承传出；尾喷管上的气体力要传给涡轮机匣。这时不仅要注意零件本身的受力，还要注意力的传递路线和作用点，传力路线所经过的零件均有力的作用。

本节主要分析外传的零、组件上的气体力及其力矩和惯性力及其力矩。

一、发动机零、组件上的气体轴向力

在发动机气流通道表壁上作用有气体力。除通道外，与气体相接触的表面上也都作用有气体力。因此，在分析发动机的零件或组合件上的气体力时，必须分别计算出在组合件或零件的各个表面上的气体力，最后再求出总的气体力。

下面以进气装置和涡轮转子为例，介绍组合件上气体力的分析方法和计算公式。

1. 进气装置上气体轴向力的计算

如图 8.53(a) 所示，进气截面(o－o′) 处气流压力为 p_0，轴向流速为 c_0；出口截面(Ⅰ－Ⅰ′) 处气流压力为 p_1，轴向流速为 c_1，气流的流量为 q_m。

如果将进气装置的进、出口截面当做是发动机的进、出口截面，根据发动机原理中的推力公式，可以写出气流作用在进气装置通道内壁上的作用力 $P_{内}$ 为

$$P_{内} = q_m(c_1 - c_0) + p_1A_1 - p_0A_0 \tag{8-1}$$

式中　A_0, A_1—— 进气装置的进、出口截面积。

以推力方向为正，将式(8-1) 整理，可写成

$$P_{内} = (q_mc_1 + p_1A_1) - (q_mc_0 + p_0A_0) \tag{8-2}$$

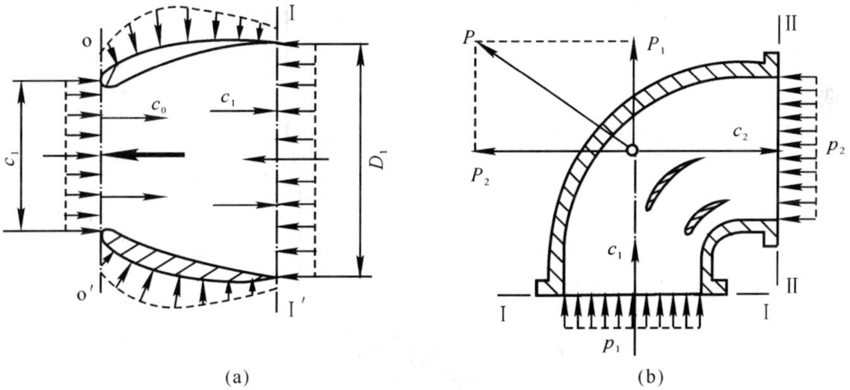

图 8.53　管道上气体力计算简图

(a) 直管；(b) 弯管

可见，若将 q_mc_0 和 q_mc_1 看做是两个分别作用在进、出口截面上的动压力，其方向分别指向进、出口，则式(8-2) 说明：作用在管道截面上的气体力为该截面上气流的动压力和静压力的总合。对于进气装置这类直管道来讲，总的气体力为进、出口截面气体力的代数和；对于弯曲管道来说，总的气体力应为进、出口截面上气体力的矢量和，方向指向管道的离心方向(见图 8.53(b))。

若进气装置外表面上的空气压力 p_{a0} 所产生的轴向力为 P_{0s}，则整个进气装置部件上的气体力为

$$P_{进} = P_{内} - P_{0s} \tag{8-3}$$

在地面试车情况下，进气装置外表面的大气压力为 p_a，这时，外表面上空气压力所产生的轴向力应为

$$P_{0s} = p_a \frac{\pi}{4}(D_1^2 - D_0^2) \tag{8-3}$$

可见，扩散通道上的作用力向前，收敛通道上的作用力向后。对于改变方向通道上的作用

力为离心力方向。

2. 涡轮转子上的气体轴向力计算

涡轮转子上的气体轴向力不仅包括叶片上的气体力，而且也包括轮盘前后两侧各部分气体压力所产生的气体轴向力。因此，计算时应按具体结构将转子前后两侧分成不同的部分，分别求出其气体力，然后求得总的气体轴向力。

图 8.54 为单级涡轮转子简图。盘前密封齿以外部分气体压力为 p_a，内部气体压力为 p_b，盘后气体压力为 p_c。该结构可分为四部分计算气体轴向力。假设气体轴向力的方向仍以推力方向为正。

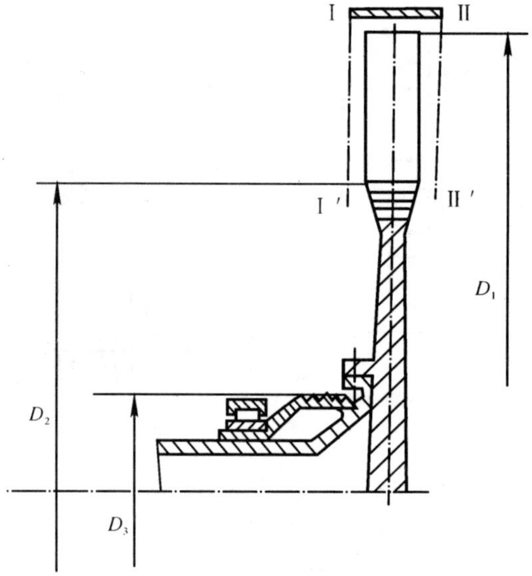

图 8.54　涡轮转子上的气体轴向力计算简图

(1) 叶片上的气体力 F_1。如已知 Ⅰ－Ⅰ′截面及 Ⅱ－Ⅱ′截面的气流参数及几何尺寸，按式(8－1)，可得

$$F_1 = q_{mg}(c_{2a} - c_{1a}) + p_2 A_2 - p_1 A_1 \tag{8-5}$$

式中　c_{1a}, c_{2a}, p_1, p_2 和 A_1, A_2 —— 涡轮进、出口截面（Ⅰ－Ⅰ′，Ⅱ－Ⅱ′）平均半径处气流的轴向分速、压力和截面积；

q_{mg} —— 燃气质量流量。

(2) 盘前密封齿以外部分的气体力 F_2

$$F_2 = \frac{\pi}{4}(D_2^2 - D_3^2)p_a \tag{8-6}$$

(3) 盘前密封齿以内部分的气体力 F_3

$$F_3 = \frac{\pi}{4} D_3^2 p_b \tag{8-7}$$

(4) 盘后端面的气体力 F_4

$$F_4 = \frac{\pi}{4} D_2^2 p_c \tag{8-8}$$

(5) 单级涡轮转子总的气体轴向力 $F_{涡转}$

$$F_{涡转} = F_1 - F_2 - F_3 + F_4 \tag{8-9}$$

将式(8-5)、式(8-6)、式(8-7)、式(8-8) 代入式(8-9) 中，可得 $F_{涡转}$，一般为负值，表示它与推力方向相反，即作用力方向向后。

单级轴流式压气机转子上的气体轴向力的计算方法也和上述方法相同，作用力的方向向前。多级涡轮或多级压气机转子的气体轴向力应是各单级转子气体轴向力的总和。

3. 典型发动机各部件上的气体轴向力分布及转子轴向力的减荷

根据上述方法可以计算出各组合件上的气体轴向力的大小和方向。各组合件上气体轴向力的代数和，即为发动机的推力。

由于发动机的各截面气流参数是随着飞行高度、速度以及发动机的工作状态的变化而改变，在计算各部件的轴向力时，应对不同的工作状态分别进行计算。通常取地面试车台条件、转子为最大转速时，以及当外界大气温度最低(一般为－40℃)、飞机靠近地面以最大速度飞行时(此时空气质量流量最大)的两种情况作为计算状态。所得的有关数据供结构设计时进行强度校核。

图 8.55 给出 AM3 发动机在地面工作状态时，各组合件上轴向力的分布情况。可以看出，在中等推力以上的燃气涡轮发动机上，压气机转子及涡轮转子上的轴向力都是很大的，如果这两个转子都单独通过自己的止推轴承来承受轴向负荷，将使止推轴承负荷很大。一般每个球轴承可承受 10～20 kN 的轴向力，这样就需要大大地增加止推轴承的数量，使发动机的结构复杂，重量增加，并难以保证每个轴承的负荷均匀。实际上两个以上多排轴承的结构很少采用。为了减少该发动机转子的轴向力，采用以下措施：

(1)由于涡轮转子的气体轴向力与压气机转子的气体轴向力相反，把两个组合件轴向相连以抵消大部分轴向力，这时整个转子剩余的轴向力为 254 000－231 000＝23 000 N。

(2)将渗入 B 腔的高压空气通入大气中，使该腔的气体压力下降至 130～160 kPa，此时压气机转子的轴向力可从 520 000 N 降低到 290 000 N。

(3)从第 5 级压气机后引气到 A 腔，使压气机转子的轴向力从 290 000 N 降为 254 000 N。

上面以 AM3 发动机地面工作状态的气体轴向力为例，说明了发动机转子减荷的必要性，以及采用各种措施的具体效果。

在实际考虑发动机转子减荷时，不仅要考虑地面工作状态的轴向力数值，还要注意到在其他工作状态下的气体轴向力数值均不得超过止推轴承所允许的负荷，但也不能使轴向力太小，以防止滚球与内外环产生滑动，造成滑蹭损伤，也不能使轴向力改变方向，以防止球轴承遭受冲击负荷。在选用具体减荷措施时，通常先将两个转子轴向相联算出地面工作状态的剩余轴向力，然后选择前后两减荷腔的气体压力，并确定承受此压力的面积大小，以使整个转子的轴向力负荷低于止推轴承允许承受的负荷（一般选用球轴承不超过两个），最后再校验其他状态下的轴向力数值。

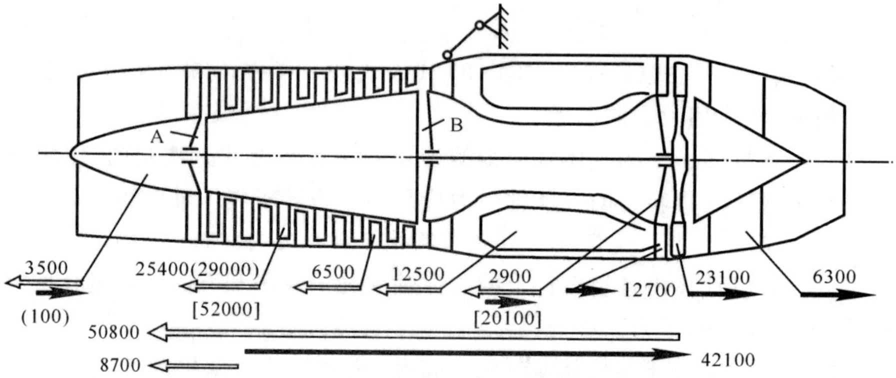

图 8.55　AM3 发动机各部件上的气体轴向力(单位:daN)

无括号的数字表示空腔 A 中通有高压气体，B 腔通大气时的气体轴向力；
圆括弧内数字表示空腔 A 中未通入高压气体，B 腔通大气时的气体轴向力；
方括弧内数字表示空腔 A 中未通入高压气体，B 腔不与大气相通时的气体轴向力

二、发动机零、组件上的气体力扭矩

气流在发动机通道内流动时，并不总是沿轴向的。如当气流流过压气机静子叶片或涡轮静子叶片时，气流的方向沿周向就有变化，因此对发动机轴线的动量矩有变化。这一现象说明静子叶片有力矩（扭矩）作用于气流。

例如在涡轮静子叶栅（见图 8.56）中，根据气体动量矩方程，作用于气流的扭矩为

$$M'_1 = q_{mg}(c_{1um}r_{1m} - c_{0um}r_{0m})$$

式中　$c_{1um}, c_{0um}, r_{1m}, r_{0m}$ —— Ⅰ－Ⅰ′，o－o′ 两个截面周向分速的平均值和平均半径；

q_{mg} —— 燃气质量流量。

由于轴向进气，则 $c_{0um} = 0$，因此

$$M'_1 = q_{mg}c_{1um}r_{1m}$$

根据反作用原理，气流给静子叶片的扭矩应为

$$M_{涡静} = -M'_1$$

即

$$M_{涡静} = -q_{mg}c_{1um}r_{1m} \tag{8-10}$$

同理，在涡轮转子叶片中，给气流的扭矩为

$$M'_2 = q_{mg}(c_{2um}r_{2m} - c_{1um}r_{1m})$$

由于涡轮出口截面气流的方向一般接近轴向，可认为 $c_{2um} \approx 0$，因此

$$M'_2 = -q_{mg}c_{1um}r_{1m}$$

根据反作用原理，气流给转子叶片的扭矩为

$$M_{涡转} = -M'_2$$

即

$$M_{涡转} = q_{mg}c_{1um}r_{1m} \qquad (8-11)$$

比较式(8-10)、式(8-11)，可得

$$M_{涡转} = -M_{涡静} \qquad (8-12)$$

从式(8-12)可知，涡轮静子叶片与转子叶片所承受的扭矩大小相等、方向相反。

按照同样的道理，分析作用于轴流式压气机的扭矩。压气机进口气流是轴向的，经过各级转子叶片及静子叶片，气流的方向来回折转，至压气机的出口也是接近轴向的。从整个压气机来看，进口气流速度 $c_{1u} \approx 0$，出口气流速度 $c_{2u} \approx 0$，因此气流在压气机内的流动中无动量矩的变化，即作用于压气机的总扭矩等于 0。也就是说作用于各级静子叶片扭矩的总和与作用于各级转子叶片的扭矩总和大小相等、方向相反，即

$$M_{压静} = -M_{压转} \qquad (8-13)$$

在涡喷发动机中，涡轮转子带动压气机转子工作。如果略去机械损失，不计传动附件的扭矩，那么在发动机稳定工作状态下，涡轮转子的扭矩大约等于压气机转子的反扭矩，即

$$M_{压转} \approx -M_{涡转} \qquad (8-14)$$

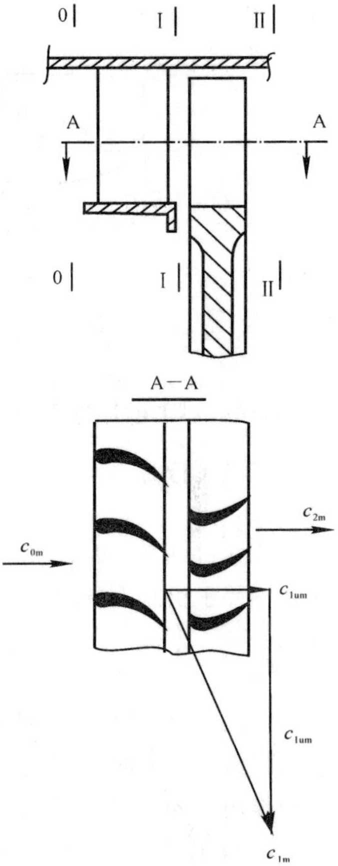

图 8.56　涡轮静子上气体力扭矩的计算简图

比较式(8-12)、式(8-13)、式(8-14)，可得

$$M_{压静} \approx -M_{涡静} \qquad (8-15)$$

从式(8-15)可以看出，涡轮机匣的扭矩经过燃烧室机匣与压气机机匣的扭矩相平衡，因此传递到飞机上的总扭矩接近于零。但在结构设计时，要注意处于传力路线中的各段机匣的扭矩并不等于零，因此机匣是重要的承扭构件。应根据各段机匣作用的扭矩大小，保证它们的强度和刚性。作用于 AM3 发动机主要构件的扭矩数值如图 8.57 所示。在涡桨发动机中，涡轮转子发出的扭矩等于压气机转子及螺桨扭矩之和，因此涡轮静子上的扭矩不再等于压气机静子的扭矩，发动机机匣上承受的总扭矩也不再为零，剩余的扭矩通过安装节传递到飞机上，其数值大约等于螺桨的扭矩。

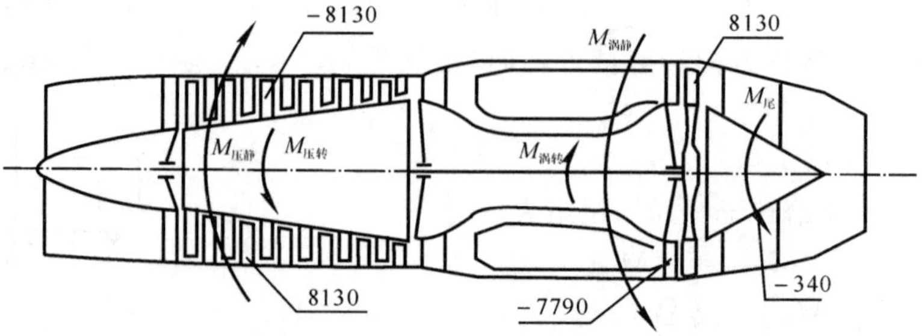

图 8.57 AM3 发动机主要构件的扭矩数值(单位:daN·m)

三、发动机上的惯性力和惯性力矩

在飞机飞行时,由于飞机的不等速直线飞行或曲线飞行,在发动机上产生了惯性力和惯性力矩。

飞机在机动飞行时,以角速度 $\boldsymbol{\Omega}$ 旋转,如发动机转子的角速度为 $\boldsymbol{\omega}$,转子上有作用力矩(外力矩),则静子机匣上有陀螺力矩,两者大小相等,但方向相反。当 $\boldsymbol{\omega}$ 与 $\boldsymbol{\Omega}$ 的方向成 90° 时,其值最大,为

$$M_G = J_0 \omega \Omega \tag{8-16}$$

式中 J_0—— 发动机转子对旋转轴线的转动惯量。

陀螺力矩的方向,应根据 $\boldsymbol{\omega}$ 与 $\boldsymbol{\Omega}$ 的方向而定。如用右螺旋矢量表示 $\boldsymbol{\omega}$ 与 $\boldsymbol{\Omega}$ 的方向,那么陀螺力矩作用在 $\boldsymbol{\omega}$ 与 $\boldsymbol{\Omega}$ 两矢量组成的平面内,力矩的方向是使 $\boldsymbol{\omega}$ 矢量转到 $\boldsymbol{\Omega}$ 矢量的方向(见图 8.58)。$\boldsymbol{\Omega}$ 的数值可根据飞机的过载系数来确定。

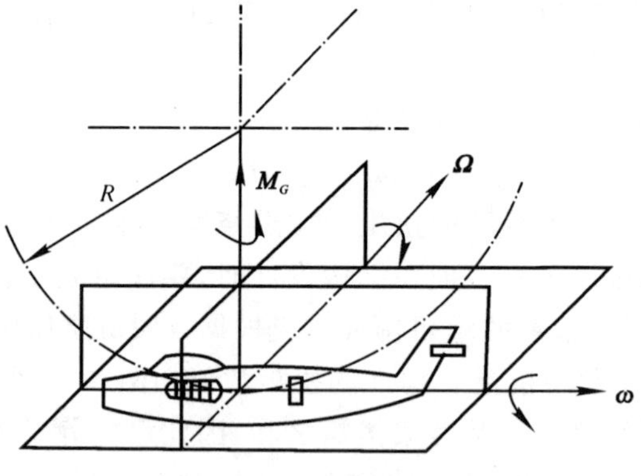

图 8.58 陀螺力矩方向

当飞机以角速度 Ω 转弯时,转子的惯性离心力

$$F = mR\Omega^2 = nmg \tag{8-17}$$

式中　m—— 转子的质量；

R—— 飞机飞行航迹的曲率半径；

n—— 某一飞行状态的过载系数。

过载系数 n 表示飞机或飞机零、部件的质量惯性力与飞机或零、部件重力之比；n 是飞机飞行加速度的一种表示形式，它取决于飞机的强度规范。飞机从俯冲拉起时的过载系数最大。对歼击机，$n = 7 \sim 8$；而对轰炸机，n 约等于 3。

根据飞机强度规范给定的 n，可利用式(8-17)求出 Ω，由式(8-17)可得

$$n = \frac{R}{g}\Omega^2 \tag{8-18}$$

又由

$$R\Omega = V \tag{8-19}$$

式中　V—— 飞机的飞行速度。

从式(8-19)，得

$$R = \frac{V}{\Omega}$$

代入式(8-18)，得

$$n = \frac{V\Omega}{g}$$

因此

$$\Omega = \frac{ng}{V} \tag{8-20}$$

利用式(8-20)求出 Ω 后，代入式(8-16)，即可计算陀螺力矩的数值。

8.6　总体结构与发动机振动

按飞机的战术技术指标要求，在确定了发动机性能指标，提供了总体流路图、各部件性能参数及有关结构参数后，开展发动机总体结构方案设计。

一、总体结构

总体结构方案设计应遵循的主要原则有：

(1)在保证工作可靠的前提下，力求结构简单，零件数目少，强度储备合理，重量轻。

(2)广泛采用经过验证的、成熟的高、新技术，并考虑各方面的因素，从而达到一种平衡的设计，以减少风险。

(3)重视国内外以往设计、使用、维修等方面经验，以指导新机研制。

(4)在整个设计过程中，对发动机的可靠性，可维护性，可保障性应给予足够的重视。

发动机总体结构布局主要进行如下工作：

(1)转子支点布局及支承形式安排。

(2)承力系统及传力路线安排。

(3)发动机转、静子同心度保证。

(4)发动机装配性考虑。

(5)发动机转、静子之间的联接结构。

(6)润滑封严方案选取。

(7)润滑系统、漏油系统安排。

(8)支承结构方案。

(9)全台发动机重量控制等。

总体结构方案设计是航空发动机设计中的重要一环,它是技术设计阶段中总体结构设计、各部件、系统设计的基础。总体结构方案设计的好坏对发动机研制全局会带来重大影响,所以在此阶段必须进行多方案的论证比较,以求得总体结构方案既先进又现实合理,减少研制风险。

二、发动机振动与危害

航空发动机是在恶劣条件下工作的高速旋转机械。因此,振动问题历来是必须要解决的一个重要问题。振动过量及其引起的故障(如空中停车),即使在先进发动机上仍然会时常出现。

发动机的振动问题主要有转子振动、主要零部件(如叶片和轮盘)的振动和壳体振动等。发动机振动是很复杂的,激起发动机振动的原因很多。发动机振动按其振动本身的性质可分为强迫振动和自激振动,相应的激振力可分为外部激振力和自激力;按激振力的物理性质可分为机械力、流体力、声波激振力等。振动的原因又往往是和发动机的某些零部件有关的,因而按其关系可将振源划分为转子源、轴承源、传动齿轮源、结构源(支板、静叶)以及压气机喘振、机匣共振等。

仅就转子的振动来说,过量振动的危害可以通过振幅、振动应力和支承上的作用力等形式表现出来。振幅过大,可能造成转子与静子在小间隙处(如密封、叶尖)的碰摩,既影响到结构的工作安全,又影响到发动机性能;振动应力会带来结构上的附加载荷,常常使造成疲劳破坏的重要原因,缩短发动机寿命;振动引起的支承上的作用力是外传力,它不仅会增加静子承力系统构件的疲劳载荷,严重影响发动机的使用寿命,还会传给机匣及机匣上安装的附件及管路、通过安装节传给飞机,引起驾驶员及乘员的不适、飞机仪表板上指针晃动等。

为了保证航空发动机本体和外部各系统的附件及管路,在所有规定工作条件下的所有工作状态均不会发生破坏性振动,并达到设计的使用寿命,在发动机压气机和涡轮机匣、附件传动机匣上(如果可能甚至在内部结构)安装加速度传感器测量并规定最大许用振动限制值(见表 8.2)。通过机外传感器测量得到的振动值是一个包含多种振动因素及成分振动总量,对于多转子发动机来说还包含了各个转子的振动量。当主要关注转子的振动和某一转子的振动时，须通过一定的技术措施来甄别，如低通滤波、窄带滤波或跟踪滤波。

表 8.2　几种航空发动机整机振动限制值

代号	类型	转速 r/min	测显方式	测振位置	限制值 A mm	限制值 v mm/s	限制值 k g
WP6	单转子涡喷	11 150	$v\rightarrow A$	压气机机匣	0.043 4	25.3	3.0
J69	单转子涡喷	22 000	$v\rightarrow A$	压气机机匣	0.038	43.47	10.2
J79	单转子涡喷	7 450	$v\rightarrow A$	压气机机匣	0.114 5	45.8	3.52
WP7	双转子涡喷	11 425 11 150	$v\rightarrow A$	压气机机匣 涡轮机匣	0.068 0.102	40.6 59.5	4.0 6.0
SPEY	双转子涡喷	12 500 8950	$v\rightarrow A$	压气机机匣	0.050 8	33.2	4.98
JT3D	双转子涡喷	9 780 6 538	$v\rightarrow A$	进气机匣 涡轮后机匣	0.076 2 0.076 2	39.0	4.0
Д20П	双转子涡扇	11 700 8 550	$A\rightarrow A$			4.0	
АИ24	单转子涡桨	15 100	$v\rightarrow A$		0.039 4	30.94	5.0
HK8－4	单转子涡桨	9 700	$v\rightarrow v$		0.177	90	
HK8	双转子涡桨	7 400 5 600	$v\rightarrow v$		0.155～ 0.202	60	4.69～ 8.99
CFM56	双转子涡扇	14 460 5 175	$g\rightarrow v$ $g\rightarrow A$	涡轮机匣	0.101 6	40.64	
J85－17	单转子涡喷	16 542		压气机机匣	0.076 2		
АЛ－31ф	双转子涡扇	13 300 10 200	$v\rightarrow v$	前机匣 中介机匣 涡轮机匣	0.103 0.075 0.075	55 40 40	3.3 2.4 2.4

注：A—— 振动位移；v—— 振动速度；g—— 振动过载系数

对于已经定型生产的发动机，出厂检验试车时整机振动过大往往是发动机制造、装配质量没达到设计要求的反映；发动机在使用中出现整机振动过大可能是发动机已产生某种故障的表现，如失衡、失稳等。因此，整机振动可以作为生产中的一个质量控制的指标，也是确定是否应该从飞机上拆下发动机进行维修的一个指标。

三、整体结构对发动机振动的影响

结构源是造成发动机转子振动的重要原因之一，除了转子不平衡和临界转速问题以外，发动机整体结构的影响更是重中之重。在过去的实践中就曾出现过套齿联轴器内摩擦、支承结构刚度的非线性和多支点支承不对中等问题引起的发动机振动过量的故障。而现代航空发动机控制发动机振动也需要从整机结构入手，如采用带弹性支座的挤压油膜阻尼器等。

虽然转子的支承方案是多种多样的，但是最基本的形式只有两种：一种是简支，一种是悬臂支承，如图 8.59 所示。任何支承方案都是这两种基本形式的组合或变形。

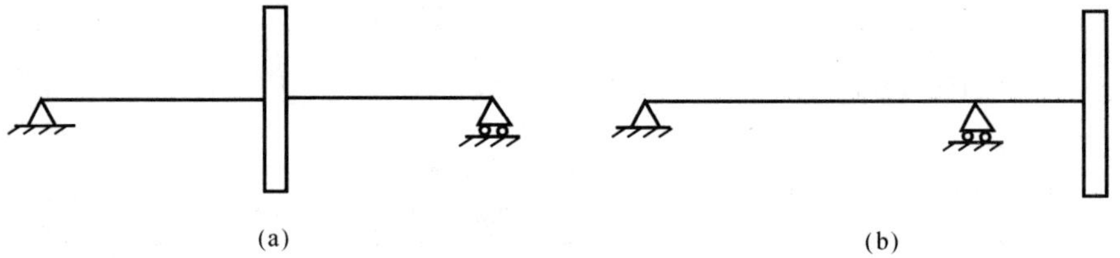

图 8.59　转子的支承形式

(a)简支；(b)悬臂支承

确定支承方案时要考虑支承形式对转子振动特性的影响。简单地说，所谓发动机转子的振动特性就是发动机在同样的激振力(相同的转速和转子不平衡量)作用下，转子振动量的大小，也叫做转子的振动响应。转子的振动响应函数是复函数，在不考虑相位特性时可用幅频特性表示。图 8.60 为转子采用不同支承形式时的幅频特性(即轮盘处的绕度随转速的变化)示意图。

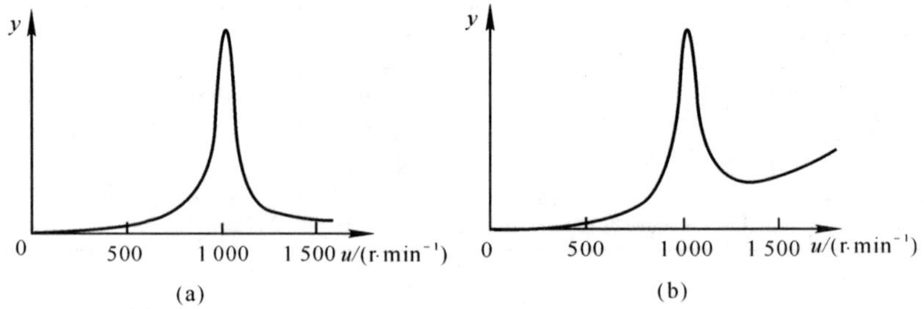

图 8.60　不同支承形式转子的幅频特性示意图

(a)简支转子；(b)悬臂支承转子

支承形式对转子振动特性的影响表现在三个方面。一是振动响应；二是支承载荷及外传激振力；三是支承的刚度特性。由图 8.60 可见：当转子在超临界状态工作时，悬臂支承转子的绕度比简支转子大得多，而且低绕度的转速区域也比较窄，不利于柔性转子跨过临界转速后的稳定工作。当转子简支时，转子振动产生的惯性载荷是由两个支承分担的，而且每个支点上的载荷均小于转子的离心载荷；而悬臂支承时，两个支点上的作用力是反方向的，靠近轮盘的右支点(见图 8.59(b))上的载荷是大于转子的离心载荷的，因此增大了支承结构承受的载荷，而且使外传的激振力也增大，不但增加承力系统其他构件的载荷，还会影响到其他工作系统的工作。在悬臂支承形式中，靠近轮盘的右支点往往是位于涡轮前，很高的环境温度和比较大的受力及变形又会使支承的刚度成为非线性的，在一定的条件下还会成为使转子发生自激振动的一个因素。

因此，在柔性转子上使用悬臂支承时须经过周到的分析和仔细的计算。由于发动机结构复杂，难以准确计算其整机振动特性，因此在研究发动机的整机振动现象时，总是力图求得这个问题的近似解，将发动机简化为某种理想化的振动系统，它具有最少的自由度，但保持了实际发动机的主要振动性质。安装在飞机或台架上的发动机可以简化为有限多自由度的振动系统，图 8.61 所示计算某发动机不平衡响应的分析模型有 200～300 个质量点。

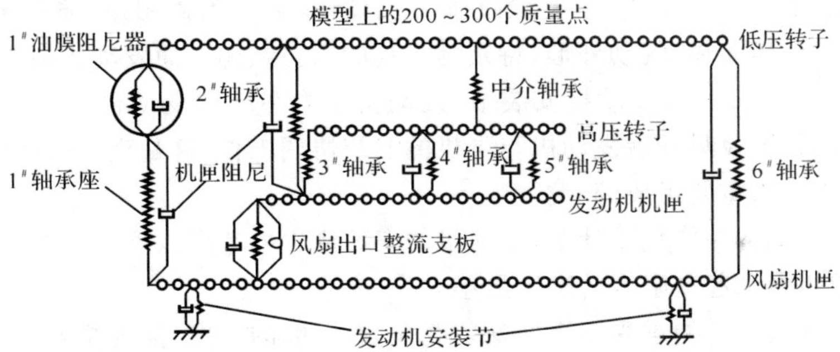

图 8.61　某发动机不平衡响应分析模型

中介支承是在早期双转子发动机常常采用的支承方法，曾对简化承力系统、提高发动机推重比起到很大作用。但是，中介支承会使转子的振动问题变得更复杂。由于中介支承位于两个转子之间，使两个转子的振动发生耦合作用，特别是对于高转速差发动机，高压转子的不平衡力直接作用在低压转子上，会引起低压转子的共振现象(即外临界转速)，使转子的临界转速值较低压转子单独工作时大大降低，并且可能出现高阶临界转速。这样会对转子的振动控制产生负面作用，使转子的工作转速不易避开临界转速。所以在选用中介支承时，要全面慎重考虑，如果结构的简化带来复杂的振动问题，使结构上产生过大的附加载荷，特别是使可能造成疲劳破坏的振动应力增大，就会削弱结构强度，降低可靠性和缩短使用寿命。这样的做法就是得不偿失的。

8.7 发动机在飞机上的安装

一、发动机在飞机上的安装方式

涡轮喷气和涡轮风扇发动机在飞机上的安装方式，有多种不同的形式。

(1) 装在机身内，如歼 6、歼 7 等。

(2) 装在翼根内，如轰 6 等。

(3) 装在机翼下的短舱内，如轰 5 等。

(4) 装在机翼上面的支架上。

(5) 装在垂直尾翼上面，将发动机短舱固定在尾翼根部。

(6) 短舱固定在机身尾段两侧，如麦道 82。

(7) 装在翼尖处。

上述各种安装方式，在亚声速和超声速飞机、民用的或军用的飞机布局中都曾被采用过。

发动机在飞机上的安装方式，主要取决于飞机设计，它与飞机用途、飞机类型密切相关。它直接影响飞机的整体布局、气动外形，特别是飞机的承力结构。而发动机能否承受飞机的安装载荷，又直接决定或影响着发动机安装节、发动机承力系统和发动机承力机匣的设计。因此，在发动机研制时，要及早开展发动机与飞机的安装协调工作，这是现代普遍强调的飞机/发动机结构一体化设计的重要组成部分。

在飞机/发动机结构一体化设计中，发动机的安装应主要考虑以下基本要求：

(1)保证飞机重量和起动阻力的增量最小。

(2)发动机的安装节应能承受飞机的安装载荷，有足够的刚度、强度裕度、可靠性更高。

(3)发动机的安装系统应具有良好的维修性，便于发动机的安装与拆卸。

(4)发动机和机身之间应该有合理的间隙。

(5)安装系统结构简单，成本低。

(6)易于限制和扑灭发动机的火灾。

几乎所有的现代战斗机都将发动机布置在机身内，因为小展弦比的薄机翼，不可能把发动机装在机翼上或机翼内而不损害襟翼机构。如果使用发动机短舱，则要占去过多的空间，它不仅会使襟翼的尺寸大为减小，飞机流阻增大，而且还占用了机翼下悬挂武器的位置。双发飞机将发动机布置在机身内还有利于减小机动飞行时的惯性载荷。如果飞机只用一台涡轮喷气发动机，则机身内安装发动机是唯一的选择。

图 8.62 为 WP7 发动机在歼 7 飞机上的安装形式。发动机前部装在前机身内，涡轮、加力燃烧室段位于后机身。这种安装方式，在装拆发动机时，需分解前后机身结合面，十分费时，然而另一方面，则由于脱开了后机身，易于接近发动机，便于检查与排除故障。

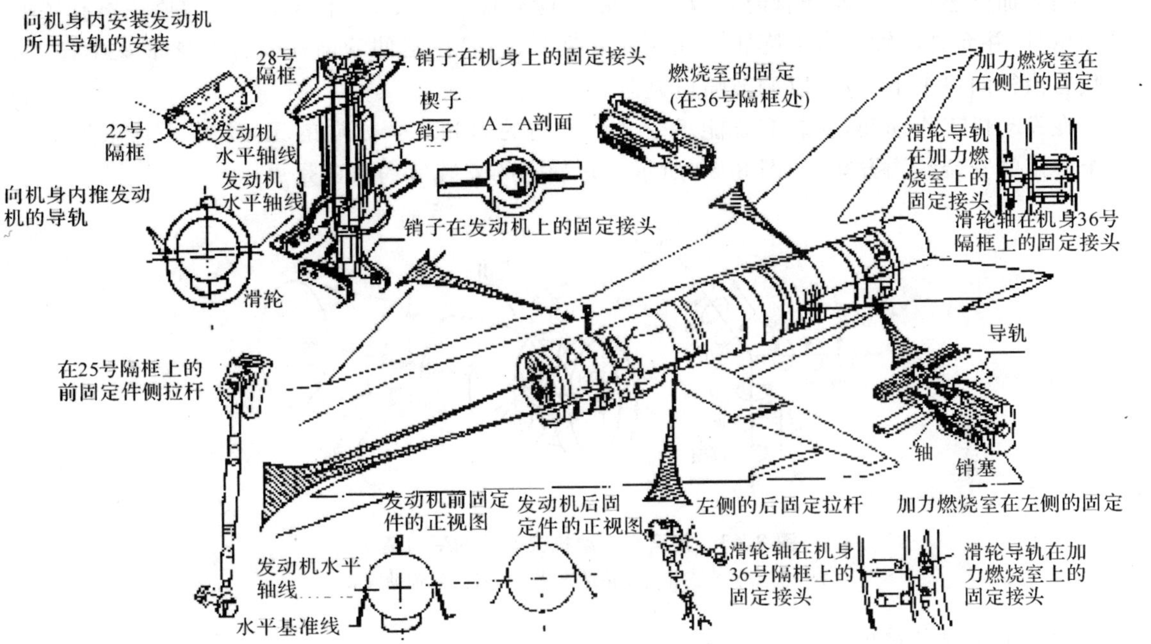

图 8.62　WP7 发动机在歼 7 飞机上的安装形式

二、发动机安装节

安装节是发动机与飞机的连接件，并将发动机的各种外传负荷传给飞机。它是发动机的重要构件。发动机安装节的分布也就是发动机在飞机上的固定形式。一般分主安装节及辅助安装节。主安装节承受发动机的推力，是将发动机推力传递到飞机上的重要组合件，也是发动机在飞机上的轴向定位处。辅助安装节只承受径向和周向负荷，而不承受轴向负荷。主安装节所在的发动机横截面称为主安装面，没有主安装节的安装面称为辅助安装面。主安装节应位于刚性强、强度大的零部件上，同时尽可能位于温度较低的区域。主安装节是发动机静子部件的轴向定位处，应注意缩短与转子止推轴承位置的轴向距离，避免在工作受热时，静子部件与转子部件间的轴向间隙有较大的变化。在安置主安装平面时，还应注意发动机的重心位置。应当指出，主安装面与辅助安装面都力求避免处于旋转件（转子部件）的外机匣上，以防止该部件因受力变形而影响径向间隙。

发动机工作时，推力的作用点并不经常位于横截面的中心点上，而处于一个小的范围，这一区域称之为推力圆。一般在主安装面上，承受推力的主安装节如为两个以上时，应注意各主安装节的连线尽可能不通过推力圆，以使所有的安装节在发动机工作期间受力方向不变。

当有加力燃烧室和延伸管时，发动机后部也应有辅助安装节，用以承受加力燃烧室和尾喷管的重量，并允许沿轴向自由膨胀。在这种情况下，一般在延伸管前端安置有球形支承面，使尾喷管沿径向可上下移动，以调节喷口方向。

在发动机工作期间，安装节要能承受 3 个方向的力和 3 个方向的扭矩。6 个约束形成了一个静定的安装结构方案，如图 8.63 所示。超静定的安装节约束也是可以的。

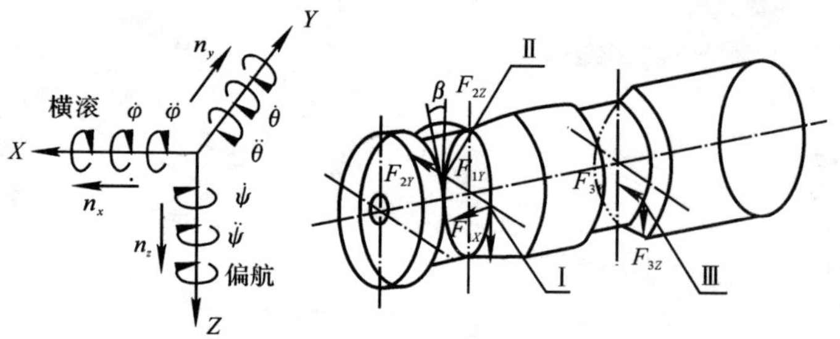

图 8.63　某涡扇发动机安装节的受力情况

Ⅰ—主安装节；Ⅱ—前辅助安装节；Ⅲ—后辅助安装节

1. 安装节设计原则

发动机安装节设计时，应遵循如下的一些原则：

(1)发动机安装节的选择主要取决于发动机在飞机上的安装方案，而安装节的最终确定和设计，是飞机与发动机反复协调和折衷的结果。

(2)安装节应能承受飞机给出的载荷，并按规范要求，应有足够的刚度、强度裕度。

(3)安装节(系统)应是一个限制发动机 6 个自由度的静定系统(在某些发动机上，也有采用超静定安装系统)，以便保持发动机在飞机上的定位与对中，选择若干个安装点，这些安装点应设置在距离合适(尽可能大)的两个截面上。

(4)推力安装节的最佳位置应分布在主承力机匣(框架)水平中心线的两侧，以消除推力载荷偏离水平中心线所引起的机身弯曲。

(5)安装节应尽可能设置在坚固的发动机承力机匣上，并将集中载荷扩展为分布载荷。

(6)发动机安装在飞机上，必须能自由地膨胀和收缩(轴向和径向)。

(7)安装节(系统)应设计成便于发动机在飞机上的装拆。

2. 典型安装节

图 8.64 表示了 F100 发动机安装节及其与 F－16 飞机连接情况。这是发动机安装在战斗机机身内的典型结构，主推力节设在外涵承力环水平线两侧，承受推力和垂直方向力，主安装面上还有一侧拉杆，承受侧向力，辅助安装节设在风扇机匣上，承受垂直方向力。

WP7 发动机安装节及其与歼 7 飞机的联接情况如图 8.62 所示，发动机通过主安装节、辅助安装节和加力燃烧室导轨安装在飞机上。主安装节靠近发动机的重心，包括一个上固定点和两个侧固定点，上固定点传递发动机的推力并承受侧向力，侧固定点承受发动机重量和机动飞行时的惯性力和力矩；辅助安装节包括两个侧固定点，它承受发动机的部分重量和机动飞行时的惯性力和力矩；加力燃烧室导轨在加力燃烧室后部两侧，是加力燃烧室主体的后支点并允许其热胀冷缩。发动机前段(主机)与加力筒体采用快卸环联接。

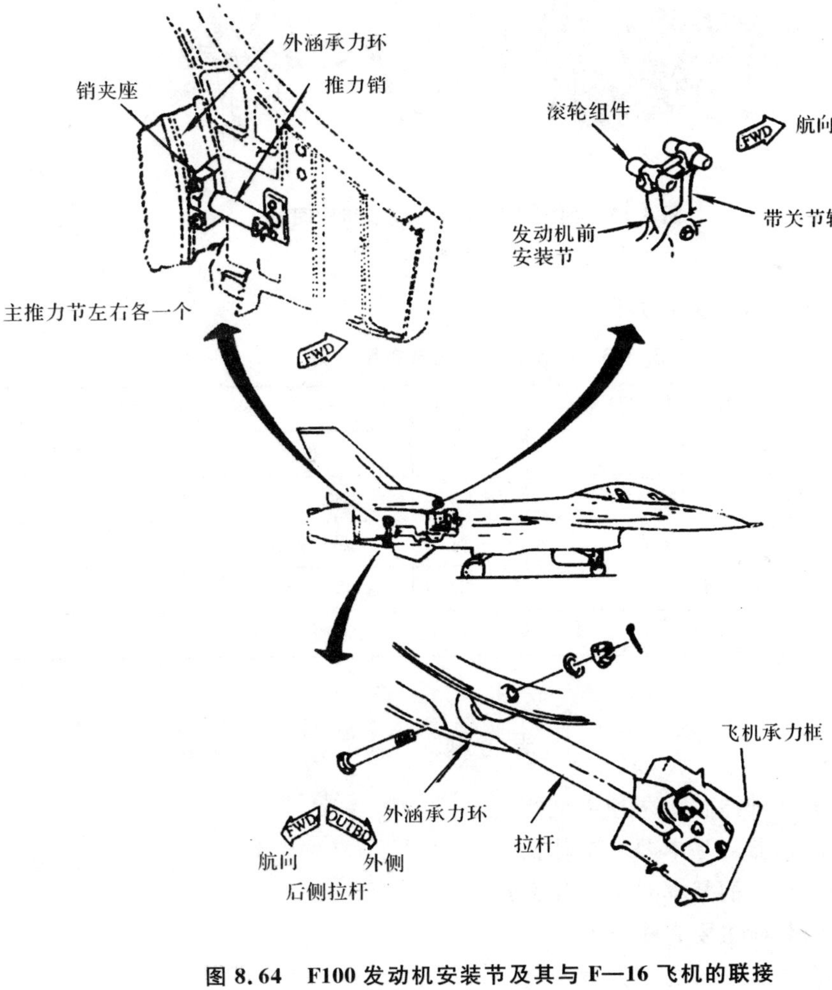

图 8.64　F100 发动机安装节及其与 F—16 飞机的联接

图 8.65 表示了发动机主推力节和辅助安装节的典型结构。主推力节通常是坚固的球铰座，飞机推力销插入其内，承受推力和垂直/水平方向力。辅助安装节通常是凸耳座，销子插入凸耳的孔内，并与带关节轴承的拉(撑)杆相联。

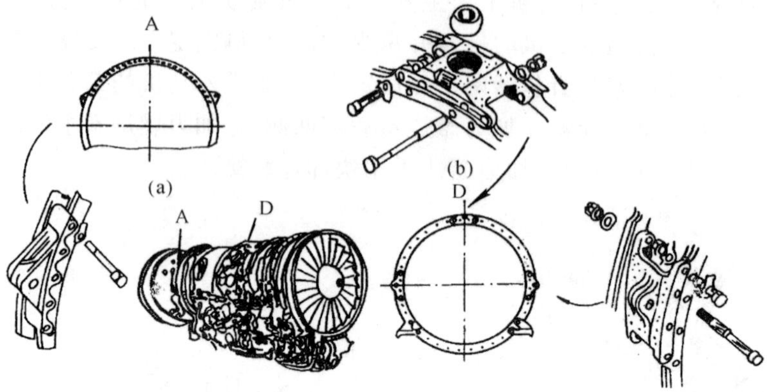

图 8.65 典型的发动机安装节结构图

(a)主推力节；(b)辅助安装节

典型机种安装节布局方案如表 8.3 所示。

表 8.3 典型机种安装节布局方案

机种	前安装面(主安装节)		后安装面(辅助安装节)	
	位置	数量	位置	数量
WP13	高压压气机后机匣推 1、吊 2	1+2	燃烧室后机匣	2
CFM56	中介机匣水平	一对	涡轮后机匣	1
АЛ－31Ф	中介机匣水平	一对	加力筒体	1
F404	中介机匣水平	一对	涡轮后机匣	1

思考题

1. 发动机转子的联轴器有哪两种类型？
2. 对刚性转子联轴器的基本要求是什么？
3. 对柔性转子联轴器的基本要求是什么？
4. 联轴器传递的载荷主要有哪些？
5. 如何用符号表示转子的支承方案？
6. 转子的基本支承形式是哪两种？
7. 在 n 个支点的支承方案中，止推轴承有几个，为什么？
8. 轴承的基本类型有哪些？什么是轴承的 DN 值？DN 值大小说明什么？
9. 发动机止推轴承的内环或外环为什么要做成可分的？

10. 简述对支承结构的设计要求。
11. 涡轮附近的支承结构特点是什么?
12. 作用在发动机上的主要负荷有哪些?
13. 如何简捷判断发动机各部件气体轴向力的方向?
14. 什么是陀螺力矩?
15. 机动飞行时发动机转子的陀螺力矩如何计算?
16. 为什么说陀螺力矩会引起交变应力?
17. 发动机转子的陀螺力矩对飞机飞行姿态有何影响?
18. 发动机静子承力系统有哪几种典型方案?
19. 常用的径向载荷承力构件有哪些?
20. 采用减荷措施后,是否影响发动机的推力?

第9章 附件传动装置和减速器

9.1 附件在发动机上的安装和传动

一、概述

在燃气涡轮发动机上，有许多附件需要由发动机的燃气涡轮带动。这些附件分为发动机附件和飞机附件。前者属于发动机的各系统，如燃油系统的主泵和增压泵，滑油系统的滑油泵、回油泵、油气分离器和离心通风器等，起动系统的起动电机，操纵和调节系统的离心活门、转速表发电机等；后者属于飞机上的各系统，如液压系统的主液压泵和助力系统液压泵，电气系统的交直流发电机，气压系统的压气机等。所有这些附件的种类和数量决定于发动机和飞机的类型和用途。如涡桨发动机和民用客机用的涡轮风扇发动机的附件较多，歼击机用的发动机附件居中，靶机发动机的附件较少。

附件传动装置的功用就是将涡轮的轴功率传递给各个附件，并满足各附件对转速、转向和功率的要求。附件传动装置由附件传动机匣和附件传动机构组成。

发动机和飞机附件一般都装在附件传动机匣上专门的安装座上，此附件机匣直接安装在发动机上。附件传动机构在附件机匣内，它包括圆柱齿轮系以及各种形式的离合器。附件传动机构的组成与发动机的类型和工作需要有关。如双转子发动机的附件传动装置包括高压转子传动和低压转子传动两部分；WS9 发动机的传动机构由高速齿轮箱（传动低压燃油泵、高压燃油泵、加力泵、滑油泵、喷口滑油泵、高压转速表发电机和燃气涡轮起动机、防喘调节器、燃油流量调节器、加力燃油流量调节器、压比调节器等附件），低速齿轮箱（传动低压转速表发电机、低压转子转速调节器等）和辅助齿轮箱（传动恒速传动机构、液压泵）三部分组成。目前大涵道比涡扇发动机附件传动机构分为主齿轮箱和角齿轮箱两个部分。角齿轮箱用于改变传动方向，主齿轮箱用来安装和传动附件。

在现代燃气涡轮发动机上，传动发动机附件的功率约占涡轮功率的 0.2％～0.5％，传动飞机附件的功率约为涡轮功率的 0.3％～0.6％。附件及其传动部分的重量约占发动机重量的 15％～20％。

在涡桨发动机上，传动发动机附件的功率约为涡轮功率的 0.1％～0.17％，传动飞机附件的功率约为 0.15％～0.25％。

在表 9.1 中，列举了装在发动机上的各种附件的名称、需用功率的范围以及转速的范围。

表 9.1　发动机和飞机附件的名称、需用功率和转速范围

系统名称	附件名称	转速范围/$r \cdot min^{-1}$	需用功率范围/kW	备注
发动机附件				
燃油系统	柱塞泵及调节器 高压齿轮泵	3 000～4 500 4 500～5 500	37～45	起动旋板泵和起动齿轮泵由专门电机带动
	低压旋板泵 低压离心泵 起动旋板泵 起动齿轮泵	2 000～2 500 6 000～10 000 3 500～4 000 4 500～5 500	低于 3.7	
	离心加力泵 离心泵			
滑油系统	齿轮泵 旋板泵 离心泵 离心通风器	3 000～4 500 2 000～3 000 4 500～6 500 12 000～13 500	低于 15(涡喷) 低于 2	齿轮圆周速度低于 5～10 m/s 圆周速度为 20～30 m/s 圆周速度为 40～50 m/s
起动系统	电起动机和 起动发电机 燃气涡轮起动机	10 000～12 000 30 000～35 000	小于 37 小于 187	起动时发出的最大功率
调节和操纵系统	转速表发电机 燃油调节器 螺桨调速器 离心式放气调节器	$i=\frac{1}{4};\frac{1}{2};1$	小于 3.7	由发动机带动的标准传动比转速决定于调节系统和发动机类型
装在发动机上的飞机附件				
电气系统	直流发电机 交流发电机	8 200～9 300		
液压系统	齿轮式液压泵 柱塞式液压泵	3 000～4 500 2 100～2 500	11～15 11～15	
气动系统	压气机 真空泵	2 010～2 200 3 000～3 500	小于 0.7	

附件系统工作的可靠性，无论是对于发动机还是飞机都是极端重要的。因此，附件传动装置的结构，必须保证在飞行包线范围内可靠工作，并保证所有附件的转速、转向和需用功率，以及具有小的外廓尺寸和重量，更换和维护容易等要求。

在设计附件传动装置时，须注意以下几点原则：

(1)满足各种附件对转速、转向、传动功率、安装位置及密封等要求。

(2)便于接近，进行维护、调整和更换。希望附件集中在一个或几个传动机匣上，这样，结构可简化，装拆容易，其润滑系统也希望是发动机滑油系统的一部分。

(3)外廓尺寸尽量小，力求不增加或少增加发动机的迎风面积。因此，常将附件装在发动机直径最小的地方，或者装在发动机头部整流罩内或后部整流锥内。

(4)附件应尽量靠近服务对象，以缩短管路，工作灵敏，重量减轻。如涡桨发动机的变距系统和测扭系统应装在减速器机匣上。

(5)附件位置应远离高温区。在高速飞机上，为了防止气动加热须采用隔热罩。

二、附件在发动机上的安装和传动

在单转子轴流式压气机的燃气涡轮发动机上，附件的安装位置采取集中与分散相结合的原则。大多数附件集中安装在压气机进气机匣上的附件传动机匣上，少数附件如滑油泵、起动机等，根据情况安装在头部整流罩内、轴承机匣内和尾部整流锥内。图 9.1 为 WP6 发动机附件传动系统简图。它由中央传动装置和附件传动装置两部分组成。中央传动装置安装在进气机匣中央。带动滑油系统的一些附件(回油泵、油气分离器)。附件传动装置安装在进气机匣上部。从压气机转子前端引出传动轴，带动中央传动装置的附件，然后，借两对锥齿轮和穿过进气机匣空心支板的垂直传动轴引出，带动附件传动装置的附件。在起动发电机和传动系统之间安装了二速传动机构，以保证起动和正常工作时，有着不同的传动比。

在双转子燃气涡轮发动机上，附件 安置也采用集中与分散相结合的原则。大多数附件集中安装在专门附件机匣上，由高压转子带动。图 9.2 是 WP7 发动机的附件传动系统图。附件传动机匣安装在压气机和燃烧室之间的下方。带动附件的功率经过安装在高压压气机转子后轴上的锥齿轮和穿过燃烧室扩压器的传动轴引出。附件机匣的左后方安装有二速传动机构，用来传动起动/发电机。少数滑油系统附件及与低压转子转速有关的附件，安装在压气机第一级机匣下方，经过一对圆柱齿轮，一对圆锥齿轮和穿过第一级空心整流叶片的传动轴，由低压压气机转子带动。传动的各附件的名称及传动比如表 9.2 所示。

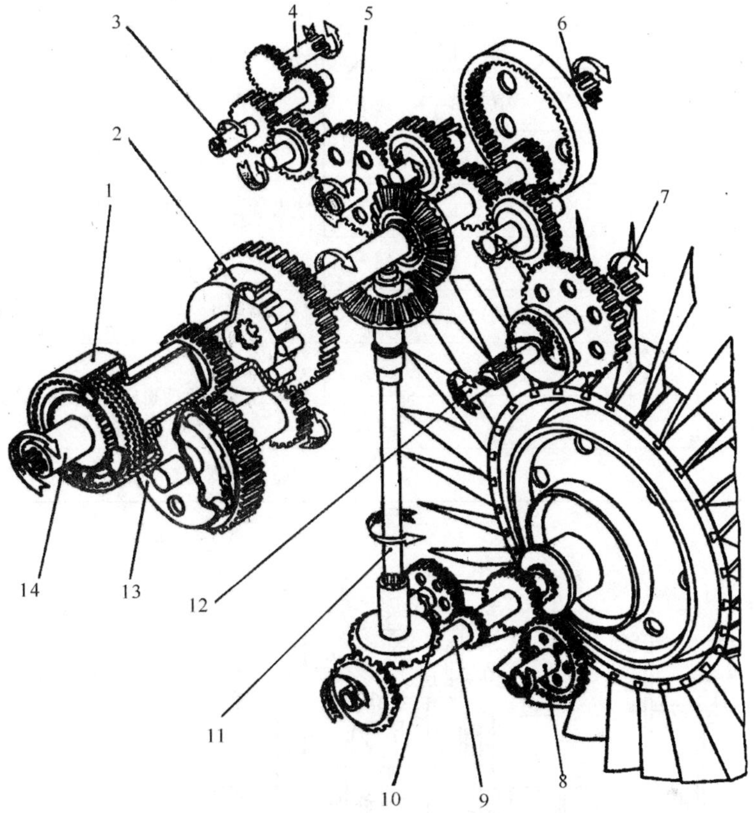

图 9.1　WP6 发动机附件传动系统

1—摩擦离合器；2—滚棒离合器；3—传动输油泵；4—传动离心活门；5—传动主燃油泵；6—传动液压油泵；7—传动加力燃油泵；8—传动油气分离器；9—中心传动轴；10—传动滑油回油泵；11—垂直传动轴；12—传动滑油进油泵与转速表受感部；13—棘轮离合器；14—起动发电机传动轴

表 9.2　WP7 发动机传动附件的名称和传动比

附件名称	传动比	安装位置
主燃油泵及调节器	2.778	安装在附件机匣上，由高压转子带动
加力燃油泵及调节器	2.572	
液压泵	3.024	
油气分离器	2.083	

续表

附件名称	传动比	安装位置
离心通风器	0.856	安装在附件机匣上，由高压转子带动
滑油附件(进油泵和回油泵)	3.175	
高压转子转速表发电机	4.571	
输油泵	1.344	
起动发电机	2.249(起动)1.344(发电)	
前支点滑油回油泵	4.461	安装在压气机前机匣下部，由低压转子带动
低压转子转速表发电机	4.461	
低压转子转速调节器	2.788	安装在主燃油泵壳体上，由低压转子带动

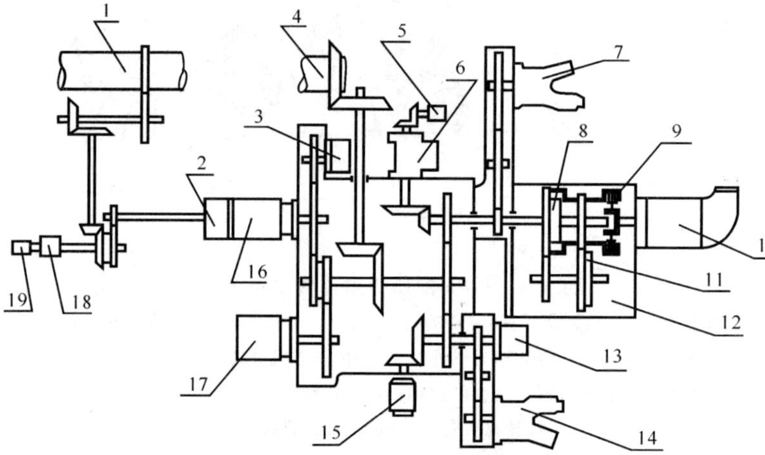

图 9.2 WP7 发动机附件传动系统

1—低压转子轴；2—低压转子转速调节器；3—油气分离器；4—高压转子轴；5—高压转子转速表发电机；6—滑油附件；7—收放液压泵；8—滚棒离合器；9—摩擦离合器；10—起动发电机；11—棘轮离合器；12—二速传动机构；13—输油泵；14—助力系统液压泵；15—离心通风器；16—主燃油泵及调节器；17—加力燃油泵及调节器；18—前支点滑油回油泵；19—低压转子转速表发电机

WS9 双转子涡扇发动机的附件安置在 3 个附件传动机匣上，即高速齿轮箱、低速齿轮箱和辅助齿轮箱（见图 9.3）。高速齿轮箱位于压气机中介机匣的右下方，传动轴经一对锥形齿轮从低压压气机转子后端引出。辅助齿轮箱位于进气机匣下方，由高速齿轮箱的伸出轴带动。飞机附件安装在辅助齿轮箱上，与低压转子转速有关的少数附件安装在低速齿轮箱上，其余大多数附件集中安装在高速齿轮箱上。根据滑油系统的特殊要求，前轴承的进油泵和回油泵单独安装在前轴承机匣的整流罩内，由低压压气机转子的前半轴带动。为了满足交流发电机的恒速要求，在发电机和辅助齿轮箱之间安装有恒速传动装置。这些传动附件的名称、安装位置和减速比如图 9.4 所示。

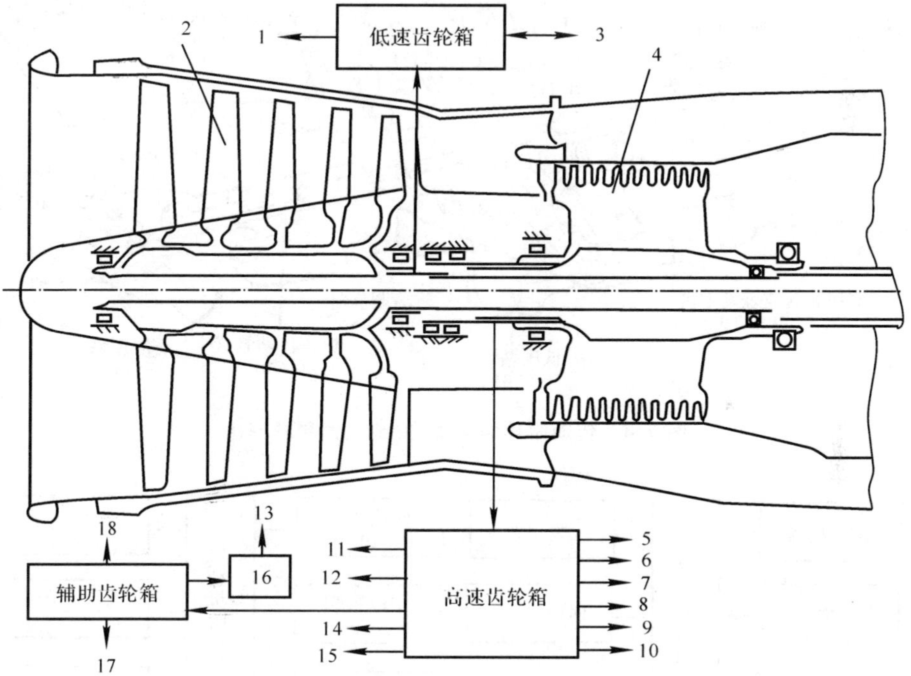

图 9.3　WS9 发动机附件传动系统

1—低压轴转速表发电机；2—低压压气机；3—低压轴转速限制器；4—高压压气机；5—燃油流量调节器；6—高压轴转速表发电机；7—高压燃油泵；8—滑油泵；9—加力燃油流量调节器；10—喷口滑油泵；11—低压燃油泵；12—防喘调节器；13—交流发电机；14—起动机；15—离心通风器；16—恒速装置；17—液压泵；18—液压泵

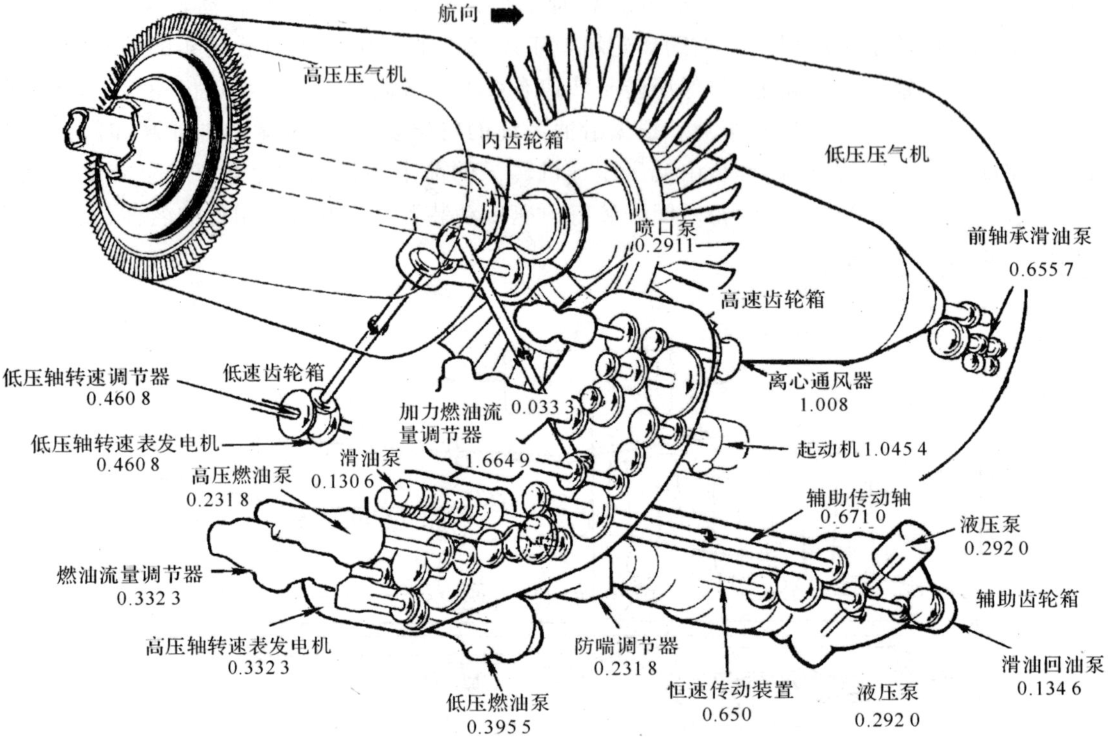

图 9.4　传动附件的名称、安装位置和减速比

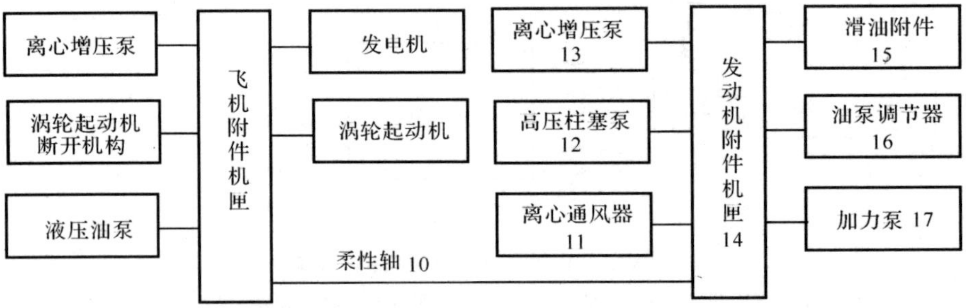

图 9.5　АЛ－31Ф 发动机机匣上安装的附件

АЛ－31Ф 发动机是 20 世纪 80 年代初设计的发动机，为了改善发动机舱的配置，降低更换发动机的工作量和时间，减少维修工作量，设置了两个附件机匣，即发动机附件机匣和飞机附件机匣(外置机匣)。飞机附件机匣位于发动机附件机匣的前部，通过一根柔性轴与发动机附件机匣相连。机匣上安装的附件如图 9.5 所示。中央锥形传动机构将高压转子的扭矩传递给发动机附件机匣和飞机附件机匣。它由壳体、主动锥形齿轮、被动锥形齿轮、传动轴等组成。其传动关系如图 9.6 所示。发动机工作时，扭矩的传动关系是，高压转子轴→主动锥型齿轮→被动锥型齿轮→发动机附件机匣→飞机附件机匣。发动机起动初期，扭矩的传动关系刚好相反。

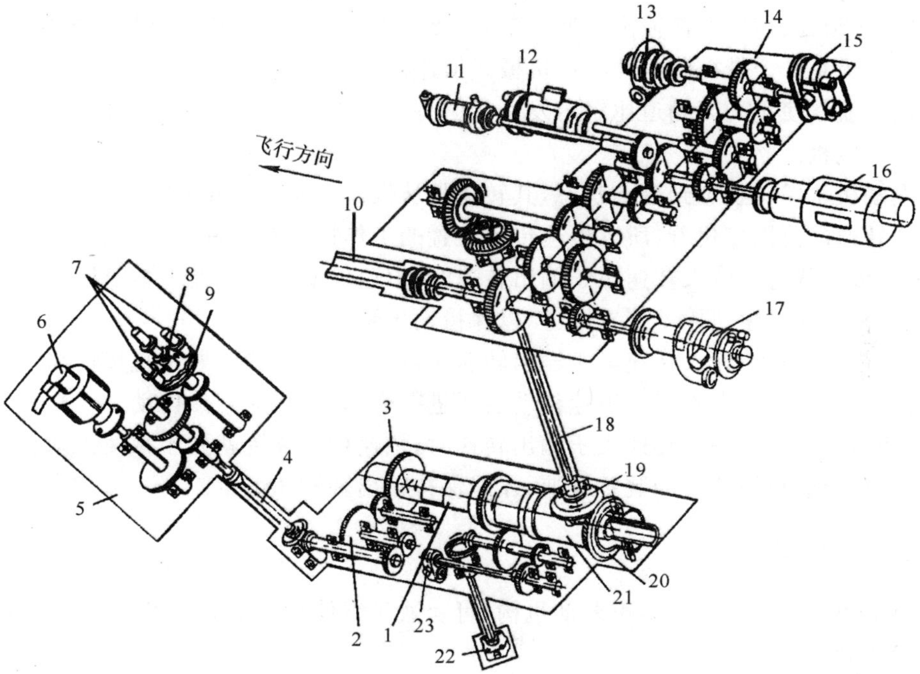

图 9.6　АЛ－31Φ 发动机附件的传动关系

1—高压压气机轴；2—n_1 传感减速器传动装置；3—中央锥形传动装置；4—弹性轴；5—传感器减速器；6—感应式 n_1 传感器；7—频率式 n_1 传感器；8—手摇插孔；9—感应器；10—柔性轴；11—离心通风器；12—柱塞式主泵；13—离心式增压泵；14—发动机附件机匣；15—滑油附件；16—油泵调节器；17—加力泵；18—垂直传动轴；19,20—锥形齿轮；21—中央锥形传动装置传动齿轮轴；22,23—滑油回油泵

9.2　恒速传动装置

一、概述

在现代军机和大、中型客机上，机上电源均采用 400 Hz 的交流电，机载电子设备对电源的电压和频率有严格的要求，因此，交流发电机是以恒定的 6 000 r/min 或 8 000 r/min 的转速

工作。而交流发电机是由发动机的高压转子通过附件传动装置驱动的,发动机从慢车状态到最大状态的转速变化范围很大。因此,需要在附件传动机构与交流发电机之间增设一套保持交流发电机转速恒定的装置,即恒速传动装置。恒速传动装置的输入轴与发动机附件传动装置相连,转速是变化的;输出轴与交流发电机相连,转速是恒定的。由于输入转速不仅变化范围大,而且是无级变速,要保持输出转速恒定,需要采用较为复杂的液压机械系统来达到,即恒速传动装置应该是一个带控制器的液压机械式恒速器。

现代民用航空使用的大涵道比涡扇发动机已将恒速传动装置和交流发电机结合为一体成为整体驱动发电机。

由于发动机从慢车状态到最大状态,其转速是从低于 6 000 r/min(或 8 000 r/min)的转速到高于这个转速的范围变化着,所以恒速传动装置的工作情形有三种工作状态。

(1)增速传动状态。输入转速小于输出转速时,恒速传动装置就处于增速传动状态。由于输入转速小,要求通过恒速传动装置增速,以保持输出轴转速恒定。

(2)直接传动状态。输入转速等于输出转速时,恒速传动装置就处于直接传动状态。由于输入和输出转速相等,所以不要求恒速传动装置进行变速,故称为直接传动。

(3)减速传动状态。输入转速大于输出转速时,恒速传动装置就处于减速传动状态。由于输入转速大,要求通过恒速传动装置减速,才能保持输出轴转速恒定。

二、恒速传动原理

该装置的恒速传动部分主要由差动机构、可变液压组件和固定液压组件组成(见图 9.7)。

1. 差动机构

差动机构由一个齿轮托架,两个行星齿轮,输入环形齿轮和输出环形齿轮组成,两个行星齿轮一个主动,一个从动。其传动关系是:由输入齿轮带动齿轮托架旋转,齿轮托架一路经两个相互啮合的行星齿轮传动输出环形齿轮,另一路传动可变液压组件的转子;主动行星齿轮与输入环形齿轮啮合,输入环形齿轮与固定液压组件相联。

输入环形齿轮和输出环形齿轮与行星齿轮的齿数比均为 2∶1。当输入环形齿轮被制动时,输出环形齿轮的转速为齿轮托架转速的 2 倍,即 $i = 1:2$。若输入环形齿轮作与齿轮托架转速同方向的差动,则输出环形齿轮的转速小于齿轮托架转速的 2 倍,即 $i > 1:2$;若输入环形齿轮作与齿轮托架转速反方向的差动,则输出环形齿轮的转速大于齿轮托架转速的两倍,即 $i < 1:2$。所以,差动机构是一个变速传动机构,其传动比与输入环形齿轮的转向和转速有关。以 $i = 1:2$ 作为直接传动的传动比,当输入环形齿轮被制动,或进行与齿轮托架转向相同或相反方向的差动时,差动机构就可以对输入转速进行增减,实现输出转速保持不变。

输入环形齿轮的制动、反向差动和同向差动,由可变液压组件和固定液压组件的联合工作保证。

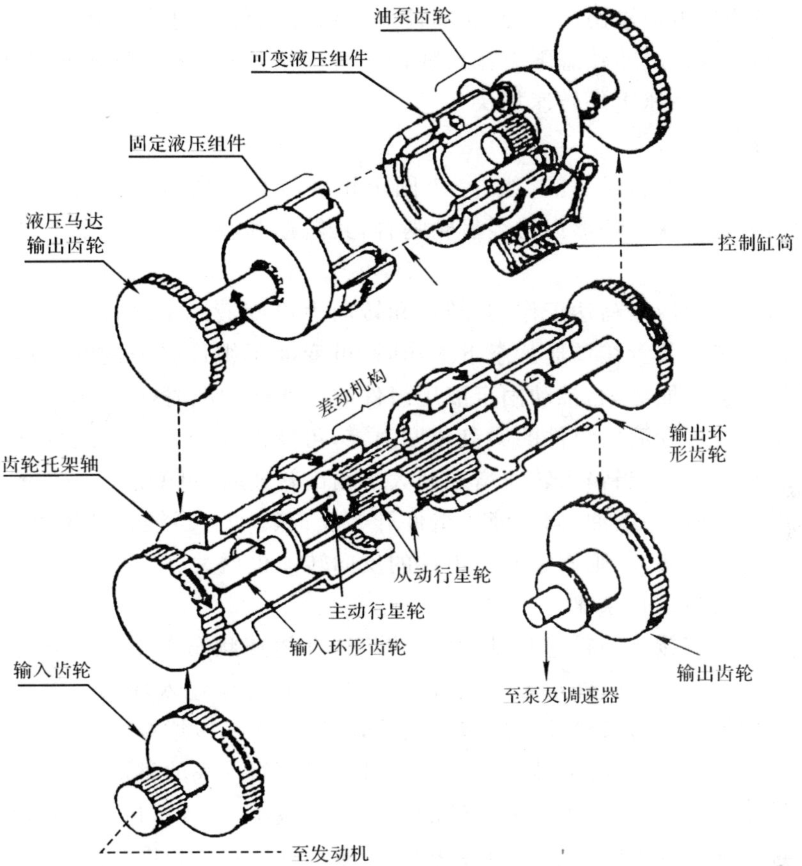

图 9.7 恒速传动原理

2. 可变液压组件

可变液压组件由柱塞转子、柱塞组、一个可变角度斜盘和一个控制缸及伺服活塞组成，前三者实际上就是柱塞泵。柱塞转子由输入齿轮经齿轮托架直接传动，其转速始终与输入转速成正比，且转向不变。

当恒速传动装置在增速状态下工作时，由调速器(输出齿轮驱动)操纵伺服活塞处于伸出位置。柱塞转子、柱塞组作为液压油泵工作，向固定液压组件供给高压油。

随着输入转速增加，调速器操纵伺服活塞逐渐缩回，使斜盘角度逐渐变小，输出的高压油量下降。当输入转速增加到要求的直接传动转速时，伺服活塞使斜盘角度恰好为零，斜盘与柱塞转子的旋转轴垂直，可变液压组件液压组件处于既不打油也不吸油的自由旋转状态。此时，固定液压组件处于液锁状态，输入环形齿轮被制动。

当输入转速继续增加时，调速器操纵伺服活塞继续缩回，则使斜盘角度变为负值，柱塞转子、柱塞组开始沿相反方向输出高压油，从而使固定液压组件反向转动，输入环形齿轮随之反向差动，恒速传动装置在减速状态下工作。随输入转速增加，使斜盘角度继续变小，反向输出的高压油量增大，固定液压组件转速加快。

3. 固定液压组件

固定液压组件由柱塞转子、柱塞组、一个固定角度斜盘组成，其功能就是一个液压马达。柱塞转子的输出齿轮与输入环形齿轮经齿轮啮合，其转速和转向决定了输入环形齿轮的转速和转向。

固定液压组件作为液压马达工作，其转速和转向由可变液压组件打来的高压油量和供油方向决定。当恒速传动装置在增速状态下工作时，可变液压组件打来的的高压油迫使固定液压组件的柱塞沿斜盘平面滑动，推动固定液压组件的柱塞转子顺时针方向转动，带动输入环形齿轮反时针转动。当可变液压组件的斜盘角度为零，可变液压组件液压组件既不打油也不吸油时，固定液压组件不动。当输入转速增加到大于输出转速时，可变液压组件的斜盘角度变为负值，向固定液压组件反向供油，固定液压组件开始反向转动。当输入转速继续增加，可变液压组件的的反向供油量增大，则固定液压组件的反向转速也增大。

4. 恒速传动装置的工作原理

当输入转速小于直接传动转速时，恒速传动装置在增速状态下工作。可变液压组件打来的高压油推动固定液压组件的柱塞转子顺时针方向转动，带动输入环形齿轮逆时针转动。此时输入环形齿轮的差动向与齿轮托架的转向相反，给输入转速以增补，保持输出转速恒定。当输入转速继续增大时，需要增补的转速减少。由可变液压组件来的供油量亦减少，使固定液压组件柱塞转子的转速减小，使输入环形齿轮的差动转速减小，继续保持输出转速不变。

当输入转速增加到要求的直接传动转速时，伺服活塞使斜盘角度恰好为零，斜盘与柱塞转子的旋转轴垂直。此时，可变液压组件处于既不打油也不吸油的自由旋转状态，使固定液压组件处于液锁状态，输入环形齿轮被制动。

当输入转速继续增加到输入转速大于直接传动转速时，调速器操纵伺服活塞继续缩回，则使斜盘角度变为负值，柱塞转子、柱塞组开始沿相反方向输出高压油，从而使固定液压组件反向转动，带动输入环形齿轮顺时针转动，即进行反向差动，恒速传动装置在减速状态下工作。随输入转速增加，使斜盘角度继续变小，反向输出的高压油量增大，固定液压组件转速加快，使输入环形齿轮的反向差动转速加快，输出转速继续保持恒定。

三、WS9 发动机的恒速传动装置

WS9 发动机的恒速传动装置位于辅助齿轮箱后面，从齿轮箱到恒速传动装置的传动是由一个挠性轴传动的。恒速传动装置除了差动机构、可变液压组件和固定液压组件之外，还有离心式转速调节器、极限调节器、滑油系统等（见图 9.8）。WS9 发动机的恒速传动装置的伺服油为滑油。

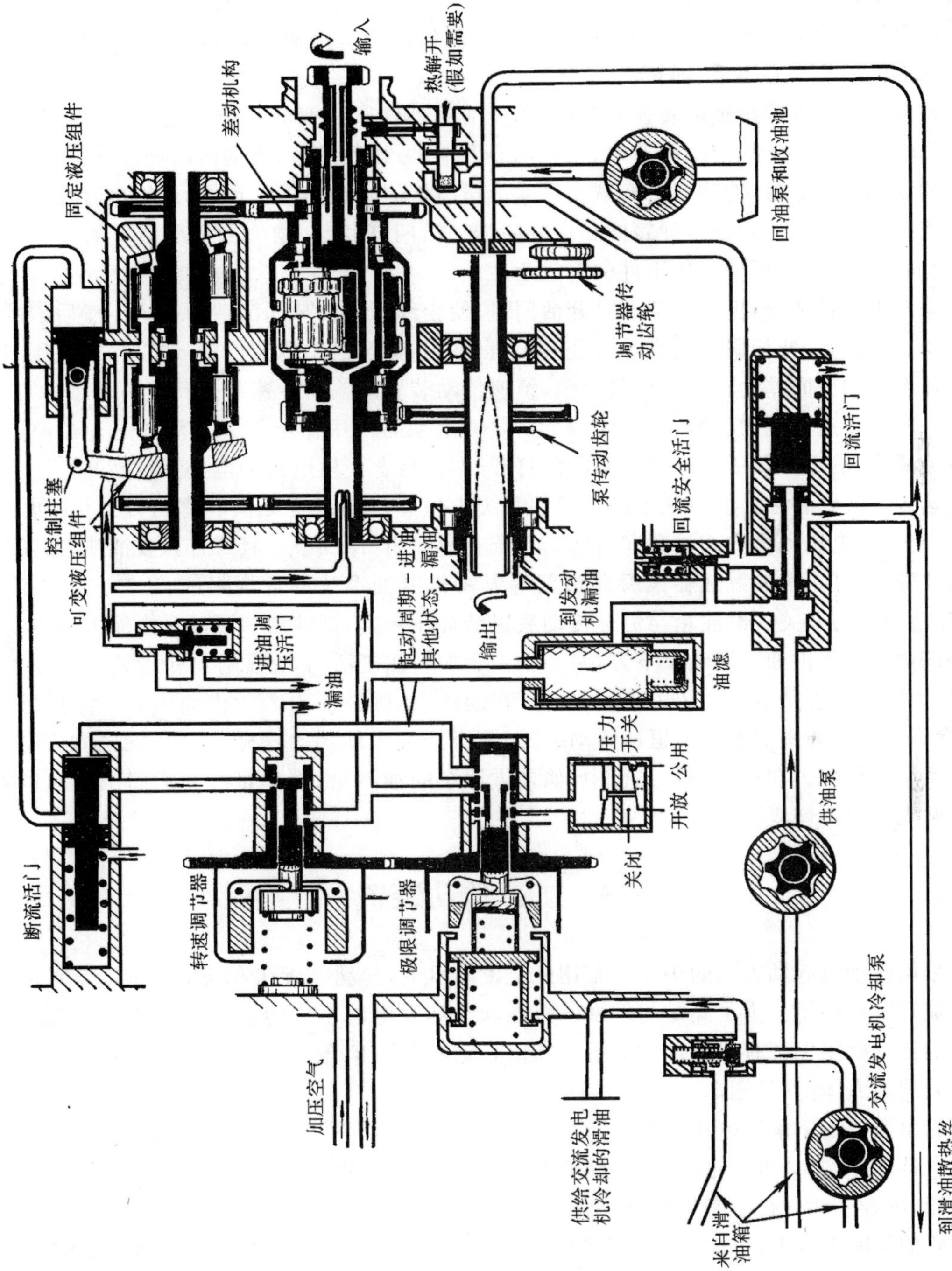

图 9.8　WS9 发动机的恒速传动装置

转速调节器用来操纵至可变液压组件伺服活塞的伺服滑油流量，极限调节器用于保持传输系统和电气系统不受超转的影响。两个调节器都包括一个由输出轴驱动的旋转套筒、在套筒内的分油活门及离心飞重、弹簧。

转速调节器感受输出轴的转速，控制经断流活门到伺服活塞的超速传动一侧的伺服滑油流量。当输出转速大于规定的转速时，飞重离心力增大，压缩弹簧，推动活门杆移动，减少到伺服活塞的伺服滑油流量，使伺服活塞减小可变液压组件的斜盘角度。反之，当输出转速小于规定的转速时，飞重离心力减小，弹簧向相反方向推动活门杆移动，增大到伺服活塞的伺服滑油流量，使伺服活塞增大可变液压组件的斜盘角度。

如果发生超转情况，极限调节器打开活门口，使全部压力油从断流活门排出。然后借助弹簧力改变活门位置，使伺服活塞推动可变液压组件的斜盘至最小角度位置，通过固定液压组件使输入环形轮的反向差动转速达到最大值，恒速传动装置的输出转速减少到最小。

如果发生转速不足的情况，从极限调节器开口出来的作用在压力开关活塞的一个面上的油压就会减小，然后弹簧压力推动活塞以便打开开关，后者使发电机与电气系统断开。

恒速传动装置有独立的滑油系统。滑油系统为恒速传动装置提供润滑油、控制油和工作油，也为交流发电机提供冷却油和润滑油。系统有滑油箱、供油泵、调压活门、收油池、回油泵、滑油滤及安全活门、滑油散热器及旁路活门等发动机滑油系统的常规附件，还有一个回流活门、断流活门压力开关。滑油箱与恒速传动装置结合在一起，供油泵和回油泵由输出轴传动。

回流活门位于供油和回油泵下方，是一个弹簧加载往复活门，它配有三个旁通口。在正常工作时，活门的位置是由供油压力来控制的。在起动时，弹簧压力大于供油压力，活门打开一个口，允许供油泵的来油不进入恒速传动装置，而直接流入油箱。这样，如果供油泵内有空气就会从系统内排出。在负“过载”飞行中，如果供油泵的油不足，则弹簧推动活门至起动位置，直到正常飞行时再恢复。

9.3　二速传动装置

在采用电动机起动方式的中小型军用航空发动机上，起动电机在发动机正常工作时，还要作为直流发电机使用。为了满足起动发电机在起动和发电时不同传动比的需要，在安装起动发电机的传动机匣上都有二速传动装置。它由棘轮离合器、滚棒离合器和摩擦离合器组成，装在一个共同的壳体内(见图 9.9)。

棘轮离合器是用来保证在发动机起动过程中，起动机与发动机之间的传动。当转速达到发动机自持转速、起动机电路断电后，棘轮离合器脱离工作，使起动发电机自动退出起动状态。它由棘轮、离合子和离合子座等组成(见图 9.10)。

棘轮的外面有直齿，里面有锯形齿。3 个离合子分别用销钉固定在离合子座上，离合子在弹簧力作用下使前端外张，卡在棘轮内表面的锯齿上。离合子的重心靠近后端，所以工作时离心力使离合子前端内收。当起动时，作用在离合子上的弹簧力大于离心力，离合子前端外张，使棘轮与安装座卡合。当转速超过自持转速、且起动发电机断电后，棘轮转速大于安装座转速，离合子脱离啮合状态，在离心力作用下，离合子前端内收。为了防止离合子在离心力作用下后端与棘轮相碰，在安装座上安装有限动销。

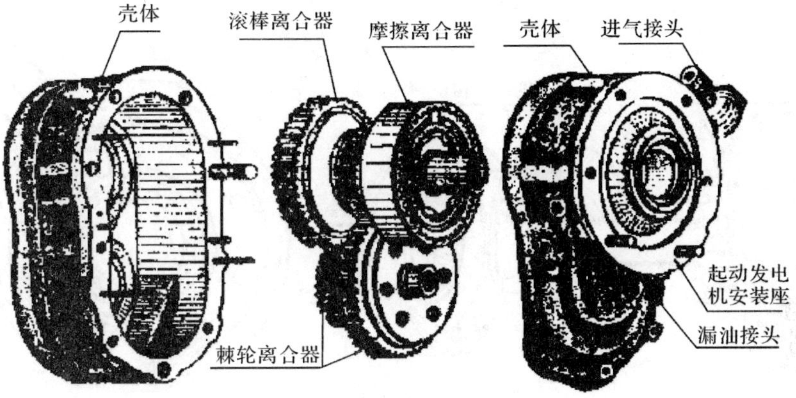

图 9.9　二速传动装置

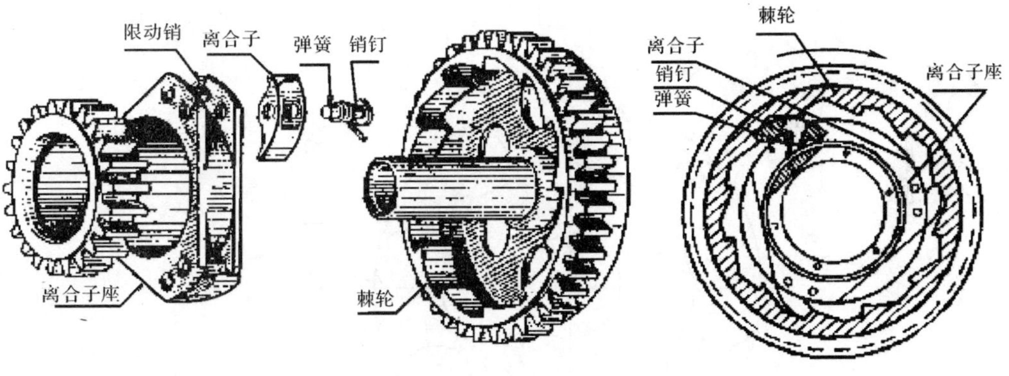

图 9.10　棘轮离合器

滚棒离合器是用来保证在转速达到自持转速后，发动机转子与起动发电机之间的传动，使起动发动机由发动机带动进入发电状态。它由外环、星形轮、滚棒、护圈、卡圈和前、后盖板等组成(见图 9.11)。护圈套在星形轮的外围，滚棒装在护圈周围的孔内，前、后盖板和护圈用铆钉联成一体。卡圈一端插在星形轮的小孔内，另一端嵌入护圈的径向槽内。卡圈的弹力保持护圈的相对位置，护圈使滚棒总是处于与外环进入接触的状态。

滚棒离合器的工作原理如图 9.12 所示。箭头表示星形轮和外环的转向。当星形轮转速大于外环转速时，星形轮的凸起接触滚棒，迫使滚棒卡在外环和星形轮之间，星形轮就能带动外环一起转动。当外环转速大于星形轮转速时，外环带动滚棒趋向于进入星形轮的直边中间，护圈的作用使滚棒不能到达星形直边的另一端，迫使滚棒处在外环和星形轮之间，此时，滚棒处于图中虚线所示位置，滚棒与星形轮之间有间隙，外环因此不能带动星形轮一起转动。所以这种离合器又叫超越离合器。

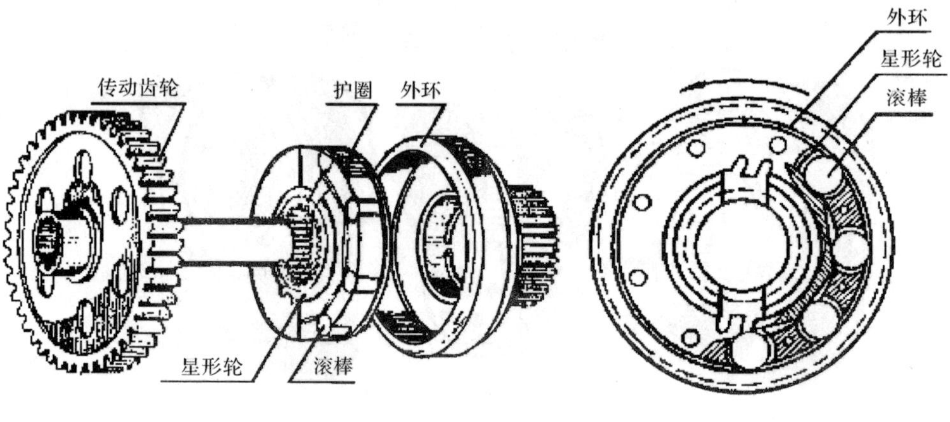

图 9.11 滚棒离合器

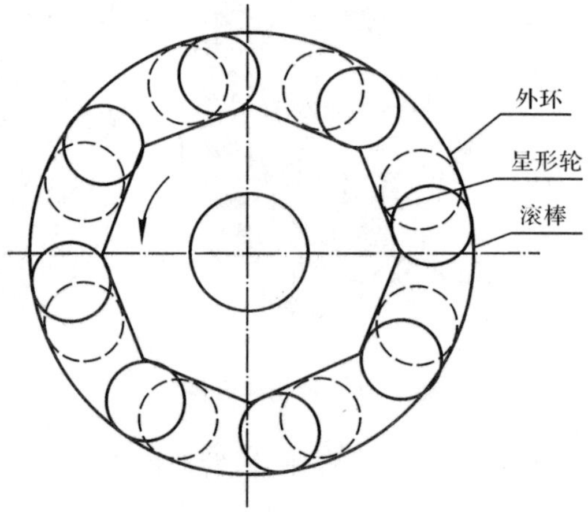

图 9.12 滚棒离合器工作原理

摩擦离合器起保险作用。它由一组铜片、钢片、弹簧和内、外齿轮组成(见图 9.13)。铜片上有外套齿，与外齿轮上的内套齿啮合。钢片上有内套齿，与内齿轮上的外套齿啮合。铜片与钢片相间地安装在内、外齿轮之间，用一组弹簧压紧。摩擦片之间填有石墨油膏，起润滑作用。

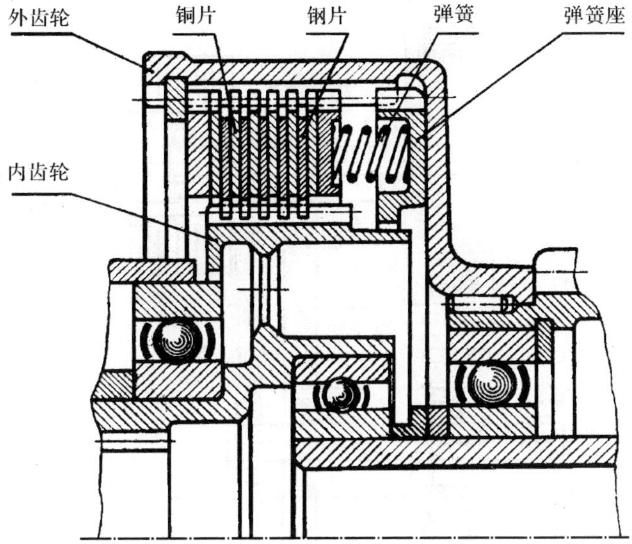

图 9.13　摩擦离合器

工作时，当内、外齿轮的扭矩小于摩擦片之间的摩擦力矩时，内、外齿轮一起转动。当扭矩过大，超过铜片与钢片之间的摩擦力矩时，就发生滑动。

摩擦离合器、棘轮离合器和滚棒离合器三者之间的联系如图 9.14 所示。

发动机起动时，起动发电机通过摩擦离合器一方面带动滚棒离合器外环转动，另一方面经棘轮离合器两次减速后，带动滚棒离合器的星形轮。由于外环转速大于星形轮转速，所以滚棒离合器不工作。因而在起动开始阶段，起动发电机是借摩擦离合器和棘轮离合器带动发动机转子转动。当发动机转速超过自持转速、起动发电机断电后，滚棒离合器星形轮转速大于外环转速，滚棒离合器进入工作，星形轮带动外环转动。这时滚棒离合器的外环减速带动棘轮离合器的棘轮转动，而滚棒离合器的星形轮增速带动棘轮离合器的离合子座转动，所以离合子座的转速大于棘轮的转速。此时，离合子的离心力已经大于弹簧力，离合子前端内收，棘轮离合器自动退出工作。这时，发动机借助于滚棒离合器和摩擦离合器带动起动发电机进入发电状态。可见，二速传动装置是借助于棘轮离合器和滚棒离合器两个离合器，通过两条不同的传动路线，获得在起动和发电两种工作状态下所需的两种传动比；并且保证在双发飞机上，起动一台发动机时，防止另一台反转。

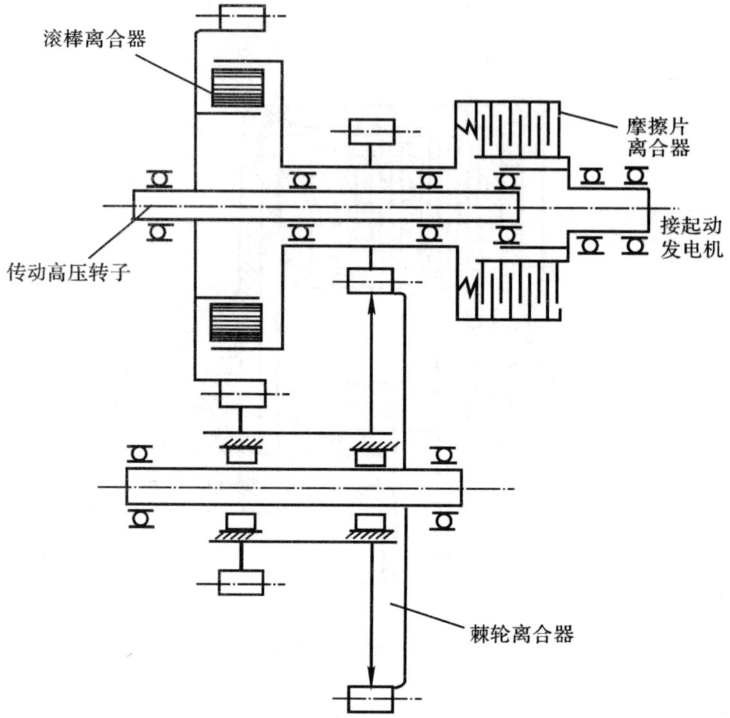

图 9.14　二速传动装置运动简图

9.4　WS9 发动机的起动离合器

发动机的起动机是空气涡轮起动机，要求在起动时，起动机借离合器带动发动机起动；正常工作时，起动机停止工作。

离合器的传动及工作示意图如图 9.15 所示。当环形齿轮转速高于起动机输出轴时，离合器处于工作状态。如果起动机输出轴转速高于环形齿轮转速，离合器就脱开，避免起动机被发动机带动旋转。

离合器主要由环形齿轮外伸轴、“8”字形离合块和传动盘组成。起动时，环形齿轮轴逆时针转动(从后向前看)，“8”字形离合块受顺时针方向力矩作用而“张开”，顶住环形齿轮轴和传动盘。环形齿轮轴通过离合块，靠摩擦力作用带动传动盘转动。当发动机自身加速或起动机停止转动后，传动盘转速高于环形齿轮时，离合块受到反时针力矩作用而“倒下”，传动盘与环形齿轮轴就脱开了。反向卸荷组件的作用是：当离合器卡住，不能脱开时，使输出轴与传动轴盘脱开，防止起动机被带动旋转而损坏。

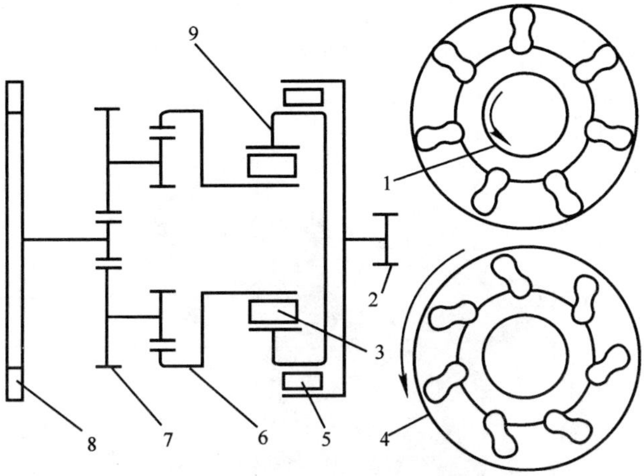

图 9.15　WS9 发动机起动传动与离合器工作示意图

1—起动时；2—输出轴；3—离合块；4—脱开时；5—反向卸荷组件；
6—环形齿轮；7—减速齿轮；8—涡轮；9—传动盘

9.5　减速器

一、概述

齿轮减速器是航空发动机驱动螺桨和旋翼必不可少的部件，它是涡桨发动机、涡轴发动机和直升机旋翼传动系统的组成部分。它的一端与发动机的转子或动力涡轮相联，另一端与螺旋桨或旋翼相接。为了使涡轮的工作效率高，外廓尺寸小，转速必须很高，一般在 6 000～18 000 r/min（目前，小功率发动机的涡轮转速已超过 60 000 r/min）。而螺旋桨与旋翼的最有利转速则比较低，一般螺旋桨的转速为 800～1 200 r/min，直升机旋翼的转速更低，仅为 120～300 r/min（有少数达 450 r/min 左右）。航空发动机减速器的作用是使两个转速不同的部件相互匹配，分别在各自的最佳转速工作，并能高效率地传递功率。

目前，有些大流量比涡扇发动机也利用减速器传动风扇（如 ALF502），这种带减速器的风扇称为齿轮传动风扇。大流量比涡扇发动机所遇到的问题与涡轴、涡桨发动机相同。由于风扇空气流量大，风扇直径大，要求的工作转速比较低。如果直接由涡轮驱动，则涡轮的级有效功减小，驱动风扇的低压涡轮的级数就要增多。采用减速器后，驱动同样的风扇，低压涡轮的级数可以大大减少。而风扇可以在更低的转速工作，不但效率达到最佳，而且噪声大大降低。

图 9.16 是美国普惠公司为未来涡扇发动机设计的一种先进齿轮传动减速系统。该系统采用游星齿轮减速装置，其额定功率为 23.5 MW（32 000 hp），减速比为 3∶1。系统由输入轴

(低压涡轮轴)、中心齿轮、五个星形小齿轮、环形齿轮和输出轴(风扇轴)等组成。工作时,输入轴驱动中心齿轮,中心齿轮再驱动五个星形小齿轮,星形小齿轮绕轴颈轴承转动,并驱动环形齿轮,环形齿轮再驱动风扇轴转动。

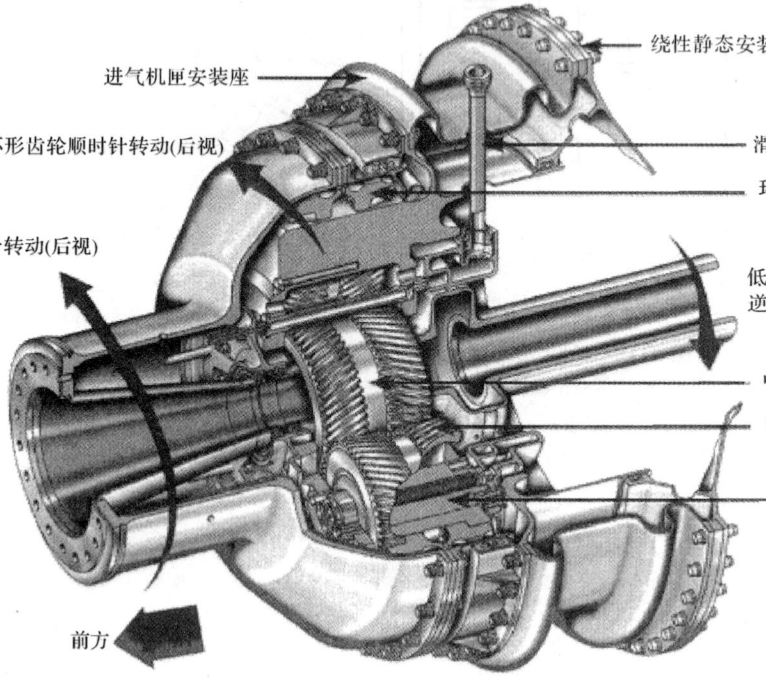

图 9.16　未来涡扇发动机的齿轮传动减速装置

这种系统需要有一个高效的润滑系统,将冷却滑油供给需要冷却的关键齿轮和轴承表面。润滑系统为高效的干槽再循环式滑油系统,循环速度提高 1 倍。滑油冷却器体积小,滑油量减少,使齿轮系统的效率提高到 99%以上。

为了提高齿轮的耐久性,齿轮箱有一个绕性安装座。这种结构使齿轮系统不受飞行中遇到的正常弯曲负荷的影响,保证啮合精度。该减速系统平均故障间隔时间预计为 30 000 h。

目前,多数减速器采用的是齿轮减速器。一般对航空减速器的性能要求有:

(1)在尺寸小,重量轻的条件下传递大功率。在航空上,尺寸小、重量轻是设计工作者必须遵循的原则。对于减速器来说,同样应该得到满足,尤其有的减速器设置在压气机进口,它的外表面构成进气道的内壁,外形的不对称性与过大的径向尺寸都会影响进气道的气流流动,造成较大的损失。因此,航空减速器的形状与尺寸受到较苛刻的限制,可是,与此同时,它又必须传递相当大的功率,显然这是有矛盾的,涡桨发动机减速器通常传送的功率为 2 200～

4 400 kW(3 000～6 000 hp)，有的可达 11 000 kW(15 000 hp)。它们的齿轮要处于高负荷状态下工作，每对啮合齿轮已成为传送功率的最薄弱环节之一。为了不使减速器的尺寸增大，通常采用多路并联传送功率的方案。

为了减少噪声和降低污染，目前，正在研制新型的高涵道比涡扇发动机和桨扇发动机，它们多数采用的也是齿轮减速器。随着减速器在这些大型发动机中应用，传动功率还要大大提高。

(2)传动比大，效率高。发动机动力涡轮的转速与螺桨(或旋翼)的转速之比称为传动比。由于螺桨、旋翼与动力涡轮间的转速相差很悬殊，传动比很大，减速器尺寸又受到限制，故而常用较复杂的多级传动，并广泛采用游星轮系。对于涡桨发动机来说，它的传动比通常为 7～17；而对于直升机的传动系统，它们的总传动比可以高达 120 左右，为此常将它们的减速器分成两部分。直接与动力涡轮轴相联，并构成涡轴发动机一部分的称为体内减速器(简称体减)，显然它属于高速级的齿轮传动，传动比并不太大，约为 3～7；另一部分则称为主减速器(简称主减)，它将体减输出轴传来的功率转传给旋翼等其他部件，因此，属于低速级的齿轮传动，传动比大。由于主减已成为直升机的主要承力部件，还承受着旋翼的作用力，故而本章不作讨论。

由于采用多级传动与复杂轮系，会给传动效率带来不利影响，因此，在优化设计轮系的基础上，合理选用材料与热处理方法，提高制造精度以及采用良好的润滑冷却等措施，可以使它们的传动效率保持很高的水平。现在航空发动机减速器采用的齿轮传动，其效率已能高达 98%～99%，但因传递功率较大，其摩擦功率仍较可观，估计有 40～150 kW。

(3)有限寿命与可靠性。航空减速器都是按有限寿命使用的，目前发动机减速器的翻修寿命已有大的增长，一般为 1 500 h，2 000 h，4 000 h 及 6 000 h 等。但这并不意味着它们的所有零组件都是按有限寿命设计的，多数的轮齿、转轴与机匣等零组件就是按“无限寿命”考虑的。但是，由于载荷谱的随机性与结构工艺等的复杂性，往往会使减速器的故障率提高，从而危及发动机的空中停车率、提前拆换率，给可靠性带来严重影响。为此在减速器结构设计时，常采用的措施有：简化结构与减少零件数目；提高齿轮加工精度与修整齿型，以消除振动与提高传动的平稳性；改善均荷措施；采用斜齿、“人”字齿或螺旋齿，以提高齿轮传动的重合度(一般直齿为 1.4～1.7，而“人”字齿可提高到 3～4)，从而改善轮齿交替啮合时齿上负荷不同、变形不同而引起的角速度变化，使传动平稳并防止扭转振动的发生；合理地增加齿数可以提高传动平稳性，并避开与发动机其他零件产生的共振现象；等等。

增设测扭装置不仅能使驾驶员了解与掌握发动机的工作状态，而且还可以对减速器不正常的工作情况及时报警，这对它的可靠工作具有十分重要的意义。

除了上述航空减速器的性能要求以外，对于军用直升机的涡轴发动机，它们的体减还必须具有 30 min 无润滑条件下运转的生存能力，这是作战教训中提出的特殊要求。

二、减速器类型

根据不同的用途与结构形式，减速器的分类方法往往是多样的，现仅介绍下述三种类型。

1. 机外与机内减速器(见图 9.17)

减速器与发动机固定在一起，并成为发动机一部分的称为机内减速器。这种类型在涡桨与涡轴发动机上应用最广。对于涡桨发动机，则称为减速器；对于涡轴发动机，则习惯称为体内减速器。当减速器与发动机分开并作为独立机器时称为机外减速器。这种减速器都有独立润滑系统，在直升机上应用最广，常称为主减速器，它可以由一台或多台涡轴发动机的动力涡轮直接驱动(见图 9.18)，或者通过体内减速器驱动。为了使从发动机到减速器的传动轴不致因转速过高而发生振动现象，通常采用主减与体减联合使用的方案。主减速器是直升机的主要承力部件，它可以由不同型号的发动机来驱动。在选用发动机时，除了对它们的功率提出要求外，常要求发动机体内减速器输出轴的转速统一在 6 000 r/min 左右，以便易于匹配。表 9.3 列举了不同型号的涡轴发动机体内减速器的情况。

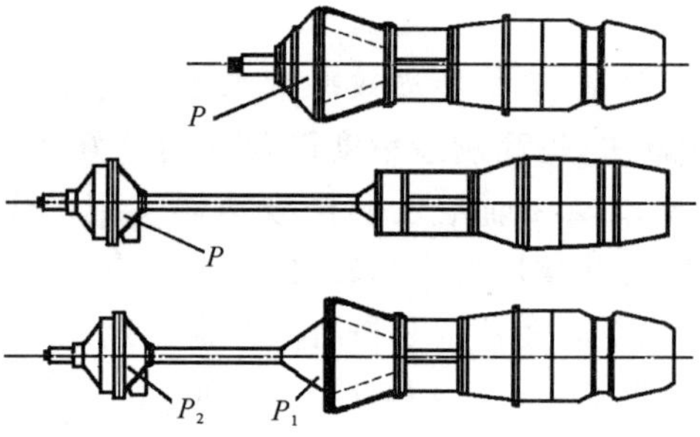

图 9.17 机外与机内减速器

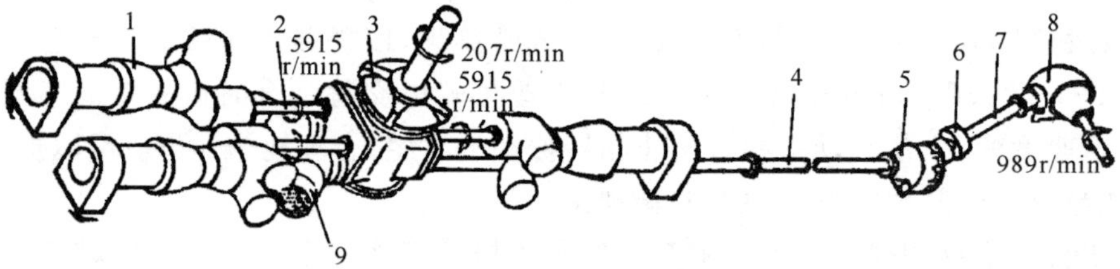

图 9.18 动力传动系统

1—透默ⅢC 发动机；2—主传动轴；3—主减速器；4—水平传动轴；5—中间减速器；6—端齿离合器；7—斜传动轴；8—尾减速器；9—滑油散热器

表 9.3　涡轴发动机的体内减速器

发动机型号	传动类型	传动级数	齿　型	传动比	转速/(r·min^{-1})	
					输入	输出
T53—L—11	恒星型	两级	斜	3.2	21 175	6 610
LTS101—700	平行轴	两级	斜	6.2	37 200	6 000
250—C—28	平行轴	两级	斜	5.53	33 290	6 016
T65	平行轴	两级	斜	6.48	39 000	6 017
GEM41	游星	单级	“人”字齿	4.5	27 000	6 000
Gnome H1400—1	平行轴	两级	斜	2.95	19 500	6 600
ArtousteⅢB	平行轴	两级二路	斜	5.8	33 500	5 773
TurmoⅢC6	平行轴	单级	斜	3.54	20 900	5 915
AstazouXX	恒星型	两级	第一级斜 第二级直	7.04	42 000	6 000
ARRIEL 101	平行轴	两级	斜	6.93	41 586	6 000
TM—319	平行轴	两级	斜			6 000
TM—333	平行轴	两级	斜	6.37	38 240	6 000
PT6B—34	游星	单级	直	5.33	33 000	6 188
PT6B—6	平行轴	三级	斜、斜、直	5.0	33 000	6 000

2. 同心式和偏心式减速器

减速器输入轴与输出轴的中心线重合在一起的称为同心式减速器。由于它的结构具有对称性，因此通常采用沿圆周均布几个游星齿轮或中间齿轮的并联传动方案。在工作时，轮齿上的负荷减小许多；而且主动与从动齿轮轴上的轴承几乎不受径向力；此外，减速器的外壳尺寸也相应减小。所以同心式减速器用于涡桨发动机与桨扇发动机居多。对于正在研制的新型的大涵道比涡扇发动机与桨扇发动机，它们的减速器也宜于采用同心式的。减速器输入轴与输出轴中心线不重合的称为偏心式减速器。目前，在涡轴发动机体内减速器上运用较广（见图 2.6涡轴发动机）。

3. 单桨轴与双桨轴减速器

对于涡桨发动机与桨扇发动机，往往根据螺桨或桨扇的排数分为单桨轴与双桨轴两种形式。一般来说，对于功率不大的发动机都采用单桨轴。当功率超过 3 000～4 500 kW 时，单排螺桨不能有效地吸收这么大的功率，因此必须采用双排螺桨。通常它们是同轴线的，但转向相反，并且结构较复杂。双排螺桨具有如下优点：

(1)螺桨与桨扇所产生的反扭矩可以全部或接近全部抵消，使飞机的稳定性和操纵性改善。

(2)不仅可以提高螺桨的效率，而且减少了桨后气流旋转，使气流损失减少。

(3)螺桨直径可以减少，使飞机的起落架不致很高。

(4)飞机作机动飞行时,螺桨产生的陀螺力矩可以接近抵消或全部抵消,而不传给飞机。

三、减速器的传动方案

尽管减速器的传动方案是多样的,但是它们不外乎为简单式、游星式、差动式三种基本形式,以及它们的不同组合。航空发动机减速器传动方案取决于发动机的型式与传动对象。涡桨发动机减速器通常设置在发动机的前面,涡轴发动机体减的部位主要取决于直升机与发动机的总体安排,有的在前,有的在后,有的甚至设置在发动机的中间。

1. 简单式传动方案

简单传动是由一对齿轮啮合而成,可以是外啮合的,也可以是内啮合的,一般情况下,它们的输入轴与输出轴均呈平行的,有时称为平行轴式,如果要使输入轴与输出轴呈同心式的,那么它们的转轴数起码有三根,如图 9.19 所示。可见,它是由两级简单传动串联而成,这种同心的简单式传动又称为定轴传动轮系,它由两个中心轮与若干个中间轮组成,有时称为恒星型式。它能实现多路并联的传动,减少每对啮合齿的受力。它的传动比为

$$i=\frac{n_1}{n_4}=\pm\frac{Z_2}{Z_1}\frac{Z_4}{Z_3} \tag{9-1}$$

式中,正负号分别表示减速器输入轴与输出轴的转向是相同或相反。图 9.19(a)的方案用正号,图 9.19(b)的方案用负号。

同样外廓尺寸时,内外啮合传动可以获得较大的转动比,但因采用了内齿轮,在加工和中间轴的支承方面都是比较复杂的。

涡轴发动机体减的传动比不太大,但转速却很高,为使结构简单和效率高,目前趋于采用外啮合的简单式传动。

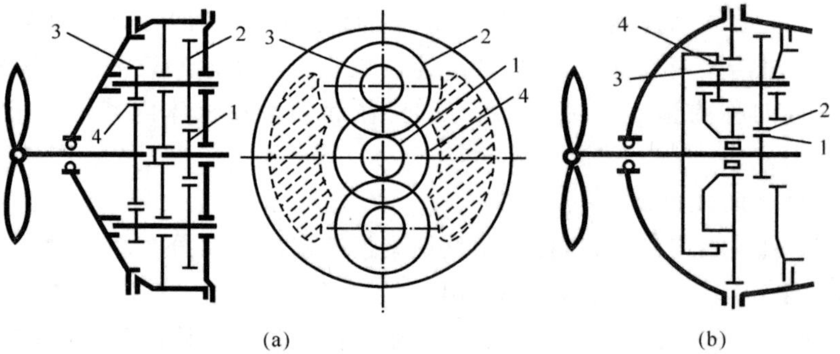

图 9.19 同心式简单传动方案

(a)外啮合方案;(b)内啮合方案

1—主动齿轮;2,3—中间齿轮;4—从动齿轮

2. 游星式传动方案

在游星式传动方案中，各个齿轮间的相对位置与定轴轮系差不多，不过它的一个中心轮是不动的，而中间轮用轴装在与输出轴联接在一起的游星架上，绕中心旋转，因此，中间轮改称为游星轮，既作自转，又作公转。图 9.20(a)表示单游星式传动方案。齿轮 1 为主动齿轮，又称太阳轮，与压气机转子相联，齿轮 2 为游星齿轮，齿轮 4 为内齿轮，固定于机匣上，工作时不转动，螺桨与游星架 H 一起旋转。图 9.20(b)表示重游星式传动方案。它们的主要差别在于游星齿轮是由两个齿轮串联而成，从而可以加大传动比，降低游星架的旋转速度。它的传动比为

$$i=\frac{n_1}{n_H}=1+\frac{Z_2}{Z_1}\frac{Z_4}{Z_3} \qquad (9-2)$$

这种游星式传动方案的输入与输出轴的转向是相同的。它具有尺寸小、重量轻、传动比大、效率高等优点，故常用于涡桨发动机上。但须注意的是，由于游星架的转动。离心力所加给游星齿轮轴承的载荷可达其总载荷的 80%左右，并且过高的转速还会引起游星架的风阻和搅拌润滑等损失，致使整个减速器效率急剧下降，故而游星架的转速不宜过大。

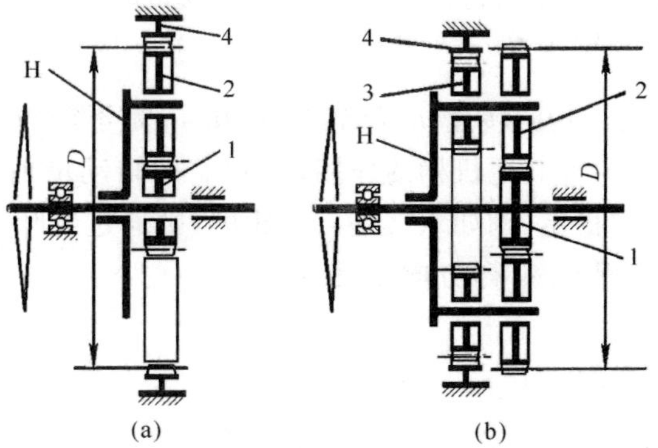

图 9.20　游星式传动方案

(a)单游星式；(b) 重游星式；

1—太阳轮；2,3—游星齿轮；4—内齿轮；H—游星架

3. 差动式传动方案

在差动式传动方案中，各个齿轮间的相对位置与游星轮系和定轴轮系的差不多，它在游星轮系基础上，去掉对固定齿轮的约束，使其成为可转动的中心轮，从而与游星架形成了差动旋转，共同成为该传动方案的输出端。

图 9.21(a)表示了单游星差动式传动方案。齿轮 1 为主动齿轮，游星架 H 与另一个中心轮 4 都是转动的。分别与两排螺桨联接在一起，形成双桨传动方案，每排螺桨对应的转速是不定的，图 9.21(b)表示了重游星差动式传动方案。它的传动比也是不确定的，但在各根轴间存在着如下的转速关系：

$$\frac{n_1 - n_H}{n_4 - n_H} = -\frac{Z_2}{Z_1}\frac{Z_4}{Z_3} \tag{9-3}$$

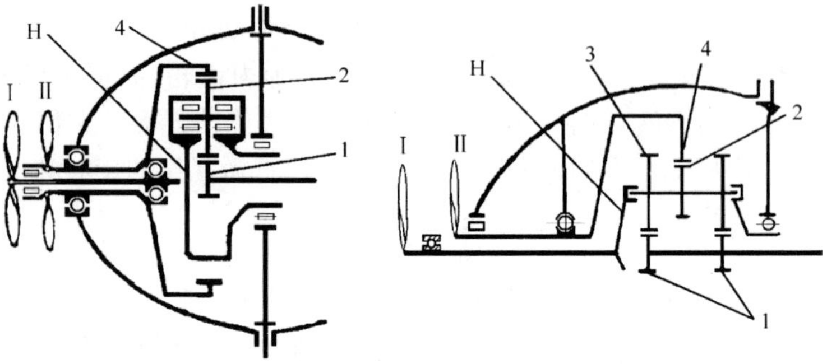

图 9.21　差动式传动方案

(a)单游星差动式；(b) 重游星差动式；

1—主动齿轮；2,3—游星齿轮；4—中心轮；H—游星架

可以看出，当仅知主动齿轮的转速 n_1，则转速 n_4 和 n_H 是不定的。但在实际使用过程中，往往由于双桨间存在气动耦合，或其他机构的作用，使它们的转动增加了一些附加的约束条件，从而使输出的双桨转速得到稳定。例如双桨是可变距的，则通过桨叶安装角来改变作用在桨上的扭矩，使两排螺桨的转速保持相等，方向相反，即

$$n_4 = n_H \tag{9-4}$$

这时，这种差动式方案的传动比为

$$i_1 = -i = 1 + 2\frac{Z_2}{Z_1}\frac{Z_4}{Z_3} \tag{9-5}$$

可见，在径向尺寸相同时，双桨差动重游星式方案的传动比较单桨重游星式方案的大得多。

双桨传动方案中，内轴轴承的安排是比较困难的。在结构设计时，对它的型式与位置确定必须予以仔细考虑。

如果将差动式双桨传动方案与单桨游星式方案比较，当传动比一定时，前者径向尺寸小，重量轻，齿轮啮合的相对速度小、磨损小、效率高；游星齿轮的离心力小，轴承寿命容易保证，无扭矩传给机匣。然而，由于要使双桨的转速确定，减速器的构造和操纵系统较复杂。当用两个变距螺桨时，需要两个转速调节器。如果两螺桨扭矩相差大，那么还需采用不同的螺桨(扭矩差不大时，采用不同的安装角即可)。

4. 组合式传动方案

组合式传动方案是将简单式、游星式与差动式传动方案按不同顺序与方式组合而成，从而

获得各种各样复杂的传动方案。

图 9.22(a) 表示了两个单游星组合的双级传动方案。它的传动比为各级传动比的乘积，即

$$i=\left(1+\frac{Z'_4}{Z'_1}\right)\left(1+\frac{Z_4}{Z_1}\right)=1+\frac{Z'_4}{Z_1}+\frac{Z_4}{Z_1}+\frac{Z'_4}{Z'_1}\frac{Z_4}{Z_1} \tag{9-6}$$

这种方案中高速级的游星架转速很高，游星轮有很大的离心力作用于轴承上，径向尺寸又受限制，因此，轴承设计困难。图 9.22(b) 所示为高速级用简单传动，低速级用游星传动的双级传动方案。这样高速级的中间轮轴负荷不大，没有轴承设计的困难问题。此方案的传动比为

$$i=\left(1+\frac{Z'_4}{Z'_1}\right)\left(\frac{Z_4}{Z_1}\right) \tag{9-7}$$

由式(9－7)看出，当径向外廓尺寸相同时，它的传动比比前一种方案的小些。

双级传动因系两级串联，功率仅由一条路线传递，因而齿轮上负荷较大。

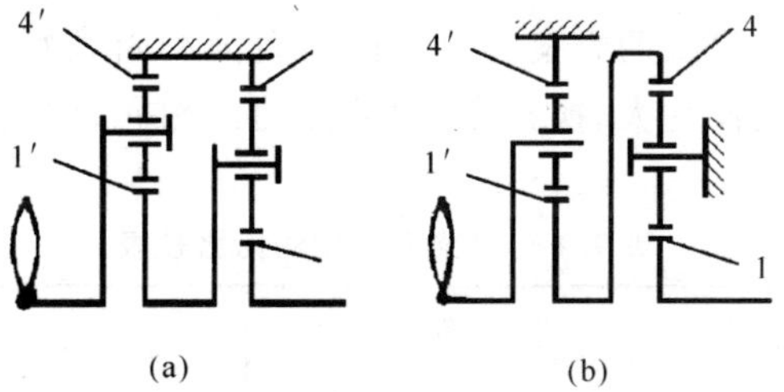

图 9.22　双级传动方案

(a)两个单游星组合的双级传动方案；

(b)简单传动与单游星组合的双级传动方案

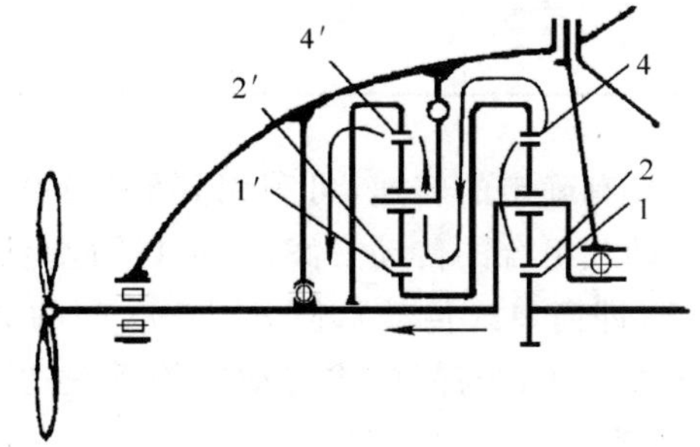

图 9.23　封闭差动式传动方案

1—高速级主动齿轮；2—高速级游星齿轮；4—高速级内齿轮

1′—低速级主动齿轮；2′—低速级游星齿轮；4′—低速级内齿轮

图 9.23 表示了封闭差动式传动方案。低速级为简单式，高速级为差动式，游星架和低速级的内齿轮共同与桨轴相联，内齿轮与低速级主动齿轮相联。这样，高速级的游星架转速不高，并且发动机的功率又经两路传给桨轴。一路经高速级游星架传给桨轴，一路经内齿轮再经

简单传动机构传给桨轴(见图 9.23 中箭头所示),齿轮上的负荷得到了减少。此方案的传动比由差动式与简单式的转速表达式联立得到,它们是

$$\frac{n_1 - n_{\mathrm{H}}}{n_4 - n_{\mathrm{H}}} = -\frac{Z_4}{Z_1} \tag{9-8}$$

与

$$\frac{n'_1}{n'_4} = -\frac{Z'_4}{Z'_1} \tag{9-9}$$

又知

$$n_4 = n'_1, \quad n_{\mathrm{H}} = n'_4 \tag{9-10}$$

联立式(9-8)、式(9-9)和式(9-10),消去 n_{H},n_1,n_4,可得封闭差动式传动方案的传动比为

$$i = \frac{n_1}{n'_4} = 1 + \frac{Z_4}{Z_1} + \frac{Z'_4}{Z'_1}\frac{Z_4}{Z_1} \tag{9-11}$$

上述各方案的传动比列于表 9.4 中。从表中可以看出,如果各方案的外径尺寸相同(齿数模数相同),除简单式与单游星式两方案的传动比谁大谁小尚难判定外,表中右边各方案的传动比总是较左边方案的传动比为大。换言之,如果传动比相同,则右边各方案的径向尺寸总是较左边各方案的小些。

表 9.4 单桨传动传动比比较表

方案名称	简单式	单游星	重游星	简单—游星双级	封闭差动	游星—游星双级
图式	图 9.19	图 9.20(a)	图 9.20(b)	图 9.22(b)	图 9.23	图 9.22(a)
传动比	$\frac{Z_2}{Z_1}\frac{Z_4}{Z_3}$	$1+\frac{Z_4}{Z_1}$	$1+\frac{Z_2}{Z_1}\frac{Z_4}{Z_3}$	$\frac{Z_4}{Z_1}+\frac{Z'_4}{Z'_1}\frac{Z_4}{Z_1}$	$1+\frac{Z_4}{Z_1}+\frac{Z'_4}{Z_1}\frac{Z_4}{Z_1}$	$1+\frac{Z'_4}{Z'_1}+\frac{Z_4}{Z_1}+\frac{Z'_4}{Z'_1}\frac{Z_4}{Z_1}$

要使双桨差动式传动方案具有确定的转速,可利用其他齿轮传动机构来限制双桨间的相对转速关系。图 9.24 为一种差动式组合的传动方案,又称封闭差动双桨传动方案。在齿轮 4 与游星架 H 之间加高封闭齿轮 F(即简单式传动),使 n_4 与 n_{H} 间的关系定下来,随之 n_4 得到确定,因此传动比成为定值,可通过差动式与简单式传动速关系表达联立求解获得(具体思路类似于图 9.23 所示单桨封闭差动式)。

值得注意的是,在航空减速器中采用的封闭式传动方案只能是以差动式为基础的。因为其传动轴的转速间存在着待定的差动关系,在并联上为封闭用的简单式或游星式的传动以后,它们就按确定的转速关系以一定的比例来传送功率,从而保证每对啮合齿轮的承载能力和高效地传递功率。图 9.23 所示传动方案的功率分配取决于每条传动路线上转轴的转速与扭矩。参照图 9.25 所示游星传动的力平衡关系(略去摩擦力),得知 $P_1 = P_4$,$P_{\mathrm{H}} = 2P_1$,则各转轴上所受扭矩分别为

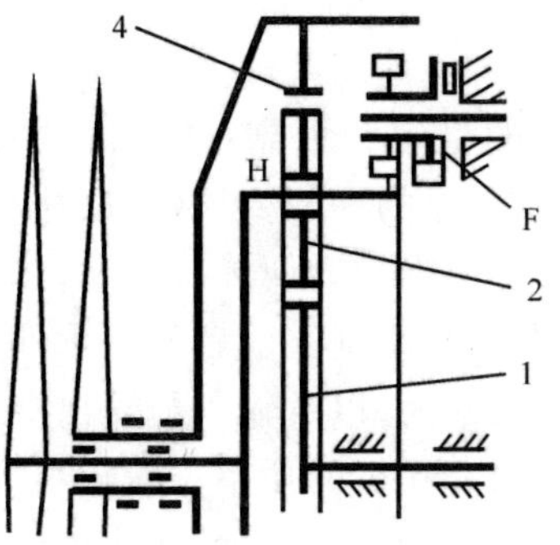

图 9.24　封闭差动式双桨传动方案

1— 主动齿轮；2— 游星齿轮；4— 内齿轮；
F— 封闭齿轮；H— 游星架

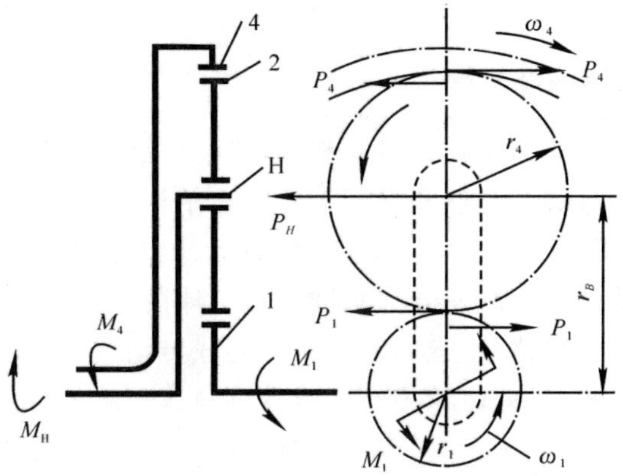

图 9.25　单游星传动方案的受力分析

1 — 主动齿轮；2 — 游星齿轮；
4 — 内齿轮；H — 游星架

$$M_1 = P_1 r_1 \tag{9-12}$$

$$M_4 = P_4 r_4 = P_1 r_1 \frac{r_4}{r_1} = M_1 \frac{r_4}{r_1} = M_1 \frac{Z_4}{Z_1} \tag{9-13}$$

$$M_{\mathrm{H}} = -2P_1 \frac{r_4 + r_1}{2} = -P_1 r_1 \left(1 + \frac{r_4}{r_1}\right) = -M_1 \left(1 + \frac{Z_4}{Z_1}\right) \tag{9-14}$$

因此，在图 9.23 所示的差动式传动方案中，经过游星架传递的功率比为

$$\frac{N_{\mathrm{H}}}{N_1} = \frac{n_{\mathrm{H}}}{n_1} \frac{M_{\mathrm{H}}}{M_1} = \frac{1}{i} \frac{M_1 \left(1 + \frac{Z_4}{Z_1}\right)}{M_1} = \frac{1}{i} \left(1 + \frac{Z_4}{Z_1}\right) \tag{9-15}$$

经过简单传动机构传递的功率比为

$$\frac{N_3}{N_1} = \frac{n_4}{n_1} \frac{M_4}{M_1} = \frac{1}{i} \frac{Z'_4}{Z'_1} \frac{M_1 \frac{Z_4}{Z_1}}{M_1} = \frac{1}{i} \frac{Z'_4}{Z'_1} \frac{Z_4}{Z_1} \tag{9-16}$$

如果仅由简单式或游星式传动组合的封闭式方案，那么它们多路传递功率的分配将取决于每路的结构刚性，显然，这是极其复杂的。

在选定传动方案后，需要确定各齿轮的齿数与模数。齿数的确定除了不允许在加工时齿根出现过度切削以外，对于同心式减速器，还应满足以下四个条件：

(1)保证实现给定的传动比。

(2)保证与若干个中间轮(或游星轮)啮合的两个中心轮的轴线重合，即满足同心条件。

(3)保证各中间轮(或游星轮)能够均匀地装入两中心轮之间，即满足安装条件。

(4)保证各中间轮(或游星轮)不致互相碰撞，即满足邻接条件。

此外，为了改善轮齿的啮合工作条件，对于相互啮合的齿轮，它们的轮齿数目最好没有公约数。

四、减速器结构

航空减速器是在大负荷和高转速下工作，为了保证工作的稳定和可靠，要求齿轮精度高，各零件有足够的刚性和强度，此外，在结构设计时还应满足航空上的一般要求（如尺寸小，重量轻等）和工程上的一般要求（结构简单、工艺性好、经济性好、使用维护方便等）。

涡桨发动机减速器与涡轴发动机体内减速器的结构特点有些区别。前者的对称性与外廓尺寸受到较严格的限制，宜采用同心式传动方案。由于传送功率大，以及输入与输出端的转速相差较悬殊，因此齿轮传动部分具有高速重载的特点。而涡轴发动机的功率一般较小，但转速很高，传动比并不太大，因此，它们的齿轮传动部分的主要特点是高速。下面通过两种典型的发动机减速器来分析它们的结构特点。

1. 涡桨发动机减速器

涡轮螺旋桨发动机的减速器由于减速比较小，通常采用行星齿轮系减速传动方案。

图 9.26 所示为 PT6A－27 涡轮螺旋桨发动机的减速器。PT6A－27 发动机是一种用于小型民用飞机的发动机，起飞功率为 500 kW，螺旋桨由发动机的自由涡轮经减速器带动，在各种工作状态下均保持 2 200 r/min 的转速。自由涡轮的转速为 33 000 r/min，减速器减速比为 0.068 8。

减速器采用双级行星齿轮减速传动方案。第 1 级行星齿轮减速级安装在后机匣内，自由涡轮通过中心主动齿轮带动 3 个第 1 级行星齿轮。行星齿轮与带内齿的第 1 级固定齿圈啮合。固定齿圈可以在轴向有少许移动以形成测量扭矩的机构。

第 1 级行星齿轮的行星架悬臂支持在后机匣的两个滑动轴承上，并用套齿及弹性套齿环带动第 2 级减速器的中心主动齿轮。采用弹性连接件可以减少级间扭转振动的影响。

第 2 级行星齿轮共 5 个，它们均用滑动轴承衬套支持在轴销上，轴销固定在行星架上。行星齿轮与第 2 级固定齿圈啮合。固定齿圈借外圆周的齿槽安装在前机匣内，并用卡板轴向止动。

第 2 级行星架用套齿带动桨轴。桨轴的前端支承在拉力轴承上，后端借行星架定位在滚棒轴承上。第 2 级减速级与桨轴均安装在前机匣内。前、后机匣用安装边 A 联接。安装边 B 与自由涡轮的轴承机匣联接。

图 9.27 为 АИ—20 涡桨发动机减速器的结构图。它位于发动机前部，采用了封闭差动式传动方案（见图 9.23）。第 1 级为游星差动级，第 2 级为封闭简单传动级。总传动比为 11.45，传递功率约 2 940 kW(4 000 hp)，发动机转速 $n_1=12\ 300$ r/min，螺桨转速 $n_\theta=1\ 074$ r/min，此时螺桨效率 $\eta_B=0.8$，主要齿轮数据如表 9.5 所示。在减速器中，发动机的功率分两路传给桨轴，一路通过第 1 级游星架传递总功率的 30%，另一路通过第 2 级内齿圈传递总功率的 70%。这种分路传动使得重载齿轮传递的载荷减小，同时，由于第 1 级是行星差动式传动，所

以游星架的转速比普通的游星级要低，从而改善了游星齿轮轴承的工作条件。第 2 级中间齿轮架的反扭矩通过测扭机构传给减速器机匣。

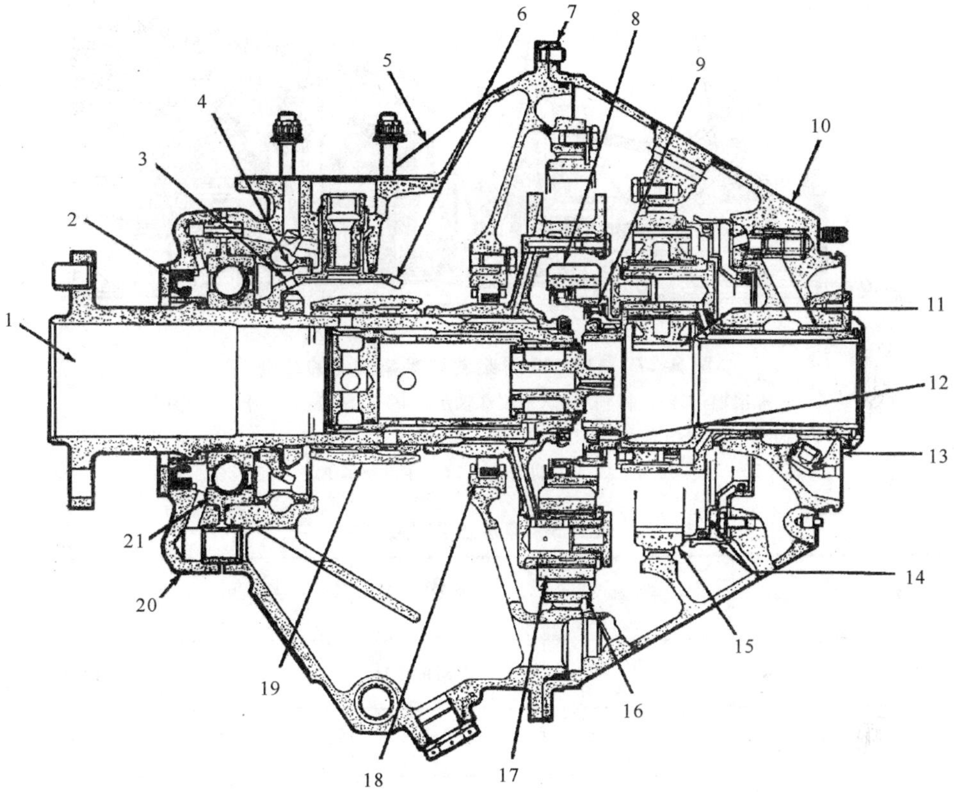

图 9.26　PT6A－27 发动机的减速器

1—桨轴；2—封严圈；3—锥齿轮；4—分油环；5—前机匣；6—螺桨调速器传动轴；7—安装边 A；8—第 2 级主动齿轮；9—弹性套齿环；10—后机匣；11—第 1 级行星齿轮；12—套齿；13—安装边 B；14—测扭机构；15—第 1 级固定齿圈；16—第 2 级固定齿圈；17—第 2 级行星齿轮；18—滚棒轴承；19—分油衬套；20—拉力轴承盖；21—拉力轴承

减速器机匣由镁合金铸件制成，第 1 级有 4 个游星齿轮，第 2 级有 6 个中间齿轮。两级齿轮参数相同（见表 9.5），采用 12Cr2Ni4A 合金钢锻件制成。游星齿轮及中间齿轮均由双排滚子支承，齿轮内孔为外滚道，由游星架引油到轴承内圈进行润滑。两级内齿圈参数相同，都采用 38CrMoAlA 合金钢锻件制成，在靠近花键一端的齿长方向上齿型两面各减薄 0.02～0.03 mm。两级主动齿轮均进行齿形修整与修缘。与主动齿轮、固定齿圈联接用的花键均带有较大的间隙。

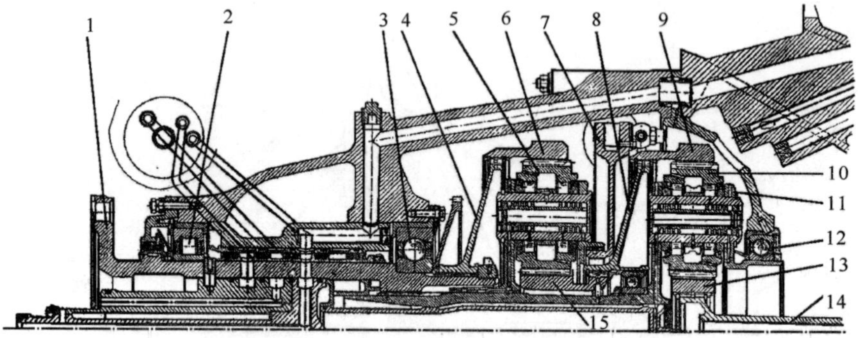

图 9.27　АИ—20 涡桨发动机减速器的结构

1—螺桨轴；2—滚棒轴承；3—滚珠轴承；4—支承盘；5—中间齿轮；6—内齿圈；7—测扭盘；8—支承盘；9—内齿圈；10—游星齿轮；11—游星架；12—滚珠轴承；13—主动齿轮；14—主动轴；15—中心齿轮

表 9.5　减速器齿轮数据

名　　称	齿　数	模数 mm	压力角 (°)	齿宽 mm
1,2 级主动齿轮	35	3.879	28	42.4/50
行星或中间齿轮	31	3.879	28	45
1,2 级齿圈	97	3.879	28	37

2. 齿轮传动式风扇的减速装置

图 9.28 中示出 ALF502 涡轮风扇发动机的传动式风扇，ALF502 发动机的推力为33.34 kN，涵道比为 5～5.7。发动机低压转子转速为 17 250 r/min，风扇转速为 7 112～7 255 r/min。减速比为 0.43，比较大。因此，采用简单的固定轴、内外齿圈式传动的方案。主动齿轮通过安装在固定托架上的 7 个中介齿轮带动在外面的、内啮合的大齿圈。大齿圈的轮毂以套齿传动风扇轴。各中介齿轮以两个滚棒轴承支在托架上，托架以销钉等连接件固定在风扇后中介机匣上。

主动齿轮轮齿是有 15.25°螺旋角的螺旋齿。它可以加大啮合系数，使转动平稳，并可利用啮合的轴向分力抵消部分转子的轴向力，以减轻轴承的负荷。

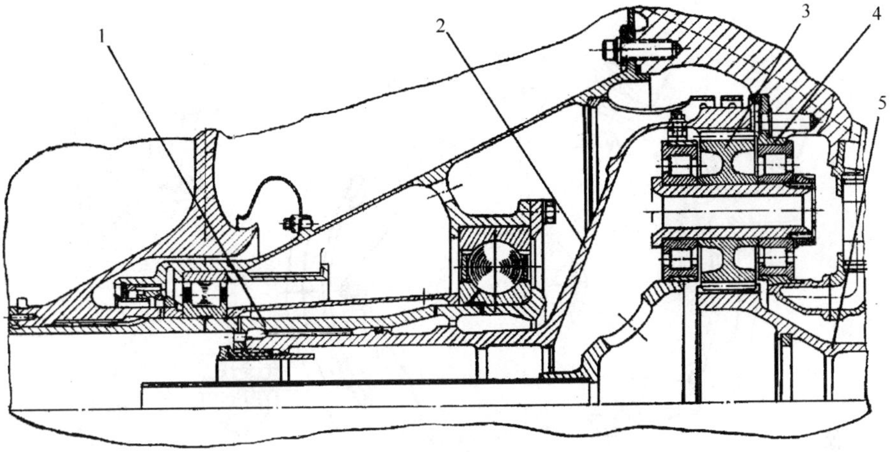

图 9.28　ALF502 涡轮风扇发动机风扇的减速传动机构

1—风扇轴；2—大齿圈；3—中介齿轮；4—固定托架；5—主动齿轮

五、测扭机构

飞机发动机功率与外界大气条件和飞行状态有关。驾驶员常常需要知道它的大小，以便于控制，不致由于过大而引起零件损坏；当发动机有些不正常现象，也可以通过它及时报警；此外，在多发动机的飞机上，还要协调各发动机的功率。因此，涡桨发动机与涡轴发动机通常需要有测知功率的机构。由于发动机的转速都要进行控制并通过转速表直接显示，故而只需利用测扭机构测出扭矩，便可求出功率。

直接测取减速器输出轴的扭矩，往往在技术上存在着困难。在航空发动机的减速器上，除了可以通过弹性轴相对角位移来表征转轴的扭矩以外，常用的办法是通过其他参数间接地反映扭矩的大小。由于作用在零件上的力与转子上的扭矩存在着一定的关系，因此，可以通过测取静止件上所受的作用力来代表减速器转动件上的扭矩，这在结构实施方面较为方便。

图 9.29 是 WJ6 发动机减速器测扭机构的原理图。它是液压活塞式的，装在两级齿轮之间的机匣上，通过测取封闭级中间齿轮轴传给机匣的扭矩来表示减速器输出轴上的扭矩。当发动机工作时，作用在中间齿轮架 1 上的扭矩与作用在沿周向均布的若干个作动筒 2 中的活塞 3 上的滑油油压相平衡。作动筒中的油压是由测扭泵 7 与位于作动筒壁面上的泄油槽 b 建立的。如果输出的扭矩增加，那么中间齿轮架 1 上的扭矩也相应增加，从而推动塞移动，将泄油槽 b 减小，使油压提高，建立新的平衡。反之，当扭矩减小时，油压减小。滑油压力与减速器输出轴扭矩成正比，通过压力表 4 测得的油压，就可指示出减速器输出的轴的功率。

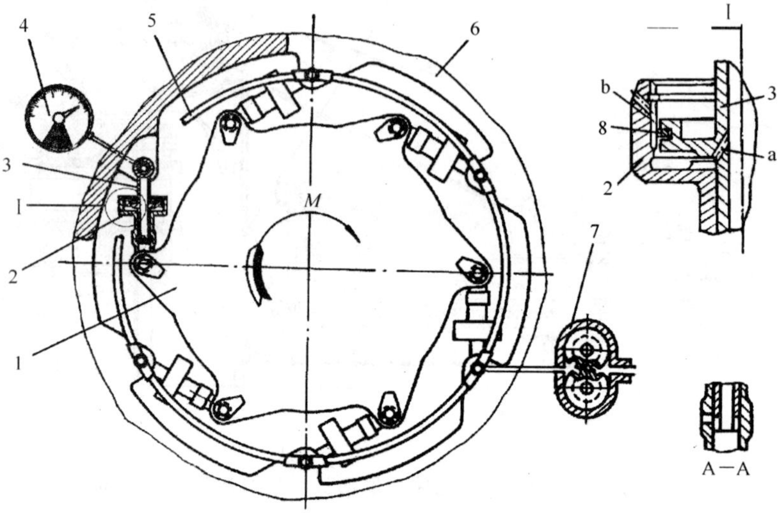

图 9.29 WJ6 发动机减速器测扭机构的原理图

1—封闭级中间齿轮架；2—作动筒；3—活塞；4—功率指示器；5—滑油导管；
6—减速器机匣；7—测扭滑油泵；8—涨圈；a—进油孔；b—泄油槽

图 9.30 是阿赫耶(Arriel)涡轴发动机体内减速器测扭机构简图。它的测扭原理是利用斜齿轮在啮合过程中产生的轴向力与扭矩成正比的关系。测扭机构也是液压活塞式的，装在中间齿轮轴内，中间齿轮 6 是斜齿，并由两个滚柱轴承简支，因此，允许轴向移动，在啮合过程中产生的轴向力将通过三排向心推力球轴承 9 经活塞杆传递到测扭活塞 4 上，并与油腔 11 内的滑油压力相平衡。这个测扭结构没有使用测扭泵，直接由发动机滑油系统供油工作。活塞随功率的变化作轴向移动，改变泄油口 10 的面积，从而改变油腔的压力，通过压力指示器指示出扭矩值。

图 9.31 为通过测取转轴变形位移测扭机构原理图。它利用弹性轴 1 在扭矩作用下产生相对角位移，通过转换机构变成轴向位移，从而建立扭矩与轴向位移间的正比关系。图示测扭机构是电气机械式的。主动弹性轴 1 传递扭矩，衬套 2 套在主动轴 1 上，二者之间靠前面的螺旋齿槽 A 和后面的直齿槽 B 相联接。当主动轴受扭产生角位移动，推动轴承 3 和抗扭臂 4 沿导向杆 5 移动，并带动感应元件 7 的铁芯，使线圈Ⅱ及Ⅲ的电压变化，指示出来的电压差与传递扭矩的大小成正比。导向杆固定在机匣上，弹簧 6 的作用是当扭矩减小时推动衬套等向前移动，保持衬套与轴 1 上的螺旋齿槽接触。

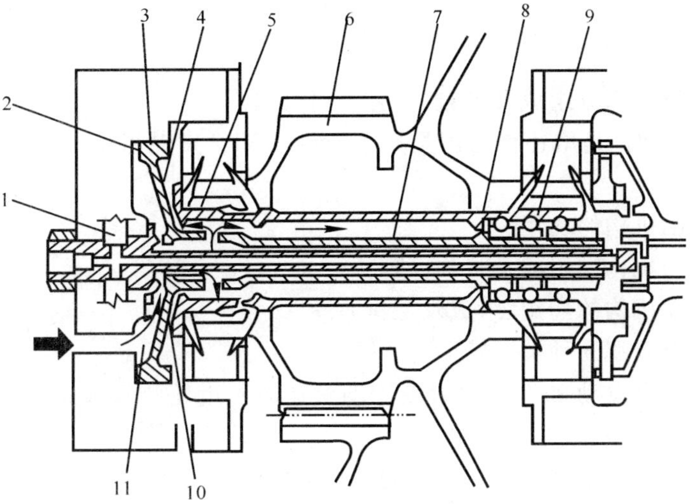

图 9.30　阿赫耶(Arriel)涡轴发动机体内减速器测扭机构简图

1—润滑油路；2—橡胶密封圈；3—聚四氯乙烯密封圈；4—测扭活塞；5—螺纹套筒；6—中间齿轮；7—滑油管；8—调整垫；9—向心推力球轴承；10—泄油口；11—测扭油腔

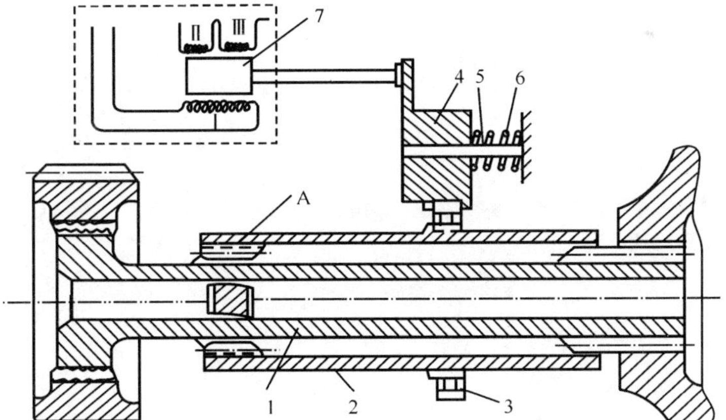

图 9.31　通过测取转轴变形位移的测扭机构原理图

1—弹性轴；2—衬筒；3—轴承；4—抗扭臂；5—导向杆；6—弹簧；7—感应元件

思考题

1. 简述传动系统的功用。

2. 传动机构由哪些部分组成及各自的功用是什么?

3. 当传动比 $i<1$ 时,是增速传动还是减速传动? WP7 发动机中的哪一个附件的传动比 $i<1$?

4. 简述二速传动机构的功用。

5. 简述二速传动机构的组成及工作原理。

6. 简述恒速传动机构的功用、组成及工作原理。

7. 减速机构主要有哪几种类型?

8. 为什么先进涡扇发动机将采用齿轮传动减速器? 齿轮传动减速器的主要技术难题是什么?

9. 减速器的传动方案有哪些? 比较它们的优缺点。

10. 简述 WJ6 发动机减速器测扭机构的工作原理。

第 10 章　航空发动机工作系统

在燃气涡轮发动机上，不仅有压气机、燃烧室、燃气涡轮、尾喷管等主要部件，还要有许多重要的工作系统，才能保证发动机的正常工作，如燃油控制系统、滑油系统、起动系统、冷却系统等。

10.1　发动机控制系统

飞机要在不同的高度和速度下飞行，为了在飞行中保持发动机的给定工作状态，或者按照所要求的规律改变工作状态，都必须对发动机进行控制。所有这些只有依靠自动控制系统来完成。

随着航空技术的发展，要求不断地提高，控制系统也由最初活塞式发动机改变螺旋桨桨距的转速自动调节器发展到燃气涡轮发动机的转速、温度、油量、起动、加速等控制系统，以及保证发动机安全工作的防喘装置，超温、超转限制器等。而且由于发动机性能提高，对控制也提出更多、更严格的要求。比起过去，今天需要对更多的被控参数进行更精确的控制，需要进行推力管理、系统控制、故障监视等，所有这些都使发动机的控制系统成为一个复杂的、多回路的控制和管理系统。

发动机自动控制的意义十分重要，发动机的各种特性要靠它来实现，发动机的可靠性要由它来保证，而且发动机试车及外场维护工作中遇到的问题及性能故障大部分与它有关。因此，控制系统对保证发动机性能和安全都起着关键性的作用。

航空动力装置控制包括进气道控制、发动机控制、排气装置的控制。本节重点研究发动机控制。

一、对航空发动机控制系统的基本要求

由于飞行包线的扩展，使发动机的特性变化很大。在此范围内，要高性能地满足飞机在各种飞行条件下的需要，可控变量就要多，控制系统也很复杂，不同类型，不同用途的发动机对控制系统的要求也不尽相同，而下述几个方面是最基本的要求。

1. 保证最有效地使用发动机

在各种工作状态及飞行条件下，最有效地使用发动机，最大限度地发挥其潜力。例如在起飞状态下，能发出最大推力，以满足起飞、爬升的要求；在巡航状态下，耗油率最小，以满足经济性要求；还要具有良好起动性能，加速性能，高空性能等。

2. 稳定工作，控制精度高

任何控制系统都必须是稳定的，亦即在外界干扰作用下，始终能按预定的规律保持稳定的工作状态。这是对控制系统的基本要求。

现代发动机大都工作在极限性能状态，调节的准确度要高。控制系统应能使误差减少到允许的最小值。

在装有多台发动机的飞机上，应保证所有发动机的工作协调性，即各台发动机应能输出同样的推力或功率。

操纵的重复性要好，驾驶员多次将推力杆推到同一位置，发动机参数应保持为同一数据。多发推力杆在操纵台上应排成一线。

3. 良好的动态品质

控制系统的动态过程应有良好的品质，即有较好的快速性和适当的衰减振荡特性。要求发动机能快速而平稳地从一个状态过渡到另一状态，同时又不超出所规定的各种限制，如喘振、超温、超转、熄火等限制。

4. 可靠性高，维护性好

可靠性是控制系统的基本要求。液压机械式控制系统使用经验比较丰富，系统可靠性较好。电子控制系统除提高元器件的可靠性外，在设计中也采取许多措施，保证其工作可靠。例如采用余度技术，即当一套系统出现故障时，可自动切换到另一套系统工作。

在发动机维护工作中，控制系统也占有相当比重。改善控制系统的维护性，已经提到很重要的程度。要求便于维护调整，便于故障检测，更换时间要短，甚至允许某些元件带故障工作。

5. 可更改性好，满足先进发动机对控制不断增加的要求

由于控制回路增多，使用范围扩大，各回路之间相互影响，这些很难通过计算来预先确定。因此，要求在研制试验过程中，能随时迅速地更改控制程序，调整参数及系统元件。对于发动机扩充的功能要求，控制系统能予以实现。

此外，还要求控制系统结构简单，重量轻，体积小，安装方便等。当然，全面满足上述所有要求是困难的，因此在设计控制系统时，必须在这些要求下，选择最有效的方案，获得最满意的设计。

二、航空发动机控制的内容

随着航空发动机技术的发展，发动机控制承担的任务越来越多，包括以下内容：

1. 燃油流量控制

根据发动机的不同状态（它包括起动、加速、稳态、减速、反推等），将清洁的，无蒸气的，经过增压的，计量好的燃油供给燃烧室。在控制中要求：不能喘振；不能超温；不能超转；不能富油熄火；不能贫油熄火。这就是所谓的推力控制、过渡控制和安全限制。

（1）推力控制。根据发动机的工作状态和飞机的飞行状态，计量供给燃烧室的燃油，获得

所需的推力。推力控制包括转速控制、压比控制、反推力控制。

(2)过渡控制。过渡控制的目的是使发动机状态转换过程能迅速、稳定和可靠地进行。一般包括起动、加速和减速过程的控制及压气机的防喘控制。

(3)安全限制。安全限制的目的是保证发动机安全正常的工作,防止超温、超压、超转和超功率。安全限制系统只有当出现超温、超压、超转和超功率时,才起作用而工作。

发动机在地面条件下工作时受到最大转速、贫油熄火、涡轮前燃气总温的最高值及压气机喘振边界的限制,如图 10.1 所示。

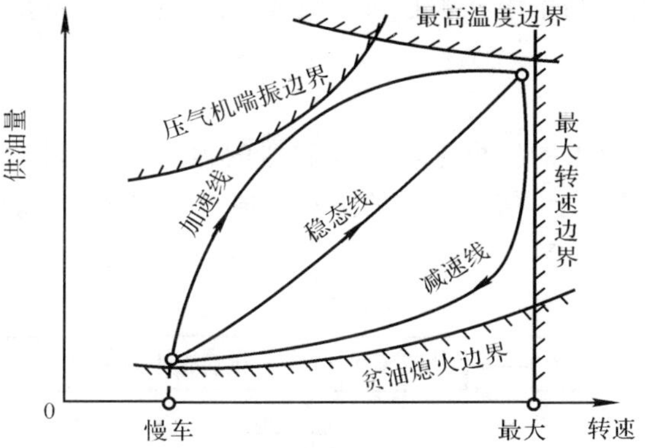

图 10.1　发动机安全工作范围

发动机在空中飞行条件下工作时受到的限制有:高空低速时,受燃烧室高空熄火的限制,这是因为高空空气稀薄,燃油雾化质量差,难以稳定燃烧。低空高速时,受压气机超压限制。

2. 空气质量流量控制

对流经发动机的空气质量流量进行控制,以保证压气机工作的稳定性。它包括可调静子叶片 (VSV)和放气活门(VBV)等。

3. 涡轮间隙控制

控制高压涡轮,甚至包括低压涡轮的转子叶片和机匣之间的间隙,以保证在各个工作状态下间隙为最佳,减少漏气损失,提高发动机性能。

4. 冷却控制

它包括两个方面:一是燃、滑油温度的管理,保证滑油的充分散热及燃油既不结冰又不过热。根据燃油、滑油温度的情况,决定各个热交换器的工作方式。二是以最少的引气量,控制发动机部件的冷却。同时提高发动机性能。

5. 涡桨、涡轴发动机控制

它包括螺旋桨调速器、动力涡轮转速调节器、多发动机负载匹配控制等。

6. 超声速飞机控制

超声速飞机所配备的发动机进气道和尾喷口面积控制,以保证各部件相互之间匹配工作。

三、发动机控制的基本概念

燃油控制系统根据油门杆位置、飞行条件和大气条件，按照预定的控制方案控制燃油质量流量(FF)。发动机的控制方案是指根据外界干扰(主要反映在飞行高度和速度的变化)或驾驶员指令来改变可控变量，以保证发动机被控参数不变或按预定的规律变化，从而达到控制发动机推力的目的。控制方案也称调节规律或调节计划。调节燃油质量流量，保证 $n=$常数是一种最常用的控制方案。

发动机的控制系统由控制系统和被控对象组成，控制系统的主要元件有敏感元件、放大元件、执行元件、供油元件等。

1. 闭环控制系统

闭环控制系统的被控对象的输出量就是控制器的输入量；而控制器的输出量 q_{mf} 是被控对象的输入量，在结构方块图上，信号传递的途径形成一个封闭的回路，如图 10.2 所示。闭环控制系统如图 10.3 所示。

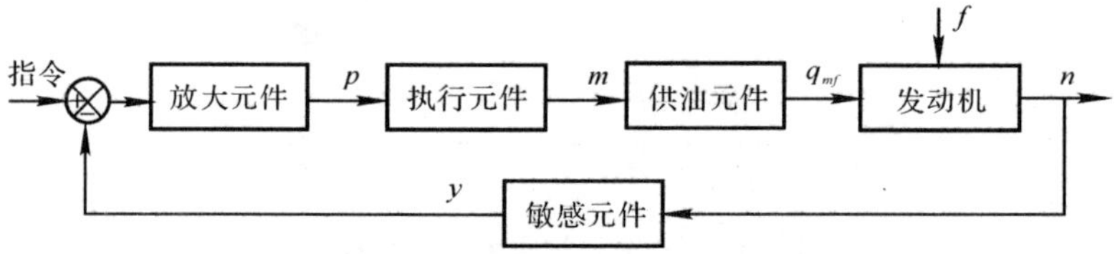

图 10.2　闭环控制系统的方块图

敏感元件是离心飞重，其功用是感受发动机的实际转速；指令机构是油门杆，它通过传动臂，齿轮，齿套等来改变调准弹簧力，确定转速的给定值；推力杆经钢索、连杆联到燃油控制器上的功率杆。

放大元件是分油活门和随动活塞。分油活门的位置由离心飞重的轴向力与指令机构给定的调准弹簧力比较后的差值决定；执行元件是随动活塞；它控制柱塞泵斜盘的角度，从而改变供油量；供油元件是燃油泵。

发动机稳定工作时，发动机的转速和给定值相等，分油活门处于中立位置，如图 10.3 所示，控制器各部分都处于相对静止状态。

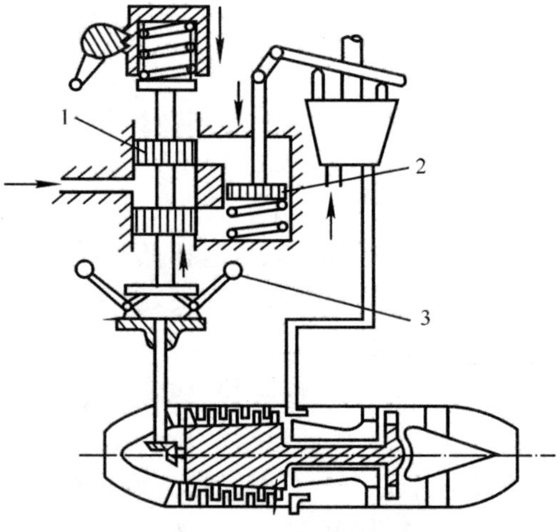

图 10.3　闭环控制系统

1—分油活门；2—随动活塞；3—离心飞重

当外界条件变化引起进入发动机的空气质量流量减少时，由于供油量未变，使提高，涡轮功增大，发动机的转速增加，使敏感元件离心飞重的离心力变大，作用于分油活门上的轴向力大于调准弹簧力，分油活门向上移动，将分油活门两个突肩堵住的上下两条油路打开，随动活塞的上腔与高压油路相通，下腔与回油路相通，随动活塞向下移动，柱塞泵的斜盘角变小，供油量减少，使转速恢复到给定值。

当外界条件变化引起进入发动机的空气质量流量增加时，则调节过程相反。

当推油门时，则通过传动臂、齿轮、齿套等来改变调准弹簧力，转速给定值改变，控制器相应地调节供油量，将转速调到新的给定值。

控制器感受的不是外界干扰量，是直接感受发动机（被控对象）的被控参数（转速）。在被控参数有了偏离后，才被控制器感受，而进行控制，使被控参数重新恢复到给定值。由于它是按被控参数的偏离信号而工作的，故称闭环控制的工作原理为偏离原理。

它的优点是控制比较准确，但控制不及时，滞后。

2. 开环控制

如图 10.4 所示为开环控制系统示意图。被控对象的输出量是发动机的转速，控制器的输入量是干扰量；而控制器的输出量是燃油质量流量 q_{mf}，所以控制器与发动机的关系以及信号传递的关系形成一个开路，故称为开环控制系统，如图 10.5 所示。

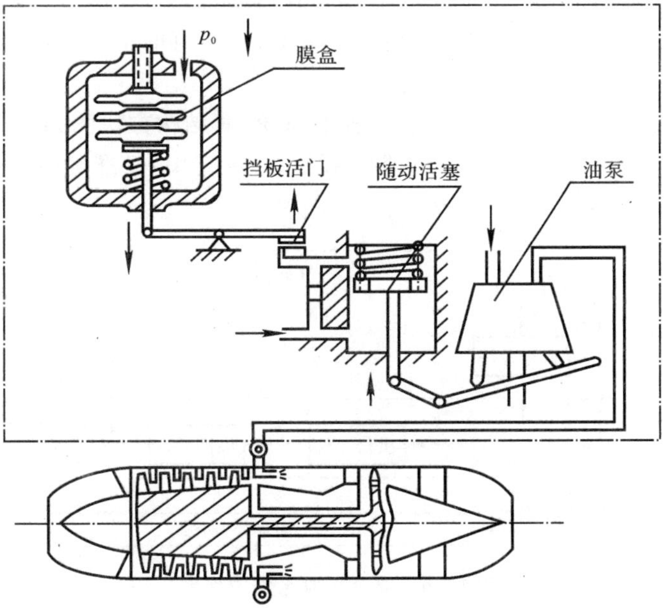

图 10.4　开环控制系统

敏感元件为膜盒，感受进气总压；进气总压是飞行高度和飞行马赫数的函数；油门杆为指令机构，通过传动臂、齿轮、齿套等来改变调准弹簧力，确定转速的给定值；放大元件为挡板活门，挡板通过与膜盒相连的杠杆的作用来改变其开度；执行元件为随动活塞，它控制柱塞泵斜盘的角度，从而改变供油量；供油元件为柱塞泵。

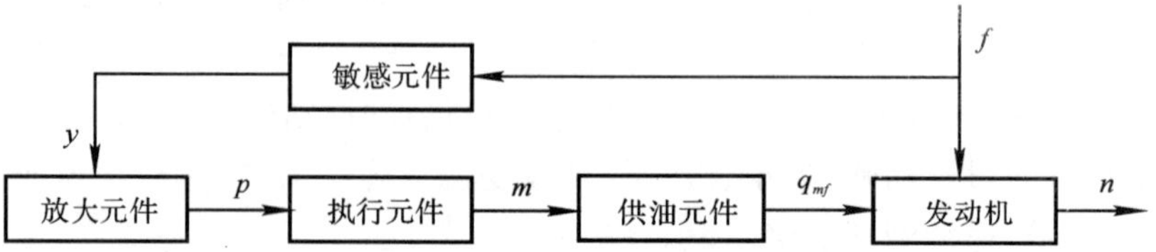

图 10.5　开环控制系统方块图

当飞行高度增加时，进入发动机的空气质量流量减少，同时也使 P_H^* 减小，控制器和膜盒同时感受到这一干扰量的变化，于是膜盒膨胀，通过杠杆使挡板活门的开度增大，随动活塞上腔的放油量增大，使随动活塞上移，并带动柱塞泵的斜盘角变小，供油量减少与空气质量流量的减少相适应，从而保持转速不变。

在这种系统中，控制器和发动机同是感受外界的干扰量，只要干扰量发生变化，控制器就相应地改变可控变量 q_{mf}，以补偿干扰量对发动机所引起的被控参数 n 的变化，从而保持被控参数不变。故称这种控制系统的控制工作原理为补偿原理。

这种控制系统控制及时，滞后较小，但由于不能感受所有的干扰量，故控制不太准确。

3. 复合控制

复合控制系统是开环和闭环控制的组合控制系统，其结构方块图如图 10.6 所示。这种控制系统兼有开环和闭环控制系统的优点，即控制及时（响应快）又准确（精度高），工作稳定，但控制器的结构较复杂。

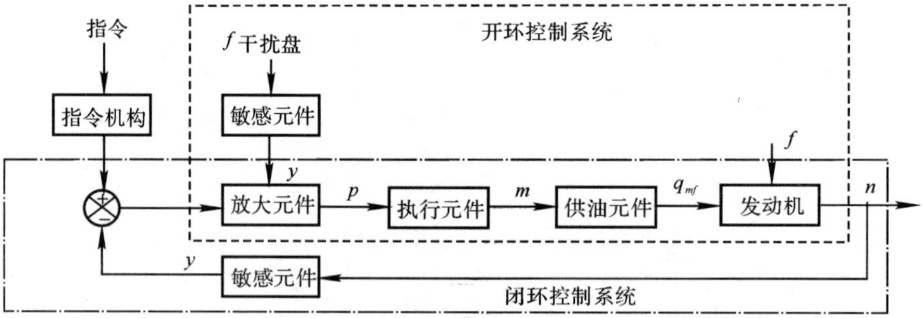

图 10.6　复合控制系统方块图

四、液压机械式发动机控制系统

发动机控制系统分为液压机械式、监控型电子式、全功能数字电子式三种。

液压机械式及气动机械式燃油控制器仍然是目前为止民用航空发动机上使用最多的控制器。它有良好的使用经验和较高的可靠性。除控制供往燃烧室的燃油外，还可操纵控制发动机可变几何形状，例如可调静子叶片、放气活门、放气带等，保证发动机工作稳定和提高发动机性能。

液压机械式控制器，即计算是由凸轮、杠杆、滚轮、弹簧、活门等机械元件组合实现的，由液压油源作为伺服油(控制油)。气动机械式调节器的计算则是由薄膜、膜盒、连杆等气动、机械元件组合进行的，使用压气机空气作为伺服介质。

1. 组成

液压机械式发动机控制系统由下述部分组成：低压燃油泵，加热器，主油泵，燃油滤，燃油控制器，流量传感器，燃油/滑油热交换器，增压、泄油活门，燃油总管，喷油嘴，如图 10.7 所示。

(1)低压燃油泵：它为离心式泵，其功用是向发动机高压泵提供所需燃油压力和流量。

(2)主燃油泵：给燃油增压；分为柱塞泵和齿轮泵两种，它们都属于容积泵。

(3)燃油控制器：根据发动机的工作状态和飞机的飞行状态，计量供给燃烧室的燃油。

(4)燃油/滑油热交换器：加热燃油，防止燃油结冰，同时冷却滑油。

(5)增压、泄油活门(PD 活门)：

增压活门：在供油压力大于预定值时打开(一般在慢车之前)，停车时和低转速时关闭。工作时增压使燃油在预定压力下流入燃油总管，控制到副油路的燃油流量，起到分配活门的作用。

泄油活门：停车时打开将燃油总管中的燃油放回到油箱。发动机工作时关闭。

(6)燃油滤：清洁燃油；由油滤，旁通活门和压差电门组成。旁通活门的功用是当油滤堵塞或油滤进出口的压差达到一定数值时打开，直接供油。压差电门的功用是当油滤堵塞或油滤进出口的压差达到一定数值时接通，警告灯亮。但发动机仍能正常工作，只是指出油滤堵塞应清洗油滤。

(7)燃油喷嘴：雾化燃油，分为离心式(双路离心式喷嘴)、气动式和蒸发型等。

2. 燃油泵

油泵是向燃烧室供油的元件，通常有增压泵和主燃油泵两个油泵。根据供油增压原理，油泵可分为两大类：容积式泵和叶轮式泵。

(1)容积式泵。容积式泵是依靠泵的抽吸元件作相对运动，交替改变元件间的自由容积进行吸油和排油。供油量取决于元件一次循环运动中自由容积变化的大小。在一定的供油量下，泵根据出口处的液体流动阻力来建立压力。这类泵在航空发动机上应用最广，如柱塞泵、齿轮泵、旋板泵(叶片泵)。

1)齿轮泵(见图 10.8)是定量泵，工作容积不可调，流量和转速有一一对应关系。当转速不变时，供油量通过旁通回油节流调节。即齿轮泵的供油量始终高于需油量，超出需要的油量返回油泵进口。

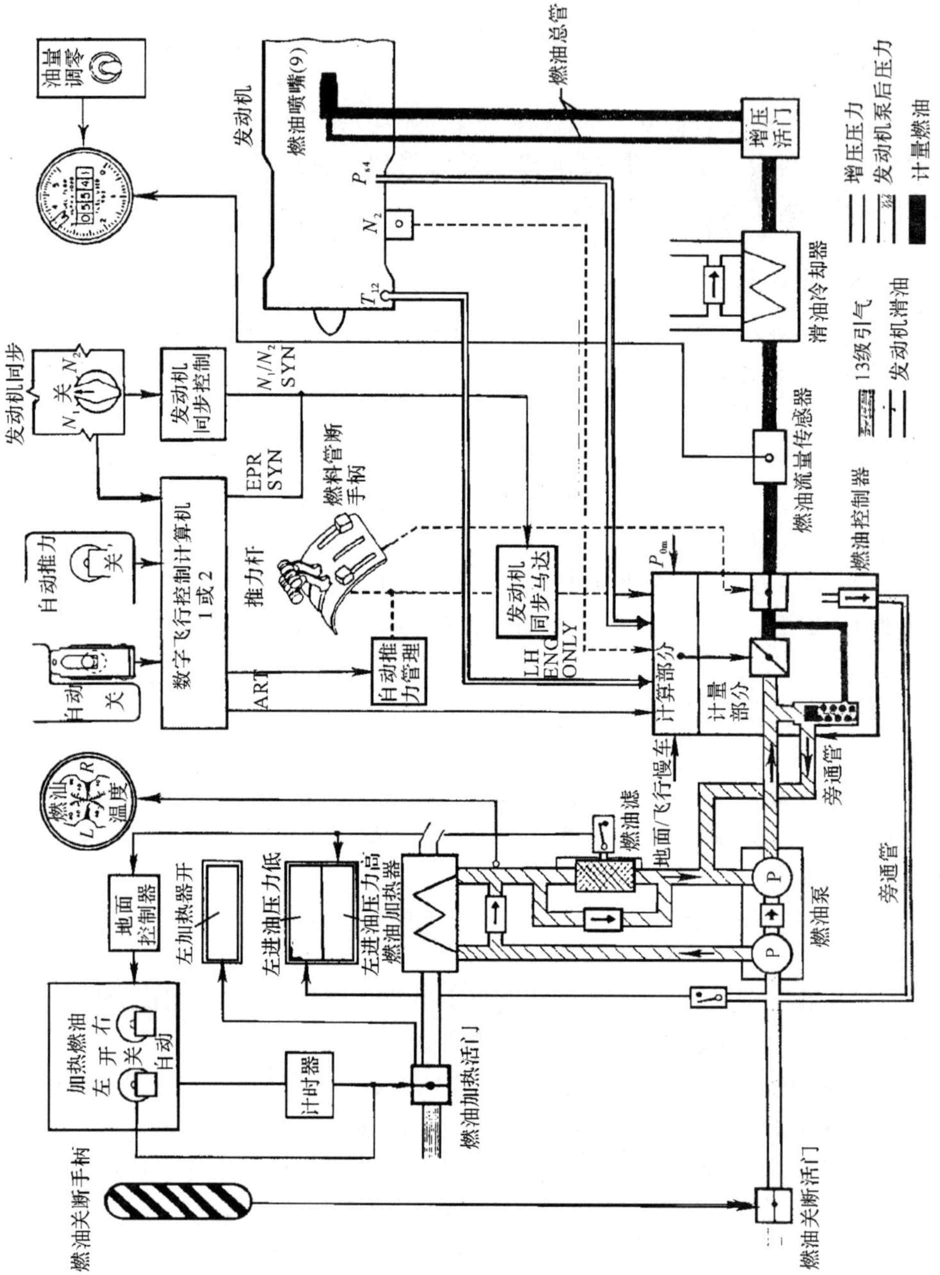

图 10.7　液压机械式发动机控制系统的组成

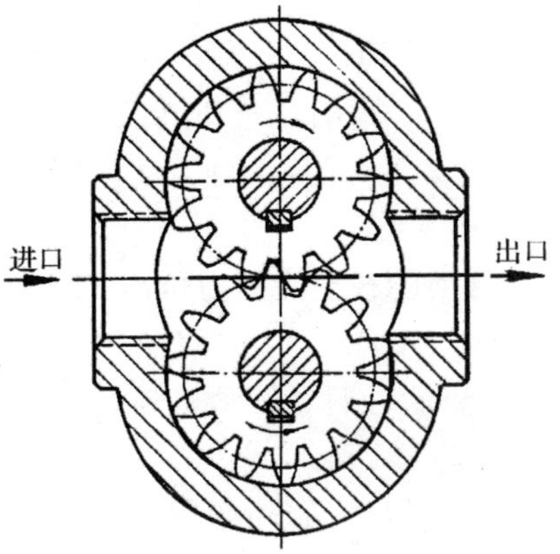

图 10.8　齿轮泵

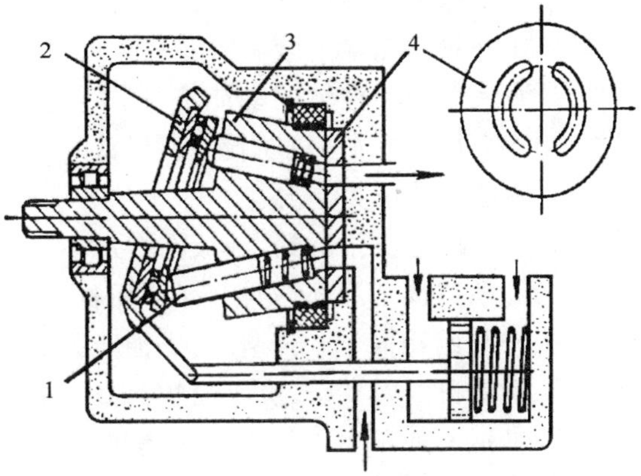

图 10.9　柱塞泵

1—柱塞；　2—斜盘；　3—转子；　4—分油盘

2)柱塞泵(见图 10.9)的供油量不仅取决于转速还取决于斜盘角度,转速不变时,供油量通过改变斜盘角度容易调节,这是它的主要优点。

3)旋板泵的供油量取决于转速和转子的偏心距 e,在转速一定时,若 e 不可调,则供油量也不可调。

(2) 叶轮式泵。叶轮式泵是依靠叶轮作旋转运动,使经过叶轮的液体增加动能和压力能,在叶轮后的扩压器中再将液体的动能部分滞止,转化为压力能。这类泵有离心泵、气心泵、螺旋泵。

1)离心泵。离心泵由进口装置、叶轮、扩压器(出口装置)组成,如图 10.10 所示。

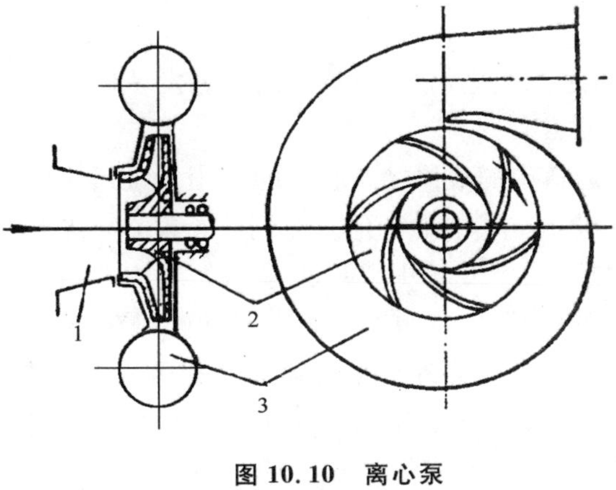

图 10.10　离心泵

1—进口装置；2—叶轮；3—扩压器

进口装置：保证油液以最小的损失均匀地流入叶轮。

叶轮：在叶轮的轮盘上装有若干径向叶片。叶轮是高速旋转的部件，油液流过工作叶轮时，叶轮对液体做功使液体的动能增加，一部分动能在叶片间扩张的通道里转变成压力能，在此过程中，液体的相对速度下降，所以液体的相对运动动能是下降的，相对运动动能转变为压力位能，使油液的压力上升。

扩压器：通道是扩张形的，油液在扩压器内流速降低，将动能转变为压力位能，继续提高油液的压力。所以离心泵不仅能供油，而且有增压的能力。

它的优点是结构简单，转速高，供油能力大，尺寸小；供油量可满足发动机任何工作状态的需要；供油量和压力平稳；抗燃油的污染性好；寿命高，工作可靠等。

其缺点是低转速下不能为发动机提供所需的压力，其供油量只能靠外部节流或旁路回油调节。

离心泵一般用在大流量、低油压的系统中，如奥林巴斯 593 发动机采用蒸发管式喷嘴，供油压力较低，采用离心泵供油。

2)汽心泵。汽心泵是在离心泵前增设一个可调节通道面积的节流装置，如图 10.11 所示。

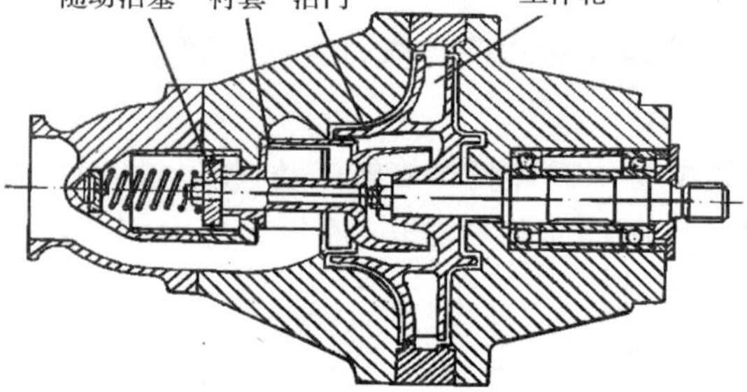

图 10.11　汽心泵

进口节流装置通常是由随动活塞控制，节流活门根据发动机需要的油量自动调节节流活门的开度，控制进入叶轮的油量。

叶轮旋转时，处于叶片通道中的液体在离心力的作用下被甩出叶轮，由于进口节流活门对进入叶轮流体产生的阻力使流体不能顺利地补充到叶轮中心，使中心区形成低压。叶轮的转速愈高，外径和进口阻力愈大，则叶轮中心压力愈低。当中心区压力低于饱和蒸气压时，形成了由气体和油蒸气组成的汽相区，称为汽心。由于叶轮对液体做功，随着半径的增加，压力不断提高，超过饱和蒸气压，因此汽心外围是连续的液相区。在正常工作情况下，汽心稳定在叶轮中心，这是因为叶轮旋转做功时，流动介质中液态微粒获得的离心惯性力比气体大，因此液体被甩向叶轮出口方向，而气体被压向中心。

汽心泵本质上仍属离心泵，它除了具有离心泵的优点外，又能在功率损失很小的情况下获得很高的流量调节比。

目前,民航发动机上用的最多的是渐开线直齿外啮合齿轮泵和轴向倾斜式变量柱塞泵以及离心泵。

3. 燃油控制器

燃油控制器的功用是感受各种参数(外界条件和飞行参数),按照驾驶员的要求,向燃烧室供应所需要的计量燃油,使发动机产生需要的推力。

图 10.12 是 JT8D 发动机的燃油控制器(JFC60－6)。控制器按照预先确定的供油计划,根据油门杆角度、压气机出口压力、压气机进口温度和发动机转速调节供油量。燃油控制器由计量系统和计算系统两部分组成。

(1)计量系统。计量系统的功用是:按照驾驶员要求的推力,根据发动机的工作状态和飞机的飞行状态,在发动机的工作限制之内,依据计算系统所计算的流量向燃烧室供应燃油。

其方法是:由压力调节活门用来感受计量活门进、出口的压力,保持压差不变,使供油量只与计量活门的流通面积有关。

计量活门进、出口的压差保持不变,改变燃油的流通面积,改变向燃烧室的供油量为

$$q_{mf} = \mu A \sqrt{2\rho\Delta p}$$

式中　q_{mf}—— 燃油质量流量;

μ—— 流量系数;

A—— 计量活门的面积;

ρ—— 燃油密度;

Δp—— 计量活门进、出口的压差。

计量系统包括粗油滤和细油滤、计量活门、压力调节活门、最小压力和切断活门、风车旁路和停车活门、自动储备推力和环境压力伺服等部件。

(2) 计算系统。计算系统的功用是:感受各种参数,在发动机所有工作状态下控制计量部分的输出。

感受参数有发动机转速 n,压气机出口总压 P_2^*,压气机出口总温 T_2^*,压气机进口总温 T_1^*,油门杆角度等。

计算系统由压气机出口压力传感器、压气机出口压力限制器、转速调节器、压气机进口温度传感器及操纵机构等组成。

五、监控型电子控制

作为从液压机械式控制向数字电子控制的过渡,出现了监控型发动机电子控制器。这是在原有的液压机械式控制器基础上,再增加一个发动机电子控制器(EEC),两者共同实施对发动机的控制。

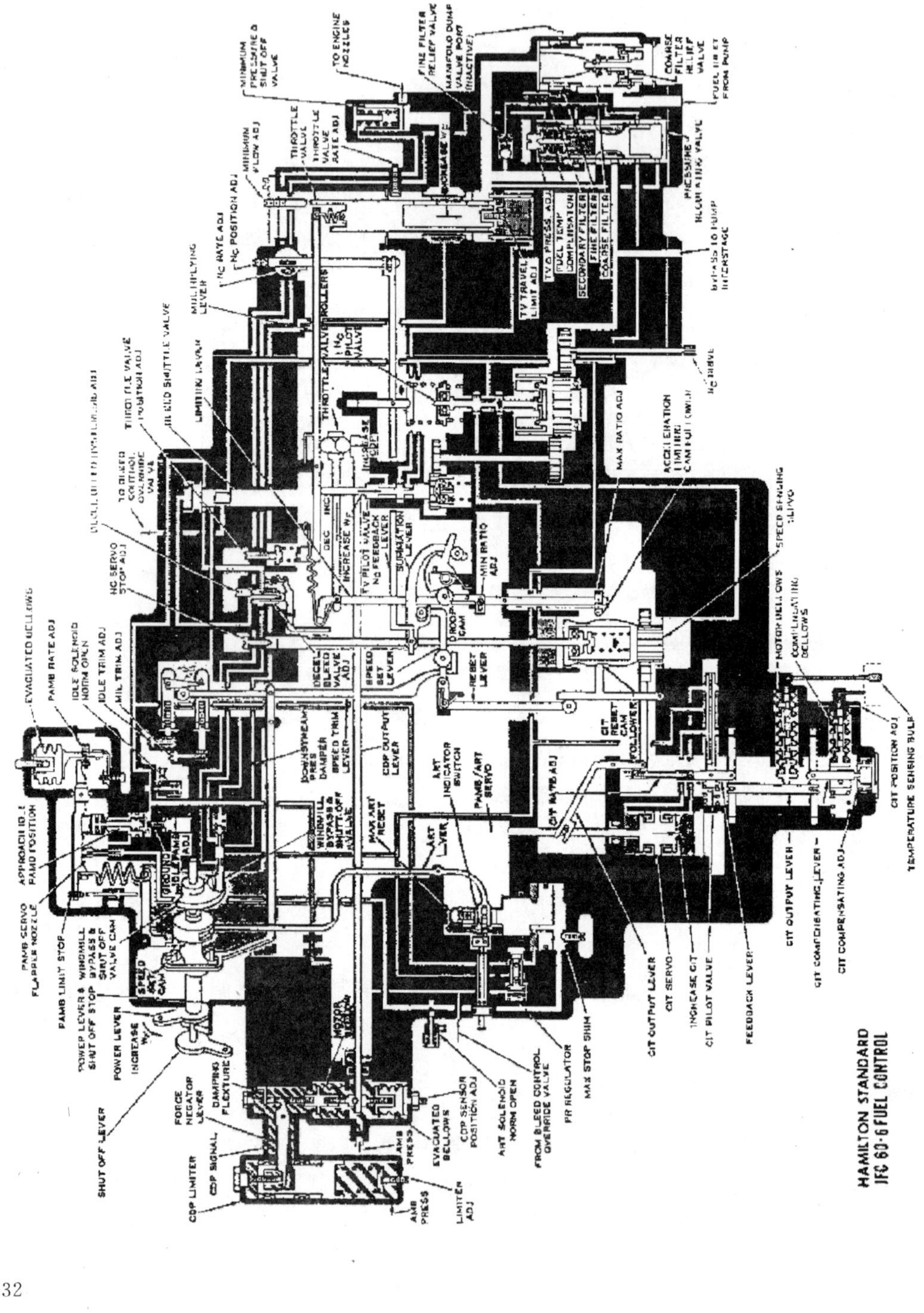

图 10.12 JFC60—6 燃油控制器

在这种类型的发动机控制中，液压机械式控制器作为主控制器，负责发动机的完全控制，包括起动、加速、减速控制，转速控制。发动机电子控制器是监视器，具有有限下调功能，对发动机重要工作参数进行安全限制。当工作参数可能超限时，下调燃油供应量，防止超限，从而提高了控制精度。

民航一些干线飞机和直升机采用这种型式的控制器的有 JT9D－7R4，RB211－535E4，CFM56－3，CT7 等发动机。

图 10.13 和图 10.14 是 JT9D－7R4 涡扇发动机的电子控制器的方块图和系统图。从图中可以看出，这是一个开、闭环相结合的复合控制系统。转速控制是闭环控制，燃烧室压力 p_b、压气机进口温度 T_C 和环境压力 p_{am} 的控制是开环修正。这是一个典型的监控型发动机电子控制系统。EEC 参与工作后，将精确保证实际 EPR 值等于要求的 EPR 值，即保持正确的推力输出。由于液压机械装置的供油计划高于 EEC 的供油计划，故 EEC 的作用是下调即减少供油量达到 EPR 指令值。因此，EEC 的功能是有限的，只能对发动机推力作有限的控制。

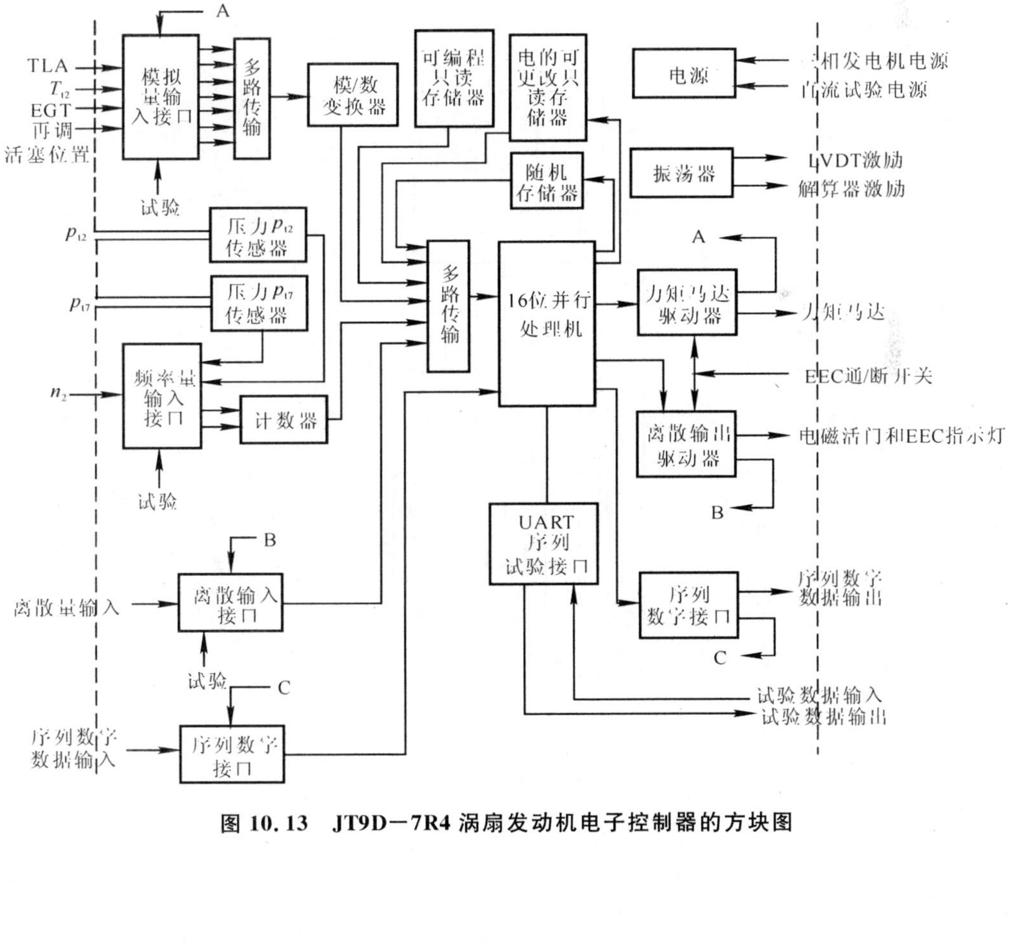

图 10.13　JT9D－7R4 涡扇发动机电子控制器的方块图

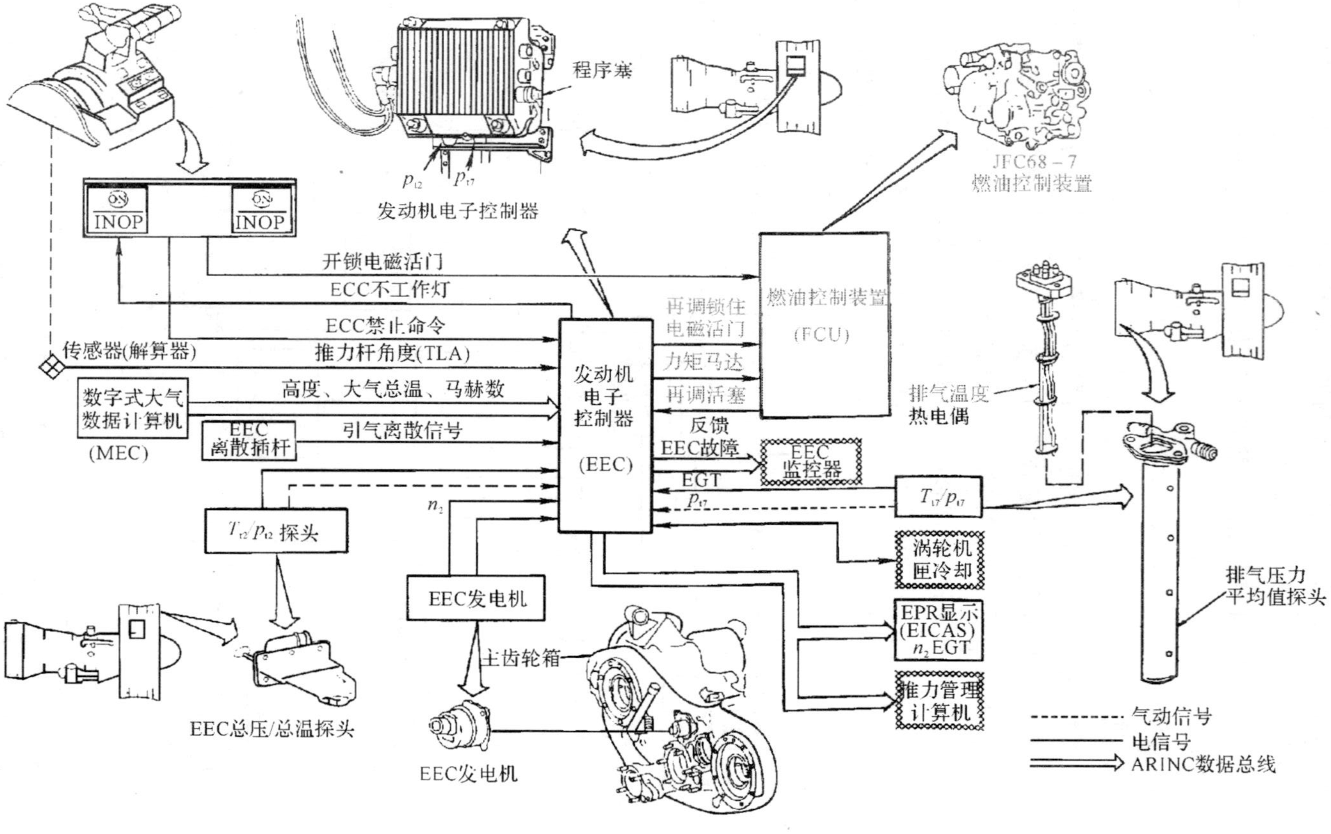

图 10.14 JT9D－7R4 涡扇发动机的电子控制器的系统图

电子控制器通过力矩马达与液压机械式控制器联系，实现电液转换。EEC 的计算结果以电信号输出给力矩马达，力矩马达将信号转换成液压信号控制燃油质量流量。

当电子控制器（EEC）出现故障时，在 EICAS（发动机指示和机组告警系统）或 ECAM（飞机电子中央监控系统）发出相应的警告，指示灯闪光和出现文字信息。驾驶员知道 EEC 有故障后，可以使 EEC 退出工作，并恢复液压机械控制器的整个功能。

EEC 便于同飞机的一些计算机、电子部件接口，不仅可以利用飞机系统的许多数据，还可以将发动机数据供给飞机显示和计算。这使得监控型发动机控制系统不仅在发动机控制方面，而且在状态监控，故障诊断和存储，参数、信息显示方面发挥作用。

EEC 由专用发电机供电，飞机电源可作为 EEC 的备用电源及地面试验电源。EEC 一般安装在风扇机匣的外侧，因为那里是发动机上环境相对较好的地方，安装有减振座，采用大气冷却。

六、全权限数字电子控制（FADEC/EEC）

全权限（全功能）数字电子控制（FADEC）是发动机控制发展的最新水平，也是今后发展的方向。民航发动机控制越来越多采用 FADEC，如 PW4000，V2500，RB211－524，GE90 等。

FADEC 系统是管理发动机控制的所有控制系统的总称。在 FADEC 控制中，发动机电子控制器 EEC 或电子控制系统 ECU 是它的核心，所有控制计算由计算机进行，然后通过电液伺服机构输出控制液压机械装置及各个活门、作动器等，因此液压机械装置是它的执行机构。

图 10.15 是 CFM56－5 等发动机 FADEC 的系统简图。

1. FADEC 的功能

（1）在发动机控制方面。FADEC 的功能包括：

1）推力管理，对发动机的推力进行精确的控制，提高了推力控制的精度。

2）燃油量的控制，包括起动、加速、减速、稳态的流量控制。

3）控制放气活门（VBV）的开度和可调静子叶片（VSV）的角度，以得到最佳的喘振裕度，防止喘振使发动机更好地工作。

4）涡轮间隙（TCC）控制，控制发动机不同级的引气，从而保证涡轮叶尖间隙为最佳间隙，减少漏气损失，提高涡轮效率，提高发动机的性能。

5）对发动机的燃油和滑油进行控制。

6）对发动机的起动点火和反推进行控制。

7）安全保护，EEC 使发动机的各主要参数不超限。

（2）状态监控和故障检测方面。FADEC 除控制一些参数外，还监视一些工作参数，自动检测故障，隔离出故障部位及采取相应的适应措施，对驾驶员提供发动机状态监控信息，记忆存储故障数据。

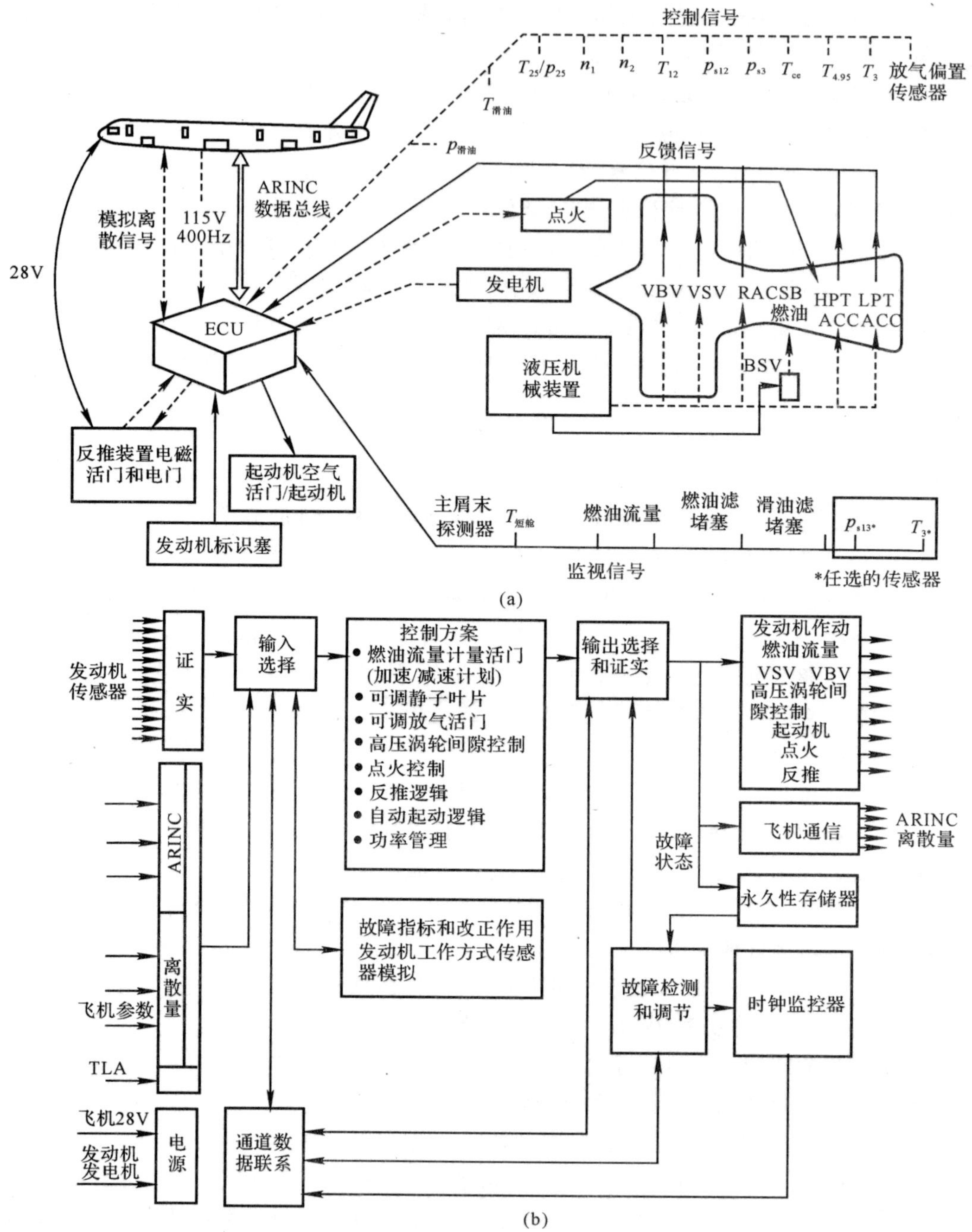

图 10.15 CFM56－5 发动机 FADEC 的系统简图

(a)系统简图；(b)EEC 简图

为了保证工作可靠，FADEC 采用裕度控制。如 EEC 采用双通，当一个通道有故障时，可自动转换到另一通道。

重要的传感器、作动器也是有裕度的；以 EPR 控制发动机的推力输出，如果 EEC 检测到压力传感器的故障，可以自动切换到 N1 控制发动机的推力输出。

(3)数据通信方面。EEC 既可以从飞机接受信息，飞机也可接受来自 EEC 的信息，用于操纵、维护驾驶舱显示。

FADEC 是容错系统，余度控制。对于不重要的故障，它仍可继续工作。EEC 都是双通道设计，通道之间可以相互通信；EEC 接受余度的传感器及飞机输入，并同计算的数据比较选用；输入、输出故障能自动切换到余度的传感器和作动器；控制通道故障可自动切换到备用通道工作；所有通道都故障时，可转换到故障-安全状态；对于以 EPR 控制推力的，如果计算 EPR 有困难可以转换到以转速 N_1 控制推力。

2. 燃油计量装置(FMU)的作用

采用全功能数字电子控制后仍然需要一些液压机械部件。发动机仍然需要油泵、油滤、燃油加热器、燃油计量装置(FMU)以及作动执行机构等。但在 FADEC 系统中，液压机械装置已不再具有计算功能，控制计算全部由中央处理机进行，但燃油计量功能以及操纵可变几何形状作动器以及活门的伺服油、动力油仍由它提供，即成为 EEC 的执行机构。液压机械装置(HMU)也有称为燃油计量装置(FMU)，保留除计算功能以外的原有功能。

如 GE90 发动机的液压机械装置简图，如图 10.16 所示。

FMU 的作用是：

(1)按 EEC 计划向发动机提供燃油，FMU 是 EEC 计量燃油的执行元件。

(2)停车时，切断供油，即燃油的供给是由 FMU 来控制的。

(3)风车时，旁路回油，为油泵卸荷。

(4)向发动机的各个作动器供应过滤了的压力燃油作为伺服介质。

EEC(或 ECU)同 HMU(或 FMU)接口使用力矩马达或电磁活门。力矩马达依据输入信号改变挡板活门开度，然后通过改变计量活门一个油腔或两个油腔的油压控制计量活门开度。一些 FMU 采用压力调节活门保持计量活门前、后压差恒定，通过改变计量活门流通面积改变供油量。

3. FADEC 的优点

FADEC 是发动机控制的发展方向，这是因为它具有下述优点：

(1)提高发动机的性能，EEC 的计算能力强，精度高，使发动机在整个飞行范围内发挥最佳性能。

(2)降低燃油消耗量。

(3)减轻驾驶员的负担。

(4)提高可靠性。

(5)降低成本。

(6)改善维护性。

(7)易于实施发动机和飞机控制一体化。

(8)为发动机的进一步发展提供了更大的潜力。

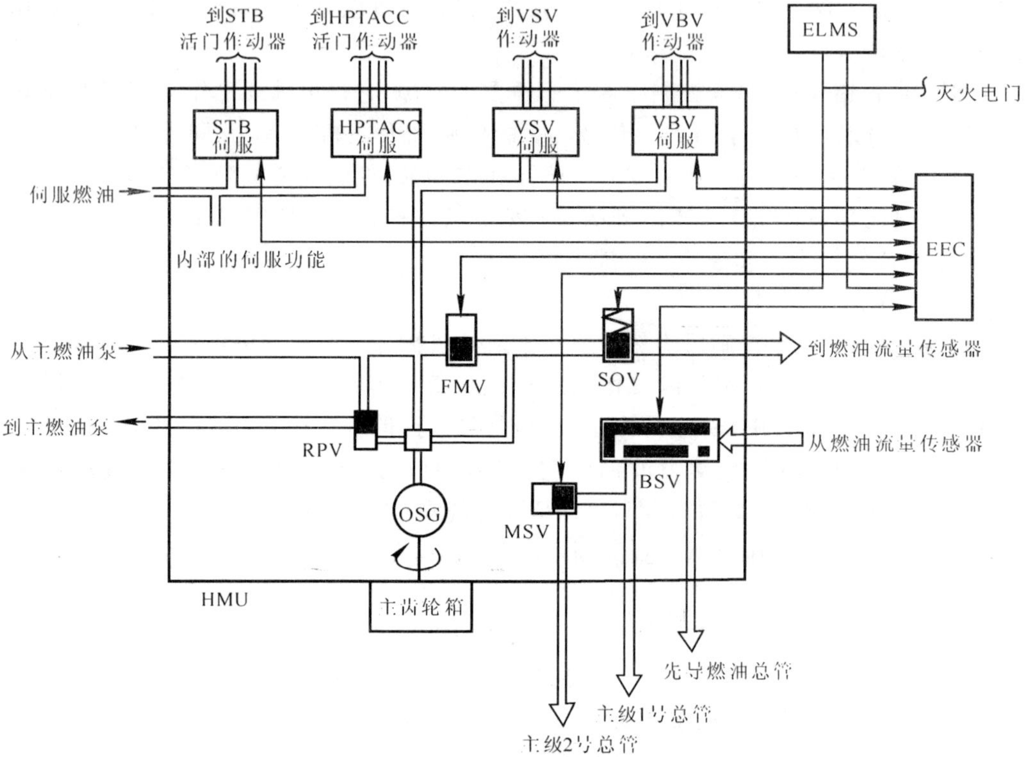

图 10.16 某发动机的 FADEC 简图

10.2 滑油系统

一、滑油系统的功用和要求

1. 滑油系统的功用

(1)润滑：减小摩擦力，减小摩擦损失。其原理是相互运动部件的表面被一层有一定厚度的油膜所覆盖，金属与金属不直接接触，而是油膜与油膜相接触，这就在相互运动中减小了摩擦。

(2)冷却：降低温度，带走热量。其原理是滑油从轴承和周围高温部件吸收热量，在散热器处又将热量传递给燃油或空气，从而达到了冷却的目的。

(3)清洁：带走磨损的微小颗粒。滑油在流过轴承或其他部件时将摩损下来的金属微粒带走，在滑油滤中将这些金属微粒从滑油中分离出来，达到清洁的目的。

(4)防腐：其原理在金属部件表面有一层一定厚度的油膜所覆盖，将金属与空气隔离开，使金属不直接与空气接触，从而防止氧化和腐蚀。

除此之外，滑油系统还为其他系统提供工作介质、封严，并是发动机状态的载体。

在涡桨发动机中，由于滑油带走的热量较多，所以，还可以作为防冰系统的热源。

2. 对滑油系统的要求

由于燃气涡轮发动机的转子是在高转速下工作，因此滑油系统是它的重要的生命保障系统，发动机工作的可靠性，在很大程度上取决于滑油系统的工作。为此，对滑油系统提出如下基本要求：

(1)当发动机在飞机飞行包线范围内工作时，滑油系统应保证供给发动机所需的滑油，特别是系统应具有良好的高空性，即当发动机在升限工作时，也能保证润滑。

(2)系统的滑油消耗量要小。

(3)当发动机工作时，特别是当飞机作高速飞行时，工作后的热滑油应在消耗功率最小的条件下，得到可靠的冷却，保持滑油在给定的温度范围内工作。

(4)在低温条件下，系统应能迅速而可靠地起动。

(5)系统应便于接近，进行调整、维护和检查，故障征候能事先发现。

(6)附件的构造应简单，工作可靠，尺寸紧凑，重量轻，寿命长。

二、滑油及滑油量

1. 航空发动机所使用的滑油要求

(1)黏度。黏度是流体反抗切向力的能力。

在滑油系统中用 $60cm^3$ 的滑油在一定的温度下，流过一个已精确标定的小孔所需要的以秒为单位的时间。这实际上是测量滑油的流动阻力，因为流动阻力越大，则流过小孔所需的时间越长。

同种滑油黏性系数的高低主要受滑油温度的影响。温度高，则黏度低。温度低，则黏度高。好的滑油要求其黏性随温度的变化愈小愈好。这是因为黏性随温度变化大，当温度升高时，黏性系数低，流动性虽好，但有可能在金属表面不能形成一定厚度的连续油膜，造成相互运动的金属部件的一部分直接接触，增加了摩擦力和磨损，降低发动机的输出功率。当温度降低时，黏性系数高，随流动性不好，造成流动阻力大，亦要降低发动机的输出功率。

航空发动机所选用的滑油要求在金属部件表面能形成一定厚度，又能保持适当油膜强度的黏性系数最低的滑油。因为这既可保证润滑，又可以保证冷却，而且流动性好。

(2)闪点。使滑油蒸汽产生闪燃的温度称为闪点。要求滑油的闪点高于滑油工作的最高温度，以防止可能的火灾、滑油消耗量过大及保证很好的润滑。

(3)燃点。会产生足够的可燃滑油蒸汽引起燃烧的最低温度称为燃点。要求滑油的燃点高于滑油工作的最高温度。

(4)良好的流动性。滑油的流动性与滑油的黏性系数有关，所以要求滑油具有适当的黏性，且随温度的变化较小，以减少流动损失。

除了上述要求外，滑油还要有较好的抗氧化性和抗泡沫性，不腐蚀金属，毒性小等。起泡沫会使金属表面的油膜不连续，增大摩擦和磨损，降低输出功率，冷却效果差，且降低高空性能。

2. 滑油系统工作参数

(1)滑油种类。润滑油的种类有矿物基的滑油，即从石油中提炼的；有从动物、植物提炼的；有带添加剂的。燃气涡轮发动机使用合成滑油，即从动物、植物、矿物基滑油提炼人工合成的。它的优点是不易沉淀而且高温下不易蒸发，抗氧化，抗泡沫。它的缺点是不管溅到什么地方，都可能产生气泡和掉漆。它不能同矿物基滑油混合，而且生产厂要求不同等级，不同型号的滑油不要混合。合成滑油有填加剂，易被皮肤吸收，有高毒性，应避免长时间暴露和接触皮肤。

(2)滑油量。单位时间内供给发动机的滑油量称为滑油系统的循环量。它的大小在一定程度上决定了整个系统的方案，是滑油系统的主要参数之一。循环量的大小取决于滑油进行冷却和润滑时需要带走的热量、滑油的性质，以及发动机操纵系统和调节系统需要的滑油量，即

$$W = W_h + W_p$$

式中 W_h—— 轴承和齿轮散热所需要的滑油量；

W_p—— 发动机操纵系统和调节系统所需要的滑油量。

由滑油带走的热量包括轴承、齿轮等相对运动零件工作表面的摩擦热和相邻高温零件传到轴承来的热量。它们不仅随发动机工作状态和飞行状态而变化，而且与零件的结构形式有着密切的关系。所以，很难用解析的方法详细算出滑油系统的循环量，一般是根据统计数据确定，并在发动机试验过程中修正。

单位时间每个轴承所需的滑油量取决于它们在发动机上的位置及负载。例如，处于低温区的发动机前轴承，供油量通常常为 1 ～ 2 L/min；处于高温区的中、后轴承，供油量为 2 ～ 6 L/min，甚至更高些。通常每个轴承的平均供油量约为 3 ～ 5 L/min。

用于润滑附件传动装置及用于调节系统和操纵系统的滑油一般约占系统循环量的 20% ～ 25%。在涡桨发动机中，减速器的润滑以及在螺旋桨操纵系统和测扭机构中还需要大量的滑油。在现代燃气涡轮发动机中，按每 10 kN 台架推力或 746 kW 当量功率计算，滑油系统的供油量以及滑油所带走的热量的统计数据如下：

对于涡喷发动机来讲，供油量 $W = 3 \sim 5$ L/min，散热量 $Q = 125.5 \sim 251.1$ kJ/min。

对于涡桨发动机来讲，供油量 $W = 12 \sim 30$ L/min，散热量 $Q = 585.9 \sim 837$ kJ/min。

(3) 滑油消耗量。单位时间内滑油的损耗质量称为滑油消耗量。损耗主要包括滑油蒸汽经密封装置渗漏到发动机气流通道中，以及通过滑油腔的通气管跑到外界大气中去所引起的。一般航空燃气涡轮发动机的滑油消耗量不大，约为 0.3 ~ 1.5 L/h。

三、滑油系统的组成

滑油系统主要由滑油箱、增压泵、滑油滤、安全活门、回油泵、滑油散热器、油气分离器、指示系统和磁性堵塞组成，图 10.17 是典型的滑油系统。

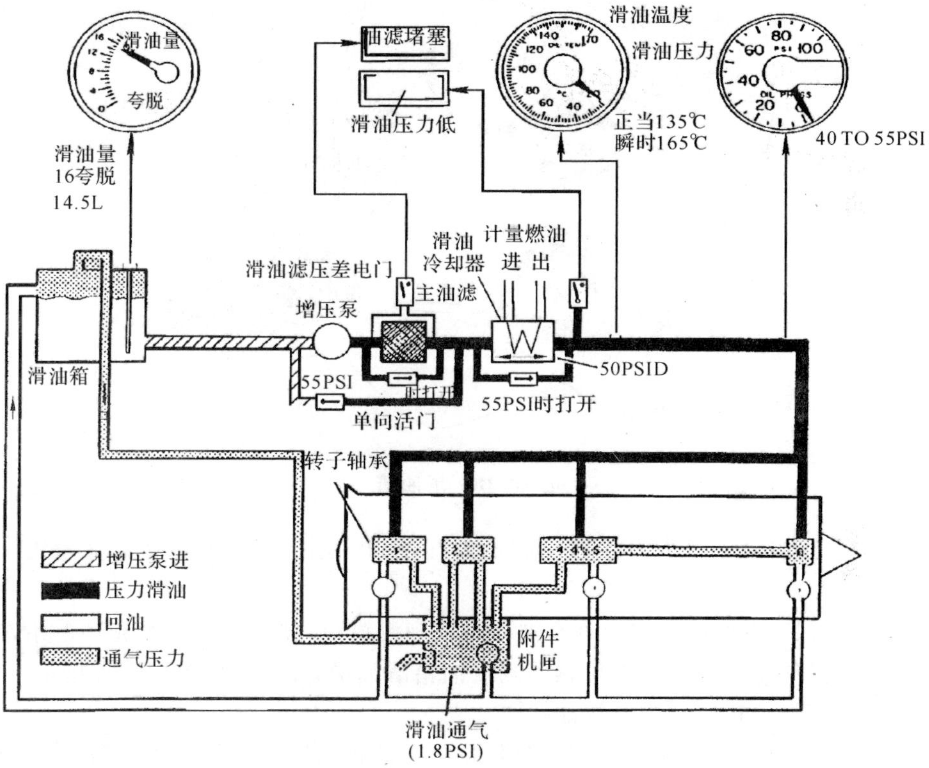

图 10.17 典型的滑油系统

1. 滑油箱

现在燃气涡轮发动机绝大部分是干槽式滑油系统，有独立的外部油箱。滑油箱用来存放滑油。一般用铝合金钣或钢钣焊接而成，如图 10.18 所示。通常安装在发动机上。

对滑油箱有如下一些要求：

(1)膨胀空间：滑油箱应留有一定的膨胀空间，这是因为使用过的滑油温度高，体积有一定的膨胀，而且流动过程中会产生一些泡沫，亦使滑油体积变大，故应有一定的膨胀空间。膨胀空间的大小，一般规定为 0.5 加仑(1 加仑＝0.003 8 m^3)或滑油箱容积的 10％，取两者中较大的那个数字。

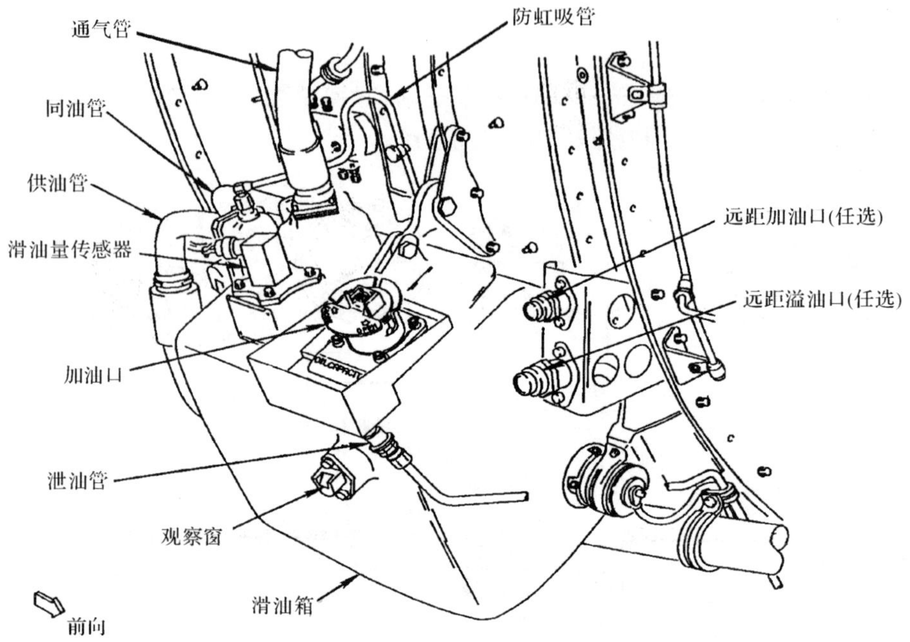

图 10.18　滑油箱

(2)注油口：注油口分为重力注油口和压力注油口，在注油口的口盖上应标注“滑油(或oil)”字样。

(3)滑油量标尺：在滑油箱内应有滑油标尺或观测窗口，便于了解滑油箱内的滑油量。滑油量表示现有的滑油容积。油箱有传感器测量油箱滑油量，并在驾驶舱仪表上指示。

(4)放油孔：在滑油箱底部应有放油孔。

(5)油气分离器：油箱中装有油气分离器，将进入油箱的回油中的气体分离，滑油继续循环使用。

2. 滑油泵

滑油泵多为齿轮泵，如图 10.19 所示。

滑油泵分为增压泵和回油泵。增压泵和回油泵作成一体，如图 10.19 所示。增压泵的功用是使滑油增压，而回油泵是抽回滑油。

由于回油温度高，且有泡沫，使回油滑油的容积大于供油容积，故回油泵的容积和能力大于滑油泵的容积和能力。一般回油泵的容积至少大于增压泵容积的两倍。

增压泵后有调压活门，其功用是保证在各种状态下滑油压力一定，以保证润滑并防止因滑油压力过高可能导致滑油系统的渗漏和损坏系统中的某些附件。

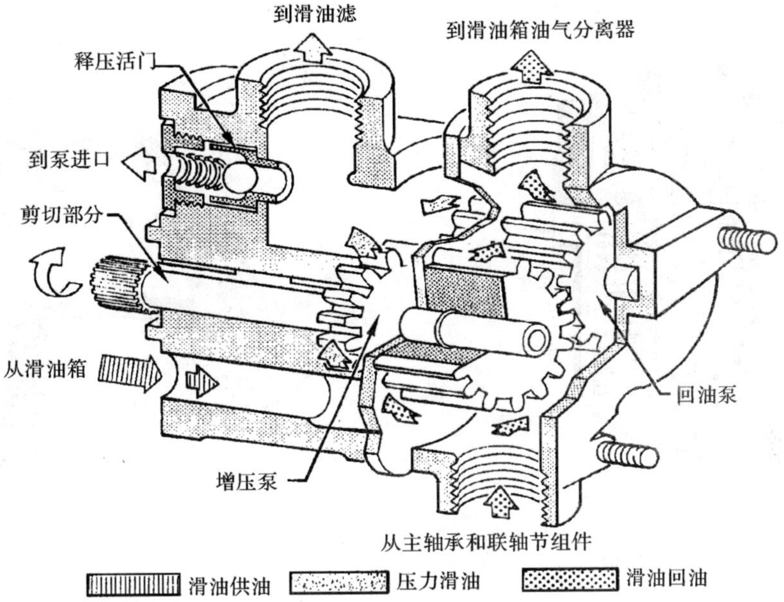

图 10.19　齿轮泵

3. 滑油滤

油滤的功用是过滤滑油中的屑末微粒，使供应到轴承处的滑油是清洁干净的。

油滤分为网状油滤、杯形油滤和螺纹式油滤、篦齿型油滤四种。油滤的标尺是微米或目，1 μm=1×10^{-6} m，目是 1 in^2 里网眼的数目。

主滑油滤由壳体、滤芯、旁路活门、单向活门和压差电门组成，如图 10.20 所示。

(1)滤芯：过滤滑油。

(2)安全活门：在滑油滤进、出口之间有旁路活门，当滤芯堵塞而使油滤进、出口压差达到一定数值时，安全活门打开，滑油不通过油滤，直接供应到轴承处，因为供应不清洁的滑油比不供应滑油要好得多。与此同时，滑油压差电门接通，警告灯亮，表明油滤堵塞，应清洗油滤，但这时不做维修，发动机仍能正常工作。另外还装有油滤堵塞指示器，油滤堵塞时油滤堵塞指示器的红色标志外露，伸出得越多，表示油滤堵塞越严重。

(3)单向活门：在油滤出口处，还装一个单向活门，其功用是，在发动机停车时，在弹簧力的作用下，此活门关闭，堵住出口，防止滑油箱中的滑油在重力的作用下，流入发动机的轴承处，造成油箱缺油。发动机工作时，油泵输出滑油，此活门打开。

滑油滤安装在增压泵之后，故又称为高压油滤。螺纹式油滤(见图 10.21)常作为滑油喷嘴前的最终油滤,防止喷嘴堵塞。由于最终油滤在里面,它只能待发动机翻修时更换。

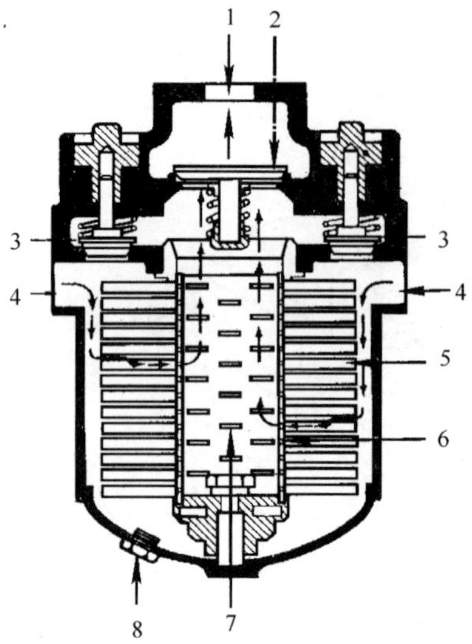

图 10.20 滑油滤

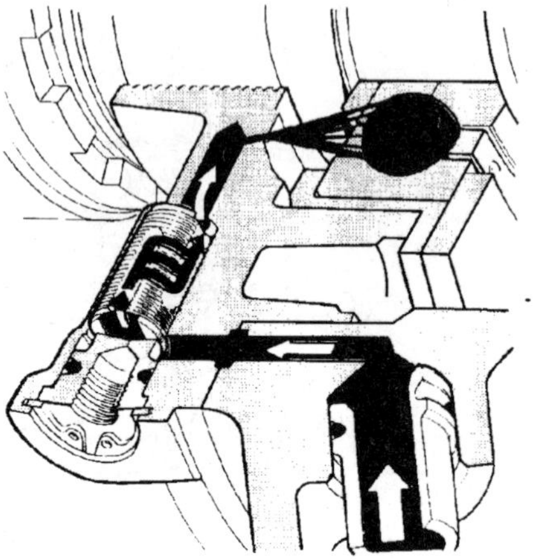

图 10.21 螺纹式滑油滤

4. 滑油/燃油热交换器

滑油/燃油热交换器(见图 10.22)的功用是冷却滑油并加热燃油。还应指出,除了用燃油冷却滑油外,还可以用冲压空气来冷却滑油。所以滑油散热器分为空气/滑油散热器和滑油/燃油散热器两种。

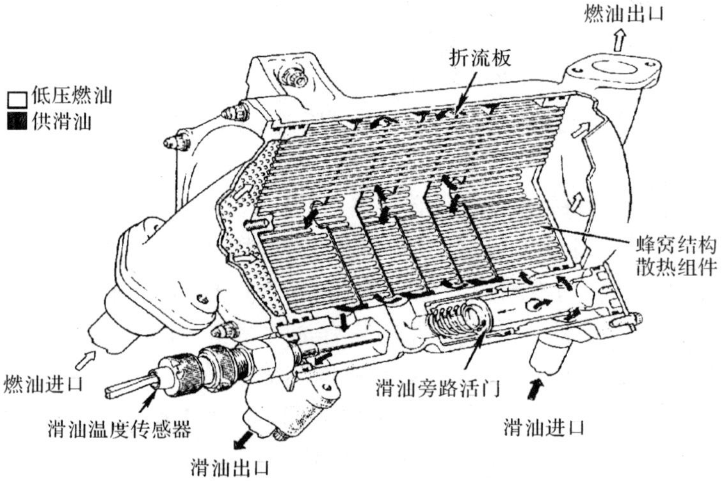

图 10.22 滑油/燃油热交换器

滑油/燃油热交换器由壳体，蜂巢管，旁路活门，滑油温度传感器等部件组成。

(1)蜂巢管：蜂巢管内流动燃油，外部流动滑油，进行热交换。为了更好地进行热交换，设有隔板，迫使滑油上下流动。

(2)旁路活门(温度控制活门)：当温度较低，滑油黏度较大，或当散热器进出口压差达到 0.34 MPa(50PSI)时，此活门打开，滑油不流过散热器直接供油，以保证低温起动。

(3)滑油温度传感器：测量出口处的滑油温度。

滑油/燃油热交换器可以位于供油路上，油箱为热油箱；也可以位于回油路上，油箱为冷油箱。

5. 油气分离器和离心通风器

工作后的滑油会含有大量气泡，体积相应增加数倍。通过油气分离器，去除回油中的气泡、蒸汽，防止供油中断或破坏油膜，减少滑油消耗。滑油继续循环使用，空气通到附件机匣。

防止滑油箱、齿轮箱和轴承腔中的压力过高或过低，在滑油系统中有通气系统。油腔气体在通往机外之前，使用离心通风器将空气中的油滴分离出来，以减少滑油消耗量。

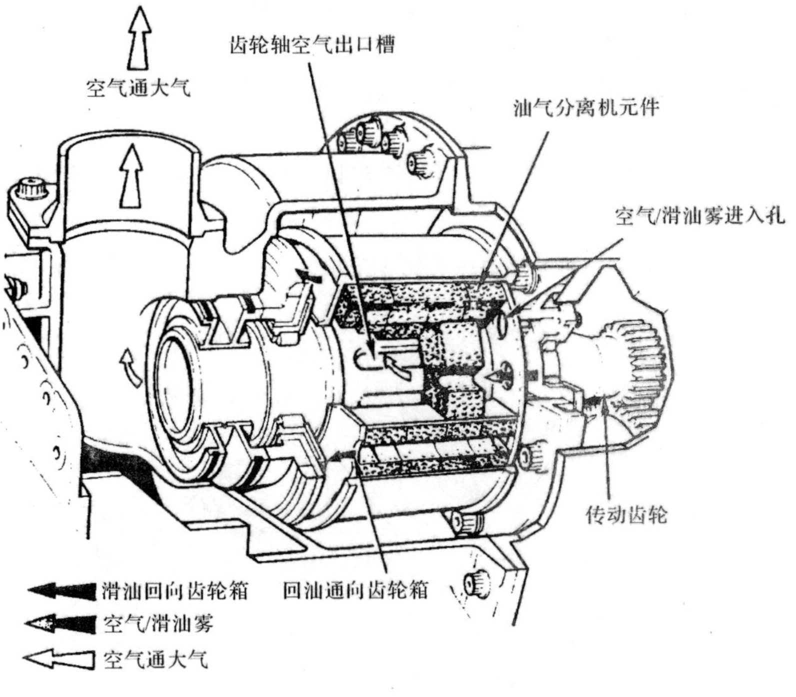

图 10.23 离心式油气分离器

离心通风器安装在附件齿轮箱上。通风器由工作叶轮、轴、传动齿轮、密封套和出口接头组成，如图 10.23 所示。当发动机工作时，通风器叶轮转动，油气雾在叶片的带动下旋转，滑油在离心力的作用下被甩向四周，流回齿轮箱里，洁净空气通过空心轴和出口接头排入大气。军用飞机在高空飞行时，离心通风器的排气口自动关闭，以保证油腔的压力不能过低。

油气分离器和离心通风器的工作原理及结构基本相似。但由于两者的功用不同，离心通风器的转速更高；且油气分离器是回油路附件，离心通风器是通气系统附件。

6. 指示系统

滑油指示系统包括有滑油温度，滑油压力和滑油消耗量，压差电门和警告灯。这些均在驾驶舱显示。

滑油温度测量的是供向发动机的滑油温度，对于反向式的滑油系统，温度传感器安装在供油路的散热器的出口处。

滑油压力测量的是供向发动机的滑油压力。

滑油低压警告电门，当通往发动机的滑油压力过低时，将接通此电门，这时应立即停车进行检查和维修工作，以保证发动机的正常工作。

7. 磁性金属屑探测器

磁性金属屑探测器（见图 10.24）安装在回油路上（如油箱、附件齿轮箱和各轴承的回油管路上），用来探测发动机机件的工作情况，判断轴承和齿轮的摩损情况。其内部的永久磁铁和滤网吸附含铁的屑末。磁屑探测器有自封活门防止磁性堵塞拆下时滑油流出。它们还可能接通驾驶舱的警告系统，提供飞行中的指示。此外，滑油中金属含量、理化性能还可通过滑油油样分析。一般在发动机停车后维护前取油样，通过目视检查、铁谱分析或光谱分析做出发动机内部状况的判断。

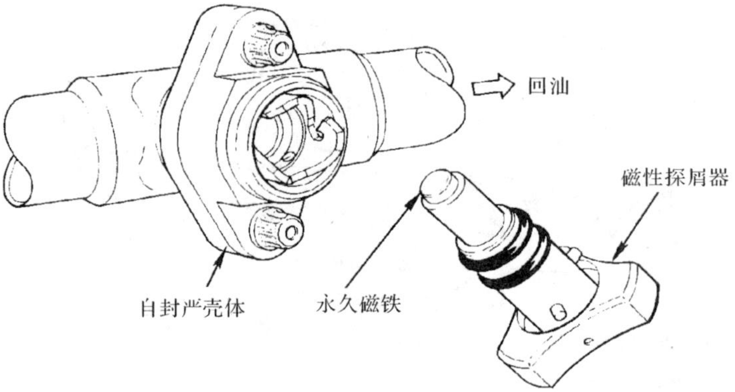

图 10.24 磁性金属屑探测器

典型的发动机的滑油系统分为压力系统，回油系统和通气系统三个部分。

1. 压力系统

压力系统又叫供油系统，它是从滑油箱开始，到滑油喷嘴结束。其中包括有增压泵，滑油滤，调压活门，滑油/燃油热交换器，最后油滤等。

2. 回油系统

回油系统从轴承腔开始，到滑油箱结束，其中包括有回油泵等。

3. 通气系统

通气系统包括离心通风器和各部分的通气管路。其功用是平衡滑油腔的压力；减少滑油消耗量；保证滑油系统的正常工作。

四、滑油系统的分类

滑油系统按循环性质，可分为调压式系统和全流式系统。

调压式滑油系统参如图 10.25 所示。在该系统中将供油路中的滑油压力限制到给定的设计值来控制向轴承腔供应的滑油流量。滑油压力由调压活门控制。当超过设计值时，它允许滑油从增压泵出口回油。在所有发动机正常工作转速下，它都提供恒定的供油压力。

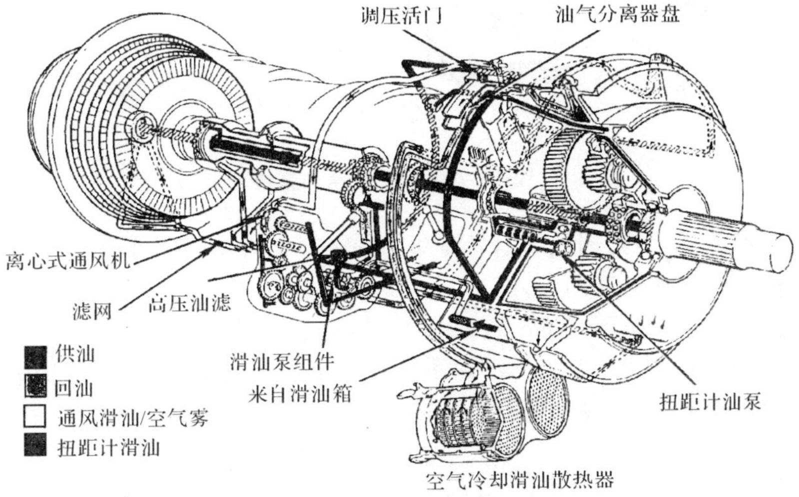

图 10.25　调压活门式滑油系统

全流式滑油系统如图 10.26 所示。该系统不用调压活门，所以它的供油压力是随转速增大的，因而可以在整个发动机转速范围内滑油流量满足使用要求。滑油压力由增压泵转速、滑油喷嘴尺寸、轴承腔压力决定。由于滑油压力随工作状态变化而改变，保证发动机各个状态下滑油压力和流量要求，特别是高功率状态的要求。但是该系统有释压活门，以防滑油压力过高而损坏管路和机件。

滑油系统还可以分为单回路系统和双回路系统。单回路系统和双回路系统的主要区别在于，在循环系统中增压泵前有无辅助增压泵。在单回路系统中，增压泵前没有辅助增压泵。

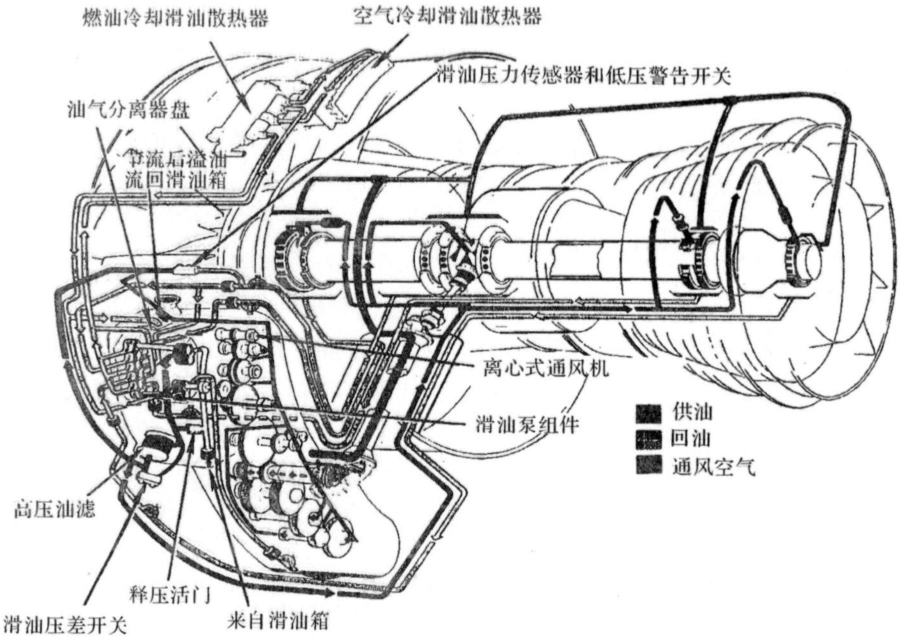

图 10.26 全流式滑油系统

单回路循环滑油系统，依据滑油散热器在循环系统中所处的位置不同，又可分为单回路正向循环式和单回路反向循环式两类。

1. 单回路正向循环式滑油系统

将滑油散热器安装在回油路上的滑油系统称为正向式滑油系统，如图 10.27 所示。这时油箱中的滑油温度较低，称为冷油箱。

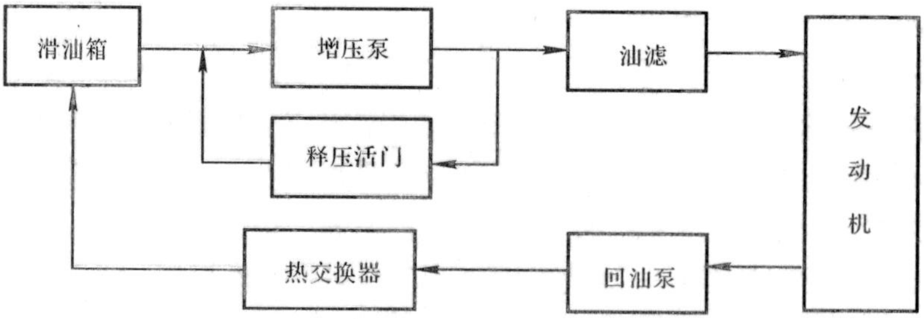

图 10.27 单路正向循环式滑油系统

2. 单回路反向循环式滑油系统

将热交换器安装在供油路上的滑油系统称为反向式滑油系统，如图 10.28 所示。这时油箱中的滑油温度较高，称为热油箱。

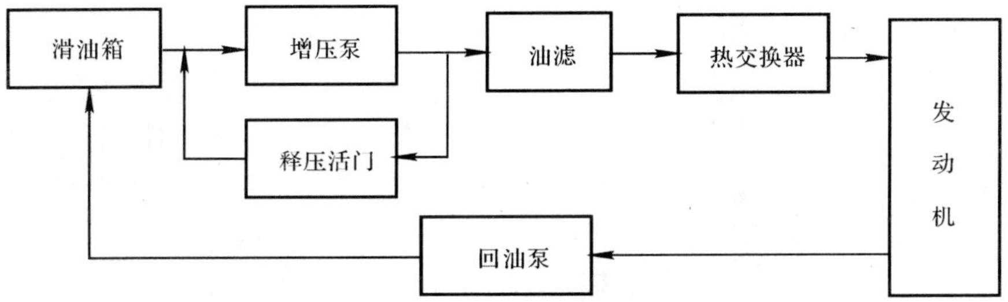

图 10.28　单路反向循环式滑油系统

单回路反向循环式滑油系统的特点是：用于润滑和冷却的滑油全部返回滑油箱；散热器安装在供油路上；滑油中的气体少，便于传热，散热器的尺寸小；供油压力由调压活门保持为一恒定值。系统具有较好的工作性能和高空性能。

双回路（正向循环）滑油系统如图 10.29 所示。

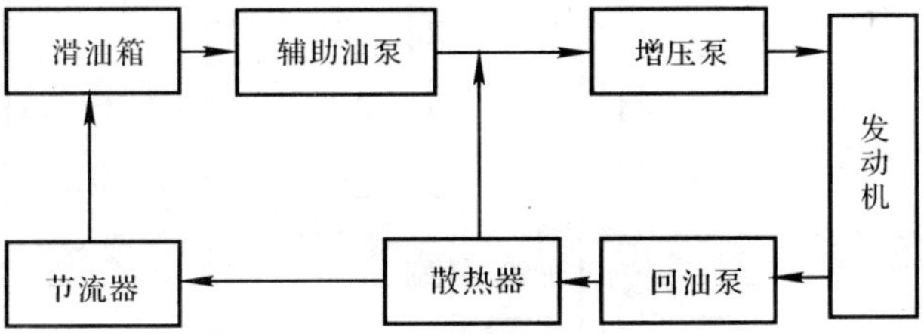

图 10.29　双回路滑油系统示意图

目前民用航空发动机的滑油系统多为单回路全流式反向循环系统。如 CFM56－3，RB211－535 和 V2500 涡扇发动机。

五、典型发动机的滑油系统

图 10.30 和图 10.31 代表典型的现代民用航空涡扇发动机滑油系统。

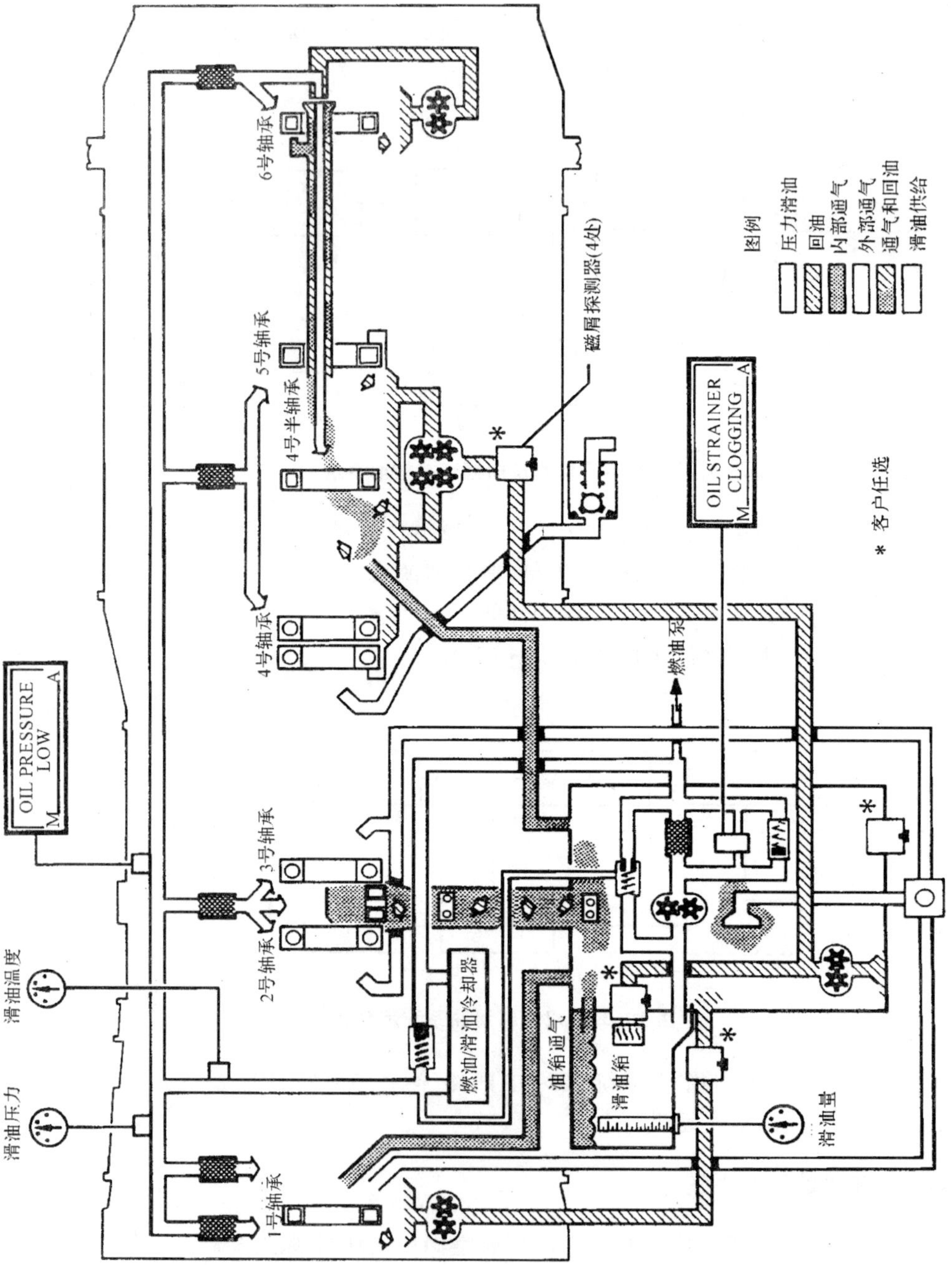

图 10.30 JT8D 发动机滑油系统

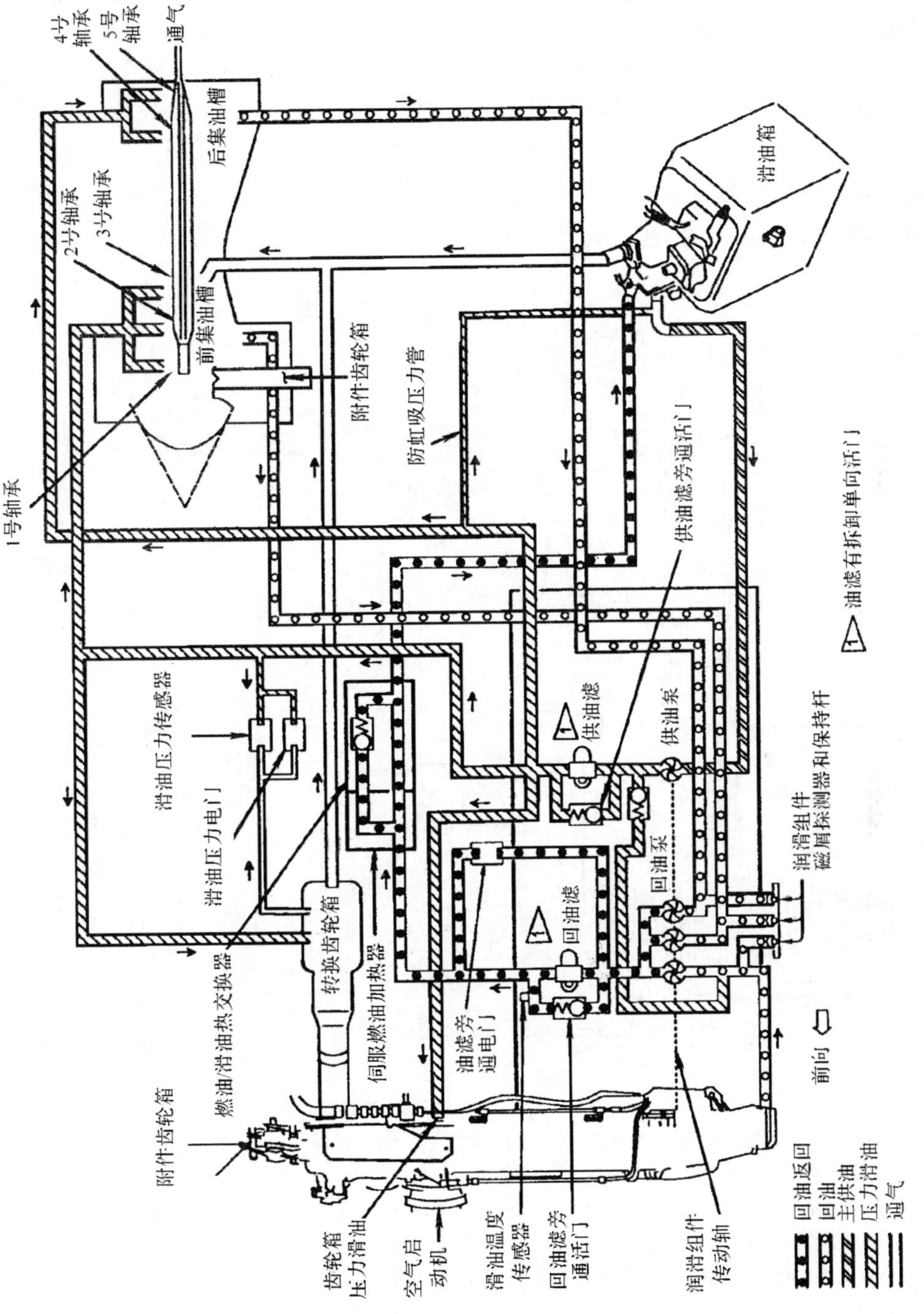

图 10.31　CFM56－3 发动机滑油系统

图 10.32 所示为 WP7 发动机滑油系统。该系统是单回路调压式正向循环滑油系统。系统由滑油箱、进油泵、调压活门、滑油滤、安全活门、盘形单向活门、滑油喷嘴、前轴承回油泵、附件机匣回油泵、中轴承回油泵、后轴承回油泵、滑油散热器、油气分离器和离心通风器等组成。为了使结构紧凑、减轻重量和维护方便，其中的进油泵、主回油泵（包含附件机匣回油泵、中轴承回油泵、后轴承回油泵）、调压活门、滑油滤、安全活门、盘形单向活门装在一起组成滑油附件；滑油箱、滑油散热器和煤油滤装在一起组成燃滑油附件。所以，结构上滑油系统是由滑油附件、燃滑油附件油气分离器、离心通风器、前轴承回油泵和滑油喷嘴等附件组成。

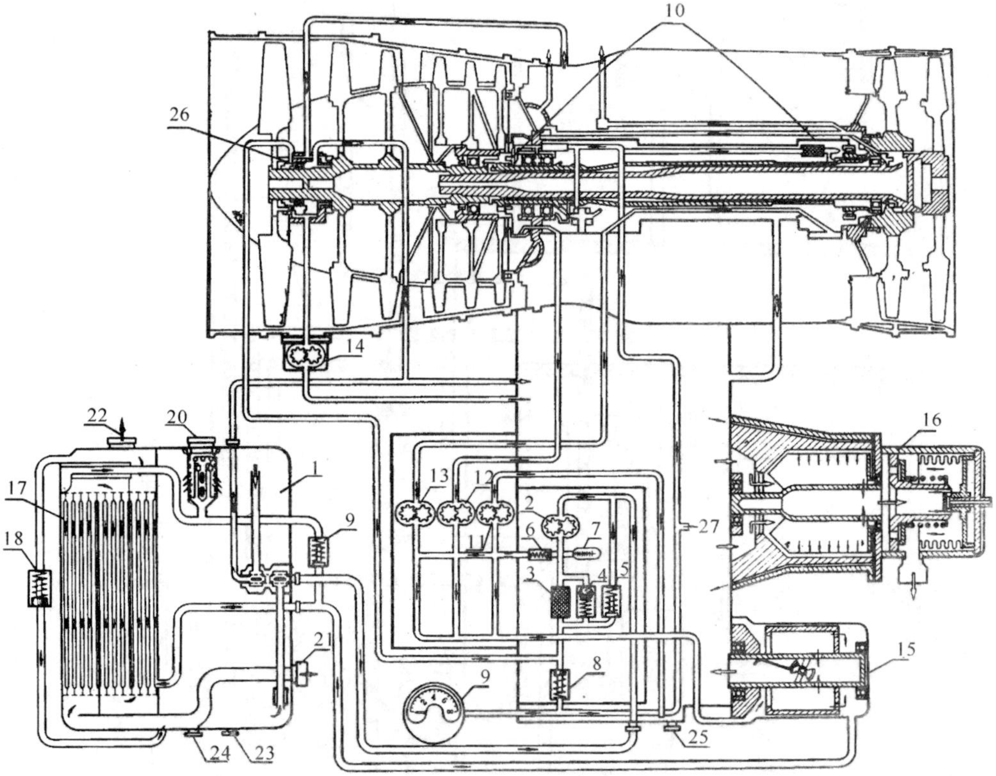

图 10.32　WP7 发动机滑油系统

1—滑油箱；2—进油泵；3—滑油滤；4—安全活门；5—调压活门；6—单向活门；7—测温接头；8—盘形单向活门；9—滑油压力表；10—滑油喷嘴；11—附件机匣回油泵；12—中轴承回油泵；13—后轴承回油泵；14—前轴承回油泵；15—油气分离器；16—离心通风器；17—滑油散热器；18—煤油安全活门；19—散热器旁路活门；20—加油口；21,22—煤油进、出口；23—滑油放油开关；24—煤油放油开关；25—附件机匣放油开关；26—前轴承滑油喷嘴；27—去润滑附件传动机构发动机工作时，油箱内的滑油经进油泵增压和滑油滤过滤后，分别送往发动机转子各轴承及附件传动机匣；各轴承的滑油工作后汇集到前、中、后三个收油池，各收油池和附件机匣的滑油由各自的回油泵抽回，首先经过油气分离器把回油中大量的气体泡沫分出来，再经过滑油散热器降温，最后经过滑油箱的注油口进入滑油箱。油气分离器分离出的气体排入附件传动机匣，各油腔和滑油箱上部的气体通过通气管送往附件传动机匣，这些气体须经过离心通风器再排出机外。

油气分离器 15 的转子轴内有离心活门，当低转速时关闭排气通道；离心通风器 16 右端是一通气活门，当飞机在高空外界大气压力低时，通气活门关闭排气通道，使各油腔保持一定压力，保证滑油系统的高空性能，减少滑油消耗。

WP7 滑油系统主要技术数据如下：

滑油压力：发动机在 0.8 额定以上工作状态，飞行高度在 15 000 m 以上，不小于 294 kPa；飞行高度在 15 000 m 以下，应为 343^{+98} kPa；

滑油温度：进口滑油温度为－40～＋85℃，出口滑油温度不高于＋140℃。

各喷嘴供油量(L/min)：前轴承 0.6～0.9，中轴承 9～9.5，前轴间轴承 2.5～2.8，后轴承 5～5.6，后轴间轴承 3.5～4.0，传动机匣 0.4～0.6，附件机匣 1.5～2.0，循环量 22.5～25.4。

各回油泵回油量(L/min)：在滑油温度为 60～75℃，出口反压力为 49～78 kPa 的条件下，前轴承为 12，中轴承为 50，后轴承为 50，附件机匣为 36，总回油量为 148。

滑油消耗量不大于 1.2 L/h。

10.3　起动/点火系统

一、起动系统

1. 概述

燃气涡轮发动机开始工作时，需要利用外界的能量使转子转动，经过一个起动过程，才能进入稳定的慢车工作状态。使发动机从静止状态加速到慢车状态的各个工作部分总称为起动系统。

在地面起动发动机时，起动系统与点火系统协调共同工作，使发动机起动点火；在飞行时，点火系统单独工作。

通常对起动系统有以下基本要求：

(1)保证战术技术要求的起动时间。所谓起动时间是指起动系统开始动作到发动机转子加速到慢车转速的整个时间。对于歼击机和截击机来讲，赢得时间，便争取了战斗中的主动权。

(2)保证发动机在地面和尽可能高的高度，都能可靠地自动起动。

(3)在系统体积小、重量轻的条件下，尽量保证起动的独立性(不依赖机场的设备)和足够多的重复起动次数。

(4)附件结构简单，使用和维护方便。

2.起动过程

使发动机转子的转速由零增加到慢车转速的过程称为起动过程。根据带动发动机转子加速的驱动力的来源，可将加速过程分为三个阶段。

下面详细讨论这三个阶段：

(1)第一个阶段。带动发动机转子加速的驱动力来自起动机，也就是由起动机单独带动发动机转子加速。发动机转子的转速变化为

$$n = 0 \rightarrow n = n_1 \qquad n_1 = (0.08 \sim 0.12)n_{max}$$

这时发动机获得的加速力矩为

$$M_a = M_s - M_f$$

式中 M_a—— 加速力矩；

M_s—— 起动机的扭矩；

M_f—— 发动机转子的阻力矩。

当 $n = n_1$ 时，起动燃油系统开始供油，点火，燃油燃烧，涡轮开始发出功率。因此，起动机产生的起动力矩必须大于发动机转子的阻力矩。

(2) 第二个阶段。带动发动机转子加速的驱动力来自起动机和涡轮转子，也就是起动机和涡轮转子共同带动发动机转子加速。发动机转子的转速变化为

$$n = n_1 \rightarrow n = n_2$$

这时发动机获得的加速力矩为

$$M_a = M_s + M_T - M_f$$

式中 M_T—— 涡轮转子的扭矩。

当 $M_T = M_f$ 时，$n = n_p$ 叫自持转速，这时

$$M_a = M_s$$

当 $n < n_p$ 时，$M_T < M_f$，仅有涡轮不能带动发动机转子；

当 $n > n_p$ 时，$M_T > M_f$，但这时仍不能脱开起动机；

当 $n_2 = (1.2 \sim 2.0)n_p$ 时，可以脱开起动机；

对于涡喷和涡扇发动机：$n_2 = (0.2 \sim 0.3)n_{max}$；

对于涡桨发动机： $n_2 = (0.3 \sim 0.35)n_{max}$。

(3) 第三个阶段。带动发动机转子加速的驱动力来自涡轮转子，也就是由涡轮转子单独带动发动机转子加速到慢车转速 n_{id}。发动机转子的转速变化为

$$n = n_2 \rightarrow n = n_{id}$$

这时发动机获得的加速力矩为

$$M_a = M_T - M_f$$

对于涡喷和涡扇发动机：$n_{id} = (0.24 \sim 0.4)n_{max}$；

对于涡桨发动机：$n_{id} = (0.6 \sim 0.7)n_{max}$。

图 10.33 给出了涡轮喷气发动机的典型起动程序。

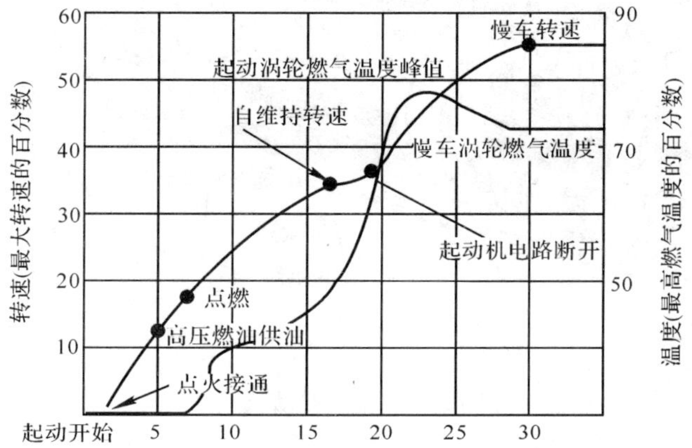

图 10.33 涡轮喷气发动机的典型起动程序

3. 起动机

燃气涡轮发动机的起动机有电动起动机、燃气涡轮起动机和空气涡轮起动机三种。

(1)电动起动机。电动起动机由直流电源、直流电动机、减速器、离合器等组成。

电动起动机电源有地面电源、机上电源、辅助动力装置(APU)。

电动起动机的优点是使用方便，起动过程自动化。其缺点是重量大，起动机的功率随外界条件而变化，起动后电动机成为无用的重量，为此在起动时可将直流电动机作为起动机，而在飞行时将它作为直流发电机用，产生 24 V 直流电。电动起动机如图 10.34 所示。

(2)燃气涡轮起动机(见图 10.35 所示)。燃气涡轮起动机实际上是一台完整的小型涡轮轴发动机。由单面单级离心式压气机、回流式燃烧室、单级向心式涡轮、单级动力涡轮、减速器和离合器组成。除此之外，它还应有自己的燃油系统、滑油系统、起动系统等。

起动时，燃气涡轮起动机由自身的电动起动机带动，直到脱开转速，起动和点火系统断开为止。然后，起动机转速继续增加到工作转速，通过传动比很大的减速器带动发动机转子旋转。当发动机转速达到自持转速后的脱开转速时，燃气涡轮起动机停止工作，并由离合器脱开，发动机依靠本身的涡轮功率加速到慢车转速。

它的优点是起动功率大，不依赖地面电源，可以多次重复使用；缺点是结构复杂。

(3)空气涡轮起动机(见图 10.36)。空气涡轮起动机由单级涡轮、减速器、离合器和传动轴等组成。

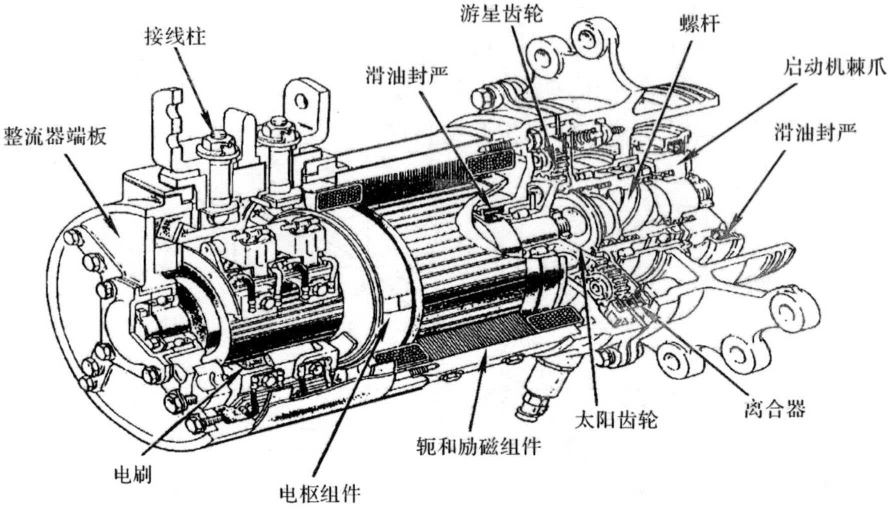

图 10.34 电动起动机

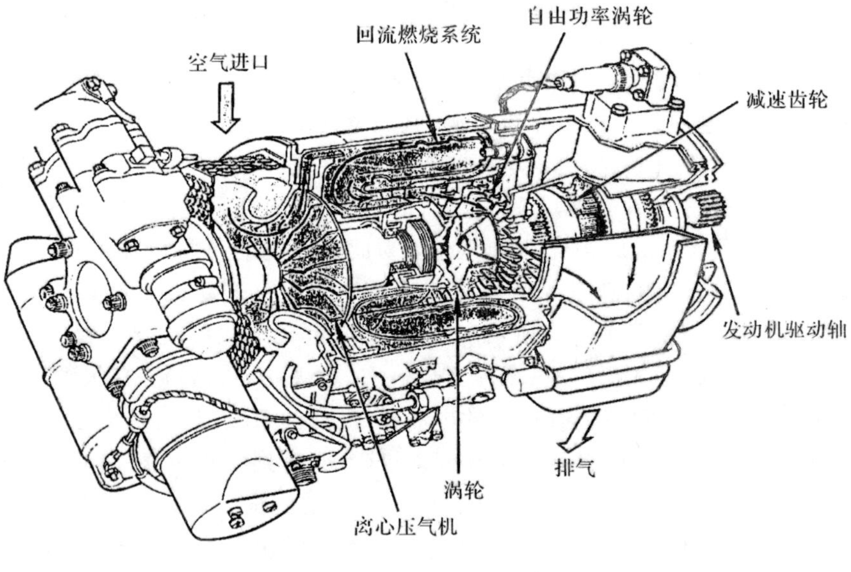

图 10.35 燃气涡轮起动机

空气涡轮所需的空气,可来自地面气源车、辅助动力装置或已起动的发动机,如图 10.37 所示。

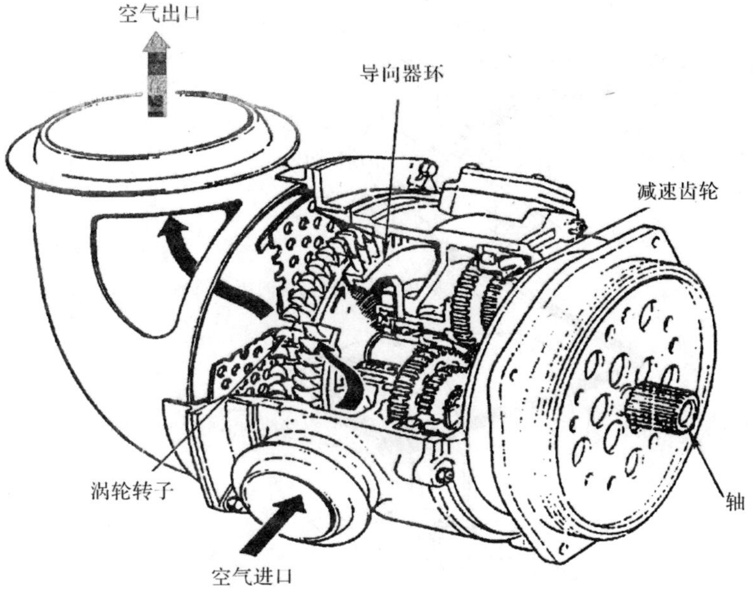

图 10.36 空气涡轮起动机

空气涡轮起动机的优点是扭矩大，重量轻，结构简单，工作可靠，使用方便。其缺点是需要外界气源，不能单独起动发动机。

目前，在小推力的发动机和辅助动力装置中，广泛采用电起动机和起动发电机；在大型客机和运输机上，大多采用空气涡轮起动机。对于同一牌号的发动机，由于装用的机种不同，可以采用不同型式的起动机。

二、点火系统

所有燃气涡轮发动机都采用高能点火装置，而且总是装备双套系统。

点火系统的功用是产生电火花，点燃混合气。

燃气涡轮发动机的点火系统由电源、高能点火器、高压导线、点火电嘴组成，如图 10.38 所示。点火器的输出即有高能输出又有低能输出，所以是复合点火系统。

点火器的输入电源有直流电和交流电两种。其分类为

点火系统
- 低压直流
  - 断续器式
  - 晶体管式
- 高压交流

燃气涡轮发动机的点火系统与活塞式发动机的点火系统不同，具有如下的特点：

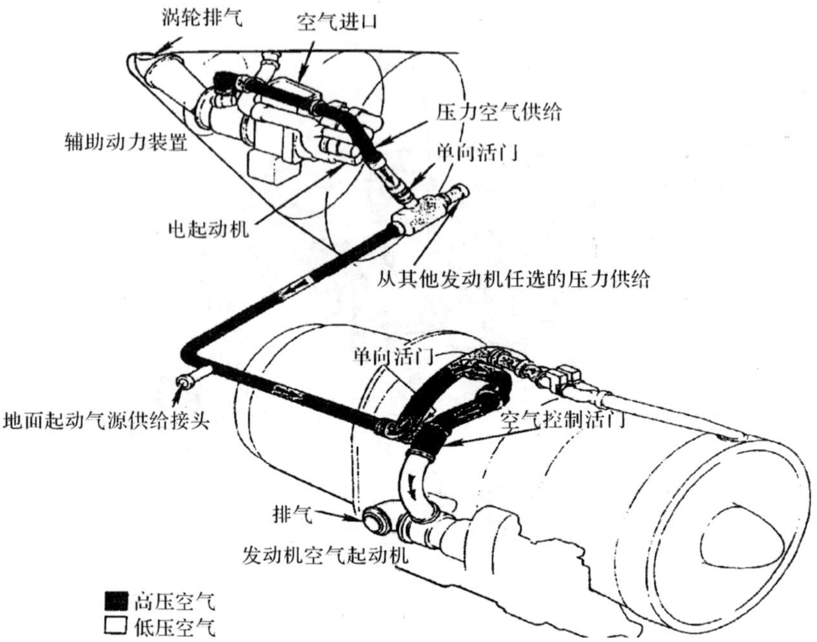

图 10.37 空气涡轮起动系统

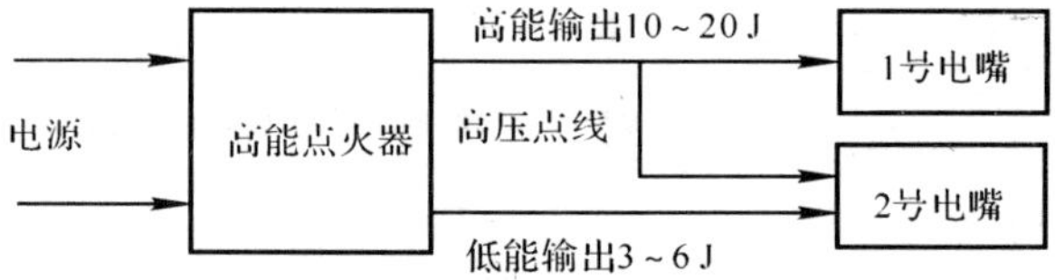

图 10.38 点火系统的组成

(1)只在起动点火的过程中工作,只要在燃烧室中形成稳定的点火源之后,点火系统就停止工作,而不像活塞式发动进那样在发动机的整个工作过程中都工作。

(2)采用高能电容复合式点火系统

(3)点火系统对发动机的性能没有影响。

燃气涡轮发动机的点火系统分为直流点火装置和交流点火装置等。

1. 直流点火装置

典型的直流断续器操作装置有一个感应线圈,由断续器机构操作,通过高压整流器给储能电容器充电。当电容器中的电压升高到封严放电间隙的击穿值时,能量通过点火电嘴端面释放。装置中的轭流圈用以延长放电时间,还装有一个放电电阻用以保证在系统断开 1 min 内电容器中储存的能量被释放。点火装置中安全电阻使装置安全工作,即使当高压导线断开和绝缘时也能安全工作(见图10.39)。

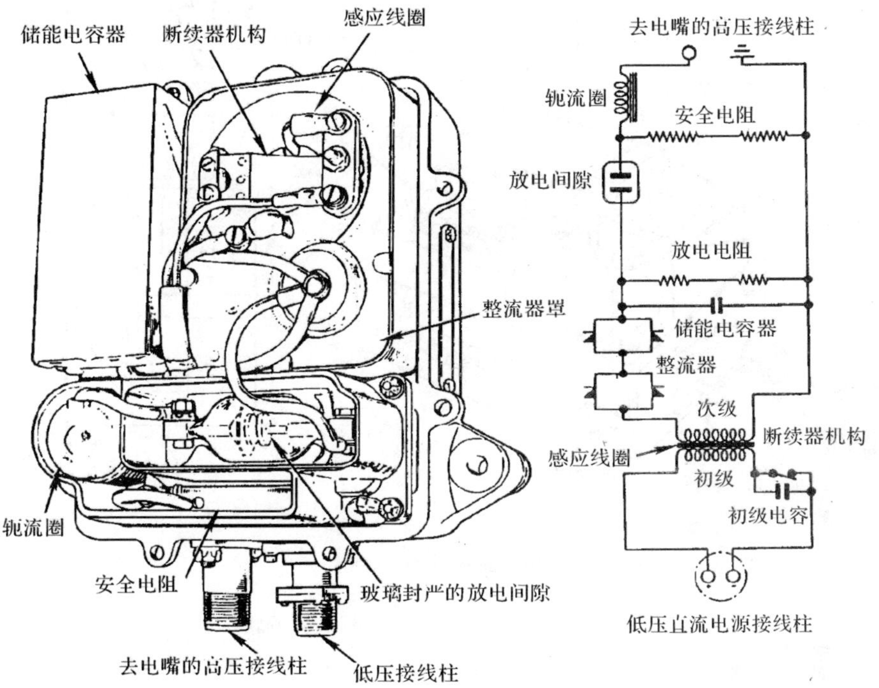

图10.39 直流断续器操作的点火装置

晶体管点火装置的工作与直流断续器操作的装置工作相似,只是其中的晶体管断续器电路取代了断续装置。这样的装置有很多优于断续器操作装置的优点:因为它没有运动零件,因此其寿命长得多;晶体管点火装置的尺寸减小,它的重量比断续器操作装置更轻(见图10.40)。

2. 交流点火装置

图10.41是高压交流点火系统的电路图,该系统由交流电源提供115 V 400 Hz交流电。由变压器、整流器、储能电容、放电间隙、扼流圈、放电电阻、安全电阻和点嘴组成。

装置中各元件的功用是:变压器用来产生高压电;整流器将高压电变为直流电;储能电容器用来充电,积蓄电荷,储存电能;扼流圈可以延长放电时间;放电电阻用来限制储能电容的最大储能值,并保证电容器中存储的电能可以在点火系统断开后一分钟内,全部释放掉。以保证维修人员的安全。

安全电阻:限制储能电容器的最高电压,保证在高压线断路或绝缘的情况下,点火系统的安全工作。当电路开路时,接地,使电容器中的剩余电荷放掉,以保证安全。

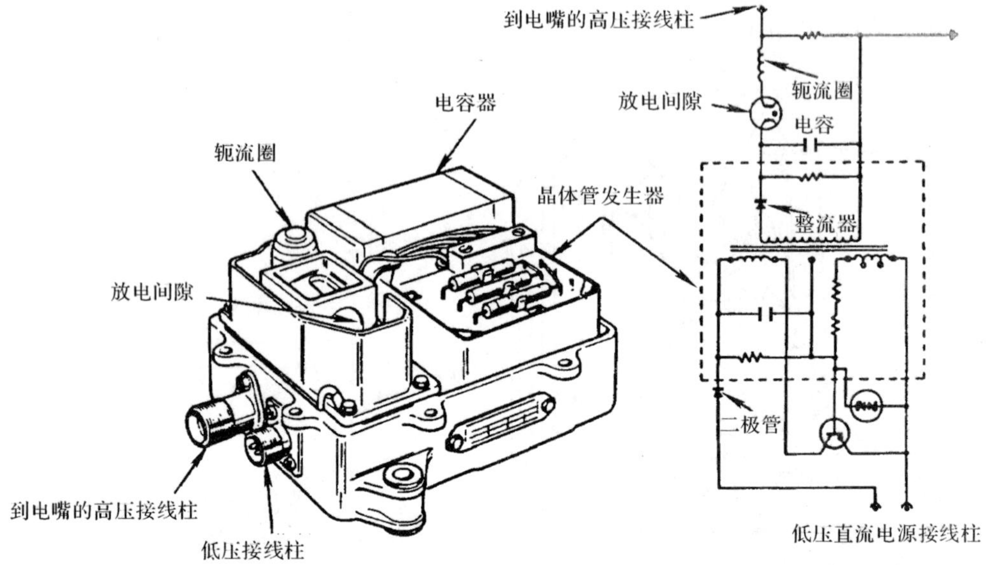

图 10.40　晶体管点火装置

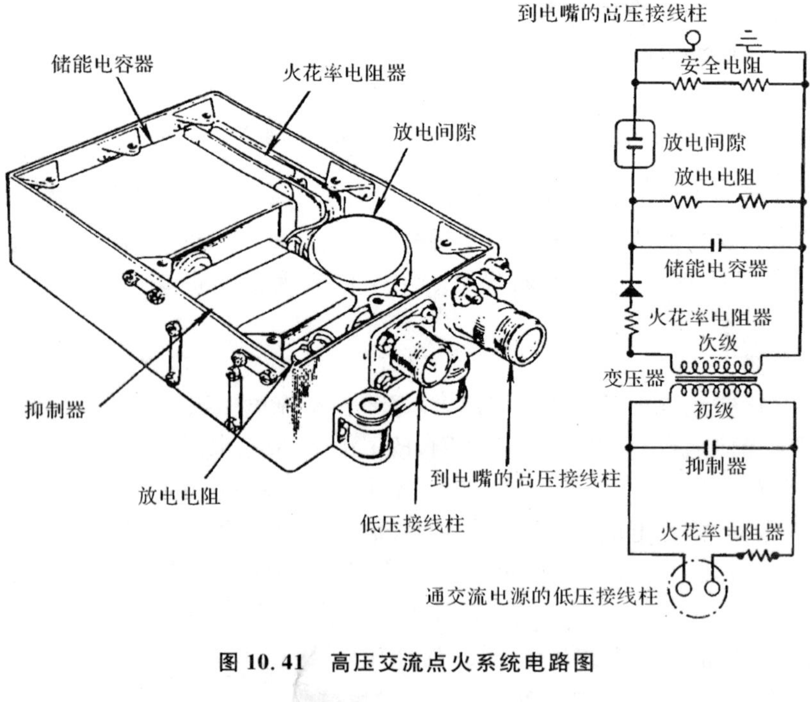

图 10.41　高压交流点火系统电路图

三、电嘴

电嘴的功用是产生火花点燃混合气。

目前航空燃气涡轮发动机上所用的电嘴是一种表面放电式的电嘴,如图 10.42 所示。这种电嘴在壳体和中心电极之间充有绝缘材料,中心电极的前端为钨电极头外面包有一层碳化硅半导体材料。

点火系统工作时,高能点火器的高压电通过高压导线输至电嘴,中心电极上的的高压电使中心电极和壳体间的半导体绝缘材料表面上产生电离作用,为储存在电容器中的电能提供一条低电阻通路。放电采取从电极到壳体高电压跳火的形式,形成高强度的火化。

典型点火系统的正常跳火率在每分钟 60～100 个火花之间。

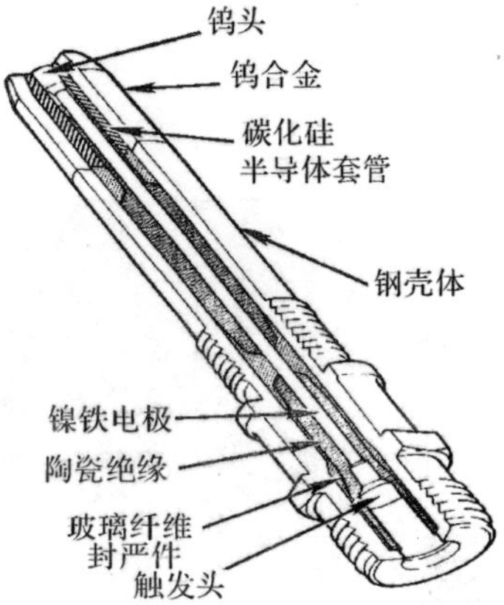

图 10.42　电嘴

10.4　喷水系统

一、概述

在航空燃气涡轮发动机中,为了保证在高温高湿的环境下,产生最大的推力,使飞机拉起并迅速加速爬高,在某些发动机上采用喷水加力的方案。

在压气机进口处喷水,水蒸发吸热,降低了压气机进口处空气的温度,使压气机的增压比和效率提高,质量流量增加,在保持涡轮进口温度不变的条件下,可以使发动机推力加大。图 10.43显示出喷水使涡桨发动机功率恢复和增加的情况。

在燃烧室进口处喷水,使通过涡轮的质量流量大于压气机的质量流量,这样可以减少涡轮的压降和温降,使尾喷管内压力提高,从而获得附加推力。这是因为在燃烧室进口处喷水,水在燃烧室内受热蒸发,并与燃气混合,燃气中混合了水蒸气后,燃气的流量增大。但由于涡轮导向器的限制,气体的阻力加大,在单位时间里不能通过这样多的燃气,致使流过前面压气机的空气流量也受到影响而减小,从压气机流量特性曲线可知,在转速不变的条件下,通过压气机的空气流量减小时,压气机的增压比将增大。这将使高压压气机出口压力和涡轮前燃气压力都提高。因此,喷管内燃气落压比增大,尾喷管出口燃气速度亦将增加。另一方面,虽然流过压气机空气流量有所减少,但燃气中混合了水蒸气以及燃油量有所增加(因为喷水的结果使燃气温度降低，为了使涡轮前燃气温度在极限范围内提高喷水加力效果，喷水时燃油调节器上的燃油再调机构使燃油量按一定比例增加），故流过发动机喷管的燃气总流量是有所增加的。这两个因素都使发动机的推力增加。图 10.44 显示出喷水使涡轮喷气发动机推力恢复和增加的情况。

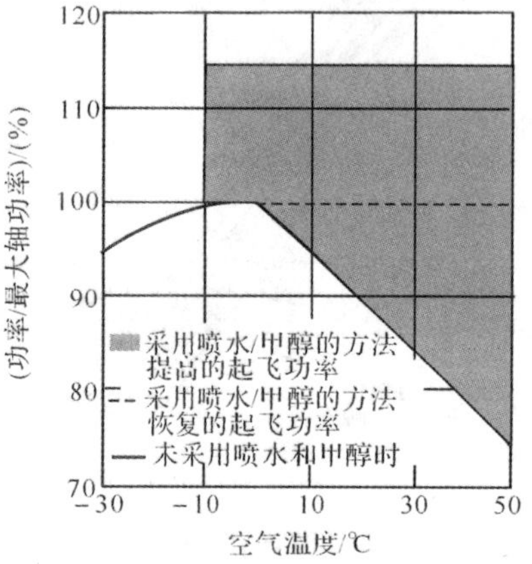

图 10.43 喷水使涡桨发动机功率恢复和增加

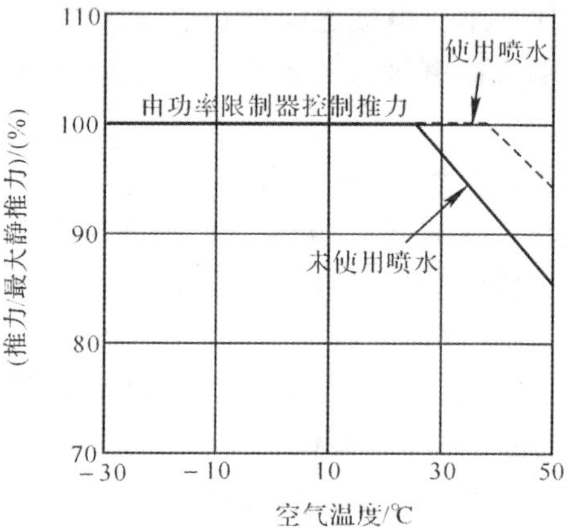

图 10.44 喷水使涡轮喷气发动机推力恢复

在超声速飞机的发动机中，如果向进气道中喷水，可以显著地增大推力，因此这种方案在某些超声速教练机上得到了采用。

喷水加力的方案所能增加的推力有限，而且需要专门的控制系统，所以一般只用于某些民航机上，以增加在高原、高温机场的起飞推力，改善飞机的起飞性能。

喷水加力能提高 30％的附加推力。推力增加不但是由于降温、提高增压比和流量，且是由于水蒸气的定压比热容大，也会使单位推力增加。但是由于水在发动机中停留时间很短，只有一部分水汽化。水对压气机叶片有腐蚀作用，造成发动机性能恶化。在某些情况下，由于水的冷却，使压气机机匣卡住工作叶片。如果在高原地区，大气温度很低时，在压气机进口喷水，还有可能引起结冰。若在燃烧室进口喷水，可以避免上面的缺点，但推力的增加不如前者。水在燃烧室内蒸发使燃气流量增加，但是由于导向器的限制，使流体阻力增加，导致压气机流量下降，工作点向喘振边界方向移动，所以向燃烧室喷水受到压气机喘振裕度的限制。

二、斯贝 512—5W 发动机喷水系统简介

АИ—24 涡轮螺旋桨发动机和斯贝 512—5W 涡轮风扇发动机都设有喷水装置，前者在压气机进口喷水，后者在燃烧室进口喷水。

斯贝 512—5W 发动机喷水系统的方框图如图 10.45 所示。使用喷水系统时接通总电门，系统即按发动机工作程序自动喷水。

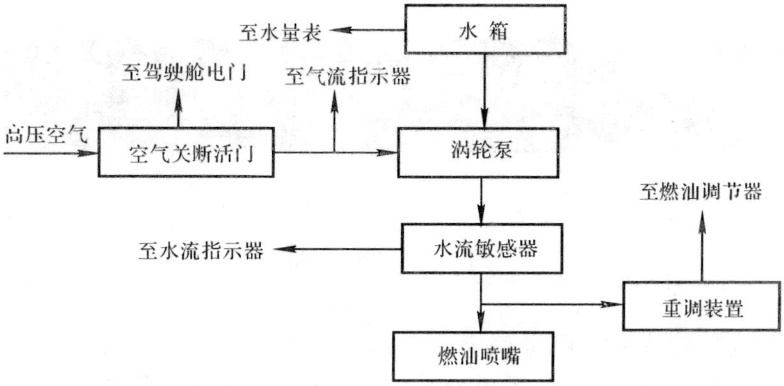

图 10.45 斯贝 512—5W 发动机喷水系统的方框图

喷水的动力是由发动机对飞机除冰的供气管上引出的高压空气 p_s，分别经过其电控空气活门和限流器，汇成一根总管输送到涡轮水泵，驱动涡轮，带动水泵向发动机喷水。

在燃烧室喷水后，燃气温度将降低，燃气流速减慢，转速下降。为此，在燃油调解器中设置了“加速再调”和“转速再调”装置，增加供油量，保持发动机性能的发挥。

思考题

1. 区分发动机主要部件、工作系统和装置。
2. 列举五个以上的航空燃气涡轮发动机的主要工作系统及其功用。
3. 简述滑油系统的基本类型，并由哪几部分组成。
4. 滑油系统有哪些主要附件？
5. 简述齿轮泵的工作原理。（判断齿轮转向）
6. 滑油冷却用哪两种方法？
7. 简述释压活门和调压活门的区别。
8. 简述油气分离器和离心通风器的区别。
9. 燃油控制系统分为哪三代？
10. 列举五个以上的燃油系统附件。
11. 航空发动机燃油泵有哪几种主要类型？各类型油泵如何调节供油量？
12. 简述柱塞泵的工作原理。
13. 简述汽心泵的工作原理。
14. 简述点火装置的主要类型及其特点。
15. 简述点火方式的主要类型，在何种情况下采用“常明灯式”点火？

第 11 章　航空发动机数据系统

11.1 概　述

现代航空发动机是技术先进、功能完善、结构复杂的综合系统。为了控制发动机的推力，监控发动机的工作状况，保证安全、准确地完成各项飞行任务和进行及时的维护修理，需要实时测量和显示表征发动机工作状态的参数，监测飞机动力装置的性能和状况。数据系统已经和燃油或滑油系统一样，是航空发动机不可缺少的一部分。飞行员根据发动机仪表的指示，监视和控制发动机的工作参数，保持所需要的工作状态。地面维修人员也要利用数据系统对发动机及其工作系统进行检查、检测、状态监控和故障诊断。先进航空发动机的推力管理、燃油控制、压气机防喘、热部件冷却、间隙控制、状态监控及安全警告都必须依赖准确可靠的发动机数据系统。数据系统已经越来越多地渗透到发动机的结构设计中来，因此，从事航空发动机性能和结构研究的工程技术人员也需要对该系统的组成、功能、工作原理、技术水平和未来发展有所了解。

发动机数据系统由测试和显示两部分组成。图 11.1 为涡轮喷气发动机的测试参数示意图。

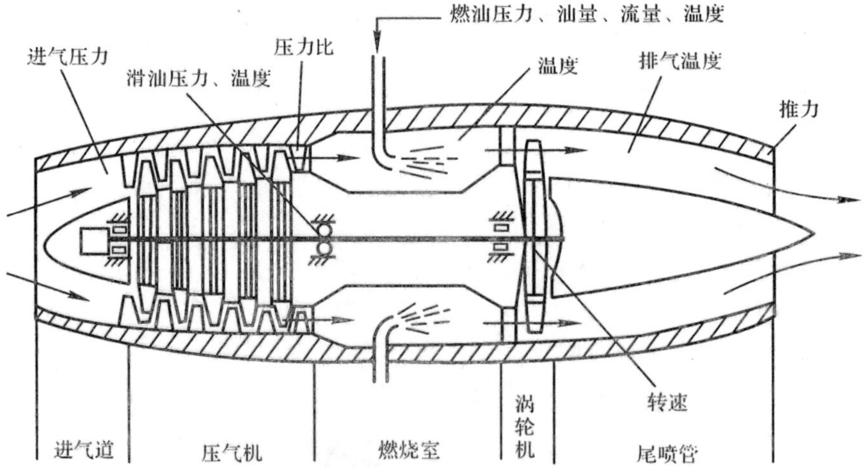

图 11.1　涡轮喷气发动机测试参数示意图

图 11.1 中表示出了包括发动机主要部件和工作系统所需测量的参数，包括转速、扭矩、振

动、冲击以及流体介质（液体或气体）的压力、温度、流量、密度、油量等参数。图中同时给出了涡轮喷气发动机需要传感器测量参数的部位。

早期发动机参数的测量与显示任务是由传感器与单一参数指示仪表或组合仪表承担的。其显示器均为机械式、电气式和机电伺服式的。这种仪表结构相对简单、显示清晰，指针一刻度盘和指标一刻度带的显示还能反映指示值的变化趋势。但是也具有部件间存在摩擦，影响显示精度；易受振动、冲击的影响；在低亮度环境中需要照明，不易综合显示等缺点。另外，由于需要测量的发动机参数及测量仪表较多，占用大量的驾驶舱仪表板空间。

随着电子技术、计算机技术在飞机上被广泛应用，电子综合显示仪得到飞速发展，已成为现代飞行器的主要显示仪。电子式显示器，它把电信号转换成电子显示器的光信号以显示需要的信息。显示的信息可以是数字、符号、图形及其组合形式等。由于电子式显示器容易实现综合显示，故又称为电子综合显示仪。电子综合显示仪有下述优点：①显示灵活多样，可以显示字符、图形、表格等，还可以采用不同的颜色显示；②容易实现信号的综合显示，减少了仪表数量，使仪表板布局简洁，便于观察；③电子式显示仪不增加误差，显示精度高；④采用固态器件，寿命长，可靠性高；⑤价格不断下降，性能价格比高；⑥符合机载设备数字化的发展方向。

目前，发动机参数的测试与显示广泛采用发动机测试系统和电子综合显示系统。

现代飞机装载的电子仪表系统 EIS 分为两部分，一部分是电子飞行仪表系统 EFIS，另一部分是机载电子中央监控系统 ECAM（在有的飞机上称为发动机指示和机组告警系统 EICAS）。其中，ECAM 可用于飞机和发动机工作状态参数的显示及监控。某飞机的电子综合显示系统如图 11.2 所示。其中由两块显示屏（ECAM 或 EICAS）代替了所有的单个显示发动机仪表。

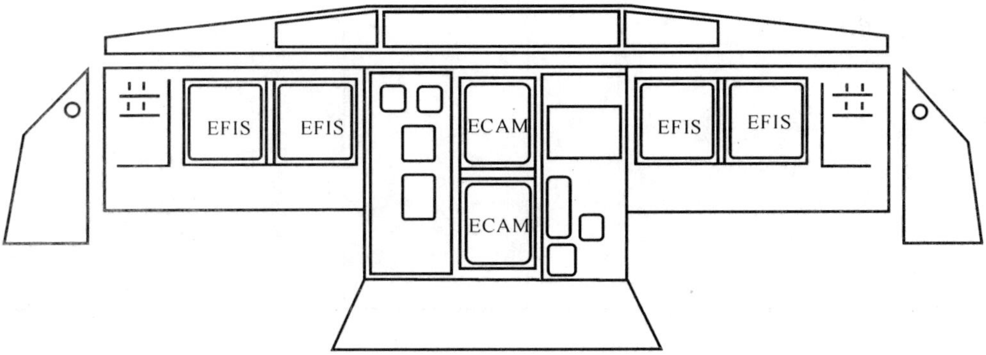

图 11.2　某飞机的电子综合显示系统

电子综合显示系统的主要特点是：①信息量大、综合化程度高，它把完成某种任务所需的信息集中于同一显示器中进行形象、直观的显示，并能根据不同的飞行阶段（或飞行任务）显示所必须的信息；②该显示系统与各类检测、控制系统相互交联，能相互提供所需的信息。

在现代飞机上各种类型的航空发动机所需测量的参数很多(见表 11.1),而需用所测参数的设备可能是各不相同的。其中某些参数既要送往驾驶舱中显示,供驾驶员了解飞机所处的状态,以操纵飞机完成飞行任务;又要送往自动控制系统,以便按预期的规律自动控制发动机的工作状态,或自动操纵飞机飞行;还要送往故障监测报警系统中进行记录和相应的分析比较,以便判断是否存在着潜伏的危险。

表 11.1　典型发动机监控系统(EMS)的参数

参　数	功　能					
	热端	机械系统	性能	控制	跟踪	趋势
Ma			×	×	×	
高度和进口压力	×	×	×	×	×	×
进口总温			×		×	×
发动机燃气温度(EGT)	×		×	×	×	
油门杆角度	×			×	×	×
高压转子转速(N_2)		×	×	×	×	
低压转子转速(N_1)		×	×		×	
燃油质量流量(FF)			×	×	×	×
发动机压比(EPR)			×	×	×	
中间级压气机压力		×	×			
压气机出口压力		×	×			
中间级压气机温度			×			
压气机出口温度			×			
振动		×				×
滑油消耗量		×				×
滑油温度		×				
滑油压力差		×				
滑油污染		×				×
排气喷口位置			×			
不连续		×	×			×
静子位置			×		×	×
用户引气			×			×

例如,先进航空发动机的燃油控制系统,采用全功能(又称全权限)数字电子控制(FADEC)系统。FADEC 系统提供完整的发动机管理功能,使发动机获得最佳的性能和最安全经济的工作模式。FADEC 系统由发动机电子控制器(EEC)或电子控制装置(ECU)以及与其有关的用于控制及监控的部件和传感器组成。EEC(或 ECU)是 FADEC 系统的核心。通过发动机接口组件(EIU)与飞机其他系统连接。各种类型的传感器采集发动机的温度、压力、转

速、扭矩和振动的信息，以及燃油流量及活门、叶片、油门和其他控制部件的位置等信息，输送到 EEC 或 ECU，经计算和判断后发出指令去控制发动机。同时，也向发动机显示及机组警告系统(EICAS)或飞机电子中央监控(ECAM)系统提供显示的数据。

图 11.3 为某型发动机 FADEC 系统示意图。

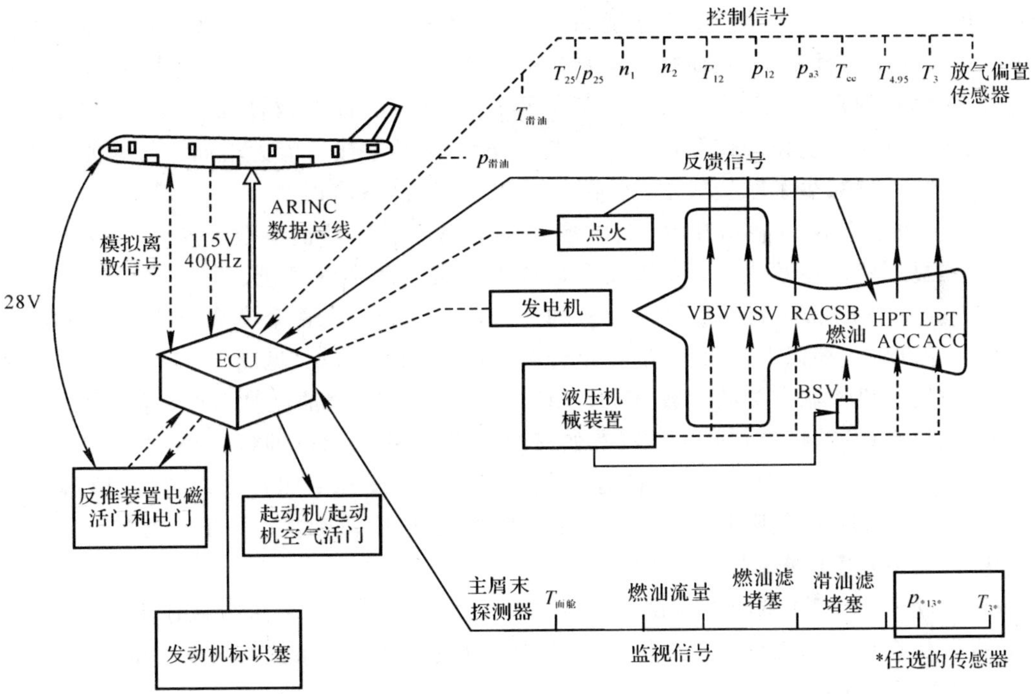

图 11.3 FADEC 系统示意图

11.2 典型机的机载测试与显示系统

在具有 FADEC 系统的发动机上，发动机的工作参数由 FADEC 系统的传感器采集，传感器将信号传给 EEC(或 ECU)，经计算和判断后发出指令去控制发动机。同时，EEC(或 ECU)将传来的信号进行处理并通过 ARINC 429(航空无线电公司规范)数据总线在位于驾驶舱仪表板的 EICAS 或 ECAM 上显示出来。下面以 EICAS 和 ECAM 系统为例简要说明。

一、Boeing747－400 飞机的机载测试与显示系统

Boeing747－400 飞机，驾驶舱内安装发动机指示及机组警告系统(EICAS)。它通过两个

阴极射线管显示参数和状态，并辅助以灯光、音响。EICAS以及与飞机、发动机接口的装置一起将推力管理、发动机控制、状态监视、故障诊断、信息显示、事件存储等综合在一起。E1CAS允许选择不同的页面，检查飞机及其系统的工作状态。这就给飞行及地面维护人员在发动机及系统监控方面带来很多好处。

EICAS主要优点是有集中的发动机工作参数和告警显示。一方面，EICAS上全时显示主要的发动机工作参数，其告警系统不单说明故障，而且表明其紧急程度，同时，对故障能作自动数据记录以及人工事件记录，从而减轻驾驶员的工作负担；另一方面，由于在故障瞬间维护数据的记录，一体化的自检(BITE)系统，方便的维护控制显示板也减轻维护人员的工作负担。此外，该系统软件对于操作改变和进一步扩充十分方便，数字接口能力增加了与其他装置共同工作的灵活性，而且减少了航线成本，可靠性高，维护简便，备件较少。

EICAS系统包括两个显示装置(上显示器显示主要的发动机参数及警告、告戒、提示信息；下显示器显示状态参数或发动机次要参数或维护页)、两个计算机、两个控制板、警告和告戒指示灯等。每个EICAS计算机从发动机和系统传感器接受几百个模拟的、数字的和离散的输入信号。计算机监控以上输入信号，产生告警、状态和维护信息(见图11.4)。

因此，与发动机控制有关的参数：EPR，EGT，N_1，N_2，FF(燃油流量)，振动值，滑油参数等在EICAS上显示；发动机控制的工作状态如燃油滤堵塞、旁通活门即将打开，燃油加热器工作等信息在EICAS上显示；EEC故障、监控器故障、BVCU(放气活门控制装置)故障等也将在EICAS上显示。由推力管理计算机选定的推力基准值，极限值和推力(EPR或N1)实际值及其进展状态，均可在EICAS上清晰读出。

Boeing747－400飞机的机载测试与显示系统由驾驶舱EICAS、系统数据汇总、发动机性能指示、机械状态指示和飞行控制面板五个子系统组成。这五个系统均与发动机相关。

1. 驾驶舱EICAS系统

驾驶舱EICAS系统如图11.4所示。其功用是在飞行面板上提供操作显示，包括主发、辅发、警告、警戒、忠告、状态和记忆等。

EICAS分上、下部两个显示部分，通过EICAS显示选择面板选择在EICAS下显示屏上的显示内容。控制显示组件提供对中央维护计算机系统(CMCS)所有功能的操作。EICAS控制面板提供对EFIS/EICAS接口组件(EIU)的手动或自动选择，并提供记录维护事件的方法。

2. 系统数据汇总

图11.5所示为Boeing747－400的系统数据汇总系统。其功用是感受、传送和显示发动机工作参数及部件/系统信息。

其中，与发动机工作参数有关的传感器及部件有p_{t2}/T_{t2}探头、$p_{t4.95}$探头、FADEC/EEC滑油温度热电偶、EGT($T_{t4.95}$)热电偶、滑油量传感器(EBU)、滑油压力传感器(EBU)、燃油流量传感器、振动加速度计(EBU)、FADEC/EEC速度传感器(N_1)、FADEC/EEC交流发电机、发动机电子控制(EEC)等。

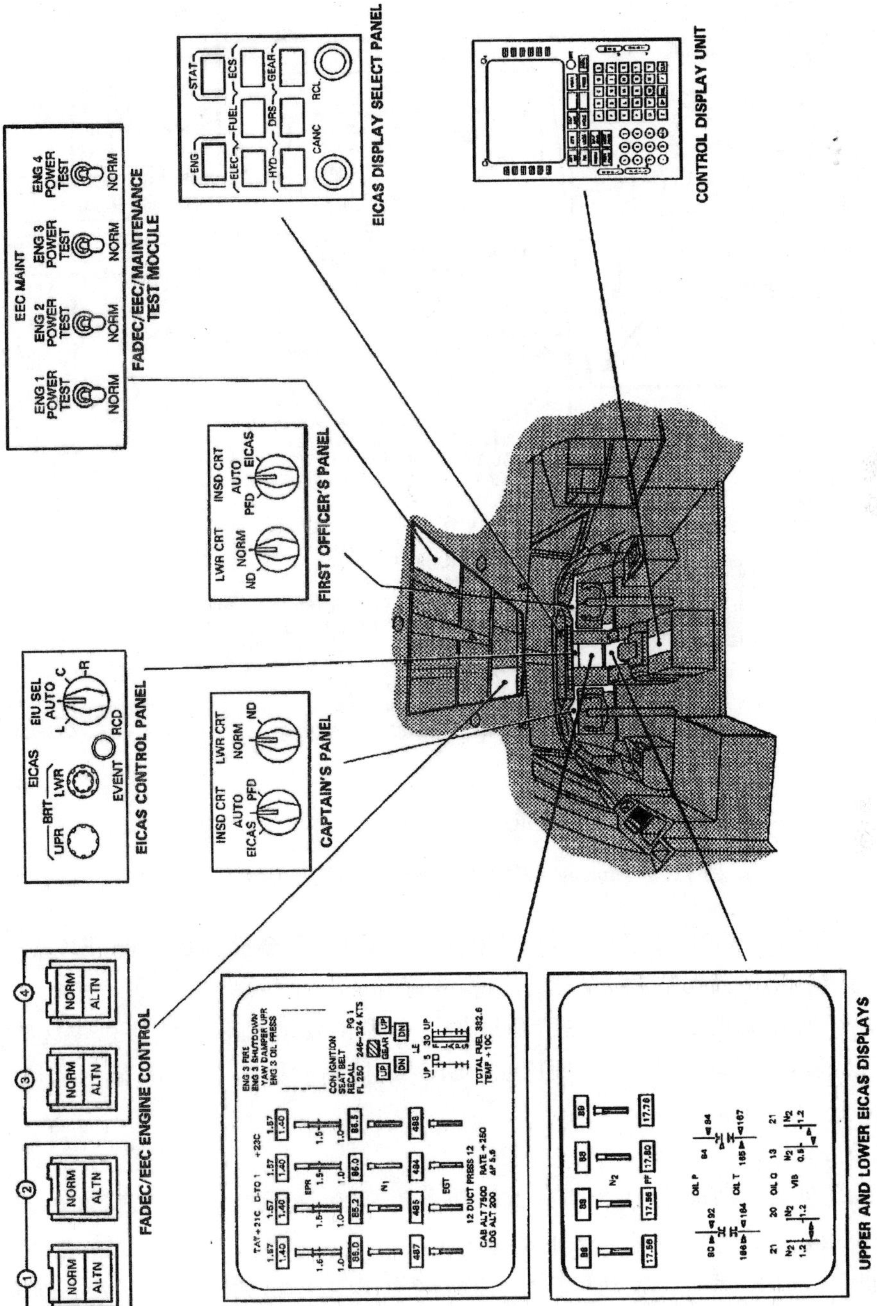

图 11.4　驾驶舱 EICAS 系统

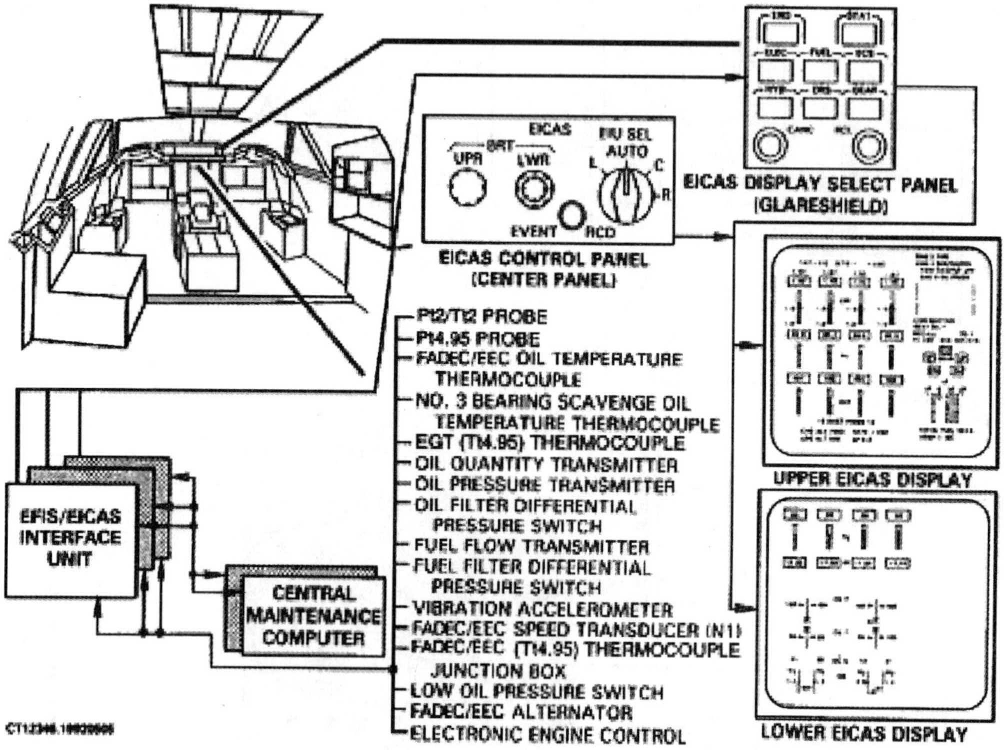

INDICATION SYSTEM

图 11.5 Boeing747－400 的系统数据汇总系统

主要设备有 EFIS/EICAS 接口组件，EICAS CRT，EICAS 显示选择面板，EICAS 控制面板，中央维护计算机，软件数据加载板，主警告/警戒灯等。

飞机驾驶舱内的发动机指示器为飞行和维护人员提供发动机和系统信息。这些信息在 EICAS 显示器上显示。发动机指示器部件包括 EICAS 控制面板和 EICAS 显示选择面板等，如图 11.6 所示。

3. 性能指示系统

性能指示系统包括发动机压比(EPR)、低压转子转速(N_1)、高压转子转速(N_2)、排气温度($T_{t4.95}$)和燃油流量五个发动机性能参数的测量与显示。

(1)发动机压比(EPR)系统。发动机压比(EPR)系统用于传感和显示 $p_{t4.95}/p_{t2}$(实际压比)信号。该系统由 p_{t2}/T_{t2} 探头，$p_{t4.95}$ 探头(每个发动机两个)，$p_{t4.95}$ 公用管，FADEC/EEC，EEC 可编程插件及机身部分的 EIU，EICAS CRT，CMC 和推力管理计算机等组成。

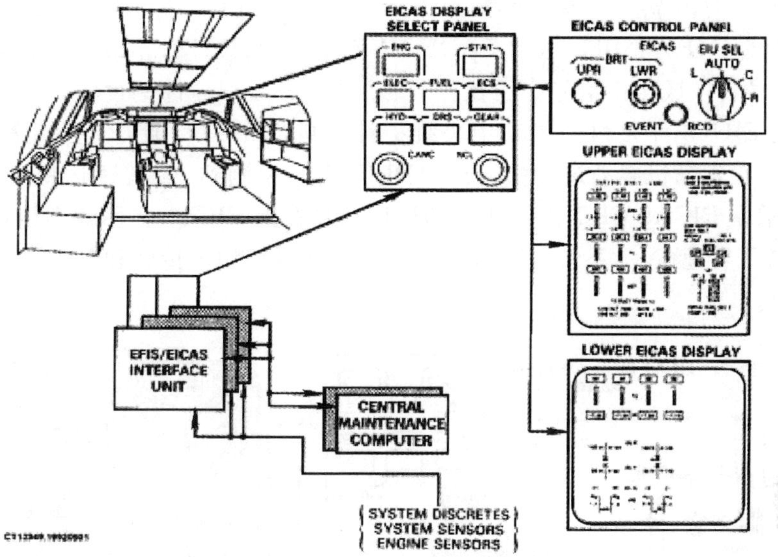

FLIGHT COMPARTMENT ENGINE INDICATORS

图 11.6　驾驶舱发动机指示仪表

发动机压比系统如图 11.7 所示。

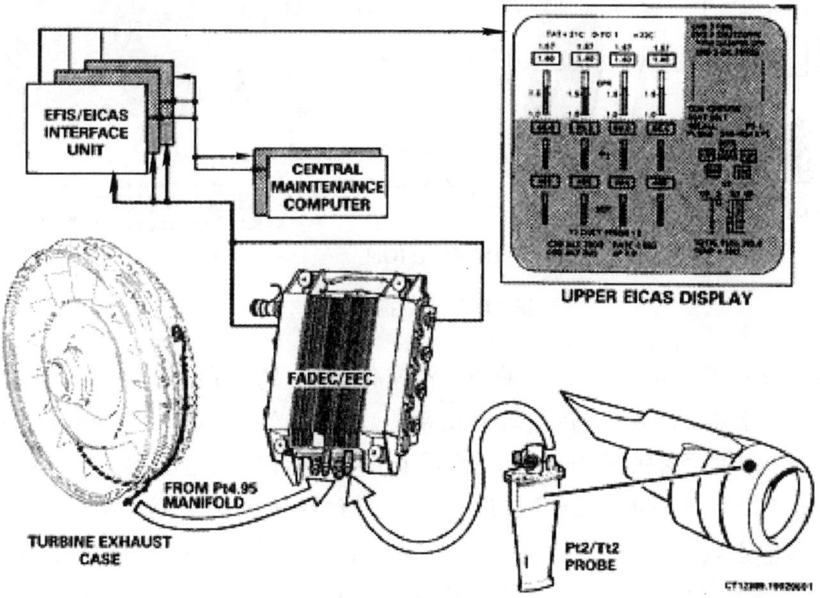

EPR INDICATION

图 11.7　EPR 指示系统

发动机进气压力由 p_{t2}/T_{t2} 探头感知并送到 FADEC/EEC。发动机排气压力由两个 $p_{t4.95}$ 探头感知，通过 $p_{t4.95}$ 压力公用管送到 FADEC/EEC。位于 FADEC/EEC 上的转换器将 $p_{t4.95}$ 和 p_{t2} 的输入信号转换成压比信号。压比信号被 EEC 可编程插件偏置输入来修正压比/推力关系后，输出到 EIU(电子接口装置)、中央维护计算机(CMC)和推力管理计算机(TMC)，作为实际的压比。在发动机起动过程中，当 FADEC/EEC 检测到 N_2 转速达到 5%～10%时，实际的压比将显示在 EICAS CRT 上。实际的压比信息在上 EICAS 显示器上以白色数字显示。

(2) 低压转子转速(N_1) 系统。低压转子转速(N_1) 系统用于传感和显示 N_1 转速。N_1 指示如图 11.8 所示。

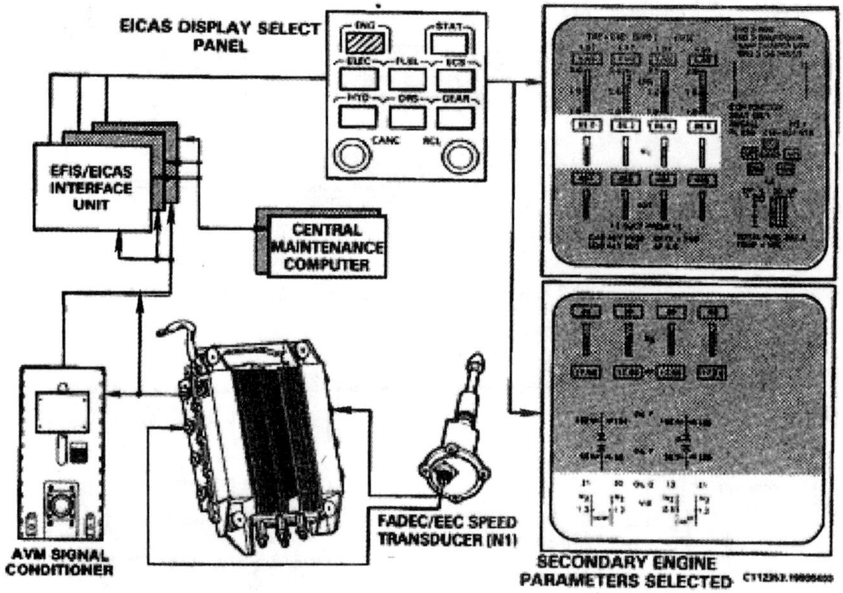

INDICATION

图 11.8　N_1 指示系统

该系统由发动机 FADEC/EEC 上的 N_1 转速传感器，FADEC/EEC 飞机上的 EIU，CMC 计算机，EICAS 显示器，AVM(飞机振动监视系统)和 EICAS 显示选择面板等组成。

转速传感器两级线圈感受低压转子联轴器上 60 齿声轮的通过速率，并转换为频率信号输送到 FADEC 或 EEC。FADEC/EEC 传送 N_1 模拟信号到 AVM 系统，同时也将 N_1 模拟信号转换为数字信号输送到 EICAS 计算机。N_1 转速以百分比的形式在 EICAS 显示屏上显示。

(3)高压转子转速(N_2)系统。N_2 指示系统如图 11.9 所示。N_2 指示系统与 N_1 指示系统略同。区别在于 N_2 转速的频率信号采自 FADEC/EEC 交流发电机动力线圈输出的一个相位信号的频率。N_2 转速也是以百分比的形式在 EICAS CRT 上显示。

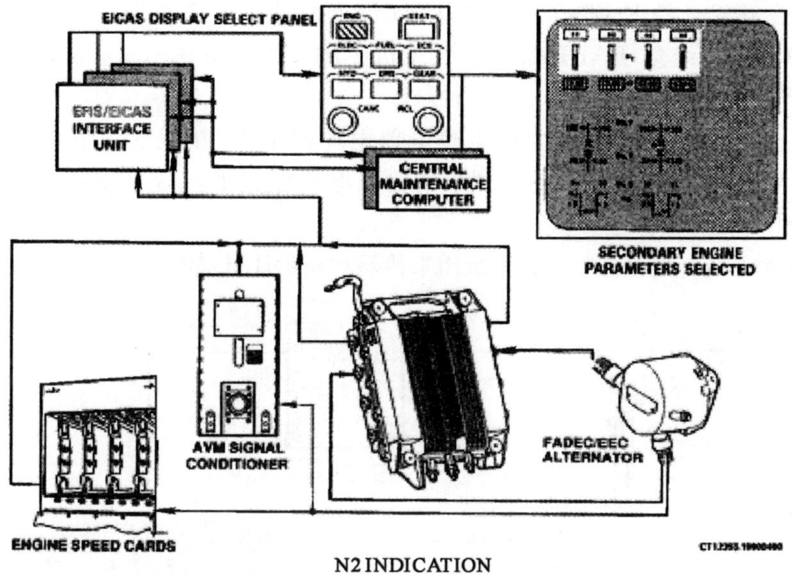

图 11.9 N_2 指示系统

(4)发动机排气温度($T_{t4.95}$)系统。EGT 指示系统用于检测和传送发动机排气温度,系统如图 11.10 所示。

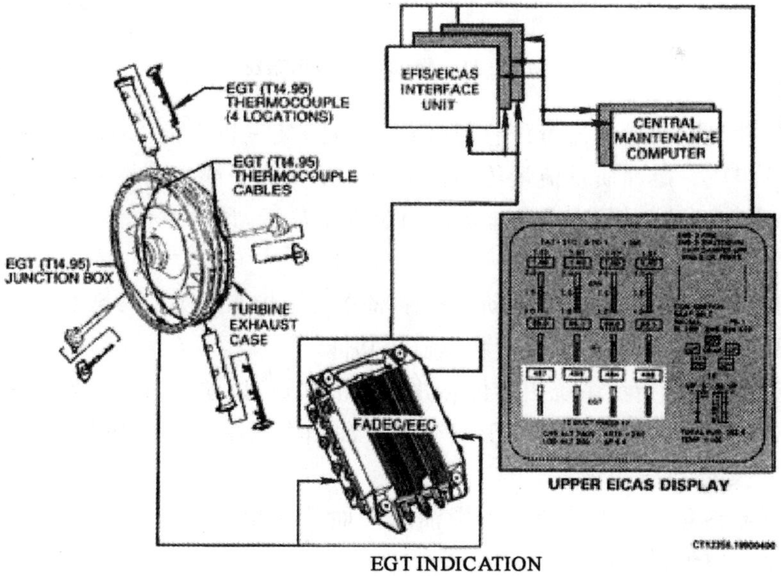

图 11.10 排气温度指示系统

该系统由发动机上的 EGT($T_{t4.95}$)热电偶(每个发动机四个),EGT($T_{t4.95}$)热电偶电缆,EGT($T_{t4.95}$)热电偶接线盒,FADEC/EEC 及飞机上的 EIU,EICAS 显示屏,CMC 和 CDU(控制显示装置)等组成。

4 个 $T_{t4.95}$ 热电偶双联接点通过 $T_{t4.95}$ 热电偶电缆向 EGT 接线盒提供正比于发动机排气温度的电压信号。在接线盒里,从热电偶来的输入电压经过平均后通过两个分离的连接器输出到 FADEC/EEC。

(5)燃油流量系统。燃油流量指示系统用来传感和显示计量燃油的流量,系统如图11.11所示。

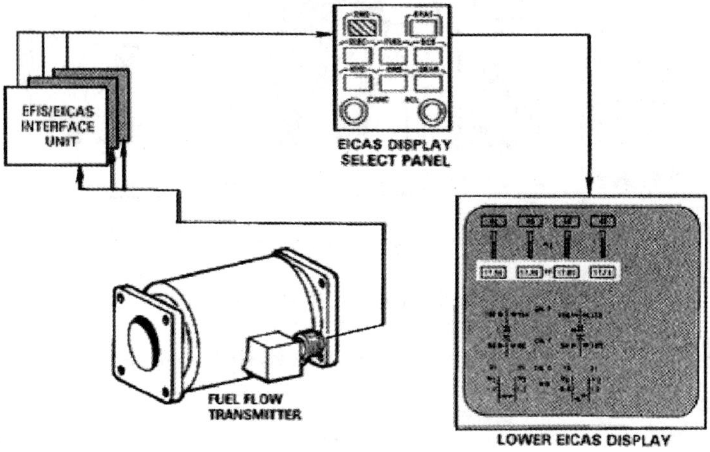

图 11.11　燃油流量指示系统

该系统由发动机上的燃油流量传感器(EBU 部件)及飞机上的 EIU,EICAS CRT,EICAS 显示选择面板等组成。燃油质量流量传感器输出一个正比于测得的燃油质量流量的电信号到 EIU。在 EICAS 显示屏上,燃油质量流量以白色数字显示,计量单位为 Pd/h 或 kg/h。

4. 机械状态指示系统

机械状态指示系统用于提供与发动机机械部分工作状态有关的参数数据,包括滑油量、滑油压力、滑油温度的测量与显示和振动状态监控功能。

(1)滑油量。滑油量指示系统用于传感并显示滑油量,以便及时了解发动机工作时的滑油消耗量。系统如图 11.12 所示。由位于发动机滑油箱上的滑油量传感器(EBU 部件)及位于飞机上的 EICAS 显示屏等组成。

滑油量传感器感受发动机油箱里的滑油水平面并输出信号到 EICAS。在 EICAS 上,滑油量以白色数字及白色指针显示。

(2)滑油压力指示系统。滑油压力指示系统如图 11.13 所示。用于传感并显示滑油系统工作压力。

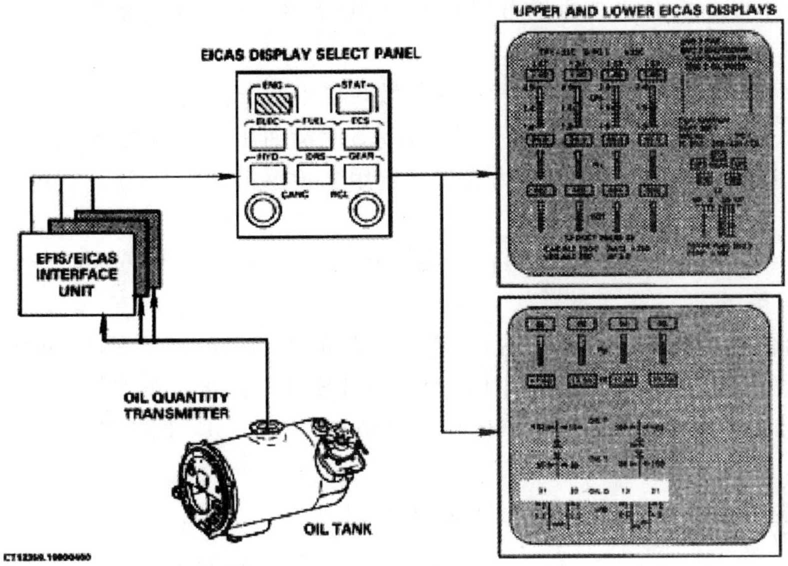

OIL QUANTITY INDICATION

图 11.12　滑油量指示系统

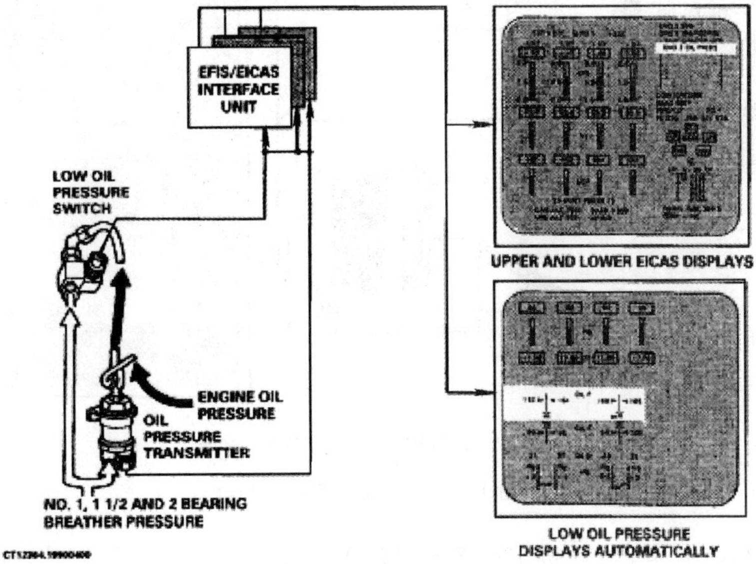

OIL PRESSURE INDICATION

图 11.13　滑油压力指示系统

系统由位于发动机上的滑油压力传感器(EBU 部件)及位于飞机上的 EIU 和 EICAS 显示屏等组成。

滑油压力传感器感受发动机燃/滑油冷却散热器里的滑油压力和 1 号、1.5 号及 2 号支承座的通气压力并输出压差信号到 EIU。在 EICAS 上滑油压力以白色数字及白色指针显示。

(3)滑油低压警告系统。滑油压力警告系统用来传感滑油低压力信号并显示滑油压力低警告。

该指示系统可参阅图 11.13。由位于发动机的滑油压力低开关及位于飞机上的 EIU 和 EICAS 显示屏等组成。

滑油压力低传感器感受发动机的燃/滑油冷却散热器里的滑油压力，和 1 号、1.5 号及 2 号支承座的通气压力。当压差达到 0.48 MPa(70 PSI)时，输出一压差信号到 EICAS。

在发动机起动过程中，在 EICAS 上有 C 级消息“ENG OIL PRESS”，直到滑油压力超过 0.55 MPa(80 PSI)时消失。

(4)滑油温度指示系统。滑油温度指示如图 11.14 所示。用来传感并显示滑油温度。

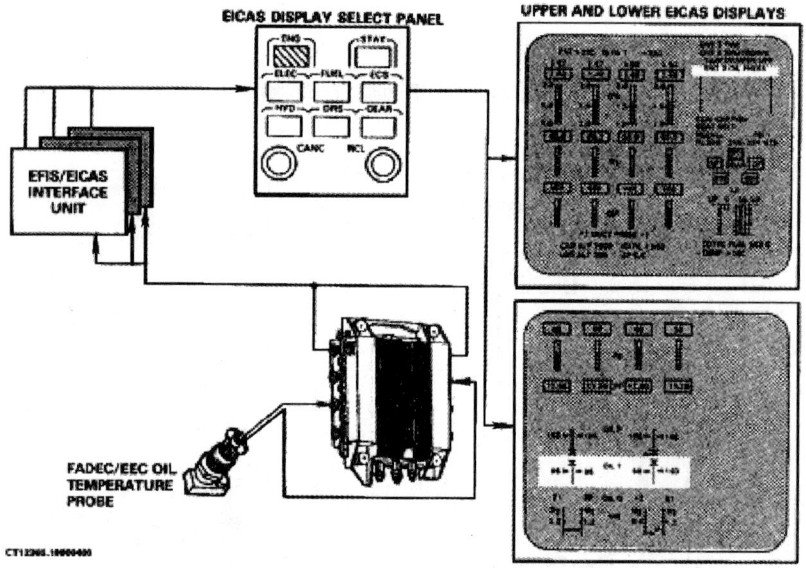

OIL TEMPERATURE INDICATION

图 11.14　滑油温度指示系统

系统的传感器是位于发动机主齿轮箱里的 FADEC/EEC 滑油温度热电偶探头。热电偶探头感受滑油温度并送到 FADEC/EEC。FADEC/EEC 将此输入转换成数字信号并输出到 EIU。

(5)振动监视系统。发动机振动指示系统如图 11.15 所示。用来感受、监测并显示发动机的振动量。

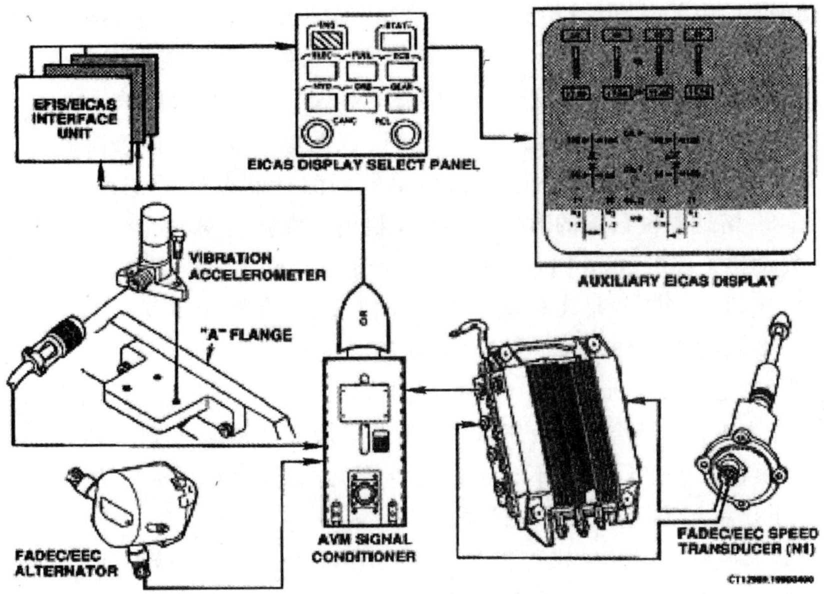

VIBRATION INDICATION

图 11.15　振动指示系统

该系统由位于发动机上的振动加速度计(EBU 部件)及位于飞机上的飞机振动监视组件、EICAS 计算机和 EICAS 显示屏等组成。

发动机的振动数据以数字显示和模拟表盘刻度两种方式显示。数字显示同时指示 N_1，N_2 和宽带(BB)振动的最高值；1，2 号发动机的振动数据来自左振动监视器(AVM)，3，4 号发动机的振动数据则来自右 AVM。

压电式加速度传感器感受发动机振动并产生与振动量成正比的电信号，飞机振动监视系统(AVM)通过不间断地监视发动机振动水平来检测其性能的恶化。AVM 系统由位于发动机上的加速度计和两个 AVM 信号调理单元组成。信号调理单元利用加速度计信号和 N_1，N_2 转速信号来确定每个发动机单个转子的振动水平。此信息被传送到 EIU，经处理后即送到从属 EICAS 用于显示。

除上述发动机专用的测试与显示系统以外，在飞行控制指示系统中也有反映发动机工作状态的数据信息显示。例如，在飞行控制面板中的控制显示组件(CDU)的菜单里有维护和故障排除页面，其中有燃油量、发动机过载、发动机性能、电子推进控制系统、辅助动力装置等相关信息。EICAS 维护页允许选择单个系统来显示、打印或送到 ACARS(飞机通信寻址和报告系统)。这些页可在飞行中获得,并在下 EICAS CRT 上显示。

二、Airbus 320 飞机的机载测试与显示系统

A320 的 FADEC 由 ECU 以及相关的用于控制及监控的部件和传感器组成。ECU 是双通道数字式电子控制器。ECU 每个通道从飞机上 ARINC429 数据总线接收来自两个大气数据和惯性基准装置(ADIRU)的数据和来自发动机接口振动监视装置(EIVMU)的操作命令。ECU 还从各个专用的发动机传感器接受工作状态数据。ECU 依据总线数据和传感器数据,计算必要的燃油流量和 VSV,VBV,高压涡轮间隙控制,低压涡轮间隙控制及转子主动间隙控制活门位置。ECU 以 ARINC429 格式提供数字的数据输出到飞机用于驾驶舱发动机参数显示(指示通过 FADEC 涵盖所有发动机主要参数),并供给飞机飞行管理系统和飞机维护数据系统。

Airbus 320 飞机上安装的是飞机电子中央监控系统,简称 ECAM 系统。它用来监视飞机和发动机上各主要系统的工作,自动处理各系统输入的有关信息,通过两个阴极射线管显示信息、图形和有关数据。两个显示器上、下布置(见图 11.2)。正常工作时,它提供临时使用的系统(如 APU)和经常工作的系统(如液压系统)的工作情况。从起飞到着陆共分 12 个阶段,各阶段都有相应的页面。若工作出现不正常或应急情况,上显示器显示警告信息,有故障分析和应采取的操作;下显示器出现故障系统的页面。

ECAM 的显示主要包括发动机与警告显示(E/WD)和飞机系统显示(SD)。它综合了全部发动机状态参数和其他系统状态参数的显示、警告信息。

A320 的 ECAM 发动机/警告显示(E/WD)如图 11.16 所示,ECAM 系统显示(SD)如图 11.17 所示。

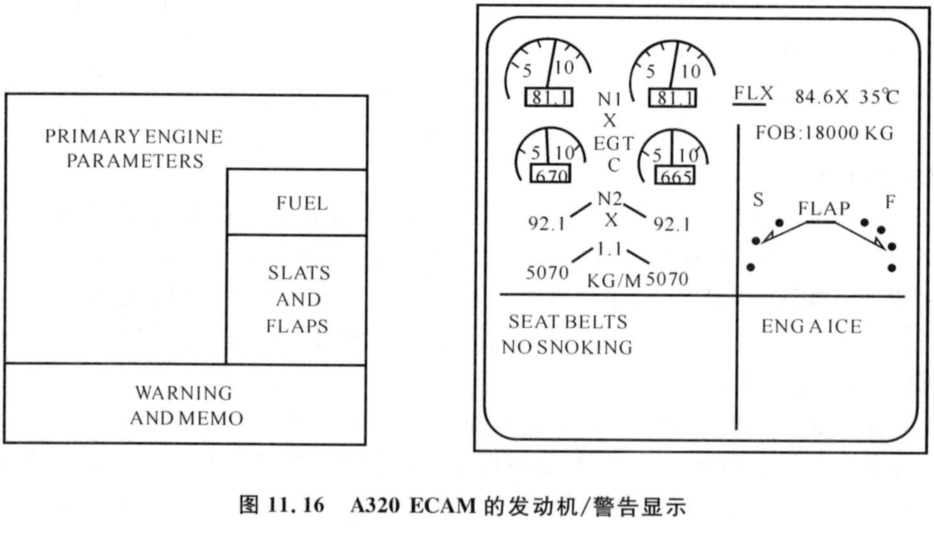

图 11.16 A320 ECAM 的发动机/警告显示

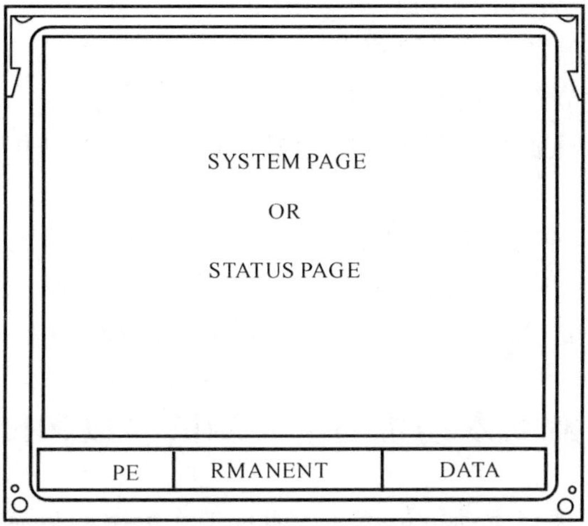

图 11.17　A320 ECAM 的系统显示

发动机的主要参数由 ECU 直接送给 ECAM 并显示在 E/WD 的左上位置，如低压转子速度(N_1)、高压转子速度(N_2)、排气温度(EGT)、燃油质量流量(FF)。发动机的次要参数通过 EIU 送给 ECAM 并显示在 SD 的发动机系统页面，可自动显示或人工提取次要参数，如已用燃油(F. USED)、滑油质量流量、压力、温度及振动信息等。

在飞机发动机正常工作的情况下，ECAM 系统在驾驶舱中使指示正常工作的信号减到最小，并用颜色直观表达系统的工作状态。声响的音调、灯光的颜色和 CRT 上显示的信息，联合反映出警告的严重程度。

当出故障以后系统或状态页面能自动地显示，或者通过按压 ECAM 控制面板上有关的按钮开关人工调出要显示的页面。

SD 共提供 11 个飞机系统页面和 1 个巡航页面。

系统页面可人工或自动显示，包括引气(BLEED)，空调(COND)，客舱压力(PRESS)，电源(ELEC)，飞行控制(F/CTL)，燃油(FUEL)，液力(HYD)，辅助动力组件(APU)，发动机次要参数(ENG)，舱门和氧气(DOOR)，起落架、轮、刹车(WHEEL)。

巡航页面(CRUISE)只是在飞行中自动显示。

在飞行期间，巡航页面显示主系统参数以便监控。包括发动机参数，如燃油消耗、滑油量和振动；客舱压力参数，如着陆机场标高、客舱升降速度、客舱高度、客舱内外压差；区域温度。

状态页面包括飞机状态操作的简短语句。如当缝翼大于 2(在进近时)时，这个页面自动显示。

系统页面逻辑：对系统页面 ，ECAM 有四种工作模式，且有优先顺序。四种选择模式为

(1) 人工模式(超控所有其他模式)：从 ECAM 控制面板上选择。

(2) 故障模式:主警告/告戒产生时自动显示。

(3) 咨询模式:有参数漂移时自动出现。

(4) 飞行阶段模式:对应于飞机的飞行状态自动出现。

在任何时候,人工叫出页面均可代替当前的显示页面。当发动机起动程序期间显示起动页面,以后显示发动机页面。

永久性数据包括温度、时间和毛重,始终显示在系统显示器的底部。温度包括大气总温(TAT)和大气静温(SAT)。格林威治时间(GMT)与驾驶舱时钟一致,用绿色显示。毛重用绿色显示,在发动机起动完成之前和起落架抑制(LDG INHIBIT)信息消失之后被抑制。

11.3 航空发动机的主要测试参数和传感器

由上一节的讨论可知:现代发动机包含许多测量工作参数的传感器。它们在发动机监视和控制中有着极其重要的作用。一类传感器是需要立即为电子控制器感受以实施控制计算的;一类传感器是监视发动机工作情况的。同一个或者分开的传感器能够实施这两个功能。当调节控制器增加或减少发动机功率的同时,很多传感器也将信号送到驾驶舱指示器,通知驾驶员发动机目前所处的状态。

对传感器的基本要求是:测试精度满足发动机控制、状态监控和故障诊断系统及其他系统的使用要求;能够承受发动机上或非常严峻的工作环境条件,例如发动机内典型的环境温度范围是-60～1 200℃。传感器要经受热的腐蚀性气体和油雾、或者浸泡在油中,它们还必须经受冲击和振动;尽可能减小对发动机内的流场、结构和强度的影响;另外还要结构简单,重量轻,工作可靠,安装牢固,装拆、检查和更换方便。

依据不同发动机的设计要求,传感器测量的发动机工作参数有温度、压力、转速、扭矩和振动。同时,也测量燃油流量及活门、叶片、油门杆角度和其他控制部件的位置。温度、压力等参数根据需要可以在几个截面同时测量,因而需要设置多个不同型号的传感器;对于多转子发动机,必须分别测量各个转子的转速;为了保证测试系统的可靠性,测量重要参数的传感器必须有备用传感器。

温度测量通常采用热电偶和电阻温度计测量。热电偶测量的温度范围最常用的是400～1 300℃。为了得到精确的温度分布,常常多点测量。电阻温度计测量的温度范围在-60～+400℃之间,适合于进口空气、燃油、液压油、滑油温度的测量。压力测量对于发动机控制和发动机健康监视是重要的,晶体振荡式传感器可靠性高、稳定性好,适合于发动机控制和监视。转速表发电机和探头、齿轮组成的转速传感器是常用的转速电测方法。线性和旋转可变差动变压器(LVDT 和 RVDT)适合于位移和转角的测量。应该考虑到,在不同的发动机载荷下,这些测量值变化相当大。

一、转速及传感器

通过测量发动机主轴的转速，如燃气涡轮发动机转子的转速、活塞式发动机的曲轴转速、直升机的旋翼转速等，可以确定发动机各部件所承受的离心载荷，以保证结构的工作安全；同时发动机的功率或推力又是转子转速的函数（例如对于双转子发动机的推力，涡喷决定于 N_2，涡扇决定于 N_1），在没有直接测量功率或推力的传感器时，可以根据转速换算出燃气涡轮发动机的推力或功率。

转速的指示值有两种形式：一是指示每分钟转数，用于活塞式发动机；另一种是指示被测转速相对于额定转速或最大转速的百分比，用于燃气涡轮发动机。这两种指示值在实际转速表中都有使用。

发动机转速测量常用磁电感应式转速传感器，其结构和工作原理如图 11.18 所示。

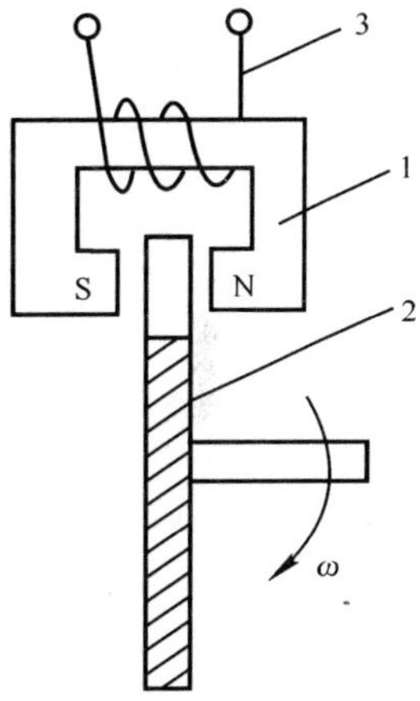

图 11.18 磁电感应式转速传感器原理

1—铁心；2—音轮；3—线圈

它是由导磁齿盘 2、永久磁铁 1 和感应线圈所组成，导磁齿盘直接或经过减速器与转轴相连接。因此，当转轴旋转时，导磁齿盘依次间断地闭合和断开磁路，使磁路的磁通（或磁阻）随之发生周期性的变化，从而在感应线圈上产生感应电势，感应电势的频率 f_x 与转轴的转速 N_x 和导磁齿盘的齿数 Z 成正比。因此，在齿数 Z 一定时，测量感应电势的频率 f_x 可得到被测转速 N_x。

上述变磁通式转速传感器在现代燃气涡轮发动机上得到普遍的应用。在 PW4000，RB211 和 V2500 发动机上就是用声轮（Phonic Wheel）和变磁通式转速传感器来测量各转子的转速。图 11.19 所示的是 RB211 发动机测量（风扇转速）和（中压转子转速）的转速探头。

由图 11.19 可见，每一个转速探头有二块永久磁铁和三个磁极组成，在中间磁极上套一个输出线圈，构成一个永磁电压脉冲发生器。在结构上使得相邻磁极之间的距离正好等于声轮（齿轮）的齿距。永久磁铁所产生的磁通通过声轮构成闭合的磁路。整个探头封装在聚酰亚胺固化的玻璃纤维（绝热绝缘材料）模制件里面。

声轮安装在压气机的旋转轴上并随轴一起旋转。当声轮的齿正好转到与磁极对准时，磁极与声轮之间的气隙最小，磁路的磁阻最小，使得通过线圈的磁通最大；当声轮的齿转到两磁极之间时，磁极与声轮之间的气隙最大，磁路的磁阻也最大，使得通过气隙的磁通最小。随着声轮的旋转，通过线圈的磁通不断在最大值和最小值之间交替变化。于是线圈两端便不断地输出电压脉冲。脉冲的频率等于声轮的齿转过磁极的速度，即正比于安装声轮的发动机转子的转速。

A320 飞机发动机的 N_1 和 N_2 转速传感器也为磁电式转速传感器。

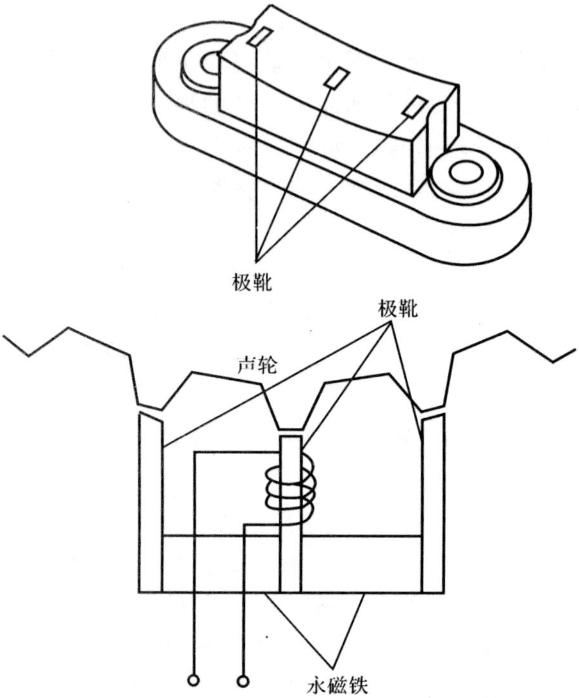

图 11.19　RB211 发动机转速测量探头示意图

实例:PW4000 发动机电子控制所用的转速传感器。

转速 N_1 传感器(见图 11.20)向 EEC 提供低压转子转速信号。传感器是一细长的探头,插入接受器。接受器保护和定位探头接近低压转子轴上有 60 个齿的齿轮。齿转动的频率由探头采集并送到 EEC 反映转速 N_1。该部件也是采集 2.5 站位处总压和温度的传感器。

EEC 发电机作为 EEC 电源,也作为转速 N_2 信号源(参见图 11.21)。转速 N_2 信号用于 EEC 控制和驾驶舱指示。发电机包括转子和定子。它有 3 个绕组,2 个绕组是一样的,产生大约60 W的功率供给 EEC 两个通道,第 3 个绕组输出较低的功率,向电气系统插件,EICAS,AVM 等提供转速 N_2 信号。发电机用风扇空气冷却。

二、温度及传感器

温度的测量和控制在燃气涡轮发动机上应用广泛。发动机需要测量的温度,包括排气温度、滑油温度、燃油温度、发动机进气温度,此外还需测量大气温度、座舱温度以及防冰温度等。温度信号用于发动机推力管理、飞行管理和驾驶舱仪表指示系统等。

飞机上常用的电测式温度传感器有热电阻式和热电式两种。

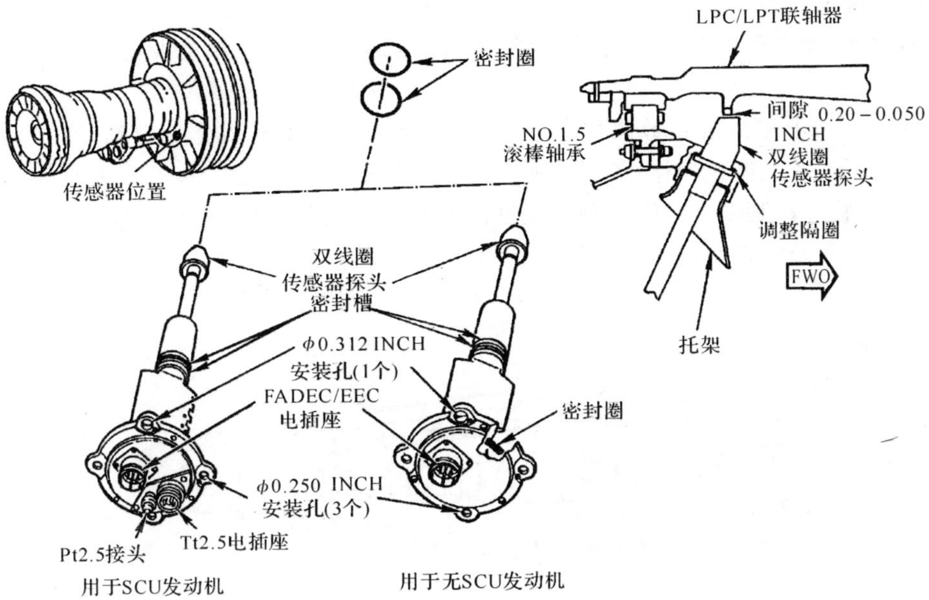

图 11.20　N_1 传感器

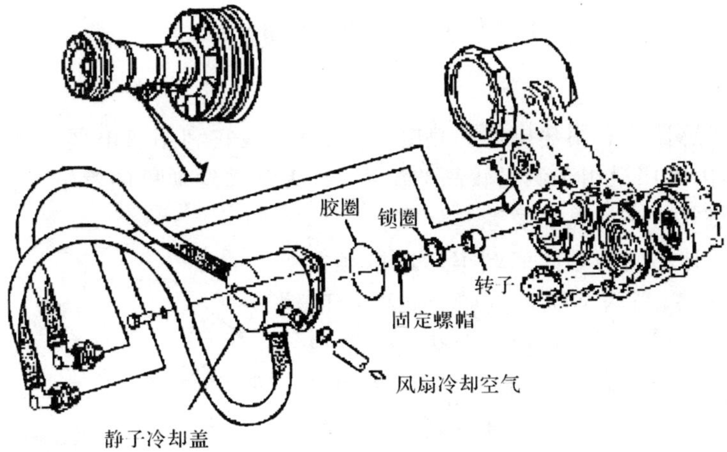

图 11.21　EEC 发电机(N_2 传感器)

1. 热电阻式温度传感器

热电阻式温度传感器是利用导体或半导体的电阻随温度变化的特性制成的。它广泛用于测量较低的温度，如发动机进气温度、燃油温度、液压油温度、滑油温度及防冰加温设备的温度等。

传感器一般用电阻温度系数较稳定，并且在较高温度下不易氧化的镍丝(或铂丝)制成。对于流动速度不大的气体或液体，传感器通常制成感温棒形式(见图 11.22)，并且插入被测气体或液体之中，感受被测温度。随着被测温度的升高(或降低)，感温电阻的阻值也将升高(或降低)，这就把被测温度转变成了电阻值。

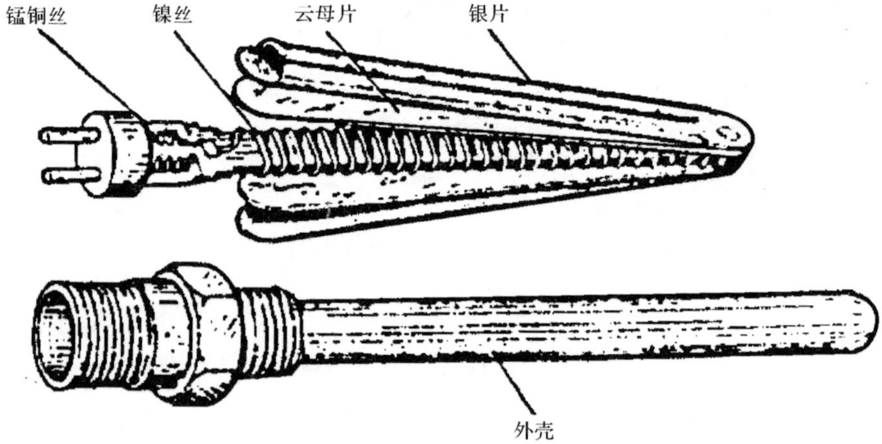

图 11.22 热电阻式温度传感器的结构

2. 热电式温度传感器

热电式温度传感器是利用热电偶的热电效应制成的，它利用热电偶实现被测温度和热电动势之间的变换，因此广泛用于测量较高的温度，如活塞式发动机的汽缸头温度、喷气发动机的排气温度以及热气防冰加温温度等。

热电偶是由两种不同的导体两端牢靠地接触在一起组成的闭合回路，当两个接触点(称为结点)的温度不相同时，回路中就产生热电势，此热电势是单一导体的温差电势和接触电势之和。单一导体的温差电势是在同一导体的两端因其温度不同而产生的一种热电势。接触电势是由于两种导体电子密度不同，电子扩散的速度不同而产生的电势。因此，两个结点的温度差别越大，所产生的电势也越大；组成回路的导体材料不同，所产生的电势也不同。如图 11.23 所示。

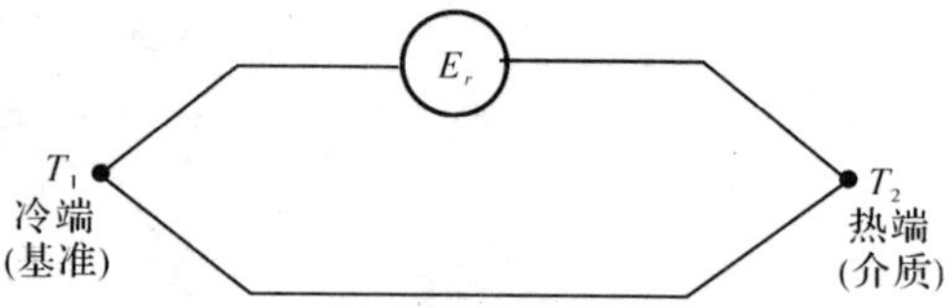

图 11.23 热电式传感器工作原理

测量发动机排气温度的热电偶如图 11.24 所示。热电偶装在一根耐热不锈钢管中，并沿着与气流垂直的方向插在发动机尾喷管中。高温气流从进气口流入，受到阻滞后，速度降低到接近零，同时把温度传给热电偶，然后从出气孔流出。热电偶感受被测温度，产生热电动势。该电势即能反映出被测温度的高低。

由于在发动机尾喷管内燃气温度的分布不均匀，所以，在飞机上测量燃气温度时一般采用多个传感器均匀分布在喷管某一截面的圆周上，感受所在位置的燃气温度。通过传感器的适当联接，使温度表指示燃气温度的平均值。

A320 飞机发动机的排气温度（EGT）值，由 9 个位于 $T_{49.5}$ 站位的热电偶探头测量。热电偶探头产生一个电压值，此电压与镍铝—镍铬探头周围的温度成正比。平行的镍铝—镍铬导管将探头与接线盒连接在一起，此接线盒将电压的平均值（排气温度平均值）送 ECU，并向驾驶舱提供排气温度的目视指示。EGT 的指示位于 ECAM 系统的发动机/警告显示器（E/WD），EGT 信息由模拟及数字形式同时显示，指示通常为绿色。

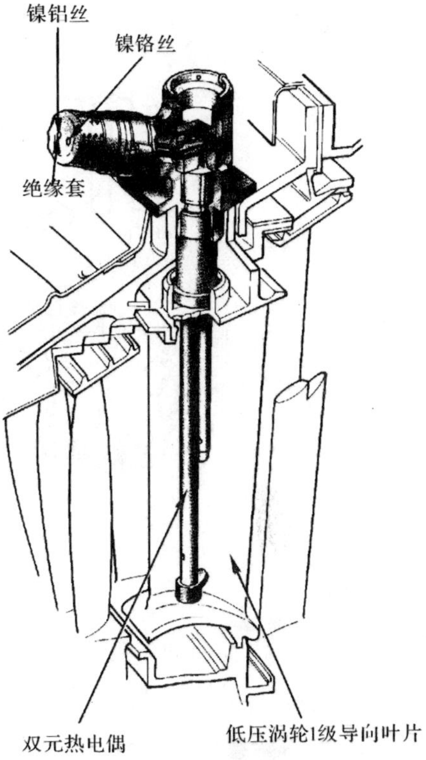

图 11.24　发动机排气温度传感器

实例：PW4000 发动机电子控制所用的温度传感器。

6 个温度传感器向 EEC 提供温度信息。它们是 T_{t2}，T_{t3}，$T_{4.95}$，燃油温度，滑油温度和 3 号轴承滑油回油温度（见图 11.25）。除 T_{t2} 传感器是双铂金属丝电阻元件外，其他 5 个是双镍铬/镍铝热电偶传感器。双份元件设计保证两个 EEC 通道有独立的温度数据源。

进口温度（T_{t2}）由进口总压/总温（p_{t2}/T_{t2}）探头感受。探头装在风扇进口整流罩，电加热防冰。

高压压气机出口温度（T_{t3}）由插进扩压机匣的探头测量。EEC 监视压气机排气温度作为发动机工作指示。T_{t3} 也能用于 T_{t2} 探头故障时计算 T_{t2} 备用。

排气温度由在低压涡轮出口 4 个均布的探头测量，信号送到 EEC 之前在热电偶中继盒平均。EEC 中冷结点电路补偿温度信号。

双份的燃油温度探头插进燃油泵。EEC 使用该温度控制燃油加热和发动机及 IDG 滑油冷却。

滑油温度热电偶与燃油温度热电偶探头是相似的，装在主齿轮箱的左前部。EEC 使用该温度控制滑油冷却和驾驶舱显示。

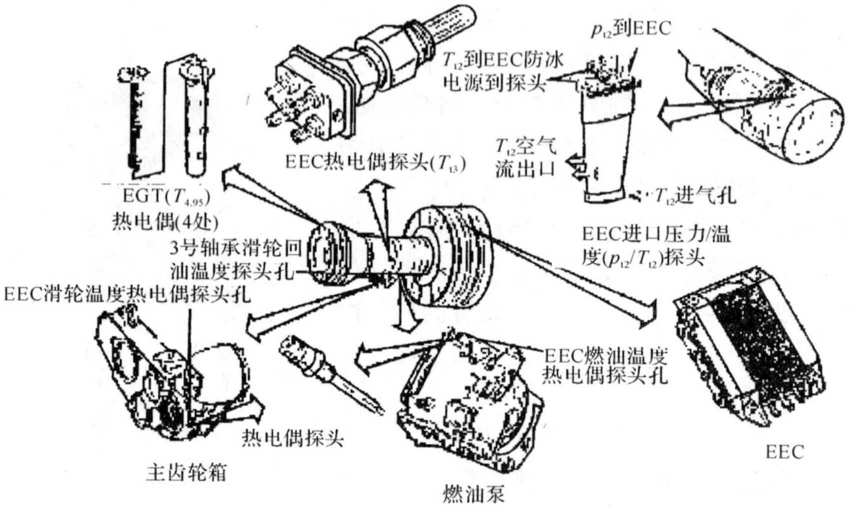

图 11.25　EEC 温度传感器

3 号轴承滑油回油温度探头插进 3 号轴承滑油回油管。EEC 计算 3 号轴承滑油温度与齿轮箱滑油温度之差,差值显示在驾驶舱。

三、压力测量及传感器

压力测量对于发动机控制和发动机健康监视是重要的,发动机需测量的压力有进气压力、排气压力、燃油压力、滑油压力等。现代先进的航空燃气涡轮发动机通过对通道内气流压力的瞬态变化来监测压气机喘振,进气道流场畸变,有效地减少了发动机空中停车等严重故障的发生,保证了飞行安全。

航空发动机上的压力测量可分为静态压力测量和动态压力测量。气流压力的测量包括测静压和总压。不同的压力测量对传感器的类型、性能和安装固定方面的要求都是不一样的。航空方面常用的压力传感器有应变式、电容式、压阻式、压电式、谐振式压力传感器及差动式压差传感器等。晶体振荡式压力传感器可靠性高、稳定性好,适合于发动机控制和监视。

谐振式压力传感器是利用压力弹性敏感元件的压力谐振频率特性制成的。当被测压力作用在弹性敏感元件时,由于应力状态不同,就具有不同的固有频率。这时若用外力激励,弹性敏感元件则按其固有频率振动,这就是弹性敏感元件的压力谐振频率特性。当被测压力变化时,弹性敏感元件的应力变化,从而改变了固有频率,因此测量其固有频率就可以测量压力。谐振式压力传感器有振弦式、振膜式、振动筒式等多种。

振膜式压力传感器是利用圆形恒弹性合金膜片的固有频率可随膜片所受压力变化的原理制成的,广泛用于压力测量中。图 11.26 所示的是一种振膜式压力传感器的结构原理图。它由空腔、压力膜片、振动膜片、激振线圈、拾振线圈及放大振荡电路组成。在空腔受压力作用时，压力膜片即发生变形，在压力膜片的支架上装有一振膜。在压力引起压力膜片变形以后，使支架角度改变并张紧振动膜片使其刚度变化。膜片的振动频率取决于振膜的刚度、压力膜片和支架的刚度。在振动膜片的两侧分别放置激励线圈和拾振线圈。当电路接通时，激励线圈中流过交变电流而产生一激励信号使膜片产生振动，通过拾振线圈及振荡放大电路输出后，又正反馈给激励线圈，以维持振膜的振动。同时经整形后输出方波信号以供检测频率用。

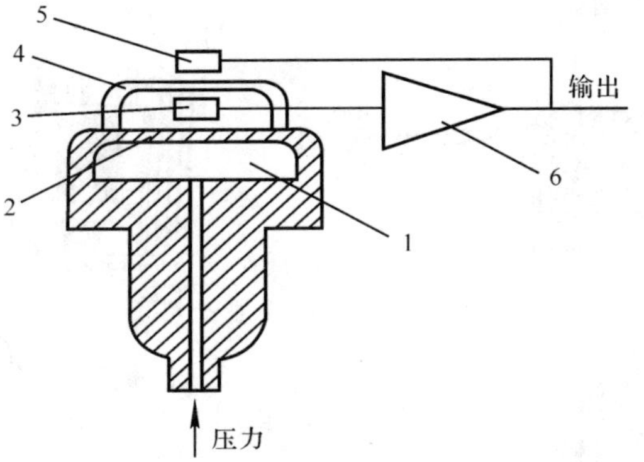

图 11.26　振膜式压力传感器结构原理图

1—空腔；2—压力膜片；3—拾振线圈；4—振膜；5—振荡放大电路；6—振动发生器

另一种振膜式压力传感器的结构示意图如图 11.27 所示。它是利用两个压电元件(石英晶体)代替激励线圈和拾振线圈。当膜片受压力作用而变形时，其刚度发生变化，膜片的固有频率也随之改变。起拾振作用的压电元件利用顺压电效应，将检测到的信号送入放大器，经放大的信号又正反馈到起激励作用的压电元件，该压电元件利用逆压电效应对晶体施加交变电场，晶体本身将产生机械变形而产生振动以维持振膜的振动。

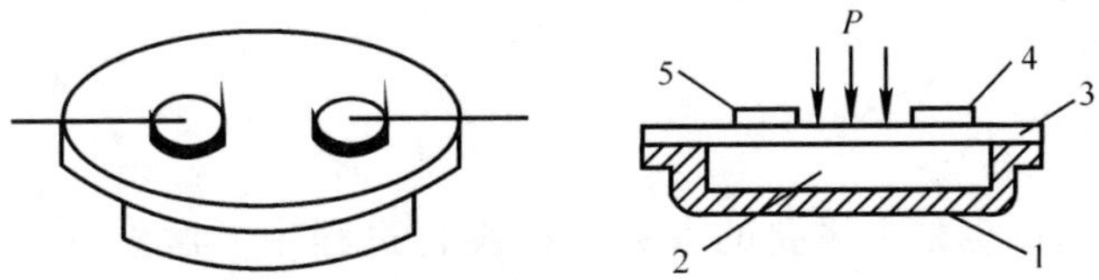

图 11.27　另一种振膜式压力传感器结构原理图

1—支持容器；2—真空室；3—振膜；4,5—压电元件

实例：PW4000 发动机电子控制所用的压力传感器。

4 个压力传感器向 EEC 提供输入信号，包括测量 p_{amb}，p_{t2}，$p_{t4.95}$，p_b(见图 11.28)。

p_{amb}是环境压力，从风扇整流罩外表面 5 点钟和 7 点钟位置两个带滤网的静压孔感受。两孔连到一根共用管并通到 EEC。

p_{t2}由进口总压/总温(p_{t2}/T_{t2})探头感受。探头伸进风扇进口气流中,探头通电加热防冰,并包含温度传感器。

$p_{t4.95}$是低压涡轮下游排气压力。两个探头是将$p_{t4.95}$和$T_{t4.95}$探头组合在一起的。它们位于10点钟和4点钟位置,探头连到共用管通到EEC。这个压力用于EEC计算压力比。

p_b反映燃烧室压力。它从扩压机匣上高压压气机出口静压孔测量。

EEC中每个压力传感器都是晶体振荡传感器,包含激励和信号转换。转换后的数字压力信号为EEC的两个通道所用。

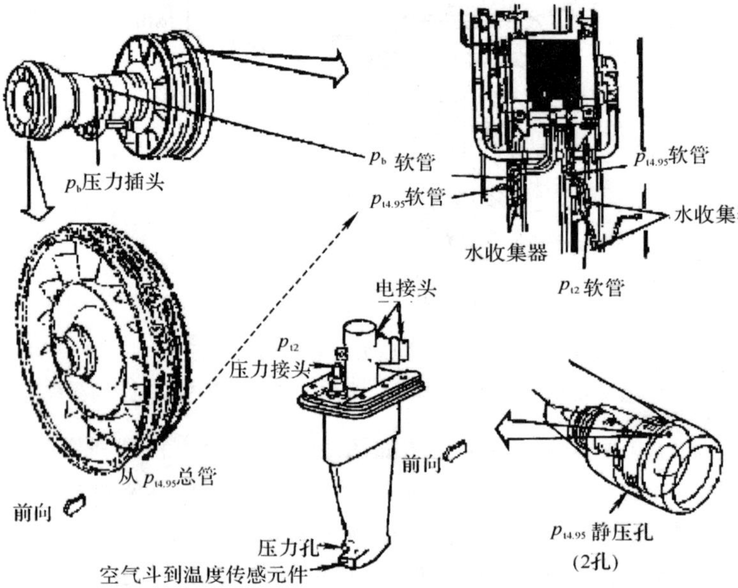

图 11.28　EEC 压力传感器

四、流量及传感器

燃油流量对于发动机也是个重要的参数。在飞行过程中了解燃油的流量和总耗量,对预计飞机续航时间,判断发动机经济性,以及了解、控制和调整发动机的工作状态等都具有重要的作用。

流体在管路中单位时间内流过的数量,称为流量。流量有两种:一种是质量流量;一种是体积流量。体积流量是流体在管路中单位时间内流过的体积,它等于流速与管路横截面积的乘积;质量流量是流体在管路中单位时间内流过的质量,它等于体积流量与流体密度的乘积。

无论是体积流量还是质量流量,当管路横截面积一定,流体密度一定时,流速越快,流量越大。利用流量与流速之间的关系,便可以把流量转换为其他物理量,加以测量。

涡轮流量传感器是通过测量安装在导管中的涡轮的转速而间接测量流体流速的。即得到的信号是与流量成正比的频率信号。

涡轮流量传感器的结构如图 11.29 所示。它由导流器，涡轮和磁电转换器等组成。

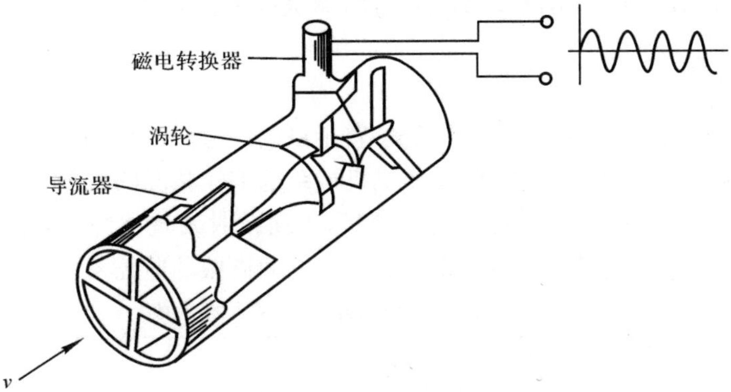

图 11.29　涡轮流量传感器结构图

导流器在导管中固定地安装在涡轮的前、后部分，利用其叶片使流体流束平行于轴线方向流入涡轮，以减少导管的影响。为了消除涡轮流量传感器前后弯管道对流体流速分布的影响，要求在传感器前后的直管段长度应分别大于管道直径的 15 倍和 5 倍。

涡轮由轮毂和螺旋式叶片组成，要求转轴和轴承间的摩擦要小，能在流体推动下灵活地旋转。

磁电式转换器可以采用磁阻式、感应式、霍尔元件或光电元件变换器等。

磁阻式磁电转换器的结构如图 11.30(a)所示，它由永久磁铁和线圈组成。

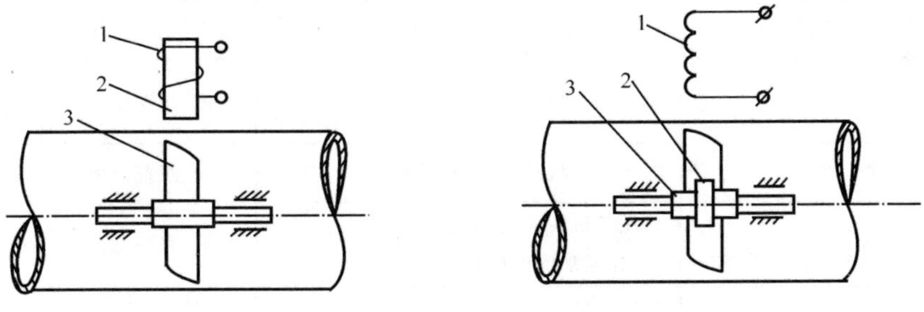

图 11.30　磁阻式和感应式转换器结构图

(a) 磁阻式；(b) 感应式

1—线圈；2—永久磁铁；3—涡轮

永久磁铁置于线圈内，涡轮叶片由导磁材料制成。当涡轮叶片通过永久磁铁下方时，磁路的磁阻最小，而其他时间，磁阻很大。因此，当涡轮旋转时，磁路磁阻随之发生周期性的变化，在线圈中产生相应的脉冲信号，信号的频率取决于涡轮的转速和涡轮的叶片数。

感应式磁电转换器结构如图 11.30(b)所示。它由线圈和永久磁铁组成。永久磁铁装在涡轮内,涡轮叶片由非导磁性材料制成。涡轮旋转时,线圈切割磁力线,产生感应电势,感应电势的频率和涡轮的转速相对应。

涡轮流量传感器具有测量精度高,线形特性,测量范围宽,反应灵敏,压力损失小等优点。

五、振动及传感器

航空燃气涡轮发动机是一种高速旋转机械,转子虽然经过较严格的平衡,但工作时还有或大或小的振动现象。振动量的大小,是反映发动机机械系统工作状况的重要参数。因此,航空发动机都装有测振仪表,用来随时监视发动机的振动量,以便及时发现故障、预测发动机性能衰退的变化趋势,确定发动机的返修时机与使用寿命。航空发动机振动监控系统参数见表 11.2。

表 11.2　航空发动机振动监控系统参数

发动机 / 飞机	加速度计的数目、位置	信号处理
CF6—50 /DC10,A300,B747	2,风扇轴承、涡轮	宽带
CF6—80 /A310,B747,B767	2,风扇轴承、涡轮	跟踪滤波 风扇修正平衡
CFM56—3/B737 CFM56—5/A320,A340	2,风扇轴承、涡轮	跟踪滤波 风扇修正平衡
JT8D/B747,B767	2,(速度传感器),风扇机匣、涡轮	宽带(跟踪)滤波
JT9D—7J/B747	1(2),风扇机匣(风扇轴承)	宽带(跟踪)滤波
JT9D—7R4E/B767,A310	1(2),风扇机匣(风扇轴承)	宽带(跟踪)滤波
PW4000 /B767,B747,A310	1(2),风扇机匣(风扇轴承)	宽带,跟踪滤波
RB211—524/B747	2,压气机机匣(两个背对背)	宽带,跟踪滤波
RB211—525/B757	1,压气机中介机匣 (双元素加速度计)	宽带,跟踪滤波
V2500/A320	1,压气机中介机匣 (双元素加速度计)	跟踪滤波,风扇修正平衡 FFT 分析
D—30KY /IL—62M,TY—154M	2,压气机、涡轮	跟踪滤波

发动机上常用的测振传感器有速度式和加速度式两种。

1. 速度式测振原理

速度式测振传感器的原理如图 11.31 所示。它由永久磁铁、线圈、弹簧等组成。线圈安装在壳体上，壳体固定在发动机振动测量点上。永久磁铁质量较大，并由两个刚度很小的软弹簧连接在壳体上，因此自然振动频率很低（<15Hz）。整个传感器相当于一个把振动速度转换成交流电压的永磁式发电机。

发动机工作时，传感器壳体随发动机一起垂直振动，沿测量方向作高频往复直线运动。由于磁铁自然振动频率低，壳体的振动来不及传递给永久磁铁，所以磁铁并不随发动机振动，而是基本上保持静止状态。这样，永久磁铁相对于线圈的往复运动就反映了发动机的振动。根据电磁感应原理，永久磁铁与线圈相对运动时将产生感应电动势，即

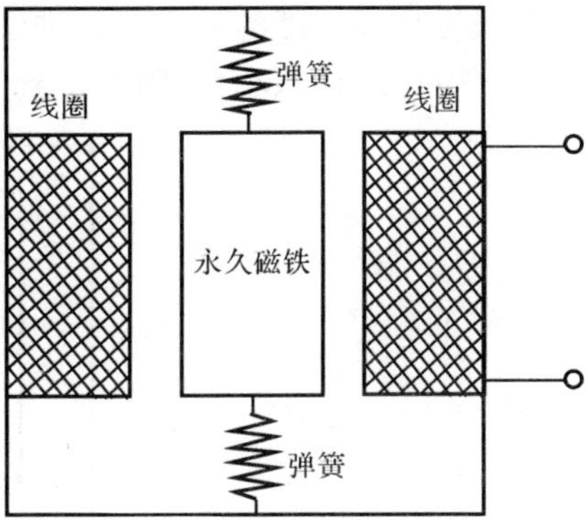

图 11.31　传感器原理

$$E = BNLV \tag{11-1}$$

式中　E—— 感应电动势有效值；

B—— 磁感应强度；

N—— 线圈匝数；

L—— 每匝绕组的有效长度；

V—— 相对速度的有效值。

式(11－1)说明，速度式测振传感器的结构一定时，感应电动势与发动机振动速度成正比。所以，测量感应电动势的大小，可以表示发动机的振动速度。

测出振动速度后，通过积分可以得到振幅。当发动机振动频率一定时，又可以得到振动载荷系数。

通常在发动机上安装两个振动传感器，一个安在压气机附近，另一个安在涡轮转子附近，测量这两处的径向振动参数。

2. 加速度式振动传感器工作原理

当物体加速运动时，将受到惯性力的作用。惯性力的大小等于加速度与物体质量的乘积，惯性力的方向与加速度的方向相反，其关系式为

$$F_i = -ma \tag{11-2}$$

式中　F_i—— 运动物体所受惯性力；

m—— 运动物体的质量

式(11－2)说明，当物体质量一定时，测量它所受惯性力的大小，就可知其加速度。

加速度式测振传感器是一个压电式力传感器，它的原理结构如图 11.32 所示。

质量块是加速度敏感元件，它被硬弹簧压紧在压电晶体片上（在压电片的两个表面上镀银层焊接输出引线），并随壳体一起运动。壳体安装在发动机上，随发动机一起运动。

发动机工作时，传感器随发动机一起垂直振动。由于弹簧的刚度相当大，质量块的质量相对较小，可以认为质量块的惯性很小。因此，质量块感受与传感器基座相同的振动，其振动加

速度与发动机振动加速度成正比。这样，质量块就有一个正比于加速度的交变力作用在压电片上。由于压电片具有压电效应，因此在它的两个表面上就产生了交变电荷(电压)，其电荷量(电压)与作用力成正比，即与发动机振动加速度成正比。测量传感器的输出电压就可以表示发动机振动加速度的大小。通过积分，就可以得到振动速度和振幅。由于这种传感器结构简单、工作可靠、体积小巧，因此得到了广泛的应用。

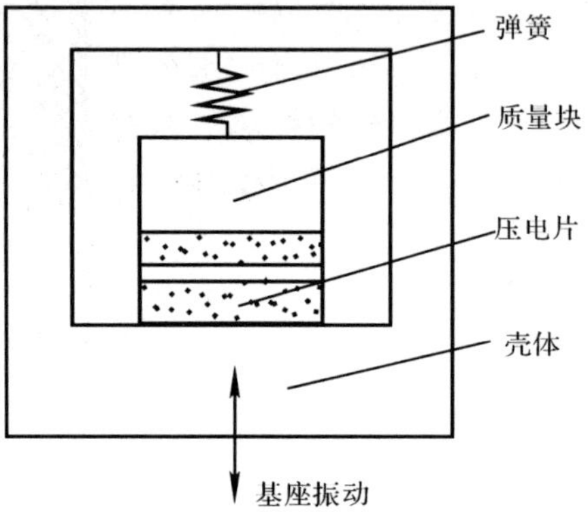

图 11.32　加速度式测振传感器

对飞机来说，由于发动机运转的不平衡和空气动力的作用，都会引起飞机各部分产生不同程度的振动。当振动量过大时，将会造成飞机构件的损坏。因此，为确保飞行安全，在大型客运飞机上均装有机载振动监视系统，由振动传感器检测发动机的振动信息，并被传送到 EIU，经处理后即送到驾驶舱 ECAM 或 EICAS 用于显示。通常显示在发动机和巡航页面。

六、位移测量

在发动机控制系统中的很多反馈信号是机械信号，如位移量或角度量。这时需要把机械位移转换成电信号。差动变压器是一种能把机械位移转换成电信号的电磁互感应式位移传感器，目前应用在许多先进发动机上。反馈元件通过差动变压器将机械信号转换成为电压信号。

差动变压器的结构如图 11.33 所示，是根据变压器的基本原理制成的。它的次级绕组与初级绕组的相对位置是可变的，称为差动连接，所以叫差动变压器。

差动变压器主要有旋转可变差动传感器(RVDT)和线性可变差动传感器(LVDT)两种类型。具体的结构形式按其铁心和绕组的形状划分有多种，如图 11.33 有(a)Ⅱ型、(b)螺管型、(c)“山”字型。用于位移测量的大多为螺管式差动变压器。

差动变压器的特点是结构简单、灵敏度高、线性度好和测量范围宽。

(1)螺管式差动变压器如图 11.33(b)所示。它由三个螺管线圈和铁心组成，三个螺管线圈的长度是一样的，中间的线圈是初级线圈，两边的线圈是次级线圈。线圈中的铁心用来在线圈中连接磁力线构成磁路。

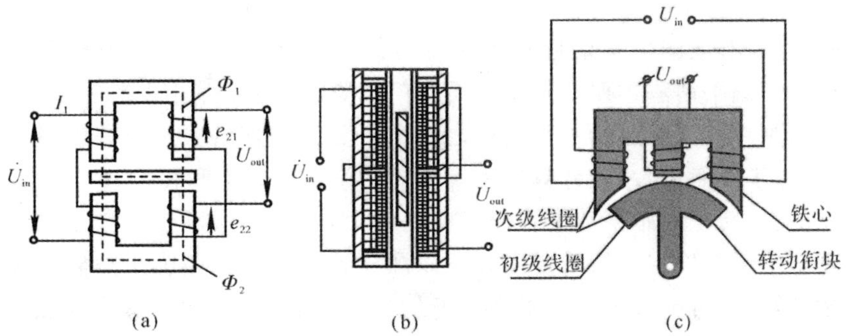

图 11.33 差动变压器式结构

(a)Π型；(b)螺管型；(c)“山”字型

(2)“山”字型差动变压器如图 11.33(c)所示。在铁心的中央绕有初级线圈，接上交流电源。铁心两边各绕有一个次级线圈，两次级线圈绕向相反，互相串联。

1)当衔铁处于“山”字型铁心中间时，左右空气隙的横截面积相等，磁阻相等，磁通相等，互感相等，两次级线圈中产生的感应电动势大小相等，方向相反，输出电压为零。

2)当衔铁偏离中央位置时，两边气隙截面积不相等，磁阻不等，磁通不等，互感不等，两次级线圈中产生的感应电动势大小不相等，便输出交流电压。

11.4 航空发动机的整机平衡

发动机振动过量，是燃气涡轮发动机的常见故障。在一般情况下，发动机的振动主要来源于转子的振动，而转子的振动主要是由于转子不平衡所引起。因此，近代的航空发动机都要对其转子进行严格的平衡。

高速转子的平衡方法有两种，一种是将转子单独地在平衡机上进行平衡，通常称为工艺平衡，然后将平衡好的转子装配于发动机上工作。为了尽可能地减小转子不平衡产生的不平衡力和不平衡力矩，转子要经过多道平衡工序。目前，我国生产的航空发动机普遍采用这种平衡方法。另一种是在发动机整体装配完成以后，在检验试车的过程中，对发动机的转子进行平衡，通常称为整机平衡法或原位平衡法。

采用工艺平衡法，由于平衡机的转速与发动机的实际工作转速有很大差异，转子的工作条件和安装条件都和实际发动机上不一样，造成转子不平衡的许多复杂因素不能显现出来，如转子的刚度和变形等，所以不能保证平衡后的转子在发动机工作时的平衡。另外，经过工艺平衡后的转子，在经过装配和运转之后，原来的平衡状态还可能被破坏，特别是工作一段时间以后，很可能被破坏。所以现代燃气涡轮发动机必须考虑采用整机平衡方法。采用整机平衡法，由于转子是在发动机实际工况条件下进行平衡，转子平衡后也无需再装配，因此可以获得较高的平衡精度。

整机平衡法主要有三圆平衡法和三矢平衡法。这两种方法的基本原理可以参阅有关文献，在此不讨论。三圆平衡法主要特点是无需专门的测试设备，利用机上的普通测振系统测量振动幅值即可，但是在测试了原始不平衡量之后还要分三次加试验配重并经过三次试车以测量加试验配重后的不平衡量，才能计算出平衡所需的配重的大小和相位，并且精度较低。三矢平衡法是在首先测量转子原始振动位移矢量的基础上，在原始振动位移矢量的相反方向加任意试验配重(可根据经验确定)，然后再次开车以测量转子在加试验配重后转子新的振动位移矢量，通过矢量计算，即可确定转子的不平衡矢量。三矢平衡法的特点是只需进行一次附加的开车，就可以确定转子的轻点所在，且平衡精度高。但是三矢平衡法需要同时测量转子的振动位移的大小和相位，因而需要专门的测试设备，同时在发动机转子的结构设计上也要有相应的保障。

由于结构条件的限制和发动机转子平衡的实际需要，目前只对双转子发动机的低压转子进行原位平衡。平衡面一般选在风扇前和低压涡轮后。其中风扇的平衡最常用，并且操作方便。而必要时也可以使用低压涡轮后的平衡面，但是工序复杂，需要拆卸较多的发动机零部件。图 11.34 所示为位于 PW4000 发动机低压转子联轴器上的声轮。声轮上较宽的缺口可以提供一个基准信号，用于计算转子不平衡量(即振动位移矢量)的相位。

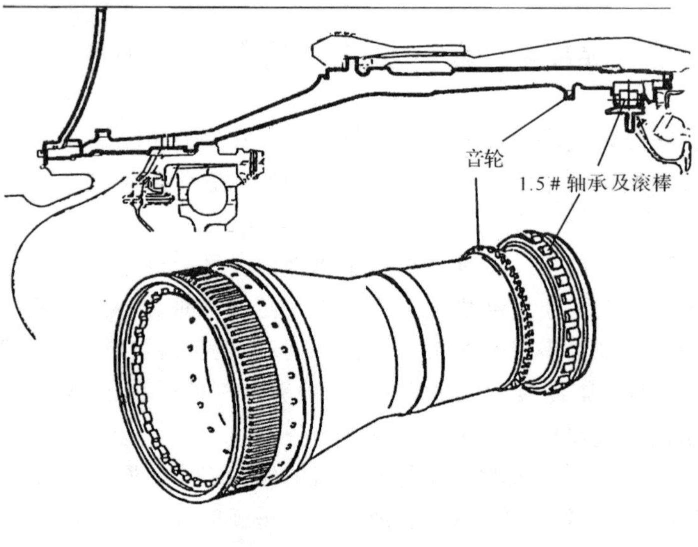

图 11.34 PW4000 发动机低压转子联轴器上的音轮

11.5　航空发动机的状态监视与故障诊断

一、状态监视和故障诊断的作用

航空发动机不但结构复杂而且是在高温、大应力、变载荷的荷刻条件下进行工作的。从发动机发展现状看，无论设计、材料和工艺技术，使用、维护和管理水平都不可能绝对保证它在工作中不发生异常和故障。事实上，发动机故障在飞机飞行故障中占有相当大的比例，且常常因发动机的故障导致飞行中的灾难性事故。

随着航空科学技术的发展并总结航空发动机设计、研制和使用中的经验教训，航空发动机的可靠性和结构完整性已愈来愈受到关注。自 20 世纪 70 年代初期逐步明确航空发动机的发展应全面满足适用性、可靠性和经济性的要求，也就是在保证达到发动机性能要求的同时，必须满足发动机的可靠性和经济性(维修性和耐久性)的要求。

航空发动机状态监视和故障诊断技术对监视、评定发动机的工作状态、变化趋势以及寿命消耗和残余寿命，保证发动机安全、可靠运行有着重要的作用，应该将其视为航空发动机可靠性工作的一个重要组成部分。从发动机设计伊始就应同时考虑监测手段，做到监视系统的发展与新机的发展同步；在购置新机时也应同时明确提出对监视系统的选择。

为保证发动机在高性能水平下安全工作并降低直接使用成本，发动机维修技术中的一个重大变革就是从定时维修转变为视情维修。众所周知，发动机的状态监视与故障诊断技术和发动机结构单元体设计技术正是实现这一重要变革的前提和基础。

发动机的维护早期采取的是定时维修，现在已逐步转变为视情维修。定时维修是在规定的时限内对发动机进行定期维修工作，如热检、整新、大修等。其不足之处是维修成本高，无论发动机状态如何，到时限必须换下修理，这必然降低发动机的使用时间，增加发动机的维修费用，还并不能从根本上解决可靠性问题。视情维修则是周期性安排视情检查和每天收集数据进行状态监控来决定是否需要换发和维修的方法。该方式可降低发动机的维修成本，防止出现维修不足和过度维修，有效提高可靠性。

因此，航空发动机状态监视和故障诊断技术已愈来愈受到民用航空公司和发动机制造厂家的重视，而将其作为提高发动机运行可靠性、降低直接使用成本的重要手段。同时，电子技术、计算机技术、发动机控制技术以及测试技术的快速发展则有力推动了航空发动机状态监视和故障诊断技术的进步。

民航适航条例规定了发动机必须有 15 个以上的监视参数。实际上用于 B747，A310 等飞机的发动机，其监视参数已大大超过了 15 个，而且均已装备了完整的发动机状态监视与故障诊断系统。如美国普惠公司 1970 年发展了 ECM Ⅰ系统，1977 年发展了 TEM Ⅰ系统，1981 年发展了 TEAM Ⅱ系统，1982 年发展了 ECM Ⅱ系统，到 1983 年又发展了 TEAM Ⅲ系统，由有限监视到扩展监视，逐步完善。又如美国通用电气(GE)公司1985年开始发展ADEPT系统，到1994年已从6.1版本发展到10.1版本。

为了指导航空发动机状态监视与故障诊断系统的设计、使用和维修，美国自动车工程协会(SAE)E－32航空燃涡轮监视委员会研究并颁发了一系列指南，包括航空燃气涡轮发动机监视系统指南、有限监视系统指南、滑油系统监视指南、振动监视系统指南、使用寿命监视及零件修理指南等，这对航空发动机状态监视与故障诊断工作的开展起了很好的指导和促进作用。

二、状态监视与故障诊断系统

1. 系统组成

图11.35所示是典型的发动机状态监视与故障诊断系统示意图。系统通常由机载设备和地面设备包括各自的硬件和软件系统组成。

机载设备一般包括测量压力、温度、转速、振动等各种参数的传感器、信号调节器、数据采集系统、数据传输和记录装置、数据处理系统以及警告、简单打印处理装置等。常用的系统有飞机综合数据系统(AIDS)、发动机指示和机组告警系统(EICAS)及比较独立的机载振动监视系统(AVMS)等。

地面设备主要由传输设备、译码或数据处理设备、地面维修站计算中心及相应的状态监视和故障诊断的软件系统构成。

数据采集系统将传感器受到的信号按规定顺序和时间间隔采集并传送给机载记录装置，其中一部分参数可在飞机上简单处理。当出现故障时，可将故障显示给驾驶员或用灯光或音响告警。全部记录的信息将在地面站的中心计算机上进一步细致地处理。在地面站，通过专门的数据传输装置和接口，输入到中心计算机，可以采用手工方式、计算机辅助方式或自动方式，并调用状态监视与故障诊断软件系统，对数据进行处理，最后可输出发动机技术报告、趋势图、快速故障显示并可进行数据压缩、存储，提出维修建议等。

2. 系统功能和效益

一个完整的、先进的发动机状态监视与故障诊断系统主要应具备如下功能：监视发动机的使用，评定发动机工作状况、监视发动机状态的变化趋势，进行趋势分析和趋势预报、探测和隔离发动机故障并验证排故情况、评定发动机性能衰退程度、确定发动机限制寿命零件的寿命消耗和剩余寿命；改进发动机的调整和修正过程、提出维修建议和决策、支持发动机管理和后勤决策等。

发动机状态监视与故障诊断系统可产生显著的社会效益和经济效益，主要体现在：提高安全可靠性，避免重大飞行事故，降低空中停车率；降低直接使用成本，包括延长零部件寿命，减少或避免二次损失，采用2人机组，减少空勤人员，减少维修工时(包括修理、隔离、调整、试车等)，有计划进行维修，合理利用人力、设备、节省试车耗油，降低空中油耗、节省备件的储备量和运输费用，减少延误和停飞等；降低地面污染和提高企业信誉等。

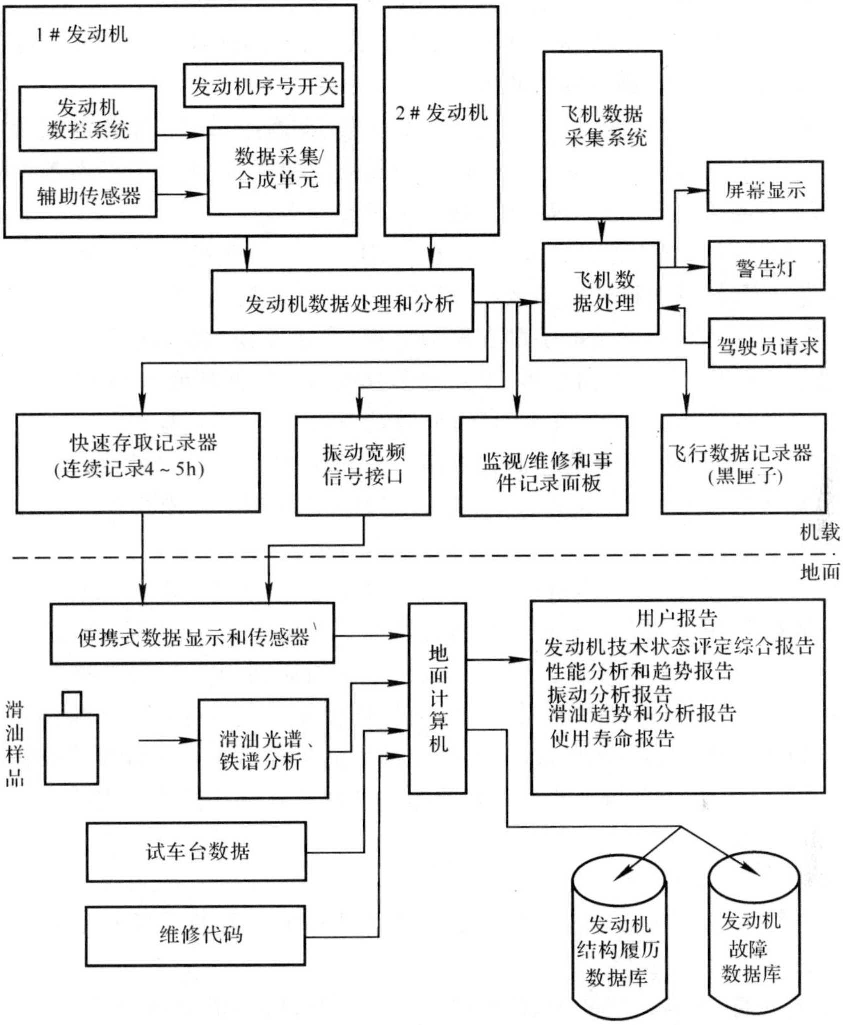

图 11.35　典型的发动机状态监视与故障诊断系统示意图

3. 状态监视和故障诊断方法

发动机的故障大多是逐渐发展的，发展过程中有很多征兆，因此是可以监视和诊断的。例如，压气机叶片的机械浸蚀，虽不易直接从几何尺寸上进行监测，但它却影响压气机的效率。开始效率下降，等浸蚀严重时才可能引起压机喘振或叶片断裂。只有对发动机易出现的故障、故障发生时的特征及其发展有深刻的了解，才可能设计出有效的状态监视和故障诊断系统，进而实现监视和诊断。

大涵道比涡扇发动机上的热部件就其重量约占发动机总重的 20%，但由于热部件故障多，其维修费却占总维修费的60%。这一类型发动机，通常涡轮、燃烧室、风扇及压气机、扩压机匣等部件的故障占到整个发动机故障的90%左右，而这些部件的故障对发动机的可靠性影响也最大，因此对这些部件应重点进行监视。

发动机的健康程度可用工作时间、低循环疲劳次数、高温或超温下工作时间、振动幅值、部件效率和发动机性能、滑油中杂质含量和气流中金属颗粒的含量、大小及分布等指标来评定。

目前，采用的发动机状态监视与故障诊断的手段有三类。

第一类属性能状态监视或称为气路参数分析(GPA)技术，包括对气流通道的压力、温度、燃油流量和转速监测，对发动机性能参数(如推力或功率等参数)的监测。

第二类属机械状态监视，常用的手段有振动监视、滑油监视(包括滑油压力、滑油温度、滑油消耗量、滑油屑末收集、滑油光谱分析、滑油铁谱分析等)、低循环疲劳和热疲劳监视(低循环疲劳计数、涡轮叶片温度场监测)。此外，还有叶片动应力监测、声谱监测等。

第三类属无损探测类，一般只作地面检测用，常用的手段有孔探仪检测，涡流检测，同位素照相检查，超声波检查，磁力探伤，声发射探测，X射线照相检查，荧光检查，着色检查，液体渗透检查等。其中，孔探仪检测在发动机地面检查时用得最多。

作为发动机状态监视与故障诊断系统，机载与地面结合、硬件与软件配套使用的常用手段主要是气路分析技术、振动监视技术和滑油监视技术。经验证明，往往同一个监视参数可以反映多种故障；同一种故障也可以用多个监视参数监测。如何利用有限的监测参数达到满意的监视和诊断效果乃是该学科所面临的任务和方向。这就要求：一方面，应该综合地使用上述手段，充分发挥各自的适用范围和优势，以达到对发动机健康状态的全面监视并准确地进行故障隔离；另一方面，应该大力研究和发展各种有效的故障诊断方法。目前常用的诊断方法有直接对比法、趋势分析以及参数分析方法等。

4. 发展前景

实践证明，航空发动机状态监视和故障诊断技术是有生命力的。当前和未来的发展可归结为以下几方面：

(1)功能不断提高，提高诊断精度，减少误诊率。为此，应该增加测量参数，故障隔离到单元体；改进测试仪器；发展数据处理方法以及各种诊断算法；发展某些常见故障的特殊诊断方法。

(2)软件系统标准化，降低成本，方便使用。可分成标准通用模块和专用模块，互相嵌套。通用模块采用标准输入、输出格式和标准数据处理方法；专用模块则是因发动机而异的分析模块。

(3)监测和诊断系统与发动机全功能数字电子控制系统一体化综合设计，发展综合程度更高的测量仪器以供两个系统共同使用，并使发动机控制系统能对发动机故障作出及时响应。

(4)发展综合诊断技术，即将目前各种有效的诊断方法，如气路分析、振动监视、滑油监视等方法综合在一起，给出综合的判据，更加完善诊断功能，提高诊断精度。进一步，可结合设计人员、生产和维修人员的经验，发展发动机故障诊断和维修的专家系统。

（5）发展发动机使用寿命监视技术。实时监控发动机的工作过程，准确预估发动机健康状况，如采用无线电通信系统，通过空中和地面数据的实时传输来提高监视和诊断的实时性。又如，采用机载高速微处理机和高密度存储器，以扩大机上数据处理能力，提高诊断的实时性。

思考题

1. 简述发动机数据系统的功用、组成和主要元件。
2. 简述先进涡扇发动机的机载电子测试系统的组成及功能。
3. 航空发动机状态监控系统和燃油控制系统有哪些主要测试参数?
4. 说明互感式位移传感器（差动变压器）的工作原理。
5. 简述转速测量系统的组成和工作原理。
6. 测量位移可以用哪些类型的传感器?
7. 电测式温度传感器有哪两种类型? 简述什么是热电现象。
8. 简述测振系统的功用；测振系统主要有哪些测试参数?
9. 简述惯性式振动传感器的力学原理。
10. 什么是整机平衡? 可用哪些方法进行整机平衡?
11. 简述航空发动机状态监视与故障诊断系统的功用和组成。

第12章 航机他用

12.1 概 述

一、历史概况

航机陆用的初步尝试工作始于1943年。英国的MU公司将F2涡喷发动机的燃气发生器加装了动力涡轮，改装成具有1 838.75 kW(2 500 hp)的分轴燃气轮机盖特利克(Gatric)，装在海军MGB2009快艇上。而后该公司又将贝利尔(Beryl)涡喷发动机改为G2型3 310 kW(4 500 hp)的分轴燃气轮机，装于快艇上进行试验。因为航机体积小、重量轻、功率大，作为船用辅助或备用动力十分有利。

充分吸收先进航空技术和传统汽轮机技术的航机陆用开始于20世纪60年代。如美国用JT3，JT4，J79发动机改型得到的GG3，GG4，LM1500燃气发生器，英国用Olympus及Avon发动机改型得到的同名燃气发生器，它们加装动力涡轮后，功率达到7 355～18 387.5 kW(1×10^4～2.5×10^4 hp)，效率达25%～27.8%，该机组是当时简单循环燃气轮机所达到的最高值。

20世纪60年代末，将涡扇发动机改装得到的机组LM2500，效率达到34%。20世纪70年代用涡扇发动机改装的机组RB211，Spey等，其中的LM5000排气功率达44 130 kW(6×10^4 hp)，最高效率达38%，是当时单循环燃机达到的最高效率。

我国第一台具有自主知识产权的“昆仑”系列军用发动机于2002年7月由国家军用产品定型委员会正式批准设计定型，这是中国航空工业发展的里程碑，使我国拥有了首台具有自主知识产权的航机陆用QD－128轻型燃气轮机。该机输出功率为12 800 kW，效率达31%，其性能安全可靠，寿命长，燃气发生器大修时间间隔不低于6 000 h，动力涡轮大修时间间隔为2×10^4 h，燃气发生器总寿命为4×10^4 h，动力涡轮总寿命为10×10^4 h，适用范围广泛。

二、航机陆用简介

作为航空用的发动机与陆用的燃气轮机有极强的两用性。将航空燃气涡轮发动机改型为陆用的燃气轮机，一般是用涡喷发动机的燃气发生器，加装一个自由涡轮，自由涡轮采用后轴输出功率时，工作后的燃气需用排气蜗壳排出(见图12.1)。

这种陆用的燃气轮机是一种先进的动力装置，是以空气或燃气为工质的旋转式热力发动机。具有效率高、污染低、投资省、起动快、运行成本低、便于维护、寿命周期长及能源可梯级利用的特点。其应用范围非常广泛，除用于电力工业外，在军事上可作为坦克、舰船、导弹的推进动力；在交通领域为赛车、地效飞机、高速机车提供动力；在化学工业中，用于抽天然气、泵油、油气管线输送；还可作机场跑道的除雪机、海上平台发电的动力装置等。

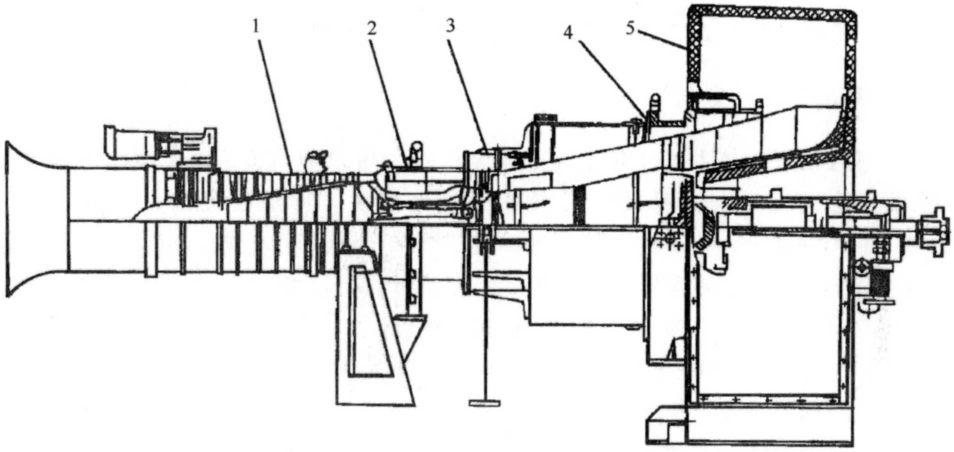

图 12.1　用涡喷发动机改型的陆用燃机

1—压气机；2—燃烧室；3—涡轮；4—动力涡轮；5—排气蜗壳

陆用的燃气轮机一般可分为三种类型：重型、轻型、微型。

重型燃气轮机功率较大，常为单轴结构形式，其运行可靠，排烟度高，联合循环效率高。目前大功率燃气轮机已超过 300 MW，单循环热效率超过 39%，联合循环热效率达 58%，主要适用联合循环发电、热电联产循环系统等电力工业中。

轻型燃气轮机一般为航空发动机的转型产品。现在轻型燃气轮机以 GE，R. R（罗尔斯·罗伊斯），P&W（普惠）三大主导企业形成了工业燃气轮机的最高水平：压气机增压比 10～30，单循环热效率 η 为 36%～40%，联合循环热效率 η 为 55%～58% ，涡轮前温度低于 1 430℃。如 LM6000PC，FT8 等，这是第二代燃气轮机性能参数的特征。

轻型燃气轮机的优势在于装机快、体积小、起动快、简单循环效率高，主要用于电力调控、船舶动力，小型热电厂也常选用该型燃机。例如，美国具有一定规模的大学几乎都有一座热电厂，热电厂大多以天然气或零号柴油为燃料，采用燃气轮机联合循环热电联产技术，解决校园采暖、制冷、生活热水供应和部分电力供应，有 30 所学校的热电厂装机容量超过 10 MW。例如：普林斯顿大学的热电厂，选用 GE 公司的 LM6000PA 燃气轮机，该机是由 F18 大黄蜂战斗攻击机用的涡扇发动机改型的地面发电动力装置，输出功率为 13 425 kW，单循环热效率为 35.69%，燃机转速达 7 000 r/min，热耗为 10.08 MJ/(kW·h)，排气为 163 t/h ，排烟温度为

487℃。该系统采用前制循环热电联产方式，没有安装用于发电的蒸汽轮机。

微型燃气轮机功率一般在 75 kW 以下。自 1995 年美国动力年会上推出样机后，发展迅速，年年推陈出新。正像专家预测的：微型燃气轮机在未来电力工业中的地位，犹如微机 PC 在曾以大型机为主的计算机工业中的地位。其发展快的优势在于廉价、高效、性能可靠。廉价、高效、可靠的高温材料是微型燃气轮机在效率和环保方面取得进展的关键。据报道，30 kW的微型燃气轮机燃用天然气时的排放，仅为新一轮重型汽车最低排放标准的 80%。

三、航机陆用的发展前景与动态

美国工业燃气轮机总体上处于世界前位，已形成产品系列，2000 年美国新增发电设备的 2/3 以上用燃气轮机。英法在航机陆用领域进展也很快。特别是美国与欧洲合作做出的 CAGT(Collaborative Advanced Gas Turbine)先进燃气轮机合作计划，该计划由美国牵头，由美欧 22 个部门和公司参加的多国计划，致力于将波音 777 飞机配装的三种大型涡扇发动机(CE90，PW4000 和 Trent)改为先进的陆用燃气轮机。目前，首先要解决中间冷却方案(ICAD)，涡轮前温度为 1 700～1 755 K，简单循环效率为 45%～47%。中间冷却方案是实现更先进的热力循环的第一步，热力循环的热效率将达 61%～63%，这将是未来的燃气轮机的性能参数的特征。

我国航空工业自 20 世纪 70 年代以来，在航空发动机基础上改进了 WJ5G，WJ6G，WP6G，WZ6G 等型号的工业燃气轮机 100 多台套，在我国油田、石化、交通等部门使用。20 世纪 80 年代我国航空工业瞄准世界先进水平，与美国普惠公司合作开发了 FT8 燃气轮机。其输出功率为 25 MW，可发电 24 800 kW，热效率达 38.4%(见图 12.2)，是世界上同功率等级中效率最高的。

20 世纪 90 年代，我国引进乌克兰 GT25000 舰用燃气轮机，现正在国产化。QD－168 型燃气轮机是我国与俄罗斯合作，在苏－27 系列战机动力装置的基础上改型研制成功的。其输出功率为 16 800 kW，热效率达 37%，涡前温度为 1 440 K，压气机增压比为 17.6。该机属干式排放燃烧室，环保性能好，NO_x 排放量$\leqslant 25\times10^{-6}$，CO 排放量$\leqslant 40\times10^{-6}$，进气过滤系统可保证在沙暴天气正常使用。

目前正在研制开发的环保型 QD－70 轻型燃气轮机，就是利用先进的 A 型航空发动机原型改制的。其输出功率为 7 060 kW，热效率为 31%，其主要部件燃气发生器和动力涡轮直接来自 A 型航空发动机。主要改动是将煤油喷嘴改为燃气喷嘴。

我国在航机陆用研究开发能力方面已具有一定的基础。自 1983 年成立中国轻型燃气轮机发展中心，将轻型燃气轮机的规划、研制、生产配套及引进工作统一负责。这有利于集中力量提高陆用燃气轮机的设计能力，充分利用现有设备和实验基础能力，积累独立设计航机陆用的经验，研发出先进的设计数据库，逐步形成核心机的产品系列，使航机陆用技术形成规模。

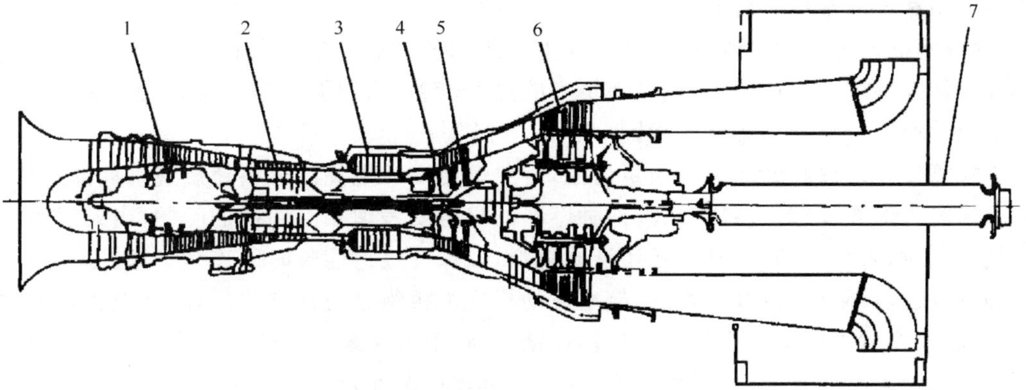

图 12.2　FT8 燃汽轮机

1—低压压气机；2—高压压气机；3—燃烧室；4—高压涡轮；
5—低压涡轮；6—动力涡轮；7—输出轴

12.2　燃气发生器

航机改型的燃气发生器必须适用陆地和海洋的工作环境条件，满足陆用燃机的使用要求，例如：工作可靠，维修方便，耐磨，耐腐蚀，可使用多种燃料，寿命长等。

一、陆改航机的选型

选择航空燃气涡轮发动机时需要考虑以下几点：

(1)首先选择功率符合陆用燃机要求的航机。在此基础上优先选用工作可靠、效率高的成熟机组改型，经济适用为先。

(2)燃气发生器的降温降速。

一般情况以航机巡航状态做参考。航机受工作条件限制，寿命比较短，降温降速可明显改善燃机的运行条件，大大延长其工作寿命，因此航机陆用时，一般先将燃气涡轮前温度降低100℃以上，使陆用燃机的设计寿命达到 10^5 h 以上。燃气发生器的维修寿命比燃机要短，需视具体情况而定。降温幅度的大小还要根据燃气发生器的用途来确定，用于连续负荷的燃气发生器要多降温，用于尖峰负荷的可少降温，现“3A”型技术的陆用燃机涡轮前温度在 1 260～1 300℃之间，增压比为 10 ～30，单循环效率达 36％～40％ 。

转速降低多少要根据改型后出力的大小决定，转速低会使增压比和空气流量降低。

(3)滚动轴承寿命与转速的匹配。因为地面的空气密度大于高空的空气密度，航机陆用时转子的轴向力会大大增加，这将缩短承受轴向推力的滚珠轴承的寿命。改型设计时，要从气体作用力的平衡和增加轴承承载能力或轴承数目方面来解决这一问题。

(4)燃烧室的改型。航机改型后，燃气发生器所用的燃料一般也要改变，我们应根据选用的液体或气体燃料重新设计喷嘴，调试燃烧室的热均衡参数，加强火焰筒头部的冷却等。燃机的燃烧室设计原则与航机的燃烧室相同。

改进喷嘴设计以提高燃油雾化质量为主，避免燃用 CH 值高的燃料使燃烧室局部过热，还要加强火焰筒头部的冷却。燃用气、液两种燃料的机组要考虑相互切换的问题，当天燃气压力降低供气不足时，可自动切换，补入备用液体燃料，以保证机组能长时间连续工作。

(5)航机改型后附件传动的形式。航空发动机均由机组自身传动附件，附件设备布置在航机外部周围，改型后可以简化机组的附件传动结构，将附件系统装在燃机的底盘上。有的燃机可改用电动机带动滑油泵，有的燃机不变，这要视具体情况而定。原航机中的一些附件可根据改型后的需要决定取舍。

(6)控制系统的改进或重新设计。根据陆用燃机带动的负载特性、调节要求及使用燃料等来改进设计控制系统。早期的航机采用较简单的机械液压装置调节控制油气比等几个参数，随着航机技术的发展，要求控制的参数越来越多，有些已增加到 20 个可控参数，未来的发展趋势是进一步实现动力控制系统的小型化、综合化、高性能和高可靠性。随着现代计算机与数字控制技术的发展，改型燃机的控制调节系统将朝着综合控制、分布式控制、多变量控制和智能控制方向发展。

(7)结构和材料的改进。航机陆用因环境变化，我们必须考虑地面空气质量差，含有工业粉尘、盐雾等腐蚀性介质的问题。这些腐蚀性的介质对燃气发生器的侵蚀严重，特别是叶片直接受到高温、高压燃气的冲击，必须增强其抗腐的能力。

航机为减轻自重增大推力多用铝合金、镁合金做机匣和叶片，改为陆用时，一般常用不锈钢或钛合金代替镁、铝合金，并做防腐涂层。钛合金价格昂贵，并且容易摩擦起火。

用于海洋环境的燃气轮机，其不锈钢叶片部件、燃烧室的火焰筒等必须做防腐涂层。

除此之外，航机改型还要考虑压气机进口、燃气出口、燃气发生器支承等内容，这些都需要根据燃机的使用环境决定采用什么形式。陆用燃机的燃气发生器，随着航机技术的不断进步、工艺技术的不断改进，其综合性能亦不断提高。

二、几种航机的改型实例

1. 涡喷发动机的改型

涡喷发动机的改型一般是将原型机的尾喷管去掉，加装一个自由涡轮，原压气机和涡轮保持不动。因自由涡轮直径比燃气发生器大得多，因此在原型机和自由涡轮之间要设计一个扩散机匣相连，若自由涡轮采用后轴输出功率，还要设计一个排气蜗壳(见图 12.1)。

燃烧室的设计要求同前述，主要考虑良好的冷却，能自由热膨胀及整体刚性好，便于维修更换等。

涡喷发动机改型的陆用燃机如表 12.1 所示。

表 12.1　改型的陆用燃机

原机型号	陆用机型号	功率范围	用　　途
Avon 1534	Avon	16 548.7～16 916.4 kW	发电、泵油
Olympus201	Olympus	23 168～27 949 kW	发电、舰用
J57	GG3,FT3	8 517～14 084.8 kW	燃机、泵气
J75	GG4,FT4A	15 004～18 755 kW	发电、舰船
J79	LM1500 改进的 FT4C－2	1 103～29 125.7 kW	舰用、发电、输油管线

2. *涡扇发动机的改型*

首先考虑去掉风扇，还是将风扇切顶，视具体情况定。

例 12.1　JT9D－70 双转子涡扇航机改型为 FT9 机组的燃气发生器时，将原单级风扇和低压压气机去掉。改用 FT4C－1 机组的九级低压压气机的前六级，这相当于原航机的低压压气机完全重新设计。对应的低压涡轮由原四级变为一级。

例 12.2　RB211－22B 三转子涡扇发动机，改型时去掉了风扇和带动风扇的低压涡轮，变为双转子燃气发生器，中压压气机变为直接吸气的低压端，进口状态与原来不同了，必须重新设计进气端。

下面重点以斯贝发动机的改型为例来说明涡扇发动机改型的具体事项(见图 12.3)。

斯贝双转子涡扇发动机初次改型(用于天然气管道输送增压站)时，将三级风扇叶片顶切改为三级低压压气机，与原来的两级低压压气机组成五级低压压气机，低压涡轮也因新压气机的功耗降低进行了重新设计，但级数没变，仍保留两极。

原航机的外涵道取消后，重新设计了低压压气机机匣、压气机中介机匣和涡轮排气口。为减少振动，还将高压涡轮端的滚棒轴承改为与低压压气机前轴承相同的形式，采用挤压油膜轴承。

因原航机零部件所用的材料能满足地面的使用要求，只是把低压涡轮二级动叶材料由 N80A 改为 N105，提高其耐用强度，其他零部件没变。考虑到燃气发生器烧天然气，所以去掉了燃油泵及其他相应附件。

后来，斯贝又改型用于舰船燃气发生器－SMIA。因为舰用机组的负荷变化范围大，要求低工况下仍有较高的效率，并且安全可靠性要求提高，所以舰用机组重新设计了低压压气机，改进了原压气机前三级气动负荷大，后两级气动负荷小的状况，使前后气动负荷接近。原各级动叶为钛合金材料不变，只将不锈钢静叶做防腐涂层。

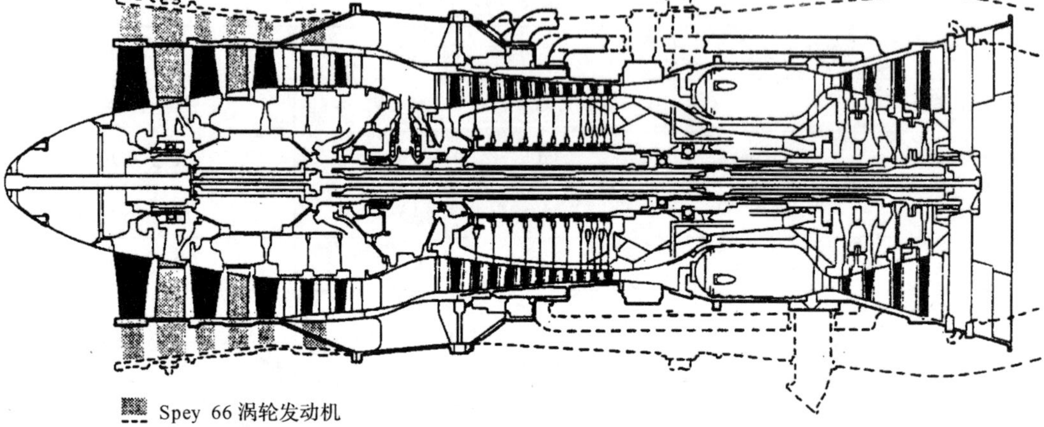

图 12.3 斯贝燃气发生器与斯贝 66 涡扇发动机的比较

为增加压气机头部抗冲蚀的能力，将一级冷却动叶头部的壁厚加大，原压气机和涡轮的流通部分未改，只对叶片材料做了部分改进，并将两级高压涡轮表面渗铝。这是基于电化学腐蚀的特点，选择电极电位比部件基体材料低的元素形成涂层，充当电化学腐蚀电极中的阳极，先失去电子不断被腐蚀，而电位较高的基体材料成为阴极，不断得到电子的保护。

铝的电位较低，化学活泼性比铁、镍、铬、钨、锰等铁基合成元素都强，导电性也好，可有效充当上述材料的牺牲性防腐涂层，涂层越厚其防腐性能越好。但渗铝涂层存在质地疏松，抗气体冲蚀能力差的缺点。目前应用较多的是低温渗铝加无机盐的复合涂层，不仅抗腐蚀能力强，而且有涂层薄，与基体结合紧密，表面粗糙度小，耐冲刷能力强等特点。除此以外，还有一种用钛的化合物及钛合金的抗腐涂层，称障碍性涂层。它的作用是隔离基体与盐雾腐蚀介质的接触。这种涂层应用于多弧离子镀工艺，用对海水盐雾中的 Cl 离子有很强抗腐蚀能力的钛做底层。上面覆以 TiN 表层的复合涂层，该涂层的抗腐蚀和抗冲蚀性能良好，抗海水腐蚀好的元素还有钼。

原来陆用斯贝发动机的燃烧室用柴油，低工况下效率不高，有冒烟现象，因此火焰筒头部改用反射式气喷燃烧室，为此其他相应部位做了更改。机组仍用柴油，附件重新加上燃油泵。

此外，为增强燃机抗水中爆炸冲击的能力，重新设计了压气机中介机匣和高压压气机机匣等。机组的支撑也进一步加强，燃气发生器与动力涡轮挠性连接，整台机组有四处支撑，燃气发生器有两处支承，动力涡轮有两处支承。而且动力涡轮重新设计为两级。

改型后的 SMIA 机组最大功率达 12 577 kW，涡轮前燃气温度为 1 052℃，效率为 34.8%。

其他涡扇发动机改型的燃机如表 12.2 所示。

表 12.2　涡扇发动机改型的陆用燃机

原机型号	陆用机型号	功率范围	用　途
TF39	LM2500	14 710～16 181 kW	舰船、泵气、发电
CF6－50	LM5000,ELM150	3.5×10^4～3.9×10^4 kW	舰船、泵气、发电 效率为 37%～38%

3. 涡桨发动机的改型

涡桨发动机的改型分两种情况，若传动压气机和传动螺桨的涡轮是分开的，则只需去掉涡桨，将传动螺桨的涡轮改为后输出轴即可。否则，涡轮就需重新设计。

例如：PT6 发动机改型的 CT6 燃气轮机，功率为 367.7 kW。

4. 涡轴发动机的改型

涡轮轴发动机的动力涡轮可以直接作为非航空领域中的动力使用。若涡轴发动机装有减速比较小的减速器，改型时则需重新设计动力涡轮，原燃气发生器不变，只稍做改动以适应地面及海洋条件下运行即可。涡轴发动机改型的燃机如表 12.3 所示。

表 12.3　涡轴发动机改型的陆用燃机

原机型号	陆用机型号	功率范围	用　途
T53	TF12 燃机	8 458 kW	可移动电站、应急电源
T55	TF14 燃机	10 297 kW	可移动电站、应急电源

综上所述，航机的技术水平一般比工业型燃机先进，经改型后，虽然燃气初温降低不少，改装机组的效率仍高于工业型机组。任何形式的航机，只需将他们的燃气发生器稍加改动，适应燃烧工质的变化和地面或海洋条件下的运行，再配以适当的动力涡轮，就可使航机的应用范围大大扩宽。

12.3　动力涡轮

航机改型的陆用燃气轮机由燃气发生器加自由涡轮组成。该自由涡轮的功能是把高温高压燃气中的能量转变为机械功，用于驱动其他装置，因而被称为动力涡轮（见图 12.4）。

在大多数发动机中，动力涡轮与燃气发生器的涡轮没有机械联系。它们各自以不同的转速工作，因此同一种动力涡轮可以配上不同的燃气发生器改装成同类的燃机。例如：PW901A 为带自由涡轮的双转子结构发动机，提供压缩空气的压气机及输出机械功的输出轴均由单级自由涡轮驱动，其燃气发生器即采用 JT15D 涡轮风扇发动机的核心机，降低工况使用。

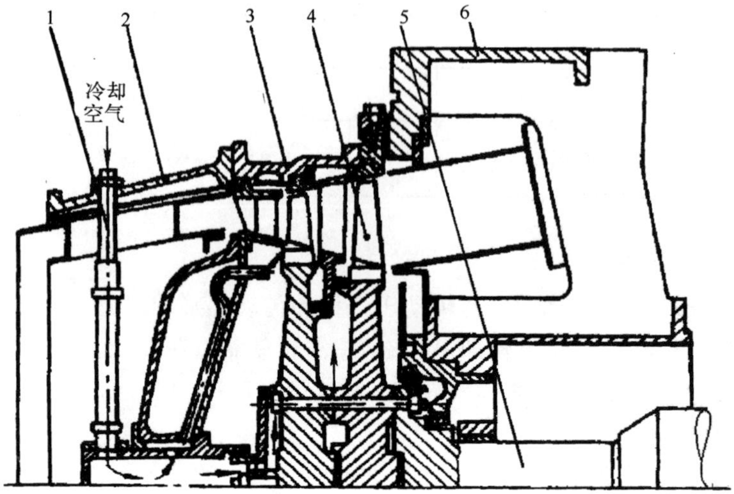

图 12.4　动力涡轮

1—导管；2—过渡机匣；3—气缸；4—动力涡轮；5—输出轴；6—承力环

一、动力涡轮的结构设计

陆用燃机的设计寿命一般为 10^5 h 或者更长，因此动力涡轮的设计寿命应与燃机寿命相当。在单个动力涡轮与燃气发生器相配的机组里，燃气发生器的检修周期远低于动力涡轮，设计时要求考虑便于更换燃气发生器的结构形式，以缩短检修时间，提高机组的利用率。

动力涡轮工作时要承受燃气的高温、高压及载荷变化的热应力和热冲击。因此，设计时除要保证其在高温条件下有足够的强度和刚性、定心可靠、与静子结构协调、装拆方便外，还要考虑减少轮盘传给轴的热量，考虑高温状态的氧化及热腐蚀，使其达到所需的工作寿命要求。

设计动力涡轮时还应设法从结构设计入手，减少零部件的热应力，尽可能将零件设计得薄些、小些，避免大零件温度场不均匀而产生的热应力，尽可能用均匀的空气冷却降低零部件的工作温度，使其有自由膨胀的余地。

航机改型的燃机一般属轻型结构，其动力涡轮的设计重量轻，转子用滚动轴承支承即可。

例如：美国 GE 公司生产的 LM2500 燃气轮机，由 TF39 涡扇发动机改型而得，功率为 18 387 kW，重量仅 4 672 kg(见图 12.5)。其动力涡轮沿用原航机的轴承不变，该机组的主要改动是：去掉了 TF39 的风扇，带动风扇的原六级低压涡轮保留不变，作为 LM2500 的动力涡轮，涡轮的功率改由排气端输出。因 LM2500 燃机用于船舶和工业驱动，在涡轮排气端加装了排气蜗壳。

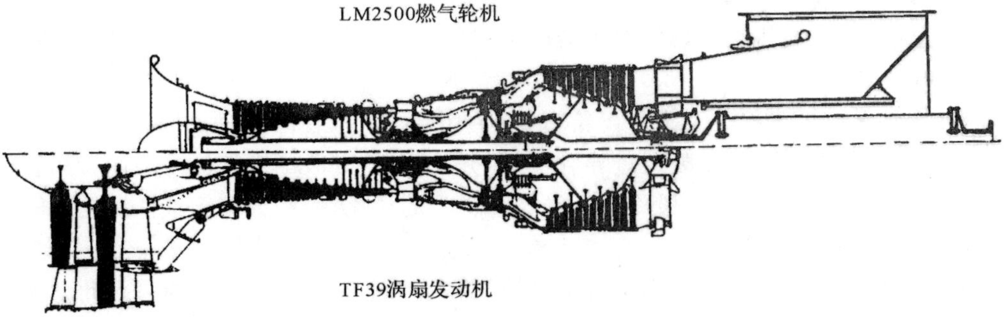

图 12.5　LM2500 燃气发生器与 TF39 涡扇发动机的比较

工业型机组中的动力涡轮支承与航机不同，用筋板将涡轮机匣与轴承座相联接的工业机组一般重量较重，尺寸较大，常采用滑动轴承(见图 12.6)。

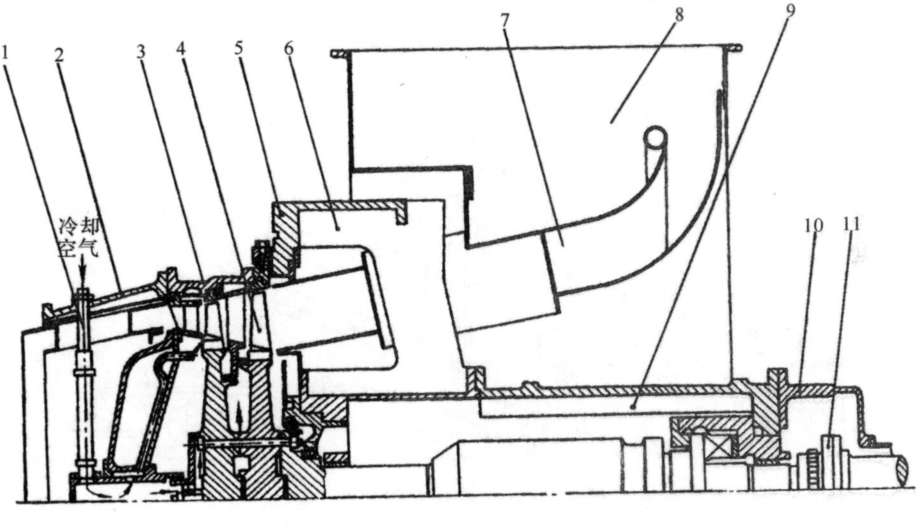

图 12.6　用筋板承力的动力涡轮

1—冷却空气导管；2—过渡机匣；3—气缸；4—动力涡轮；
5—承力环；6—承力筋板；7—排气扩压器；8—排气蜗壳；9—轴承座；
10—辅助齿轮箱；11—联轴器及辅机传动齿轮

转子的联接方式常采用外围拉杆联接结构，悬臂支承在两个滑动轴承上。承力环与轴承座前半部分用均布的径向筋板焊接成整体，与轴承座联成一体；用两个中间环及径向销钉结构将涡轮机匣与承力环联接，使涡轮机匣与轴承座联成一体。

涡轮进气端利用过渡机匣与燃气发生器刚性联接。涡轮出口扩压器与蜗壳分为两部分，用螺栓联接。

排气涡轮，轴承座后半部分及附件齿轮箱为水平中分结构，装拆方便。

转子的冷却空气由过渡机匣处通过导管引入，分成两股，一股冷空气沿多根均布的管子直接吹向一级轮盘的轮缘和叶根；一股冷空气经转子中心的导流罩，和分布于拉杆螺栓之间的孔道，流入两级轮盘之间进行冷却。

位于轴承座后端的附件齿轮箱用于传动滑油泵和密封油泵等附件。滑油泵为动力涡轮和发动机转子提供滑油，密封油泵为压缩天然气的压缩机提供高压密封用油。

整个动力涡轮在承力环两侧的中分线处和附件齿轮箱的水平中分面处支承固定在支座上。

该动力涡轮的过渡机匣、涡轮机匣、承力环、扩压器及轴承座前半部分为整环型结构，是轴向装配式机组。

动力涡轮的静子结构还有用多根均匀分布的承力拉杆，将涡轮机匣与轴承座联接的结构（见图 12.7）。承力拉杆通过与涡轮机匣相联的承力环和与轴承座相联的内承力环将轴承座和涡轮机匣联接起来。该动力涡轮也是轴向装配的，转子结构与支承与上例相似，不再说明。

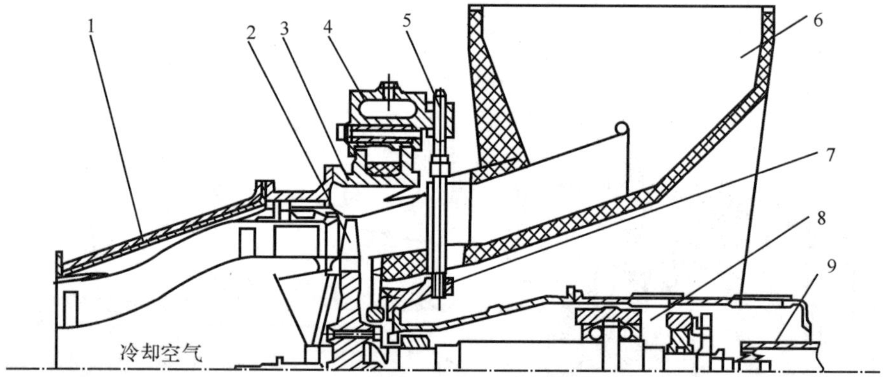

图 12.7 轴承座单独支撑的动力涡轮

1—过渡机匣；2—转子；3—机匣；4—支承环；5—承力拉杆；
6—排气蜗壳；7—内承力环；8—轴承座；9—联轴器

为了使同一个动力涡轮配功率相近的不同的燃气发生器，我们还可以将涡轮静叶设计成可调整安装角度的结构，以调整各燃气发生器不同的燃气折合流量。设计时按中间状况考虑，调整静叶安装角的范围可缩小在几度之内。可调静叶在分轴式燃气轮机中，还可改变涡轮之间的焓降分配，从而改变燃机的运行点，使之在最佳工况运行。可调静叶还可改善用于车辆的燃机的加速性和获得动力制动。

另有一种动力涡轮是轴承座单独支承的形式，该动力涡轮通过改变叶轮直径达到与多种燃气发生器相配，功率变化范围在 $1.7\times10^4\sim3.7\times10^4$ kW 之间。轴承座和涡轮机匣分别独自支撑在底盘上，通过底盘两者相联。另一特点是过渡机匣用波形膨胀节与燃气发生器相联，是挠性联接形式，该过渡机匣不承力，可设计得薄些。

动力涡轮的机匣和承力环是水平中分的结构，其优点是扩压器流道中无筋板穿过，流动损失小，结构简单，仅轴承座和底盘要有足够的刚性。设计时注意工作状态下承力环和轴承座的同心，转子和静子的同心，避免气封与动叶尖部发生碰撞。这种结构的缺点是涡轮机匣刚性不均，工作中容易出现变形，翘曲等问题，设计时要在选材、结构、冷却等方面采取措施。

二、动力涡轮的设计经验

通过上述设计实例我们可以看出，同一动力涡轮与不同型号的燃气发生器相配，涉及通用性的设计问题，设计时尽量考虑以少量的改动就能使之匹配。采用调整流通部位几何参数的方法有三种：

(1)适当改变进口静叶的安装角。

(2)调整进口静叶的片数。

(3)适当改变叶片的高度尺寸。

作上述改动时，动力涡轮的静子和转子等都不需要改变。

在陆用燃机中，动力涡轮一般为 1～3 级，常用 2 级即可达到较高的工作效率，又不致使制造成本过高。通常用于尖峰负荷的机组，动力涡轮采用 2～3 级，仅个别情况采用多级。例如：LM2500 动力涡轮保留 6 级是最多的了，是沿用原航机结构的结果。

鉴于动力涡轮级数少，因此转子一般采用悬臂支承结构，机组结构相应也简单。动力涡轮若采用挠性联接的方案，则转子应该取两端支承的结构。这时，过渡机匣内有轴承座，与转子悬壁支承的结构相比略为复杂。级数多于 3 级的动力涡轮，转子只能用两端支承的结构，动力涡轮本身的结构多为组合或外围拉杆转子。

为增加悬臂支承的转子刚性，还可采取以下措施：

(1)设计时尽量将轴承靠近轮盘，减少悬臂长度，并加大前轴承的直径，还可加粗两轴承之间轴的直径。止推轴承一般放在后支承处，以利装拆。

(2)燃机一般是轴向装配式。燃气发生器、动力涡轮的静子部件多为整环形结构。少数为水平中分式。过渡机匣均为整圈结构，其内的筒体用空心筋板焊接成倾斜板结构，装在第一级静叶的内缘板处。

(3)涡轮机匣由静叶及护圈将其与燃气隔开。转子要进行空气冷却，轴承座多用筋板与承力环相联，拉杆联接结构用得较少。一般用流线型罩壳将筋板与燃气隔开，减少其向轴承座的传热量，热应力可大大降低。单独支承固定的悬臂轴承座，不用筋板，提高了扩压器的效率，缺点是静子与转子的同心度不易保持，轴承座的设计复杂一些，不如筋板结构应用广泛。为保证转子和涡轮机匣之间的同心度，相互连接的各部件间，径向和周向定位要可靠。承力环联接方式应用较广泛，因刚性好，工作温度低，常用做动力涡轮的前支承。

(4)排气蜗壳都用薄钢板焊成，因尺寸大、刚性差、不对称、热膨胀不均匀，一般不承力。采用90°转角的扩压器，缩短了悬臂支承的轴承座的长度，有效地增强了轴承座的刚性。

(5)附件传动的问题，即可用动力涡轮自身传动，也可用电动机带动。用动力涡轮传动时要设置附件传动齿轮或采用附件传动齿轮箱，设计时要考虑带动附件所要的负载的需求。用电动机带动附件时，可简化动力涡轮结构，排除了运行中的附件传动故障。

12.4 排气蜗壳

在燃气发生器与自由涡轮之间需用一个具有扩散度的扩散机匣相联，在自由涡轮采用后输出轴输出功率时，工作后的燃气需用特殊的排气蜗壳排出(见图 12.6)。因涡轮内、外气体的压差很小，对蜗壳的作用力也小，此类蜗壳可用薄钢板焊接。对于大中型燃机，排气蜗壳尺寸较大，常将其分为两个部分：安装在蜗壳内的扩压机匣和排气蜗壳。排气蜗壳不承力，尺寸较大，而扩压机匣承力，但尺寸较小，而且结构简单，一般铸造成形。

排气蜗壳的设计应注意三点：首先应尽可能减少气体在蜗壳中的流动损失，使蜗壳的外形尺寸达到预定的扩压要求。其次蜗壳的结构应满足重量轻、刚性好，流过蜗壳的气流不会引起蜗壳钢板的振动。还应满足燃机使用现场的排气方向要求，确定蜗壳排气口的方向，使之能方便地变换方向。

设计排气蜗壳时要考虑气动和工艺两方面的要求，尽量达到气体流动损失小、气流均匀，然后再考虑蜗壳的加工工艺性，力求工艺简单、形状不复杂、好加工。

一般的排气蜗壳由环向流道和周向流道组成(见图 12.8)。

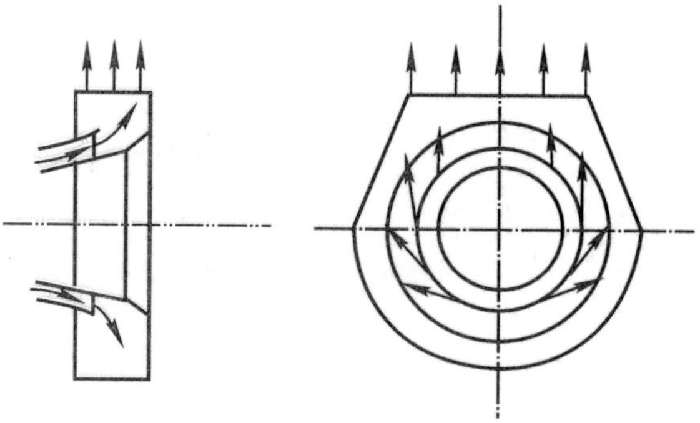

图 12.8 排气蜗壳

环向流道为扩压器，气体在其中完成所需的扩压要求，然后流入周向流道由排气口排出。周向流道起导向作用，如图 12.8 所示周向流道的上部应能均匀地收集扩压器流出来的气体，使扩压器中各处气流均匀，这样就可获得好的扩压效率。

环向流道与周向流道之间过渡面的变化直接影响气流的流速稳定与否。排气蜗壳的扩压器通常采用两个圆锥形壁面形成的扩压通道，其扩压角控制在 10°～12°之内，这种直线型扩压器的结构简洁，加工方便，扩压效果很好，唯一的缺点是轴向尺寸偏大。

还有一些机组为了缩短扩压器的轴向尺寸，采用转角度的扩压器(见图 12.9)，这种形式的扩压器加工工艺较麻烦，而且使排气蜗壳的径向尺寸变得偏大。还有一种排气蜗壳的扩压在其出口处，安装了环形导流叶扇，它可使扩压器出口气流较平顺地转变，不产生紊流，减少了流动损失。

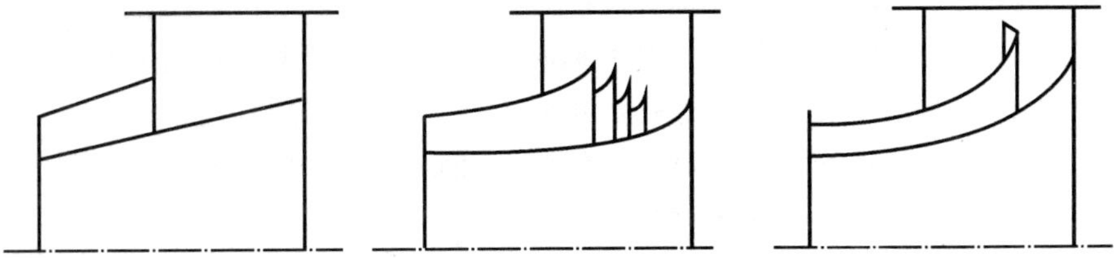

(a)　(b)　(c)

图 12.9　转角度的扩压器

从图 12.8 的气流状况可知，蜗壳周向流道中的气流量在不断变化，为使各处气流流速均匀保持不变，周向流道的截面积采用可调节形式才是合理的设计。这种变截面的方案靠蜗壳端面的倾斜位置不同控制横截面的大小，调整气流速度稳定(见图 12.10)。

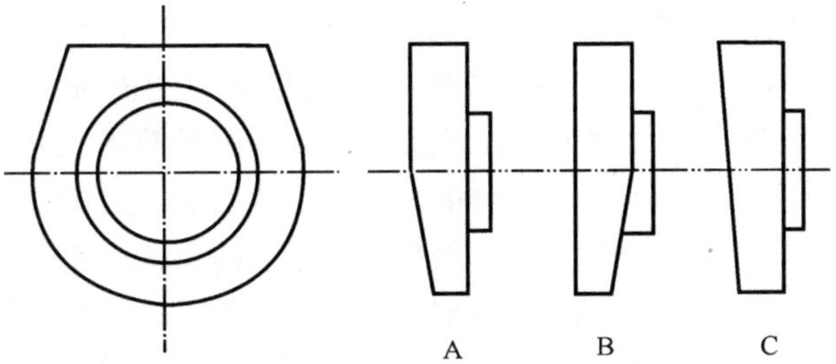

图 12.10　三种变截面蜗壳

蜗壳的排气口常设计成长方形，长方形的面积和气体管道的面积大体相适应，排气管道中的燃气流速约为 50～60 m/s，以此作为设计周向流道的参考值。

排气蜗壳的排气方式还有轴向排气和两侧排气的设计形式。涡轮排气端不带负载的可用轴向排气方案。轴向排气时可在蜗壳中间加导流锥，形成扩压通道。航空发动机常采用这种扩压通道，陆用燃机采用此种形式时，可把涡轮排气端的轴承座设置在导流锥内。航机改装的燃机，多采用轴向进气方案，在进气道中间加装整流罩形成收敛通道，是广泛采用的进气蜗壳。进气蜗壳与排气蜗壳的形式相反，设计原则不变。

在大型燃机中，因机组结构布置的需要，有些排气蜗壳用两侧排气的形式，在离心式压气机或燃机的燃烧室为切向布置时，还有采用切向进气或切向排气的蜗壳。

在蜗壳的初步设计方案敲定后，常做模型进行风洞实验，测定其气流的流动情况，阻力损失及扩压效率等，再根据实验结果对蜗壳作进一步修改。

蜗壳的整体结构设计主要考虑扩压机匣和蜗壳的连接与分开，蜗壳的焊接、加筋等。环形通道的扩压机匣与蜗壳需用两个垂直法兰连接。扩压机匣一般铸造成型。蜗壳尺寸较大的，用薄钢板焊接成后，在各表面焊有加强筋。尺寸较小的蜗壳，采用冲压方式冲出凸出的槽做加强筋，不需另加焊筋了。有的小型机组的排气蜗壳，设计成弧形光滑面，加工工艺较复杂。

关于蜗壳排气方向的问题，设计时，对于轴向装配式蜗壳可考虑旋转角度装配的结构，将蜗壳和扩压机匣连接的两个垂直法兰螺孔数相对应，调整螺孔的装配位置就能改变蜗壳的出气方向了。对于水平中分式蜗壳，需按使用现场对方向的要求，确定上、下、左、右四个方向，蜗壳只需两种结构即可，上下通用，左右通用。

12.5 机组的总体结构

下面将从两个方面分析机组结构设计的特点，一是从燃机的热力学工作原理方面，二是从航机的其他应用方面。

一、燃机的工作原理及机组的结构

热力循环是动力装置发展的理论基础。将梯级利用的概念引入热力循环，使其与非热力学动力系统相结合，达到能量循环的创新，实现化学能与物理能的综合梯级利用，使现代总能系统概念受到重视并广泛应用。实践中，把高温加热与低温排热的循环结合起来，以联合循环的形式使陆用燃机的实用效率达 60%，比简单循环热效率提高近 20%（见图 12.11）。

从图 12.11(a)中可以看出，空气进入压气机，使空气的压力、温度升高，然后进入燃烧系统，喷入燃料燃烧。高温燃气在燃烧室出口与冷却空气混合后进入涡轮膨胀做功，其涡轮入口的温度为燃气与冷空气混合后的平均值，比高温燃气的温度低。燃气的热能在涡轮中膨胀做功，一部分驱动压气机，另一部分通过动力涡轮轴输出有用机械功带动负荷。这种简单循环的燃机可将燃料能量的 30%至 40%转化为轴出功，去除 1%至 2%的自身消耗外，其余能量都成为余热排出。

从图 12.11(b)中可以看到最简单的联合循环装置。在燃机的排气装置处配置回收余热的蒸汽发生器（HRSC），用于产生蒸汽供给汽轮机发电，或提供热源供暖，这种利用供电和供热结合的方式，可使能源的利用率高于 80%，单纯利用发电的联合循环装置最高实用效率也接近 60%。

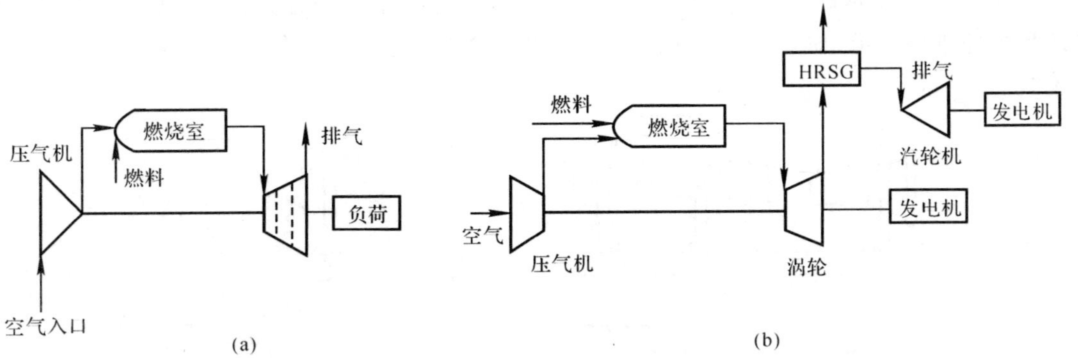

图 12.11 假设标准工况的简单循环双轴燃气轮机的热力学原理图

联合循环被世界各国工业界认可的优势在于：建设费用较低，运行可靠，符合环保要求，运行机动灵活，是燃机应用的发展趋势。评价陆用燃机品质的主要参数与航机一样，包括性能参数，可靠性和耐久性。燃机性能的提高依赖集成技术发展的基础，有了新材料、新工艺、新技术、新概念、才有燃机的更新换代和性能的大幅度提高，陆用燃机发展的主要推动力还是靠先进的航空技术。

从燃机的热力学原理可知，提高压气机的增压比和提高涡轮前燃气温度就能使燃机的热效率得到改善和提高，而先进的制造技术与无损探伤技术的应用，超级合金单晶与定向凝固铸造技术及隔热涂层工艺的应用，使燃机的热力循环效率越来越接近理想工况，未来工业燃机的水平正朝着涡轮前燃气温度大于 1 600～1 800℃，单循环热效率大于 43%，联合循环热效率大于 60%以上发展。对于未来燃机的构想将基于采用革命性的新材料、高性能的压气机和涡轮，高效低污染的燃烧技术和长寿命的主机结构与先进的制造技术。

陆用燃机的结构应满足：结构牢固，支撑稳定靠近轴承，热膨胀不受阻碍，工作时中心不变，转子输出端轴向热膨胀位移量小等条件。燃机的结构设计要求与航机大同小异，在此重点讲几条。

1. 航机改装的机组的支承与固定有四种支承结构(见图 12.12)

(1)1—2—1 支承方案：当燃气发生器与动力涡轮之间采用挠性连接时，燃气发生器前后两端都需要支承，动力涡轮也需要前后两处支承。机组共被四处支承，有两处固定支承，一般燃气发生器后和涡轮承力环处的支承是固定支承。

(2)1—2—0 支承方案：当燃气发生器与动力涡轮之间采用挠性连接时，在该连接处设一支承，再在燃气发生器前端悬臂支承，允许燃气发生器向前沿轴向自由膨胀，加上动力涡轮处的固定支承，机组共三点支承。

(3)1—0—1 支承方案:当动力涡轮采用和航机一样的轻型结构时,燃气发生器与涡轮为刚性连接,只需前后两处固定支承即可。

(4)0—2—1 支承方案:当燃气发生器与动力涡轮之间采用刚性连接时,在压气机出口的扩压机匣处悬臂支承,加上动力涡轮承力环处的支承和涡轮轴承座在底盘上的固定,也是三点支承。

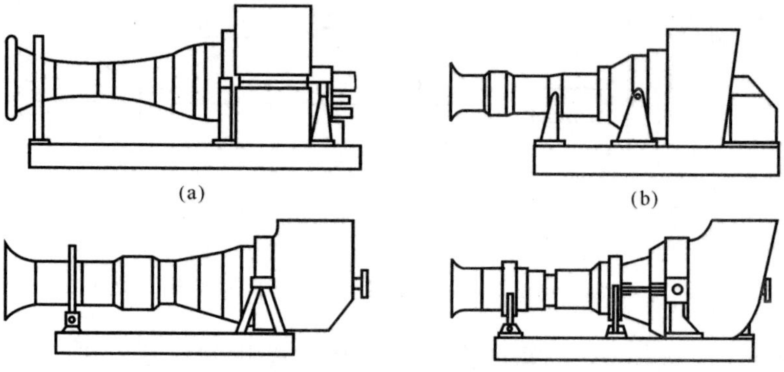

(a) (b) (c) (d)

图 12.12 他用燃机支承方案

通常动力涡轮在承力环处的支承是主支承。

为了减少支承轴承的承力构件数,航机中可采用中介支点,在中介支点中的轴承称为中介轴承或轴间轴承。中介支点除了可缩短发动机的轴向长度外,还可增加低压轴的刚性,只是中介轴承的润滑、冷却较难,装拆较复杂(对滚珠轴承而言)。航机改燃机时应注意这一点。

2.通用性及标准化的设计方法

对陆用燃机的总体设计要求:容易维修,节省费用。为达到这个目的,设计初期就应考虑通用性强的设计。现代航机多采用单元体结构设计,即将整台发动机分为若干单元,每个单元都可整体地从机组上拆下和装上,以利维修或更换。而且每个单元体的互换性要求高,能达到不影响机组的平衡,热力性能相同,性能匹配,配合精度高,连接可靠,便于装拆,能保证发动机性能平稳,安全可靠地工作。采用单元体设计的最大优点在于可以在现场用更换单元体的方法排除个别部件的故障,而不必将整台发动机运至修理厂,缩短了修理时间,提高了飞机的使用率,这属于标准化设计的范例。

另一种通用性强的设计是采用单轴和分轴结构的设计。在陆用燃机的设计中,根据负载的不同要求,常将单轴燃机用于带动稳定的负载如发电机,将分轴燃机用于带动变速负载如压缩机等(见图 12.13)。

为了扩大燃机的适用范围,将机组设计成单轴和分轴之间可方便地变型的结构,使生产商能方便地满足用户的不同要求,而生产成本又很接近,因大部分零件可相互通用,这也属通用性强的设计方案。

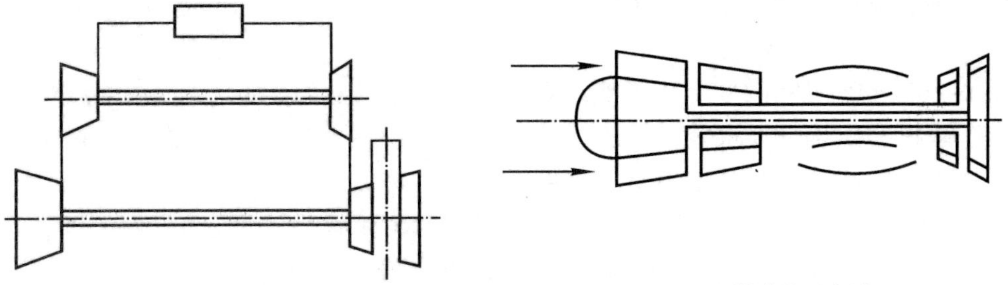

图 12.13　同轴与分轴结构方案

3. 主机传动附件的方法

用主机传动附件时，要求主机转子速度变化小，带动附件工作时平稳，因此设计时须分三种情况考虑：

(1)对于单轴燃气轮机来说，用压气机或涡轮轴带动附件均可，因为主减速箱与附件传动装置在一起，所以若冷端带动负载，就在冷端传动附件；若热端带动负载，就在热端传动附件。

(2)对于分轴燃机来说，以燃气发生器转子自压气机进气端传动附件较好，因为分轴机组动力涡轮带动负载，转速变化范围大，不如燃气发生器转子转速变化范围小，工作稳定。再者，这类机组一般用起动机带动燃气发生器转子起动，设计时正好与其他附件一起考虑传动装置的设计。

(3)对三轴燃机而言，因为起动机带动高压压气机转子起动，而高压压气机轴的转速变化较小，所以常用高压压气机转子传动附件。

由航机改装的分轴和三轴燃机，多用动力涡轮轴传动供轴承润滑的滑油泵。设计附件传动装置的注意事项和原则与航空发动机附件传动装置的设计一样，应满足各种附件对转速、转向、传动功率、安装位置及密封等要求，还要便于接近、维护、调整和更换，具有较好的可达性和可维护性。并且附件应尽可能接近服务对象，缩短管路，反应灵敏，减轻重量，还要注意附件的安装位置应远离高温区。

二、航机的其他应用

1. 用于飞机辅助动力装置

辅助动力装置(APU)一般由小型燃气涡轮发动机，带减速器的功率输出轴，压缩空气输出口，自动控制装置等组成。它是一套不依赖机外任何能源，自成独立体系的小型动力装置。APU 是机上电源和气源，用于飞机在地面时起动发动机，向机舱空调系统供应压缩空气和给飞机提供电源。也有飞机用它起到助推发动机的作用。为保证正常工作，它有自己的燃油系统、润滑系统、起动系统、冷却系统。

大多数辅助动力装置是专门设计制造的，也有少数采用小型涡轮螺旋桨式涡轮轴发动机改装的。

其中 ST6L－421 是由 P6T 涡轮螺旋桨发动机改型得到的。由于辅助动力装置仅在起飞、着陆过程中使用，因此要求其在保证一定的输出功率与一定的流量和压力的压缩空气条件下，尽量做得简单、紧凑、轻巧、工作安全可靠。

例：GTCP85 是目前使用得最广泛的的一种辅助动力装置（见图 12.14），它可同时输出压缩空气与交流电。当发动机的发电机或地面电源未向飞机电网供电时，它可作为辅助电源供给飞机交流电。当飞机爬升至 122 m 高度以后再过 38 s，它即自动停车；飞机下降时，高度降至 3 000 m 以下，空中速度低于 500 km/h 时，可以再次起动工作。

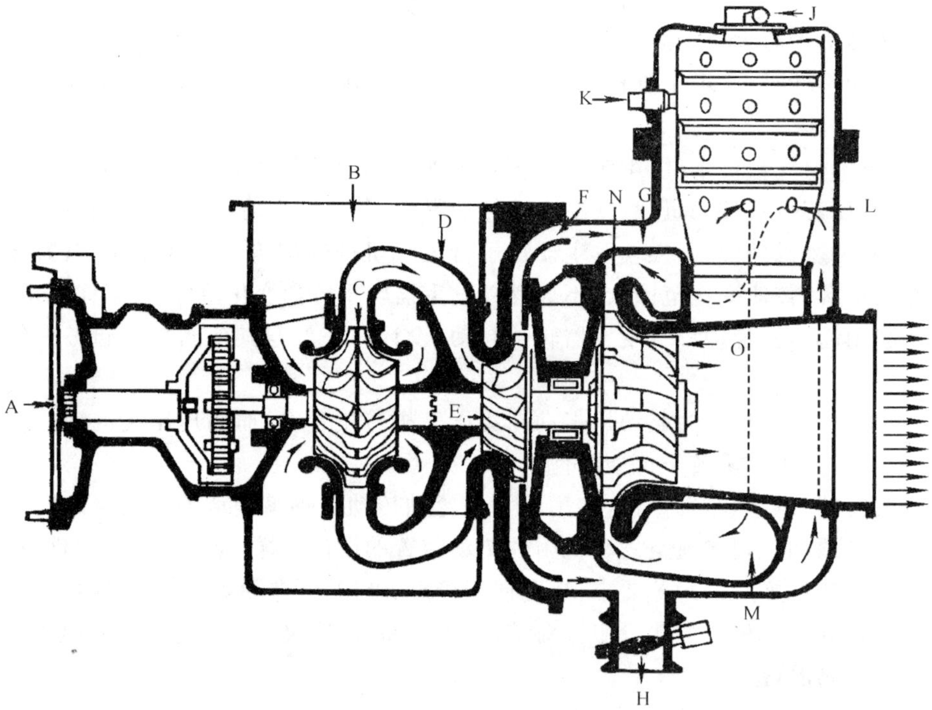

图 12.14　GTCP85 辅助动力装置

PW901A 是用于波音 747－400 型客机上的大型辅助动力装置，它能同时提供压缩空气及机械功。其输出的机械功可同时驱动 2 台 90 kW 的交流发电机。整台装置的当量输出功率为 1 045 kW。PW901A 为带自由涡轮的双转子结构，提供压缩空气的压气机和输出机械功的输出轴均由单级自由涡轮所驱动。其燃气发生器基本采用了 JT15D 涡轮风扇发动机的核心机，只是降低了工况使用。供气用的离心压气机也采用了 JT14D 的离心叶轮，只是工作转速降低了 25%左右，自由涡轮是重新设计的。

2. 作助推发动机使用

投入使用的飞机，因为使用上的一些新要求，希望改善性能，如增大有效载荷，延长航程，短期增大飞机飞行速度等，均要求增大推进飞机的推力。当提高所装发动机性能不能满足要求时，就采用添装增加推力的助推发动机。用于三叉戟 3B 型发动机上的助推发动机 RB162－86 就是用推重比为 16 的升力发动机 RB162－81 改型得到的。

助推发动机的工作时间很短，做起飞用的助推发动机，仅工作 2～3 min。绝大部分时间不需工作，成为飞机的死重，因此助推发动机的设计要求有大的推重比和小的外廓尺寸，并且其工作应安全可靠，使用时限应与发动机一致，助推发动机在主发动机因故障停车时，还应能作为应急动力使用。所以，它应具有在高空再点火的能力。

为了获得高推重比和小的外型尺寸，设计助推发动机时，应使其结构与系统尽量简单紧凑，采用轻的非金属复合材料，减少发动机长度，附件尽量简单。例如 RB162－86 助推发动机，推力为 23.35 kN，推重比为 10，增压比为 4.5，空气质量流量为 38.5 kg/s。

3. 一次使用的发动机.

一次使用的发动机常作为巡航导弹及靶机等的动力。其设计特点是根据飞行的要求，最低限度满足飞行器要求即可。基本要求体现在：成本低、安全可靠、维修量小、易储藏、发射前准备工作量少；既要满足低成本要求，又要安全可靠；设计方法尽可能简单，发动机内的每一构件和零件可兼作几种用途，以减少零件数目；要用最适用的加工方法来加工，贯彻“最低限度满足飞行器要求”的设计原则。

研制低成本的发动机，最常采用的方法是改型或缩型现有发动机。这种方法研制时间短、费用低、性能易保证。例如：J402－CA－700 型发动机是 J402 发动机的改型，用于美军靶机上。而 J402 发动机用于“鱼叉”导弹上（见图 12.15）。空气质量流量是 T－406 发动机的 32%，它采用单级轴流单级离心的压气机，环形燃烧室，单级涡轮。在缩型过程中，大量使用铸件减少加工工时，简化辅助系统，减少零件数目等方法降低了发动机的成本。

图 12.15　J402—CA—400 弹用涡喷发动机

关于弹用一次使用的发动机，将在下一节中进一步讨论。

12.6 弹用燃气涡轮发动机

一、概述

20世纪90年代以来，海湾战争、沙漠之狐和科索沃战争的成功经验，使巡航导弹得到广泛的关注。战争实践表明：巡航导弹在现代和未来的信息化战争中的作用日益重要，是主要的进攻武器之一。

现代巡航导弹是以弹用涡喷（风扇）发动机为动力，因而研制弹用燃气涡轮发动机是发展远程巡航导弹的四项关键技术之一，小型高精度的制导系统和小型高效的涡轮喷气发动机是巡航导弹技术的两个基础。所以弹用燃气涡轮发动机在巡航导弹的研制与发展中占有十分重要的地位，已经形成燃气涡轮发动机的一个广阔的应用领域。

巡航导弹采用燃气涡轮发动机作为巡航动力装置，已经有50年历史了。

早期巡航导弹的外形尺寸很大，一般从陆基发射，如美国的天狮星Ⅰ和前苏联的C—5战略巡航导弹，它们的体积和飞行方式与一架战斗机相似。因此可以用成熟航空涡喷发动机略加改装即可作为其巡航动力装置，如J57—P—17，J79—GE—3A（见表12.4）。由于航空涡喷发动机结构复杂、制造成本高、体积和重量大，使用维护不便等缺点，在20世纪60年代中期曾被火箭发动机挤出了巡航导弹的应用领域。

随着巡航导弹技术的不断发展，导弹射程越来越大。液体火箭和固体火箭发动机比冲小的问题日益明显，它们的最佳航程仅为50 km左右。而涡喷、涡扇发动机能够在亚声速条件下使导弹的航程达到100～2 000 km，因此，20世纪70年代以后，燃气涡轮发动机又重新回到了巡航导弹的应用领域。其中，弹用涡扇发动机与涡喷发动机相比，耗油率低、红外辐射弱，更适合作为大射程巡航导弹的动力装置（射程1 000～2 000 km）（见表12.5），但是发动机结构复杂，成本相对较高；弹用涡喷发动机结构简单，制造成本低，使用方便，缺点是发动机耗油率大，导弹射程比涡扇发动机短，适用作为近程巡航导弹的动力装置（射程100～800 km）。

表12.4 美国早期弹用涡喷发动机技术参数

导弹型号	天狮星Ⅰ	鲨蛇	天狮星Ⅱ
发动机型号	J33—A—18A	J57—P—17	J79—GE—3A
推力/kN	20.47	47.1	42.7
耗油率/kg·(daN·h)$^{-1}$	1.16	0.785	0.857
空气质量流量/(kg·s^{-1})	39	68	77
总增压比	4.4	12.5	12.5

续表

导弹型号	天狮星Ⅰ	鲨蛇	天狮星Ⅱ
发动机型号	J33－A－18A	J57－P－17	J79－GE－3A
转速/(r·min^{-1})	11 750		
干质量/kg	812.6	2 268	1 450
总长/mm	2 720	6 604	5 180
最大直径/mm	1 280	1 041	9 73
推重比	2.47	2.035	2. 88

表 12.5 给出了 20 世纪 70 年代末以来，典型现代弹用燃气涡轮发动机的性能与结构参数。其中美国的 J402－CA－400 系列弹用涡喷发动机是比较著名的，如图 12.15 所示。

表 12.5　典型现代弹用燃气涡轮发动机的性能与结构参数

型　号	TRI60－2	TRI60－30	J402－CA－400	J402－CA－702	F107－WR－100	P123－300	MS－300
国　家	法国	法国	美国	美国	美国	俄罗斯	俄罗斯
推力/kN	3.7	5.32	2.94	4.27	2.76	4.0	4.0
空气质量流量/(kg·s^{-1})	6.18	8.13	4.35	6.12	6.2		
涡轮前温度/℃	1 050		1 041	1 018	1 008		
总增压比	3.74	5.91	5.6	8.44	13.7		
转速/(r·min^{-1})	29 500	29 500	41 200	41 500	64 000,H 35 500,L		
耗油率/(kg/(daN·h))	1.28	1.09	1.224	1.051	0.61		
推重比	6.1	8.9	6.35	6.98	4.61		4.61
总长/mm	749	1 071	748	914	800	1 200	1 100
最大直径/mm	330	343	318	317.5	307	500	320
干质量/kg	57	66	45.4	67.6	58.7		85
寿命/min	1 200	1 200	1 500	1 500	3 000		300
导弹型号	防区外发射导弹海鹰 RBS－15		捕鲸叉战术导弹		战斧巡航导弹		反舰导弹 X－35

注：俄罗斯的公开资料比较少。

二、弹用燃气涡轮发动机设计要求和主要设计原则

1. 弹用燃气涡轮发动机设计要求

美国空军20世纪70年代开展AGM－86A SCAD研究计划时，根据导弹情况对弹用涡扇发动机提出了十分明确的设计要求，这些设计要求与航空涡轮喷气发动机有明显的差别，主要包括：

(1)发动机的体积和质量限制。随着技术的发展，巡航导弹从陆基走向各种作战平台，如飞机、舰艇、潜艇和战车，导弹的外形和体积日益小型化，并要考虑各平台之间的通用性。因此，弹用燃气涡轮发动机的体积和质量必须满足导弹的要求，通常弹用燃气涡轮发动机机长度为1 000 mm左右，最大直径为300～400 mm，质量为50～70 kg。发动机体积和质量的减小可以为导弹让出更多的空间与负荷，增加导弹的战斗效能和射程，适应多种作战平台。如潜艇鱼雷发射筒的直径513 mm，潜射巡航导弹的发动机必须满足这个要求。

(2)成本设计要求。导弹是消耗性武器，制造成本是影响导弹应用的重要因素。弹用涡喷发动机的成本通常是导弹成本的1/3，发动机的成本对导弹影响至关重要。发动机成本控制是一项综合性技术，它涉及飞行器的任务剖面分析、发动机设计技术要求、制造工艺技术和试验技术等，将在后面讨论。

(3)推力与低耗油率的要求。与航空发动机相比，弹用燃气涡轮发动机要求小推力，一般发动机在海平面标准大气条件下的推力为350～500 daN，耗油率为0.6～1.3 kg/(daN·h)；导弹以$Ma=0.8$飞行时，发动机推力为270～350 daN，耗油率为0.8～1.6 kg/(daN·h)。现代巡航导弹体积小，飞行阻力小，因此所需发动机推力不大。在保证推力的前提下，耗油率尽可能小，但是由于发动机尺寸小，气流通道中的附面层效应严重，各部件的效率明显低于大发动机，所以小发动机的耗油率一般高于大发动机。显然，耗油率与导弹的射程密切相关。

(4)弹用燃气涡轮发动机的起动包线和工作包线。起动包线是发动机能够可靠点火起动的空域范围，弹用燃气涡轮发动机设计中要考虑地面(海面)和空中发射，发动机点火起动范围：高度为0～8 000 m，速度$Ma=0.5\sim0.9$。为了满足起动包线的要求，发动机要考虑不同的点火方式，如电点火和烟点火，以及不同的起动方式，如风车起动和火药起动。长距离飞行的空射巡航导弹，还要考虑空中补氧和二次点火的设计要求。工作包线是发动机巡航飞行的空域范围，高度为0～12 000 m，$Ma=0.5\sim0.9$。发动机巡航高度的变化，对发动机的控制与调节提出复杂的要求。发动机调节器要能够感受到飞行高度的变化，调整供油量。对于反舰导弹，导弹巡航飞行高度很低(15m)，调节方式可以比较简单。

(5)发动机引气要求。由于导弹燃油系统的需要，要从压气机出口引出增压空气，通常引气量不大于发动机空气流量的0.5%。发动机能够满足导弹引气量的要求。

(6)功率输出。大射程巡航导弹要求发动机能够提供电源输出。由于航程大，弹上的各用电设备使用电池很不经济，甚至不可能。一般情况下，需用发动机带动一个3～4 kW的发电

机。美国的 F107－WR－100 发动机输出 14.4 kW 功率。

(7)储存时间。弹用燃气涡轮发动机要能长期储存，一般可达 10～15 年以上，要保证随机使用时的完好性和可用性。

(8)工作寿命。弹用燃气涡轮发动机的工作寿命随导弹的任务剖面变化而变化，导弹射程在 100～500 km 之间，发动机工作寿命在 5～10 h 为宜；导弹射程在 1 000～2 000 km 之间，发动机工作寿命提到 10～50 h 为宜。

2. 弹用燃气涡轮发动机的主要设计原则

(1)立足于成熟技术。航空燃气涡轮发动机的研制是一项复杂工程，研制成本高，周期长，技术风险大。所以动力装置立足于成熟技术改型用于巡航导弹，是缩短导弹研制周期，降低研制成本，提高研制成功率的重要保障。

(2)一次使用、长期储存。弹用涡喷发动机为短工作寿命型。发动机工作寿命的设计包括导弹动力航程的飞行时间、发动机出厂的调试与验收试验时间、储存阶段的维护和使用前的检测运转时间。

由于工作寿命短，发动机在结构设计、材料选用、应力负荷、密封形式、燃滑油系统等方面采用简化设计方案和选用相对低的安全因数。压气机、进气机匣和中介机匣多采用铝合金，降低强度安全因数，符合短寿设计要求。燃烧室采用普通不锈钢板，如 1Cr18Ni9Ti。涡轮部件采用常规高温合金 K18 或同类材料，考虑发动机工作寿命短与结构简单的要求，涡轮部件能够承受短时间的较高热负荷，涡轮和导向器叶片均无气膜冷却结构。轴承的润滑系统很简单，发动机甚至可以不配备滑油箱，前后轴承均采用单路滑油润滑冷却，没有冗余回油路，前后轴承腔采用简单的涨圈密封。压气机部件与涡轮部件采用轴向螺栓连接。所有这些设计都是短寿命的要求衍生出来的。

弹用燃气涡轮发动机要能长期储存，保证随时能够起动发射，保证成功率。储存环境条件对于发动机有影响，储存中要考虑盐雾、湿热、霉菌和老化等因素的作用。其中非金属材料的老化和金属材料的锈蚀等是重点对象。

(3)快速起动能力和多种起动方式。导弹武器必须能够快速反应，弹用涡喷发动机应该满足这一要求。因此在导弹发射前，弹用燃气涡轮发动机不需要任何维护；在导弹的发射过程中，发动机要能够承受较大的过载，如 15 g，不需开启油封，不经过慢车暖机阶段就能够加速到大推力状态，整个加速过程一般在 6～10 s。缩短应急起动过程是弹用涡喷发动机设计的一个关键。

弹用燃气涡轮发动机一般具有地面压缩空气起动、风车起动和火药起动等方式。风车起动用于导弹地面和海面发射以及空中投放时发动机的起动，这是一种十分方便的起动方式，它一般用于单转子的涡喷发动机，起动功率比较小，导弹发射时迎面气流可以把发动机转子带动起来。火药起动常用于双转子或三转子的涡扇和涡桨发动机，这类发动机的起动功率比较大，各转子之间还有转差的相互干扰，因此采用火药式起动可靠，可以快速把发动机转速带起来。

对于空中投放和潜艇发射条件下，进气道的工作方式对发动机的起动加速有着重要影响，进气道抛盖或进气道张开的时序有着严格的要求。

(4)较高的抗进气畸变与抗过载能力。现代巡航导弹的涡喷推进系统常采用短“S”型进气道作为发动机的进气系统，进气道出口即发动机进口。进气道出口压力场有畸变和总压损失，压气机进口的流场不均匀。这种畸变与损失在导弹的大攻角、大侧滑角和振动工况下会变得相当严重，以致影响发动机的正常工作。从设计的角度来看，一方面对进气道设计提出畸变与总压恢复因数限制，另一方面畸变与总压损失又是不可避免的。因此，弹用燃气涡轮发动机必须具备较高的抗畸变能力。抗畸变能力越强，发动机工作的可靠性越高，适用范围越广。有的导弹总体设计为了外形尺寸小，采用埋入式进气道结构，如潜射导弹等，进气道出口流场品质可能更差，因而对发动机的抗畸变能力要求更高。

(5)尺寸小、重量轻、结构简单。弹用燃气涡轮发动机要求尺寸小、重量轻是显然的，所有的动力装置都是如此。发动机(包括动力系统)的体积小了就可以腾出更多的空间和有效载荷，导弹可以多装燃油从而增加射程。尺寸小则相应的结构就必然简化，复杂的结构在小的零件空间中无法施展。发动机总体结构分为以下主要部分：进气系统、发动机前机匣、压气机部件、燃烧室部件、涡轮部件、排气系统、发动机燃油控系统等。每一部分均采用组合装配技术使它们形成一个相对完整的模块，把这些模块组装起来就是一台完整的弹用燃气涡轮发动机，发动机的总装工作十分简便，这也是降低发动机总装成本的措施之一。因此，整体式零件结构与组合装配技术是弹用涡喷发动机结构的显著特点。美国 Telecyne CAE 公司的 J402－CA－400 发动机最大直径为 318 mm，最大长度为 747.7 mm，发动机干质量为 45.36 kg。同时期法国 MT 公司的 TRI 60－2 发动机最大直径为 330 mm，最大长度为 1 250 mm，发动机干质量为 57 kg。其他的弹用燃气涡轮发动机系列发动机的尺寸与重量也基本在这个量级上(见表 12.5)。

(6)不维护或少维护。降低维护需求，是弹用燃气涡轮发动机设计要考虑的问题之一。固体火箭发动机和冲压发动机在这方面很好，弹用涡喷发动机相比之下情况略有不同。涡喷发动机要进行简单的定期吹转检查和少量的零件更换(如非金属密封件)，不必把发动机从弹上分解下来。超过储存期，可将发动机从导弹上拆下来，进行试验维护，发动机无需返厂大修。从技术发展的角度来看，随着材料、防护技术进步，发动机的维修量会进一步减少，甚至在整个寿命期内不需要任何维护。目前俄罗斯的弹用发动机就提出零维护的设计水平，给弹用发动机制造商带来很大压力，也成为弹用涡喷发动机技术竞争的一个热点。

(7)选择适当的性能指标，提高可靠性。低成本是导弹对弹用涡喷发动机设计的一个重要要求。降低成本的主要方法是：系统设计要求应遵循低成本设计目标；选择低成本的技术途径；不盲目追求高指标，按低成本原则进行设计，拟定各种规范和标准；简化结构、减少零件数目和组装次数；尽量采用整体结构的叶轮、机匣；采用板金件，减少机械加工量，简化发动机滑油系统。在低成本设计的同时，不能牺牲发动机的可靠性。但是，发动机可靠性设计要有针对性，按照飞行器的任务需求设计可靠性，设计合理的密封结构、使用寿命、强度储备以及平均无故障时间等。如美国的 J69 发动机涡轮转子零件总数为 149 件，而 J402 发动机采用整体式涡轮转子，零件数仅为 16 件，减少了 89％(见图 12.16)。J402 发动机为了进一步降低成本取消了 J69 的附件传动机匣，省略一大套齿轮传动系统，重新设计了新的、简单的起动系统、燃油系统、滑油系统，大大降低了发动机的成本。弹用涡喷发动机的成本一般为同类长寿命发动机的 20％。20 世纪 80 年代美国大陆 CAE 公司计划发展每千克推力价格为 11 美元的弹用涡喷发动机。随着技术的发展单位推力的价格还能够进一步下降，降低弹用燃气涡轮发动机的价推比是一个重要的发展方向。

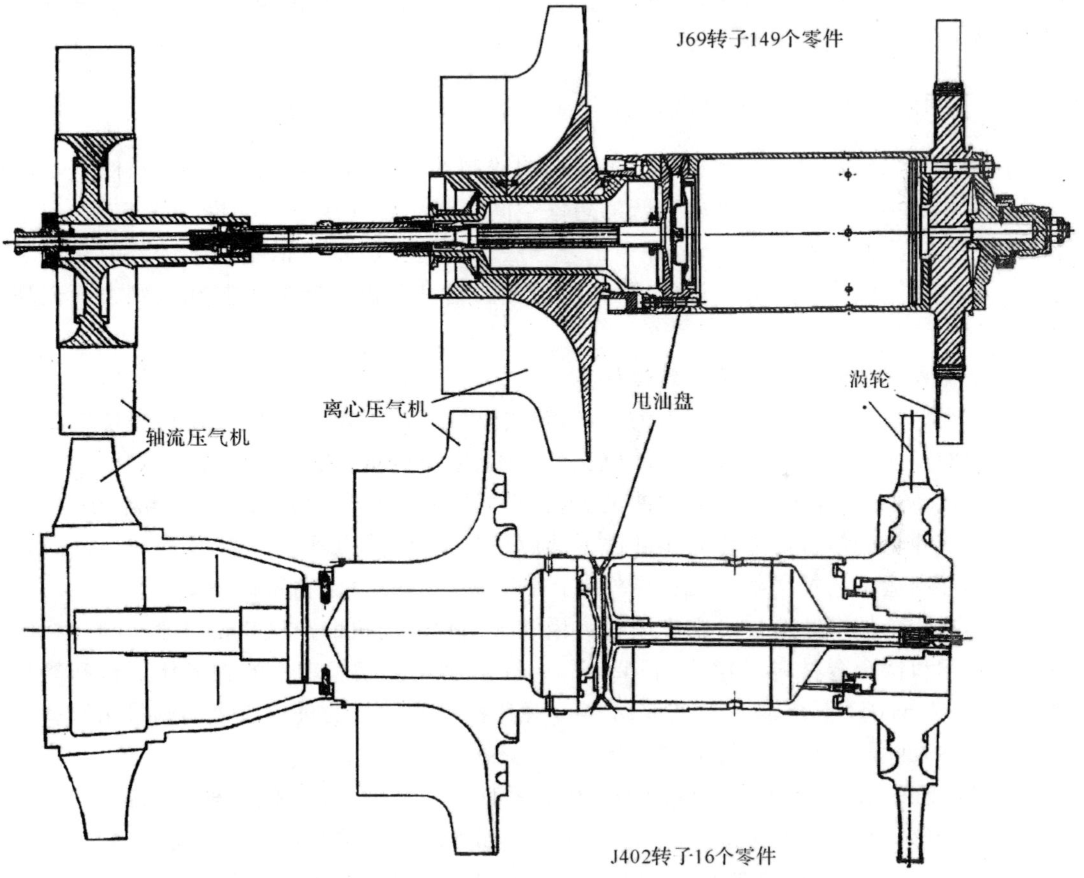

图 12.16　J402 发动机与 J69 改型的他用燃机 T406 转子的比较

(8)环境的适应性。环境适应性有着广泛内容，低温环境对弹用涡喷发动机的影响很大。对于空射型导弹，低温环境通常为－55℃；陆地和海面发射的导弹低温环境通常为－25℃。此时发动机中一些零件间的过盈量和间隙有可能发生变化，不满足设计状态的要求。发动机上的电子产品，如电子燃油调节器中的元器件、发电机中的整流二极管、调压器等均要考虑可行的加热措施。发动机的许用燃油可能会结冰、滑油黏度急剧增长，从而导致发动机的起动加速过程的失败。因此，燃滑油的保温措施和防冻添加剂需要慎重考虑。

弹用燃气涡轮发动机的吞雨能力也是环境适应性的要求之一。巡航导弹有可能穿过雨区对目标进行攻击，因此在大雨的气候条件下，弹用燃气涡轮发动机要能够正常工作，发动机不能熄火，雨水对发动机的性能影响要控制在有限的范围内。

远程巡航导弹的地形匹配对于弹用燃气涡轮发动机有重要影响。在发动机结构完整性设计中要考虑巡航导弹的飞行质量变化、飞行气候条件变化、地形粗糙程度等因素，并在发动机耐久试验中要加倍验证考核。

三、弹用燃气涡轮发动机制造工艺

弹用燃气涡轮发动机的制造工艺虽会影响或制约发动机整体及零件的设计，但也可以为发动机整体及零件的设计提供更广阔的想象空间。弹用燃气涡轮发动机的制造工艺与航空发动机的制造工艺并无本质的区别，许多工艺方法和制造手段都是借鉴过来的。但是为了满足体积小、成本低、结构简单等设计要求，弹用燃气涡轮发动机的制造工艺在某些方面表现出一些特色。

1. 整体式零件的无余量精密铸造技术

由于小型化提出的要求和带来的便利，弹用燃气涡轮发动机上广泛使用整体式零、部件。发动机上的整体式零件结构包括发动机进气机匣、中介机匣、风扇转子、轴流式压气机转子、离心式压气机转子、压气机静子、起动冲击涡轮、高低压涡轮导向器和高低压涡轮转子等。

整体式叶轮的精密铸造在涡轮部件上的应用最为典型，几乎所有涉及弹用燃气涡轮发动机涡轮部件制造工艺的文献都无一例外地提到了整体式无余量精密铸造。

整体式叶轮精密铸造技术也应用在弹用燃气涡轮发动机的压气机部件上。压气机转子叶轮采用铸钢和钛合金材料，如美国J402—CA—702弹用涡喷发动机的轴流压气机和离心压气机均采用17－4PH不锈钢。俄罗斯MS400弹用涡喷发动机的进口级风扇则采用铝钛合金。

2. 整体式叶轮数控加工技术

制造过程中，需要机械加工成形的整体式零件，广泛采用数字化特种加工技术，如电火花成形加工、电火花切削、电子束加工、电解加工。如弹用涡喷发动机中的直母线叶片，可以采用电解加工方法成形，而且效率很高。弹用涡喷发动机中的一些花键可以用电火花加工技术。

这些特种加工技术不但可以加工复杂形面，还可以解决一些以往不易解决的问题。如叶片颤振，解决这个问题的措施之一是叶片的错频。弹用燃气涡轮发动机的压气机转子是整体式叶轮，以往的错频方法均不能实行，但现在可以在整体式转子加工工艺中采取措施，在数控加工程序增加技术处理，使叶轮的奇数叶片和偶数叶片采用不同加工程序，保证了叶片的频率分布。

3. 小变形的电子束焊

制造过程中，需要焊接的整体式零件，可以采用电子束焊接技术。电子束焊变形小，热影响区小，通常用来焊接弹用燃气涡轮发动机的主轴，或者联接压气机转子和涡轮转子。经过焊接的转轴或联合转子的两端要求具有良好的同心度，电子束焊的精度可以保证做到这一点。美国的 J402—CA—702 发动机的压气机和涡轮转子就是通过电子束焊联接在一起。法国 TRI60－2 发动机的主轴长约 600 mm，分为五段，通过电子束焊联接，两端轴心的同心度精度达 0.01 mm。

4. 组合结构装配工艺技术

组合结构装配工艺技术是弹用燃气涡轮发动机的另一个工艺特点。在发动机中常将金属与非金属结合在一起，完成某些设计功能。在发动机总装时，先分别进行几个大模块部件的部装，然后再把这些大模块快速组装起来，总装工艺十分简练。

四、弹用燃气涡轮发动机结构实例

研究表明，弹用燃气涡轮发动机的典型转子组合是：进口压气机（风扇）用轴流式，末级压气用离心式；涡轮用非冷却的轴流式涡轮。这种结构组合与标准发动机相比，可以使发动机获得油耗降低 10%～20%的增益。J402 系列发动机和 F107—WR100 系列发动机都采用这种结构。

1. J402 系列发动机

J402 系列发动机是美国大陆公司 J69—T406 的缩型。用改型或缩型的方法研制弹用发动机是立足成熟技术的主要途径之一。这种方法使研制时间短、费用低，其性能已被现有发动机所验证，容易得到保证。用缩型研制的发动机，可以很容易改型或再次缩型，以作他用，例如 J402—CA—700 型发动机即为延寿而制造的 J402 发动机的改型，用于美军靶机上。

J402 发动机（见图 12.17）用于“鱼叉”导弹上，气流量是 T406 发动机的 32%，采用单级轴流加单级离心的压气机、环型燃烧室、单级涡轮。在缩型过程中，它采用减少零件数目、大量使用铸件以减少加工工时、简化辅助系统（附件、控制和滑油系统）等方法使发动机成本降低。

J402 发动机的核心仅包含 10 个主要结构组件，如图 12.17 所示。其中 7 个是铸件以减少材料和加工费用。全部叶型、气流通道形状都浇铸成最后尺寸，不需要附加的机械加工和抛光，仅仅是支承面、转子顶端控制间隙的表面要加工。火焰筒、燃烧室机匣和尾喷管是钣金件。

现从几方面将 J402 和 T406 两发动机作一对比，即可以较清楚地看出 J402 发动机所采用的低成本设计法。

(1)旋转件。图 12.17 示出 T406 和 J402 转子组合件，两者都由轴流压气机、离心压气机、甩油盘、单级涡轮组成。J402 转子仅有 16 个零件，而 T406 转子却有 149 个零件，零件总数减少 89%。

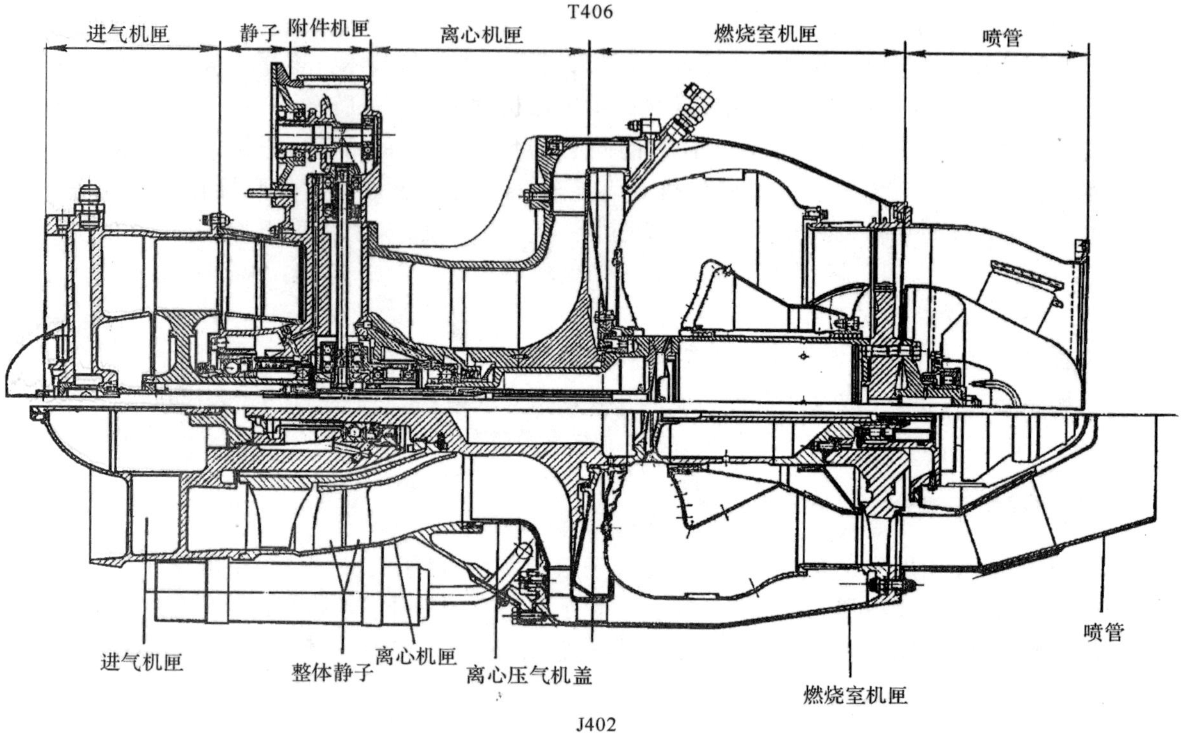

图 12.17　J402 与 T406 结构对比

T406 涡轮系单级盘转子，由锻造后经机械加工而成，52 个叶片用 52 个锁片固定，盘是用 5 个螺栓和螺帽固定到鼓筒轴和后轴上，螺帽用 5 个锁片保险。J402 涡轮是一个精铸件，仅连结表面、密封表面和顶部直径采用机械加工。转子用一个螺帽与鼓筒轴相连，用三个销钉传扭，J402 涡轮转子的设计仅需要 6 个零件，而 T406 却要 123 个零件，零件总数减少了 95%。

T406 离心压气机是由钢叶轮机锻加工而成，钛合金导风轮经锻造并机械加工后用径向销钉连到叶轮上。甩油盘和鼓筒轴锻后经机械加工用 9 个螺栓连到离心轴上。J402 离心压气机系 17—4PH 钢精铸而成，气动叶型不需要任何机械加工。离心压气机、甩油盘、鼓筒轴采用电子束焊焊成一整体，不需要任何连接件。J402 离心压气机转子由 4 件组成，而 T406 是 20 件，零件总数减少了 80%。

轴流压气机在两台发动机中都是一个整体转子，T406 轴流转子由 Greek 不锈钢锻造并机械加工而成。J402 转子为 17—4PH 精铸件，叶身不需要任何加工。在轴流转子联接的结构上，J402 发动机还进一步节省了费用，T406 轴流转子采用套齿的套管轴传动，而 J402 轴流转子则用一个螺帽夹紧到主轴上，用 4 个销钉传动。

(2)静子结构。J402 和 T406 静子结构的对比如图 12.17 所示。J402 采用 5 个组合件，T406 采用 6 个组合件。在 J402 发动机中用直接带动附件来替换常规的用齿轮传动附件的方法，完全取消了附件机匣及其内的锥齿轮、花键轴和轴承。J402 热部件的组合件尾喷管和燃烧室机匣是由钣材和铸造的安装边加工而成，燃烧室机匣前安装边以及整体铸造的轴向叶片环是焊到外壁上的，取代了 T406 上分开的轴向叶片环。进气机匣与离心机匣是铝铸件，静子叶片在离心机匣内与机匣铸成一整体。离心压气机盖用 17－4PH 钢铸成，为了控制压气机顶部间隙，仅一面经机械加工。

(3)润滑系统。J402 发动机前止推轴承受较大的载荷，故采用简单封闭的闭式润滑系统。由一个叶轮泵在所有的工作范围内向它循环供油。前推力轴承直接将热传至铝的进气机匣，再传至进口的空气中。后滚柱轴承是采用装填润滑脂润滑，为储存润滑脂需要一个储存器，还需要一个罩，防止热燃气进入轴承腔。后轴承用压气机出口的空气来冷却，使轴承工作温度稳定在 316℃左右。J402 就是用这些简单的滑油系统取代了 T406 上的复杂的滑油循环系统。

(4)控制系统。J402 发动机具有一直接驱动的离心泵、一个电子计算机和一个电驱动的限油阀门，这些元件取代了 T406 发动机上用的低速齿轮泵和液压控制。电子计算机完成发动机起动、加速、稳态控制(要求两个推力，即最大推力和巡航推力)的全部控制要求。

2. *航空研究公司的 ETJ1000 发动机*

ETJ1000 发动机(见图 12.18)为航空研究公司(AirResearch)研制的一次使用发动机。发动机的压气机具有三级小展弦比的叶片，总增压比为 3.5，空气质量流量为 7.85 kg/s。选择 1 204℃的循环温度。

压气机转子和叶片采用 17－4PH 整体钢铸件，静子叶片、机匣亦采用 17－4PH 钢铸件。压气机转子压入涡轮轴上，用螺帽固定。

燃烧室是直流环形燃烧室。采用蒸发式喷嘴，有 10 个空气涡流器和 10 个“J”形蒸发管，空气涡流器可以与火焰筒前端圆顶盖一起铸出。燃烧室出口温度分布系数为 0.3。

单级涡轮采用整体铸造的冷却涡轮，由冷却式的整体转子铸件及冷却式的静子铸件组成。转子用 IN100 材料铸成，而静子叶片是用 GMR－235 材料铸成，涡轮冷却空气占总空气质量流量的 5%，其中 3%穿过静叶，2%流入转子中。

发动机转子支承在两个预先加载的球轴承上，这种结构有助于防止由于固定的振动力而引起的剥落，也可以消除打滑。轴承由玻璃纤维芯供油润滑。

起动系统由一个电点火的火药筒、一个小涡轮和一个减速齿轮组成。热燃气直接吹到小涡轮上，再以 2.84∶1 的减速比传动发动机轴。这种分隔开的起动涡轮，使热燃气保持在发动机主气流之外，减速齿轮提供较好的转速—扭矩特性。全部起动器组合件装在发动机尾锥内。尾喷管系耐热镍基合金制造的简单收敛形喷管。燃油由带电子控制器的燃油输送器控制。电功率由永久磁铁发电机和一个整流器组合件供给。燃油控制器、永久磁铁发电机和整流器组合件包装在发动机的前面。

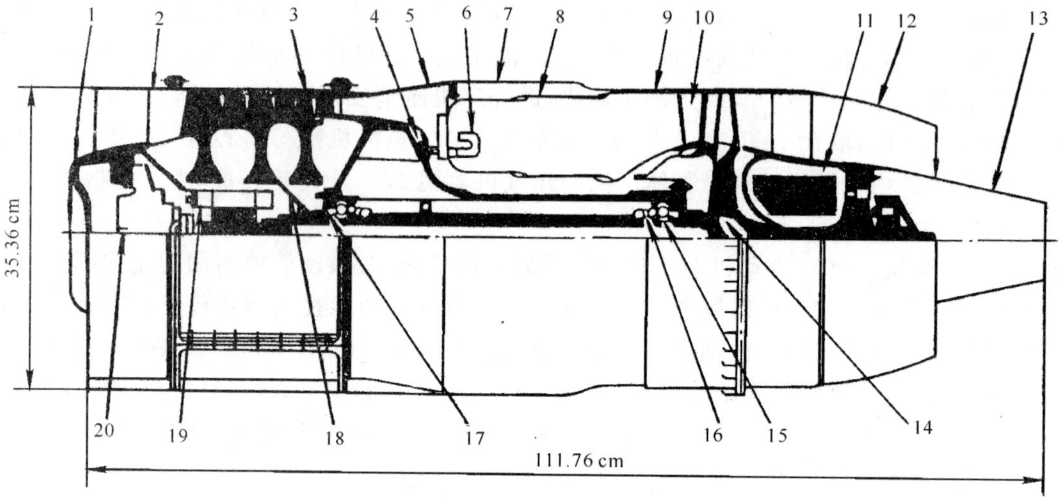

图 12.18 ETJ1000 发动机

1—铝合金铸造的进口帽罩；2—铝合金铸造的进口机匣；3—17－4PH 铸造的压气机机匣；4—347 不锈钢管制的总管；5—17－4PH 的铸造的扩压机匣；6—J 型蒸发管；7—17－4PH 材制的燃烧室机匣；8—耐热镍基合金和 347 不锈钢制的火焰筒；9—HS31 铸造的涡轮机匣；10—CME235 铸造的涡轮导向器；11—起动器和药筒；12—耐热镍基合金制的排气管；13—耐热镍基合金制的排气锥；14—IN100 铸造的冷却涡轮转子；15—轴承；16—AISI4130 灯芯润滑；17—AISI4130 回油分离器管；18—17－4PH 整体铸造的压气机转子叶片和盘；19—直接驱动的交流发电机；20—燃油调节器

3. 寇第斯-怀特公司的发动机

图 12.19 示出寇第斯-怀特公司(Curtiss－Wright)研制的弹用燃气涡轮发动机。该发动机具有四级轴流式压气机，增压比为 4.0，质量流量为 8.98 kg/s。每级压气机由 17－4PH 不锈钢铸造并采用电子束焊焊成。静子机匣是两半的，仅有工作叶片和导向叶片尖部经机械加工，机匣设有环形的螺栓安装边。压气机绝热效率为 0.85。这台发动机使每一个组合件都具有最佳的性能。

涡轮是非冷却式单级涡轮。转子由 IN100 材料整体铸造。静子为 WI—52 材料浇铸的整体铸件。

燃烧室全部为环形焊接结构，包括一个钢制外机匣和一个多孔冲切的火焰筒。燃烧室有 10 个直径为 6.35 mm 的燃油限油管，限油管将燃油输送到蒸发管中，蒸发管采用耐热镍基合金铸成蘑菇状。点火用两条火舌点燃。

发动机有一止推球轴承，安置在压气机第一级，有一滚柱轴承安置在涡轮处，两个轴承都装填 280AC 氟化润滑脂。

发动机上的发电机也是低成本设计技术的一个实例。低成本的设计要求采用较少的零件，该发电机转子拧入压气机轴的前端，由发动机直接带动。发电机上设有轴承、花键轴、电刷。它还起着发动机主轴承固定螺帽的作用。

尾喷管罩住起动器药筒，起动器排出的热燃气直接冲击涡轮叶片。电子燃油控制器装在压气机外机匣上。3 kW 发电机装在发动机前端的帽罩内。

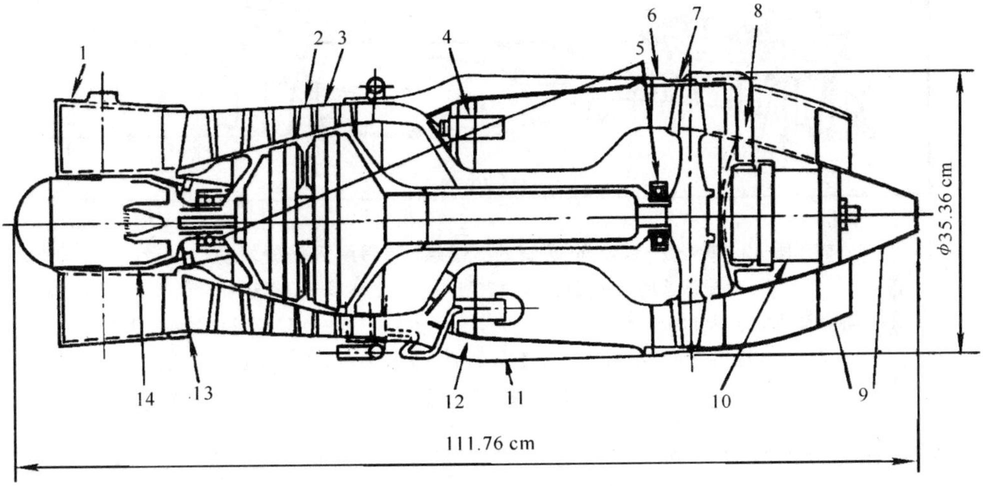

图 12.19　寇第斯-怀特公司的弹用燃气涡轮发动机

1—整体铸造的铝合金机匣；2—铸造的压气机机匣；3—整体铸造的静子叶片和环(17－4PH)；4—火药点火器；5—装填油脂的轴承；6—整体铸造的涡轮静子(WI－52 合金)；7—整体铸造的未冷却涡轮转子(IN100)；8—铸造的燃气通道和支柱；9—钣材喷口尾锥；10—固体火药燃气发生器起动药管；11—旋压或成形钣材的燃烧室；12—整体铸造的头部钢板和燃油蒸发管；13—整体铸造的压气机转子叶片和盘(17－4PH)；14—无电刷、无轴承、直接驱动的交流发电机

4. 普惠公司的 STJ422 发动机

图 12.20 示出普惠公司(Pratt & Whitney)研制的 STJ442 一次性使用的弹用燃气涡轮发动机。

这台发动机压气机的特点是采用独特的叶片条，叶片条总计 34 个，安装在鼓筒上相同数量的拉削槽中。鼓筒上机械加工的圆周槽是为了拉削时排除切屑用的。圆周槽位于 2 个转子叶片间应力小的地方。每一叶片条有 5 个叶片，用 U 形舌尖状垫片固定，并用常温硫化的硅橡胶密封。整流叶片由 410 型不锈钢制成的翼型条状块组成，整流叶片插入单个的静子机匣内并用铜钎焊。五级压气机的增压比为 5.3∶1，气流质量流量为 11.2 kg/s。钛合金的叶片条采用普莱特-惠特尼公司等温锻造工序制成。这种等温锻造工序可以在高塑性情况下锻造十分复杂的型面，锻造后即可装配，不需要再进行机械加工。

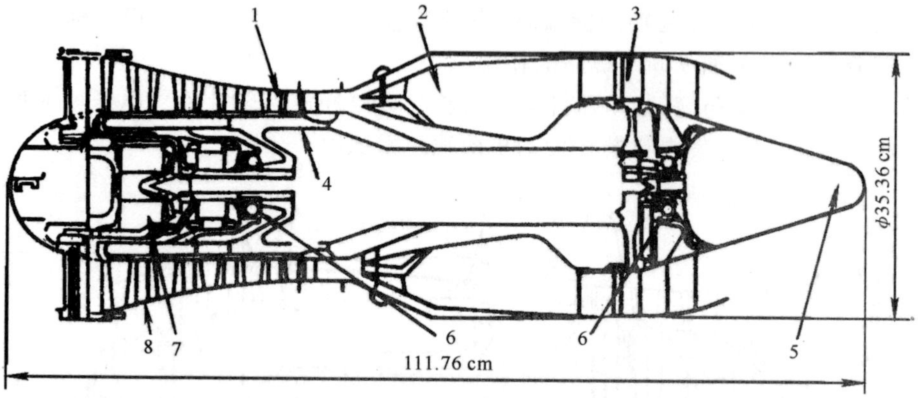

图 12.20　普-惠公司 研制的 STJ442 弹用燃气涡轮发动机

1—等温锻造的叶片条(五级压气机)；2—全环形预混燃烧室；
3—等温锻造的未冷却轴向涡轮(1 038℃)；4—鼓筒转子；5—作尾锥用的火药起动器；
6—空气冷却的干润滑轴承；7—整体燃油泵电燃油调节器和交流发电机；
8——个翼型条块状静子机匣

燃烧室是在先进的涡轮发动机燃气发生器方案的基础上发展的，是一个环形燃烧室，它有一个预混的前端，以期在短的长度内获得高放热量。燃烧室有 18 个燃油管，它们在较低的压力下计量和分配燃油。燃油在预混区与空气混合，整个燃烧室由不锈钢板制造，表面不需机械加工。火焰筒是用 321 型不锈钢制成。

涡轮为非冷却式单级涡轮，进口温度为 1 038℃，转子的盘和叶片采和 IN100 材料整体铸出，叶片的翼型用电化学法加工到最后尺寸。导向器叶片和机匣要用 MAR—M—509 材料整体铸出。这种材料的熔点较高，能经受燃烧室所工作时的较高温度峰值。

发动机支承在二个空气冷却的干润滑球轴承上。

起动系统以“英雄”型反力式涡轮为基础，以固体火药筒排出的热燃气，经 4 个超声速收敛-扩张喷管流出，来自喷管的冲击气流为起动发动机提供了扭矩。喷管组合位于发动机的末端，后轴承的前端。起动器火药筒罩在发动机尾锥内。

尾喷管是简单收敛形的，喷口面积是固定的。26 个整流支板矫直排出的燃气并支承后轴承。附件紧紧地包在发动机帽罩及压气机鼓筒轴的空腔内，一个不可调的永久磁铁发电机装在发动机轴上，位于前轴前面。离心泵安置在轴端，在发电机和功率调节器之间。电子燃油调节器装在帽罩内。

五、弹用燃气涡轮发动机关键设计技术及发展趋势

20 世纪 80 年代美国海军与陆军联合开展弹用燃气涡轮发动机先进部件技术研究计划

(SECT 计划),针对弹用燃气涡轮发动机研制中的主要技术困难,提高弹用燃气涡轮发动机的水平,为 2000 年巡航导弹研制提供先进技术储备。

美国的设计师主要从三个方面考虑如何开展弹用燃气涡轮发动机关键技术研究。①发动机系统研究与部件技术集成;②明确发动机研究方向与技术途径;③展开具体的发动机部件技术研究。他们选取 20 世纪 80 年代的一组典型的弹用燃气涡轮发动机为基本型,应用小发动机先进的部件技术(SECT)对基本发动机实施性能改进,按照任务剖面的完成情况和全周期寿命的使用成本(LLC)水平,来评估发动机关键技术取得的效果。

弹用燃气涡轮发动机关键设计技术(SECT 计划)包括以下几个方面。

1. *发动机循环参数优化分析*

优化设计弹用涡喷发动机总体循环参数,确定发动机推力和油耗与增压比和涡轮前温度的最佳配合关系。这是弹用燃气涡轮发动机方案设计阶段的一项重要工作。美国在 SECT 研究中选取了四种典型发动机,即双轴涡扇、三轴涡扇,双轴桨扇和三轴桨扇进行发动机总体参数的优化匹配。研究情况表明:考虑发动机推力与油耗的情况下最佳压气机增压比为 25～30;T_3^* 温度对发动机耗油率有重要影响,当 T_3^* 从 1 648.9℃降到 1 371℃时,耗油率增加 35%。从现在弹用燃气涡轮发动机实际到达到的技术水平看,美国 SECT 计划提出的某些指标过于乐观,2000 年正在服役的弹用燃气涡轮发动机型号均没有如此高的压比和涡轮前温度,这说明:满足这项技术指标的许多困难尚未克服。尽管如此,这些要求代表了弹用燃气涡轮发动机总体循环参数的发展方向,SECT 计划提出的参数为弹用燃气涡轮发动机技术确立了积极的目标。

2. *部件气动设计与匹配技术*

弹用燃气涡轮发动机最主要的部件就是压气机和涡轮。压气机与涡轮的气动设计是发动机部件气动设计的主要内容。

压气机部件设计技术的目标是:在合理的效率前提下提高增压比和空气流量。离心式和斜流式压气机的效率比较低,主要原因是气流通道的折转引起总压的损失。离心(斜流)式压气机流通能力大,增压比高,抗畸变能力强。在增压比很大的条件下,末级压气机如果采用轴流式压气机,则气流通道很小,叶片短,叶片的加工十分困难,同时气体附面层效应严重,压气机的流通能力和效率会有很大的损失。20 世纪 90 年代以来,随着三维黏性设计技术的发展,离心式压气机的设计水平有了很大提高,效率可以达到 82%,单级增压比已经大于 6,为离心式压气机的广泛应用创造条件。

提高增压比、加大空气流量的另一项措施是在现有的压气机上增加零级压气机。通常采用等内径设计方案增加一级轴流压气机,所以采用等内径方案,是为保持原发动机的前轴承的设计结构,使改型发动机有较好的继承性。这时发动机进口的迎风面积会略有增大,但是,如果不大于离心压气机出口的面积就不会影响发动机在导弹上的应用。增加零级压气机后,增压比与空气流量大幅提高,发动机的推力和耗油率将会有明显的改善,能够提高导弹的战术技术指标。

美国的J402－CA－702发动机采用加零级压气机措施，法国TRI60－20和TRI60－30发动机也是如此。从发动机结构与性能两方面看，整体离心(斜流)压气机是弹用燃气涡轮发动机重要的部件，一般情况下，进口级压气机采用轴流式，末级压气机采用离心式，这是比较典型的弹用燃气涡轮发动机压气机结构配置。

美国的SECT计划中研究了轴流式涡轮、混流式涡轮和径向式涡轮等三个不同的涡轮。径向式涡轮的效果不理想，弹用燃气涡轮发动机上主要采用轴流式涡轮和混流式涡轮。由于弹用燃气涡轮发动机的涡轮尺寸小，冷却叶片实际上比较困难。如果采用气膜冷却结构，则叶片内部要设置气流通道，导致涡轮叶片比较短而肥大，叶片的气动型面不理想，端壁流动和叶尖漏气损失相对加大，使涡轮的效率与大发动机的冷却叶片相比下降2%～8%。复合材料技术从材料学的角度来提高涡轮前温度，包括陶瓷材料和碳—碳材料，复合陶瓷能够承受1 760℃，碳—碳材料可达2 204.4℃。采用复合材料可以避免冷却叶片的复杂结构和气膜冷却的负面影响，可以有效地提高发动机的推重比，降低成本。

3. 整体式叶轮CAD/CAM一体化技术

CAD/CAM一体化技术，应用这项技术可以完成各种复杂的整体式叶轮的机械加工，这是叶轮机械设计与制造的一个飞跃。美国、法国、俄罗斯等国都积极在弹用燃气涡轮发动机上采用这项技术。

一个完整的CAD/CAM一体化软件系统应该包括系统框架、曲面造型、数据库管理、有限元分析、数控仿真、虚似加工等基本功能。

英国的R.R公司花巨资建立AIMS系统以提高产品的竞争力。20世纪80年代末期，该系统用于RB211系统发动机的设计与生产，将中间工作量减少2/3；将部件生产周期从6个月压缩到6个星期；增加40%的劳动生产率。只需要一年满负荷运行，生产所带来的成本节约即可偿付系统的全部投资。可见，整体式叶轮CAD/CAM一体化技术也是降低弹用燃气涡轮发动机成本的技术手段。

CAD/CAM一体化技术的不断发展必将走向计算机集成制造技术(CIMS)。设计与制造业将以此为切入点，与当今高速发展的信息技术相结合，获得巨大的飞跃。弹用燃气涡轮研制理所当然地融入这个先进技术的发展趋势。事实上，最能体现CAD/CAM一体化技术的先进性和复杂性的产品就是整体式叶轮，如舰船的螺旋桨。涡喷发动机的压气机和涡轮转子等，世界各国概莫能外。

4. 复合材料技术

在弹用燃气涡轮发动机上，提高涡轮前温度并不困难，困难是不容易找到合适的高温高强度材料。目前的耐热高温合金最高工作温度不超过1 150℃(不加冷却)，合金中的W，Mn，Nb，Ti等难熔金属不抗氧化。许多研究表明：SiC，$S_{i3}N_4$系列材料有可能成为发动机热端部件材料，它们已经用在发动机尾喷管上，可以耐1 650℃的高温，密度只有高温合金的30%～

40%，膨胀系数很小，叶片的漏气间隙可以控制在很小的范围内。碳-碳复合材料经过防氧化处理后，可以在 2 200℃的高温下工作。美国 20 世纪 80 年代的航空发动机 GE37 和 PW5000 上采用了碳-碳复合材料。1986 年，美国的 F107—WR103/104 弹用涡扇发动机使用了大量的陶瓷涂层，并且涡轮转子还采用了陶瓷材料和金属/陶瓷复合材料，可以在不增大耗油率的前提下使发动机推力增大 22%，1991 年这种发动机首次应用于实战。

陶瓷轴承技术近年发展迅速，引人注目。陶瓷轴承已经在地面设备和航空发动机上应用。陶瓷轴承的滚珠采用陶瓷球，与钢珠相比球面度高、强度高、耐磨损，对润滑技术的要求低，可以采用脂润滑技术。陶瓷轴承用在短寿命的弹用燃气涡轮发动机上，可以简化发动机的润滑系统的设计，甚至可以取消发动机的滑油泵，发动机结构更为紧凑。

5. 发动机与导弹一体化设计技术

目前的巡航导弹一般采用独立 S 型进气道，长度约为 1 000 mm 左右，进气道周围的几何空间不好充分利用。把进气道与导弹燃油箱合为一个整体，可以把这些不好用的空间充满燃油，增加导弹的射程。进气道的结构可以考虑做一些变化，采用环形的潜入式进气道，进气道的长度估计只需要 300～400 mm，可以缩短导弹的长度。

6. 全寿命周期成本（LLC）分析

全寿命成本分析技术是优化弹用燃气涡轮发动机研制、使用和维护的成本花费。全寿命周期成本是导弹武器系统的一个重要应用指标。美国采用了 RCA PRICE H 模型评估发动机成本，主要内容包括：①发动机对于不同导弹型号的适应性；②发动机部件与整机的成本；③发动机复杂程度、外形大小和技术水平。

第 13 章　航空燃气发动机的发展、研制、使用与维护

13.1　航空燃气涡轮发动机技术的发展现状

一、战斗机发动机

目前的一个发展方向是在 20 世纪 70～80 年代出现的推重比为 8 量级的 F100，F404，F110，RB.199，M53，RD－33 和 АЛ－31 等现役一线战斗机主要动力装置的基础上进行改进，进一步改善可靠性、耐久性和性能。例如，F404 发动机在投入使用时即具有良好的可靠性和耐久性，在经过性能渐改和扩大用途之后，又改型发展出 F414，推力从 7 120 daN 提高到 9 780 daN，推重比从 7.24 提高到 9.10。现役战斗机发动机最新改型的主要参数如表 13.1 所示。F100 和 F110 的最新改型 F100－232 和 F110－132 也正在试验中，其推力分别从最初的 10 590 daN 和 12 270 daN 提高到 14 400 daN，推重比也将超过 9。

表 13.1　现役战斗机发动机最新改型的主要参数

主要参数和用途	F100－229	F110－129	F414	RB199	АЛ－31Ф	RD－33
最大加力推力/daN	12 890	12 890	9 780	7 470	12 258	8 140
中间推力/daN	7 920	7 562	6 000		7 620	4 913
加力耗油率/(kg·(daN·h)$^{-1}$)	2.0	2.02			2.0	2.09
中间耗油率/(kg·(daN·h)$^{-1}$)	0.66	0.70		0.663	0.795	0.785
空气质量流量/(kg·s^{-1})	112.4	118.0	74.7	73.1	112.0	76.0
总增压比	32	32		23.5	23.8	21.7
涡轮前温度/K	1 722*	1 728	1 756*	1 600	1 665	1540
涵道比	0.4	0.76		0.97	0.60	0.48
推重比	7.9	7.28	9.1	7.78	7.14	7.87
用途	F－16C/D	F－16C/D	F/A－18E/F	“狂风”	苏－27	米格－29

* 为估计值。

从 20 世纪 80 年代中期起，航空发达国家开始为第四代战斗机研制新一代的发动机。美国空军对第四代战斗机发动机的要求具有代表性，即

(1)具有超声速巡航能力，飞机能在不开加力的条件下以 Ma 为 1.5～1.6 持续飞行；

(2)为飞机提供短距起落和非常规机动能力；

(3)具有隐身能力，发动机的红外辐射和雷达散射信号要尽可能小；

(4)加力推重比提高 20%；

(5)零件数量减少 40%～60%，可靠性提高 1 倍，耐久性提高 2 倍；

(6)寿命期费用降低 25%～30%。

根据对第四代战斗机对动力装置的要求，美国空军在先进技术发动机研究(ATES)中，考虑了多种飞机构形和任务剖面，经优化得出的发动机循环参数范围：涵道比为 0.20～0.32，总增压比为 23～27，涡轮前温度为 1 922～2 033 K，节流比为 110～115。

在设计中改变了过去片面追求性能的观念，而是以寿命期成本最低为准则，在性能与适用性、耐久性和可靠性之间达到适当的平衡。具体的指标如下：

(1)适用性。喘振裕度指标经权衡为 20%。通过控制系统的保证措施，驾驶员可以无顾忌地操纵发动机。

(2)耐久性。热端和冷端部件的寿命经权衡分别为飞机机体的一半，热端为 2 000 h，冷端为 4 000 h。

(3)可靠性。定期检查间隔时间和空中停车率等指标如表 13.2 所示。

表 13.2　可靠性、维修性指标改善

参　　数	F119 相对 F100－229 的改善
外场可更换件的拆换率/(次/1 000EFH)	50%
发动机返修率/(次/1 000EFH)	74%
发动机拆换率/(次/1 000EFH)	33%
维修工时/(人时/EFH)	63%
平均维修间隔时间/EFH	62%
空中停车率/(次/1 000EFH)	25%

注：EFH 为发动机飞行小时。

目前，为第四代战斗机研制的新一代发动机已定型并交付了生产型发动机，即将投入使用。它们是美国普惠公司的 F119、西欧四国联合研制的 EJ200 和法国的 M88。俄罗斯也有研制水平相当的 АЛ－41Ф 发动机的计划，但由于缺乏资金，进度后拖，预计将于 2010—2015 年投入使用。表 13.3 列出这些发动机的主要参数和用途。

战斗机发动机循环参数的发展趋势如表 13.4 所示。

表 13.3 第四代战斗机发动机主要参数和用途

主要参数和用途	F119	EJ200	M88－2	АЛ－41Ф
加力推力/daN	15 560	9 060	7 500	17 500
不加力推力/daN	9 790	6 000	5 000	
加力耗油率/(kg·(daN·h)$^{-1}$)	2.40①	1.73	1.80	
不加力耗油率/(kg·(daN·h)$^{-1}$)	0.62②	0.79	0.89	
推重比	11.6	～10	8.8	>10
总增压比	35	26	25	
涡轮前温度/K	1950③	1803	1850	1910③
涵道比	0.2～0.3	0.4	0.3～0.5	
用途	F－22	EF2000	“阵风”	

①据估算应为 2.0 以下。

②据估算应为 0.88～0.90。

③估计值。

表 13.4 战斗机发动机循环参数的发展趋势

参数	第三代	第四代	第五代
总增压比	22～32	25～35	25～40
涡轮前温度/K	1 540～1 750	1 800～1 950	2 100～2 300
涵道比	0.3～1.1	0.2～0.4	0.15～0.35(变循环)

二、运输机发动机

过去半个世纪中，亚声速运输机的燃油效率已提高 60%，其中推进系统技术的贡献占 3/4。涡轮风扇发动机由于不断提高涡轮进口温度、总增压比、涵道比，改进风扇和短舱性能，降低噪声和排气污染，改善可靠性，而成为世界民用运输机的最主要动力形式，运输机发动机的主要性能指标巡航耗油率已降低一半，噪声级下降 20 dB，CO，UHC 和 NO_x 含量分别下降 70%，90%和 45%，发动机最大推力已超过 5 0 000 daN。图 13.1 示出运输机发动机耗油率的下降趋势。

在 20 000 daN 以上大发动机方面，自 20 世纪 70 年代初第一代大涵道比涡扇发动机 JT9D，CF6 和 RB211 投入使用以来，开创了大型宽体喷气客机的新时代，其耗油率比第一代民用涡扇发动机降低 20%。

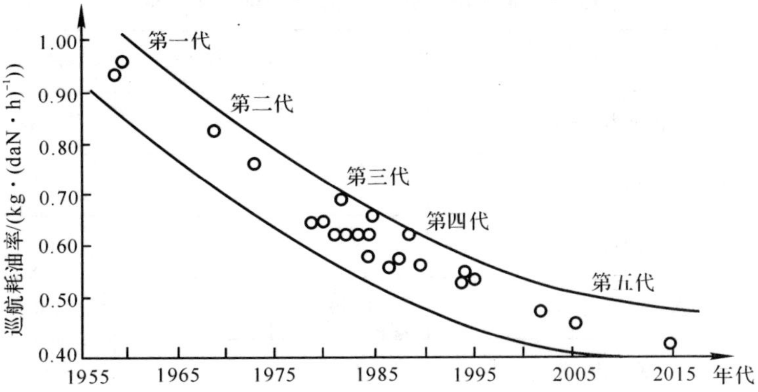

图 13.1 运输机发动机耗油率的下降趋势

20 世纪 90 年代初，为满足双发远程宽体客机 B777 的需要，普惠公司、罗·罗公司和通用电气公司开始研制推力超过 35 000 daN 的 PW4084、遄达 800 和 GE90。前两种为改型，GE90 为全新设计，如图 13.2 所示。这三种发动机于 1995 年先后在 B777 上投入使用。表 13.5列出这些发动机的主要参数，它们代表使用中发动机的最高水平。目前，这三家公司准备将这三种发动机的推力提高到 50 000 daN 以上，用在 B－777 的发展型上。GE90－115 在 2003 年 2 月的试验中，推力达到 56 900 daN，创造了新的吉尼斯世界记录。

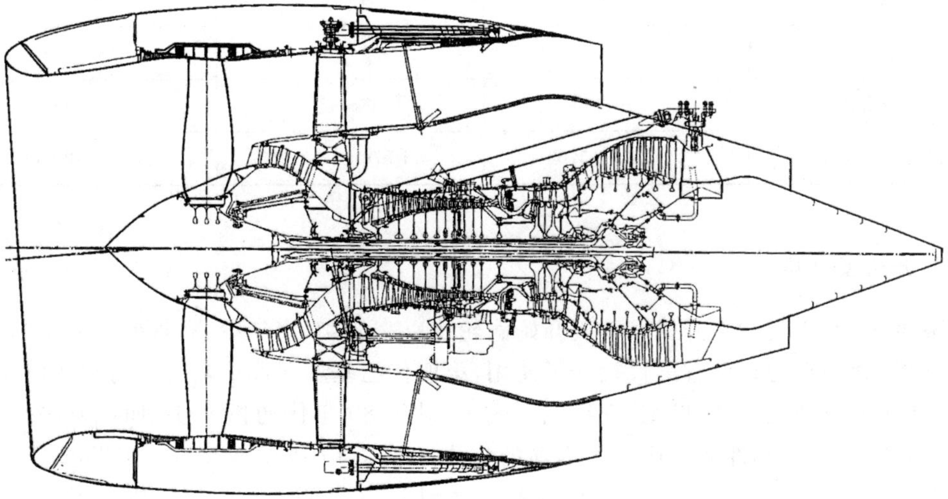

图 13.2 GE90 发动机剖面图

表 13.5 用于 B—777 的三种发动机主要参数

	GE90—B4	PW4084	遄达 800
起飞推力/daN	38 920	37 310	38 480
巡航耗油率/(kg·(daN·h)$^{-1}$)	0.532	0.566	0.567
总增压比	39.3	36.4	42.0
涡轮前温度/K	1 703	1 777	1 686
涵道比	8.4	6.4	6.5

在 10 000～20 000 daN 推力级方面，有 CFM56，V2500，PW2037 和 RB211－535E，其中 CEM56 的发展最有代表性。自 1982 年投入使用以来，已交付 13 000 多台，耗油率下降 25%，NO_x 含量下降 45%，翼上寿命从初始的 4 000 h 延长到 30 000 h 左右，空中停车率为 0.001～0.005 次/1000 发动机飞行小时。

运输机发动机循环参数的发展趋势如表 13.6 所示。

表 13.6 运输机发动机循环参数的发展趋势

参　数	20 世纪 70～80 年代	20 世纪 90 年代	21 世纪初
涵道比	4～6	6～9	10～25
风扇压比	1.7	1.5～1.6	1.3～1.4
总增压比	25～30	38～45	50～100
涡轮前温度/K	1 500～1 570	1 570～1 800	1 920～2 030

三、直升机发动机

自 20 世纪 50 年代初直升机发动机开始涡轮化以来的 40 多年中，涡轴发动机不断改进创新、更新换代，到现在为止已有三代投入了使用，第四代已基本研制成功并即将投入使用。

第三代涡轴发动机是 20 世纪 70 年代末或 20 世纪 80 年代初投入使用的，现在处于生产和使用的高峰，在结构和性能上代表了当前的先进水平。T700 的改型 T700/T6E 于 2003 年投入使用，其功率由 T700－400 的 1 210 kW 提高到 1 690 kW。离心压气机采用前掠大小叶片，使总增压比从 17.1 提高到 19，空气流量提高 10%。单晶涡轮叶片改用复杂的多孔冷却，提高了涡轮前温度。控制系统为双通道 FADEC，改善了可靠性，而且还具备故障诊断和飞行记录能力。有代表性的第三代涡轴发动机的主要参数如表 13.7 所示。

表 13.7　第三代和第四代涡轴发动机的参数和用途

代别	型号	起飞功率 kW	起飞耗油率 $kg \cdot (kW \cdot h)^{-1}$	总增压比	涡轮前温度/K	功率重量比 $kW \cdot daN^{-1}$
第三代	T700－GE－700	1210	0.286	17.1	1 533	6.22
	阿赫耶 1A2	500	0.358	8	1 273	4.6
	“宝石”－41	736	0.298	12	1 262	5.17
	RTM322－1	1 566	0.267	15	1 600	6.65
第四代	T800	883	0.280	14		7.1
	MTR390	956	0.273	13	1423	5.76

第四代涡轴发动机主要有美国的 T800 和西欧三国联合研制的 MTR390(见图 13.3)。

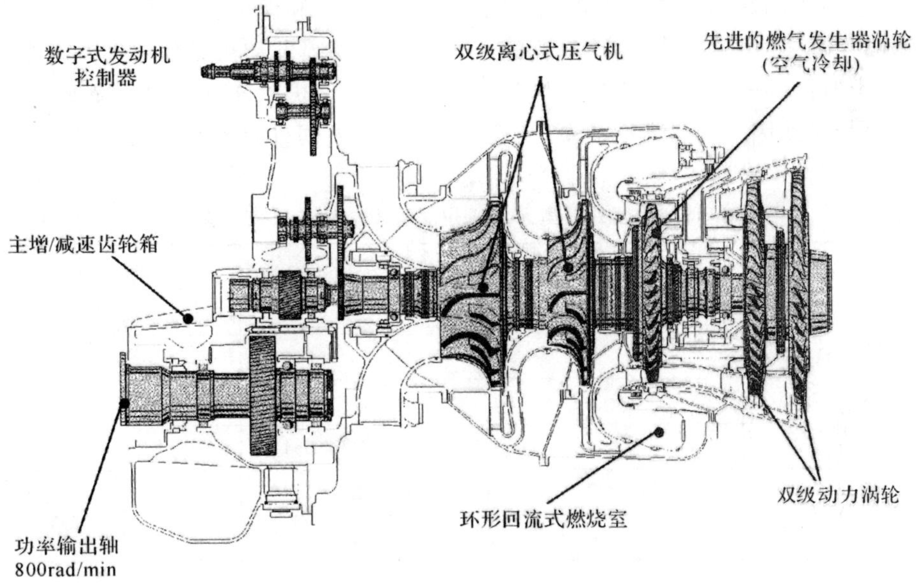

图 13.3　RTM390 涡轴发动机

它们都是在 20 世纪 80 年代后期开始工程研制的。德、法、英三国联合研制的 RTM390 涡轴发动机采用双级离心压气机，目前发动机均已通过定型，正在 RAH－66 和“虎”直升机上进行飞行试验，即将投入使用。涡轴发动机循环参数的发展趋势如表 13.8 所示。

表 13.8　涡轴发动机循环参数的发展趋势

参　数	第三代	第四代	第五代
总增压比	8～14	13～15	16～26
涡轮前温度/K	1 270～1 370	1 400～1 500	1 500～1 850

四、无人机发动机

无人机经过几十年的发展，虽然在任务功能和性能方面有了长足的进步，但其动力系统仍沿用原有的往复活塞式、旋转活塞式发动机、涡轴和涡喷发动机，近年发展并投入使用的诸如“全球鹰”和“捕食者 B”新型无人机采用的涡扇和涡桨发动机也是由技术成熟的民用航空发动机改装而来。正在进行概念验证的无人战斗机所用的动力也是现有涡扇发动机的改型。

据统计，世界上近百种无人机中有近 67%的无人机起飞重量不超过 200 kg，大多数采用活塞式发动机；近 77%的无人机起飞重量在 500 kg 以内，其中重量在 200～500 kg 范围内的无人机较多采用活塞式发动机和涡喷发动机；起飞重量在 500 kg 以上的无人机多数采用涡喷、涡扇和涡桨发动机。

无人驾驶飞机用涡轮发动机主要包括涡喷、涡轴、涡桨和涡扇发动机。

(1)涡喷发动机：主要应用于高空、高速无人机。在涡喷发动机研制和生产方面，具有代表性的制造商有英国的 NPT 公司(生产 NPT 系列涡喷发动机)、法国的微型涡轮公司(TRI 系列)和美国的特里达因公司(CAE 系列)。表 13.9 列出了国外具有代表性的无人机用涡喷发动机的一些主要技术参数。

表 13.9 国外典型无人机用涡喷发动机主要技术参数

型号	推力/daN	干重/kg	直径×长度/mm×mm	耗油率/kg·(daN·h)$^{-1}$
NPT151－4	73.4	28.3	275×310	1.27
NPT171	75.6	20.5	274×760	1.05
TRS18－1	145/150	38.5	306×564	1.20
TRI60－2	370	47	330×749	1.27
CAE373－8	440	54.7	320×914	1.05
KHD T117	105	21.8	350×770	1.19
WAEL 600N	52.5	21.5	274×470	1.35

(2)涡轴发动机：主要应用于短距/垂直起降无人机，特别是无人直升机；主要用户为海军。国外具有代表性的无人机用涡轴发动机生产和供应商是美国的艾利逊公司(Allison250 发动机)和威廉姆斯公司(TWS34 和 TWS125)。

(3)涡桨发动机：主要应用于高空长航时无人机。目前，只有美国的“捕食者 B”无人机采用涡桨发动机作为动力，所选发动机型号为霍尼韦尔/联信公司的 TPE331－10T。此发动机为原 TPE331－10 的改进型，功率为 500 kW 级。

(4)涡扇发动机：主要用于高空长航时无人机和正在进行概念验证的无人战斗机，而且，都是从现有的民用或军用发动机改型而来的。美国是最先将涡扇发动机应用于无人机的国家，主要供应商包括罗罗一艾利逊公司、通用电气公司、霍尼韦尔公司、联信公司和威廉斯公司。

表 13.10 列出了国外无人机用涡扇发动机的主要技术参数。

表 13.10　国外无人机用涡扇发动机主要技术参数

型号	推力/daN	重量/kg	直径×长度/mm×mm	起飞耗油率/kg·(daN·h)$^{-1}$	涵道比	应用
ATF3	2 240	439	853×259	0.51	2.8	YQM－98A
AE3007H	3 203	717	1 105×2 705	0.653(巡航)	5.0	Tier2＋"全球鹰"
FJ44	845	220	600×1 064	0.458	3.28	Tier3－"暗星"
F124－GA－100	2 800（中间）	616	558×3 561	0.8	0.42	T－45A 无人战斗机验证机
F404－GE－400	4 800（中间）	983	884×4 033	0.76	0.34	T－45B 无人战斗机验证机
JT15D－5C	1 419	302	686×1 534	0.573		T－47 无人战斗机险证机

13.2　未来航空燃气涡轮发动机技术的发展趋势

航空推进技术正呈现出一种加速发展的态势。根据美国在 20 世纪 80 年代初组织有关专家对 2000 年航空技术预测的结果，认为在气动热力学、耐高温轻重量材料和新结构设计，以及控制技术方面已取得的和将要取得的巨大进步，为在保持已经达到的可靠性和耐久性水平上大幅度提高发动机性能提供了可靠的技术基础。1987 年，美国空军发起制定并实施了 IHPTET 计划，计划总的目标是到 2005 年使航空推进系统能力翻一番，即推重比或功率重量比增加 100%～120%，耗油率下降 30%～40%。也就是说，要用 15～20 年时间取得过去 30～40年取得的成就，生产和维修成本降低 35%～60%。为了同美国竞争，以英国为主，意大利和德国参与共同实施了先进核心军用发动机计划的第二阶段(ACME－Ⅱ)，英国和法国又联合实施了先进军用发动机技术(AMET)计划。ACME－Ⅱ的目标是在 2005～2008 年验证推重比为 18～20、耗油率低 30%、制造成本低 30%和寿命期费用低 25%的技术。俄罗斯也有类似的计划，其目标是在 2010～2015 年验证的技术，与第五代战斗机(相当于西方的第四代战斗机)发动机相比，重量减轻 30%～50%，油耗减少 15%～30%，可靠性提高 60%～80%，维修工作量减少 50%～65%。

以有代表性的 IHPTET 计划为例，它以 1995，2000，2005 财年分为三个阶段，分别达到总目标的 30%,60% 和 100%。目前,已经完成第二阶段的任务,推重比比 F119 大 50% 的 PW7000 验证机 XTE－66 已通过地面试验,第三阶段计划正在实施,并接近完成。

下面将以 IHPTET 计划为典型说明航空发动机的发展趋势。

一、IHPTET 计划的目标、效益和技术途径

IHPTET 计划适用于各种航空涡轮发动机。对于不同用途的发动机,其目标和效益也不尽相同,如表 13.11 所示。

表 13.11　IHPTET 计划的目标和效益

发动机	目　标	效　益
战斗机/攻击机用	· 推重比提高 100% · 油耗降低 40% · 成本降低 35% · 低信号特征	· $Ma>3$ 持续飞行能力 · 装备超声速垂直/短距起落飞机 · 航程/续航时间/有效载荷比 F－14/A－6 提高 100% · 提高生存力
直升机用	· 功率重量比提高 120% · 油耗降低 40% · 成本降低 35%	· 航程和有效载荷比 CH－47 提高 100%
巡航导弹用	· 单位推力提高 100% · 油耗降低 40% · 成本降低 60% · 零件数量减少	· 空射巡航导弹具有洲际航程 · 高速飞行达 $Ma=4$
运输机用	· 油耗降低 30% · 零件数量减少 · 成本降低 35%	· 增大航程和有效载荷 · 延长寿命 · 改善维修性

IHPTET 计划采取了变革性的技术途径,它综合运用发动机气动热力学、材料、结构设计和控制方面突破性的成就,大大提高涡轮前温度,简化结构,减轻重量,实现最佳性能控制,最终达到预定的目标。

(1)先进的发动机气动热力学。气动热力学方面的进展不仅可以使未来发动机单位推力和部件效率达到最大,而且通过减少叶轮机级数、燃烧室和喷管更紧凑和在可能情况下取消加力燃烧室等办法来减轻重量。其主要技术有三维黏性计算流体力学设计方法和程序、新颖的叶轮机设计概念(高通流设计、弯掠叶片和串列式叶片)、旋流燃烧技术燃烧室、先进的热端传热分析和冷却设计,以及机械或射流控制推力矢量喷管设计。图 13.4 示出一种采用分隔式大小叶片的压气机转子,它由全弦长的大叶片和部分弦长的小叶片间隔组成,已经通过试验,级增压比可达 3.5。

图 13.4　分隔式大小叶片转子

（2）新材料。新材料是实现 IHPTET 计划的关键。主要的新材料有耐温更高的超级合金和隔热涂层、金属间化合物（钛铝和镍铝）、有机物基复合材料、金属基复合材料、陶瓷基复合材料和碳-碳复合材料以及非结构材料（轴承材料和新型润滑剂）。图 13.5 示出发动机上各种材料的应用趋势。

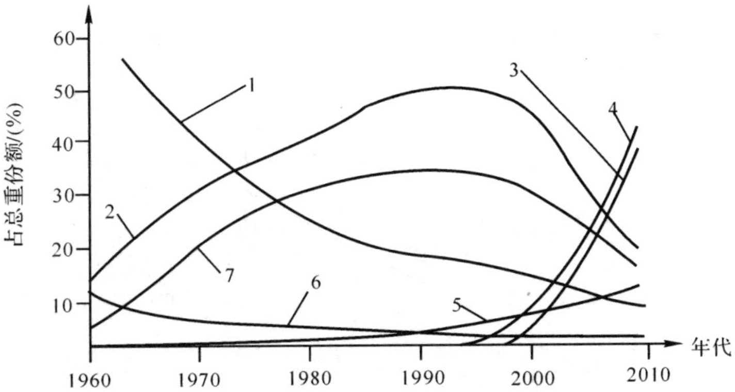

图 13.5　发动机上各种材料的应用趋势

1—钢；2—镍；3—陶瓷基复合材料；4—金属基复合材料；
5—树脂基复合材料；6—铝；7—钛

（3）新结构。对于上述新材料，特别是复合材料，还必须采用全新的结构设计才能充分发挥其作用。主要的新结构有空心风扇和压气机叶片、整体叶盘、无盘转子、刷子和气膜封严、双层壁火焰筒、磁性轴承、内装式整体起动/发电机和骨架承力结构等。图 13.6 示出风扇/压气机新结构对减轻重量的好处。

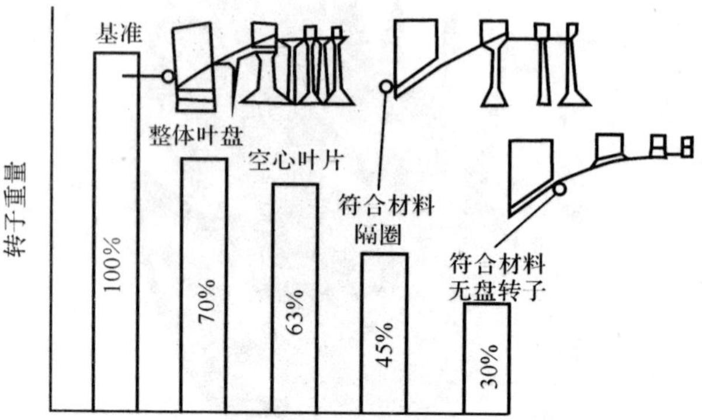

图 13.6 风扇/压气机新结构对减轻重量的好处

(4)控制技术。为支持 IHPTET 计划,实施未来先进控制技术研究(FACTS)计划。FACTS 计划的目标是增加控制功能(控制变量从 10 个增加到 20 个以上)、减轻重量和提高对高温和振动环境的容限。为此,需要发展的主要技术有分布式控制系统、先进的控制模态和逻辑、光纤传感器、光纤控制系统综合、超大规模集成电路、高温电子装置、平行处理机、电力传动和复合材料。FACTS 研究计划的实现有可能使发动机性能最佳化和实现主动稳定控制。图 13.7 示出发动机控制变量数的发展趋势。

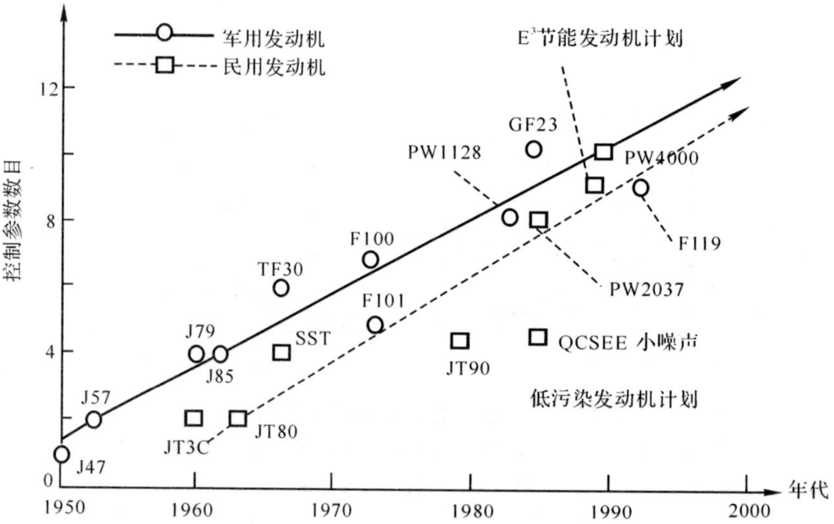

图 13.7 发动机控制变量数的发展趋势

二、通用、经济可承受的先进涡轮发动机(VAATE)计划

由于 IHPTET 计划在取得空中优势和商业竞争优势中的重要作用和已经取得的巨大成功，美国准备从 2006 年开始实施 IHPTET 计划的后继计划——VAATE 计划，其指导思想是在提高性能的同时，更加强调降低成本。VAATE 的总目标是，在 2017 年达到的技术水平使经济可承受性提高到 F119 发动机的 10 倍。技术验证将分两个阶段进行。第一阶段到 2010 年，使经济可承受性提高到 6 倍；第二阶段到 2017 年使经济可承受性提高到 10 倍。

推进系统的经济可承受性的定义为能力与寿命期成本之比，其中能力为推重比与中间状态耗油率的函数。

VAATE 计划的服务对象不仅包括有人驾驶航空器的发动机，而且还涉及无人机的发动机，以及船用和地面燃气轮机。对于不同的发动机有不同的目标，如表 13.12 所示。

VAATE 计划的实现使下列航空器的出现成为可能：

(1)全球攻击机：$Ma=1.5\sim2.0$ 巡航，空中不加油航程超过 18 000 km；

(2)全球运输机：航程超过 18 500 km，载重 55 t，短距起落；

(3)多用途战斗机：$Ma=2.2$，作战半径 1 850 km，垂直起落。

VAATE 计划将通过三个重点研究领域的相互配合来实现经济可承受性提高到 10 倍的目标，即通用核心机、耐久性和智能发动机。图 13.8 示出 VAATE 计划实现后可能出现的发动机构形。

表 13.12　VAATE 计划对于不同发动机机种的目标(以 1987 年的技术为基准/X)

	战斗机涡扇	运输机涡扇	小型涡扇	涡　轴	短寿命涡喷/涡扇
推重比	3.1X	1.4X	2.2X	2.2X	2.4X
耗油率	−25%	−20%	−33%	−40%	−30%
成本	−64%	−32%	−62%	−35%	−65%
经济可承受性	11.5X	2.6X	8.9X	5.5X	10.0X

1. 通用核心机

通用核心机研究领域是为一种多用途的 4 000 h 免维修发动机的核心机发展技术。通用核心机为许多涡轮发动机提供一系列类似的核心机，从而达到高的通用性，并降低成本。例如，一个小的多用途核心机可以涵盖功率为 7 450 kW 的大型涡轴发动机，推力为 3 100～4 450 daN的军用运输机发动机，推力为 2 230 daN 的无人驾驶飞行器的动力或推力为 710 daN 的先进巡航导弹的推进装置；一个大的多用途核心机可构成战斗机、轰炸机和运输机发动机。

通用核心机的好处有军民相关发展，硬件可以共用；通用零件可以降低各种成本因素；分摊发展和翻修成本；加快技术向产品的转化。

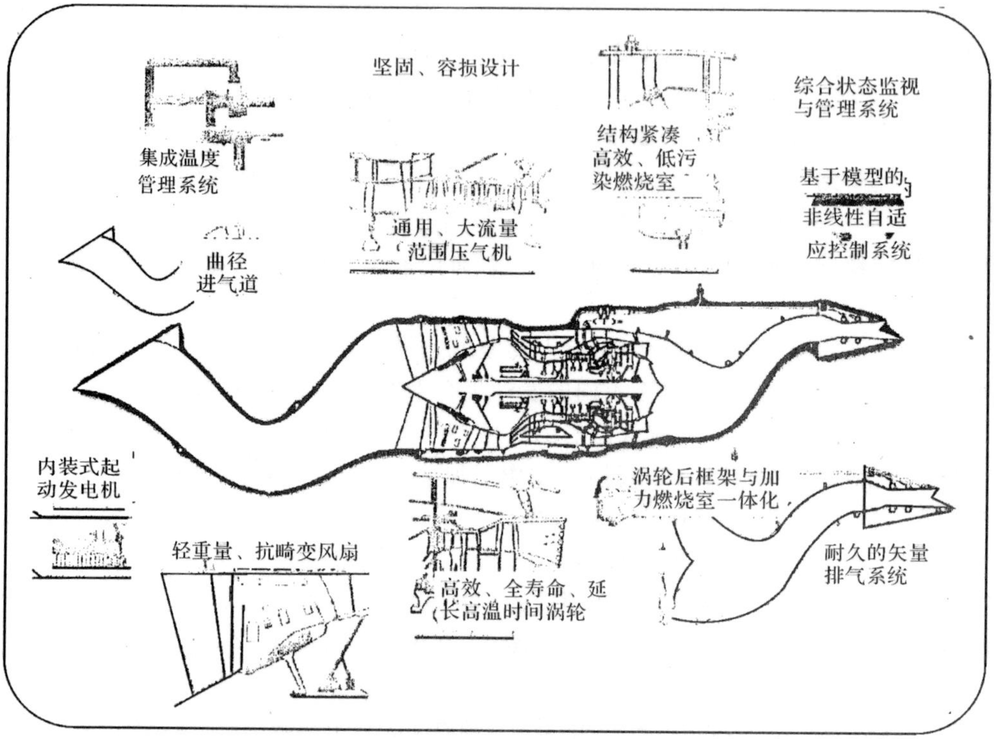

图 13.8 VAATE 计划后的发动机构形

通用核心机的通用性将通过下列方法实现：高的剩余功率，优良的燃油效率，耐久/健壮的设计，灵活、宽广的流量范围。

2. 耐久性

耐久性研究领域将研究、设计和试验一些手段，来防止部件失效，延长寿命，提高可靠性，最终改善性能。

耐久性对战备状态十分重要。美国空军和海军都经历过因发动机耐久性问题而造成的维修和备件不足的困境。发动机耐久性越来越引起人们的关心，目前正有一项高周疲劳(HCF)科学和技术计划在研究这个问题。在过去 25 年中，军用涡轮发动机的高周疲劳(HCF)故障的发生急剧增加。在 1982—1996 年，美国空军发生的发动机有关的 A 级事故有 56%由 HCF 引起。HCF 有关的维修费用估计每年超过 4 亿美元。

1994 年 12 月开始实施的 HCF 计划是专门为了降低维修成本而实施的，它通过 8 个研究项目实现与 HCF 有关的维修成本降低 50%的目标。这 8 个研究项目是强迫响应、被动阻尼、材料损伤容限、部件表面处理、测试、气动机械特性、部件分析和发动机验证。HCF 计划将延伸，并融入 VAATE 计划。

3. 智能发动机

目前，发动机是设定的、不灵活的，不能对变化的环境条件作出响应。它们不是按变坏的工作条件和性能恶化设计的，这导致在设计、使用和维修概念方面留有大的裕度，使性能受到不利影响，保障成本增加。

未来，发动机将发展成智能发动机。所谓智能是指能理解、调整或修改目标，并采取行动实现这些目标。智能发动机依靠传感器数据、专家模型和它们的融合，全面了解环境和发动机状态，以提供最佳的信息和作出决策，并采取物理动作执行这些决策。它能对发动机性能和状态进行主动的自我管理，并根据环境因素平衡任务要求，从而提高性能、可靠性和战备完好率，延长寿命，降低使用和维修成本。这正是 VAATE 计划的核心。

智能发动机的关键技术有：

(1)压气机、燃烧室、间隙和振动等的主动控制，以提高性能、耐久性和生存性；

(2)带有专门诊断传感器的精确的实时性能和寿命模型，以实现自动故障诊断和维修预报；

(3)磁性轴承、内装式整体起动/发电机和模型基分布式主动控制系统；

(4)一体化低观测性进气道和喷管；

(5)微机电技术传感器和作动器；

(6)信息融合技术(每台发动机就是一个网站)，能够在问题一出现时就发觉，根据余度信息作出正确决策，允许所有用户接近；

(7)先进非线性技术，能够实现自设计、“无程序”的自适应控制，这种控制系统可以自动重构，以优化性能并适应损伤和性能恶化；

(8)灵巧结构；

(9)受控化学反应(灵巧)燃料。

三、新概念发动机的研究

除常规燃气涡轮发动机外，目前正在研究中的还有新概念发动机。新概念发动机是指在热力过程、工作方式或使用能源等方面与传统航空发动机有很大区别的新型发动机。新概念发动机主要有以微机电技术为基础的超微型无人机用涡轮发动机、脉冲爆震波发动机、超燃冲压发动机、多(全)电发动机，以及各种新能源动力。

1. 超微型涡轮发动机研究

美国麻省理工学院正在按军方合同实施一项超微型发动机计划，为各种用途研制超微型发动机，包括功率为 10～100 W 或推力为 0.005～0.05 daN 的涡轮发动机和推力超过 1.3 daN的火箭发动机。这里只介绍用于微型无人机用的超微型涡轮喷气发动机，如图 13.9

所示。

美国国防部预研局和陆军在1998年4月与麻省理工学院签订一项合同，要求研制一种用于微型无人机的超微型涡轮喷气发动机。无人机的翼展为127 mm，重量为50 g。安装一台推力为0.012 7 daN的涡轮喷气发动机。这种无人机可以以57～114 km/h的速度飞行60～120 km，每小时使用大约25 g甲烷。发动机的最大外部直径为20 mm，长30 mm。压气机和涡轮的直径分别为8 mm和6 mm，涡轮叶片高度只有0.2 mm。这样小的发动机将用微机电系统技术，由硅制造。

迄今所做的实验包括利用压缩空气点燃在1.27 mm厚的石英层内的燃烧室，温度达1 527℃，用以驱动涡轮，以及用一个305 mm直径的超大比例模型研究压气机。在2000年一台地面验证机开始运转，并计划在2001年二季度装在微型无人机上，进行飞行试验。

这种微型发动机可以组合起来产生较大的功率或推力。例如，一个直径为200 mm的微型发动机组合可以产生近9 daN的推力，可作为总重量为100～1 000 kg的战术弹药和无人机的动力。

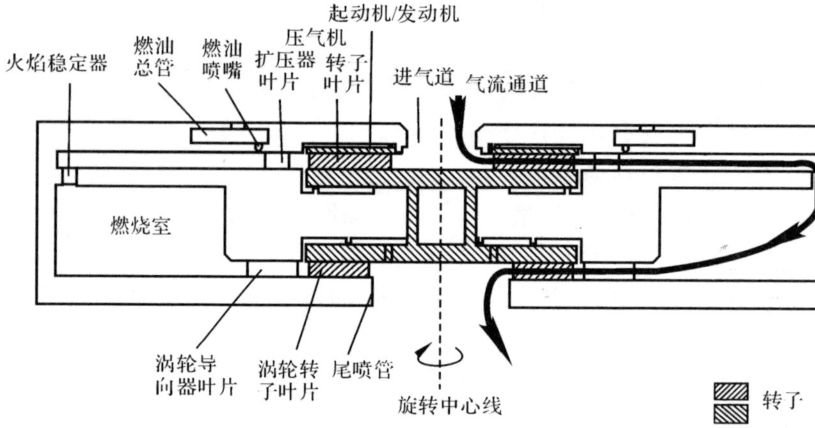

图13.9　超微型涡轮喷气发动机剖视图

2. 脉冲爆震波发动机

脉冲爆震波发动机(PDE)是一种利用脉冲式爆震波产生推力的新概念发动机。发动机一般由进气道、爆震室、尾喷管、推力壁、爆震触发器、燃料供给和喷射系统以及控制系统组成(见图13.10)，具有结构简单、推重比高(大于20)、耗油率低(小于1 kg/(daN・h)、工作范围宽(Ma=0～10)和成本低等优点。它在高超声速航空器方面有很好的应用前景。

PDE的关键技术有爆震燃烧的起爆、控制和保持，燃料和氧化剂(PDRE)的雾化、喷射和掺混，PDE与进气道和尾喷管的一体化设计，爆震现象的精确理论分析，以及先进阀门的设计。

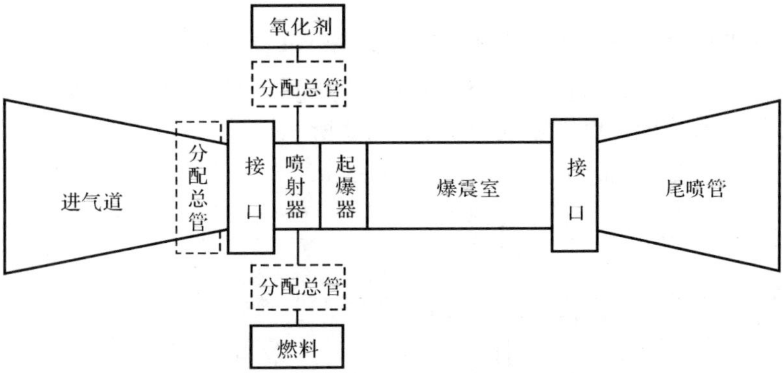

图 13.10　PDE 原理图

3. *超燃冲压发动机*

超燃冲压发动机(Scramjet)是燃烧室内气流速度为超声速的冲压发动机(见图 13.11),适用于 $Ma=6\sim25$ 的速度范围,是高超声速航空器、跨大气层飞行器和可重复使用空间发射器的推进装置。从 20 世纪 50 年代开始,国外就对 Scramjet 进行研究。在 20 世纪 80 年代中期,在国家空天飞机计划下,美国又掀起 Scramjet 的研究热潮。随着这项过于雄心勃勃的计划的撤消,美国 NASA 转为实施较为低调的"Hyper－X"计划,其主要目标是发展在飞行条件下超燃冲压发动机技术,然后发展高超声速飞行器和可重复使用的空间发射器的涡轮、亚燃冲压和超燃冲压组合发动机。该计划的 X－43 验证机装一台长 760mm 的 Scramjet,已于 1998 年 8 月交付给 NASA 作高速地面试验。X－43 在 2001 年间进行飞行试验。X－43 装在"飞马座"火箭的头部,由 B－52 飞机将装有 X－43 的火箭带到空中后发射。然后,火箭再将 X－43 加速到所需的速度,脱开后打开 Scramjet 工作 5～10s,将 X－43 加速到 $Ma=7\sim10$。虽然在首次飞行试验中由于火箭发射后失去控制而使试验失败,但 NASA 仍按原计划进行余下的试验。Scramjet 的军事用途包括远程侦察和快速攻击。

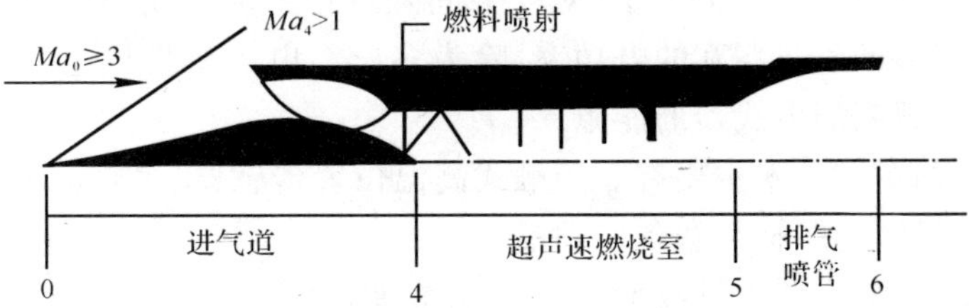

图 13.11　超燃冲压发动机示意图

超燃冲压发动机的关键技术有燃料的喷射、掺混和点火,燃烧室的设计和试验,耐高温材料和冷却,以及推进系统与机体的一体化设计。

4. 多(全)电发动机

作为多(全)电飞机的基础和重要组成部分,多(全)电发动机以支承发动机转子的非接触式磁性轴承和发动机轴上安装的内装式整体起动/发电机为核心,配以分布式电子控制系统,为发动机和飞机各个系统提供电力驱动,如图 13.12 所示。

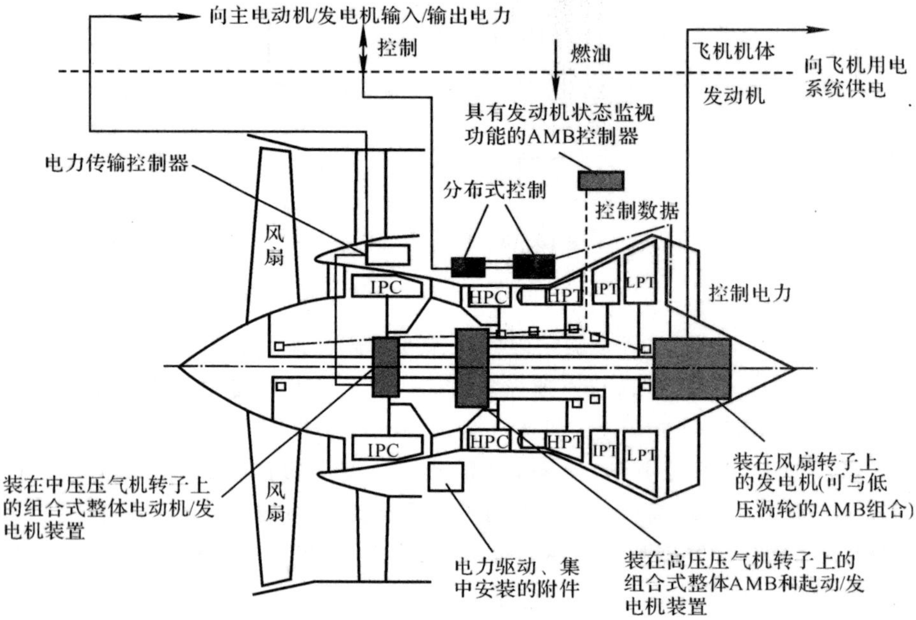

图 13.12 多(全)电发动机示意图

它可以取消传统的接触式滚动轴承、润滑系统和机械(液压、气压)作动系统,从而大大减小重量和复杂性,改善可靠性和维修性,降低成本。此外,所产生的电功率由两根以上发动机轴分担,可以重新优化燃气发生器,有利于控制喘振和扩大空中点火包线,改善发动机适用性;利用磁性轴承可以减少振动,增大 DN 值,对叶尖间隙进行主动控制;发动机轴上安装的内装式整体起动/发电机能够产生几兆瓦的电功率,除为多(全)电飞机提供电力外,还可用于生成激光或微波束,作为机载高能束武器的能源。

磁性轴承所涉及的关键技术主要有非接触式高温位置传感器、多自由度余度主动控制、高温铁磁体材料和电磁线圈绝缘材料和备份轴承。

内装式整体起动/发电机的关键技术除了与磁性轴承类似的高温铁磁材料和绝缘材料、涡流损失控制、电磁屏蔽和与发动机的综合控制外,主要有起动/发电机设计和起动/发电机一发动机一体化设计。

分布式控制系统的关键技术有分布式控制系统的总体结构和运行模式、余度多路传输光纤总线,多余度数字处理机及并行处理技术,耐高温的灵巧传感器和作动器,轻重量的变速、变流量电动燃油泵,发动机状态监视和管理系统。

5. 新能源航空动力

为解决石油资源枯竭和环境污染问题,满足某些特种航空器(如高空长航时无人机)的需要,人们多年来一直在航空动力方面探索利用新能源,其中主要有太阳能、液氢、燃料电池、微波能和核能。

(1)太阳能动力。太阳能动力由太阳能电池、直流电动机、减速器、螺旋桨和控制装置组成。由于太阳辐射的能量密度小,为了获得足够的能量,飞机应有大的机翼面积,以便铺设太阳能电池。

美国从 2001 年下半年起开始试飞一种太阳能无人机"太阳神"号(见图 13.13),它以二次高能电池和太阳辐射能为动力。飞机的翼展为 75 m,在机翼和安定面上装有 16128 片硅太阳能电池和 14 个推进器。在早晨阳光不很强时,"太阳神"上的太阳能电池可为飞机提供 10 kW 的电能,使飞机可以 33 m/s 的速度爬升。当阳光充足时,电池最多提供 40 kW 的电能。到了晚上,飞机依靠储存的电能实现巡航飞行。

图 13.13 美国的"太阳神"无人机

2001 年 7 月 15 日,"太阳神"号在试验中达到了 22.8 km 的最大飞行高度,并在空中飞行了 10 多个小时。在 2001 年 8 月的飞行中,"太阳神"达到 28 950 m 的飞行高度和 18 h 的留空时间。NASA 计划在 2003 年使该飞机达到连续飞行 96 h,最终目标是在空中逗留半年。

(2)氢燃料发动机。为满足未来航空运输日益严格的污染排放限制,并解决日益显现的燃料短缺问题,人们一直在寻找有应用前景的航空替代燃料。由于氢燃烧时不产生碳氧化物和烟尘,产生的氮氧化物也比煤油燃烧时的少 2/3,并且氢燃料的热值是煤油的 2.78 倍。因此,氢燃料航空发动机具有很好的发展前景。

早在 20 世纪 50 年代,国外就开始了将液氢用做航空燃料的研究。欧洲在 2000 年开始实施"低温飞机"计划,目的是研究飞机使用液氢燃料的可行性。研究表明:液氢作为未来的航空燃料在技术上是可行的,使用液氢不但能极大地降低飞机对环境的污染,而且也能充分满足当今航空适航性的安全要求。由于液氢的热值比煤油的高,因而可大大降低飞机的起飞重量或使飞机装载更多的货物。

但是，氢燃料飞机获得实际应用，还要解决一些技术难点，主要有燃料密度小带来的燃料箱体积太大问题；液氢的运输和存储问题；液氢的生产成本高；低温的飞机燃料供给系统以及氢燃料燃烧后排出的大量的水（比煤油燃烧后多 2.8 倍），会不会对飞行产生影响等等。

（3）燃料电池动力。燃料电池的工作原理与电解水的逆过程相似，氢基燃料送入燃料电池的阳极（电源的负极）转变为氢离子，空气中的氧气送入燃料电池的阴极（电源的正极），负氧离子通过两极间离子导电的电解质到达阳极与氢离子结合成水，外电路则形成电流。通常，完整的燃料电池发电系统包括电池堆、燃料供给系统、空气供给系统、冷却系统、电力电子转换器、保护与控制及仪表系统。

（4）微波动力。微波是一种波长从 1 mm 至 1 m，频率从 300 MHz 至 300 000 MHz 的电磁波。现代科学成果证明，微波能够有效地传输能量。不仅地面的电子设施可以用微波的照射来供给能量进行工作。空中的飞机也能够通过接收从地面发射的微波束中得到能量，进行预定的飞行计划。微波动力飞机的原理是：地面上的微波站将能量很高的微波发射给空中的飞机，飞机将其天线所接收的微波再转换成电能，驱动电机带动螺旋桨旋转。由此，人们只要在地面上每隔一二百千米设一个微波发送站，就可以使微波飞机不用着陆、不用加油，持续不断地围绕地球飞行。1991 年，美国和加拿大科学家合作建立了一座技术先进的地面微波站。这里有世界上最大的微波发射天线，可以将微波发射到几万米高的空间。飞机在飞行中利用微波供给的能量，可以在距离地面 20 000 m 的高空中连续飞行 3 个月。

微波飞机有两种设计方案。一种是螺旋桨飞机。这种飞机上装有半导体整流设备，它可以把地面射来的微波能，转变为直流电源，用直流电动机带动螺旋桨旋转。另一种是喷气式飞机。这种飞机可以将接收到的微波，直接加热喷气发动机的压缩空气，然后从尾喷管中喷出去。

美国最近研制出一种新型微波发动机，微波产生等离子体，燃料气体在经过等离子体时被加热到极高的温度，接着热能被转换为动能。这种发动机可用氦、氮和氨甚至水蒸气和氢等任何气体为工作燃料。它耗用的燃料少，产生的推力却是消耗同样数量燃料发动机的 3～5 倍。

尽管微波飞机可大大节省传统的燃料，减少燃气的污染。但是，它却带来了另外一种污染，即电磁波污染，微波是一种对人体和环境都十分有害的电波。此外，目前这种飞机的造价（主要是地面微波发射设备）较大，而且飞机的载重也有待提高。

随着 IHPTET 计划和后续的 VAATE 计划的实现，以及其他相关研究计划的完成，预计在 21 世纪 30 年代以前可以出现以下新型航空发动机。

（1）2005 年：涵道比为 10～15 的民用涡扇发动机，总增压比为 50～60，耗油率比 1990 年代中期发动机低 8%～10%，噪声和排放将满足更严格的新标准。

（2）2010 年：先进超声速短距起飞垂直着陆战斗机 JSF，其主推进装置将是应用 IHPTET 计划成果的 F119 的改进型；以微机电技术为基础的超微型涡轮发动机；高超声速巡航导弹用的 PDE 和 Scramjet；无人机用的太阳能动力、燃料电池动力和微波动力。

(3)2015 年：涵道比为 15～20 的超高涵道比涡扇发动机，总增压比为 60～75，耗油率比 20 世纪 90 年代中期发动机下降 18%～20%；多(全)电发动机。

(4)2020 年：推重比为 20 的战斗机发动机，实现 $Ma>3$ 的不加力持续巡航；经济和环境可接受的第二代超声速民航机。

(5)2025 年：推重比为 25～30 的战斗机发动机，与 F119 相比，耗油率降低 25%。

(6)2030 年：全寿命期成本降低 64%，能力/成本指数为 11.5 倍，高超声速巡航军民航空器推进系统。

四、发展中的燃气涡轮发动机先进技术

在第四代战斗机发动机上采用的新技术主要有：

(1)风扇/压气机。采用非定常有黏全三维设计计算方法，平均级增压比达到 1.45～1.50，3 级风扇和 5～6 级压气机实现 25～27 的总增压比，而第三代发动机要用 3～4 级风扇和9～10级压气机才能达到相当的增压比；小展弦比叶片设计提高强度和抗外物损伤能力；某些级的空心叶片和整体叶盘结构使重量减轻 30%；在高压压气机的后端采用叶尖间隙控制，提高效率。

(2)主燃烧室。采用两相三维数值计算和模拟设计技术；强旋流头部设计和带蒸发管头部回流结构提高燃烧效率和改善出口温度场；燃烧温升增加了 250～300 K，双层壁和多斜孔气膜冷却火焰筒设计保证在可用冷却空气大大减少的情况下的结构冷却问题；整体锻压和机械加工成型的环形火焰筒，改善了周向刚度并提高了筒壁的冷却效果。

(3)涡轮。有黏全三维跨声速气动设计提高加功量，高、低压涡轮均为单级；复合倾斜导叶和端弯叶片设计有利于提高效率；复合冷却技术加先进隔热涂层实现降温效果达到 500～600 K；对转涡轮设计有助于减小机动飞行时产生的陀螺力矩，F120 还取消级间导向器，从而减轻重量、缩短长度、降低成本。

(4)加力燃烧室。温度由 1 950～2 050 K 提高到 2 050～2 150 K；整体扩压器、混合器和火焰稳定器设计有利于缩短长度、减少分离和组织燃烧；多根径向稳定器与单圈环形稳定器相结合，堵塞比小，对流场畸变不敏感；全长防震隔热屏和分区分压供油对提高工作稳定性十分重要。

(5)喷管。F119 采用的二元推力矢量喷管具有俯仰推力矢量能力，以实现短距起落和非常规机动，并有助于减少红外和雷达信号特征。轴对称推力矢量喷管也经过验证，以便在条件成熟时改装。

(6)控制系统。第三代双余度 FADEC 具有自检、容错和故障诊断和处理能力，无需机械液压备份；实行飞行/推进综合控制使飞机性能大幅度提高。

(7)在第三代控制系统支持下对气流几何通道实行全流程控制，包括超声速进气道、可调

静子叶片、放气活门和放气窗、收敛扩张形尾喷管的喉部面积和喷口面积等，采用喘振监测系统和消喘系统，大大提高发动机稳定工作范围。

(8)高速转子振动的主动控制技术已进入实用阶段。挤压油膜阻尼器、转子轴向力控制、发动机转子的整机平衡、刷式密封和采用阶梯式封严环的篦齿密封、能自动定心和保证热定心的联接套齿等技术已在发动机上广泛采用。

(9)新材料和新工艺。主要有耐温 1 100℃的第三代单晶涡轮叶片、双性能热处理涡轮盘、树脂基复合材料(PMR15)外涵机匣、高温钛合金和耐火钛合金压气机转子和静子件、粉末冶金压气机和涡轮盘、陶瓷基复合材料和碳-碳复合材料高温静子件等。转子连接已经广泛采用焊接技术，涡轮的盘轴采用整体制造，提高了工作可靠性，减轻了转子重量。

在现代民用涡扇发动机上除应用与上述第四代战斗机发动机通用的先进技术外，还有下列特有技术：

(1)风扇/压气机。弯掠叶片气动设计有利于提高效率和喘振裕度；采用轻重量的铝合金机匣上缠绕多层 Kevlar 编织带的风扇叶片包容环减轻重量；GE90 的 10 级高压压气机达到 23 的增压比，平均级增压比为 1.386，是目前民用发动机中最高的；直径 3m 左右的风扇采用超塑性成形/扩散连接钛合金叶片或环氧树脂基复合材料叶片，大大减轻了重量；“热控”高压压气机转子设计技术实现主动间隙控制。

(2)燃烧室。双环腔燃烧室并采用双路供油方式，保证了大功率状态的供油量和低功率状态的燃油雾化，改善了燃烧条件，降低了排气污染；浮壁火焰筒和铸造的多孔冷却火焰筒，延长了寿命，降低了成本。

(3)涡轮。高压涡轮采用第二代或第三代单晶叶片、高温粉末冶金盘和双层壁机匣；低压涡轮机匣外用压气机引气冷却实行主动间隙控制，以提高效率。

此外，这些发动机在研制中贯彻并行工程或综合产品开发理念和采用成熟技术，在取证时即获得 180 min 的双发客机延程飞行(ETOPS)许可(空中停车率小于 0.02 次/1 000 飞行小时)。以往，一种发动机要积累 50 万飞行小时后才能申请 ETOPS 许可。

13.3 航空发动机的可靠性

一、概述

一个国家工业水平高低的重要标志之一就是产品的质量。产品质量通常包括三个指标：性能、可靠性、维修性。产品性能指标为主要指标，代表产品的使用价值。然而产品设计、制造和使用过程的复杂性，产品的性能指标不一定能预期完成，如果不能达到预期要求，则产品将被认为不可靠或不太可靠。除了那些被设计成一次性使用和不可维修的产品，不可靠的产品出现故障后，要进行修复，以恢复其原来的功能。性能指标再高的产品，如果经常出故障，我们不会认为是好产品。如果产品出了故障又不便于维修，还会增加使用成本并降低产品的工作效率，严重影响产品效能的发挥。所以，产品的性能、可靠性和维修性是一个统一体，只有三者都得到保证，产品才会有较高的质量。而航空飞行器的可靠性又占有更重要的地位，因为它更直接地关系到飞行的安全。

产品可靠性工作的实际开展，始于第二次世界大战期间。当时美国生产的飞机有半数不能正常使用。轰炸机的电子设备寿命只有几十小时；海军用的电子设备，有70%经常发生故障。而这些电子设备出故障的原因则是电子管的可靠性太差。因此，有人说：不可靠的电子管成为可靠性之母。

1950年，美国国防部成立了电子设备研究组(ANG)，1952年又成立了可靠性咨询组(AGREE)，该组于1957年提出了一系列的成果报告——AGREE报告。其中包括产品在设计及生产时，可靠性的测试方法和标准规范等科学建议。这些报告成为以后可靠性研究的基础，其基本理论今天仍然适用。从那时起，可靠性作为一门学科已经确定了基本方向。1958年后，美国军方逐步制定了可靠性军工标准，同时将可靠性技术引入民用产品。

进入20世纪60年代，英、法、原联邦德国和前苏联也开始进行可靠性技术的普及工作。从1961年开始，美国将可靠性技术应用于“阿波罗”计划，到1969年“阿波罗”号飞船登月成功，显示了可靠性技术的巨大效果。之后，可靠性技术的应用领域迅速扩展，从人造卫星、电子通信设备到计算机；从飞机、汽车、机床到家用电器；从开发研究到设计制造，都将可靠性技术作为重要工具来加以应用。进入20世纪70年代，许多工业国家已将可靠性技术用于更广泛的民用机械产品。

我国从20世纪60～70年代开始可靠性技术的研究和普及工作，首先在电子工业和国防部门，继而推广到机械工业等其他部门，已经收到了良好的效果。由于航空产品的特殊性质，可靠性的课题较早地得到了关注。首先从设计制造部门开始，然后到使用维修技术，人们发现提高航空产品的可靠性，是一个贯穿其全寿命的庞大的系统工程。对于民用航空器来说，两个突出的特征即是适航管理和以可靠性为中心的维修思想。近年来，随着我国民航事业的迅速发展，使可靠性技术的应用在民用航空器的维修和维护领域迅速扩展，其重要意义已经被越来越多的人所共识。现在，各航空公司都已经成立了可靠性的专门机构，可靠性技术已经渗透到维修管理和维修方案制定等各个环节。可靠性技术对保障飞行安全，提高维修质量，增加经济效益，都已经起到了重要作用。

二、可靠性的基本概念

1. 可靠性的定义

产品在规定条件下，规定时间内，完成规定功能的能力。

所谓产品，可以是一个小零件，也可以是一个大的系统。规定条件主要指使用条件和环境条件。规定时间是指广义时间，包括产品运行时间，旋转次数或循环次数等。有了可靠性的概念，人们才可以掌握产品在什么条件下多少时间内可以无故障的工作，在多大程度上发挥其功能。因此，可靠性是产品的非确定性的、具有随机性的性质。

2. 维修性定义

产品在规定条件下和规定时间内，按规定的程序和方法进行维修时，保持或恢复到规定状态的能力。工业产品一般可分为可维修和不可维修产品两种。不可维修产品是指失效后不能或不值得维修的产品，如灯泡、火箭等。维修性是指对可修复产品进行维修的难易程度。航空燃气涡轮发动机属于可维修产品。

3. 广义可靠性

广义可靠性＝狭义可靠性＋可维修性。

一般说，可维修产品的可靠性称为广义可靠性；不可维修产品的可靠性称为狭义可靠性或者称为可靠性。对于可维修产品，维修性与可靠性不能分开考虑，于是提出了综合考虑可靠性和维修性的广义可靠性。在广义可靠性概念下，除考虑产品的无故障性质，即狭义可靠性，还应考虑发生故障后修理的难易程度。

广义可靠性是指可维修产品在使用中不发生故障，如发生故障也易于维修，因而经常处于可用状态的性质。

4. 固有可靠性与使用可靠性

从传统可靠性的形成过程看，可靠性可分为固有可靠性和使用可靠性两种。

（1）固有可靠性：产品通过设计、制造、管理等所形成的可靠性称为固有可靠性，产品固有可靠性通常体现在产品的固有寿命上。应该说它是在设计和制造时所固定下来的，固有可靠性所考虑的中心问题是狭义可靠性。

（2）使用可靠性：产品在使用条件的影响下，诸如运输、保管、维修、操作和环境条件等综合影响，固有可靠性的发挥与实现称为使用可靠性。产品使用可靠性通常体现在产品的实际使用寿命上。使用可靠性所考虑的中心问题是包括维修性在内的广义可靠性。

为保证产品有高的可靠性指标，首先要做到设计质量高，制造质量高，然后尽量保证正确的使用。所以使用可靠性指标不会大于固有可靠性指标。提高固有可靠性只有从设计制造着手，正确使用规范，可提高使用可靠性，以最终保持固有可靠性。

5. 可靠性增长

产品在使用过程中，通过改进和改型设计、排除故障，加强保障手段等方式，来提高产品的固有可靠性，称为可靠性增长。可靠性增长按一定模式（型）进行预计和实施，在大多数情况下，可靠性增长是提高了产品的固有可靠性指标。然而不良的措施和复杂因素的相关结果，可能使可靠性增长为负值。

目前，在民航维修中一些制造厂家正在推行的可靠性计划应归属为可靠性增长的范畴。

三、航空发动机可靠性特征

从可靠性的角度分析，航空发动机具有如下特征：

(1)高速旋转机械。航空发动机属于高速旋转机械类型，因此区别于一般的非旋转机械与电子器械的可靠性。

(2)多个零件组成。发动机有多个零组件组成，因此整机的可靠性建筑在单元体(零组件)可靠性的基础之上。各零组件都有自身的工作特点和可靠性指标，只有当零组件的可靠性实现时，发动机整体的可靠性才得以保证和实现。

(3)载荷与受力复杂。发动机是在高转速、高温和高载荷下工作，受有静力载荷、动力载荷，受有高、低周疲劳和热疲劳的作用。所以发动机安全性与可靠性的保证及研究等工作难度更大。

(4)可修复与不可修复。发动机中的零组件有的为可修复件，有的为不可修复件，往往视情而定。发动机在使用过程(寿命期间)可为修复件和可更换零组件。而在单元体结构中，可为更换件和视情维修件，但有些零件为不可维修失效件。

(5)寿命长短不一。发动机本身有长寿命机和短寿命机两类。短寿命机即巡航导弹上使用的发动机。飞机上的航空发动机一般为长寿命机。长寿命发动机的有些零件是按无限寿命设计的，如压气机叶片等，有些是按有限寿命和损伤容限寿命设计的，如涡轮部件。发动机中又有冷端与热端部件，有高周疲劳与低周疲劳寿命件等，形成长短不一、状态不一的零件寿命。

(6)故障模式繁多、故障率较高。组成发动机的零件较多，而每一个零件组往往具有多种故障模式。航空发动机的故障率是比较高的，尤其是存在一些偶发性故障。因此故障问题比较严重，往往形成致命的影响。

(7)可进行发动机状态监视与故障诊断，进行视情维修。

(8)发动机本身工况与使用环境都比较复杂。

以上诸特征都使发动机实现高可靠性指标增加了很大的难度。

四、航空发动机的可靠性指标

1. 早期发动机采用的可靠性指标

(1)翻修寿命。新发动机从开始工作到返厂翻修或两次翻修之间的工作时间，一般用TBO(Time between Overhuals)表示，以小时计。发动机工作到规定的翻修寿命后，送回修理厂翻修，使发动机达到规定的标准，再返回使用部门继续使用。

为了保证航空发动机在规定的翻修寿命期限内的可靠工作和性能要求，生产厂须对发动机抽样进行长期试车(在地面试车台或模拟飞行条件的高空试车台上进行)，试车时间一般为翻修寿命的 1.5 倍。

(2)状态监控与视情维修。在 20 世纪 60 年代后期，新发展的发动机上开始采用单元体结构设计，并采用多种监控手段，维修方式由定时维修转为视情维修。因此，一般不给定发动机的翻修寿命。在发动机使用中，根据其工作情况来确定发动机或某一单元体是否需要更换。对发动机的一些关键构件，例如轮盘和轴等，则分别规定使用寿命的限制。该限制包括使用小时及循环数，两者中任一参数达到限制值后，该构件即应拆换。

2. 民用发动机可靠性指标

美国航空运输协会(ATA)对民用飞机及其各系统的可靠性指标有过明确规定。其中，对发动机采用了以下四个可靠性指标：

(1)延误/取消率(Delay/Cancellation Rate)。指每 100 次定期航班中，由于发动机原因不能正点开航而造成的延误(延误时间超过 15 min 才算延误)或航班被取消的次数。对于非定期航班或飞行中出现的延误/取消事件不计在内。目前，通常采用延误率的反义词“航班正点率”(Dispatch Reliability)来表示。1 减去延误/取消率即为正点率，表示每 100 次航班中，整点开出的航班次数。

(2) 空中停车率 IFSD(In - Flight Shut Down)。发动机在平均每 1 000 飞行小时中空中停车的次数，它是表示发动机可靠性的主要指标。由于在飞行中，发动机停车可能是由于发动机本身造成的(例如零件损坏、滑油中断、振动过大、超温等)，也可能是由于飞机系统的某些故障引起了发动机停车(例如燃油总管堵塞或泄漏，操纵系统故障等)。作为表征发动机可靠性的 IFSD，只计前者。因此，在统计空中停车率时，应注明总的空中停车率和发动机本身造成的即基本的空中停车率。如在文献或资料中未注明，应理解为基本的空中停车率。

(3)提前换发率或非计划换发率 UER(Unscheduled Removal Rate)。发动机在平均每 1 000飞行小时中，不是计划之内的更换发动机次数。亦指基本的换发率。

(4)返修率 SVR(Shop Visit Rate)。发动机在平均每 1 000 飞行小时内，返厂修理的次数。

另有驾驶员汇报事故率(Pilot Report Rate)，即每 100 次班机降落后，驾驶员所反映的事故次数。由于掺杂的人为因素比较大，目前很少被采用。

在上述常用的发动机可靠性指标中，各航空公司或生产厂家可以有不同的选择。例如，美国通用电气公司(GE)采用航班正点率、空停率和返修率；英国罗・罗公司(R&R)采用空停率和提前换发或非计划换发率；美国普・惠公司(P&W)在 JT8D 中采用的是空停率、提前换发或非计划换发率和返修率，在 JT9D 发动机中增加了航班正点率。

3. 双发客机延长航线使用能力(Extened-Range Twins Operations)

在民用涡扇发动机中，由于双发客机的广泛采用，提出了如何扩大双发客机使用范围的问题。双发客机在飞行中，如果一台发动机突然失效，则只有单靠另一台发动机飞往就近的备降机场或目标机场或返回起飞机场。为保证客机的飞行安全，对双发客机飞行的航线就必须有严格的限制，即航线上任一点到备降机场或目标机场或起飞机场的距离不能超过一定值，这个距离限制用飞行时间规定，即 ETOPS 时间，它限制了双发客机的使用范围。例如：波音 777

飞机的双发设计方案曾经因此引起过争议。ETOPS 指标与发动机的可靠性有关，可靠性较高的发动机，允许有较长的 ETOPS 时间。ETOPS 时间须经适航管理机构的批准。

美国联邦航空局于(FAA)1985 年 6 月批准颁发了 AC120－42 号咨询通报，该通报的主要内容是：经过 FAA 批准，在一定条件下，可将 ETOPS60′提高到 ETOPS120′。要求的条件是：发动机累计使用 25 万小时以上；双发同时失效的概率不得大于 10 次/h，或空中停车率不大于 0.04。双发客机如果获得 ETOPS180 的批准，则可以航行于亚洲至美洲的跨太平洋航线。因此，双发飞机是否具有 ETOPS 能力，具有多长的 ETOPS 能力，便成为发动机可靠性的一个重要指标。

表 13.13 是几种民用涡扇发动机的可靠性参数及指标统计。近年来，随着可靠性管理水平和维修技术水平的提高以及生产厂家推行的可靠性增长计划的实施，这些指标有不断提高的趋势。

表 13.13　几种民用涡扇发动机可靠性参数的指标统计

发动机型号	IFSD	SVR	UER	D/CR	统计时间
CF6－50	0.01	0.21		99.80	1990.6.30
CF6－80C2	0.006	0.114		99.873	1991.2.28
CFM56－2C	0.026	0.114		99.93	1990.6.30
CFM56－3	0.01	0.097		99.96	1991.2.28
RB211－524D4	0.042		0.07		1990.11.1
RB211－535E4	0.018		0.029		1989.6
RB211－524G/H	0.022		0.018		1990.12.30
PW4000	0.034	0.19	0.087	99.844	1991.3.31
PW2037	0.03		0.16	99.87	1989.8.31

13.4　航空发动机的结构完整性

一、概述

早期的航空发动机在设计时，设计者对发动机的性能比较注意，将主要精力用在追求高单位参数、高效率与高推重比上，而对发动机的使用性与可靠性重视不够。随着飞行器飞行马赫数的提高以及发动机单位参数的提高，发动机内部的工作应力与环境温度越来越高，发动机使用条件越来越苛刻。这样就对发动机的结构强度与刚性方面提出了更高的要求。例如，为减轻发动机的重量，在结构上广泛采用薄壁结构。这种结构增加了构件的柔性，削弱了刚性。这为转子及其系统带来许多问题。

这些因素使得在发展新型航空发动机时，事故频繁而且严重性也显著增加。结果延长新发动机的研制周期，造成研制经费以及使用维护费用急剧增加。例如美国的 F401 发动机由 1967 年开始发展，到 1973 年，由于在飞行前合格试车(PFRT)中反复出现严重故障，不得不中止发展，造成 3.69 亿美元的经济损失。

美国的 F100 发动机在开始发展时提出了过高的性能指标要求，为此，采用了 23 项未经充分验证的、不成熟的技术，其中，有 5 项在发展的过程中已被认为是不实用而淘汰，而保留下来的 18 项不成熟的技术成为发展中出现大量故障的主要根源，造成投入使用后十分严重的问题。据美国空军统计，到 1974 年 4 月，它购置的 1 100 台发动机在 25 万个飞行小时中，发生了 547 次喘振与悬挂失速、47 次涡轮叶片与导向器叶片故障、60 次主燃油泵故障、10 次加力燃油泵故障。这使得发动机仅备件一项就追加了 1.47 亿美元。为了使发动机在投入使用后达到要求的作战适用性与可靠性，又花费了部件改进费 6.65 亿美元。两项合计远远超过了它的研制费用(4.57 亿美元)。

因此，在发动机研究与发展的早期阶段就应该把发动机的结构强度问题与性能问题作为一个整体来考虑。在提高与改善发动机性能参数的同时要考虑发动机的使用性与可靠性。预先发展阶段在验证样机或样件性能的同时，必须验证工作的可靠性与耐久性，还要通过模拟真实工作环境的考验。这样可以避免在型号发展阶段的整机试验与试飞中，甚至在投入使用后，再暴露出结构强度方面的问题，避免造成重大的损失。

二、发动机结构完整性计划

为了在设计时给发动机结构设计提供统一的方法，也为了给结构的研究发展提供基础，美国在 20 世纪 70 年代初拟定了发动机结构完整性计划(ENSIP)，以便与飞机结构完整性计划相配合，根据此计划开展了研究工作，其中许多成果已列入美国公布的《航空涡轮喷气和涡轮风扇发动机军用通用规范 MIL—E—5007D》中。目前，我国也在开展这方面的研究工作。

美国的结构完整性计划(ENSIP)主要内容有下列四个方面。

1. 结构完整性设计准则

在结构完整性计划中，发动机的设计准则首先是把发动机的部件分成冷部件与热部件两大类。处于热燃气流中的部件是热部件，如火焰筒、涡轮叶片、导向器与喷管等；发动机其余的结构件如轴、机匣、风扇与压气机等是冷部件。

设计准则要求发动机冷部件结构的设计寿命应与飞机机体结构的使用寿命一样，设计的疲劳寿命有 100%的裕度。热部件的设计寿命是冷部件设计寿命的一半。

飞机在使用中的不同工作状况使发动机的负荷也不相同。随着飞行任务的变化(见图 13.14 示出的任务剖面图)，发动机负荷的大小及变化频繁次数也不相同。飞机不同的飞行任务直接影响发动机结构强度负荷的大小、分配与低循环的循环次数。但在设计一台新发动机时，难以确定它未来的精确的飞行任务剖面图。为了给结构设计提供统一的基础，在结构完整性计划中为各类飞机用的发动机提供了初步的工作寿命及循环，如表 13.14 所示。

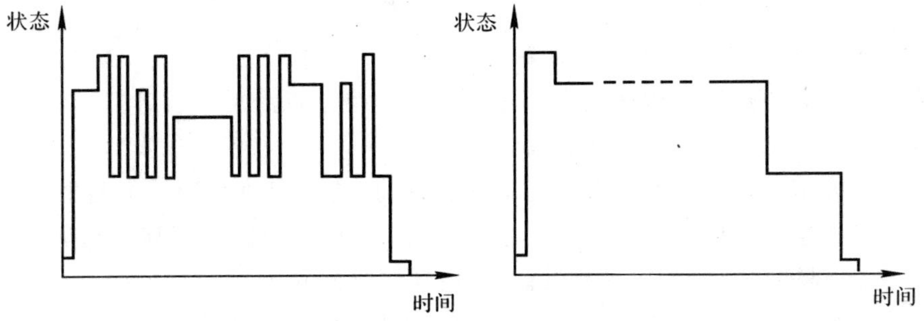

(a)　　　　(b)

图 13.14　飞行任务剖面图

表 13.14　各种飞机用发动机规定的寿命、工作循环与任务分配

飞机种类	使用寿命		低循环数③/次					功率状况分配④			
	部件	小时数/h	海平面起飞	复飞	反推力	亚声速格斗	超声速格斗	功率状况	高度/m	*Ma*	工作时间/(%)
歼击机	冷部件	4 000	3 500	2 000		2 200	400	最大	①	超声速	1
								最大	①	0.9	4
	热部件	2 000	1 750	1 000		1 100	200	中间	3 048	0.9	30
								巡航	10 668	0.75	60
								空中待机	海平面	0.3	5
轰炸机	冷部件	10 000	2 000	3 000		2 000	1 000	最大②	①	超声速	4
								最大	①	0.9	1
	热部件	5 000	1 000	2 000		1 000	500	中间	3 048	0.9	14
								巡航	12 192	0.75	75
								空中待机	海平面	0.3	6
中大型货机	冷部件	30 000	9 000	5 000	4 000			起飞	海平面	①	4
	热部件	10 000	3 000	2 000	1 000			巡航	9 144	0.7	87
								慢车	①	①	9
教练机	冷部件	5 000	5 000	7 500		3 500		最大	海平面	①	1
								最大	①	①	3
	热部件	2 500	2 500	2 500		1 750		中间	3 048	①	25
								慢车/巡航	①	①	64/7

注：①由使用部门提供；

②加力或全加力状态；

③设计时用系数 2 乘以表中的循环数；

④根据应力断裂与蠕变的要求，设计时用允许的应力断裂寿命的一半进行设计。

2. 结构完整性计划对发动机试验的要求

结构完整性计划中规定结构试验的目的是证实结构是否满足了设计要求。如有可能，每一项结构设计的要求都应该通过试验加以验证。

由于低循环疲劳对发动机寿命有重要的影响，试验的重点放在疲劳试验上。可以用部件或全尺寸的发动机来进行试验。为保证飞行的安全，发动机壳体、框架和安装座等受力组件的静强度试验、刚度试验以及转子的破裂性试验，应在试飞前完成。

与结构完整性有关的试验项目，它们的对象部件以及载荷与设计要求在表 13.15 中示出。

表 13.15　结构完整性规定的主要试验项目

试验项目	对象部件	载荷与设计要求
强度试验	机匣、框架、安装座与喷管	在使用载荷下无永久变形 外载荷 1.5 倍时应无损坏
压力试验	受压气机出口压力影响及燃气加载的机匣与部件	以比工作压力大 1 倍的压力试验构件，不破坏
转子结构完整性试验	转子	在坑室内以 122%最大转速进行圆盘旋转破裂试验无损坏 在发动机上以 115%最大允许稳态工作转速工作 5 min 无破裂，尺寸在允许范围之内 在发动机上，超过最大允许平均稳态温度 42℃，在最大允许稳态工作转速下工作 5 min 无破裂，尺寸在允许范围内
振动与临界转速试验	部件、整机	临界转速与最大工作转速有 20%裕度。部件及发动机试验中在工作转速范围内，对振动无不良反应 测量风扇在飞行中的应力
低循环疲劳试验	风扇、压气机和涡轮	按初步设计准则两倍的循环进行，无损坏 整台发动机至少进行一次全寿命持久性循环试车
包容性试验	整机	内容见“包容性”
吞咽试验		吞鸟试验：允许发动机零件损坏，但不得导致飞机损坏 吞冰试验：不造成零件损坏 外物破坏试验：吸入外物对风扇及压气机叶片造成最小应力集中因数 $K_t \geqslant 3$ 的损坏时，发动机应能工作到规范规定的两个检查周期

3. 结构完整性计划对技术文件的要求

为保证在设计过程中圆满地执行结构完整性计划，规定在鉴定发动机时，设计与制造部门必须提交审查的技术文件项目，它们必须在试飞前提交使用部门。其主要内容有：

(1)发动机结构载荷分析：包括发动机详细的结构分析，外部作用载荷及结构承载能力分析。

(2)强度和寿命分析：要进行应力分析的零组件为发动机匣、盘、转子叶片、静子叶片、安装节、火焰筒、轴承座、齿轮、支架与管路。分析报告中应包括低循环疲劳试验的工作循环与工作时间。

(3)振动和应力报告：对机匣、转子叶片、静子叶片、盘与轴要求得到包括复合振型在内的不同振型的形式、振动节线位置、振动应力的大小与分布；要给出临界转速的范围；此外，报告中还应说明发动机实际工作的情况以及部件试验与分析结果不相符合的地方。

(4)发动机振动测量报告：报告中应给出发动机工作包线内最高振动点，各状态点上的速度谱、加速度谱及峰值。

(5)故障形式和结果分析。

(6)可靠性分析：收集与分析可靠性数据，表明每种故障的形式与频度，总结研制结果。

(7)可维护性和维护性验证报告。

(8)材料与工艺规程报告。

4. 结构完整性计划对寿命监测的要求

发动机结构的寿命与发动机在使用中的运转时间及低循环次数密切相关。因此，在使用中必须对发动机的工作状况与参数进行监测。遇有工作状况恶化，可及时采取措施修理或更换有关的零部件，避免发生故障。

按照美国对航空燃气涡轮发动机设计的技术要求(MIL—STD—1534)，在发动机工作中要监测气流流通过程、燃油、滑油、点火以及机械部分共 5 个方面、39 项。例如，与发动机寿命有关的有工作载荷、低循环疲劳次数、超温、超转以及发动机振动的情况。现代的中型与大型旅客机或运输机上，通常是将这些信息与其他有关飞行与飞机的参数汇集到一个计算机系统，进行综合监测。例如，在 C5 型运输机上安装有 MADAR 系统，用以监测和记录 8 个飞行参数和 21 个发动机(TF39—GE—1)参数。协和号超声速旅客机上的监测系统可监测和记录有关发动机(Olympus 593)气流方面 12 个参数，以及有关机械与结构方面 18 个参数。

三、包容性

航空燃气涡轮发动机的转子在工作中以很高的速度旋转，转子上的零件如果在工作中由转子上脱落，就会在巨大的离心力作用下，以很大的能量与很高的速度甩出来。例如，叶片的掉块、鼓环碎裂的部分、盘上的平衡配重或联接螺钉、销钉等。如果甩出来的东西穿透发动机的外机匣就会损坏飞机结构，造成机身断裂、座舱气密破坏、油箱着火甚至导致乘员死亡的严重事故。例如，早期 JT8D 发动机多次发生压气机叶片折断，打穿机匣造成起火，使飞机坠毁的重大飞行事故。根据国际民航部门统计，这种由转子甩出碎片击穿发动机机匣及短舱的事故，在1966到1975年10年间共发生246次，平均每年约25次，影响了飞行的安全。

因此，在设计时应使得当转子上有零件脱开被甩出时，应被包容在机匣或发动机短舱内，以免造成二次损坏。这就是包容性的概念。

国外设计规范规定，在最大允许瞬态转速下，当风扇、压气机与涡轮等部件的转子叶片在叶身与榫头联接部位断裂时发动机应能完全包容。此外，由一片叶片损坏所打掉的全部其他零件，也应由发动机包容。发动机还应有下列破损安全设计以消除发生重大事故的可能性。即：

(1)在超温和超转故障发生时，叶片的破裂不应造成轮盘的破裂。

(2)主轴承或润滑系统的故障不应使轴脱开。

(3)如果轴脱开，涡轮叶片应与导向叶片接触以防止涡轮超转。

(4)轴承发生故障时，转子支承的结构应能把发动机转动零件的不同心度减到最小。

加厚发动机转子外部的机匣可以提高发动机的包容性。也可用耐冲击的纤维材料制成防护罩，套在机匣的外围。有时在风扇转子轮盘外缘制有附加的凸肩环，当万一风扇转子轴折断，风扇轮盘会被机匣卡住而保留在机匣内。

13.5 航空发动机的维修性与维修性设计

一、概述

航空发动机的可靠性与维修性，是发动机性能得以发挥的保证。根据GE公司对该公司的大流量比涡扇发动机CF6—80A，CF6—80C2，在1985—1989年期间450万小时工作的统计表明，在所有空中停车事件中，约有30%是由于维护不当造成的，这说明了维修工作对保障飞行安全的重要作用。维修性的提高，一方面可以确保飞机的安全和飞行任务的完成，另一方面也可以减少人力、物力、财力。GE公司最近颁布的资料表明，由于发动机维修不当，造成客机延误、航班取消的经济损失远大于发动机耗油率降低所带来的收益。例如GE公司以B747飞机为例，分析出航班延误码率分钟航空公司将损失1 800美元，取消一次航班造成5万美元的损失，而发动机耗油率如降低0.05%，每台发动机每年获益约1 700美元。

对于军用飞机来说，重要的是能保证飞机按时出动完成战斗任务，以最少的飞机，最少的人力物力消耗达到最佳的作战效果。因此，美国空军明确提出："今天的可靠性与维修性，就是明天的战斗力"。在空军，可靠性和维修性的重要性现在已等价甚至超过过去我们认为最重要的性能、成本等指标，更明确地指出了维修性的重要意义。

在新一代军、民用发动机如F119、GE90、PW4084、遄达800的研制中，均采用了一种新的系统工程方法——并行工程或同期工程，在发动机研制中，设有多个多功能小组，分别承担各个主要零组件以及部件从设计到投入使用的全部研制工作。在每个多功能小组中均有维修人员参加，也即维修人员从发动机研制开始即参与到主要零组件、部件以及整台发动机的研制中，使研制的发动机具有较好的维修性。

二、航空发动机的维修性工程

1. 维修性的基本概念

最初提出维修性概念时，仅把它作为可靠性部分内容加以考虑，直到 20 世纪 60 年代，维修性才被公认为一个独立的专业。目前在系统工程中，通常把维修性视为一种设计出来的系统固有特性，这种固有的、可以量化的特征决定了为把系统维持在或恢复到给定使用状态所需的维修工作量。确切地说，维修性(Maintainability)的定义是：系统在规定的条件下(包括维修等级、人员技术水平与资源等)，在规定的时间内，按规定的程序和方法进行维修时，保持或恢复到规定状态的能力。

维修性与可靠性有着密切的关系，只有将高可靠性与高维修性结合起来，才能得到高的可用性，使系统具有高的效能。在具体工作中，可靠性设计工作与维修性设计工作往往可以同期结合进行。

维修性虽然是系统的固有特性，但是不可能脱离人的因素影响。系统固有可靠性主要取决于系统各组成成分的物理特性，但是，相同的系统，由于采用了不同的维修概念和不同的后勤保障方式，还由于从事维修工作的人员技术水平上的差异，会表现出不同的维修特性。这一点是维修性与可靠性的重要差别。

与可靠性一样，维修性的特征也是概率参数，用连续型随机变量或离散型随机变量、概率参数和统计分布进行分析。维修性基本量化参数是维修度 $M(t)$，它是指系统(或产品)在规定的条件下进行维修时，在规定的时间内，保持或恢复到规定状态的概率，是时间的非减函数。

在航空发动机行业，通常采用每飞行小时直接维修工时 L_{DMF} 或 MMH/EFH、更换发动机时间、外场可更换组件(LRU)更换时间等。在美国军用标准 MIL－E－87231《航空涡喷涡扇发动机军用规范》中定义了下列维修性参数：

(1)更换发动机时间。一种飞机在外场维修时，拆下用过的发动机换上新装的发动机，以及换装后的检查所用的总工时(人分)和经过的时间(分)。

(2)外场可更换组件(LRU)更换时间(加权平均)。每一 LRU 更换时间乘以它各自的最新预测的更换频次后的所有 LRU 更换时间的总和，除以总的更换频次。如果必须拆卸发动机以便接近 LRU，则更换时间应包括拆、装和检查发动机的时间。扣除存取和停工的时间，除非合同另有规定。

(3)每飞行小时维修人时(维修工时/发动机飞行小时)。平均用于发动机每项飞行小时由于所有发动机原因维修发动机所需的全部工时，包括排除故障和检查，发动机拆卸和重装，发动机分解和装配，单元体、零件、部件的修理或调节，单元体的更换与检查，零、组、部、附件拆卸和重装，包括符合完成技术命令的全部定期检查、操作和维修所需的工时(注：除非另有规定，维修工时/发动机飞行小时的效率假设为100%)。

(4)预防工作的维修工作时间,进行预防维修工作,包括(不限于)检查、调节、拆卸、重装、故障分析、修理和翻修所需的总时间(人分)和经过的时间(分)。

另外,在系统的维修与可靠性工程中,还有一个重要概念是可用性。可用性是系统可靠性与维修性的综合表征,它指的是当需用时,某系统在该时刻处于可正常工作状态的可能性大小。

可用性的度量指标是可用度(Availability)。它的定义为:在任一随机时刻,当任务需要时,系统在任务开始时刻处于可投入使用状态的概率。可用度是把系统的可靠性和维修性特征转换为效能的一个重要指标。通过可用性分析,可以在系统的可靠性与维修性参数之间作出合理的权衡。

2. 维修性工程

维修性工程是系统工程的一个新兴的分支专业,是研究在产品研制及生产中为保证产品要求的维修性所进行的工程及管理活动的一门学科,其功能在于形成设计特性、维修方针和维修资源等因素的合理组合,以便以最小的寿命周期费用达到使用要求中规定的维修性水平。

维修性工程与可靠性工程是系统工程的两个分支。可靠性工程使产品能够在规定的环境及规定的时间内无故障或无严重性能下降地工作;维修性工程提供有效的方法来减少产品预防性维修及修理造成的停机时间。

图13.15示出了航空发动机维修性工程逻辑框图,从图可以看出,维修性工程工作应当贯穿发动机全寿命周期的始终。在发动机的适航取证时,要对发动机的维修性和维修大纲进行评审。但是从发动机设计的角度看,维修性设计应该从方案评估论证阶段就开始,介入的越早,发动机全寿命期的费用越低。

维修性工程是运用各种工程及管理技术来保证产品能够进行有效而经济的维修的一门学科。它与维修工程是两门互为补充、密切相关的学科。维修工程代表用户的需要,保证对产品进行及时、充分而经济的维修;维修性工程代表设计及制造部门对用户需要的响应,使产品在使用中的停机时间最短、后勤保障费用最少。

维修性设计是维修性工程的核心,主要包括以下工作:根据系统的工作要求,建立维修概念;确定系统维修性的定量和定性要求,建立维修性要求和规定的约束条件转换成详细的硬件和软件设计;维修性工程人员参加系统设计过程并从事维修性方面的协调工作;最后对设计的系统进行维修性设计评审与验证,发现系统的不良维修区,并作必要的设计更改。

3. 维修性要求

确定出合乎实际的定性和定量的维修性要求,对保证系统具有合理的维修性特性是至关重要的。维修性要求提得过高,会导致研制费用提高、设计复杂、重量增加;维修性要求过低,会增加不工作的时间和维修费用,降低可用度。因此,在方案论证阶段需将维修性要求与可靠性要求相协调,反复进行权衡分析。

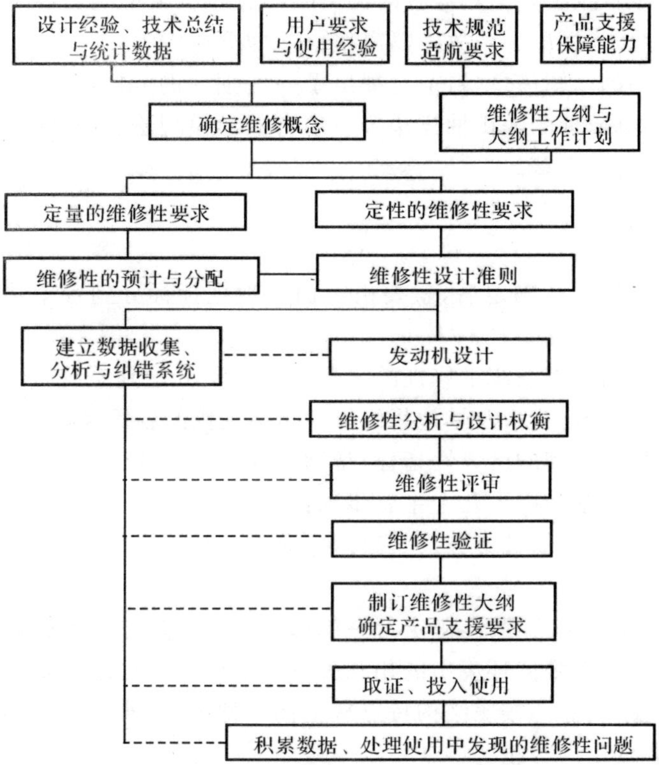

图 13.15　航空发动机维修性工程逻辑框图

定性的维修要求通常以设计准则的形式加以规定，其中包括对系统的可达性、标准化与互换性、防错与识别、安全、检测及人素工程等方面要求。我国的国家军用标准 GJB368－87《装备维修性通用规范》中列出了一般的维修性要求，可作为确定定性的维修性要求的依据。

定量的维修性要求一般规定出所要求的对系统不能工作时间的限制、维修工作时间方面的定量要求。在说明定性的维修性要求时，应同时指明维修级别，因为维修参数值与维修条件密切相关。

三、维修性预计

为了判断系统的设计方案是否满足维修性指标的要求，应该尽早地定量地估计产品的维修性。随着产品研制阶段的推进，还要多次反复进行维修的预计工作。

维修性预计的主要目的是，贯彻考虑维修性的产品设计思想，及早评定产品是否达到了预定的系统维修性参数的指标；在方案设计阶段就能进行可靠性和维修性的权衡，以便得到最佳方案；及早向设计人员指出维修不良的部件，为产品的改进、改型提供依据。

所预计的维修性参数主要是平均修复时间 M_{CT}。根据需要也可以预计其他维修性参数，如每飞行小时直接维修工时(L_{DMF})、故障隔离率(r_{FI}，即 FIR)等。

根据所占有的不同的已知信息，目前已提出了一些预计的方法，例如，根据维修性的分布特性的推断法，根据仿真原理的随机抽样法等。还有数学模型法、加权预计法、线性回归预计法等，详细内容请参阅有关专著。

四、系统维修性分配

一旦系统总的维修性指标确定后，就要由上而下地把指标分到各个功能层次，直至零件(或元件)级。

进行维修性分配是为了将系统维修性的定量指标逐层分配到系统各个功能层次，使整个系统和各部件的维修性协调一致；及早地将维修性指标提供给各级设计人员，使他们能在产品设计过程中保证达到所分配到的维修性指标；帮助设计人员了解全局，选择最佳方案。

维修性分配过程可归纳为以下几个主要步骤：

(1)确定要分配的系统维修性参数及其数值。通常对系统的平均维修时间进行分配，设其已知为$(M_{CT})_S$。

(2)绘制系统的维修职能流程图，确定每一维修等级所具有的维修职能和能做的工作。维修流程图规定了各分系统在维修环境中的相互关系和进行维修的先后次序。

(3)制定系统功能层次图。按照结构特点从上而下地进行，直至能够做到故障定位、更换单元、进行修理或调整的层次为止。

(4)确定系统以下的各功能层次的部件的排除故障维修的频率(故障率)和预防维修的频率以及其他分配时需具备的数据。

(5)用各种维修性分配方法将已规定的系统指标分配下去(可逐层分配)。

(6)对每个单元所分配到的维修性指标进行可行性分析，检查是否满足各项约束。将各单元所分配的数据加以综合，以确定是否达到了规定的维修性指标。

维修性分配的主要方法有加权分配法、改型设计的分配法和相对分配法等。

五、维修性设计准则

维修性设计准则是为了将系统的维修性要求和规定的约束条件转换为实际而有效的硬件和软件设计而确定的通用或专用设计原则及标准，它应该根据系统的维修概念和修复政策来确定。当这些准则在系统设计中得到充分的体现，使系统具有了规定的维修特征时，才能满足系统的定性和定量的维修性要求。

拟订维修性设计准则有以下几条基本原则：

(1)减少由维修造成的不工作时间；

(2)维修简便；

(3)降低维修费用；

(4)有防维修差错的措施；

(5)满足与维修有关的安全性要求；

(6)满足与维修有关人素要求；

(7)满足与维修性有关的可靠性要求。

维修性设计准则中通常应包括可达性、可检测性、通用性、更换性、标记性、人素工程(包括简易性、舒适性、防错性、安全性等)、冗余设计等方面的内容。

对于飞机的动力装置，其维修性设计准则包括下列一些内容。

1. 布局

(1)动力装置的布局应易于接近所有部件，易于进行维修以及进行常规检查；

(2)维修的部位应避开排气方向。

2. 连接与安装拆卸

(1)发动机在飞机上的拆卸、安装应力求迅速，尽可能地减少连接件的数量，简化管路、电缆的敷设。

(2)飞机和发动机间的管路接头及电缆插头应采用集中的、快卸形式的。

(3)发动机装入飞机机身内时应有导向及定位件。

(4)各连接件的位置应有良好的可达性，拆卸任一 LRU 时不应拆卸其他零部件或管路，不应采用保险丝、开口销等锁紧装置。

(5)发动机安装设计时应考虑在适当的防护措施。如电缆、管路系统等的支撑和紧固件，在维修时可能无意中被当做“把手”或“脚蹬”使用而受到损坏。

(6)更换发动机时，除用发动机拖车外，不需其他专用工具。油滤和其他要定期维修的零部件，应采用普通的手动工具进行拆卸和更换。

3. 维修与调整

(1)应为目视判别发动机滑油液位提供切实的方法和防错措施，保证发动机滑油口盖安装正确。

(2)对要求日常维修、调整、更换较频繁的零部件，应在其所在部位设立快卸的检查维修口盖或透明的观察窗。

(3)应明确地标明维修调整点。

(4)发动机燃油调节器的调整部位应便于调整，具有良好的可达性。

4. 故障诊断与监视

(1)动力装置应设立机载的和地面的诊断与监视设备，通过这些设备收集有效的信息，以监测发动机的健康状态，并为诊断提供技术依据。

(2)发动机上应尽可能地使用无损探伤技术和多功能的测试、探伤技术与设备。

(3)测试接头、传感器安装座及探测部位应可达，并能方便地安装和拆卸测量管路、传感器等。

(4)动力装置应有机内自测试装置或系统,它应具有故障检测、隔离、记录功能,并能根据需要显示故障信息。

六、干线客机发动机维修性设计准则

自宽体客机于20世纪70年代初期投入使用以来,干线客机得到迅速发展,到目前不仅已发展了多种型号及庞大的机群,而且飞机的可靠性、安全性、正点出航率等均已达到了较高的水平,这与这些飞机所用发动机具有较好的性能、较高的可靠性、较好的维修性分不开。

干线客机用发动机在发展中,特别重视维修性设计,使它在使用中,易于维修,能较好地保持飞机的可用性。对西方国家发展的一些具有代表意义的干线客机用发动机的维修性设计进行归纳、分析,总结出干线客机用发动机的主要维修性特点与维修设计准则有以下几项:

(1)良好的可达性(Accessibility)。良好的可达性是指对发动机上要保养、维修、检查、更换的部位、工作人员的手或工具能直接或在打开工作窗或短舱罩后能方便、无阻碍地接近并进行操作。

(2)结构单元体化(Modulauity)。结构单元体化是目前各种军、民用发动机普遍采用的设计原则,为方便维修,将一台发动机分为几个大单元体,大单元体又分为一些小单元体,各单元体均有严格的性能与平衡要求,各个单元体不仅具有安装尺寸的可互换性,使单元体间易于拆装,而且在性能上也具有可互换性,即在更换某一单元体后,对发动机性能不会有影响。

(3)航线可换组件(Line Replacesble Unit,LRU)或外场可换组件。航空发动机的工作寿命越来越长,但是某些零、组件和附件需要在发动机寿命期内定期或不定期地更换。这些零、组件和附件应设计成可在飞机上进行原位拆装的航线可换组件或外场可换组件。在发动机设计中应确定LRU种类,考虑外场拆换方便并采取相应的设计措施,以便在外场拆换LRU时,不需拆除其相邻的零、组件而能方便的拆换。

(4)快速换发(Quick Engine Change,QEC)能力。为避免因换发工作耗时多而影响飞机出勤率,目前,干线客机发动机均应设计成具有快速换发能力,即将发动机先装上进气道、尾喷管等组件,同时将发动机的燃油、液压油、滑油、空气等管路与电气导线等分别集中起来,形成几个与飞机相应系统连接的总接头,组成快速更换发动机体(QECU,Quick Engine Chamge Unit)。可以大大缩短更换发动机的时间。

(5)较好的视情(On Condition)维修能力。所谓视情维修是根据发动机的实际情况也即健康情况,决定采用何种维修措施的维修方法。这样可以对症下药,减少不必要的拆换发动机或单元体,从而能大大提高发动机的利用率,减少总的维修费用;还因故障及故障部位能及时查出而及时进行维修,大大提高了发动机的可靠性。为了使发动机具有较好的视情维修能力,需要有各种能对发动机进行状态监视(Condition Momitoring)的手段。

干线客机发动机中,常采用的状态监视手段有孔探检查,滑油屑末分析,滑油光谱分析

(Spectrographic Oil Analysis Proguam，SOAP)，滑油系统关键参数监测，振动监测，以气流参数为主的性能监视与趋势分析等。

七、人素工程在发动机维修性设计中的应用

人素工程(Human Factors Engineering，HFE)是把人的特性、人的心理和人的能力综合到某个系统的规划、设计、使用和维修中的一项工程技术，把人与机器看成是人与机器相互作用并完成某种功能的人—机系统，可解决人—机之间相互协调的问题，提高系统的使用效能和维修性，在现代航空发动机研制中，HFE 的分析与设计已成为发动机的维修性设计的一个重要组成部分。

现代航空发动机技术先进，但结构越来越复杂，维修费用不断增长，维修人员工作负担不断加重。对维修人员的要求就更高。维修人员从事复杂繁重的工作，就容易出现工作失误，导致出现不应有的故障。美国 GE 公司对它的几种民用发动机的空中停车事件原因进行统计的结果表明，维修失误约占全部原因的 30%。要消除维修造成的故障，必须在设计中尽量减少与消除导致维修故障的隐患，对经过适当培训、工作合适并持有维修手册的维修人员，不能在体力、智力等方面提出过高要求，以及在不舒适的条件下工作。

解决上述问题的办法是在设计中努力改善发动机维修性。在发动机维修性设计中进行 HFE 分析可以帮助设计人员确定和了解维修人员的情况与不同等级维修工作的环境，从而简化维修工作，减少因维修不当造成的故障，缩短维修周期。

在航空发动机研制中，HFE 是维修性设计工作的一部分。如果研制过程采用并行或同期工程的先进系统工程方法，HFE 专家应参与维修性工程(ME)工作组的工作，以促进 HFE 与设计结合，HFE 专家和 ME 专家应具备外场维修、部件开发、设计及用户支援等广泛的知识与经验，共同进行任务分析和图纸/设计检查。在工作过程中，他们应广泛听取用户、特别是直接从事维修操作的机械师的意见和建议，并将这些意见和建议反馈给设计部门。

如果在任务分析中提出了潜在的 HFE 影响，则需要根据不同的情况选用不同的方法对关键任务进行 HFE 分析，对后继改进工作提出建设性意见。在明确维修任务之后，需确定关键作业环节，并分析有关的问题。例如，是否具备工作通道，是否具备足够的操作空间，力量要求是否超出了维修人员的体力极限(尤其是在比较不舒服的姿势下)，人体的各个关节是否需超出其正常的活动范围等。这些问题往往需要采用计算机进行模拟分析或者采用模型进行实验模拟，才能得到正确的结果。

综上所述，采用 HFE 分析技术，能简化与便利维修人员的工作，以及从设计中降低和消除发生维修错误的可能性，在提高发动机可靠性和降低使用维护及风险费用中，能起到显著的作用。

13.6 航空发动机的研制费用与价格

一、航空发动机的研制费用

随着航空发动机性能的改善，在发动机上密集着许多先进的技术，这使得研制一台新型的发动机必须投入大量的资金。例如，普惠公司推力为 17 760 daN 的 F135 发动机于 2001 年获得 48 亿美元的工程和制造研制合同。罗罗公司也获得 10 亿美元用于研制升力风扇。通用电气公司和罗·罗公司获得 4.6 亿美元的 F136 先期系统研制和验证费用。

过高的性能指标要求，会使研制费用大幅度增长。例如，在当代水平的基础上把单位推力水平提高 5%或使燃油消耗量下降 5%，会使研制费用增加 20%左右。因此，合理的选择设计指标会对降低研制费用有很大的影响，如图 13.16 所示。

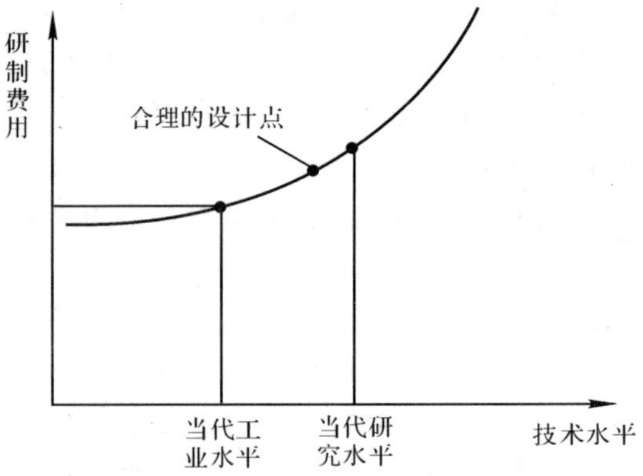

图 13.16 研制成本与技术水平的关系

二、航空发动机的出厂价格

航空发动机的出厂价格与其推力(功率)等级、性能指标以及发动机的用途有关。对于民用飞机和运输机，其价格可用经验公式估算。公式的形式为

$$C = KP^E$$

式中 C—— 出厂价格；

K—— 回归系数；

P—— 推力或功率；

E—— 回归指数。

例如，根据美国的统计资料，对于用在普通运输机上的推力为 22～97 kN 的涡喷发动机，

价格 $C=19.4246R^{0.937}$ 美元(1978 年)。式中 R 为发动机推力,单位为 N。

对于功率为 257～1 323 kW 的直升机用的涡轴发动机,价格 $C=93.963P^{1.0918}$ 美元(1978 年)。式中 P 为发动机功率,单位为 kW。

也可以用发动机的重量来估算发动机的价格。例如,民用涡扇发动机每千克的价格约为 450～500 美元。相比之下,军用发动机要贵些,如军用 F100 涡扇发动机每千克的价格合 825 美元。

专门设计的短寿命、低成本发动机单位推力成本可下降到 2.24～3.06 美元/N。

发动机各部件以高压涡轮对整台发动机价格影响最大,压气机次之。各部件价格占发动机价格的百分比在表 13.16 中示出。

表 13.16　部件价格占发动机价格的百分比

发动机型号 / 部件名称	J79－17	F100	F101	F404	TF39	T700
	部件价格所占比例/(%)					
风　扇		6.3	7.9	9.9	19.4	
压气机	29	18.7	9.8	5.8	10.9	3.8
燃烧室	2.8	3.1	4.3	3.5	3.3	8.1
涡轮(高压涡轮)	16.2	10.4	14.3	14.4	11.8	12.5
低压涡轮		5.1	7.5	7.3	13.2	9.8
加力燃烧室与喷管	13.4	26.0	22.7	8.5		
机匣与外部结构	6.5	7.8	7.3	9.3	15.9	9.4
调节系统与附件	16.5	11.5	14.3	21.0	3.8	22.5
轴承、密封与传动	5.9	3.1	2.6	2.4	5.2	8.3
其　他	9.7	10.7	9.3	17.9	16.5	25.6*

* 含减速器价格。

三、航空发动机的总寿命期费用

随着航空发动机寿命的延长,维修发动机的费用以及维修时更换发动机零、组件的费用增加。与燃料费用合计在一起的使用维护费用在发动机总寿命期费用中比重增加。以军用发动机为例,其总寿命期费用分配的百分比如表 13.17 所示。

在全寿命期飞行循环次数增加会使更换备件的费用增加,导致维修费用及总寿命期费用增加。以 F100 发动机为例,如果在使用中每 1 000 小时的起落循环次数由 476 次增加到 590 次,同时,中等推力与中等推力以上工作状态所占比重由 9.3%增加到 11.8%,则每飞行小时的维修备件费用增加 64 美元。这使 1 674 台这种型号的发动机总寿命期费用增加 4.15 亿美元。使用费用与工作时间关系如图 13.17 所示。

表 13.17　总寿命期费用的分配(百分比)

寿命期	研制费用比例/(%)	制造费用比例/(%)	使用维护费用比例/(%)
10 年	15	42	43
20 年	11	29	60

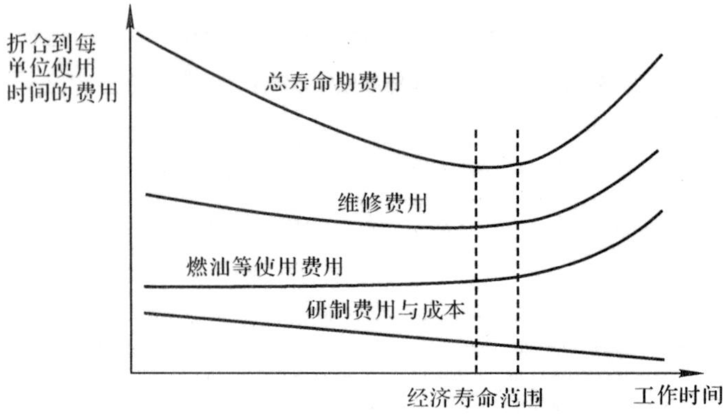

图 13.17　使用费用与工作时间关系

所以,在设计中要综合考虑研制费用、成本与使用寿命问题。要用全寿命费用来综合衡量发动机的经济性水平。而不能局限于制造成本或燃油消耗成本。因为这两项费用的降低可能被维修费用的提高所抵消。

此外,随发动机工作时间的延长,不但修理费用增加,还会因为发动机性能恶化导致费用增加以及安全风险所带来的潜在费用增加。如性能衰退引起的 EGT 提高和耗油率的增加,会直接带来使用费用、维修费用、更换零件费用;疲劳裂纹接近损伤极限会使安全风险的增加,不应忽视安全风险可能引发的潜在费用。

虽然可以用修理解决上述性能恶化问题,但随发动机工作时间加长,修理工作量及费用会增加,再修理后的使用费用,平均下来可能会超过购新机的平均使用费用,这时再修理已无经济上的意义。因此,航空发动机虽然从理论上是一个可修复的系统,但它的修理次数及规模要受到经济因素的制约,也是有限的。根据总寿命期使用费用指标确定的发动机总使用时间,称为发动机的经济寿命。通常由维修费用达到总寿命期费用某一百分比的工作时间,或每飞行小时所需维修费用达到某一规定数值的发动机工作时间来确定。

参考文献

[1] 刘长福. 航空发动机构造. 北京:国防工业出版社,1980.
[2] 刘长福. 航空发动机构造. 北京:国防工业出版社,1989.
[3] 陈光. 航空燃气涡轮发动机结构设计. 北京:北京航空学院出版社,1988.
[4] 邓福庆. 航空燃气涡轮发动机构造讲义. 天津:中国民用航空学院,1992.
[5] 阎文博. 航空燃气涡轮发动机构造. 西北工业大学讲义.
[6] 方昌德. 世界航空发动机手册. 北京:航空工业出版社,1996.
[7]《航空发动机设计手册》编委会. 航空发动机设计手册. 北京:航空工业出版社,2000.
[8] 陶增元,王如根. 飞机推进系统总体设计. 北京:国防工业出版社,2002.
[9] 许春生. 民用航空发动机控制. 北京:中国民航出版社,1995.
[10] 沈阳黎明航空发动机公司. 燃气涡轮机原理、构造与应用. 北京:科学出版社,2002.
[11] 孙瑞莲. 航空发动机可靠性工程. 北京:航空工业出版社,1996.
[12] 宋兆泓,洪其麟. 发动机可靠性工程研究. 燃气涡轮发动机可靠性与寿命讲座(第 2 册). 北京:北京航空学院出版社,1989.
[13] 姚福友,周宗才. 涡喷 7 乙发动机构造. 西安:空军工程学院,1992.
[14] 罗尔斯-罗伊斯公司. 喷气发动机. 天津,1996.
[15] 傅恒志. 未来航空发动机材料面临的挑战与发展趋向. 航空材料学报,1998,18(4).
[16] 郑严,庞重义. 弹用涡喷(涡扇)发动机技术(上). 飞航导弹,2001(12).
[17] 郑严,庞重义. 弹用涡喷(涡扇)发动机技术(下). 飞航导弹,2002(1).
[18] 世界支线航空发动机一览表. 民航科技信息,1999(5).
[19] 许春生,马乾绰. 航空发动机电子控制. 北京:中国民航出版社,1992.
[20] 朱普安. 飞机电气元件. 北京:中国民航出版社,1997.
[21] The aircraft Gas Turbine Engine and its operation. P&W Oper. Instr. 1988.